GEOTECHNIK nach Eurocode – Band 2: Grundbau

Jetzt diesen Titel zusätzlich als E-Book downloaden und 70 % sparen!

Als Käufer dieses Buchtitels haben Sie Anspruch auf ein besonderes Kombi-Angebot: Sie können den Titel zusätzlich zum Ihnen vorliegenden gedruckten Exemplar für nur 30 % des Normalpreises als E-Book beziehen.

Der BESONDERE VORTEIL: Im E-Book recherchieren Sie in Sekundenschnelle die gewünschten Themen und Textpassagen. Denn die E-Book-Variante ist mit einer komfortablen Volltextsuche ausgestattet!

Deshalb: Zögern Sie nicht. Laden Sie sich am besten gleich Ihre persönliche E-Book-Ausgabe dieses Titels herunter.

In 3 einfachen Schritten zum E-Book:

1. Rufen Sie die Website **www.beuth.de/e-book** auf.

2. Geben Sie hier Ihren persönlichen, nur einmal verwendbaren E-Book-Code ein:

   28839B14264335K

3. Klicken Sie das „Download-Feld" an und gehen dann weiter zum Warenkorb. Führen Sie den normalen Bestellprozess aus.

Hinweis: Der E-Book-Code wurde individuell für Sie als Erwerber dieses Buches erzeugt und darf nicht an Dritte weitergegeben werden. Mit Zurückziehung dieses Buches wird auch der damit verbundene E-Book-Code für den Download ungültig.

GEOTECHNIK nach Eurocode
Band 2: Grundbau

Univ.-Prof. (em.) Dr.-Ing. Hans-Georg Kempfert
Prof. Dr.-Ing. Jan Lüking

GEOTECHNIK nach Eurocode
Band 2: Grundbau

Grundlagen
Nachweise
Berechnungsbeispiele

5., vollständig
überarbeitete Auflage

Beuth Verlag GmbH · Berlin · Wien · Zürich

Bauwerk

© 2020 Beuth Verlag GmbH
Berlin · Wien · Zürich
Saatwinkler Damm 42/43
13627 Berlin

Telefon: +49 30 2601-0
Telefax: +49 30 2601-1260
Internet: www.beuth.de
E-Mail: kundenservice@beuth.de

Das Werk einschließlich aller seiner Teile ist urheberrechtlich geschützt.
Jede Verwertung außerhalb der Grenzen des Urheberrechts ist ohne schriftliche Zustimmung des Verlages unzulässig und strafbar. Das gilt insbesondere für Vervielfältigungen, Übersetzungen, Mikroverfilmungen und die Einspeicherung in elektronische Systeme.

Die im Werk enthaltenen Inhalte wurden vom Verfasser und Verlag sorgfältig erarbeitet und geprüft. Eine Gewährleistung für die Richtigkeit des Inhalts wird gleichwohl nicht übernommen. Der Verlag haftet nur für Schäden, die auf Vorsatz oder grobe Fahrlässigkeit seitens des Verlages zurückzuführen sind. Im Übrigen ist die Haftung ausgeschlossen.

Druck und Bindung:
Druckerei Plump, Rheinbreitbach

Gedruckt auf säurefreiem, alterungsbeständigem Papier nach DIN EN ISO 9706.

ISBN 978-3-410-28839-8

Vorwort

Das vorliegende Buch stellt den zweiten Teil der Reihe Geotechnik (Bodenmechanik und Grundbau) dar. Während im 1. Band „Bodenmechanik“ die Verfahren zur Baugrunderkundung und zur Untersuchung der Bodeneigenschaften sowie die allgemeingültigen theoretischen Grundlagen zur Ermittlung der Spannungs- und Verformungseigenschaften des Bodens im Vordergrund stehen, behandelt der vorliegende Band 2 die mehr praxisorientierten Grundlagen des Grundbaus und der Grundbaustatik in kompakter, aber möglichst umfassender Form.

Ein Vorwort zur Einordnung des Begriffes der Geotechnik, zum berücksichtigten Stand der Normung und zum gedachten Anwendungsbereich und der Leserschaft der zwei Bände findet sich im Band 1.

Unabhängig von der aktuellen Normenübersicht in Band 1 sei darauf hingewiesen, dass für die im Band 2 schwerpunktmäßig zusammengestellten grundbaustatischen Berechnungs- und Bemessungsverfahren als normative Grundlagen DIN EN 1997-1:2009-09 (Eurocode EC 7-1), DIN 1054:2010-12 und DIN EN 1997-1/NA:2010-12 zugrunde gelegt wurde. Diese drei Normen sind zusammengefasst im Normen-Handbuch EC 7, Band 1 (2015).

Wir danken unseren jetzigen und ehemaligen Mitarbeitern und Kollegen für Anregungen und Zuarbeit von inhaltlichen Teilen, die im Wesentlichen als Lehrunterlagen an der Universität Kassel und der Technischen Hochschule Lübeck entstanden sind. Besonders danken wir Herrn Dr.-Ing. Marc Raithel, der mit dem Erstautor die 1. bis 4. Auflage erstellt hat. Dem Verlag danken wir für die jahrelange gute Zusammenarbeit.

Über Hinweise und Anregungen zur Weiterentwicklung der Buchreihe per Mail würden wir uns freuen.

Hamburg, Lübeck, Juni 2020

Hans-Georg Kempfert
Jan Lüking

Autorenadressen

Univ.-Prof. (em.) Dr.-Ing. Hans-Georg Kempfert
ehemals Universität Kassel · Institut für Geotechnik und Geohydraulik
privat:
Potosistraße 27
D-22587 Hamburg
kempfert@t-online.de

Prof. Dr.-Ing. Jan Lüking
Technische Hochschule Lübeck · Fachbereich Bauwesen · Fachgebiet Geotechnik
Mönkhofer Weg 239
D-23562 Lübeck
jan.lueking@th-luebeck.de

Inhaltsverzeichnis Band 2

Inhaltsverzeichnis Band 1

17 Flach- und Flächengründungen

17.1 Einleitung und Übersicht

Unter *Flach- und Flächengründungen* werden Gründungen verstanden, die in Höhe der Sohlfläche mittige oder außermittige Lasten in den Baugrund abtragen. Die Gründungskörper von Gebäuden als Flach- und Flächengründungen sind i. d. R. Einzel-, Streifen- oder Plattengründungen (Abb. 17.1). Dammschüttungen auf dem anstehenden Untergrund können im weiteren Sinne auch als Flach- und Flächengründungen mit ähnlichen Anforderungen wie bei Gebäudegründungen verstanden werden. Der Gegensatz zu den Flachgründungen sind *Tiefgründungen* (z. B. Pfahlgründungen), s. a. Abb. 17.2.

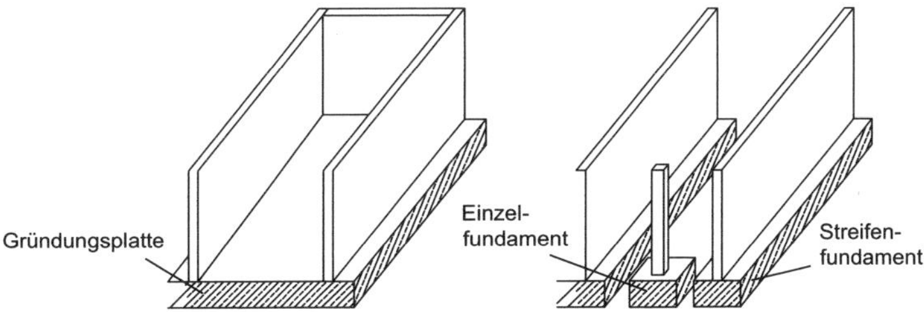

Abb. 17.1: *Gründungsformen: Gründungsplatte, Einzel- und Streifenfundamente*

Nach DIN EN 1997-1/DIN 1054, zusammengefasst im *Handbuch Eurocode 7-1 (2015)*, sind für Flach- und Flächengründungen im Wesentlichen folgende „äußere" Standsicherheitsnachweise (Versagen des Bodens) notwendig:

- Nachweise für den Grenzzustand der Tragfähigkeit (ULS):
  - Nachweis der Kippsicherheit,
  - Nachweis der Grundbruchsicherheit,
  - Nachweis der Gleitsicherheit.
- Nachweise für den Grenzzustand der Gebrauchstauglichkeit (SLS):
  - zulässige Lage der Sohldruckresultierenden,
  - Verschiebungen in der Sohlfläche,
  - Setzungsnachweis (Band 1, Kap. 8).

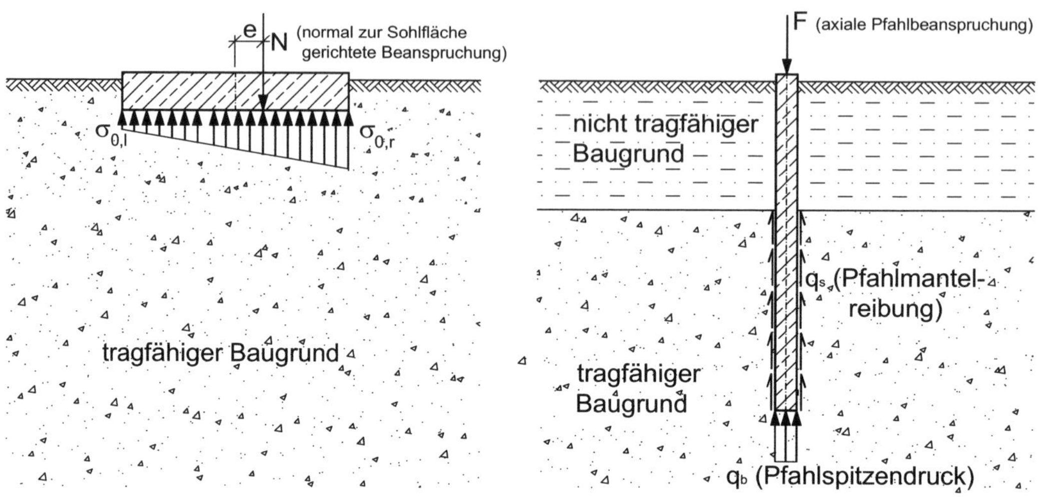

Abb. 17.2: *Gründungsformen: a) Flachgründung, b) Tiefgründung (hier als Beispiel Pfahl)*

Für bestimmte Randbedingungen kann auch der Nachweis der Gesamtstandsicherheit (z. B. Geländebruch) und gegen Aufschwimmen erforderlich sein.

Alle Standsicherheitsnachweise sind für die maßgebenden Bemessungssituationen durchzuführen. Die Definitionen der Bemessungssituationen enthält Band 1, Kap. 13. Als „innerer" Standsicherheitsnachweis (STR) ist der Nachweis der Sicherheit gegen Materialversagen (z. B. Fundamentbaustoff) zu führen. Für Ergänzungen der im folgenden zusammengestellten Inhalte wird u. a. auf *Vogt (2018)* verwiesen.

Hinweis: Im *Handbuch Eurocode 7-1 (2015)* wird als Einwirkungsresultierende normal zur Fundamentfläche (Normalkraft) das Symbol V verwendet. Im folgenden Text und in den Beispielen ist dafür das Symbol N gewählt worden, weil mit N (normal) und T (tangential) eindeutigere Zuordnungen zur Wirkungsrichtung der Kräfte auf die Fundamentsohlflächen gegeben sind.

17.2 Sohldruckbeanspruchung

Gründungskörper leiten die aus dem Bauwerk kommenden Lasten auf den Baugrund über. Dabei dürfen weder Bruchzustände im Boden noch zu große Setzungen eintreten.

Die auf die Unterfläche der Gründungskörper (z. B. Fundamente) als Reaktion (Beanspruchung) aus dem Baugrund wirkenden Normalspannungen bzw. auf den Baugrund wirkenden Spannungen (früher Sohlspannungen, Bodenpressungen) werden als Sohldruckbeanspruchung σ_0 bezeichnet. Die Größe und Verteilung der Sohldruckbeanspruchung ist abhängig von der Belastungsgröße in Abhängigkeit von der Ausnutzung des Grundbruchwiderstandes sowie von der Steifigkeit des Gründungskörpers und des Baugrundes. Folgende Fälle können unterschieden werden:

a) Schlaffer (biegeweicher) Gründungskörper: $E \cdot I = 0$

Das können z. B. Schüttgüter oder noch nicht abgebundener Beton sein, näherungsweise auch sehr dünne Sohlplatten. Dabei wird davon ausgegangen, dass über den Gründungskörper keine Schubspannungen übertragen werden können (Abb. 17.3) und die Setzungen des Fundamentes den Setzungen des Bodens entsprechen.

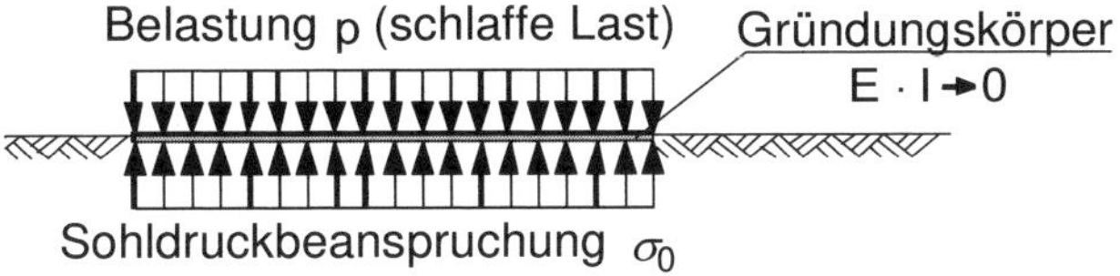

Abb. 17.3: *Sohldruckbeanspruchung bei schlaffen Gründungskörpern*

b) Starrer Gründungskörper: $E \cdot I \to \infty$

Die Setzungen eines starren Gründungskörpers (biegestarr) sind in allen Punkten gleich groß. Die theoretische Lösung ergibt sich für ein Streifenfundament nach *Boussinesq (1884)* entsprechend Abb. 17.4 a).

Für praktische Randbedingungen entwickelt sich die Sohldruckbeanspruchung in Abhängigkeit von der Beanspruchung N in Bezug auf die Grenzlast $N_{ult} = R_n$ (Grundbruchwiderstand) gemäß Abb. 17.4 b).

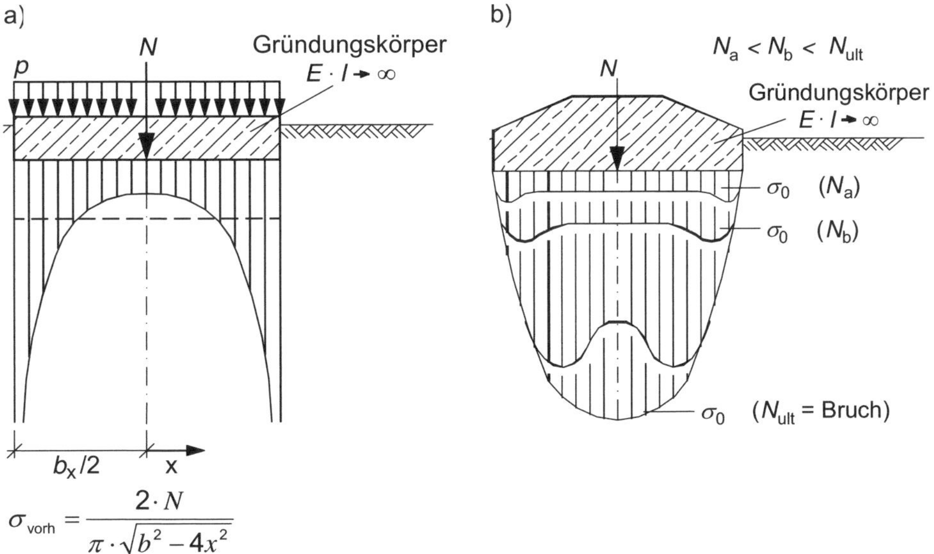

Abb. 17.4: *a) Theoretische Lösung der Sohldruckbeanspruchung bei starren Gründungskörpern nach* Boussinesq (1884)
b) Entwicklung der Sohldruckbeanspruchung bei wachsender Fundamentbelastung ($N_{ult} = R_n$ = Beanspruchung im Grenzzustand der Tragfähigkeit; hier Grundbruch)

c) Gründungskörper mit endlicher Steifigkeit: $0 < E \cdot I < \infty$

Die Ermittlung der Sohldruckbeanspruchung für diesen Fall ergibt sich aus der Wechselwirkung Baugrund-Bauwerk und ist eine statisch unbestimmte Aufgabe. Sie ergibt sich aus dem Zusammenwirken der unterschiedlichen Steifigkeiten (Gründungskörper, Baugrund) und den Laststellungen auf den Gründungskörper. Abb. 17.5 zeigt hierzu Beispiele. Weitere Hinweise finden sich z. B. in *Kögler/Scheidig (1944)*, *Ohde (1942)*, *Graßhoff/Kany (1982)* und *Smoltczyk et al. (2001)*. Weiterhin beeinflusst auch die Steifigkeit des aufgehenden Bauwerkes im Verhältnis zur Gründungssteifigkeit die Sohldruckbeanspruchung (Abb. 17.6).

Abb. 17.5: *Beispiele der Sohldruckbeanspruchung unter Gründungskörpern endlicher Steifigkeit*

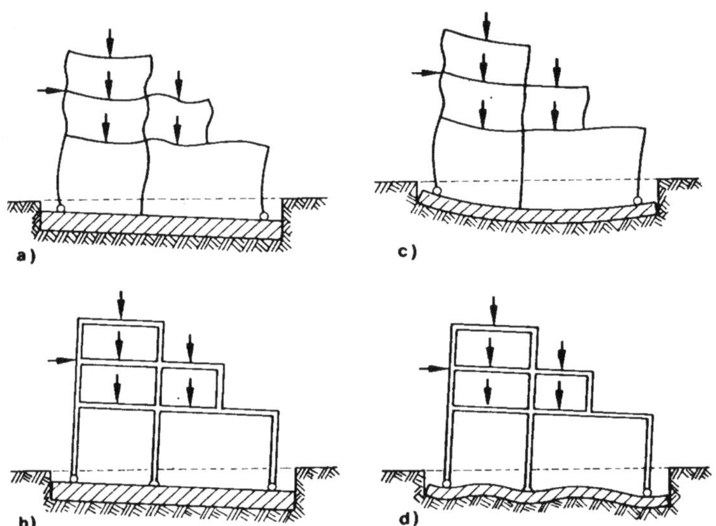

Abb. 17.6: *Verschiedene Steifigkeitsverhältnisse bei Bauwerken, aus* Graßhoff/Kany (1982):
a) elastischer Hochbau auf starrer Platte
b) starrer Hochbau auf starrer Platte
c) elastischer Hochbau auf elastischer Platte
d) starrer Hochbau auf elastischer Platte

Die Größe und Verteilung der Sohldruckbeanspruchung ist Grundlage für die Ermittlung der Beanspruchung und für die Bemessung der Gründungskörper („innere Standsicherheit"). Im *Handbuch Eurocode 7-1 (2015)* wird dieser Nachweis als „Bemessung der Bauteile von Flächengründungen" als inneres Versagen bezeichnet.

Gegenstand der im Grundbau durchzuführenden Nachweise ist die „äußere Standsicherheit“ (17.1), die bei Flach- und Flächengründungen entscheidend von den Fundamentabmessungen abhängt bzw. deren Ziel die Bestimmung der „äußeren“ Fundamentabmessungen ist. Dabei geht es um die Nachweise der Systeme und Gründungselemente gegen Verformungen (Gebrauchstauglichkeit) und Bruch im Boden bzw. an der Grenzfläche Gründungskörper und Boden (Tragfähigkeit). Für die Berechnung der Sohldruckbeanspruchung können folgende Berechnungsverfahren verwendet werden, die mit unterschiedlichem Aufwand und Näherung der Ergebnisse verbunden sind:

- Spannungstrapezverfahren (17.3),
- Bettungsmodulverfahren (19.1),
- Steifemodulverfahren (19.2),
- kombinierte Verfahren,
- Finite-Elemente-Verfahren (19.3).

Das Bettungsmodulverfahren berücksichtigt auch die Steifigkeit des Gründungskörpers, ebenso die drei letztgenannten Verfahren in der Auflistung (Kap. 19). Nachfolgend wird zunächst nur das Spannungstrapezverfahren behandelt.

17.3 Spannungstrapezverfahren

Besonders für nahezu starre Gründungskörper, z. B. Einzel- und Streifenfundamente, wird häufig näherungsweise das Spannungstrapezverfahren verwendet. Bei Annahme großer Biegesteifigkeit des Gründungskörpers und geradlinig verteilter Sohldruckbeanspruchung sind aus der Festigkeitslehre die folgenden Beziehungen bekannt.

Anmerkung: Im Folgenden ist vereinbart, dass die lotrecht zur Sohlfläche gerichtete Komponente der resultierenden Beanspruchung N (Einwirkung) bereits auch das Fundamenteigengewicht enthalten soll, sofern der Pfeil in der Fundamentsohle angreift. Weiterhin sind alle nachfolgenden Bezeichnungen charakteristische Größen (z. B. $N = N_k$ usw.), auch wenn das nicht besonders mit dem Index „k“ gekennzeichnet ist. Weitere Formeln und Nomogramme zum Spannungstrapezverfahren für beliebige Belastungsrandbedingungen finden sich in *Smoltczyk et al. (2001)*.

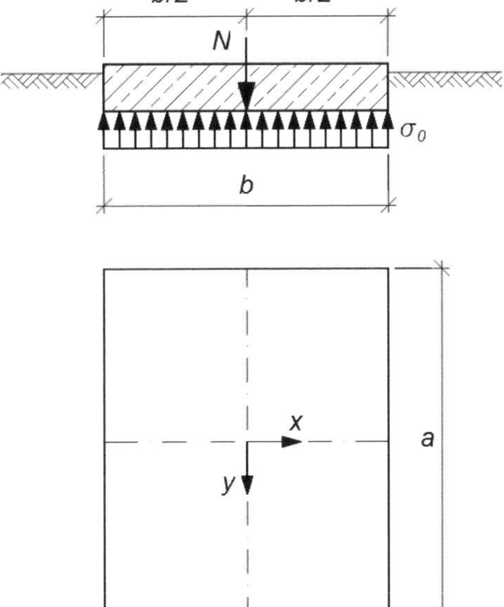

Abb. 17.7: *Spannungstrapezverfahren bei lotrechter und mittiger Belastung*

Bei lotrechter und mittiger Belastung ist die Spannungsverteilung nach Gl. (17.1) und Abb. 17.7 zu ermitteln. Bei Streifenfundamenten ($b \ll a$ bzw. $a \to \infty$) ist im Berechnungsverfahren $a = 1,0$ m zu setzen.

$$\sigma_0 = \frac{N}{a \cdot b} \tag{17.1}$$

Bei lotrechter und ausmittiger Belastung ist zwischen den Fällen nach Gln. (17.2) und (17.3) sowie Abb. 17.8 zu differenzieren.

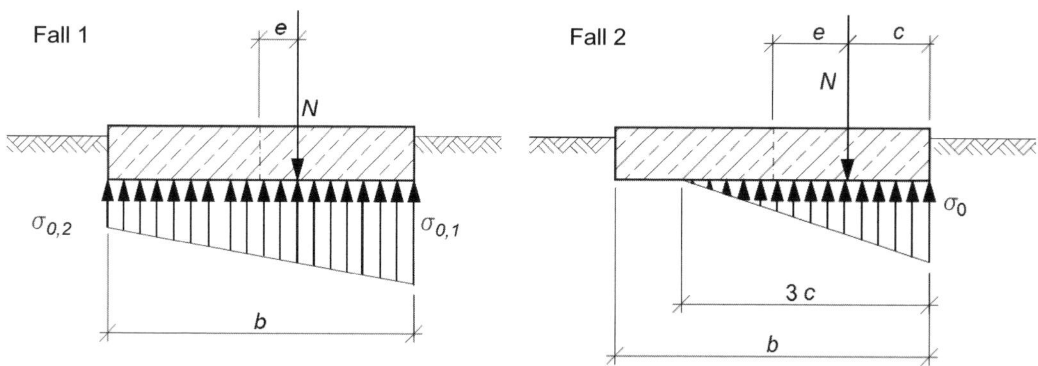

Abb. 17.8: *Spannungstrapezverfahren bei lotrechter und ausmittiger Belastung*

Fall 1:

$$e \leq \frac{b}{6} \qquad \sigma_{0,1,2} = \frac{N}{b \cdot a} \pm \frac{M}{W} = \frac{N}{b \cdot a} \cdot \left(1 \pm \frac{6 \cdot e}{b}\right) \tag{17.2}$$

W : Widerstandsmoment der Fundamentfläche

Fall 2:

$$\frac{b}{6} < e < \frac{b}{3} \qquad \sigma_0 = \frac{2 \cdot N}{3 \cdot \left(\frac{b}{2} - e\right)} \cdot a = \frac{2 \cdot N}{3 \cdot c \cdot a} \tag{17.3}$$

17.4 Konstruktive Hinweise

Die Fundamentunterkante (Sohlfläche) ist frostsicher in einer Mindesttiefe von 0,8 m unter der Geländeoberfläche anzuordnen. Bei Fundamenten, die in unterschiedlicher Gründungstiefe abgesetzt sind, sind gegenseitige Abtreppungen von kleiner gleich 30° vorzusehen, siehe Abb. 17.9.

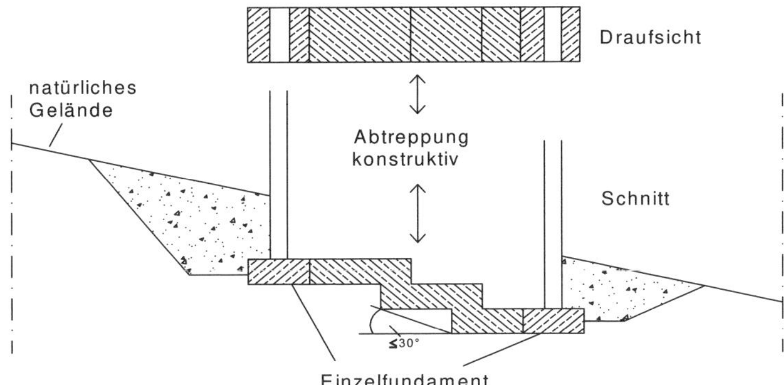

Abb. 17.9: *Beispiel zur Fundamentabtreppung*

17.5 Einwirkungen und Beanspruchungen in der Sohlfläche

17.5.1 Einwirkungen

Einwirkungen sind z. B.:

- Eigenlasten des Gründungskörpers und aus der aufgehenden Konstruktion,
- Lasten aus Erddruck, Sohlwasserdruck und seitlichem Wasserdruck,
- sonstige Horizontallasten am Gründungskörper; insbesondere die zur Sohlfläche parallel wirkenden Komponenten der Bodenreaktion an der Stirnseite des Fundamentes sowie
- erforderlichenfalls zusätzliche Massenkräfte (Strömungskraft, Erdbebenkraft, zyklische und dynamische Lasten).

17.5.2 Charakteristische Beanspruchungen

Für die Nachweise der Tragfähigkeit (ULS) und der Gebrauchstauglichkeit (SLS) von Flach- und Flächengründungen ist die resultierende charakteristische Beanspruchung in der Sohlfläche zu ermitteln. Diese ergibt sich aus den charakteristischen Werten der betrachteten unabhängigen Einwirkungen nach 17.5.1 und gegebenenfalls unter Berücksichtigung der Bodenreaktion an der Stirnseite des Fundamentkörpers.

Beim Nachweis des Grenzzustandes der Tragfähigkeit (ULS) und der Gebrauchstauglichkeit (SLS) von Einzel- und Streifenfundamenten darf der charakteristische Sohldruck als geradlinig begrenzt angenommen werden. Bei Platten- und Trägerrostgründungen sowie bei Streifenfundamenten in Längsrichtung sollte bei der Sohldruckverteilung die Wechselwirkung von Gründung und Baugrund berücksichtigt werden, siehe 17.2 und *DIN-Fachbericht 130 (2003)*.

Die charakteristische Beanspruchung des Gründungskörpers ergibt sich aus einer Ermittlung der Schnittgrößen unter Ansatz der charakteristischen Sohldruckverteilung und den charakteristischen Werten der Einwirkungen an der Oberfläche des Gründungskörpers sowie unter Berücksichtigung der Einwirkungen aus Fundamenteigenlasten.

Die charakteristische Lastexzentrizität $e_a = e_y$ bzw. $e_b = e_x$ ergibt sich entsprechend Abb. 17.10 und Gln. (17.4) bis (17.7) zu:

$$e_a = \frac{M_b}{N}; \quad e_y = \frac{M_x}{N} \qquad (17.4)$$

$$e_b = \frac{M_a}{N}; \quad e_x = \frac{M_y}{N} \qquad (17.5)$$

$$a' = a - 2 \cdot e_a; \quad a' = a - 2 \cdot e_y \qquad (17.6)$$

$$b' = b - 2 \cdot e_b; \quad b' = b - 2 \cdot e_x \qquad (17.7)$$

Ausmittig belastete Streifenfundamente oder Gründungskörper mit rechteckiger Sohlfläche sind wie mittig belastete Fundamente mit einer rechnerischen Grundfläche $A' = a' \cdot b'$ und einer rechnerischen Breite b' bzw. einer rechnerischen Länge a' zu berechnen (siehe Abb. 17.10).

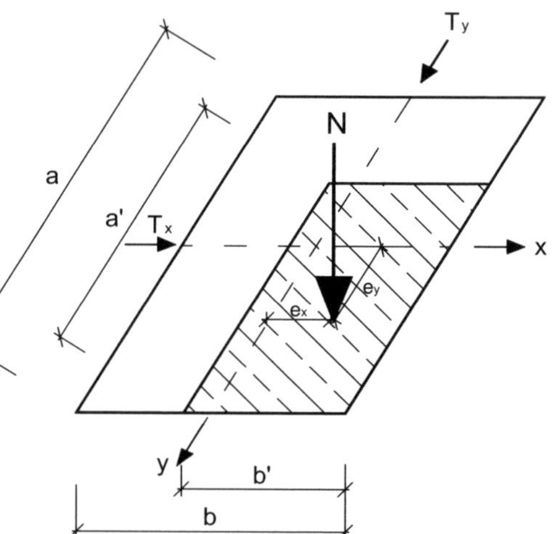

Abb. 17.10: *Charakteristische Lastexzentrizitäten und fiktive mittlere Restsohldruckfläche mittiger Belastung bei wirkenden Lastexzentrizitäten*

17.5.3 Bemessungswerte der Beanspruchungen

Der Bemessungswert N_d der Beanspruchung rechtwinklig zur Fundamentsohlfläche setzt sich zusammen aus dem ständigen Anteil $N_{G,k}$ der charakteristischen Beanspruchung, multipliziert mit dem Teilsicherheitsbeiwert γ_G und dem veränderlichen bzw. repräsentativen Anteil $N_{Q,k}$ der charakteristischen Beanspruchung, multipliziert mit dem Teilsicherheitsbeiwert γ_Q (Anhang A-8) für den Grenzzustand GEO-2.

Anmerkung: Zu den Abkürzungen V und N siehe Hinweis in 17.1.

$$V_d = N_d = N_{G,k} \cdot \gamma_G + N_{Q,k} \cdot \gamma_Q \quad \textit{bzw.} \quad V_d = N_d = N_{G,k} \cdot \gamma_G + N_{Q,rep} \cdot \gamma_Q \qquad (17.8)$$

Der Bemessungswert T_d der Beanspruchung parallel zur Fundamentsohlfläche ergibt sich analog zu:

$$T_d = T_{G,k} \cdot \gamma_G + T_{Q,k} \cdot \gamma_Q \quad \textit{bzw.} \quad T_d = T_{G,k} \cdot \gamma_G + T_{Q,rep} \cdot \gamma_Q \qquad (17.9)$$

Falls die Bemessungsbeanspruchung in der Fundamentsohlfläche in zwei Richtungen x und y gleichzeitig wirkt, ist die Resultierende zu bestimmen.

$$T_d = \sqrt{T_{d,x}^2 + T_{d,y}^2} \qquad (17.10)$$

Die Größen $T_{d,x}$ und $T_{d,y}$ sind in Anlehnung an Gl. (17.9) zu ermitteln.

17.6 Bodenreaktionen an der Stirnseite der Fundamentflächen

Die Bodenreaktionen an der Stirnseite der Fundamentflächen können bei den Nachweisen mit Teilsicherheiten sowohl Einwirkungen (z. B. Grundbruch, Kippen, Lage der Resultierenden) als auch Widerstände (z. B. Gleiten) sein.

Weitere Hinweise und detaillierte Regelungen finden sich in den nachfolgenden Abschnitten.

17.7 Nachweis der Tragfähigkeit – Nachweis der Grundbruchsicherheit

17.7.1 Grundbruchmechanismus

Unter Grundbruch wird verstanden, dass ein Gründungskörper unter einer Einwirkung (z. B. Belastung) so stark belastet wird, dass sich unter ihm ein Bruchmechanismus und damit ein Versagen des Fundamentes bildet, bei dem der Scherwiderstand des Bodens (Grundbruchwiderstand) überwunden wird. Abb. 17.11 zeigt ein Versuchsergebnis zum Grundbruchproblem aus *Arens (1975)*. Weitere Literaturhinweise über Grundbruch finden sich z. B. auch in *Muhs/Weiß (1970)*.

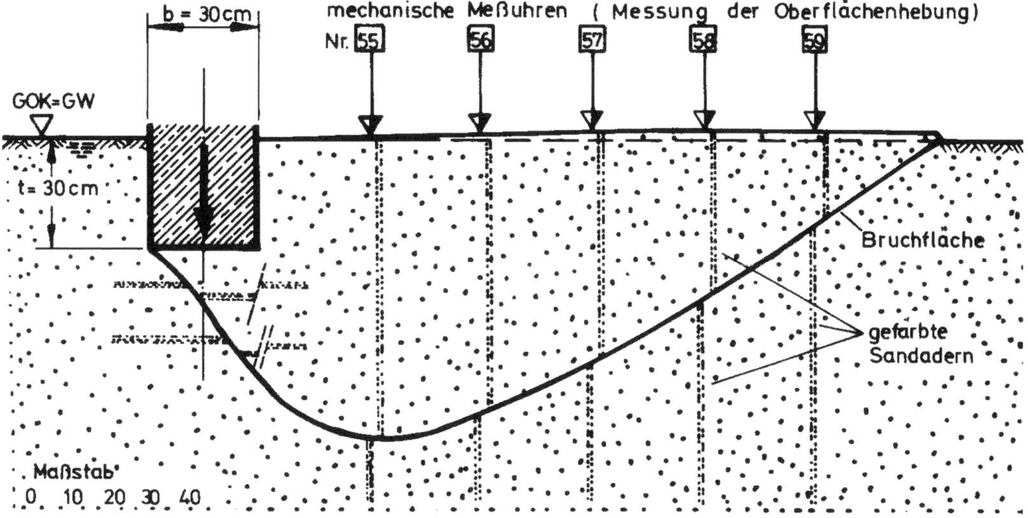

Abb. 17.11: *Ergebnis eines Modellversuchs zum Grundbruch, aus* Arens (1975)

17.7.2 Bodenreaktion an der Fundamentstirnseite – Grundbruchnachweis

Der charakteristische Grundbruchwiderstand $R_{n,k}$ im Grenzzustand GEO-2 wird nach DIN 4017 unter Berücksichtigung der Neigung und einer eventuellen Ausmittigkeit der resultierenden charakteristischen Beanspruchung ermittelt.

Eine Bodenreaktion B_k an der Stirnseite des Fundamentes darf wie eine charakteristische Einwirkung behandelt werden. Ihre maximale Größe darf jedoch die parallel zur Sohlfläche angreifende charakteristische bzw. repräsentative Beanspruchung aus den Einwirkungen nicht überschreiten. Für den Betrag der charakteristischen Bodenreaktion B_k muss

$$B_k \leq 0,5 \cdot E_{p,k} \tag{17.11}$$

gelten.

Die Ermittlung von $E_{p,k}$ ist mit $\delta_p = 0$ durchzuführen.

Die Einführung von B_k als charakteristische Einwirkung hat zur Folge,

- dass die Neigung der charakteristischen Sohldruckresultierenden vermindert wird. Hierdurch werden die Neigungsbeiwerte bei der Berechnung des Grundbruchwiderstandes größer, damit wächst der Grundbruchwiderstand gegenüber der Betrachtung ohne Ansatz von B_k;
- dass die Exzentrizität e (etwas) kleiner wird. Damit werden die rechnerischen Fundamentabmessungen a' und/oder b' größer, sodass der Grundbruchwiderstand ebenfalls anwächst.

17.7.3 Ermittlung des charakteristischen Grundbruchwiderstandes

Wie bereits in 17.7.2 ausgeführt, kann die Ermittlung des charakteristischen Grundbruchwiderstandes $R_{n,k}$ für Regelfälle (Fälle mit einfachen Randbedingungen) auf der Grundlage der DIN 4017 bestimmt werden. Nachfolgend sind dazu die wesentlichen Berechnungsgrundlagen zusammengestellt.

In Abb. 17.12 und 17.13 sind der in DIN 4017 zugrunde gelegte Mechanismus und die darin verwendeten Bezeichnungen dargestellt.

In Anhang A-7 sind verwendete Abkürzungen und Begriffe zusammengefasst.

Die Ermittlung des charakteristischen Grundbruchwiderstandes $R_{n,k}$ bzw. die Grundbruchspannung $\sigma_{g,k}$ berechnet sich aus:

$$\begin{aligned} R_{n,k} &= A' \cdot \sigma_{g,k} \\ R_{n,k} &= a' \cdot b' \cdot (c \cdot N_c + \gamma_1 \cdot d \cdot N_d + \gamma_2 \cdot b' \cdot N_b) \\ &= \text{Kohäsionsglied} + \text{Tiefenglied} + \text{Breitenglied} \end{aligned} \tag{17.12}$$

mit

$$N_b = N_{b0} \cdot \nu_b \cdot i_b \cdot \lambda_b \cdot \xi_b \tag{17.13}$$

$$N_d = N_{d0} \cdot \nu_d \cdot i_d \cdot \lambda_d \cdot \xi_d \tag{17.14}$$

$$N_c = N_{c0} \cdot \nu_c \cdot i_c \cdot \lambda_c \cdot \xi_c \tag{17.15}$$

N_{b0}, N_{d0}, N_{c0} : Tragfähigkeitsbeiwerte für Breiten-, Tiefen- und Kohäsionseinfluss
ν_b, ν_d, ν_c : Formbeiwerte für Breiten-, Tiefen- und Kohäsionseinfluss
i_b, i_d, i_c : Lastneigungsbeiwerte für Breiten-, Tiefen- und Kohäsionseinfluss
$\lambda_b, \lambda_d, \lambda_c$: Geländeneigungsbeiwerte für Breiten-, Tiefen- und Kohäsionseinfluss
ξ_b, ξ_d, ξ_c : Sohlneigungsbeiwerte für Breiten-, Tiefen- und Kohäsionseinfluss

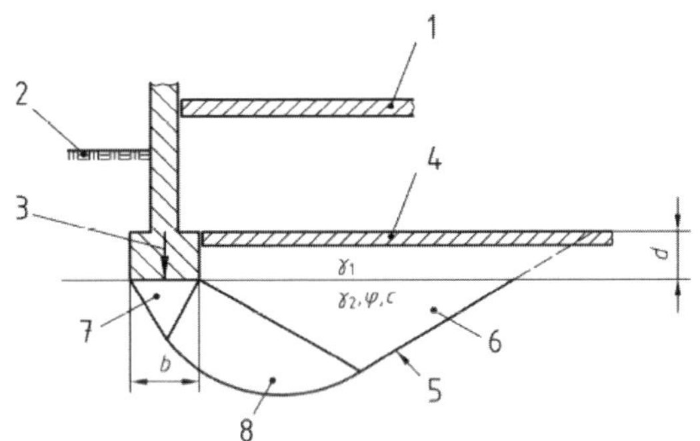

Legende
1 aussteifende Decke
2 Gelände
3 lotrechte, mittige Last; Sohldruckresultierende
4 Kellersohle
5 Gleitfläche, Form ist abhängig vom Reibungswinkel φ
6 passive Rankine-Zone des Grundbruchkörpers
7 aktive Rankine-Zone des Grundbruchkörpers
8 Prandtl-Zone des Grundbruchkörpers

Abb. 17.12: *Grundbruch unter einem lotrecht und mittig belasteten Fundament bei einheitlicher Schichtung des Bodens im Bereich des Gleitkörpers, aus DIN 4017*

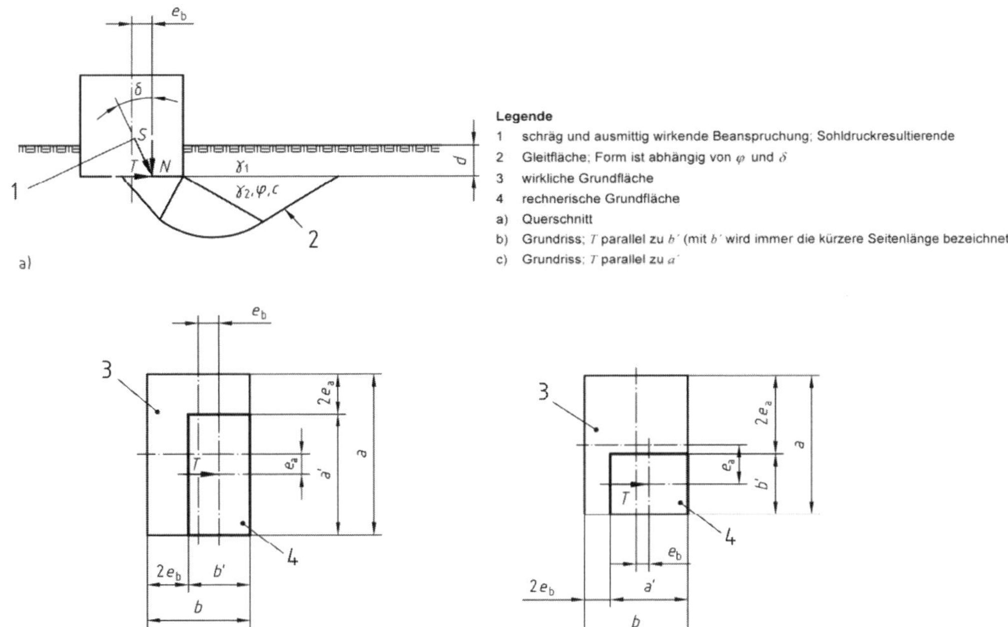

Abb. 17.13: *Grundbruch unter einem in Richtung der kurzen Seite b schräg und über beide Achsen ausmittig belasteten Fundament bei einheitlicher Schichtung im Bereich des Gleitkörpers, aus DIN 4017*

a) Tragfähigkeitsbeiwerte N_0:

Zur Berechnung der Tragfähigkeitsbeiwerte stehen mehrere Verfahren zur Verfügung. Die Verfahren beruhen auf der Annahme, dass der Grundbruch in einer ausgeprägten Form auftritt und die Scherfestigkeit in der gesamten Scherfläche gleichzeitig ausgenutzt wird. Die Tragfähigkeitsbeiwerte N_{b0}, N_{d0} und N_{c0} können entweder über die Gleichungen von *Meyerhoff* (N_{b0}), *Prandl* (N_{d0}) und von *Caquot* (N_{c0}) in Tab. 17.1 oder mit Tab. 17.2 bzw. Abb. 17.14 bestimmt werden.

Tab. 17.1: *Tragfähigkeitsbeiwerte* N_0

Gründungsbreite N_{b0}	Gründungstiefe N_{d0}	Kohäsion N_{c0}
$N_{b0} = (N_{d0} - 1) \cdot \tan\varphi$	$N_{d0} = \tan^2(45° + \varphi/2) \cdot e^{\pi \cdot \tan\varphi}$	$N_{c0} = (N_{d0} - 1)/\tan\varphi$

Tab. 17.2: *Tragfähigkeitsbeiwerte* N_{c0}, N_{d0} *und* N_{b0}

φ_k	N_{c0}	N_{d0}	N_{b0}
0°	5,1	1,0	0,0
5°	6,5	1,6	0,0
10°	8,3	2,5	0,3
15°	11,0	3,9	0,8
20°	14,8	6,4	2,0
22,5°	17,4	8,2	3,0
25°	20,7	10,7	4,5
27,5°	25,0	14,0	7,0
30°	30,0	18,0	10,0
32,5°	37,0	25,0	15,0
35°	46,0	33,0	23,0
37,5°	58,0	46,0	34,0
40°	75,0	64,0	53,0
42,5°	99,0	92,0	83,0

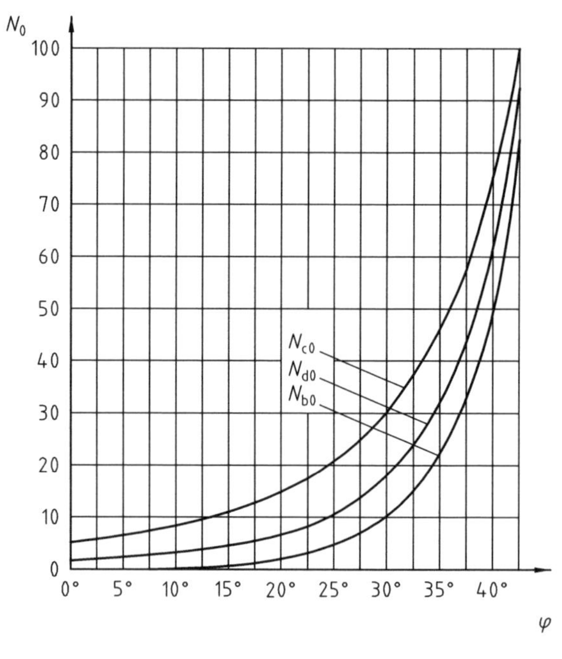

Abb. 17.14: *Tragfähigkeitsbeiwerte* N_{c0}, N_{d0} *und* N_{b0}*, aus DIN 4017*

b) Formbeiwerte ν:

Die nachfolgend zusammengestellten Formbeiwerte gelten unter der Voraussetzung $a \geq b$ bzw. $a' \leq b'$.

Tab. 17.3: *Formbeiwerte ν*

Grundrissform	Gründungsbreite ν_b	Gründungstiefe ν_d	Kohäsion ν_c ($\varphi \neq 0$)	Kohäsion ν_c ($\varphi = 0$)
Streifen	1,0	1,0	1,0	1,0
Rechteck	$1 - 0,3 \cdot \frac{b'}{a'}$	$1 + \frac{b'}{a'} \cdot \sin\varphi$	$\frac{\nu_d \cdot N_{d0} - 1}{N_{d0} - 1}$	$1 + 0,2 \cdot \frac{b'}{a'}$
Quadrat / Kreis	0,7	$1 + \sin\varphi$	$\frac{\nu_d \cdot N_{d0} - 1}{N_{d0} - 1}$	1,2

c) Lastneigungsbeiwerte i:

Der Lastneigungswinkel berechnet sich aus:

$$\tan\delta = \frac{T_k}{N_k} \tag{17.16}$$

Das vorliegende Berechnungsverfahren gilt nur für die Voraussetzung, dass $|\delta| < \varphi$ ist. Der Winkel δ wird als positiv definiert, wenn sich der zugeordnete Gleitkörper in Richtung der Tangentialkomponente T verschiebt, siehe Abb. 17.15 a). Der Winkel ist negativ, wenn sich der Gleitkörper, z. B. infolge unterschiedlicher Einbindetiefen, in die entgegengesetzte Richtung verschiebt, siehe Abb. 17.15 b).

Es sind zur Berechnung der Lastneigungsbeiwerte i zwei Fälle zu unterscheiden:

- $\varphi_{u,k} = 0$ und $c_{u,k} \neq 0$: (Anfangszustand, bei wassergesättigten bindigen Böden),
- $\varphi_{u,k} > 0$ und $c_{u,k} \geq 0$: (Endzustand, bei bindigen und nichtbindigen Böden).

In Tab. 17.4 sind die Lastneigungsbeiwerte i zusammengestellt.

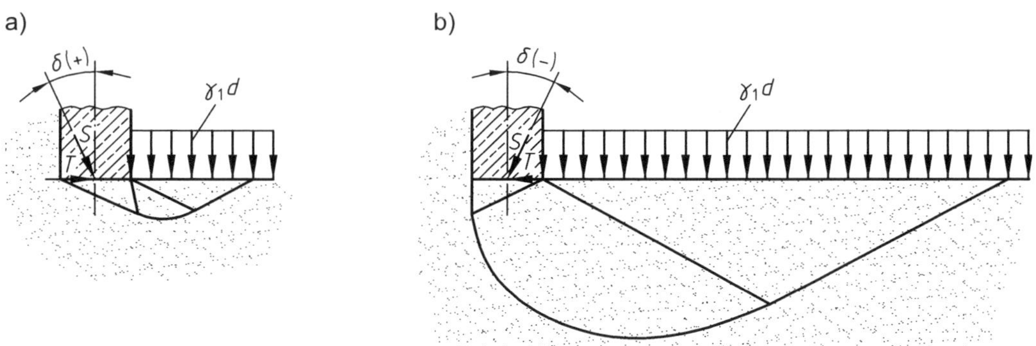

Abb. 17.15: *a) Positiver und b) negativer Lastneigungswinkel δ, aus DIN 4017*

Tab. 17.4: *Lastneigungsbeiwerte i*

Fall	$\varphi_{u,k} = 0,\ c_{u,k} \neq 0$	$\varphi_k > 0,\ c_k \geq 0$	
Lastneigungswinkel	$\delta > 0$ und $\delta < 0$	$\delta > 0$	$\delta < 0$
Gründungsbreite i_b	entfällt, da $N_{b0} = 0$	$(1 - \tan\delta)^{(m+1)}$	$\cos\delta \cdot (1 - 0,04 \cdot \delta)^{(0,64+0,028\cdot\varphi)}$
Gründungstiefe i_d	1,0	$(1 - \tan\delta)^m$	$\cos\delta \cdot (1 - 0,0244 \cdot \delta)^{(0,03+0,04\cdot\varphi)}$
Kohäsion i_c	$0,5 + 0,5\sqrt{1 - \frac{T_k}{A' \cdot c}}$	$\frac{i_d \cdot N_{d0} - 1}{N_{d0} - 1}$	
Winkel sind in [°] einzusetzen.			

Die Definition des Winkels ω ist in Abb. 17.16 dargestellt. Für den Sonderfall $\omega = 0$ ist $i_b = i_d = i_c = 1$. Ist es nicht eindeutig, ob der Lastneigungswinkel positiv oder negativ ist, sind beide Gleitkörper zu untersuchen.

$$m = m_a \cos^2\omega + m_b \sin^2\omega \tag{17.17}$$

mit

$$m_b = \frac{2 + \frac{b'}{a'}}{1 + \frac{b'}{a'}};\ m_a = \frac{2 + \frac{a'}{b'}}{1 + \frac{a'}{b'}}$$

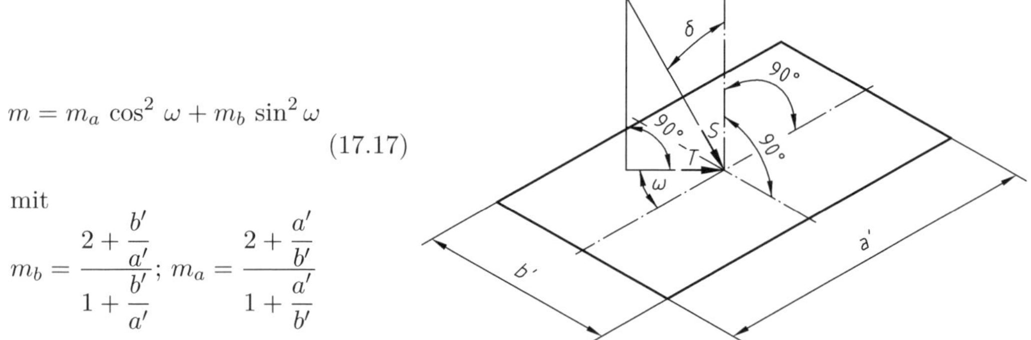

Abb. 17.16: *Definition des Winkels ω*

d) Geländeneigungsbeiwert λ und Berücksichtigung von Bermen:

Die Geländeneigungsbeiwerte nach Tab. 17.5 gelten unter der Voraussetzung, dass die Geländeneigung $\beta < \varphi$ ist, und für Gründungskörper, deren Längsachse etwa parallel zur Böschungskante verläuft (Abb. 17.17). Für $\beta > \varphi$ und $c >> 0$ ist eine Untersuchung nach DIN 4084, Geländebruch (Band 1, Kap. 14) durchzuführen.

Tab. 17.5: *Geländeneigungsbeiwerte λ*

Scherparameter	Gründungsbreite λ_b	Gründungstiefe λ_d	Kohäsion λ_c
$\varphi_{u,k} = 0$ $c_{u,k} \neq 0$	entfällt, da $N_{b0} = 0$	1,0	$1 - 0,4 \cdot \tan\beta$
$\varphi_k > 0$ $c_k \geq 0$	$(1 - 0,5 \cdot \tan\beta)^6$	$(1 - \tan\beta)^{1,9}$	$\frac{N_{d0} \cdot e^{-0,0349 \cdot \beta \cdot \tan\varphi} - 1}{N_{d0} - 1}$
Winkel sind in [°] einzusetzen.			

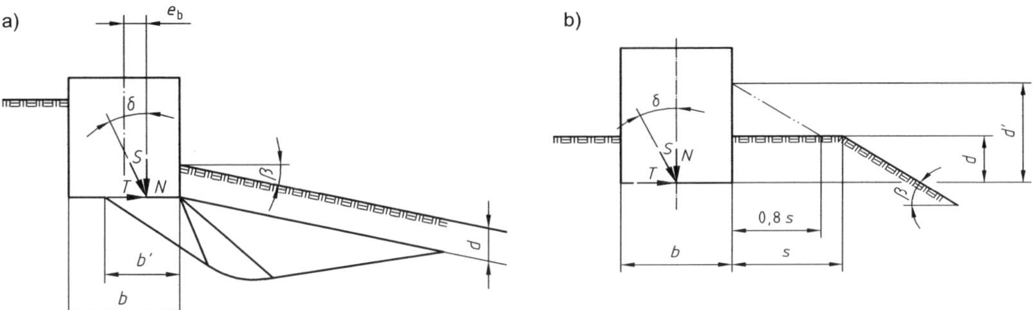

Abb. 17.17: *Bezeichnungen, Lage und Richtungen der einwirkenden Größen, aus DIN 4017:*
a) Ausmittig und schräg belastetes Streifenfundament in geneigtem Gelände
b) Berücksichtigung einer Bermenbreite

Zur Berücksichtigung einer Bermenbreite neben dem Fundament, siehe Abb. 17.17 b), kann Gl. (17.18) verwendet werden (Ersatzeinbindetiefe).

$$d' = d + 0,8 \cdot s \cdot \tan\beta \qquad (17.18)$$

Dabei müssen Vergleichsberechnungen mit $\beta = 0$ und $d' = d$ durchgeführt werden. Der kleinere Wert für den Bemessungswert des Grundbruchwiderstandes (Grundbruchspannung bzw. -last) ist maßgebend.

e) Sohlneigungsbeiwert ξ:

Der Winkel α nach Abb. 17.18 wird als positiv definiert, wenn sich der zugehörige Gleitkörper in Richtung der Horizontalkomponente N_h verschiebt.

In Tab. 17.6 ist α mit dem zugehörigen Vorzeichen einzusetzen.

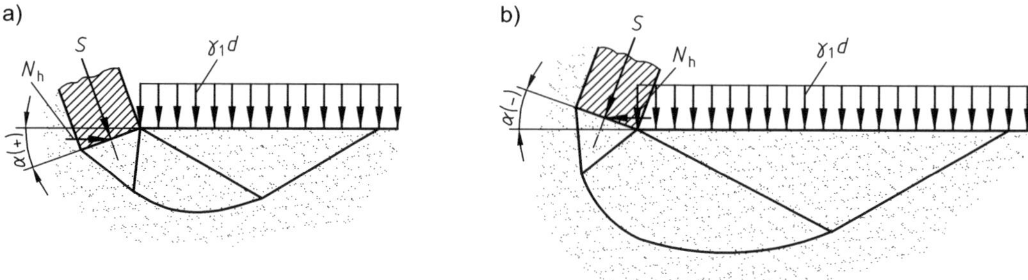

Abb. 17.18: *a) Positiver und b) negativer Sohlneigungswinkel, aus DIN 4017*

Für den Sonderfall ($\alpha = 0$) gilt $\xi = 1$.

Tab. 17.6: *Sohlneigungsbeiwert ξ*

Scherparameter	Gründungsbreite ξ_b	Gründungstiefe ξ_d	Kohäsion ξ_c
$\varphi_{u,k} = 0$ $c_{u,k} \neq 0$	entfällt, da $N_{b0} = 0$	1,0	$1 - 0,0068 \cdot \alpha$
$\varphi_k > 0$ $c_k \geq 0$	$e^{-0,045 \cdot \alpha \cdot \tan\varphi}$		
Winkel sind in [°] einzusetzen.			

17.7.4 Besonderheiten bei der Ermittlung des Grundbruchwiderstandes

Bei Fundamenten mit besonderer Geometrie ist Folgendes zu berücksichtigen:

- Der Grundbruchwiderstand wird für Kreisfundamente über die Ringbreite bestimmt.
- Enthält die Sohlfläche Aussparungen, so sind die äußeren Abmessungen der Sohlfläche für die Ermittlung des Grundbruchwiderstandes maßgebend, soweit diese nicht 20 % der umrissenen Sohlfläche überschreiten.

Weiterhin kann der Grundbruchwiderstand unregelmäßig begrenzter Fundamente näherungsweise durch ein rechteckiges Ersatzfundament ersetzt werden, das die gleiche Fläche und die gleichen Trägheitshauptachsen aufweist. Bei tiefengestuften Fundamenten kann auf der sicheren Seite liegend die kleinste Einbindetiefe für die Ermittlung des charakteristischen Grundbruchwiderstandes angesetzt werden.

Die in 17.7.3 dargestellte Ermittlung des charakteristischen Grundbruchwiderstandes $R_{n,k}$ nach DIN 4017 darf nur verwendet werden, wenn

- die Scherparameter näherungsweise richtungsunabhängig sind und der Reibungswinkel einzelner Schichten nicht um mehr als 5° vom arithmetischen Mittelwert abweicht, wobei sich in DIN 4017 Hinweise zur gewichteten Mittelwertbildung finden,

- die Einbindetiefe d kleiner als die zweifache Fundamentbreite b ist; für $d/b > 2$ liegen die Ergebnisse auf der sicheren Seite, sofern mit $d/b = 2$ gerechnet wird,
- bei nichtbindigen Böden für die Lagerungsdichte jeweils $D > 0,2$ ($C_U = 3$) bzw. $D > 0,3$ ($C_U > 3$) gilt
- und für bindige Böden die Konsistenz $I_c > 0,5$ ist.

In abweichenden Fällen sind weitere Untersuchungen notwendig und $R_{n,k}$ ist über besondere Verfahren zu ermitteln, siehe hierzu auch DIN 4017 und DIN 4084.

17.7.5 Bemessungswert des Grundbruchwiderstandes

Der Bemessungswert $R_{n,d}$ des Grundbruchwiderstandes ergibt sich nach Gl. (17.19) mit dem Teilsicherheitsbeiwert $\gamma_{R,v}$ nach Anhang A-10 für den Grenzzustand GEO-2 zu:

$$R_{n,d} = R_{n,k}/\gamma_{R,v} \tag{17.19}$$

17.7.6 Grenzzustandsgleichung und Sicherheitsnachweis – Grundbruch

Zur Einhaltung einer ausreichenden Sicherheit gegen Grundbruch ist nachzuweisen, dass für den Grenzzustand GEO-2 folgende Bedingung erfüllt ist:

$$N_d \leq R_{n,d} \tag{17.20}$$

mit

N_d : der Bemessungswert der Beanspruchung senkrecht zur Fundamentsohlfläche nach 17.5.3

$R_{n,d}$: der Bemessungswert des Grundbruchwiderstandes nach 17.7.5

Es sind die möglicherweise maßgebenden Kombinationen von ständigen und veränderlichen Einwirkungen zu untersuchen, insbesondere

- die Kombination der größten Normalkraft $V_{k,max} = N_{k,max}$ mit der zugehörigen größten Tangentialkraft $T_{k,max}$ und
- die Kombination der kleinsten Normalkraft $V_{k,min} = N_{k,min}$ mit der zugehörigen größten Tangentialkraft $T_{k,max}$.

Der Nachweis gegen Grundbruch ist für wassergesättigte bindige Böden sowohl für den „Anfangszustand" ($\varphi_{u,k}$, $c_{u,k}$) als auch für den „Endzustand" (φ', c') zu führen. Bei nichtbindigen Böden entfällt ersterer Nachweis.

Der Nachweis der Grundbruchsicherheit ist bei Einzel- und Streifenfundamenten unter Bauteilen sowie bei flach gegründeten Stützwänden für jedes Fundament für den Grenzzustand GEO-2 grundsätzlich einzeln zu führen. Bei Fundamentgruppen mit geringen Abständen oder sehr steifem Oberbau ist u. U. zusätzlich der Grundbruchnachweis für das ganze Bauwerk zu führen.

Die Bemessungssituation BS-T kann für den Nachweis der Grundbruchsicherheit zugrunde gelegt werden, wenn Bauzustände oder spätere, zeitlich begrenzte Abgrabungen neben dem Fundament zu erwarten sind, bei denen die Bodenreaktion auf die Stirnfläche vorübergehend entfällt.

17.8 Nachweis der Tragfähigkeit – Nachweis der Gleitsicherheit

17.8.1 Ermittlung des charakteristischen Gleitwiderstandes

Wenn der Lastvektor nicht normal zur Sohlfläche steht, müssen Gründungskörper gegen ein Versagen durch Gleiten in der Sohlfläche untersucht werden. Der charakteristische Gleitwiderstand $R_{t,k}$ ist aus der Normalkraftkomponente der charakteristischen Beanspruchung in der Sohlfläche und den charakteristischen Werten der Scherparameter zu ermitteln.

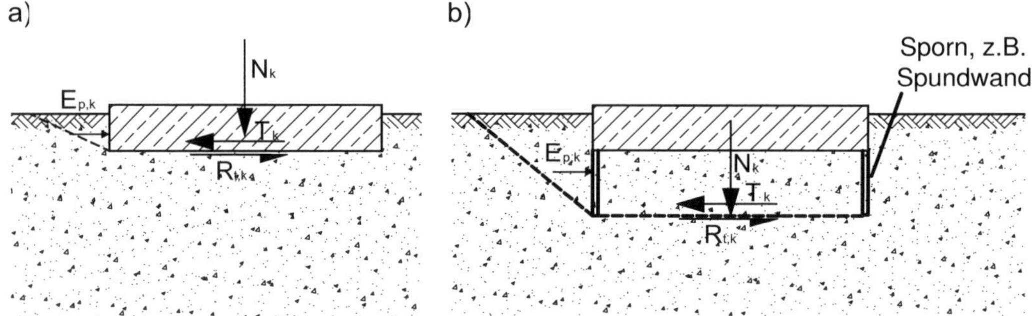

Abb. 17.19: *Beispiele zur Definition des Gleitens:*
a) Bruchfläche in Fundamentsohle, b) Bruchfläche durch den Boden

Für die Ermittlung des in der Sohlfläche verfügbaren charakteristischen Gleitwiderstands $R_{t,k}$ sind drei Zustände zu unterscheiden:

- Beanspruchungen im Anfangszustand bei wassergesättigten bindigen Böden nach Gl. (17.21) mit $\varphi_u = 0$

$$R_{t,k} = A \cdot c_{u,k} \tag{17.21}$$

- Beanspruchungen im Endzustand bei bindigen oder nichtbindigen Böden:

$$R_{t,k} = N'_k \cdot \tan \delta_{s,k} \tag{17.22}$$

- Beanspruchungen im Endzustand, wenn die Bruchfläche nach Abb. 17.19 b) durch den Boden verläuft:

$$R_{t,k} = N'_k \cdot \tan \varphi'_k + A \cdot c'_k \tag{17.23}$$

mit

A: die für die Kraftübertragung maßgebende Sohlfläche

$c_{u,k}$: der charakteristische Wert der Scherfestigkeit des undränierten Bodens

$\delta_{s,k}$: der charakteristische Wert des Sohlreibungswinkels

In Sonderfällen sind auch Zwischenzustände mit Teilkonsolidierung zu beachten.

Sofern der Sohlreibungswinkel $\delta_{s,k}$ nicht eigens ermittelt wird, darf er bei Ortbetonfundamenten gleich dem charakteristischen Wert φ'_k des Reibungswinkels angesetzt werden, jedoch $\varphi'_k = 35°$ nicht überschreiten. Bei vorgefertigten Fundamenten ist er auf $2/3 \cdot \varphi'_k$ abzumindern, es sei denn, die Fertigteile werden im Mörtelbett verlegt.

17.8.2 Bemessungswert des Gleitwiderstandes

Der Bemessungswert des Gleitwiderstandes $R_{t,d}$ ergibt sich nach Gl. (17.24) mit dem Teilsicherheitsbeiwert $\gamma_{R,h}$ nach Anhang A-10 für den Grenzzustand GEO-2 zu:

$$R_{t,d} = R_{t,k}/\gamma_{R,h} \tag{17.24}$$

17.8.3 Bodenreaktionen an der Stirnseite des Fundamentkörpers – Gleitsicherheitsnachweis

Sofern beim Nachweis der Sicherheit gegen Gleiten an der Stirnseite des Fundamentkörpers eine Bodenreaktion angesetzt wird, ist nach *Handbuch Eurocode 7-1 (2015)* zur Bestimmung ihrer Größe zunächst der charakteristische Wert $R_{p,k}$ der Komponente des Erdwiderstands parallel zur Sohlfläche zu ermitteln. Der größte zulässige Bemessungswert $R_{p,d}$ ergibt sich aus dem charakteristischen Erdwiderstand $R_{p,k}$ (Ermittlung empfohlen mit $\delta_p = 0$) durch Division mit dem Teilsicherheitsbeiwert γ_{Ep} für den Grenzzustand GEO-2 zu:

$$R_{p,d} = R_{p,k}/\gamma_{Ep} \tag{17.25}$$

17.8.4 Grenzzustandsgleichung und Sicherheitsnachweis – Gleiten

Zur Einhaltung einer ausreichenden Sicherheit gegen Gleiten ist nachzuweisen, dass für den Grenzzustand GEO-2 die folgende Bedingung (Grenzzustandsgleichung) erfüllt ist:

$$T_d \leq R_{t,d} + R_{p,d} \tag{17.26}$$

mit

T_d : der Bemessungswert der Beanspruchung parallel zur Fundamentsohlfläche nach 17.5.3

$R_{t,d}$: der Bemessungswert des Gleitwiderstandes nach 17.8.2

$R_{p,d}$: der Bemessungswert der Bodenreaktion an der Stirnseite des Fundamentes nach 17.8.3

Bei T_k in zwei Richtungen gilt:

$$T_k = \sqrt{(T_{k,x}^2 + T_{k,y}^2)} \tag{17.27}$$

Bei in Gleitrichtung ansteigender Sohlfläche und bei Fundamenten mit einem Sporn ist zusätzlich eine ausreichende Sicherheit gegen Gleiten in Bruchflächen nachzuweisen, die nicht in der Sohlfläche des Fundamentes, sondern durch den Boden verlaufen. Für die Berechnung des charakteristischen Gleitwiderstandes $R_{t,k}$ ist dann Gl. (17.23) maßgebend.

Der Nachweis der Gleitsicherheit ist bei Einzel- und Streifenfundamenten unter Bauteilen sowie bei flach gegründeten Stützkonstruktionen für jedes Fundament einzeln zu führen. Bei Flächengründungen, Trägerrostfundamenten sowie bei Einzel- und Streifenfundamenten, die zu Fundamentgruppen verbunden sind und als einheitlicher Gründungskörper wirken, darf der Nachweis der Gleitsicherheit für das Gesamtbauwerk geführt werden.

Die Bemessungssituation BS-T kann für den Nachweis der Gleitsicherheit zugrunde gelegt werden, wenn Bauzustände oder spätere, zeitlich begrenzte Abgrabungen neben dem Fundament zu erwarten sind, bei denen die Bodenreaktion auf die Stirnfläche vorübergehend entfällt.

17.9 Nachweise der Tragfähigkeit – stark exzentrische Belastung und Kippsicherheitsnachweis

Nach *Handbuch Eurocode 7-1 (2015)* ist bei stark exzentrischer Fundamentbelastung, unabhängig davon, ob unter dem Fundament Lockergestein oder Fels vorhanden ist, ein Kippsicherheitsnachweis entsprechend Gl. (17.28) als Lagesicherheitsnachweis EQU zu führen. Dabei werden die Bemessungswerte der Momentenbeanspruchungen näherungsweise auf eine fiktive Kippkante am Fundamentrand bezogen, auch wenn tatsächlich bei Lockergesteinsverhältnissen eine Drehachse innerhalb des Fundamentes zu erwarten ist.

$$E_{dst,d} \leq E_{stb,d} \tag{17.28 a}$$

$$M_{dst,d} \leq M_{stb,d} \tag{17.28 b}$$

Anmerkung: Dieser Nachweis war bisher in der Form bei Fundamenten im Lockergestein nicht üblich. Die bisher bekannten Nachweise zur Lage der Resultierenden sind nunmehr vollständig Gebrauchstauglichkeitsnachweise.

Bei Flach- und Flächengründungen, die ins Grundwasser reichen, ist beim Nachweis der Lagesicherheit EQU nach Gl. (17.28) der Sohlwasserdruck je nach seiner Verteilung als ungünstige, destabilisierende oder günstige, stabilisierende Einwirkung anzusetzen.

Ergänzende Hinweise zur Kippsicherheit von Fundamenten bei Anwendung von Normen aus der Tragwerksplanung, siehe *Kempfert/Fischer (2009)*.

17.10 Nachweis der Gebrauchstauglichkeit

17.10.1 Fundamentverdrehung und Begrenzung einer klaffenden Fuge

Die maßgebende Sohldruckresultierende ergibt sich als resultierende charakteristische bzw. repräsentative Beanspruchung in der Sohlfläche aus der ungünstigsten Kombination der charakteristischen bzw. repräsentativen Werte ständiger und veränderlicher Einwirkungen für die Bemessungssituationen BS-P und gegebenenfalls BS-T. Maßgebend ist die größte Ausmittigkeit.

Folgende Bedingungen sind einzuhalten:

a) Bei Gründungen auf nichtbindigen und bindigen Böden darf in der Sohlfläche infolge der aus ständigen Einwirkungen resultierenden charakteristischen Beanspruchung keine klaffende Fuge auftreten. Bei Rechteckfundamenten ist diese Bedingung eingehalten, wenn die Sohldruckresultierende innerhalb der 1. Kernweite liegt (schraffierte Fläche in Abb. 17.20) und Gl. (17.29) erfüllt ist. Die Ausmittigkeit der Sohldruckresultierenden darf dabei höchstens so groß werden, dass die Gründungssohle des Fundamentes noch vollständig Druckspannungen aufweist.

$$\frac{x_e}{b_x} + \frac{y_e}{b_y} \leq \frac{1}{6} \qquad \text{(zweiachsig)} \qquad (17.29a)$$

$$e \leq \frac{b}{6} \qquad \text{(einachsig)} \qquad (17.29b)$$

$$r_e - 0,25 \cdot r \qquad (17.29c)$$

Beim kreisförmigen Vollquerschnitt ist diese Bedingung nach Abb. 17.20 durch einen Kreis mit dem Radius nach Gl. (17.29c) begrenzt.

mit

e_x, e_y: Ausmittigkeiten der resultierenden charakteristischen Beanspruchung in der Sohlfläche in Richtung der Fundamentachsen x und y mit den höchstzulässigen Werten x_e und y_e

b_x, b_y: dazugehörige Fundamentbreiten

r: Radius bei kreisförmigen Fundamenten

b) Bei Fundamenten, deren Grundriss einen rechteckigen oder kreisförmigen Vollquerschnitt hat, darf infolge der resultierenden charakteristischen Beanspruchung aus der ungünstigsten Kombination der charakteristischen Werte der ständigen und veränderlichen bzw. repräsentativen Einwirkungen eine klaffende Fuge bis zur Fundamentmitte auftreten. Bei Rechteckfundamenten ist diese Bedingung eingehalten, wenn die Sohldruckresultierende noch innerhalb der 2. Kernweite nach Abb. 17.20 liegt und Gl. (17.30) erfüllt ist. Die Ausmittigkeit der Sohldruckresultierenden darf dabei höchstens so groß werden, dass die Gründungssohle des Fundamentes noch bis zu ihrem Schwerpunkt durch Druckspannungen belastet bleibt.

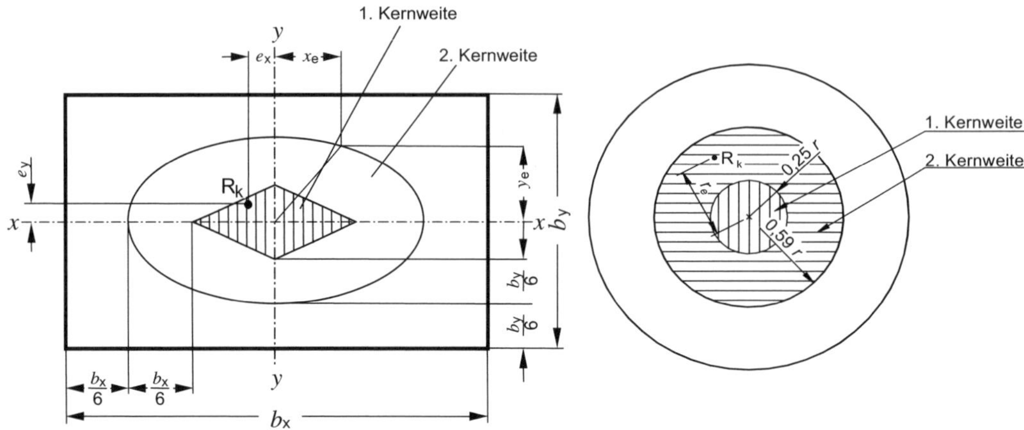

Abb. 17.20: *Kernflächen eines rechteckigen und kreisförmigen Fundaments und Lage der charakteristischen Sohldruckresultierenden bei zweiachsiger Beanspruchung*

$$\left(\frac{x_e}{b_x}\right)^2 + \left(\frac{y_e}{b_y}\right)^2 = \frac{1}{9} \qquad \text{(zweiachsig)} \qquad (17.30a)$$

$$e \leq \frac{b}{3} \qquad \text{(einachsig)} \qquad (17.30b)$$

$$r_e = 0,59 \cdot r \qquad (17.30c)$$

Beim kreisförmigen Vollquerschnitt ist diese Bedingung nach Abb. 17.20 durch einen Kreis mit dem Radius nach Gl. (17.30c) begrenzt.

Die Begrenzung einer klaffenden Fuge wird i. d. R. ohne Berücksichtigung einer Bodenreaktionskraft an der Stirnseite berechnet, da keine wesentliche Fundamentbewegung bei dem Nachweis angenommen wird.

Sofern aber der Boden an der Stirnseite garantiert immer während der Nutzungszeit der Fundamente vorhanden ist (keine Abgrabungen), darf der charakteristische Ruhedruck an der Fundamentstirnseite bei der Berechnung der Ausmittigkeit für diesen Nachweis angesetzt werden.

Für die Bemessungssituation BS-A darf bei erfülltem Nachweis der Grundbruchsicherheit (17.7.6) auf einen Nachweis der Begrenzung einer klaffenden Fuge verzichtet werden.

Sofern die vorstehenden Nachweise eingehalten sind, darf nach *Handbuch Eurocode 7-1 (2015)* angenommen werden, dass bei Einzel- und Streifenfundamenten auf mindestens mitteldicht gelagertem Boden bzw. mindestens steifem bindigem Boden keine unzuträglichen Verdrehungen der Fundamente auftreten.

Liegen Hinweise dafür vor, dass ungleichmäßige Setzungen der Gründung oder von Teilen der Gründung zu Schäden am Bauwerk oder an dessen Umgebung führen können, dann sind die Verdrehungen in Anlehnung an 17.10.2 zu ermitteln und nach den darin enthaltenen Kriterien zu bewerten.

17.10.2 Setzungen und Verdrehungen

Zur Ermittlung der Setzungen von Flachgründungen, siehe Band 1, Kap. 8.

Bei nichtbindigen Böden sind regelmäßig auftretende veränderliche Einwirkungen bei der Ermittlung der Setzungen zu berücksichtigen. Bei der Ermittlung von Konsolidationssetzungen bindiger Böden dürfen veränderliche Einwirkungen vernachlässigt werden, deren Einwirkungszeit wesentlich kleiner ist als die zum Ausgleich des Porenwasserüberdruckes erforderliche Zeit.

Sofern die Setzungen bei der Bemessung des Tragwerkes als Zwangsbeanspruchungen berücksichtigt werden sollen, sind sie

- entweder als charakteristische Werte in Form von vorsichtigen Schätzwerten des Mittelwertes (wahrscheinliche Setzungen)
- oder als charakteristische Werte der kleinsten und der größten zu erwartenden Setzungen (mögliche Setzungen) anzugeben.

Absolutsetzungen sind für Bauwerke weniger gefährlich als die Setzungsunterschiede über eine Länge. Abb. 17.21 zeigt die Definition der Setzungsdifferenzen und Winkelverdrehung unter mehreren Fundamenten.

Setzungsdifferenzen und Winkelverdrehungen führen im aufgehenden Bauwerk zu Zwangsbeanspruchungen, die unter Berücksichtigung der Konstruktion des Tragwerkes zu beurteilen sind. Zur pauschalen Beurteilung der Gebrauchstauglichkeit (SLS) eines Bauwerkes werden häufig die nachfolgenden mehr empirischen Angaben verwendet.

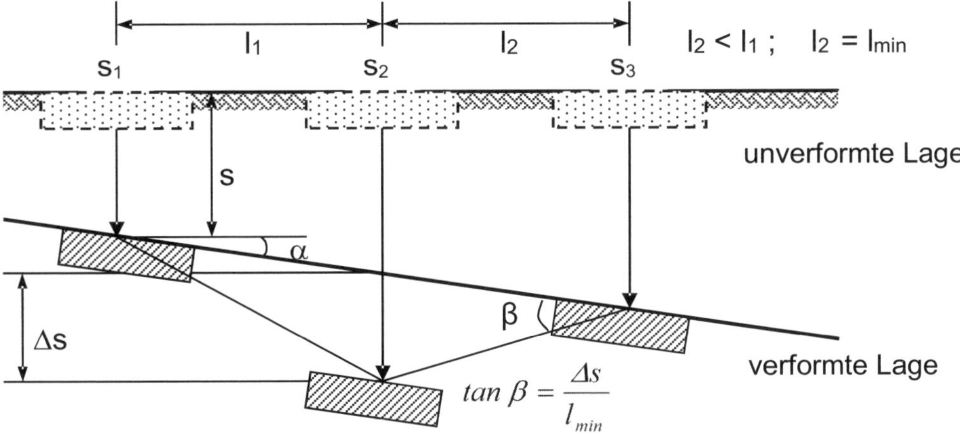

Abb. 17.21: *Definition von Setzungen, Setzungsdifferenzen und Winkelverdrehungen unter Fundamenten*

Nach *Skempton/McDonald (1957)* ist für Muldenlagen eine Rissfreiheit bis

$$\tan\beta \leq 1/500 \tag{17.31}$$

und bei Inkaufnahme von leichten Schönheitsrissen bis

$$\tan\beta \leq 1/300 \tag{17.32}$$

gegeben.

Bjerrum (1973) gibt noch detailliertere Angaben für zulässige Winkelverdrehungen an (Abb. 17.22). Für Sattellagen sind diese Werte zu halbieren. Bei hohen starren Bauwerken (z. B. Türme, Schornsteine usw.) gilt eine Verkantung bis

$$\tan\beta \leq 0{,}004 \quad (1:250) \tag{17.33}$$

nach *Polshin/Tokar (1957)* als zulässig.

Weitere detaillierte Zusammenstellungen von zulässigen Setzungen und Schadenskriterien finden sich in *Kempfert/Gebreselassie (2006)* und *Kempfert/Fischer (2009)*.

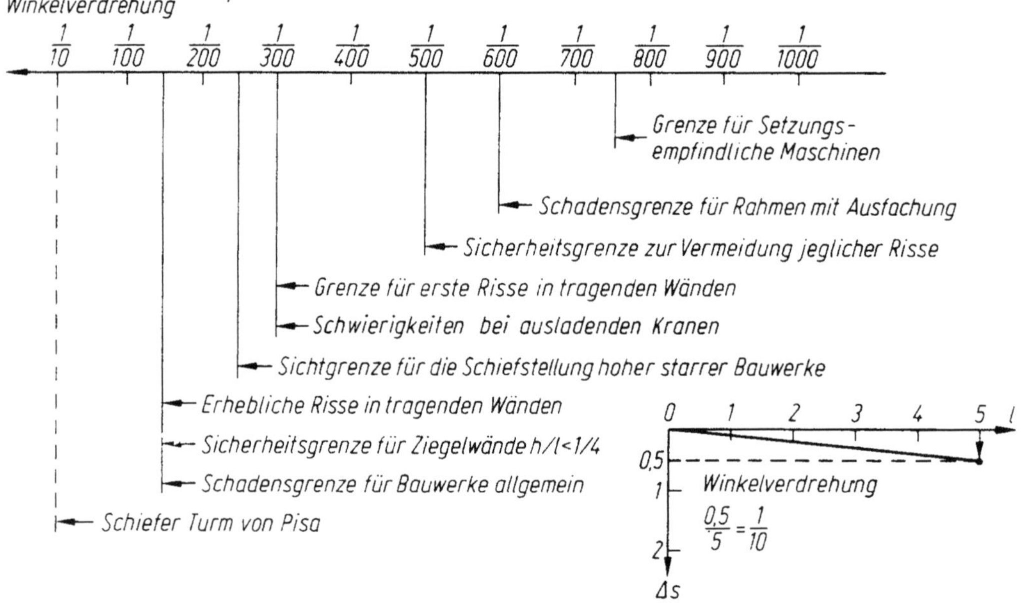

Abb. 17.22: *Schadenskriterien für Winkelverdrehungen (Muldenlage), aus* Bjerrum (1973)

17.10.3 Horizontale Verschiebungen in der Sohlfläche

a) Nach *Handbuch Eurocode 7-1 (2015)* darf bei Flach- und Flächengründungen der Nachweis gegen unzuträgliche Verschiebungen des Fundamentes in der Sohlfläche als erbracht angesehen werden, wenn

- beim Nachweis der Gleitsicherheit nach 17.8.4 auf der Stirnseite des Fundamentes keine Bodenreaktion angesetzt wird oder wenn
- bei mindestens mitteldicht gelagerten nichtbindigen Böden bzw. bei mindestens steifen bindigen Böden bei Ansatz des vollen Wertes des charakteristischen Gleitwiderstandes eine Bodenreaktion von weniger als 30 % des charakteristischen Erdwiderstandes vor der Stirnseite des Fundamentkörpers zur Herstellung des Gleichgewichtes der charakteristischen Kräfte parallel zur Sohlfläche erforderlich ist.

b) Sofern

- der Erdwiderstand vor der Stirnseite des Gründungskörpers in höherem Maße in Anspruch genommen wird als unter a) angegeben oder
- der Boden nicht den unter a) genannten Anforderungen entspricht,

ist nachzuweisen, dass bei Ansatz der charakteristischen bzw. repräsentativen Werte der ständigen und der regelmäßig auftretenden veränderlichen Einwirkungen sowie infolge der charakteristischen bzw. repräsentativen Werte der seltenen oder einmaligen planmäßigen Einwirkungen keine unzuträglichen Verschiebungen des Fundamentes in der Sohlfläche der Flach- oder Flächengründung auftreten.

17.11 Vereinfachter Nachweis in Regelfällen mit Tabellenwerten nach Handbuch EC 7-1

17.11.1 Allgemeines

In einfachen Baugrund- und Beanspruchungsverhältnissen (Regelfälle) darf bei Flachgründungen der Nachweis der Sohldruckbeanspruchung mithilfe von Tabellenwerten nach *Handbuch Eurocode 7-1 (2015)* bestimmt werden. Voraussetzung dafür ist, dass eine ausreichende Baugrunderkundung durchgeführt wurde, damit die Baugrundverhältnisse unter den im *Handbuch Eurocode 7-1 (2015)* genannten Bedingungen für die Anwendung der Tabellenwerte eingeordnet werden können. Es wird darauf hingewiesen, dass die Anwendung der Tabellenwerte nicht immer die wirtschaftlichste Lösung darstellt.

Wie bereits ausgeführt, ist bei Flachgründungen nach *Handbuch Eurocode 7-1 (2015)* der Nachweis im Grenzzustand der Tragfähigkeit ULS (Nachweis gegen Bruch, hier Grundbruch) und der Nachweis im Grenzzustand der Gebrauchstauglichkeit SLS (hier zulässige Setzungen) zu führen. Welcher der beiden Nachweise für die Ermittlung der äußeren Fundamentabmessungen für überwiegend zentrisch belastete Fundamente maßgebend ist, ergibt sich aus der Einzelfalluntersuchung und ist in Abb. 17.23 a) erläutert.

Abb. 17.23 b) zeigt die Tiefenwirkung der Sohldruckbeanspruchung im Baugrund. Dieser Spannungsabbau unter dem Fundament mit zunehmender Tiefe resultiert aus der räumlichen Spannungsausbreitung im Untergrund. Bezüglich der seitlichen Ausstrahlung kann näherungsweise von einer Spannungsausbreitung ab Fundamentaußenkante unter 45° bis 60° gegenüber der Waagerechten ausgegangen werden.

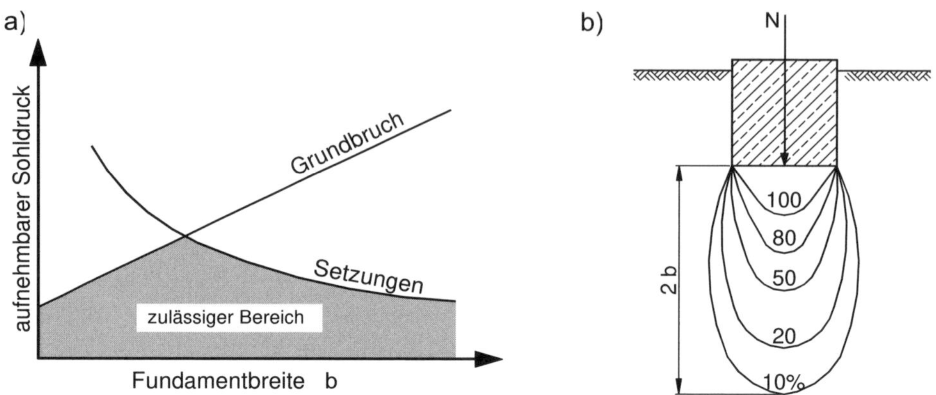

Abb. 17.23: *a) Aufnehmbarer Sohldruck (Sohlwiderstand) abhängig von der Fundamentbreite für ausreichende Grundbruchsicherheit und nach Einhaltung einer zulässigen Setzung*
b) Beispiel zur Tiefenwirkung der Sohldruckbeanspruchung unter einem Fundament

Nach *Handbuch Eurocode 7-1 (2015)* dürfen also als Ersatz für den Tragfähigkeitsnachweis im Grenzzustand der Tragfähigkeit GEO-2 und für den Grenzzustand der Gebrauchstauglichkeit der Bemessungswert der Sohldruckbeanspruchung $\sigma_{E,d}$ und der Bemessungswert des Sohlwiderstandes $\sigma_{R,d}$ einander gegenübergestellt werden, wenn folgende Voraussetzungen erfüllt sind:

- Die Fundamentsohle ist waagerecht und die Geländeoberfläche und die Schichtgrenzen verlaufen annähernd waagerecht.
- Der Baugrund weist bis in eine Tiefe unter der Gründungssohle, die der zweifachen Fundamentbreite entspricht, mindestens aber bis in 2,0 m Tiefe eine ausreichende Festigkeit auf; hierzu siehe 17.11.2.2 bei nichtbindigem Boden bzw. 17.11.3.1 bei bindigem Boden.
- Das Fundament wird nicht regelmäßig oder überwiegend dynamisch beansprucht. In bindigen Schichten entsteht kein nennenswerter Porenwasserüberdruck.
- Eine stützende Wirkung des Bodens vor dem Fundament darf nur in Rechnung gestellt werden, wenn sein Verbleib durch konstruktive oder andere Maßnahmen sichergestellt ist.
- Die Neigung der resultierenden charakteristischen bzw. repräsentativen Beanspruchung in der Sohlfläche hält die Bedingung

$$\tan \delta_E = H_k/N_k \leq 0,2 \tag{17.34}$$

ein. Wahlweise darf die Neigung der Sohldruckresultierenden auch aus der Bemessungsbeanspruchung ermittelt werden, wobei diese Vorgehensweise auf der sicheren Seite liegt und zu unwirtschaftlicheren Fundamentabmessungen führen kann.

- Die Bedingungen hinsichtlich der zulässigen Ausmittigkeit der Sohldruckresultierenden für charakteristische bzw. repräsentative Beanspruchungen nach 17.10.1 eingehalten sind.
- Der Nachweis gegen Gleichgewichtsverlust durch Kippen entsprechend 17.9 erfüllt ist.

Zur Ermittlung des Bemesssungswertes $\sigma_{E,d}$ der Sohldruckbeanspruchung bei ausmittiger Lage der resultierenden Beanspruchung in der Fundamentsohlfläche darf nur derjenige Teil A' der Sohlfläche angesetzt werden, für den die resultierende charakteristische bzw. repräsentative Beanspruchung im Schwerpunkt steht, also bei Rechteckfundamenten mit den Seitenlängen b_x und b_y und zugeordneten charakteristischen Ausmittigkeiten e_x und e_y die Fläche nach Gl. (17.35), vgl. auch Abb. 17.10.

$$A' = b'_x \cdot b'_y = (b_x - 2 \cdot e_x) \cdot (b_y - 2 \cdot e_y) \tag{17.35}$$

Eine ausreichende Sicherheit gegen Grundbruch und bauwerksverträgliche Setzungen darf als nachgewiesen angesehen werden, wenn folgende Bedingung erfüllt ist (Abb. 17.23):

$$\sigma_{E,d} \leq \sigma_{R,d} \tag{17.36}$$

mit

$\sigma_{E,d}$: der auf die reduzierte Fundamentsohlfläche nach Gl. (17.35) bezogene Bemessungswert der Sohldruckbeanspruchung

$\sigma_{R,d}$: der Bemessungswert des Sohlwiderstandes nach 17.11.2 bzw. 17.11.3, gegebenenfalls unter Berücksichtigung von Erhöhungs- und Abminderungsfaktoren

Ist die Einbindetiefe auf allen Seiten des Gründungskörpers $d > 2$ m, so darf der Bemessungswert des Sohlwiderstandes $\sigma_{R,d}$ nach 17.11.2 bzw. 17.11.3 um die Spannung erhöht werden, die sich aus der 1,4-fachen, über 2 m Tiefe hinausgehenden Bodenentlastung ergibt.

Dabei darf der Boden weder vorübergehend noch dauernd entfernt werden, solange die maßgebende Beanspruchung vorhanden ist.

Nach DIN 1054 ergibt sich der Bemessungswert der Sohldruckbeanspruchung aus der ungünstigsten Einwirkungskombination. Hierfür kommen folgende Vorgehensweisen infrage:

- Sofern die Schnittgrößen mit charakteristischen bzw. repräsentativen Werten der Einwirkungen ermittelt wurden, ergibt sich der Bemesssungswert $\sigma_{E,d}$ der Sohldruckbeanspruchung aus den charakteristischen bzw. repräsentativen Vertikalbeanspruchungen $N_{G,k}$ und $N_{Q,k}$ bzw. $N_{Q,rep}$ multipliziert mit den Teilsicherheitsbeiwerten γ_G und γ_Q für das Nachweisverfahren GEO-2.
- Sofern die Schnittgrößen mit Bemessungswerten der Einwirkungen ermittelt wurden, ergibt sich der Bemessungswert der Sohldruckbeanspruchungen aus dem Bemessungswert der Vertikalbeanspruchung $V_d = N_d$.

Die nachfolgend angegebenen Tabellen für die Bemessungswerte $\sigma_{R,d}$ des Sohlwiderstands sind für die Bemessungssituation BS-P ermittelt worden, die Anwendung für die Bemessungssituation BS-T liegt auf der sicheren Seite.

17.11.2 Nichtbindiger Boden

17.11.2.1 Bemessungswert des Sohlwiderstands

Der unter den in 17.11.1 genannten Voraussetzungen bei ausreichend dicht gelagertem nichtbindigem Boden und senkrechter Richtung des Bemessungswertes der Sohldruckbeanspruchung für Streifenfundamente maßgebende Bemessungswert des Sohlwiderstands $\sigma_{R,d}$ darf in Abhängigkeit von der tatsächlichen Fundamentbreite b bzw. von der reduzierten Fundamentbreite b' den Tabellen A.6.1 und A.6.2 aus *Handbuch Eurocode 7-1 (2015)* (hier Tab. 17.7 und 17.8) entnommen werden. Der mit zunehmender Fundamentbreite ebenfalls zunehmende Sohlwiderstand $\sigma_{R,d}$ nach Tab. 17.7 ist auf der Grundlage einer ausreichenden Grundbruchsicherheit ermittelt worden, der ab b bzw. $b' > 1$ m mit zunehmender Fundamentbreite abnehmende Sohlwiderstand $\sigma_{R,d}$ nach Tab. 17.8 auf der Grundlage einer Begrenzung der Setzungen.

Tab. 17.7: *Bemessungswert $\sigma_{R,d}$ des Sohlwiderstands für Streifenfundamente auf nichtbindigem Boden auf der Grundlage einer ausreichenden Grundbruchsicherheit (setzungsunempfindliche Bauwerke) mit den Voraussetzungen nach Tab. 17.9, aus* Handbuch Eurocode 7-1 (2015) *(dort Tabelle A 6.1)*

Kleinste Einbindetiefe des Fundaments [m]	Bemessungswerte $\sigma_{R,d}$ [kN/m^2] des Sohlwiderstands b bzw. b'					
	0,50 m	1,00 m	1,50 m	2,00 m	2,50 m	3,00 m
0,50	280	420	560	700	700	700
1,00	380	520	660	800	800	800
1,50	480	620	760	900	900	900
2,00	560	700	840	980	980	980
Bei Bauwerken mit Einbindetiefen $0,30$ m $\leq d \leq 0,50$ m und mit Fundamentbreiten b bzw. $b' \geq 0,30$ m	210					

In Tab. 17.7 und 17.8 dürfen Zwischenwerte geradlinig interpoliert werden. Wenn bei ausmittiger Belastung die kleinere reduzierte Seitenlänge $b' < 0,50$ m wird, dürfen die Tabellenwerte hierfür geradlinig extrapoliert werden. Für mittige Belastung gilt:

- Die auf der Grundlage der Tab. 17.7 bemessenen Fundamente können sich bei Fundamentbreiten bis 1,50 m um etwa 2 cm, bei breiteren Fundamenten ungefähr proportional zur Fundamentbreite stärker setzen.

Tab. 17.8: *Bemessungswert $\sigma_{R,d}$ des Sohlwiderstands für Streifenfundamente auf nichtbindigem Boden auf der Grundlage einer ausreichenden Grundbruchsicherheit und einer Begrenzung der Setzungen (setzungsempfindliche Bauwerke) mit den Voraussetzungen nach Tab. 17.9, aus* Handbuch Eurocode 7-1 (2015) *(dort Tab. A 6.2)*

Kleinste Einbindetiefe des Fundaments [m]	Bemessungswerte $\sigma_{R,d}$ [kN/m²] des Sohlwiderstands b bzw. b'					
	0,50 m	1,00 m	1,50 m	2,00 m	2,50 m	3,00 m
0,50	280	420	460	390	350	310
1,00	380	520	500	430	380	340
1,50	480	620	550	480	410	360
2,00	560	700	590	500	430	390
Bei Bauwerken mit Einbindetiefen $0,30$ m $\leq d \leq 0,50$ m und mit Fundamentbreiten b bzw. $b' \geq 0,30$ m	210					

- Die auf der Grundlage der Tab. 17.8 bemessenen Fundamente können sich um ein Maß setzen, das bei Fundamentbreiten bis 1,50 m etwa 1 cm, bei breiteren Fundamenten etwa 2 cm nicht übersteigt.

Die für die Anwendung der Bemessungswerte $\sigma_{R,d}$ des Sohlwiderstands nach den Tab. 17.7 und 17.8 geforderte mittlere Festigkeit darf angenommen werden, wenn eine der in Tab. 17.9 angegebenen Bedingungen eingehalten ist. Maßgebend ist jeweils der Mittelwert der gemessenen Werte von Lagerungsdichte D, Verdichtungsgrad D_{Pr} oder Spitzenwiderstand q_c der Drucksonde innerhalb des in 17.11.1 beschriebenen Bodenbereiches.

Tab. 17.9: *Voraussetzungen für die Anwendung der Bemessungswerte $\sigma_{R,d}$ des Sohlwiderstands nach Tab. 17.7 und 17.8 bei nichtbindigem Boden, aus* Handbuch Eurocode 7-1 (2015) *(dort Tab. A 6.3)*

Bodengruppe nach DIN 18196	Ungleichförmigkeitszahl U nach DIN 18196	Mittlere Lagerungsdichte D nach DIN 18126	Mittlerer Verdichtungsgrad D_{Pr} nach DIN 18127	Mittlerer Spitzenwiderstand der Drucksonde q_c [MN/m²]
SE, GE, SU, GU, ST, GT	≤ 3	$\geq 0,30$	$\geq 95\,\%$	$\geq 7,5$
SE, SW, SI, GE, GW, GT, SU, GU	> 3	$\geq 0,45$	$\geq 98\,\%$	$\geq 7,5$

In den Fällen, die durch Tab. 17.7 und 17.8 nicht erfasst sind, müssen die Grenzzustände der Tragfähigkeit ULS und der Gebrauchstauglichkeit SLS nach 17.5.1 bis 17.10 nachgewiesen werden.

17.11.2.2 Erhöhung des Bemessungswerts des Sohlwiderstands

Bei Fundamenten mit mindestens 0,50 m Breite und 0,50 m Einbindetiefe ist es zulässig, die nach 17.11.2.1 ermittelten Bemessungswerte $\sigma_{R,d}$ des Sohlwiderstands, wie nachstehend angegeben, zu erhöhen und gegebenenfalls die einzelnen Erhöhungen zu addieren:

- Bei Rechteckfundamenten mit einem Seitenverhältnis $b_x : b_y < 2$ bzw. $b'_x : b'_y < 2$ und bei Kreisfundamenten darf der in Tab. 17.7 und 17.8 angegebene Bemessungswert $\sigma_{R,d}$ des Sohlwiderstands um 20 % erhöht werden. Für die auf der Grundlage des Grundbruchs ermittelten Werte (Tab. 17.7) gilt dies aber nur dann, wenn die Einbindetiefe größer ist als $0,60 \cdot b$ bzw. $0,60 \cdot b'$.
- Der in Tab. 17.7 und 17.8 angegebene Bemessungswert $\sigma_{R,d}$ des Sohlwiderstands darf um bis zu 50 % erhöht werden, wenn sich bis in die in 17.11.1 angegebene Tiefe nachweisen lässt, dass eine der in Tab. 17.10 genannten Bedingungen erfüllt ist. Maßgebend ist jeweils der Mittelwert der gemessenen Werte von Lagerungsdichte D, Verdichtungsgrad D_{Pr} oder Spitzenwiderstand q_c der Drucksonde innerhalb des in 17.11.1 beschriebenen Bodenbereiches.

Tab. 17.10: *Voraussetzungen für die Erhöhung der Bemessungswerte $\sigma_{R,d}$ des Sohlwiderstands bei nichtbindigem Boden, aus* Handbuch Eurocode 7-1 (2015) *(dort Tab. A 6.4)*

Bodengruppe nach DIN 18196	Ungleichförmigkeitszahl U nach DIN 18196	Mittlere Lagerungsdichte D nach DIN 18126	Mittlerer Verdichtungsgrad D_{Pr} nach DIN 18127	Mittlerer Spitzenwiderstand der Drucksonde q_c [MN/m²]
SE, GE, SU, GU, ST, GT	≤ 3	$\geq 0,50$	$\geq 98\,\%$	≥ 15
SE, SW, SI, GE, GW, GT, SU, GU	> 3	$\geq 0,65$	$\geq 100\,\%$	≥ 15

17.11.2.3 Verminderung des Bemessungswerts des Sohlwiderstands bei Grundwasser

Der in Tab. 17.7 angegebene Bemessungswert $\sigma_{R,d}$ des Sohlwiderstands gilt für den Fall, dass der Abstand zwischen Grundwasserspiegel und Gründungssohle mindestens so groß ist wie die maßgebende Fundamentbreite b bzw. b' nach 17.11.1. Liegt der Grundwasserspiegel in Höhe der Gründungssohle, dann ist der Bemessungswert $\sigma_{R,d}$ des Sohlwiderstands nach Tab. 17.7 um 40 % zu verringern.

Ist der Abstand zwischen dem maßgebenden Grundwasserspiegel und der Gründungssohle kleiner als die maßgebende Gründungsbreite b bzw. b', dann darf zwischen dem um 40 %

abgeminderten und dem nicht abgeminderten Bemessungswert des Sohlwiderstands in Abhängigkeit von der maßgebenden Spiegelhöhe geradlinig interpoliert werden.

Liegt der Grundwasserspiegel über der Gründungssohle, dann reicht die Abminderung der in Tab. 17.7 angegebenen Bemessungswerte des Sohlwiderstands um 40 % nur dann aus, wenn die Einbindetiefe größer ist als 0,80 m und außerdem größer ist als die Fundamentbreite b. Sofern diese beiden Voraussetzungen nicht erfüllt sind, müssen die Grenzzustände der Tragfähigkeit und der Gebrauchstauglichkeit nachgewiesen werden. Der in Tab. 17.8 angegebene Bemessungswert $\sigma_{R,d}$ des Sohlwiderstands gilt für den Fall, dass er nicht größer ist als der verminderte Bemessungswert des Sohlwiderstands auf der Grundlage einer ausreichenden Sicherheit gegen Grundbruch nach Tab. 17.7. Maßgebend ist der kleinere Wert.

17.11.2.4 Verminderung des Bemessungswertes des Sohlwiderstands infolge von waagerechten Beanspruchungen

Bei Fundamenten, bei denen außer der resultierenden senkrechten Sohldruckbeanspruchung V_k (N_k) auch eine waagerechte Komponente H_k (T_k) angreift, ist der in Tab. 17.7 auf der Grundlage einer ausreichenden Grundbruchsicherheit angegebene, gegebenenfalls nach 17.11.2.2 erhöhte bzw. nach 17.11.2.3 verminderte Bemessungswert des Sohlwiderstands wie folgt abzumindern:

- mit dem Faktor $(1 - H_k/V_k)$, wenn H_k parallel zur langen Fundamentseite wirkt und das Seitenverhältnis $b_x : b_y \geq 2$ bzw. $b'_x : b'_y \geq 2$ ist,
- mit dem Faktor $(1 - H_k/V_k)^2$ in allen anderen Fällen.

17.11.3 Bindiger Boden

17.11.3.1 Bemessungswert des Sohlwiderstands

Der Bemessungswert des Sohlwiderstands $\sigma_{R,d}$ von Streifenfundamenten bei bindigem Baugrund unter den in 17.11.1 genannten Voraussetzungen darf den Tab. 17.11 bis 17.14 entnommen werden.

Die Sohldruckbeanspruchung darf senkrecht oder geneigt angreifen.

Tab. 17.11: *Bemessungswerte $\sigma_{R,d}$ des Sohlwiderstands für Streifenfundamente auf reinem Schluff (UL nach DIN 18196) mit Breiten b bzw. b' von 0,50 m bis 2,00 m bei steifer bis halbfester Konsistenz oder einer mittleren einaxialen Druckfestigkeit $q_{u,k} > 120 kN/m^2$, aus* Handbuch Eurocode 7-1 (2015) *(dort Tab. A 6.5)*

Kleinste Einbindetiefe des Fundamentes [m]	Bemessungswerte $\sigma_{R,d}$ des Sohlwiderstands [kN/m²]
0,50	180
1,00	250
1,50	310
2,00	350

Die Werte in Tab. 17.11 bis 17.14 sind nicht auf Bodenarten anwendbar, bei denen ein plötzlicher Zusammenbruch des Korngerüstes zu befürchten ist, z. B. auf Lößboden.

Die Anwendung der genannten Werte für den Bemessungswert des Sohlwiderstands kann bei mittig belasteten Fundamenten zu Setzungen in der Größenordnung von ca. 2 cm bis 4 cm führen.

Die für die Anwendung des Bemessungswertes $\sigma_{R,d}$ nach Tab. 17.11 bis 17.14 geforderten Festigkeiten des Bodens muss durch folgende Untersuchungen ermittelt werden:

- Entweder muss aus Laborversuchen nach *Handbuch Eurocode 7-2 (2011)* oder aus Handversuchen nach DIN EN ISO 14688-1 die Zustandsform (Konsistenz) bestimmt werden,
- oder es muss die einaxiale Druckfestigkeit nach *Handbuch Eurocode 7-2 (2011)* ermittelt werden.

Ergeben sich bei mehreren Versuchen unterschiedliche Werte der Zustandsform oder der einaxialen Druckfestigkeit, dann ist jeweils der Mittelwert innerhalb des in 17.11.1 beschriebenen Bodenbereichs maßgebend.

Tab. 17.12: *Bemessungswerte $\sigma_{R,d}$ des Sohlwiderstands für Streifenfundamente auf gemischtkörnigem Boden (SU*, ST, ST*, GU*, GT* nach DIN 18196; z. B. Geschiebemergel) mit Breiten b bzw. b' von 0,50 m bis 2,00 m, aus* Handbuch Eurocode 7-1 (2015) *(dort Tab. A 6.6)*

Kleinste Einbindetiefe des Fundaments [m]	Bemessungswerte des Sohlwiderstands $\sigma_{R,d}$ [kN/m²] mittlere Konsistenz		
	steif	halbfest	fest
0,50	210	310	460
1,00	250	390	530
1,50	310	460	620
2,00	350	520	700
mittlere einaxiale Druckfestigkeit $q_{u,k}$ in [kN/m²]	120 bis 300	300 bis 700	> 700

Sofern Versuche zur Ermittlung der Scherfestigkeit $c_{u,k}$ des undränierten Bodens vorliegen, darf die einaxiale Druckfestigkeit $q_{u,k}$ näherungsweise mit $\varphi_{u,k} = 0$ aus dem Ansatz

$$q_{u,k} = 2 \cdot c_{u,k} \tag{17.37}$$

ermittelt werden.

Tab. 17.13: *Bemessungswerte $\sigma_{R,d}$ des Sohlwiderstands für Streifenfundamente auf tonig schluffigem Boden (UM, TL, TM nach DIN 18196) mit Breiten b bzw. b′ von 0,50 m bis 2,00 m,* aus Handbuch Eurocode 7-1 (2015) *(dort Tab. A 6.7)*

Kleinste Einbindetiefe des Fundaments [m]	Bemessungswerte des Sohlwiderstands $\sigma_{R,d}$ [kN/m²] mittlere Konsistenz		
	steif	halbfest	fest
0,50	170	240	390
1,00	200	290	450
1,50	220	350	500
2,00	250	390	560
mittlere einaxiale Druckfestigkeit $q_{u,k}$ in [kN/m²]	120 bis 300	300 bis 700	> 700

Tab. 17.14: *Bemessungswerte $\sigma_{R,d}$ des Sohlwiderstands für Streifenfundamente auf Ton-Boden (TA nach DIN DIN 18196) mit Breiten b bzw. b′ von 0,50 m bis 2,00 m,* aus Handbuch Eurocode 7-1 (2015) *(dort Tab. A 6.8)*

Kleinste Einbindetiefe des Fundaments [m]	Bemessungswerte des Sohlwiderstands $\sigma_{R,d}$ [kN/m²] mittlere Konsistenz		
	steif	halbfest	fest
0,50	130	200	280
1,00	150	250	340
1,50	180	290	380
2,00	210	320	420
mittlere einaxiale Druckfestigkeit $q_{u,k}$ in [kN/m²]	120 bis 300	300 bis 700	> 700

In den Fällen, die durch Tab. 17.11 bis 17.14 nicht erfasst sind, müssen die Grenzzustände der Tragfähigkeit und der Gebrauchstauglichkeit nachgewiesen werden.

17.11.3.2 Erhöhung des Bemessungswerts des Sohlwiderstands

Bei Rechteckfundamenten mit einem Seitenverhältnis $b_x : b_y < 2$ bzw. $b'_x : b'_y < 2$ und bei Kreisfundamenten darf der in Tab. 17.11 bis 17.14 angegebene bzw. nach 17.11.3.3 für größere Fundamentbreiten ermittelte Bemessungswert $\sigma_{R,d}$ des Sohlwiderstands um 20 % erhöht werden.

17.11.3.3 Verminderung des Bemessungswertes des Sohlwiderstands

Bei Fundamentbreiten zwischen 2,00 und 5,00 m muss der in Tab. 17.11 bis 17.14 angegebene Bemessungswert $\sigma_{R,d}$ des Sohlwiderstands um 10 % je m zusätzlicher Fundamentbreite vermindert werden.

Bei Fundamentbreiten von mehr als 5,00 m müssen die Grenzzustände der Tragfähigkeit und Gebrauchstauglichkeit nachgewiesen werden.

17.11.4 Fels

Besteht der Baugrund aus gleichförmigem beständigem Fels in ausreichender Mächtigkeit, so darf beim Nachweis der Fundamente ebenfalls ein Bemessungswert $\sigma_{R,d}$ des Sohlwiderstands verwendet werden. Näheres siehe *Handbuch Eurocode 7-1 (2015)*.

17.12 Weitere Nachweissituationen bei Flach- und Flächengründungen

17.12.1 Nachweis der Sicherheit gegen Aufschwimmen

17.12.1.1 Allgemeines

Bei den Nachweisen zur Sicherheit gegen Aufschwimmen (Auftrieb) ist zu unterscheiden zwischen dem

- Nachweis bei alleiniger Wirkung von Bauwerkseigengewicht,
- Nachweis bei Mitwirkung von Scherkräften und
- Nachweis der Sicherheit gegen Aufschwimmen von verankerten Konstruktionen.

Bei günstigen ständigen Einwirkungen sind die beteiligten Wichten mit ihrem unteren charakteristischen Wert, z. B. für Boden (*Handbuch Eurocode 7-1 (2015)*, DIN 1055-2), bei unbewehrtem Beton mit $\gamma_k = 23$ kN/m^3 und bei Stahlbeton mit $\gamma_k = 24$ kN/m^3 zu berücksichtigen.

17.12.1.2 Nachweis bei alleiniger Wirkung von Bauwerkseigengewicht

Wenn flach gegründete Bauwerke (z. B. Klärbecken, Tunnel usw.) in das Grundwasser einbinden, ist der Nachweis der Sicherheit eines Gründungskörpers gegen Aufschwimmen (Auftrieb) für den Grenzzustand UPL nach folgender Bedingung (Grenzzustandsgleichung) zu führen:

$$G_{dst,k} \cdot \gamma_{G,dst} + Q_{dst,rep} \cdot \gamma_{Q,dst} \leq G_{stb,k} \cdot \gamma_{G,stb} \qquad (17.38)$$

$G_{dst,k}$: der charakteristische Wert ständiger destabilisierender vertikaler Einwirkungen; hier die an der Unterfläche des Gründungskörpers, des gesamten Bauwerkes, der betrachteten Bodenschicht oder der Baugrubenkonstruktion einwirkende charakteristische hydraulische Auftriebskraft A_k;

$\gamma_{G,dst}$: der Teilsicherheitsbeiwert für ständige destabilisierende Einwirkungen im Grenzzustand UPL nach Anhang A-8;

$Q_{dst,rep}$: der charakteristische bzw. repräsentative Wert veränderlicher destabilisierender vertikaler Einwirkungen (aufwärts gerichteter Einwirkungen);

$\gamma_{Q,dst}$: der Teilsicherheitsbeiwert für destabilisierende veränderliche Einwirkungen im Grenzzustand UPL nach Anhang A-8;

$G_{stb,k}$: der untere charakteristische Wert stabilisierender, ständiger vertikaler Einwirkungen des Bauwerks;

$\gamma_{G,stb}$: der Teilsicherheitsbeiwert für stabilisierende ständige Einwirkungen im Grenzzustand UPL nach Anhang A-8.

Zusätzlich zum Nachweis der Sicherheit gegen Aufschwimmen für eine Bodenschicht ist auch ggf. der Nachweis der Sicherheit gegen hydraulischen Grundbruch zu erbringen, siehe Kapitel 28.

17.12.1.3 Nachweis bei Mitwirkung von Scherkräften

Wirken auf ein Bauwerk Scherkräfte ein, die der hydraulischen Auftriebskraft entgegengerichtet sind, dann ist nachzuweisen, dass für den Grenzzustand UPL die Bedingung

$$G_{dst,k} \cdot \gamma_{G,dst} + Q_{dst,rep} \cdot \gamma_{Q,dst} \leq G_{stb,k} \cdot \gamma_{G,stb} + T_k \cdot \gamma_{G,stb} \tag{17.39}$$

erfüllt ist.

Dabei ist neben den bereits in 17.12.1.3 definierten Größen und Beiwerten T_k die zusätzliche einwirkende charakteristische Scherkraft. Die einwirkende Scherkraft T_k kann z. B. sein:

- die Reibungskraft unmittelbar an der Bauwerkswand; Vertikalkomponente des aktiven Erddruckes nach Abb. 17.24 a)

$$T_k = \eta_z \cdot E_{ah,k} \cdot \delta_a \tag{17.40}$$

- die Reibungskraft in einer gedachten, vom Ende eines waagerechten Sporns ausgehenden lotrechten Bodenfuge nach Abb. 17.24 b)

$$T_k = \eta_z \cdot E_{ah,k} \cdot \tan \varphi' \tag{17.41}$$

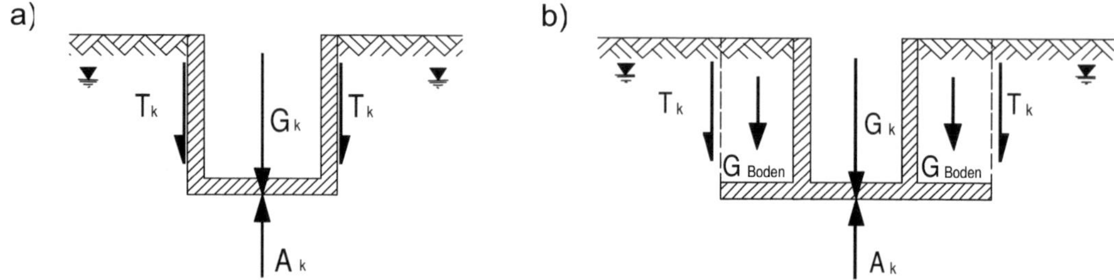

Abb. 17.24: *Nachweis gegen Aufschwimmen mit wirkenden Scherkräften T_k*
a) entlang der Wandung eines Rampenbauwerkes,
b) entlang einer Bodenfuge bei einem Rampenbauwerk

In beiden Fällen darf die Reibungskraft wie die Vertikalkomponente eines aktiven Erddruckes min E_a behandelt werden. Dabei ist ein Anpassungsfaktor $\eta_z = 0,80$ in den Bemessungssituationen BS-P und BS-T bzw. $\eta_z = 0,90$ in der Bemessungssituation BS-A anzusetzen. Falls in begründeten Fällen eine Kohäsion angesetzt wird, ist auch diese mit dem Anpassungsfaktor abzumindern. Damit die Sicherheit gegen Aufschwimmen nicht maßgeblich von den Scherkräften abhängig ist, muss bei Dauerbauwerken zusätzlich nachgewiesen werden, dass die Grenzzustandsbedingung nach Gl. (17.39) ohne Ansatz der Scherkräfte mit den Teilsicherheitsbeiwerten der Bemessungssituation BS-A erfüllt ist.

17.12.2 Nachweis der Gesamtstandsicherheit

Für bestimmte Flachgründungskonstruktionen, z. B. Fundamente an einer Böschung oder Stützwände (siehe Kap. 18), ist der Gesamtstandsicherheitsnachweis (z. B. Geländebruchsicherheit) nach dem Grenzzustand GEO-3 zu führen (siehe Band 1, Kap. 14).

17.13 Bauteilbemessung von Flach- und Flächengründungen

Die Bemessungswerte der Bauteile von Flach- und Flächengründungen (Bauteilwiderstände) erfolgt nach den jeweiligen Bauartnormen, z. B. DIN EN 1992-1-1 bis DIN EN 1996-1-1, im Nachweisverfahren STR.

Sohlplatten, die unter Auftrieb stehen, sind für die ungünstigste Kombination der Bemessungswerte der Auflasten ($G_d = \gamma_G \cdot G_k$ und $Q_d = \gamma_Q \cdot Q_{rep}$) sowie für den Bemessungswert des Sohlwasserdrucks (W_d) in den Grenzen für günstige Wirkung bei niedrigstem Wasserstand ($\gamma_{G,inf} \cdot W_{k,min}$) und ungünstige Wirkung bei höchstem Wasserstand ($\gamma_G \cdot W_{k,max}$) zu bemessen. Die resultierende Sohldruckreaktion ($N_{d,res}$) ergibt sich dann aus dem Gleichgewicht der Vertikallasten unter Berücksichtigung der Baugrundreaktion

$$N_{d,res} = G_k \cdot \gamma_G + Q_{rep} \cdot \gamma_Q - W_d \tag{17.42}$$

Um bei nichtlinearen Effekten im Baugrund (z. B. lokales Plastifizieren des Bodens am Rand der Platte, Entstehen von Bereichen, in denen Zugspannungen ausgeschlossen werden müssen, oder nichtlineares Last-Setzungs-Verhalten) sicherzustellen, dass die Baugrundreaktion etwa im Bereich der charakteristischen Beanspruchungen ermittelt wird, wird in solchen Fällen in *Handbuch Eurocode 7-1 (2015)* empfohlen, die Baugrundreaktion in einem Lastniveau der charakteristischen Einwirkungen zu berechnen. Dazu sind die veränderlichen repräsentativen Lasten um einen Faktor γ_Q/γ_G zu erhöhen und danach z. B. mit dem Bettungsmodulverfahren, dem Steifemodulverfahren oder von Finite-Elemente-Berechnungen eine resultierende Sohldruckreaktion $N_{k,res}$ zu errechnen:

$$N_{k,res} = G_k + Q_{rep} \cdot \gamma_Q/\gamma_G - W_k \qquad (17.43)$$

Die Berechnung ist sowohl für $W_{k,max}$ als auch für $W_{k,min}$ durchzuführen. Nach Ermittlung von $N_{k,res}$ ergibt sich $N_{d,res}$ aus Multiplikation mit dem Teilsicherheitsbeiwert γ_G.

17.14 Zahlenbeispiele siehe Anhang B-17.

18 Gewichts- und Winkelstützwände

18.1 Einordnung

Neben den klassischen flach gegründeten Stützbauwerken wie Gewichtsstütz- und Winkelstützwänden werden zunehmend weitere Konstruktionsformen zur Abfangung von Geländesprüngen eingesetzt wie z. B. geokunststoffbewehrte Stützkonstruktionen, Raumgitterwände, vernagelte Wände, Gabionen usw. Der geeignete Mauertyp richtet sich nach Geländeform, Baugrundverhältnissen, Verkehrsbelastung, Platzverhältnissen, zulässigen Verformungen und letztlich Wirtschaftlichkeitsüberlegungen.

Im Folgenden werden zunächst nur die Gewichtsstützwände und Winkelstützwände behandelt. Dabei geht es in diesem Kapitel nur um die Standsicherheitsnachweise von Stützwänden. Die allgemeinen Konstruktionsformen von Stützwänden und Stützbauwerken mit zu beachtenden Entwässerungsregeln finden sich z. B. in *Brandl (2018)*, *Floss (2011)* und *EB-GEO (2010)*. Die hier behandelten Standsicherheitsnachweise für die beiden klassischen Stützwandtypen lassen sich in der Regel auch für andere Stützbauwerke näherungsweise anwenden.

18.2 Stützwandtypen

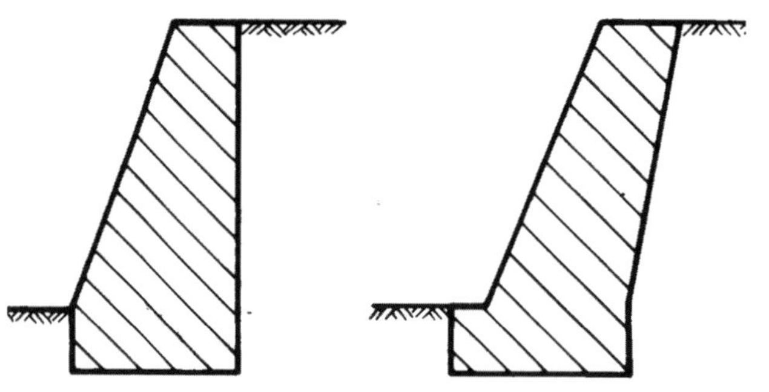

Abb. 18.1: *Beispiele für Gewichtsstützwände*

Als „klassische" Stützwandtypen werden die Gewichtsstützwand (früher als Schwergewichtsmauer bezeichnet) und die Winkelstützwand angesehen.

Die Gewichtsstützwand wird aus unbewehrtem oder konstruktiv bewehrtem Beton, Mauerwerk, Trockenmauerwerk oder Betonfertigteilen errichtet. Die Standsicherheitsnachweise (Gleiten und Kippen) werden allein durch ihr Eigengewicht bereits erfüllt.

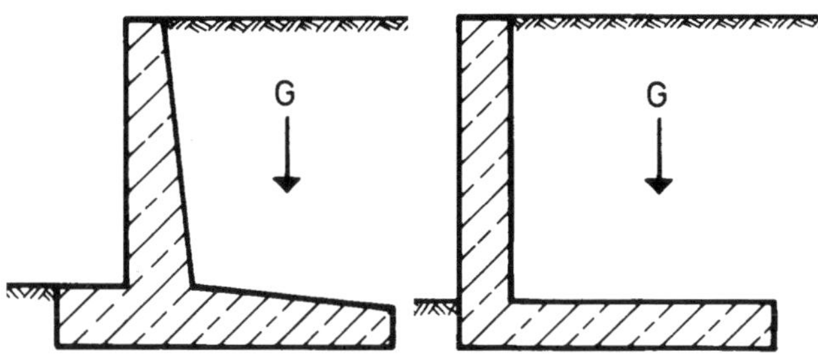

Abb. 18.2: *Beispiele für Winkelstützwände*

Winkelstützwände zeichnen sich dadurch aus, dass durch die Formgebung die Stützkräfte optimal in den Boden abgeleitet werden, wobei das Gewicht der Hinterfüllung günstig wirkend ausgenutzt wird. Bei dieser Stützwandform entstehen Biegemomente, die in den Wandteilen durch Bewehrung abgedeckt werden müssen.

Abb. 18.1 und Abb. 18.2 zeigen Beispiele für beide Stützwandtypen. Wegen ihrer Massigkeit und ihrer meist nur schwachen (oft ganz fehlenden) Bewehrung sind Stützwände einer Rissbildung durch Schwind- und Temperatureinwirkungen besonders ausgesetzt. Die Fugen bei Stützwänden haben folgende Aufgaben:

- Verhinderung von Rissen aus Temperatur- und Schwindspannungen,
- Verhinderung schädlicher Auswirkungen auf die Bauwerke aus ungleichen Bewegungen,
- Unterteilung der Betonierabschnitte.

18.3 Standsicherheitsnachweise

18.3.1 „Äußere" Standsicherheit

Stützwände sind in der Regel Flachgründungen, wobei durch den aktiven Erddruck ein größerer Horizontal- bzw. Momentbelastungsanteil wirkt. Folgende Nachweise sind analog zu 17.1 für die „äußere" Standsicherheit einzuhalten:

a) Nachweis für den Grenzzustand der Tragfähigkeit (ULS)

- Nachweis der Sicherheit gegen Grundbruch,
- Nachweis der Sicherheit gegen Gleiten,
- Nachweis der Sicherheit gegen Kippen,
- ggf. Nachweis der Gesamtstandsicherheit durch den Nachweis der Geländebruchsicherheit.

Die unterschiedlichen Versagensmechanismen zeigt Abb. 18.3 beispielhaft für eine Winkelstützwand.

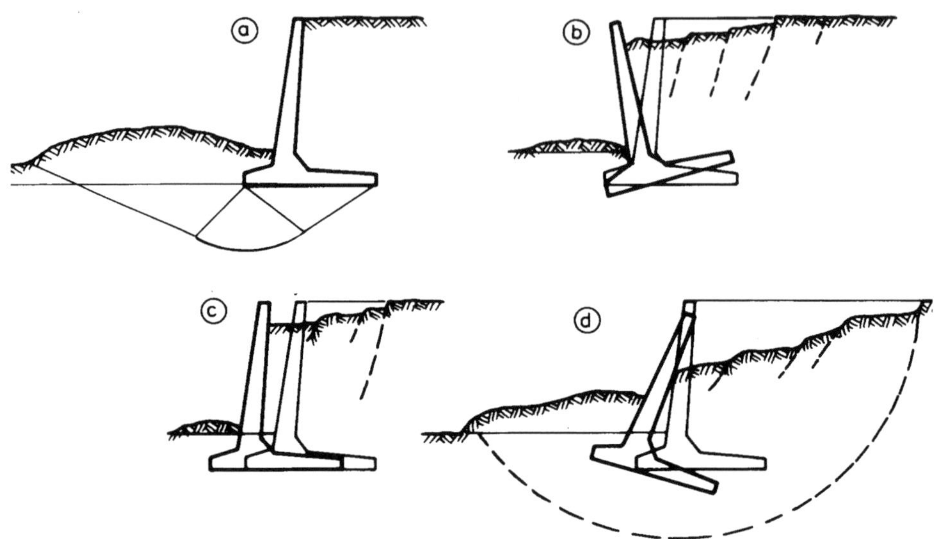

Abb. 18.3: *Beispiele für Versagensmechanismen der äußeren Standsicherheit: a) Grundbruch, b) Kippen, c) Gleiten, d) Geländebruch*

b) Nachweis für den Grenzzustand der Gebrauchstauglichkeit (SLS)

- Fundamentverdrehung und Begrenzung einer klaffenden Fuge,
- Setzungen,
- Verschiebungen in der Sohlfläche.

Nach *Handbuch Eurocode 7-1 (2015)* kann auch für Stützwände davon ausgegangen werden, dass die bei Einhaltung der Nachweise in den Grenzzuständen GEO-2 und GEO-3 bei mindestens mitteldicht gelagerten nichtbindigen Böden und bei mindestens steifen bindigen Böden für die Bemessungssituation BS-P bei Dauerbauwerken zu erwartenden Verschiebungen und Verformungen von Stützbauwerken und deren Umgebung ohne schädliche Auswirkungen aufgenommen werden können.

Bei der Berücksichtigung der Nutzlasten auf der Geländeoberfläche ist nach *Handbuch Eurocode 7-1 (2015)* bei der Ermittlung des Erddruckes von Stützbauwerken eine großflächige Nutzlast bis $p_k = 10$ kN/m^2 als ständige Einwirkung anzusetzen, auch wenn sie z. B. aus Verkehrslasten resultieren. Darüber hinausgehende nichtruhende Nutzlasten werden als veränderliche Einwirkungen q_k berücksichtigt.

18.3.2 „Innere" Standsicherheit

Unter den „inneren" Standsicherheitsnachweisen werden bei Stützwänden die Nachweise gegen Materialversagen bzw. Bemesssung der Bauteile (Nachweisverfahren STR) verstanden, z. B. zulässige Spannungen im Mauerwerk, Schnittgrößenermittlung und Bemessungsfragen des Stützwandbaustoffes. Abb. 18.4 zeigt beispielhaft kritische Schnitte einer Winkelstützwand.

Abb. 18.4: *Beispiele für die Beanspruchung von Winkelstützwänden („innere“ Standsicherheit)*

18.4 Besonderheiten für die Berechnung von Winkelstützwänden

18.4.1 „Äußere“ Standsicherheit

Bei Winkelstützwänden sind die gleichen äußeren Standsicherheitsnachweise zu führen wie in 17.1 aufgeführt. Dabei stellt aber der Erddruckansatz auf die Rückwand der Mauer eine Besonderheit dar. Es darf dabei i. d. R. vereinfacht von einer fiktiven senkrechten Wandfläche nach Abb. 18.5, Schnitt A-B, ausgegangen werden. Die Neigung der Erddrucklast ist dabei parallel zur Neigung der Geländeoberfläche anzusetzen (*Rankine*'scher Zustand).

Bei begrenzten Oberflächenlasten oder gebrochenem Geländeverlauf ist dieses Verfahren nur eingeschränkt zulässig. Genauer sollte dann von der 1. Gleitfläche nach Abb. 18.6 als fiktive Rückwand ausgegangen werden. Der vereinfachte Ansatz nach Abb. 18.5 führt nur dann zur gleichen Resultierenden wie die Vorgehensweise nach Abb. 18.6, wenn sich der rechnerische Gleitkeil bei genügend langem Horizontalschenkel voll im Erdreich ausbildet. Sie gilt näherungsweise auch für kürzere Horizontalschenkel.

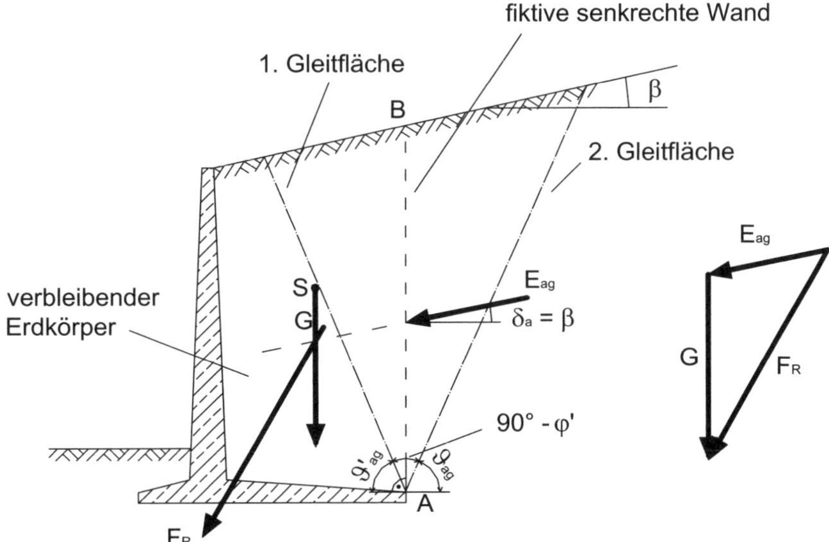

Abb. 18.5: *Fiktive lotrechte Ersatzfläche A-B auf dem langen Horizontalschenkel einer Winkelstützwand und vereinfachter Ansatz für die „äußeren“ Standsicherheitsnachweise*

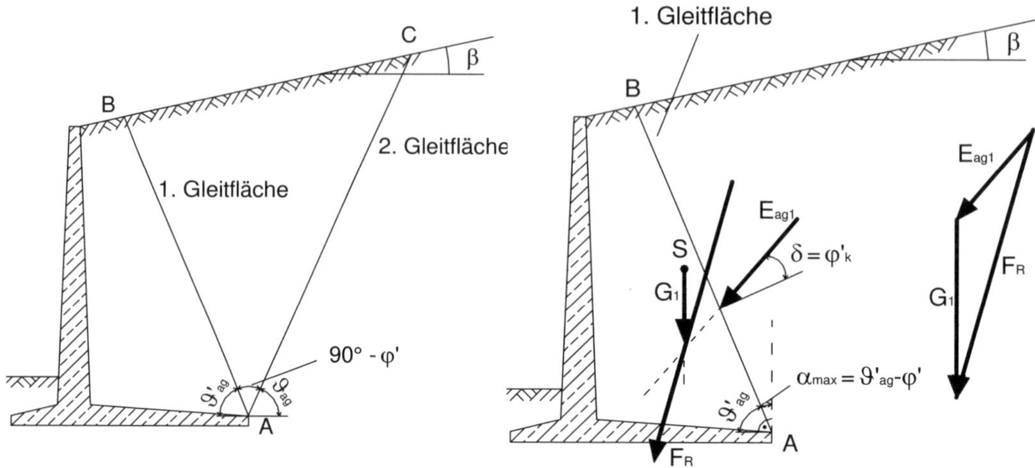

Abb. 18.6: *Genauerer Ansatz des Erddrucks auf Winkelstützwände mit erdseitigem Horizontalschenkel: a) Gleitkeil auf langem Horizontalschenkel, b) Erdlasten auf langem Horizontalschenkel*

Ist auf einem sehr harten Untergrund, z. B. Fels, eine geringfügige Verschiebung und Verkantung der Winkelstützwand nicht möglich, muss als Belastung der Erdruhedruck angesetzt werden. Hierbei empfiehlt sich, anzunehmen, dass in der lotrechten Ersatzfläche ein Erdruhedruck unter dem Winkel β wirkt.

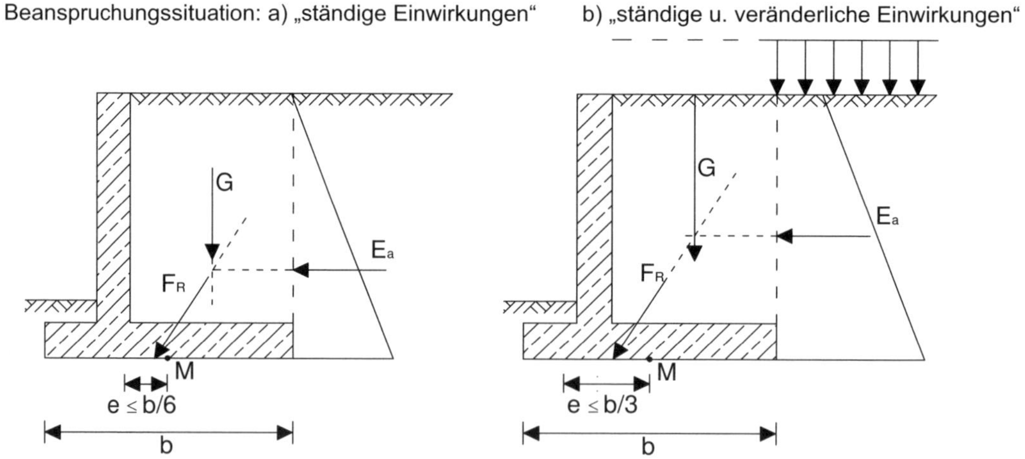

Beanspruchungssituation: a) „ständige Einwirkungen" b) „ständige u. veränderliche Einwirkungen"

G
Ea
FR
M
e ≤ b/6
b

G
Ea
FR
M
e ≤ b/3
b

Abb. 18.7: *Beanspruchungssituationen für den Kippsicherheitsnachweis (EQU) sowie Nachweise der Begrenzung einer klaffenden Fuge (SLS) durch Bestimmung der Lage der Resultierenden bei Winkelstützwänden:*
a) $e \leq b/6$ (1. Kernweite: keine klaffende Fuge),
b) $e \leq b/3$ (2. Kernweite: maximal klaffende Fuge bis Fundamentmitte)

Hinsichtlich der Lage der Resultierenden sind für Winkelstützmauern, besonders für den Kippsicherheitsnachweis (stark exzentrische Belastung) im Grenzzustand der Tragfähigkeit

EQU und für die Nachweise Fundamentverdrehung und Begrenzung einer klaffenden Fuge im Grenzzustand der Gebrauchstauglichkeit, für die Beanspruchungssituationen infolge „ständiger Einwirkungen“ und „ständiger und veränderlicher Einwirkungen“ die in Abb. 18.7 dargestellten Zusammenhänge zu beachten. Insbesondere bei Verkehrslasten ist zu berücksichtigen, dass diese im Bereich des erdseitigen Sporns als günstig wirkend nicht angesetzt werden.

Anmerkung: Der über dem Sporn nicht berücksichtigte Verkehrslastanteil kann aber ggf. beim Grundbruchnachweis wieder maßgebend werden.

18.4.2 „Innere“ Standsicherheit

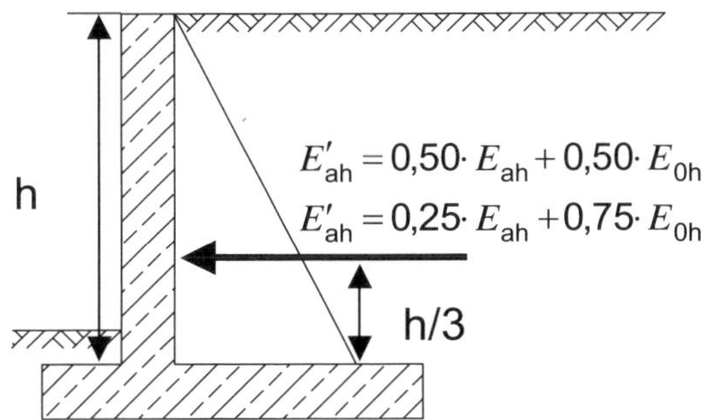

Abb. 18.8: *Erddruckansatz für die Schnittgrößenermittlung auf den senkrechten Sporn; hier schematisch ohne Nutzlasten*

Für den Nachweis gegen Materialversagen bzw. Bemesssung der Bauteile, Nachweisverfahren STR, der einzelnen Wandbereiche ist die Beanspruchung z. B. der Mauerrückwand über dem Sporn aus dem erhöhten aktiven Erddruck E'_a zu ermitteln. Abb. 18.8 zeigt beispielhaft zu wählende Ansätze für den erhöhten aktiven Erddruck E'_a auf den senkrechten Sporn für die Schnittgrößenermittlung. Mit diesen Ansätzen sollen die teilweise vorhandenen Ruhedruckwirkungen im Hinterfüllbereich mit abgedeckt werden, je nach Größe der vorhandenen Ruhedruckwirkung. Rechnet man mit dem Erdruhedruck E_0, ist damit die maximal mögliche Beanspruchung abgedeckt. Falls das Hinterfüllungsmaterial verdichtet werden soll, ist der Verdichtungserddruck, siehe DIN 4085, unmittelbar auf die Rückwand anzusetzen. Wird die Oberfläche der nachträglich eingebrachten Hinterfüllung belastet, dann bleibt der Verdichtungserddruck nur in dem Umfang wirksam, wie er den Erddruck infolge Oberflächenlasten übersteigt.

18.5 Zahlenbeispiele siehe Anhang B-18.

19 Berechnung von Flächengründungen und gebetteten Systemen

19.1 Bettungsmodulverfahren

19.1.1 Anwendung und Berechnungsmodell

Das Bettungsmodulverfahren wird in der Geotechnik häufig bei der Berechnung von Gründungsbalken und Gründungsplatten, bei horizontal belasteten Pfählen und Tunnelberechnungen angewandt. Bei diesem Berechnungsmodell wird der Baugrund als ein Federsystem dargestellt. Allgemein besteht unter Einbeziehung der Biegesteifigkeit des Gründungskörpers ($E \cdot I$) die Forderung, dass die Biegelinie des Gründungskörpers mit der Setzungsmulde des Baugrunds übereinstimmen (z. B. Steifemodulverfahren) muss. Demgegenüber ist das Bettungsmodulverfahren eine Näherung für den Baugrund derart, dass sich die Federn gegenseitig nicht beeinflussen.

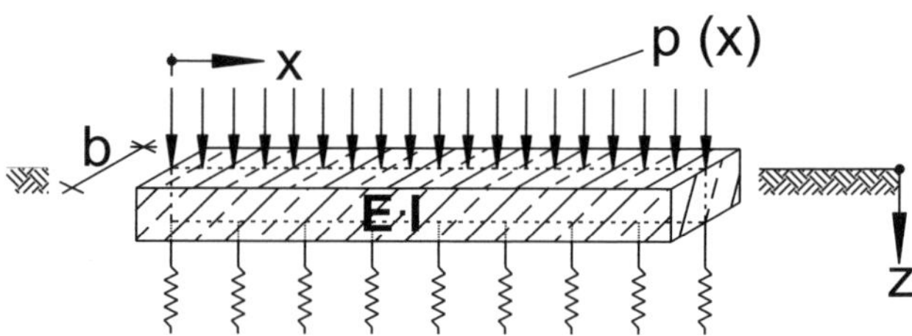

Abb. 19.1: *Berechnungsmodell Bettungsmodulverfahren*

19.1.2 Mechanische Grundlagen

Die Differentialgleichung der elastischen Linie des Biegebalkens lautet:

$$s''(x) = \frac{d^2s}{dx^2} = \frac{M(x)}{E \cdot I} \tag{19.1}$$

Mohr'scher Satz:

$$\frac{d^2M(x)}{dx^2} = \frac{dQ(x)}{dx} = -p(x) \quad \text{mit } p(x) = \text{Linienlast} \tag{19.2}$$

Definition des Bettungsmoduls k_s nach *Winkler (1867)*

$$k_s = \frac{\sigma_{vorh}}{s} \quad [\text{MN/m}^3] \quad \text{mit der vorhandenen Sohldruckbeanspruchung } \sigma_{vorh} \tag{19.3}$$

Aus (19.1) und (19.2) ergibt sich

$$E \cdot I \cdot \left[\frac{d^4 s(x)}{dx^4}\right] = \frac{d^2 M(x)}{dx^2} = -p(x) \qquad \text{mit } p(x) = \sigma_{vorh} \cdot b \tag{19.4}$$

$$E \cdot I \cdot \left[\frac{d^4 s(x)}{dx^4}\right] + \sigma_{vorh} \cdot b = 0 \tag{19.5}$$

Mit (19.3) folgt die Differentialgleichung des elastisch gebetteten Balkens

$$E \cdot I \cdot \left[\frac{d^4 s(x)}{dx^4}\right] + k_s \cdot b \cdot s(x) = 0 \tag{19.6}$$

Beim Bettungsmodulverfahren ist noch folgende Abkürzung üblich, die als „elastische Länge L_0" bezeichnet wird.

$$L_0 = \sqrt[4]{\frac{4 \cdot E \cdot I}{b \cdot k_s}} \tag{19.7}$$

Anmerkung: Die „elastische Länge L_0" wird benutzt, um x zu normieren; man rechnet nicht mit x, sondern mit $\xi = x/L_o$, wodurch sich mathematische Vorteile ergeben.

Die Lösung dieser Differentialgleichung und damit die Anwendung des Bettungsmodulverfahrens kann erfolgen mit

- Tabellenwerken für bestimmte Randbedingungen, z. B. *Wölfer (1978)*, *Hahn (1985)*, *Sherif (1974)*,
- heute i. d. R. mit EDV-Programmen, die meistens eine numerische Differentiation auf der Grundlage des Differenzenverfahrens vornehmen oder Balken bzw. Platten nach der Methode der Finiten Elemente lösen.

Der „richtigen" Ermittlung des Bettungsmoduls k_s und der Verteilung kommt eine erhebliche Bedeutung für die damit errechneten Beanspruchungsgrößen zu. Wichtige Punkte hierzu sind:

- Der Bettungsmodul ist keine Bodenkenngröße, sondern auch u. a. abhängig von der Geometrie des Gründungskörpers.
- Eine sinnvolle Abschätzung ergibt sich aus der Setzungsbetrachtung mit geschlossenen Formeln (Kapitel 8) zu

$$s = \frac{\sigma_{0,m} \cdot b}{E^*} \cdot f$$

mit

$\sigma_{0,m}$: mittlere vertikale Sohldruckbeanspruchung

b: Breite Fundamentbalken bzw. -plattenbreite

E^*: Rechenmodul des Bodens (ersatzweise Steifemodul E_s)

Mit $f \approx 1$ (näherungsweise) und Gl. (19.3) folgt daraus

$$k_s = \frac{\sigma_{0,m}}{s} = \frac{E^*}{b} \quad [\mathrm{MN/m^3}] \tag{19.8}$$

Weitere Hinweise zur Bettungsmodulgröße und Bettungsmodulverteilung bei Pfählen siehe Kapitel 20.

19.1.3 Bettungsmodulverteilung

Eine konstante Verteilung der Bettungsmoduln führt i. d. R. zu nicht zutreffenden rechnerischen Beanspruchungen des Gründungskörpers. Unter Berücksichtigung der Verteilung der Sohldruckbeanspruchung gemäß 17.2 und Abb. 19.2 kann, da zwischen Bettungsmodul, Sohldruckbeanspruchung und Setzung eine lineare Beziehung besteht, die Bettungsmodulverteilung näherungsweise analog der Sohldruckverteilung angenommen werden, wenn von nur geringen Setzungsdifferenzen (starres Fundament) ausgegangen wird. Allerdings sind dabei die singulären Spannungsspitzen an den Fundamenträndern ebenfalls unrealistisch. Eine praktische Näherungslösung ist eine schematisierte Festlegung eines Bettungsmoduls mit erhöhten Werten in den Randbereichen und abgeminderten Werten in der Mitte. Diese Erhöhung bzw. Abminderung kann dann i. d. R. je nach Randbedingungen und Baugrund mit festen Faktoren vorgenommen werden (Abb. 19.3). Die Bettungsmodulverteilung wird dabei entsprechend Gl. (19.9) so gewählt, dass Flächengleichheit zur konstanten Bettungsmodulverteilung gemäß Abb. 19.3 gegeben ist.

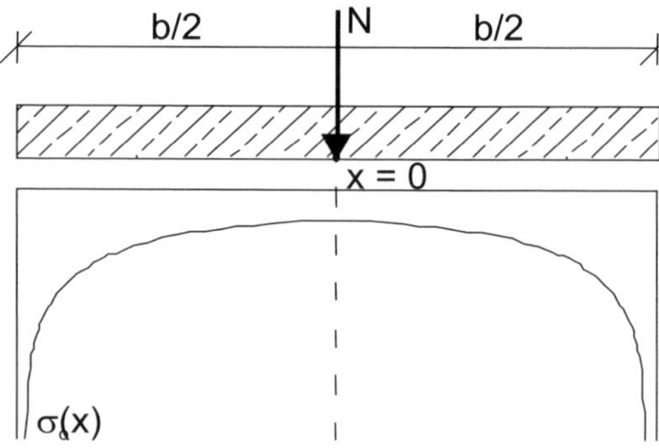

Abb. 19.2: *Sohldruckverteilung, nach* Boussinesq (1884)

$$k_{s,r} \cdot A_r + k_{s,m} \cdot (A_s - A_r) = k_s \cdot A_s \tag{19.9}$$

mit

$k_{s,r}, k_{s,m}$: Bettungsmoduln am Rand und im mittleren Bereich

A_s, A_r: die Fläche der Gesamtplatte und des angenommenen Randbereiches

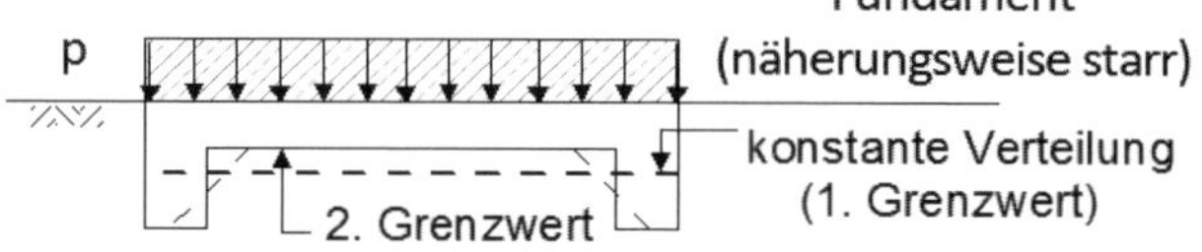

p
Fundament
(näherungsweise starr)
konstante Verteilung
(1. Grenzwert)
2. Grenzwert

Abb. 19.3: *Grenzwerte der Bettungsmodulansätze bei der Berechnung von Gründungsplatten*

Insofern empfiehlt sich eine Grenzwertbetrachtung bei der Berechnung der Beanspruchung einer Gründungsplatte mit

- 1. Grenzwert: konstante Bettungsmodulverteilung z. B. nach Gl. (19.8),
- 2. Grenzwert: abgestufte Bettungsmodulverteilung z. B. nach Gl. (19.9).

Die sich daraus ergebenden Grenzlinien der Schnittgrößen sind dann der Bemessung zugrunde zu legen. Anhang B-19.1 enthält dazu ein Berechnungsbeispiel.

19.2 Steifemodulverfahren

Das Steifemodulverfahren berücksichtigt die Einflüsse der benachbarten Sohldrücke auf die Setzungen eines beliebigen Punktes der Fundamentsohle. Hierdurch kommt das Steifemodulverfahren den wirklichen Baugrundverformungen wesentlich näher. Beim Steifemodulverfahren werden diskrete Lösungen gesucht, die aus der Kontinuität zwischen Baugrund und Bauwerk näherungsweise in diskreten Punkten über Summengleichungen formulierte werden. Die Herstellung der Kontinuität kann nach verschiedenen Methoden erfolgen. *Ohde (1942)* formulierte die Kontinuitätsbedingung über eine Dreimomentengleichung, *Kany (1974)* vereinfachte dieses Verfahren durch einen empirischen Ansatz und entwickelte damit Bemessungstabellen für Sohldrücke und Momente. Je feiner die Diskretisierung (Abb. 19.4) ist, desto genauer sind die Ergebnisse. Weitere Hinweise siehe die zitierte Literatur sowie *DIN-Fachbericht 130 (2003)*. Anhang B-19.1 enthält ein Berechnungsbeispiel.

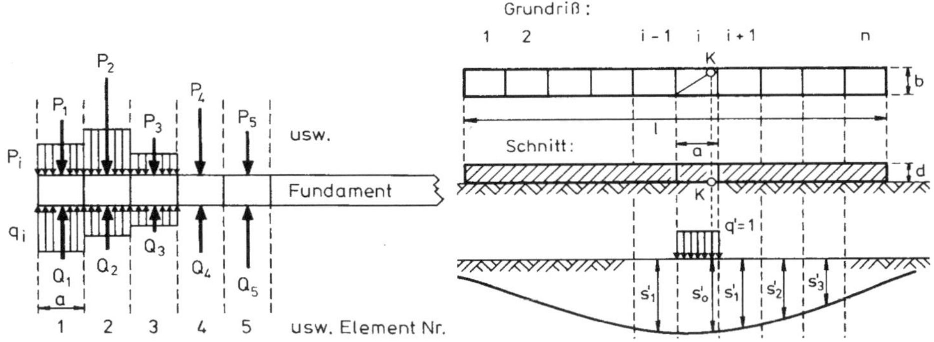

Abb. 19.4: *Diskretisierungsansätze zum Steifemodulverfahren, aus* Lang/Huder (1990)

19.3 Methode der Finiten-Elemente

Mit den heute vorhandenen Softwarelösungen werden oftmals auch Gründungskörper unter Berücksichtigung der Wechselwirkung Bauwerk-Baugrund nach der Methode der Finiten-Elemente (FEM) berechnet, siehe Band 1, Kapitel 16. Abb. 19.5 zeigt dazu ein Beispiel zu den Ergebnissen der verschiedenen Verfahren aus *Soumaya (2005)*.

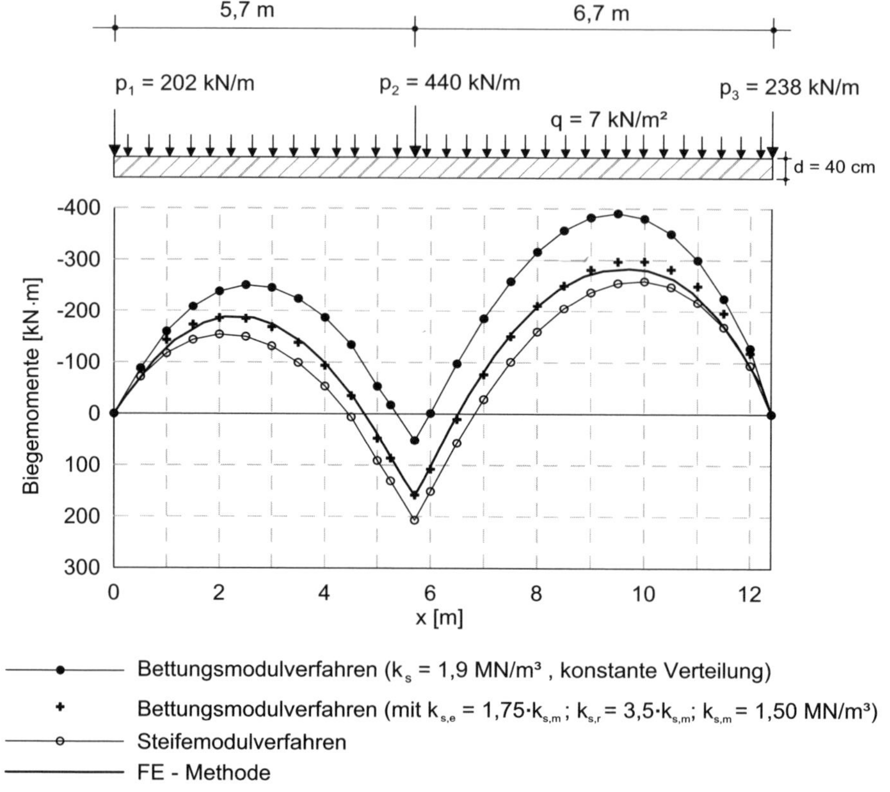

Abb. 19.5: *Vergleichende Momentenlinien an einem Gründungsstreifen mit unterschiedlichen Berechnungsverfahren, aus* Soumaya (2005)

19.4 Zahlenbeispiele siehe Anhang B-19.

20 Pfahlgründungen

20.1 Einführung

Unter dem Begriff *Tiefgründungen* als Gegensatz zu den *Flachgründungen* werden alle Gründungssysteme verstanden, die Bauwerkslasten in tiefer liegende Bodenschichten, als die unter dem Bauwerk unmittelbar anstehenden, einleiten.

Das können sein:

- Einzelpfahlgründungen (mehr punktförmige Lasteintragung),
- Pfahlgruppengründungen (flächenartig),
- Brunnen- und Senkkastengründungen sowie
- Kombinierte Pfahl-Plattengründungen (KPP) als Sonderfall der Pfahlgruppengründung mit einer zusätzlichen Aktivierung der Bodenschichten (Sohldruckbeanspruchungen) zwischen den Pfählen über die Sohl- bzw. Pfahlkopfplatte (Kombination von Flach- und Pfahlgründung).

Die am meisten angewandten Tiefgründungen sind die Pfahlgründungen. Sie sind sehr anpassungsfähig an die jeweiligen Erfordernisse und dennoch wirtschaftlich. Pfahlgründungen werden i. d. R. ausgeführt bei wenig tragfähigen Schichten großer Mächtigkeit oder wenn Flachgründungen zu starke Setzungsdifferenzen aufweisen würden. Abb. 20.1 zeigt Beispiele von Pfahlgründungen.

Einzelpfähle lassen sich z. B. nach folgenden Merkmalen unterscheiden:

- Herstellungsart: Fertigpfähle, Ortpfähle oder
- Einbringungsart: Verdrängungs-, Bohr-, Schraub-, Rüttel-, Verpresspfähle (Mikropfähle).

Eine umfassende Darstellung zum Thema Pfahlgründungen, Pfahlarten und Pfahlbemessung findet sich in *Kempfert/Moormann (2018)*.

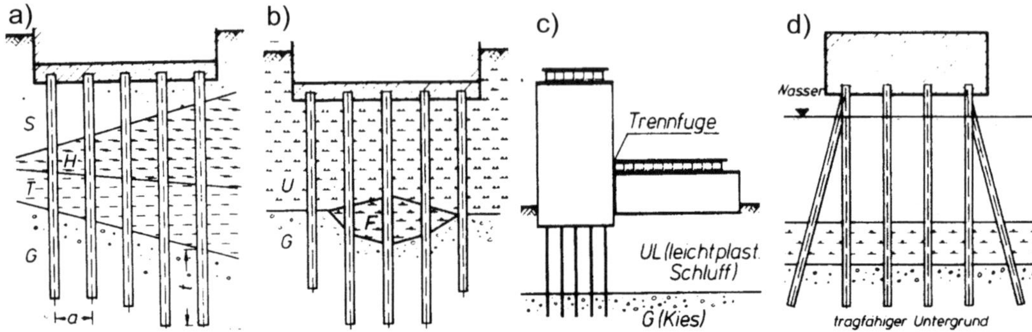

Abb. 20.1: *Beispiele für die Anwendung von Pfahlgründungen:*
a) stark geneigte Weichschichten,
b) weiche Einschlüsse,
c) Bauwerksteile mit stark unterschiedlichen Lasten,
d) Bauwerk auf Pfahlrost im offenen Wasser

20.2 Pfahlnormen und Empfehlungen

Zur generellen Einordnung von Bemessungs- und Ausführungsnormen siehe Band 1, Kapitel 13. Die für Pfahlgründungen maßgeblichen nationalen und europäischen Normen sowie Empfehlungen sind nachfolgend zusammengestellt:

- DIN EN 1536: Ausführung von Arbeiten im Spezialtiefbau – Bohrpfähle
- DIN SPEC 18140: Ergänzende Festlegungen zu DIN EN 1536
- DIN EN 12699: Ausführung von Arbeiten im Spezialtiefbau – Verdrängungspfähle
- DIN SPEC 18538: Ergänzende Festlegungen zu DIN EN 12699
- DIN EN 14199: Ausführung von Arbeiten im Spezialtiefbau – Mikropfähle
- DIN EN 14199 Berichtigung 1: Ausführung von Arbeiten im Spezialtiefbau – Mikropfähle, Berichtigung zu DIN EN 14199
- DIN SPEC 18539: Ergänzende Festlegungen zu DIN EN 14199
- DIN EN 12794: Betonfertigteile – Gründungspfähle
- DIN EN 12794 Berichtigung 1: Betonfertigteile – Gründungspfähle, Berichtigung zu DIN EN 12794
- DIN EN 1993-5: Bemessung und Konstruktion von Stahlbauten – Teil 5: Pfähle und Spundwände
- *Handbuch Eurocode 7-1 (2015)*: Kapitel 7
- DGGT-Empfehlung, Arbeitskreis (AK) 2.1: *EA-Pfähle (2012)*

Die erstgenannten bauartspezifischen Normen sind Ausführungsnormen, welche die Ausführung, Herstellung und konstruktive Durchbildung für die einzelnen Pfahlarten beschreiben. Die letztgenannten beinhalten bevorzugt die Berechnung und Bemessung von Pfählen, s. a. Kapitel 7 im *Handbuch Eurocode 7-1 (2015)*. Anzumerken ist, dass sich die genannten DIN-Spezifikationen teilweise noch auf die jeweiligen Vorgängernormen beziehen.

20.3 Pfahlarten und Ausführungsformen

20.3.1 Übersicht und Zuordnung zu den Pfahlsystemen

Die in ihrer Bauart und ihren Anwendungsmöglichkeiten sehr unterschiedlichen Pfahlsysteme können entsprechend der Herstellungsnormen, in denen sie beschrieben sind, in drei Gruppen zusammengefasst werden, siehe *EA-Pfähle (2012)* und Abb. 20.2.

a) Bohrpfähle nach DIN EN 1536:

Bohrpfähle sind dadurch gekennzeichnet, dass bei ihrer Herstellung Boden gefördert wird. Das geförderte Bodenvolumen kann dem gesamten oder nur einem Teil des Pfahlvolumens entsprechen. Innerhalb der Gruppe der Bohrpfähle werden folgende Pfahlarten unterschieden:

- verrohrt und unverrohrt hergestellte Pfähle
- unverrohrt mit Stützflüssigkeit hergestellte Pfähle
- unverrohrt mit durchgehender Bohrschnecke hergestellte Pfähle, wobei Bohrschnecken mit kleinem Seelenrohr und Bohrschnecken mit großem Seelenrohr zu unterscheiden sind. Bei Verwendung von Bohrschnecken mit kleinem Seelenrohr wird der Bewehrungskorb nach Fertigstellung des Pfahles in den Frischbeton eingebracht, beim Einsatz von Schnecken mit großem Seelenrohr wird der Bewehrungskorb im Schutze des Seelenrohres vor dem Betonieren eingebaut. Letztere werden auch als „Teilverdrängungsbohrpfähle" bezeichnet, weil bei der Herstellung nur ein Teil des Pfahlvolumens an Boden gefördert und der übrige Teil verdrängt wird. Zur Untergruppe der Teilverdrängungsbohrpfähle gehören auch solche Systeme, deren Bohrrohr nur auf einer Teillänge im Fußbereich eine durchgehende Schnecke aufweist, da beim Einbohren in den tragfähigen Boden zumindest teilweise Schichten umgelagert werden und beim Herausziehen der Bohrschnecke das auf den Schneckengängen liegende Bodenmaterial auch bis zur Geländeoberfläche gefördert wird.

  Anmerkung: Aufgrund der Vielzahl unterschiedlich ausgebildeter Bohrschnecken ist eine scharfe Trennung zwischen der Zuordnung zur DIN EN 1536 oder DIN EN 12699 nicht immer möglich. Der Übergang ist fließend.

b) Verdrängungspfähle nach DIN EN 12699:

Verdrängungspfähle sind dadurch gekennzeichnet, dass bei ihrer Herstellung der Boden vollständig verdrängt wird, sodass es zu keiner relevanten Bodenförderung kommt. Der Pfahldurchmesser bzw. die entsprechende Querschnittsabmessung muss > 150 mm sein. Innerhalb der Gruppe der Verdrängungspfähle werden unterschieden:

- Fertigrammpfähle aus Stahlbeton, Spannbeton, Stahl und Holz,

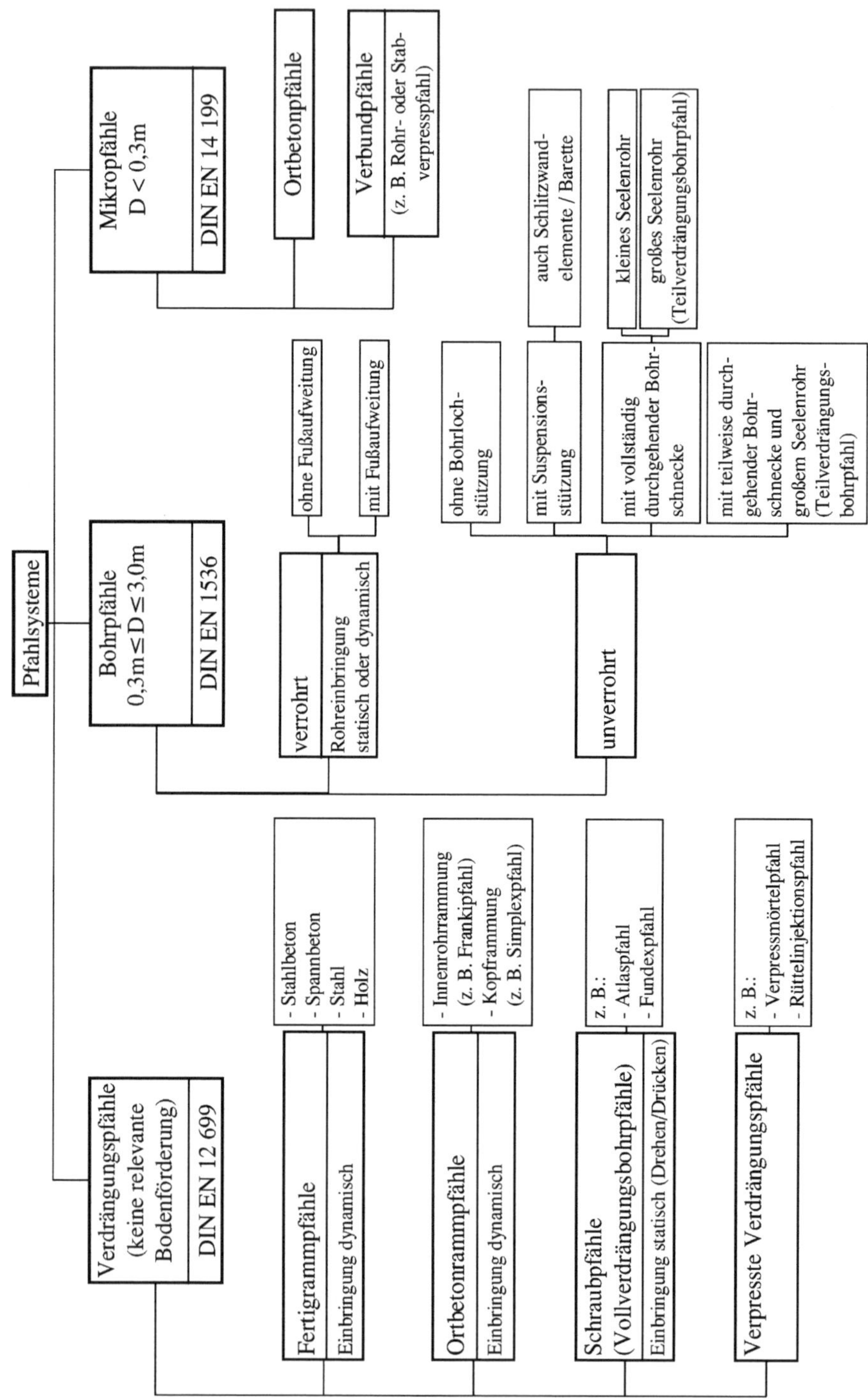

Abb. 20.2: *Übersicht über die nach den Herstellungsnormen DIN EN 1536, DIN EN 12699 und DIN EN 14199 genormten Pfahlsysteme, aus* EA-Pfähle (2012)

- Ortbetonrammpfähle,
- Vollverdrängungsbohrpfähle (Schraubpfähle), wobei darunter Pfahlsysteme zu verstehen sind, bei deren Herstellung das Vortreibrohr statisch, d. h. durch Drehen und Drücken, in den Boden eingebracht wird, ohne dass es bei der Pfahlherstellung zu einer relevanten Bodenförderung oder einer Bodenumlagerung aus dem Einbindebereich im tragfähigen Boden in darüberliegende Schichten erfolgt,
- verpresste Fertigrammpfähle.

c) Mikropfähle nach DIN EN 14199:

Der Durchmesserbereich der Mikropfähle liegt nach dem derzeitigen Stand bei gebohrten Pfählen unter 0,30 m und bei Verdrängungspfählen unter 0,15 m. Die Kraftübertragung zum umgebenden Baugrund wird durch Verpressen mit Beton oder Zementmörtel erreicht. Innerhalb der Gruppe werden unterschieden:

- Ortbetonpfähle,
- Verbundpfähle und
- Rohrverpresspfähle.

Nachfolgend sind einige Pfahlarten beispielhaft behandelt. Weitere Hinweise und detaillierte Beschreibung der Pfahlarten siehe *EA-Pfähle (2012)*. Zur Einbringung und Herstellung s. a. *Katzenbach et al. (2015)* und *Hudelmaier/Küfner (2008)*.

20.3.2 Holzpfähle

Holzpfähle werden nur noch wenig verwendet. Übliche Holzarten sind:

- Tanne, Fichte, Kiefer oder nordamerikanische Nadelhölzer (z. B. Oregon Pine, Douglasie),
- für Dalben teilweise tropische Hölzer (z. B. afrikanische Bongossi).

20.3.3 Stahlpfähle

Die Vorteile von Stahlpfählen sind:

- hohe Materialfestigkeit und Elastizität,
- große Auswahl an verschiedenen Profilen,
- wenig empfindlich beim Transport im Gegensatz zu Stahlbetonpfählen,
- Verlängerungsmöglichkeit z. B. durch Schweißstoß mit Lasche,
- gute Rammeigenschaften und geringere Rammerschütterungswirkung,

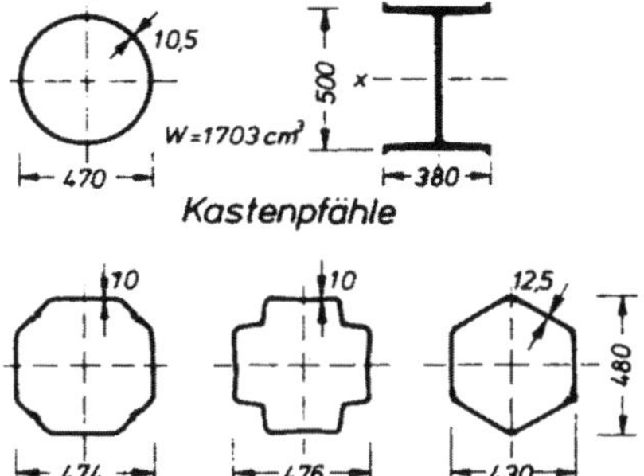

Abb. 20.3: *Beispiele zu Querschnittsformen von Stahlpfählen*

- Anschweißen von Flügeln möglich.

Die Nachteile sind:

- höhere Materialkosten und
- Korrosionsanfälligkeit (besonders im Seewasser).

Abb. 20.4 zeigt ein Herstellungsverfahren für Stahlrohrpfähle, mit welchem die Pfähle emissionsarm in den Baugrund eingetrieben werden können. Der Stahlrohrpfahl wird in Rohrschüssen vorwiegend durch Innenrammung mit einem Freifallbär geringer Abmessung in den Baugrund gerammt. Nach Erreichen der Solltiefe kann der Pfahl sofort belastet oder ggf. auch bewehrt und ausbetoniert werden. Diese Stahlrohrpfähle können bei beschränkten Platzverhältnissen oder wenn nur geringe Lärmentwicklung und Erschütterungen zugelassen sind hergestellt werden.

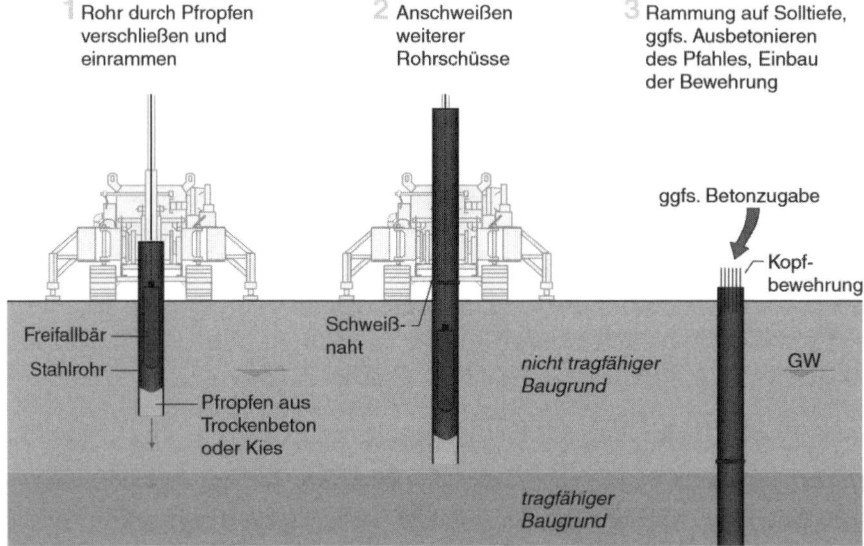

Abb. 20.4: *Herstellung von Stahlrohrpfählen bei begrenzter Bauhöhe, aus Franki-Grundbau Firmenprospekt*

20.3.4 Stahlbetonfertigpfähle

Spezielle Angaben über den Entwurf und die Bemessung sowie die Ausführung von Stahlbetonfertigpfählen werden in der DIN EN 12699 und DIN EN 12794 vorgegeben, soweit diese nicht in den allgemeinen Normen für Stahlbeton enthalten sind. Dort finden sich auch Regelungen zur Mindestbewehrung von Stahlbetonpfählen. Beispiele von Stahlbetonfertigpfählen sind in Abb. 20.5 dargestellt.

Folgende Vorteile gelten für Stahlbetonfertigpfähle:

- Herstellung nahezu aller Pfahllängen und Querschnitte möglich,
- widerstandsfähig auch gegen Seewasser,

- gute Bodenverdichtung (Tragfähigkeitserhöhung) beim Rammen,
- kostengünstig,
- durch Kupplungen (bauaufsichtliche Zulassungen erforderlich) lassen sich Einzelpfahlelemente produzieren, die dann an die Gegebenheiten vor Ort sehr flexibel angepasst werden können (Rammungen bis in große Tiefen und bei beschränkter Höhe möglich).

Die Nachteile sind:

- schwer und unhandlich, empfindlich gegen Biegung,
- bei unsachgemäßer Handhabung (Transport, Aufnehmen, Rammen) Gefahr von Rissen,
- schweres Rammgerät notwendig,
- stärkere Rammerschütterungen.

Für größere Pfahllängen können auch Spannbetonpfähle eingesetzt werden. Die Vorspannung soll die Rissbildung mindern und damit eine längere Lebensdauer bewirken.

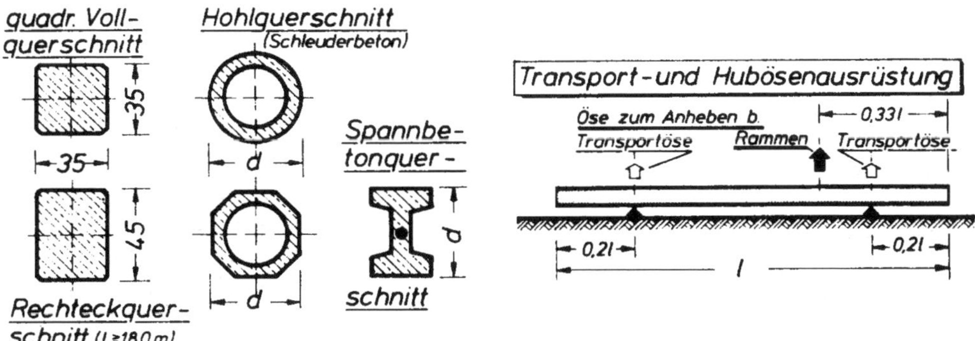

Abb. 20.5: *Beispiel von Stahlbetonfertigpfählen*

20.3.5 Einbringen der Verdrängungspfähle (Rammpfähle)

Pfähle können eingerammt oder einvibriert (eingerüttelt) werden. Bei der Pfahlrammung sind die Rammbären auf ganzer Länge am Mäkler geführt (Abb. 20.6). Der Mäkler (gelenkig am Rammgerüst, Kran oder Bagger) hat folgende Aufgaben:

- durch Bärführung mittige, axiale Rammschlageinleitung,
- durch Pfahlführung am Fuß und Rammhaube maßgerechtes Eindringen des Pfahls.

Folgende Ramm- und Vibrationsbären werden eingesetzt:

- langsam wirkende Freifallbären; ein Verhältnis Bär- zum Pfahlgewicht von 1:1 bis 2:1 ist günstig.

- Explosionsbäre (z. B. Dieselbäre),
- Hydraulikbäre,
- Schnellschlaghämmer (etwa 100–200 Schläge/Min.) oder
- Vibrationsbäre (bis 3000 Schläge/Min.).

Zur Einbringung s. a. weitergehende Hinweise in 25.3, die überwiegend auch für die Pfahleinbringung zu beachten sind.

Voraussetzungen für eine gute Rammarbeit sind:

- gute Pfahlführung,
- feststehende Rammen und Rammgerüste,
- Neigung des Mäklers in der Pfahlachse,
- mittiges Auftreffen des Rammbären,
- richtige Rammhauben und richtige Wahl des Rammbären und der Fallhöhe.

Weitere Angaben können auch 25.3 entnommen werden.

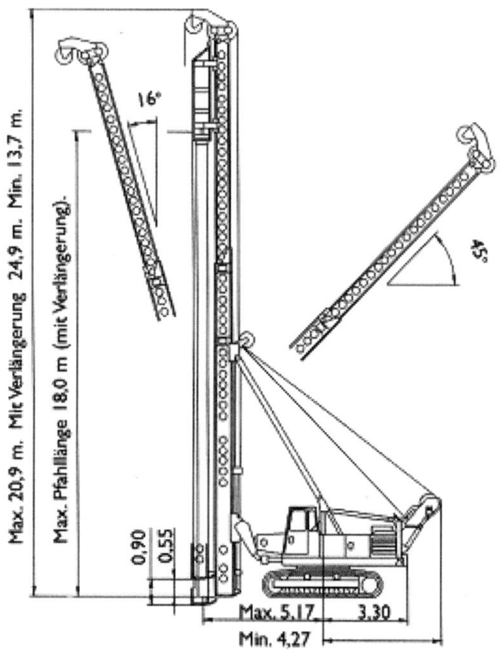

Abb. 20.6: *Beispiel einer Pfahlramme mit Mäkler, aus Centrum-Pfähle Firmenprospekt*

Der Einbringvorgang der Verdrängungspfähle ist zu protokollieren. Nach DIN EN 12699 müssen dabei die Baustellenaufzeichnungen aus zwei Teilen bestehen. Der erste Teil umfasst Hinweise und allgemeine Informationen bezüglich Pfahlart, Herstellungsverfahren, Bewehrung und Betonqualität, Stahlsorte, Holzqualität. Der zweite Teil muss spezielle Angaben zur Herstellung (Rammprotokolle) enthalten.

In jedem Fall sollte bei allen Pfählen die Pfahleindringung für die letzten 3 Hitzen (je 10 Schläge) protokolliert werden. Ebenfalls sollten vorab Rammkriterien formuliert werden, die auf der Baustelle einzuhalten sind und als Abnahmekriterien gelten können. Häufig verwendete Rammkriterien für Freifallrammungen sind

- im Bereich der Pfahleinbindelänge eine Pfahleindringung weniger als 10 cm pro Hitze und
- Eindringung auf den letzten 3 Hitzen weniger als 5 cm.

Bei modernen Rammgeräten (z. B. Hydraulikrammen) empfiehlt es sich, Rammkriterien über die Rammenergie zu definieren.

Bei sehr schwer rammbaren Böden kann ggf. auch eine Spülhilfe sinnvoll sein. Dabei werden Spüllanzen (1,5 bis 2 Zoll) bis in die Nähe des Pfahlfußes gebracht und mit etwa 4 bis 6 bar Druckwasser eingeleitet. Eine Spülhilfe kann aber die Pfahltragfähigkeit herabsetzen, s. a. *Kempfert/Moormann (2018).*

20.3.6 Ortbetonrammpfähle

Der Hohlraum für die Pfahlherstellung wird bei Ortbetonrammpfählen durch das Einrammen von dickwandigen Rohren mit geschlossener Spitze (Betonpfropfen oder Fußplatte) hergestellt. Dabei wird der Boden im Gegensatz zum Bohrpfahl verdrängt.

Es gibt zwei Ausführungsvarianten: der klassische Ortbetonrammpfahl mit Innenrammung (Franki-Pfahl), s. Abb. 20.7, und derjenige mit Außenrammung (Simplexpfahl), s. Abb. 20.8. Vorteile der Ortbetonrammpfähle sind:

- gute Verdichtung des umliegenden Baugrundes, damit gezielte Baugrundverbesserung und bessere Pfahltragfähigkeit erreichbar,
- geringe Setzungen,
- gezielte Pfahlfußherstellung möglich,
- beim klassischen Franki-Pfahl (Innenrammung) ist ein zusätzliches Ausstampfen als Kiesvorverdichtung im Fußbereich möglich.

Die Nachteile sind:

- deutliche Lärmentwicklung (bei Innenrammung etwas geringer),
- die Rammerschütterungen können erheblich sein.

20.3.7 Bohrpfähle

Nach DIN EN 1536 ist der Anwendungsbereich von Bohrpfählen zwischen $D = 0{,}3$ bis 3,0 m; deutlich größere Bohrdurchmesser sind jedoch möglich. Die in der Praxis derzeit üblichen Bohrpfahlherstellungsverfahren sind

a) Standardpfahlverfahren mit Kelly-Drehbohrverfahren, s. Abb. 20.9

- mit verrohrter Bohrung
- durch Suspension gestützte Bohrung

b) Greiferbohrverfahren, s. Abb. 20.10

- mit Verrohrungsmaschine

c) Schneckenbohrpfahl (SOB-Pfahl)

Bei verrohrt hergestellten Bohrpfählen wird ein unten offenes Vortreibrohr in den Baugrund abgeteuft und durch entsprechende Bohrwerkzeuge ausgeräumt. Das Bohrrohr muss dem Ausräumen voreilen, damit kein Grundbruch im Rohr auftritt und eine Auflockerung und Entspannung der angrenzenden Bodenschichten verhindert wird. Im Grundwasser

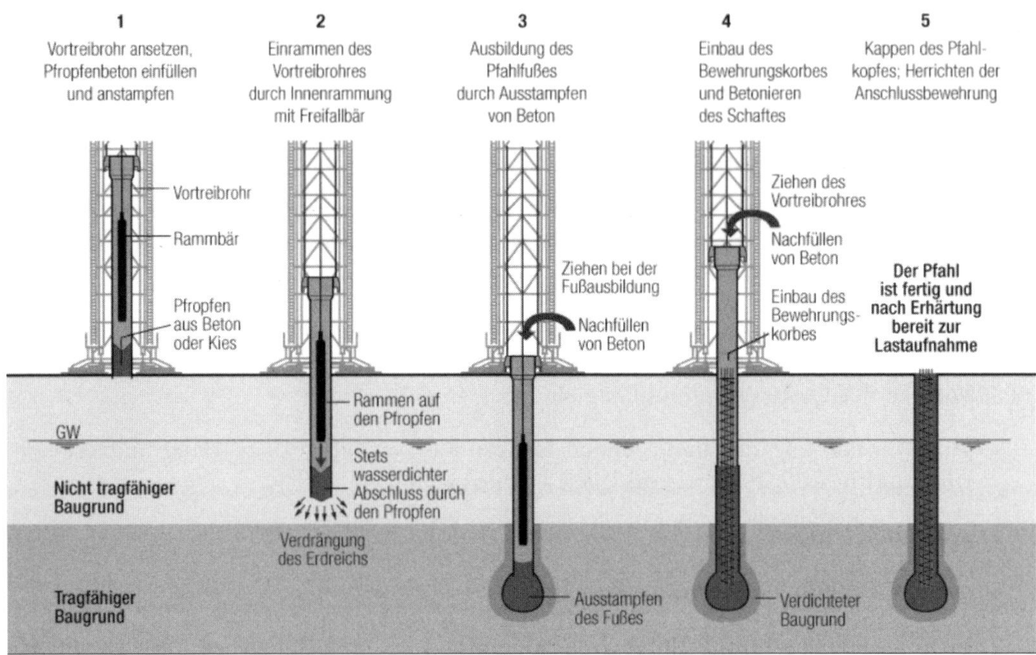

Abb. 20.7: *Ortbetonrammpfahl mit Innenrammung, aus Franki-Grundbau Firmenprospekt*

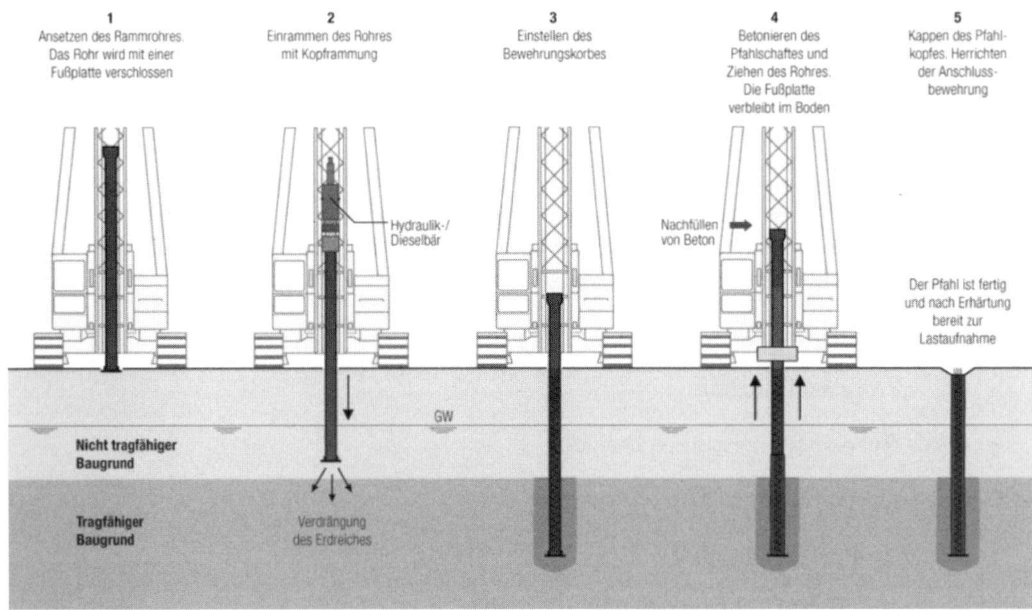

Abb. 20.8: *Ortbetonrammpfahl mit Außenrammung (Simplexpfahl), aus Franki-Grundbau Firmenprospekt*

muss ein Überdruck durch eine Wasserauflast im Rohr gehalten werden. Bis zum Betonieren wird die Bohrlochwandung durch die Verrohrung gestützt. Während des Betonierens wird die Verrohrung gezogen und es entsteht eine Verzahnung zwischen Beton und anstehendem Boden. In Abb. 20.9 ist die Herstellung für verrohrt hergestellte Bohrpfähle mit dem Kelly-Drehbohrverfahren beispielhaft dargestellt.

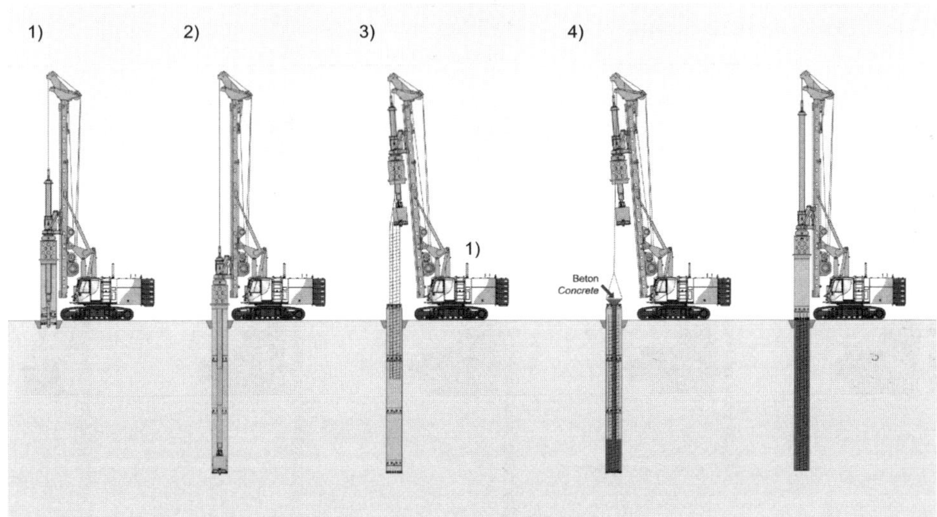

1) Abteufen der Bohrrohre mittels Drehkopf. Bohrgutförderung mit Schnecke und Kellystange
2) Bohren bis zur Gründungstiefe
3) Einsetzen des Bewehrungskorbes
4) Betonieren des Pfahles unter gleichzeitigem Ziehen der Bohrrohre und nach Erhärtung Kappen des Pfahlkopfes

Abb. 20.9: *Beispiel zur Herstellung mit Kelly-Drehbohrverfahren, aus Bauer Firmenprospekt*

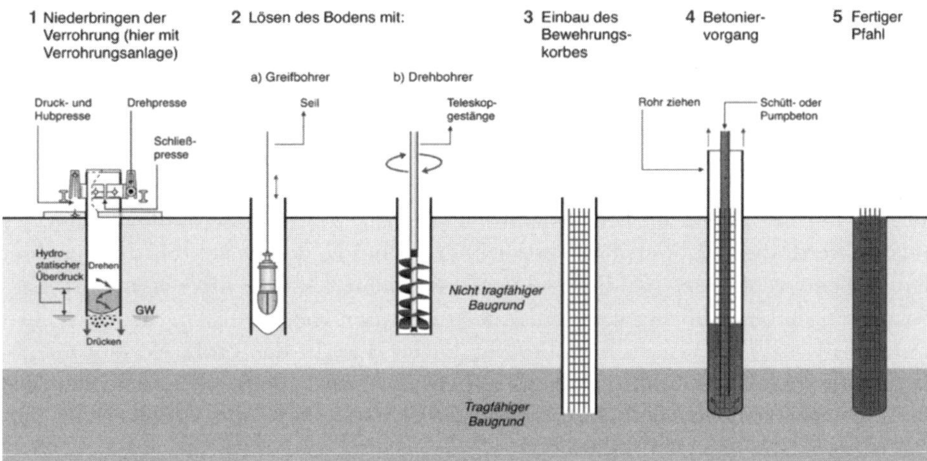

Abb. 20.10: *Beispiel zur Herstellung von Bohrpfählen mit Verrohrungsmaschine, aus Franki-Grundbau Firmenprospekt*

Weiterhin gibt es unverrohrt hergestellte Bohrpfähle. Dabei wird zwischen flüssigkeitsgestützten Bohrpfählen und Schneckenbohrpfählen (Abb. 20.11) unterschieden. Bei ersteren wird die Bohrlochwandung durch eine Tonsuspension gestützt. Beim Betonieren wird die stützende Flüssigkeit durch den Frischbeton verdrängt.

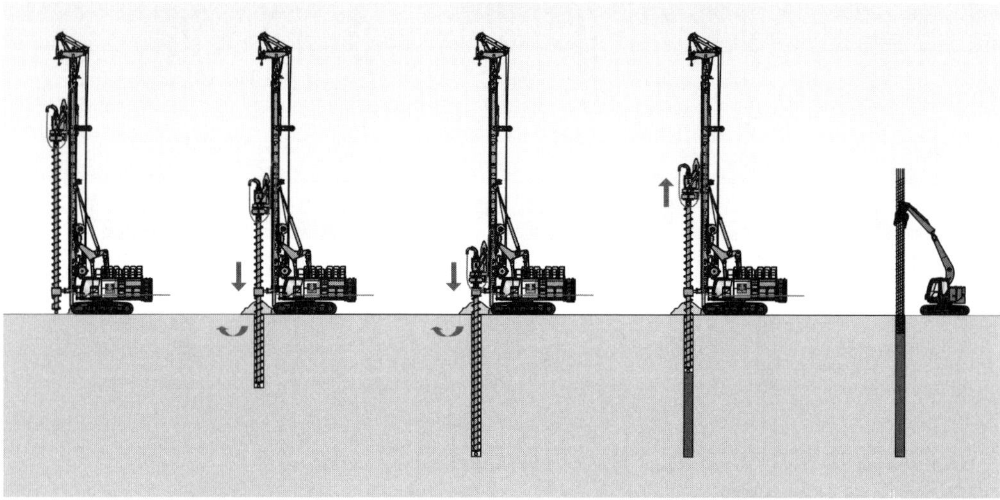

Abb. 20.11: *Beispiel zur Herstellung eines Schneckenbohrpfahls mit kleinem Seelenrohr (SOB-Pfahl), aus Bauer Firmenprospekt*

Bei Schneckenbohrpfählen erfolgt die Stützung der Bohrlochwandung durch die durchgehende mit Boden gefüllte Bohrschnecke, die einen Durchmesser von 40–120 cm hat. Eine Differenzierung wird bei dem Durchmesser des Seelenrohres gemacht. Schneckenbohrpfähle, die mit einem großen Seelenrohr ($D_i/D_a \geq 0,6$) hergestellt werden, werden auch als Teilverdrängungsbohrpfähle bezeichnet, wobei D_i den Seelenrohrdurchmesser und D_a den Außendurchmesser der Bohrschnecke bezeichnen, siehe *Moormann (2016)*. Kleine Seelenrohre haben üblicherweise einen Durchmesser von 10–15 cm, große Seelenrohre mindestens 40 cm. Der Unterschied besteht darin, dass in das große Seelenrohr der Bewehrungskorb eingefädelt und anschließend betoniert wird. Beim kleinen Seelenrohr wird der Bewehrungskorb nach dem Betonieren eingerüttelt, bzw. der Pfahl erhält nur eine Anschlussbewehrung oder ist unbewehrt.

Die Vorteile von Bohrpfählen sind:

- Herstellung weitgehend erschütterungsfrei,
- Kontrolle des Baugrundaufschlusses beim Bohren,

- Herstellung auch bei geringen Arbeitshöhen (z. B. unter Brücken),
- die Pfahllängen können nach dem tatsächlich angetroffenen Baugrundprofil festgelegt werden,
- große Pfahllängen (bis etwa 50 m bzw. in Ausnahmefällen auch länger) erreichbar,
- Tragfähigkeitserhöhung durch Fußaufweitung bzw. Mantel- und/oder Fußverpressung möglich,
- Bohrpfähle können auch unbewehrt hergestellt werden.

Nachteile sind:

- Bodenauflockerungen lassen sich nicht immer ganz vermeiden,
- bei ungeeignetem Bohrwerkzeug (z. B. Kiespumpe mit großem Durchmesser ohne Vorkehrungen für einen Druckausgleich) ergibt sich eine Saugwirkung, die Bodeneintrieb zur Folge haben kann,
- sorgfältige Betonierung (Kontraktorverfahren) notwendig,
- Gefahr beim Rohrziehen (Bewehrung anheben, Einschnürungen),
- die Qualität von Bohrpfählen ist sehr stark abhängig von Erfahrung und Sorgfalt der Pfahlfirmen.

Vorteile der Schneckenbohrpfähle:

- keine Verrohrung notwendig, hohe Herstellungsgeschwindigkeit,
- ggf. Umfangsvergrößerung und Mantelverzahnung durch Einbringen des Betons unter Druck, jedoch auch Gefahr von Betonmehrverbrauch,
- geringe Erschütterungen.

Nachteile der Schneckenbohrpfähle:

- sehr sorgfältiges Arbeiten erforderlich, da der Beton mit höherem Druck als der hydrostatische Betondruck einzubauen ist und die Ziehgeschwindigkeit der Schnecke der Betoniergeschwindigkeit anzupassen ist, damit keine Hohlräume und Einschnürungen im Pfahl entstehen,
- Streuung von Probebelastungsergebnissen oftmals größer als bei herkömmlichen Bohrpfählen,
- Bohrhindernisse können nicht geräumt werden, da keine Möglichkeit z. B. durch Meißeln etc. besteht.

20.3.8 Verdrängungsbohrpfähle

Neben den Bohrpfählen bzw. Teilverdrängungsbohrpfählen nach DIN EN 1536 werden zunehmend auch Verdrängungsbohrpfähle (DIN EN 12699) hergestellt, die oftmals auch als

Schraubpfähle bezeichnet werden. Firmenspezifische Ausführungen sind z. B. Atlaspfahl, Fundexpfahl, Omega-Pfahl usw.

Als Beispiel ist nachfolgend der Atlaspfahl beschrieben. Dieser wird durch seitliche Verdrängung und Verdichtung des Bodens mithilfe eines Stahlrohres, an welchem unten ein austauschbarer Schneidkopf angebracht ist, hergestellt. Die Außenabmessungen des Schneidkopfes bestimmen den Pfahldurchmesser. Der lichte Innendurchmesser des Schneidkopfes gleicht dem des Bohrrohres. Unten ist das Bohrrohr durch eine verlorene Fußspitze wasserdicht verschlossen. Schneidkopf und Rohr werden mit einem Drehbohrantrieb mit gleichzeitigem Anpressdruck nahezu erschütterungsfrei in den Boden geschraubt. Die weiteren Herstellungsschritte zeigt Abb. 20.12.

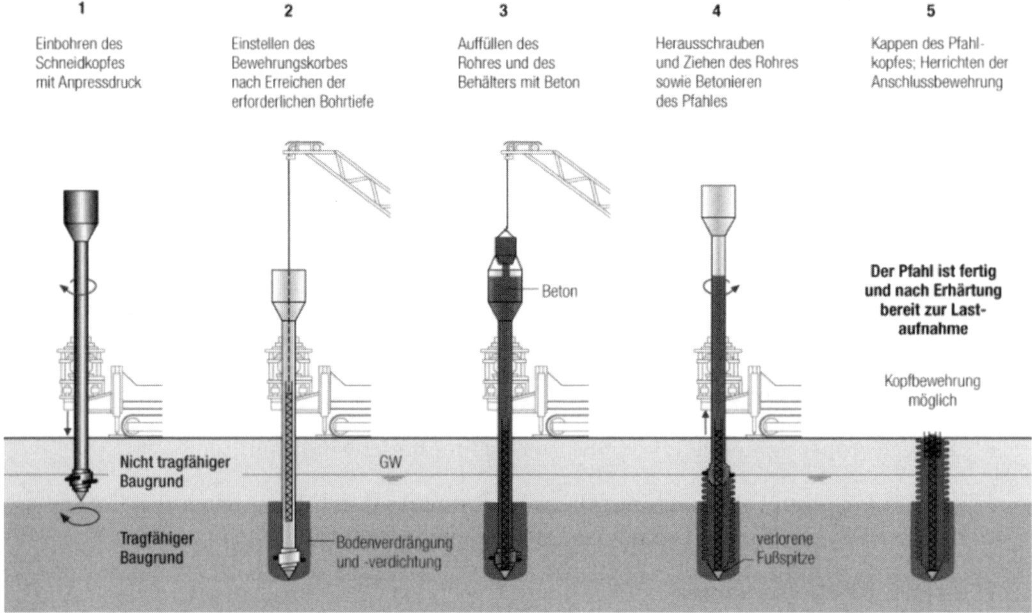

Abb. 20.12: *Herstellung eines Atlaspfahls, aus Franki-Grundbau Firmenprospekt*

Die Vorteile liegen beim Atlaspfahl bei der besonders erschütterungs- und geräuscharmen Herstellung, der schnellen Pfahlherstellung und einer hohen Tragfähigkeit durch die gewindeförmige Ausbildung. Nachteile ergeben sich durch die begrenzten Einsatzmöglichkeiten bei sehr festen Böden und bei begrenzter Bauhöhe.

20.3.9 Mikropfähle

Die Pfahldurchmesser liegen nach DIN EN 14199 zwischen 10 und 30 cm. Eine Beschreibung unterschiedlicher Mikropfahlarten findet sich in *Kempfert/Moormann (2018).*

Ein wirtschaftlicher und universell einsetzbarer und daher weit verbreiteter Pfahltyp ist der Stabverpresspfahl, der oft einen Gewindestahl (GEWI-Stahl der Fa. Dywidag) als Bewehrung zentrisch im Kern des Pfahls aufweist und daher als GEWI-Pfahl bezeichnet wird.

Der GEWI-Stahl ist mit beidseits warm aufgewalzten Gewinderippen versehen. Das Gewinde stellt einerseits die Schraubbarkeit sicher und ermöglicht so das Stoßen einzelner Stäbe durch Muffen und garantiert andererseits einen sehr guten Haftverbund zwischen Stahl und Zementmörtel.

Umhüllt wird der Stahl mit einem Zementmörtel, der dem Standard-Korrosionsschutz und der Kraftübertragung im Boden dient.

Der Herstellungsablauf ist schematisch in Abb. 20.13 dargestellt.

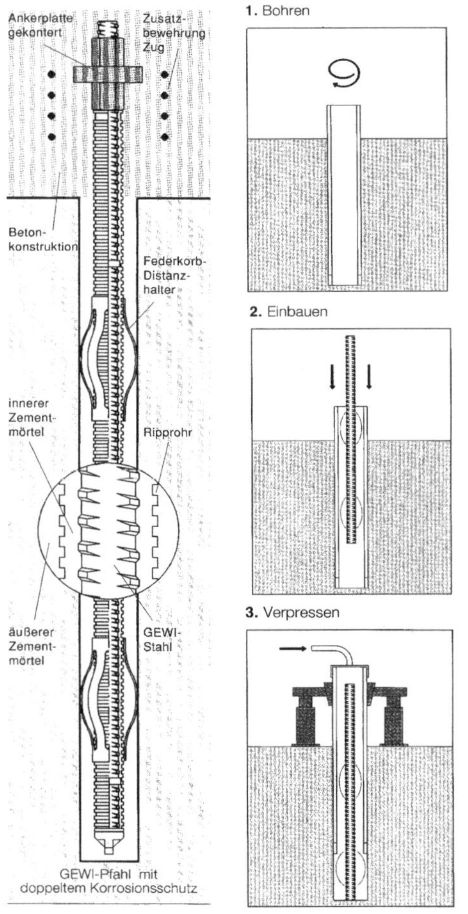

Abb. 20.13: *Herstellung GEWI-Pfahl, Pfahldetails*

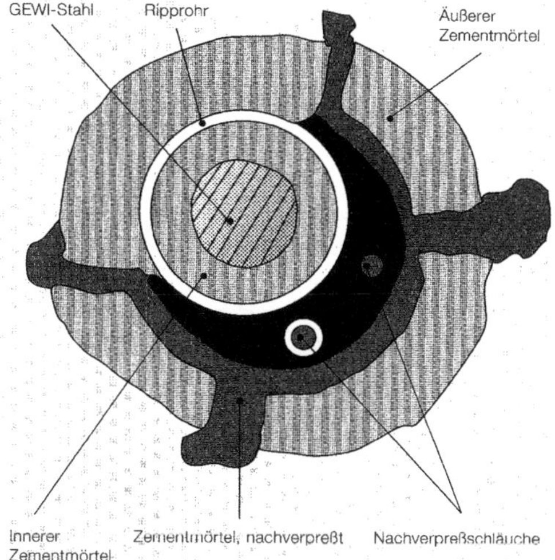

Abb. 20.14: *Querschnitt eines nachverpressten GEWI-Pfahls, aus Dywidag Firmenprospekt*

Zunächst wird der Zementmörtel in der Regel über das Bohrrohr vorverpresst (bis ca. 10 bar). Eine Nachverpressung ist möglich, indem über Verpressröhrchen an den Stellen der Verpressventile der erhärtete Zementstein aufgesprengt wird (Abb. 20.14). Auch ein mehrmaliges Nachverpressen ist möglich. Durch die Nachverpressung wird die Kraftübertragung in den Untergrund und damit die Tragfähigkeit des Mikropfahles, analog zur Verpressankerherstellung, stark erhöht.

Ein weiteres häufig eingesetztes Mikropfahlsystem ist der TITAN Mikropfahl der Fa. Ischebeck.

Der TITAN Mikropfahl ist ein sog. Selbstbohrpfahl. Selbstbohrpfähle benutzen ein Gewinderohr als Tragglied, welches eine Schraubbarkeit ermöglicht und gleichzeitig das (verlorene) Bohrgestänge darstellt. Der Kanal des Rohres dient gleichermaßen zur Spül- und Stützflüssigkeitszugabe und als Verpresskanal für die Zementsuspension. Zum Abbohren können je nach Baugrund unterschiedliche Bohrkronen eingesetzt werden. Die Vorteile dieses Systems sind, dass das Einbringen des Traggliedes und das Ziehen des Bohr- bzw. Schutzrohres gegenüber der Herstellung eines GEWI-Pfahles entfallen. Allerdings ist das Tragglied teurer im Vergleich zum GEWI-Stahl.

Der Korrosionsschutz beruht auf der herstellungstechnisch vorhandenen Überdeckung mit Zementstein. Sofern zusätzliche Korrosionsanforderungen bestehen, kann das Gewinderohr z. B. als nichtrostender Stahl (Edelstahl) ausgeführt werden.

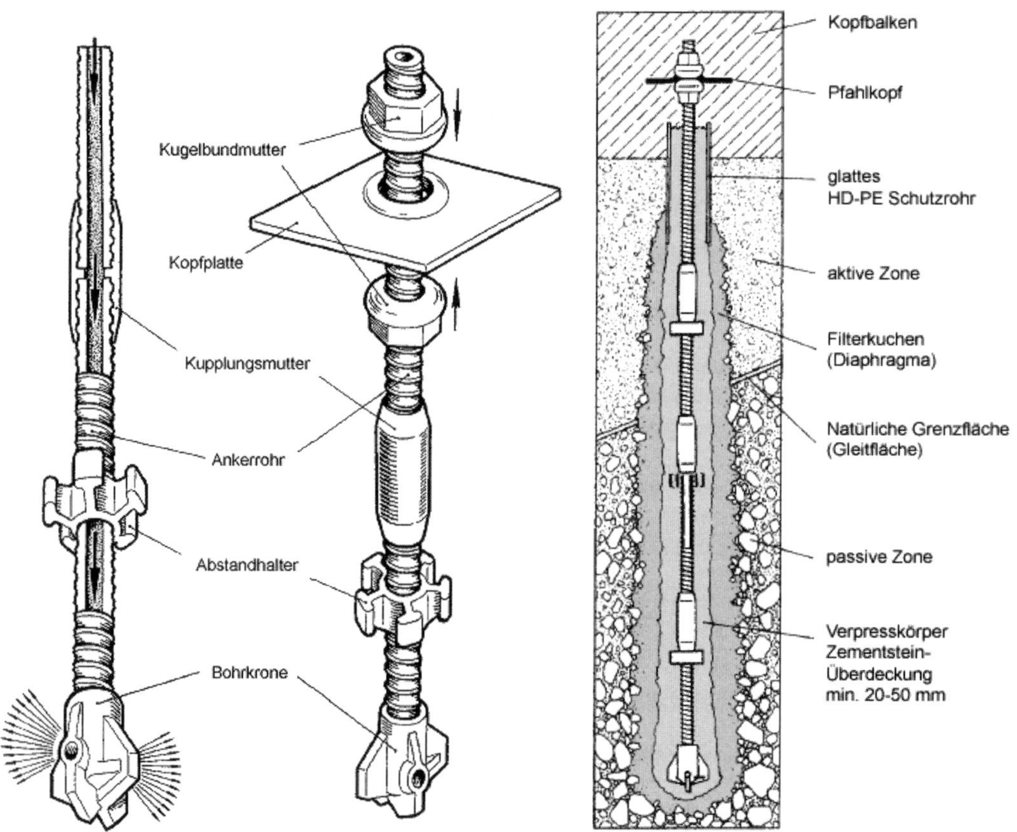

Abb. 20.15: *Selbstbohrpfahl TITAN, aus Ischebeck Firmenprospekt*

20.4 Grundlagen für die Berechnung und Bemessung von Pfählen

20.4.1 Allgemeines

Die Berechnung und Bemessung von Pfählen ist im Eurocode DIN EN 1997-1/DIN 1054, zusammengefasst im *Handbuch Eurocode 7-1 (2015)*, geregelt. Maßgebliche Ergänzungen finden sich auch in der *EA-Pfähle (2012)* und den dazugehörigen technischen Jahresberichten. In Deutschland gilt zunächst grundsätzlich, dass die Pfahltragfähigkeit (Pfahlwiderstände) aus Pfahlprobebelastungen oder aus für den Standort vergleichbaren Ergebnissen anderer Probebelastungen festgelegt werden soll. Falls keine Pfahlprobebelastungen ausgeführt werden, darf der Pfahlwiderstand auch anhand von Erfahrungswerten bestimmt werden.

20.4.2 Einwirkungen und Beanspruchungen auf Pfähle

Bei Pfahlgründungen sind Einwirkungen zu unterscheiden in

- Gründungslasten, z. B. aus dem Bauwerk,
- geotechnische Einwirkungen aus dem Baugrund wie z. B. negative Mantelreibung (20.11.2), Seitendruck (20.11.3) und Setzungsbiegung (20.11.4),
- dynamische und zyklische Einwirkungen, siehe *EA-Pfähle (2012)*.

Die Einwirkungen bzw. Beanspruchungen sind im Hinblick auf eine wirtschaftliche geotechnische Bemessung für jede kritische Einwirkungskombination in den maßgebenden Bemessungssituationen

- für den Grenzzustand der Tragfähigkeit (Ultimate Limit State = ULS) und
- für den Grenzzustand der Gebrauchstauglichkeit (Serviceability Limit State = SLS)

als charakteristische bzw. repräsentative Schnittgrößen in Höhe der Oberkante der Gründungskonstruktion anzugeben. Wahlweise ist es bei Pfahlgründungen auch zulässig, für die Nachweise der Pfähle im Grenzzustand der Tragfähigkeit unmittelbar die Bemessungswerte E_d der Gesamtbeanspruchung zu verwenden.

Die Gründungslasten und die geotechnischen Einwirkungen können zu folgenden charakteristischen bzw. repräsentativen Einwirkungen auf die Pfähle führen:

$F_{G,k}$: als ständige Einwirkung in axialer Richtung;
$F_{Q,rep}$: als repräsentative Einwirkung in axialer Richtung;
$H_{G,k}$: als ständige Einwirkung quer zur Pfahlachse;
$H_{Q,rep}$: als repräsentative Einwirkung quer zur Pfahlachse;
$M_{G,k}$: als Moment infolge ständiger Einwirkungen;
$M_{Q,rep}$: als Moment infolge repräsentativer Einwirkung, ggfs. können auch Torsionsmomente auftreten.

Alle diese Beanspruchungen müssen von den Pfählen über „äußere" (Tragfähigkeit Pfahl-Boden – GEO-2) und „innere" (Materialtragfähigkeit des Pfahlbaustoffs – STR) Nachweise aufgenommen werden.

20.5 Standsicherheitsnachweise und Bemessung axial belasteter Pfähle

20.5.1 Nachweis der Tragfähigkeit (ULS)

Die aus der aufgehenden Konstruktion resultierenden charakteristischen Einwirkungen F_k auf die Pfähle oder Beanspruchungen E_k sind nach *Handbuch Eurocode 7-1 (2015)* für den Nachweis der Tragfähigkeit im Grenzzustand GEO-2 nach Gl. (20.1) und (20.2) mit den Teilsicherheitsbeiwerten nach Anhang A-8 in Bemessungswerte umzurechnen.

$$F_d = F_{G,k} \cdot \gamma_G + F_{Q,rep} \cdot \gamma_Q \qquad (20.1)$$

$$E_d = E_{G,k} \cdot \gamma_G + E_{Q,rep} \cdot \gamma_Q \qquad (20.2)$$

Die Bemessungswerte der Pfahlwiderstände ergeben sich nach Gl. (20.3) zu

$$R_{c,d} = R_{c,k}/\gamma_t \quad \text{für Druckpfahlwiderstand} \qquad (20.3a)$$

$$R_{t,d} = R_{t,k}/\gamma_{s,t} \quad \text{für Zugpfahlwiderstand} \qquad (20.3b)$$

mit den Teilsicherheitsbeiwerten γ_t oder $\gamma_{s,t}$ nach Anhang A-10. Die Teilsicherheitsbeiwerte erfassen dabei gleichermaßen den Fuß- und den Mantelwiderstand.

Für verpresste Zugpfahlsysteme (verpresste Mikropfähle nach DIN EN 14199 und verpresste Verdrängungspfähle nach DIN EN 12699) wird nach *Handbuch Eurocode 7-1 (2015)* für den Bemessungswert die Gl. (20.3b) unter Berücksichtigung eines Modellfaktors η_M zu

$$R_{t,d} = R_{t,k}/(\gamma_{s,t} \cdot \eta_M) \qquad (20.3c)$$

Der Modellfaktor beträgt unabhängig von der Pfahlneigung $\eta_M = 1{,}25$. Die Gl. (20.3c) gilt auch, wenn in begründeten Ausnahmefällen keine Pfahlprobebelastungen vorliegen und die Pfahlwiderstände von verpressten Pfahlsystemen aus Erfahrungswerten abgeleitet werden.

Zum Nachweis der ausreichenden Sicherheit gegen Versagen eines axial belasteten Einzelpfahles durch Bruch des Bodens in der Pfahlumgebung (GEO-2) ist die Grenzzustandsbedingung nach Gl. (20.4) zu erfüllen:

$$F_{c,d} \leq R_{c,d} \quad \text{bzw.} \quad \sum F_{c,d} \leq \sum R_{c,d} \quad \text{für Druckpfahlwiderstände} \qquad (20.4a)$$

$$F_{t,d} \leq R_{t,d} \quad \text{bzw.} \quad \sum F_{t,d} \leq \sum R_{t,d} \quad \text{für Zugpfahlwiderstände} \qquad (20.4b)$$

Anmerkung: Neben den in Gl. (20.4) für den Bruchzustand der Pfähle nach Vorgabe des *Handbuch Eurocode 7-1 (2015)* verwendeten Bezeichnungen finden sich in der *EA-Pfähle (2012)* auch Abkürzungen je nach Zusammenhang von $R_g = R_{ult} = R$ (ULS).

Sofern die Grenzzustandsbedingungen nicht erfüllt sind, müssen die Pfahlabmessungen entsprechend vergrößert werden.

Während nach *Handbuch Eurocode 7-1 (2015)* bei der Ermittlung der Bemessungswerte der Zugbeanspruchung eine gleichzeitig wirkende charakteristische Druckbeanspruchung aus günstigen ständigen Einwirkungen nur mit dem Teilsicherheitsbeiwert $\gamma_{G,inf}$ zu berücksichtigen ist, so ist bei Druckpfählen mit gleichzeitig wirkender Zugbelastung so vorzugehen wie bei allen Gründungskörpern im Verfahren GEO-2. Alle charakteristischen Lasten werden mit ihren Vorzeichen (Druck und Zug) aufsummiert und dann die daraus resultierenden, um den Zuglastanteil verminderten charakteristischen Drucklasten mit den Teilsicherheitsbeiwerten für die Einwirkungen γ_G und γ_Q in Bemessungswerte überführt.

Das Eigengewicht der Pfähle darf bei Druckbelastung vernachlässigt werden. Bei Zugbelastung darf das Pfahleigengewicht als gleichzeitig günstig wirkende Druckbeanspruchung angesetzt werden, s. *EA-Pfähle (2012)*.

Bezüglich eines veränderten Pfahltragverhaltens unter dynamischen oder zyklischen Einwirkungen siehe *EA-Pfähle (2012)*.

Bei teilweise freistehenden Pfählen und bei Pfählen in weichen Böden mit der Scherfestigkeit $c_{u,k} \leq 10$ kN/m^2 muss die Knicksicherheit nachgewiesen werden. Differenziertere Hinweise hierzu sind der *EA-Pfähle (2012)* zu entnehmen.

20.5.2 Nachweis der Gebrauchstauglichkeit (SLS)

Ergibt eine entsprechende Prüfung, dass die Verformungen der Pfahlgründung für das Gesamttragwerk von Bedeutung sind, dann ist eine ausreichende Sicherheit gegen Verlust der Gebrauchstauglichkeit (SLS) nachzuweisen. Der Nachweis ist erbracht, wenn die Bedingung erfüllt ist:

$$F_k \leq R\ (\text{SLS}) \tag{20.5a}$$

mit

F_k: charakteristischer Wert der Druck- oder Zugeinwirkung auf den Pfahl
R (SLS): charakteristischer Wert des Pfahlwiderstandes im Gebrauchslastbereich

Der Nachweis darf auch über zulässige Setzungen zul. s_k (durch die Tragwerksplanung vorzugeben) unter Ansatz der charakteristischen Beanspruchungen im Gebrauchszustand nach Gl. (20.5b) geführt werden, s. a. Abb. 20.16:

$$\text{vorh. } s_k \leq \text{zul. } s_k \tag{20.5b}$$

Anmerkung: Bei Verwendung von Pfahlsystemen, die im Gebrauchslastbereich nur geringe Setzungen aufweisen, kann der Gebrauchstauglichkeitsnachweis pauschal durch den Nachweis der Tragfähigkeit mit abgedeckt werden.

Für den Nachweis von Pfahlgründungen ist darauf zu achten, dass nicht nur die Setzung des Einzelpfahles, sondern auch die Setzungsdifferenzen z. B. aus Baugrundinhomogenitäten oder Herstellungsbedingungen zwischen den Pfählen maßgeblich für das Gesamttragwerk werden können. Setzungsdifferenzen können in der Pfahlkopfplatte oder in dem aufgehenden Tragwerk einen Grenzzustand der Tragfähigkeit (STR) oder auch einen Grenzzustand der Gebrauchstauglichkeit (SLS) infolge Zwangsbeanspruchungen hervorrufen.

Sind nur geringe Setzungsdifferenzen zwischen den Einzelpfählen zu erwarten, dann ist der charakteristische Pfahlwiderstand R (SLS) unter Vorgabe einer zulässigen charakteristischen Setzung zul. s_k nach Abb. 20.16 a) aufgrund einer Bewertung der Pfahlprobebelastungsergebnisse oder aufgrund von Erfahrungswerten abzuleiten.

Herstellungsbedingte Setzungsdifferenzen sind bei Pfählen abhängig von der Größe der Setzungen s und vom Pfahltyp. Die Größenordnungen können nach *Kempfert/Moormann (2018)* liegen bei

- Bohrpfahlgründungen: $\Delta s/s \cong 1/3$
- Verdrängungspfahlgründungen: $\Delta s/s \cong 1/4$

Sind erhebliche Setzungsdifferenzen zwischen den Einzelpfählen zu erwarten, dann ist zunächst für den Einzelpfahl wie im Falle geringer Setzungsdifferenzen vorzugehen. Im Bereich des sich daraus ergebenden Pfahlwiderstandes R (SLS) sind anhand des Ansatzes

$$\Delta s_k = \kappa \cdot s_k \tag{20.6}$$

mögliche obere Grenzwerte $s_{k,max}$ und untere Grenzwerte $s_{k,min}$ der Setzung s_k nach Abb. 20.16 b) zu ermitteln. Der Faktor κ ist abhängig von der Pfahlherstellung, der Baugrundschichtung und der Stellung der Pfähle innerhalb der Gründung zu bestimmen. Nach *Kempfert/Moormann (2018)* könnte für eine erste Abschätzung $\kappa = 0{,}15$ angesetzt werden, wenn keine weitergehenden Untersuchungen erfolgen. Siehe hierzu auch Pfahlgruppenverhalten nach Kapitel 22.

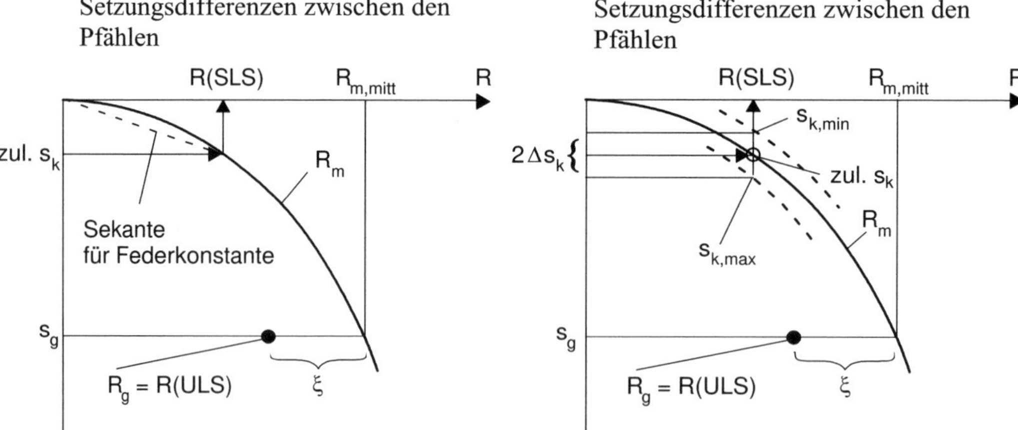

Abb. 20.16: *Ermittlung des charakteristischen Pfahlwiderstandes R(SLS) von Einzelpfählen oder von Pfahlgruppen, abhängig von den entsprechenden Setzungen zul. s_k bzw. Δs_k*

Es ist ebenfalls zu prüfen, ob die für den Gebrauchszustand der Einzelpfähle zu erwartenden Verformungen an benachbarten baulichen Anlagen, z. B. Nachbargebäuden oder Rohreinführungen, einen Grenzzustand der Tragfähigkeit STR oder der Gebrauchstauglichkeit SLS hervorrufen können.

20.6 Charakteristische axiale Pfahlwiderstände aus Erfahrungswerten

20.6.1 Allgemeines

Da Probebelastungen bekanntermaßen teuer sind und oftmals nur in Ausnahmefällen beim Auftraggeber durchgesetzt werden können, geschieht die Festlegung der Pfahltragfähigkeit in vielen Fällen auf der Grundlage von Erfahrungswerten.

Es sei aber darauf hingewiesen, dass durchaus vorgeschaltete Probebelastungen in Einzelfällen, selbst bei hohen Versuchskosten, für die Gesamtgründungsmaßnahme zu wirtschaftlicheren und vor allem sicheren Lösungen führen können. Nachfolgend ist zunächst die Bestimmung der Pfahlwiderstände mit Erfahrungswerten auf der Grundlage des *Handbuch Eurocode 7-1 (2015)* und der *EA-Pfähle (2012)* beschrieben.

Die nachfolgend aus der *EA-Pfähle (2012)* entnommenen Tabellen enthalten Spannen der Erfahrungswerte für den Pfahlspitzendruck q_b und die Pfahlmantelreibung q_s. Sie sind auf der Grundlage von vorliegenden zahlreichen, überwiegend statischen Pfahlprobebelastungen auf empirischer Grundlage abgeleitet worden, siehe *Kempfert/Becker (2007)*. Die Tabellen enthalten eine Spanne der Erfahrungswerte über einen Quantilbereich von 10 % bis 50 %, d. h., dass für den in den Tabellen angegebenen unteren Wert etwa 10 % und den oberen Wert (Mittelwert) etwa 50 % der Pfahlwiderstände streuungsbedingt in situ unter diesen Werten liegen können. Die Anwendung der unteren Tabellenwerte (Kleinstwerte) sollte der Regelfall sein und setzt voraus, dass eine Baugrunduntersuchung in Anlehnung an *Handbuch Eurocode 7-1 (2015)* vorliegt. Über die unteren Werte (Kleinstwerte) hinausgehende Pfahlwiderstände, abgestuft in Richtung der oberen Werte der Tabellen, dürfen nur dann für den Anwendungsfall gewählt werden, wenn diese ausdrücklich durch einen Sachverständigen für Geotechnik bestätigt werden. Hierbei sind die örtlichen Verhältnisse und Erfahrungen und der vorgesehene Anwendungsfall zu berücksichtigen.

Das Mittragen von Bodenschichten bezogen auf die Pfahlmantelreibung mit $q_c < 7{,}5$ MN/m^2 bzw. $c_{u,k} < 60$ kN/m^2 sollte i. d. R nicht angesetzt werden. Dies gilt auch bei einer Baugrundschichtung mit wechselnden Böden, die teilweise über bzw. unter den vorstehenden Minimalangaben der Baugrundfestigkeit liegen können.

Werden die Erfahrungswerte mit gemessenen Werten aus statischen und dynamischen Pfahlprobebelastungen verglichen, so ist zu beachten, dass die in den nachfolgenden Tabellen angegebenen charakteristischen Werte von Pfahlspitzendruck und Mantelreibung unter statistischer Anwendung der o. g. Quantilen auf die Messwerte von Probebelastungsergebnissen abgeleitet wurden. Hierbei wurden keine Streuungsfaktoren ξ (siehe 20.7.2 und 20.8.5) angewandt, da diese gemäß *Handbuch Eurocode 7-1 (2015)* in den Teilsicherheitsbeiwerten für Erfahrungswerte durch einen Modellfaktor η_E bereits eingerechnet sind. Dies ist beim Vergleich der charakteristischen Tabellenwerte mit den aus gemessenen Werten von Pfahlprobebelastungen abgeleiteten charakteristischen Werten zu beachten. Die Tabellenwerte dürfen nur in Ausnahmefällen auf Zugpfähle angewandt werden, s. *EA-Pfähle (2012)*. Zu den statischen und dynamischen Pfahlprobebelastungen siehe 20.7 und 20.8.

20.6.2 Bohrpfähle

Der axiale charakteristische Pfahlwiderstand von Bohrpfählen kann über eine fiktive Widerstands-Setzungs-Linie (WSL) bestimmt werden, die anhand von Erfahrungswerten für Pfahlspitzendruck und Mantelreibung konstruiert wird. Unterschieden werden die Anteile aus Pfahlfuß- (Index b für base) und Pfahlmantelwiderstand (Index s für shaft) nach Abb. 20.17.

Die Setzungen sind keine absoluten Größen, sondern auf den Pfahlfußdurchmesser normiert. Das Verfahren wird dadurch weniger anschaulich, hat aber den Vorteil, dass für den Anwendungsbereich eines Pfahldurchmessers von 0,3 bis 3,0 m einheitliche Zahlenwerte für Pfahlspitzendruck und Mantelreibung angesetzt werden können und gleichzeitig die Durchmesserabhängigkeit im Pfahltragverhalten berücksichtigt wird.

Diese Abhängigkeit zeigt sich rechnerisch durch kleinere Setzungen bei kleineren Pfahldurchmessern gegenüber größeren Setzungen bei größeren Durchmessern und gleichem Pfahlspitzendruck.

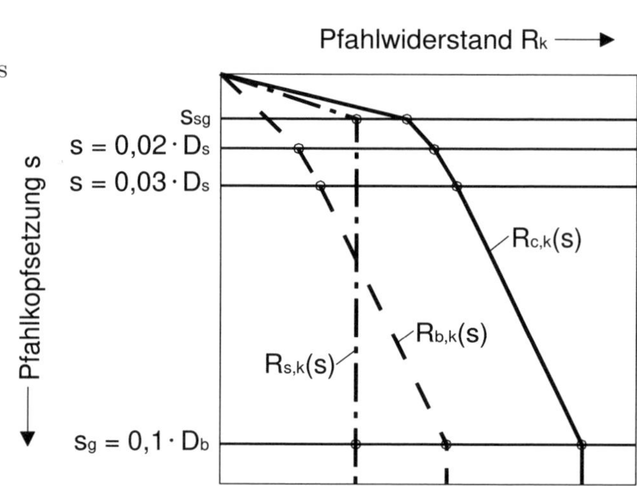

Abb. 20.17: *Elemente der charakteristischen Widerstands-Setzungs-Linie von Bohrpfählen, aus* EA-Pfähle (2012)

Der charakteristische axiale Pfahlwiderstand ermittelt sich aus dem Ansatz:

$$R_{c,k}(s) = R_{b,k}(s) + R_{s,k}(s) = q_{b,k} \cdot A_b + \sum_i q_{s,k,i} \cdot A_{s,i} \qquad (20.7)$$

mit

- A_b: der Nennwert der Pfahlfußfläche
- $A_{s,i}$: der Nennwert der Pfahlmantelfläche in der Schicht i
- $q_{b,k}$: der charakteristische Wert des Pfahlspitzendruckes nach Tab. 20.1 und 20.3
- $q_{s,k,i}$: der charakteristische Wert der Pfahlmantelreibung in der Schicht i nach Tab. 20.2 und 20.4
- $R_k(s)$: der setzungsabhängige charakteristische Druckpfahlwiderstand

$R_{b,k}(s)$: der setzungsabhängige charakteristische Pfahlfußwiderstand

$R_{s,k}(s)$: der setzungsabhängige charakteristische Pfahlmantelwiderstand

s_{sg}: die Grenzsetzung für den setzungsabhängigen charakteristischen Pfahlmantelwiderstand

Die für die Konstruktion einer fiktiven WSL, analog zu Abb. 20.17, anzusetzenden charakteristischen Werte nach *EA-Pfähle (2012)* für den Pfahlspitzendruck und für die Pfahlmantelreibung finden sich in den Tabellen 20.1 bis 20.4.

Die Setzung zur Mobilisierung der vollen Grenzmantelreibung ergibt sich gemäß *EA-Pfähle (2012)* nach einer nicht unumstrittenen lastabhängigen Beziehung mit folgender empirischer Formel:

$$s_{sg}\ [\text{in cm}] = 0{,}50 \cdot R_{s,k}(s_{sg})\ [\text{in MN}] + 0{,}50 \leq 3{,}00\ \text{cm} \tag{20.8}$$

Bis zu dieser Setzung steigt die Mantelreibung linear auf ihren Maximalwert an, im Weiteren verläuft sie dann konstant. Dagegen hat sich allgemein durchgesetzt, dass eine Pfahlgrenzsetzung $s_{ult} = s_g$ von

$$s_g = 0,10 \cdot D_s \qquad \text{bzw.} \qquad s_g = 0,10 \cdot D_b \tag{20.9}$$

anzusetzen ist. Für die Setzung im Gebrauchszustand ist der Pfahlschaftdurchmesser D_s die maßgebliche Bezugsgröße. Für die Setzung im Bruchzustand wird bei Pfählen ohne Fußaufweitung der Pfahldurchmesser D (hier $D = D_s = D_b$) als Bezugsgröße angesetzt, bei Pfählen mit Fußaufweitung ist der Pfahlfußdurchmesser D_b die maßgebliche Bezugsgröße. Bei Schlitzwandelementen ist für D die Schlitzwanddicke anzusetzen. Für die Konstruktion der Widerstands-Setzungs-Linie wird der Pfahlfußwiderstand für die Grenzsetzung s_g sowie die Setzungen $s = 0,02 \cdot D_s$ und $0,03 \cdot D_s$ bestimmt.

Die jeweilige Anwendbarkeit der Tabellenwerte für eine vorgesehene Baumaßnahme ist vom Sachverständigen für Geotechnik zu bestätigen. Allgemein gelten folgende Voraussetzungen für die Werte nach Tab. 20.1 bis 20.4:

- Eine Mindesteinbindetiefe der Pfähle von 2,5 m in eine tragfähige Schicht.
- Die Festigkeit des Baugrundes wird für nichtbindige Böden durch den Sondierwiderstand q_c, in bindigen Böden durch die Scherfestigkeit des undränierten Bodens $c_{u,k}$ charakterisiert.
- Bei der Festlegung des maßgebenden mittleren Spitzenwiderstandes q_c der Drucksonde bzw. der charakteristischen undränierten Scherfestigkeit $c_{u,k}$ ist zwischen dem für den Pfahlspitzendruck maßgebenden Bereich von $1 \cdot D_b$ ober- bis $4 \cdot D_b$ unterhalb des Pfahlfußes für Pfahldurchmesser bis D_b = 0,6 m und $1 \cdot D_b$ ober- bis $3 \cdot D_b$ unterhalb des Pfahlfußes größer als D_b = 0,6 m und dem für die Pfahlmantelreibung maßgebenden Bereich (Mittelwert der betreffenden Schicht) des Bodens zu unterscheiden. Hat die Bodenschichtung einen großen Einfluss auf den Spitzenwiderstand der Drucksonde bzw. auf die undränierte Scherfestigkeit, dann sind für die Pfahlmantelreibung zwei oder mehr mittlere Bereiche getrennt festzulegen.

Tab. 20.1: *Spannen der Erfahrungswerte für den charakteristischen Pfahlspitzendruck* $q_{b,k}$ *für Bohrpfähle in nichtbindigen Böden, aus* EA-Pfähle (2012)

Bezogene Pfahlkopfsetzung s/D_s bzw. s/D_b	Pfahlspitzendruck $q_{b,k}$ [kN/m^2]		
	bei einem mittleren Spitzenwiderstand q_c der Drucksonde [MN/m^2]		
	7,5	15	25
0,02	550 - 800	1.050 - 1.400	1.750 - 2.300
0,03	700 - 1.050	1.350 - 1.800	2.250 - 2.950
0,10 ($\widehat{=} s_g$)	1.600 - 2.300	3.000 - 4.000	4.000 - 5.300
Zwischenwerte dürfen geradlinig interpoliert werden. Bei Bohrpfählen mit Fußverbreiterung sind die Werte auf 75 % abzumindern.			

Tab. 20.2: *Spannen der Erfahrungswerte für die charakteristische Pfahlmantelreibung* $q_{s,k}$ *für Bohrpfähle in nichtbindigen Böden, aus* EA-Pfähle (2012)

Mittlerer Spitzenwiderstand q_c der Drucksonde [MN/m^2]	Bruchwert $q_{s,k}$ der Pfahlmantelreibung [kN/m^2]
7,5	55 - 80
15	105 - 140
$\geq$ 25	130 - 170
Zwischenwerte dürfen geradlinig interpoliert werden.	

Tab. 20.3: *Spannen der Erfahrungswerte für den charakteristischen Pfahlspitzendruck* $q_{b,k}$ *für Bohrpfähle in bindigen Böden, aus* EA-Pfähle (2012)

Bezogene Pfahlkopfsetzung s/D_s bzw. s/D_b	Pfahlspitzendruck $q_{b,k}$ [kN/m^2]		
	Scherfestigkeit $c_{u,k}$ des undränierten Bodens [kN/m^2]		
	100	150	250
0,02	350 - 450	600 - 750	950 - 1.200
0,03	450 - 550	700 - 900	1.200 - 1.450
0,10 ($\widehat{=} s_g$)	800 - 1.000	1.200 - 1.500	1.600 - 2.000
Zwischenwerte dürfen geradlinig interpoliert werden. Bei Bohrpfählen mit Fußverbreiterung sind die Werte auf 75 % abzumindern.			

Sofern anstatt von Drucksondierergebnissen nur Rammsondierergebnisse (DPH) vorliegen, sollte eine Umrechnung nach DIN EN ISO 22476-2 oder *EA-Pfähle (2012)* vorgenommen werden. Ersatzweise wird oftmals auch Gl. (20.10) nach *Franke (1973)* verwendet.

$$q_c \text{ [MN/m}^2\text{]} \sim N_{10} \text{ (Schläge je 10 cm Eindringung)} \tag{20.10}$$

Zu den Pfahlwiderständen von Bohrpfählen im Fels siehe *EA-Pfähle (2012)*.

Tab. 20.4: *Spannen der Erfahrungswerte für die charakteristische Pfahlmantelreibung* $q_{s,k}$ *für Bohrpfähle in bindigen Böden, aus* EA-Pfähle (2012)

Scherfestigkeit $c_{u,k}$ des undränierten Bodens [kN/m^2]	Bruchwert $q_{s,k}$ der Pfahlmantelreibung [kN/m^2]
60	30 - 40
150	50 - 65
$\geq$ 250	65 - 85
Zwischenwerte dürfen geradlinig interpoliert werden.	

20.6.3 Fertigrammpfähle

Der axiale charakteristische Pfahlwiderstand von Fertigrammpfählen kann ebenfalls über eine fiktive Widerstands-Setzungs-Linie (WSL) bestimmt werden, die anhand von Erfahrungswerten für Pfahlspitzendruck und Mantelreibung konstruiert wird. Allerdings ist die WSL bei Fertigrammpfählen nach Abb. 20.18 in einigen Punkten unterschiedlich gegenüber den Bohrpfählen nach Abb. 20.17, s. a. *Kempfert/Becker (2007)*.

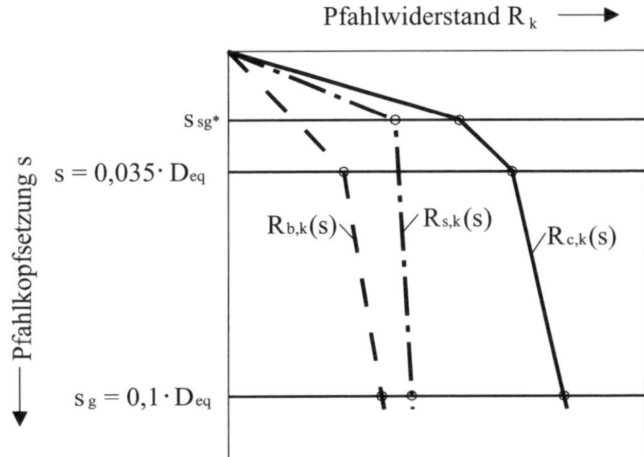

Abb. 20.18: *Elemente der charakteristischen Widerstands-Setzungs-Linie von Fertigrammpfählen, aus* EA-Pfähle (2012)

Unter Fertigrammpfählen werden nach DIN EN 12699 vorgefertigte Beton-, Stahl-, Holz- und Gusseisenpfähle verstanden, s. a. Abb. 20.2. Die nachfolgenden Tabellenwerte gelten nicht für Holz- und Gusseisenpfähle. Die Tragfähigkeit von Holzpfählen darf nach *EA-Pfähle (2012)* auf der Grundlage von DIN 4026 abgeschätzt werden.

Für $R_{b,k}$ $(s_{ult} = s_g)$ gilt die Grenzsetzung analog zu Gl. (20.9):

$$s_{ult} = s_g = 0,10 \cdot D_{eq} \qquad (20.11)$$

Dabei ist D_{eq} der äquivalente Durchmesser des Pfahlfußes [m]. Für quadratische und rechteckige Fertigteilpfähle und Stahlprofilpfähle wird der äquivalente Pfahlfußdurchmesser nach Gl. (20.12) berechnet.

$$D_{eq} = 1,13 \cdot a_s \qquad (20.12a)$$

für quadratische Pfähle und

$$D_{eq} = 1,13 \cdot a_s \cdot \sqrt{a_L/a_s} \tag{20.12b}$$

für rechteckige Pfähle und Stahlprofile

mit

a_s: Seitenlänge eines Pfahls mit quadratischem Querschnitt bzw. Länge der kleineren Seite des Querschnitts bei rechteckigen Fertigteilpfählen oder Stahlprofilen;

a_L: Länge der größeren Seite des Querschnitts bei rechteckigen Fertigteilpfählen oder Stahlprofilen. Für Stahlprofilpfähle gelten hierbei die Längen der umrissenen Pfahlfußfläche.

Für $R_{s,k}$ (s_{sg^*}) in MN gilt bei Mobilisierung des Bruchzustands eine charakteristische Setzung:

$$s_{sg^*}\ [\text{cm}] = 0,5 \cdot R_{s,k}(s_{sg^*})\ [\text{MN}] \leq 1\ [\text{cm}] \tag{20.13}$$

Die charakteristische axiale Pfahlwiderstandskraft ist aus folgendem Ansatz zu ermitteln:

$$R_{c,k}(s) = R_{b,k}(s) + R_{s,k}(s) = \eta_b \cdot q_{b,k} \cdot A_b + \sum_i \eta_s \cdot q_{s,k,i} \cdot A_{s,i} \tag{20.14}$$

mit

A_b: der Nennwert der Pfahlfußfläche

$A_{s,i}$: der Nennwert der Pfahlmantelfläche in der Schicht i

$q_{b,k}$: der charakteristische Wert des Pfahlspitzendrucks, abgeleitet nach Tab. 20.5 und 20.7

$q_{s,k,i}$: der charakteristische Wert der Pfahlmantelreibung in der Schicht i, abgeleitet nach Tab. 20.6 und 20.8

η_b: der Modellfaktor des Pfahlspitzendrucks nach Tab. 20.9

η_s: der Modellfaktor der Pfahlmantelreibung nach Tab. 20.9

$R_{c,k}(s)$: der setzungsabhängige charakteristische Druckpfahlwiderstand

$R_{b,k}(s)$: der setzungsabhängige charakteristische Pfahlfußwiderstand

$R_{s,k}(s)$: der setzungsabhängige charakteristische Pfahlmantelwiderstand

s_{sg^*}: die charakteristische Setzung, bei der die Mobilisierung der Bruchmantelreibung für den setzungsabhängigen charakteristischen Pfahlmantelwiderstand beginnt

s_{sg}: die Grenzsetzung für den setzungsabhängigen charakteristischen Pfahlmantelwiderstand $(s_{sg} = s_g)$

Die in Tab. 20.5 bis 20.8 angegebenen Erfahrungswerte von Pfahlspitzendruck und Pfahlmantelreibung unter Berücksichtigung von Tab. 20.9 gelten nach *EA-Pfähle (2012)* für

- vorgefertigte Stahlbeton- und Spannbeton-Rammpfähle von D_{eq} = 0,25 bis 0,50 m,

- geschlossene Stahlrohrpfähle mit einem Durchmesser bis 800 mm,

die mindestens 2,50 m in eine tragfähige Schicht einbinden. Dabei gelten die Tabellenwerte für gerammte Fertigpfähle. Für einvibrierte Pfähle müssen die Tabellenwerte i. d. R. abgemindert werden, da bei einvibrierten Pfählen Tragfähigkeitsreduzierungen festgestellt wurden, siehe *Mazurkiewicz (1986)*. Andererseits sind nach *Moormann et al. (2016)* auch Tragfähigkeitserhöhungen von einvibrierten Pfählen gegenüber gerammten Pfählen bei Pfahlprobebelastungen beobachtet worden.

Tab. 20.5: *Spannen der Erfahrungswerte für den charakteristischen Pfahlspitzendruck $q_{b,k}$ für Fertigrammpfähle aus Stahlbeton und Spannbeton in nichtbindigen Böden, aus* EA-Pfähle (2012)

Bezogene Pfahlkopfsetzung s/D_{eq}	Pfahlspitzendruck $q_{b,k}$ [kN/m²] bei einem mittleren Spitzenwiderstand q_c der Drucksonde [MN/m²]		
	7,5	15	25
0,035	2.200 - 5.000	4.000 - 6.500	4.500 - 7.500
0,100	4.200 - 6.000	7.600 - 10.200	8.750 - 11.500
Zwischenwerte dürfen geradlinig interpoliert werden.			

Tab. 20.6: *Spannen der Erfahrungswerte für die charakteristische Pfahlmantelreibung $q_{s,k}$ für Fertigrammpfähle aus Stahlbeton und Spannbeton in nichtbindigen Böden, aus* EA-Pfähle (2012)

Setzung	Pfahlmantelreibung $q_{s,k}$ [kN/m²] bei einem mittleren Spitzenwiderstand q_c der Drucksonde [MN/m²]		
	7,5	15	25
s_{sg^*}	30 -40	65 - 90	85 - 120
$s_{sg} = s_g = 0,1 \cdot D_{eq}$	40 - 60	95 - 125	125 - 160
Zwischenwerte dürfen geradlinig interpoliert werden.			

Tab. 20.7: *Spannen der Erfahrungswerte für den charakteristischen Pfahlspitzendruck $q_{b,k}$ für Fertigrammpfähle aus Stahlbeton und Spannbeton in bindigen Böden, aus* EA-Pfähle (2012)

Bezogene Pfahlkopfsetzung s/D_{eq}	Pfahlspitzendruck $q_{b,k}$ [kN/m²] Scherfestigkeit $c_{u,k}$ des undränierten Bodens [kN/m²]		
	100	150	250
0,035	350 - 450	550 - 700	800 - 950
0,100	600 - 750	850 - 1.100	1.150 - 1.500
Zwischenwerte dürfen geradlinig interpoliert werden.			

Tab. 20.8: *Spannen der Erfahrungswerte für die charakteristische Pfahlmantelreibung $q_{s,k}$ für Fertigrammpfähle aus Stahlbeton und Spannbeton in bindigen Böden, aus* EA-Pfähle (2012)

Setzung	Pfahlmantelreibung $q_{s,k}$ [kN/m^2]		
	Scherfestigkeit $c_{u,k}$ des undränierten Bodens [kN/m^2]		
	60	150	250
s_{sg^*}	20 -30	35 - 50	45 - 65
$s_{sg} = s_g = 0,1 \cdot D_{eq}$	20 - 35	40 - 60	55 - 80
Zwischenwerte dürfen geradlinig interpoliert werden.			

Tab. 20.9: *Modellfaktoren für Pfahlspitzendruck und Pfahlmantelreibung η_b bzw. η_s von Fertigrammpfählen bei Ansatz der Werte nach Tab. 20.5 bis 20.8, aus* EA-Pfähle (2012)

Pfahltyp	η_b	η_s
Stahlbeton und Spannbeton	1,00	1,00
Geschlossenes Stahlrohr ($D_b \leq$ 0,80 m)	0,80	0,60

Für offene Stahlrohr- und Hohlkastenprofile sowie Stahlträgerprofile wird auf 20.6.4 verwiesen.

Bei der Festlegung des maßgebenden mittleren Spitzenwiderstandes q_c der Drucksonde bzw. der charakteristischen undränierten Scherfestigkeit $c_{u,k}$ ist zwischen dem

- für den Pfahlspitzendruck maßgebenden Bereich ($1 \cdot D_{eq}$ ober- bis $4 \cdot D_{eq}$ unterhalb des Pfahlfußes) und dem
- für die Pfahlmantelreibung maßgebenden Bereich (Mittelwert der betreffenden Bodenschicht)

zu unterscheiden. Hat die Bodenschichtung einen großen Einfluss auf den Spitzenwiderstand der Drucksonde bzw. auf die undränierte Scherfestigkeit, dann sind für die Pfahlmantelreibung zwei oder mehr mittlere Bereiche getrennt festzulegen.

20.6.4 Offene Stahlrohrpfähle und Stahlprofilpfähle

Bei der Rammung von offenen Stahlrohren oder Hohlkästen kann sich im Pfahlfußbereich eine Verspannung des eindringenden Bodens zwischen den inneren Mantelflächen einstellen. Der in das Profil eindringende Boden wird unabhängig einer möglichen Verspannung als Pfropfen bezeichnet. Weitere Hinweise zur Pfropfenbildung von offenen Profilen sind *Lüking (2010)* und *Lüking/Kempfert (2012)* zu entnehmen.

Zur Angleichung der Vorgehensweise von *EA-Pfähle (2012)* und *EAU (2012)* bei der Ermittlung von charakteristischen axialen Widerständen aus Erfahrungswerten von offenen Stahlrohrpfählen, Stahlträgerprofilflächen und Spundwandprofilen sind in den Technischen

Jahresberichten 2014 der EA-Pfähle und der EAU modifizierte Ansätze enthalten, siehe hierzu auch *Lüking/Becker (2015)*, *Moormann/Kempfert (2014)* und *Grabe (2014)*.

Wie in *Lüking (2010)* ausgeführt, findet der Lastabtrag im Pfropfen über Druckgewölbe statt. Hieraus wurden dann zwei Modellvorstellungen in Abhängigkeit der Pfahlgeometrie abgeleitet, siehe Abb. 20.19. Die bei dem vereinfachten Näherungsverfahren anzusetzenden Nennwerte der Pfahlfußflächen und Pfahlmantelflächen von offenen Stahlrohrpfählen und Stahlträgerprofilpfählen zeigt Abb. 20.20.

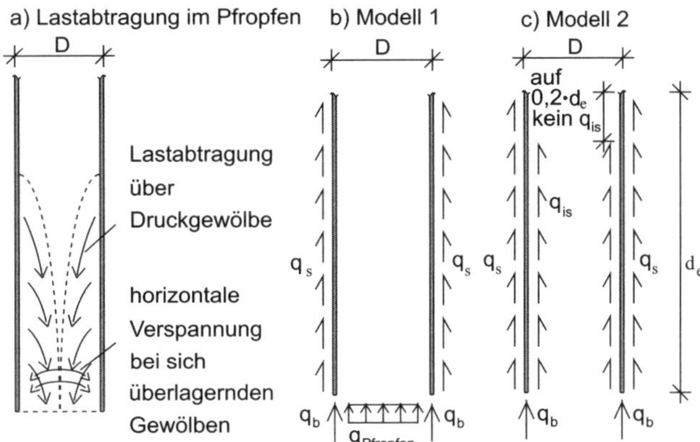

Abb. 20.19: *a) Modellvorstellung zum Lastabtrag im Pfropfen*
b) Modell 1: vollständige Pfropfenbildung
c) Modell 2: keine Pfropfenbildung
nach Lüking/Becker (2015)

Modell 1 wird für kleine Pfahldurchmesser bis $D \leq 0{,}5$ m verwendet (siehe Abb. 20.19). Hierbei wird eine vollständige Pfropfenbildung angesetzt, bei der die äußere Pfahlmantelreibung q_s, ein Spitzendruck auf die Profilaufstandsfläche q_b und ein Spitzendruck auf die Unterseite des Pfropfens $q_{Pfropfen}$ rechnerisch berücksichtigt werden. Bei *Modell 2* wirkt bei Pfahldurchmessern $D \geq 1{,}5$ m anstelle einen Spitzendrucks auf den Pfropfen eine innere Pfahlmantelreibung q_{is}. Aufgrund von Sackungseffekten wird diese auf den obersten 20 % der Pfahleinbindetiefe d_e nicht berücksichtigt. Bei Pfahldurchmessern zwischen $0,5\,\text{m} < D < 1,5$ m findet eine Verrechnung des Pfahlwiderstandes statt.

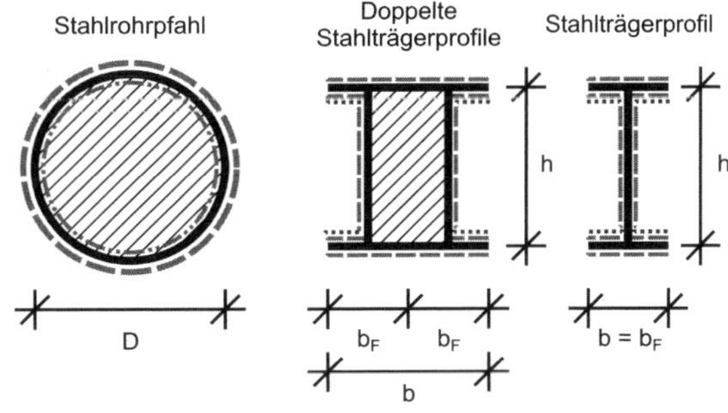

Abb. 20.20: *Profilformen und deren Bezeichnung mit Bereichen einer möglichen Verspannung und anzusetzenden Pfahlwiderständen nach* Lüking/Becker (2015)

Der charakteristische Druckpfahlwiderstand ergibt sich für Modell 1 zu:

$$R_{c,k,Modell\ 1}(s) = \eta_{Pfropfen} \cdot q_{Pfropfen,k} \cdot A_{Pfropfen} + q_{b,k} \cdot A_b + \sum_j \eta_s \cdot q_{s,k,j} \cdot A_{s,j} \tag{20.15}$$

mit

$\eta_{Pfropfen} = 2{,}52 \cdot e^{-1{,}85 \cdot D}$ [–]

$\eta_s = 1{,}53 \cdot e^{-0{,}85 \cdot D}$ [–]

$q_{Pfropfen,k}$: charakteristischer Wert des Pfahlspitzendrucks auf den Pfropfen [kN/m^2] nach Tab. 20.10

$A_{Pfropfen}$: Nennwert der Pfropfenaufstandsfläche [m^2]

D: äußerer Pfahldurchmesser [m]

$q_{b,k}$: charakteristischer Wert des Pfahlspitzendrucks der Profilaufstandsfläche [kN/m^2] nach Tab. 20.11

A_b: Nennwert der Profilaufstandsfläche [m^2]

$q_{s,k,j}$ charakteristischer Wert der äußeren Pfahlmantelreibung [kN/m^2] in der Schicht j nach Tab. 20.12

$A_{s,j}$: Nennwert der äußeren Pfahlmantelfläche [m^2] in der Schicht j

Tab. 20.10: *Spannen der Erfahrungswerte für den charakteristischen Pfahlspitzendruck auf den Pfropfen $q_{Pfropfen,k}$ in nichtbindigen Böden für das Modell 1, aus* Lüking/Becker (2015)

Bezogene Pfahlkopfsetzung s/D_{eq}	Pfahlspitzendruck auf den Pfropfen $q_{Pfropfen,k}$ [kN/m^2] Spitzenwiderstand der Drucksonde q_c [MN/m^2]		
	7,5	15	25
0,035	1.200 - 3.300	2.100 - 4.000	2.500 - 4.750
0,100	2.250 - 4.000	4.000 - 6.250	4.750 - 7.250
Zwischenwerte dürfen geradlinig interpoliert werden.			

Tab. 20.11: *Spannen der Erfahrungswerte für den charakteristischen Pfahlspitzendruck der Profilaufstandsfläche $q_{b,k}$ in nichtbindigen Böden für die Modelle 1 und 2, aus* Lüking/Becker (2015)

Bezogene Pfahlkopfsetzung s/D_{eq}	Pfahlspitzendruck der Profilaufstandsfläche $q_{b,k}$ [kN/m^2] Spitzenwiderstand der Drucksonde q_c [MN/m^2]		
	7,5	15	25
0,035	3.900 - 7.500	7.900 - 11.500	10.300 - 16.300
0,100	7.500 - 9.000	15.000 - 18.000	20.000 - 25.000
Zwischenwerte dürfen geradlinig interpoliert werden.			

Tab. 20.12: *Spannen der Erfahrungswerte für die charakteristische äußere Pfahlmantelreibung $q_{s,k}$ in nichtbindigen Böden für das Modell 1, aus* Lüking/Becker (2015)

Setzung	äußere Pfahlmantelreibung $q_{s,k}$ [kN/m²]		
	Spitzenwiderstand der Drucksonde q_c [MN/m²]		
	7,5	15	25
s_{sg^*}	15 - 25	35 - 50	40 - 70
$s_{sg} = s_g = 0,1 \cdot D_{eq}$	25 - 35	50 - 70	60 - 90
Zwischenwerte dürfen geradlinig interpoliert werden.			

Der charakteristische Druckpfahlwiderstand für Modell 2 ergibt sich zu:

$$R_{c,k,Modell\ 2}(s) = q_{b,k} \cdot A_b + \sum_j \cdot q_{s,k,j} \cdot A_s + \sum_j \cdot q_{is,k,j} \cdot A_{is,j} \qquad (20.16)$$

mit

- $q_{b,k}$: charakteristischer Wert des Pfahlspitzendrucks der Profilaufstandsfläche [kN/m²] nach Tab. 20.11
- A_b: Nennwert der Profilaufstandsfläche [m²]
- $q_{s,k,j}$: charakteristischer Wert der äußeren Pfahlmantelreibung [kN/m²] in der Schicht j nach Tab. 20.13
- A_s: Nennwert der äußeren Pfahlmantelfläche [m²] in der Schicht j
- $q_{is,k,j}$: charakteristischer Wert der inneren Pfahlmantelreibung [kN/m²] in der Schicht j nach Tab. 20.14
- $A_{is,j}$: Nennwert der inneren Pfahlmantelfläche [m²] in der Schicht j, abzgl. der oberen 20 % aufgrund von Sackungseffekten im Pfahlinneren

Tab. 20.13: *Spannen der Erfahrungswerte für die charakteristische äußere Pfahlmantelreibung $q_{s,k}$ in nichtbindigen Böden für das Modell 2, aus* Lüking/Becker (2015)

Setzung	äußere Pfahlmantelreibung $q_{s,k}$ [kN/m²]		
	Spitzenwiderstand der Drucksonde q_c [MN/m²]		
	7,5	15	25
s_{sg^*}	15 - 20	30 - 45	35 - 60
$s_{sg} = s_g = 0,1 \cdot D_{eq}$	20 - 30	40 - 60	50 - 80
Zwischenwerte dürfen geradlinig interpoliert werden.			

Tab. 20.14: *Spannen der Erfahrungswerte für die charakteristische innere Pfahlmantelreibung $q_{is,k}$ in nichtbindigen Böden für das Modell 2, aus* Lüking/Becker (2015)

Setzung	äußere Pfahlmantelreibung $q_{is,k}$ [kN/m²]		
	Spitzenwiderstand der Drucksonde q_c [MN/m²]		
	7,5	15	25
s_{sg^*}	5 - 10	10 - 20	15 - 25
$s_{sg} = s_g = 0,1 \cdot D_{eq}$	10 - 15	20 - 30	25 - 40
Zwischenwerte dürfen geradlinig interpoliert werden.			

Für Pfahldurchmesser 0,5 m < D < 1,5 m werden beide Modelle nach Gl. (20.17) miteinander verrechnet. Die Abhängigkeit der Verrechnungsfaktoren ψ und χ vom Pfahldurchmesser D ist in Abb. 20.21 dargestellt.

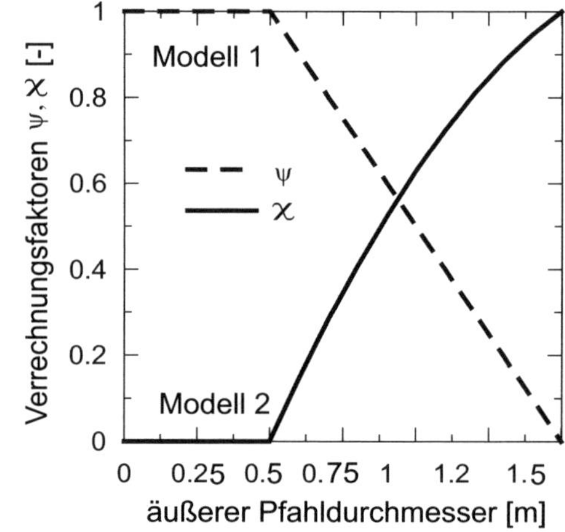

Abb. 20.21: *Verrechnungsfaktoren ψ und χ aus Gl. (20.17) in Abhängigkeit des äußeren Pfahldurchmessers D nach* Lüking/Becker (2015)

$$R_{c,k}(s) = \psi \cdot R_{c,k,Modell\ 1}(s) + \chi \cdot R_{c,k,Modell\ 2}(s) \quad (20.17)$$

mit

$R_{c,k,Modell\ 1}(s)$: charakteristischer Druckpfahlwiderstand für Modell 1 nach Gl. (20.15)

$R_{c,k,Modell\ 2}(s)$: charakteristischer Druckpfahlwiderstand für Modell 2 nach Gl. (20.16)

D: äußerer Pfahldurchmesser in [m]

$\psi = 1$; für $D < 0{,}5$ m

$\psi = -D + 1{,}5$; für $0{,}5 \text{ m} \leq D \leq 1{,}5$ m

$\psi = 0$; für $D > 1{,}5$ m

$\chi = 0$; für $D < 0{,}5$ m

$\chi = -0{,}52 \cdot D^2 + 2{,}04 \cdot D - 0{,}89$; für $0{,}5 \text{ m} \leq D \leq 1{,}5$ m

$\chi = 1$; für $D > 1{,}5$ m

Zur Ermittlung der Gebrauchstauglichkeit ist der Anteil des Pfahlspitzendrucks auf den Pfropfen ($s/D = 0{,}035$ und s_{sg^*}) in Abhängigkeit des äußeren Pfahldurchmessers linear zu interpolieren, der sich bei der Berechnung von $R_{Pfropfen,k}$ (Modell 1) und $R_{is,k}$ (Modell 2) ergibt.

Die charakteristische axiale Druckpfahlwiderstandskraft für einfache und doppelte Stahlträgerprofile mit Flanschbreiten b_F von 290 bis 500 mm und Profilhöhen h von 300 bis 1.000 mm werden nach Gl. (20.18) und (20.19) ermittelt, wobei für die zuvor genannten Profilabmessungen nur das Modell 1 nach Abb. 20.20 maßgebend wird.

Stahlträgerprofile

$$R_{c,k}(s) = R_{b,k}(s) + R_{s,k}(s) + \Delta R_{Fl,k}(s)$$

$$R_{c,k}(s) = q_{b,k} \cdot A_b + \sum_j q_{s,k,j} \cdot A_{s,j} + \eta \cdot \sum_j q_{s,k,j} \cdot A_{s,Fl,j} \tag{20.18}$$

Doppelte Stahlträgerprofile

$$R_{c,k}(s\cdot) = R_{b,k}(s) + R_{Pfropfen,k}(s) + R_{s,k}(s) + \Delta R_{Fl,k}(s)$$

$$R_{c,k}(s) = q_{b,k} \cdot A_b + \eta \cdot q_{Pfropfen,k} \cdot A_{Pfropfen} + \sum_j q_{s,k,j} \cdot A_{s,j} + \eta \cdot \sum_j q_{s,k,j} \cdot A_{s,Fl,j} \tag{20.19}$$

mit

- $q_{b,k}$: charakteristischer Wert des Pfahlspitzendrucks der Profilaufstandsfläche [kN/m^2] nach Tab. 20.11
- A_b: Nennwert der Profilaufstandsfläche [m^2]
- $q_{s,k,j}$: charakteristischer Wert der äußeren Pfahlmantelreibung [kN/m^2] in der Schicht j nach Tab. 20.12
- $A_{s,j}$: Nennwert der äußeren Pfahlmantelfläche einschließlich innerer Flanschmantelfläche [m^2] in der Schicht j
- $A_{s,Fl,j}$: Nennwert der inneren Flanschmantelfläche [m^2] in der Schicht j nach Abb. 20.20
- $q_{Pfropfen,k}$: charakteristischer Wert des Pfahlspitzendrucks [kN/m^2] bei doppelten Stahlträgerprofilen auf den Pfropfen nach Tab. 20.10
- $A_{Pfropfen}$: Nennwert der Pfropfenaufstandsfläche [m^2] nach Abb. 20.20

$$\eta = 0,65 \cdot e^{-2,2 \cdot h \cdot b} [-] \tag{20.20}$$

mit

- h: Profilhöhe mit 300 mm < h ≤ 1.000 mm
- b_F: Flanschbreite eines einzelnen Stahlträgerprofils mit 290 mm < bF ≤ 500 mm
- b: Breite des Stahlträgerprofils mit $b = b_F$ bzw. des doppelten Stahlträgerprofils mit $b = 2 \cdot b_F$

$$D_{eq} = (4 \cdot h \cdot b/\pi)^{0,5} \tag{20.21}$$

Bei den Stahlträgerprofilen wird insgesamt der Anteil des Pfahlspitzendrucks auf den Pfropfen $q_{Pfropfen}$ zusammen mit dem Anteil des Pfahlspitzendrucks auf die Profilaufstandsfläche q_b zusammengefasst und auf eine bezogene Pfahlkopfsetzung von $s/D = 0,035$ angewandt. Die zusätzliche Mantelreibung im inneren Flanschbereich $\Delta R_{Fl,k}$ wird mit der äußeren Pfahlmantelreibung $R_{s,k}$ zusammengefasst und für einen Setzungsanteil s_{sg*} angegeben, bei der die Mobilisierung der Bruchmantelreibung beginnt.

Ein Vergleich des vorab genannten Berechnungsansatzes mit internationalen Berechnungsverfahren und ergänzenden Beispielen ist in *Lüking/Becker (2017)* und *Becker/Lüking (2019)* dokumentiert.

20.6.5 Verpresste Mikropfähle

Das *Handbuch Eurocode 7-1 (2015)* lässt eine Bestimmung der Pfahltragfähigkeit aus Erfahrungswerten von verpressten Mikropfählen ($D_s \leq 0,30$ m) nur in Ausnahmefällen zu. Ein Pfahlfußwiderstand darf hierbei nicht in Ansatz gebracht werden.

Wenn keine Probebelastungen ausgeführt werden, darf der charakteristische Pfahlwiderstand $R_{c,k}$ bzw. $R_{t,k}$ im Grenzzustand der Tragfähigkeit für Druck- und Zugpfähle nach Gl. (20.22) ermittelt werden.

$$R_{c,k} = R_{t,k} = R_{s,k} = \sum_i q_{s,i,k} \cdot A_{s,i} \tag{20.22}$$

mit

- $A_{s,i}$: der Nennwert der Pfahlmantelfläche in der Schicht i
- $q_{s,i,k}$: der charakteristische Wert der Pfahlmantelreibung in der Schicht i
- $R_{c,k}$: der charakteristische Druckpfahlwiderstand für den Grenzzustand der Tragfähigkeit
- $R_{t,k}$: der charakteristische Zugpfahlwiderstand für den Grenzzustand der Tragfähigkeit
- $R_{s,k}$: der charakteristische Pfahlmantelwiderstand für den Grenzzustand der Tragfähigkeit

Die Werte für die in Ausnahmefällen anzusetzende charakteristische Mantelreibung $q_{s,i,k}$ sind Tab. 20.15 und 20.16 zu entnehmen.

Tab. 20.15: *Spannen der Erfahrungswerte für die charakteristische Pfahlmantelreibung $q_{s,k}$ für verpresste Mikropfähle ($D_s \leq 0,30$ m) in nichtbindigen Böden, aus* EA-Pfähle (2012)

Mittlerer Spitzenwiderstand q_c der Drucksonde [MN/m^2]	Bruchwert $q_{s,k}$ der Pfahlmantelreibung [kN/m^2]
7,5	135 - 175
15	215 - 280
≥ 25	255 - 315
Zwischenwerte dürfen geradlinig interpoliert werden.	

Tab. 20.16: *Spannen der Erfahrungswerte für die charakteristische Pfahlmantelreibung $q_{s,k}$ für verpresste Mikropfähle ($D_s \leq 0,30$ m) in bindigen Böden, aus* EA-Pfähle (2012)

Scherfestigkeit $c_{u,k}$ des undränierten Bodens [kN/m²]	Bruchwert $q_{s,k}$ der Pfahlmantelreibung [kN/m²]
60	55 - 65
150	95 - 105
≥ 250	115 - 125
Zwischenwerte dürfen geradlinig interpoliert werden.	

Dabei ist als Umfang des Verpresskörpers der größte Außendurchmesser des Bohrwerkzeugs, des Bohrrohrs oder der Verrohrung anzusetzen. Bei Herstellung mit Außenspülung darf der Pfahlschaftdurchmesser gleich Bohrrohraußendurchmesser zuzüglich 20 mm angenommen werden. Ein zusätzlicher Pfahlspitzendruck darf nicht angesetzt werden.

20.6.6 Erfahrungswerte für weitere Pfahlsysteme

Hinweise und Angaben zu Erfahrungswerten von Spitzendruck und Mantelreibung weiterer Pfahlsysteme nach Abb. 20.2 finden sich in der *EA-Pfähle (2012)*.

20.7 Axiale Pfahlwiderstände aus statischen Pfahlprobebelastungen

20.7.1 Versuchsdurchführung

20.7.1.1 Allgemeines

Da allgemein anerkannte Verfahren zur Berechnung des Widerstands-Setzungsverhaltens von Pfählen fehlen, wird durch das *Handbuch Eurocode 7-1 (2015)* festgelegt, dass hierzu Pfahlprobebelastungen durchgeführt werden sollten.

Ein wesentlicher Vorteil von Pfahlprobebelastungen besteht darin, dass sowohl die Untergrundverhältnisse als auch die Pfahlherstellung und die damit entstehenden Veränderungen im Untergrund auf das Tragverhalten durch den Belastungsversuch erfasst werden.

Im Folgenden sind einige wesentliche Punkte zu Pfahlprobebelastungen zusammengestellt. Weitere detaillierte Hinweise finden sich z. B. in DIN EN ISO 22477-1 und *EA-Pfähle (2012)*.

20.7.1.2 Probepfähle

Für Probebelastungen können besondere Probepfähle hergestellt oder Bauwerkspfähle herangezogen werden. Sofern aus Gründen der Durchführbarkeit Probebelastungen vom Maßstab 1:1 abweichen müssen, ist eine Reduzierung der Abmessungen des Probepfahles zulässig. Diese darf das Verhältnis 0,5:1 nicht unterschreiten. Dabei sollte die Reduzierung erst ab Pfahldurchmessern von 0,8 m oder größer erfolgen und der reduzierte Durchmesser des Probepfahles sollte nicht kleiner als 0,5 m gewählt werden.

Bei Verwendung von Bauwerkspfählen für Probebelastungen ist der Einfluss der Vorbelastung durch den Versuch auf das spätere Tragverhalten des Pfahles im Bauwerk zu berücksichtigen. Wenn an einem Pfahl Probebelastungen sowohl in axialer Richtung als auch quer zur Pfahlachse (s. 20.9.6) durchgeführt werden sollen, sind die axialen Probebelastungen zuerst auszuführen.

Für jede Pfahlart und für jede geotechnisch einheitliche Baugrundsituation (Homogenbereich) sollte mindestens ein Probepfahl vorgesehen werden. Bei besonders empfindlichen Gebäuden und Bauwerken der geotechnischen Kategorie GK 3 ist die Anzahl der Probepfähle in Abstimmung mit dem geotechnischen Sachverständigen festzulegen.

Bei Mikropfählen sind Probebelastungen mindestens an 2 Pfählen, jedoch wenigstens an 3 % aller Pfähle durchzuführen.

20.7.1.3 Belastungseinrichtung und Prüflast

Die Belastung ist zentrisch und axial angreifend mittels hydraulischer Pressen aufzubringen. Als Widerlager für die Pressenlasten dienen Traversen oder verankerte Belastungsstühle bzw. Totlasten.

Um eine Beeinflussung des Tragverhaltens des Probepfahls möglichst gering zu halten, sind die Mindestabstände der Pressenwiderlager nach den Ausführungsbeispielen in Abb. 20.22 einzuhalten.

Die Prüflast P_p bei Probebelastungen ist in der Regel so hoch zu wählen, dass der Grenzzustand der Tragfähigkeit (Nachweisverfahren GEO-2) erreicht werden kann und damit eines der beiden folgenden Kriterien erfüllt ist:

a) Kriterium der Grenzsetzung:

$$R_{c,m} = R(s_g) \text{ bzw. } R_{t,m} = R(s_{sg,t}) \tag{20.23}$$

mit $s_g = 0,1 \cdot D$

b) Kriterium des Kriechverhaltens:

$$R_{c,m} = R(k_s) \text{ bzw. } R_{t,m} = R(k_s) \tag{20.24}$$

wobei k_s ein im Einzelfall vorzugebendes Kriechmaß ist, mit dem die zeitabhängige Verschiebung des Pfahlkopfes unter konstanter Pfahlbelastung definiert wird. Das Kriechmaß ist nach DIN EN ISO 22477-1 definiert als Verhältnis zwischen Zunahme der Verschiebung des Pfahlkopfs und dem Logarithmus der Zeit über ein festgelegtes Zeitintervall. Eine übliche Größenordnung nach *EA-Pfähle (2012)* liegt bei $k_s \approx 2$ mm.

20.7.1.4 Instrumentierung und Messverfahren

Durch die Belastung des Probepfahles dürfen weder die zum Messen der Verschiebungen benutzten Messgeräte noch die zum Vergleich herangezogenen Festpunkte beeinflusst werden. Das Referenzsystem für die Verschiebungsmessungen besteht aus Messträgern, die einseitig oder beidseitig des Probepfahles angeordnet sind und im Abstand von $2,5 \cdot D$,

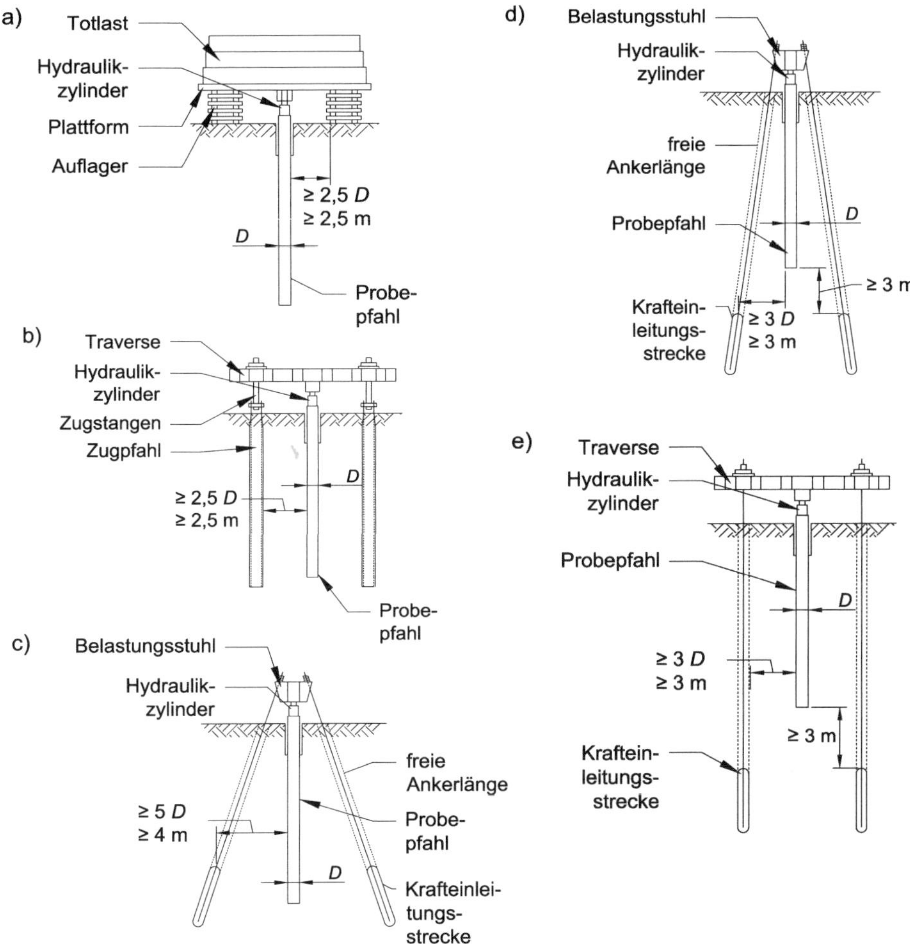

Abb. 20.22: *Beispiele von Mindestabständen für Druck-Probebelastungen zwischen der Belastungseinrichtung und dem Probepfahl für a) Auflager von Totlasten, b) Zugpfähle, c) sternförmig angeordnete, gespreizte Verpressanker mit hochliegenden Krafteinleitungsstrecken, d) sternförmig angeordnete, gespreizte Verpressanker mit tiefliegenden Krafteinleitungsstrecken, e) parallel zum Probepfahl angeordnete Verpressanker mit tiefliegenden Krafteinleitungsstrecken, aus* EA-Pfähle (2012)

mindestens aber 2,5 m, unabhängig und statisch bestimmt zu lagern sind. Das Referenzsystem ist während des Versuchs gegen Erschütterungen und einseitige Erwärmung zu schützen.

Als Messgenauigkeit für die Verschiebungen des Pfahlkopfes sind 0,2 mm einzuhalten. Hierzu sind Wegaufnehmer mit entsprechend großem Messbereich (z. B. 100 mm) und 0,02 mm Ablesegenauigkeit erforderlich und für das Kontrollnivellement ist eine Ablesegenauigkeit von 0,1 mm einzuhalten.

Die Kraftmessung am Pfahlkopf geschieht in der Regel durch die Registrierung des hydraulischen Pressendrucks und zusätzlich durch eine Kraftmessdose.

Für die getrennte Erfassung des Spitzendrucks sind verschiedene Verfahren gebräuchlich. Bei den meisten Verfahren wird die Versuchslast am Pfahlkopf aufgebracht und der mit der Setzung mobilisierte Spitzendruck mittels am Pfahlfuß eingebauter hydraulischer oder elektrischer Kraftmessdosen gemessen.

Der Längskraftverlauf im Pfahl wird indirekt über die Axialdehnungen des Pfahles erfasst. Daher werden die Längenänderungen entweder kontinuierlich über die gesamte Pfahllänge bzw. ausgewählte Pfahlabschnitte, lokal in vorbestimmten Pfahltiefen oder pauschal über die gesamte Pfahllänge bzw. einzelne Pfahlabschnitte gemessen. Zu den gebräuchlichsten Messverfahren siehe *EA-Pfähle (2012)*. Daraus wird dann die Pfahlmantelreibung abgeleitet.

20.7.1.5 Versuchsdurchführung

Probebelastungen von Verdrängungspfählen dürfen nicht unmittelbar nach dem Einbringen vorgenommen werden. Die Belastung sollte in nichtbindigen Böden frühestens nach drei Tagen, in bindigen Böden frühestens nach drei Wochen erfolgen. Bei Ortbetonpfählen darf der Belastungsversuch erst beginnen, wenn der Beton die für die Versuchsdurchführung vorgesehene Festigkeit erreicht hat.

Die üblichen Belastungsverfahren sind:

- stufenweise Laststeigerung, wobei die nächste Laststufe dann aufgebracht wird, wenn die Verformungen vollständig abgeklungen sind, oder
- stufenweise Laststeigerung in gleichen Zeiteinheiten, z. B. je eine Stunde.

Nach *EA-Pfähle (2012)* ist die Zahl der Belastungsstufen so vorzusehen, dass die Prüflast $F = P_P$ bzw. der erwartete Pfahlgrenzwiderstand $R_g = R_{ult}$ in etwa 8 gleich großen Belastungsstufen analog zu Abb. 20.23 erreicht wird. Dabei sollte den regulären Laststufen eine geringere Vorlaststufe (Nullwert) zum Festsetzen der Belastungseinrichtung und zum Abgleich der Verschiebungsmesselemente vorausgehen.

Bei einer Versuchslast in der Größe der charakteristischen Einwirkung $F_{c,k}$ bzw. $F_{t,k}$ (Gebrauchslastbereich) sollte eine Entlastungsschleife vorgesehen werden. Hier sollte eine längere Wartezeit als zuvor definiert eingehalten werden, um Kriechverformungen und das Langzeitverhalten erfassen zu können. In höheren Laststufen sollte die Belastungsgeschwindigkeit niedrig gewählt werden, um Kriechverformungen weitgehend abklingen zu lassen. Wenn nur eingeschränkte Zeit zur Verfügung steht, darf oberhalb von $F_{c,k}$ bzw. $F_{t,k}$ zur Ermittlung

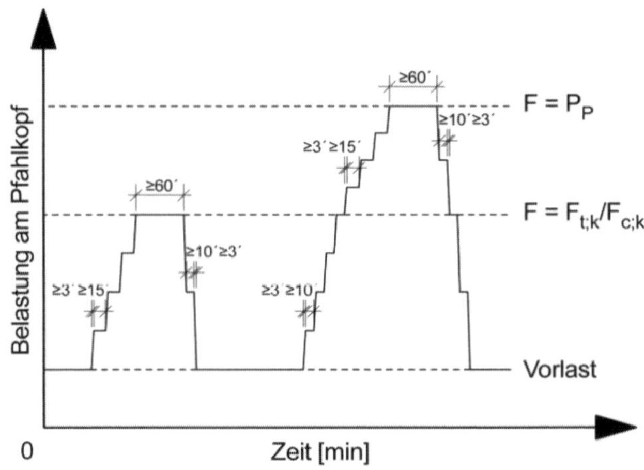

Abb. 20.23: *Empfehlung für die Wahl der Belastungsstufe, nach* EA-Pfähle (2012)

der Grenzlast ein weggesteuerter Versuch mit konstanter Verschiebungsgeschwindigkeit ausgeführt werden. Für diese CRP-Versuchsart (constant rate of penetration) sollte die Verschiebungsgeschwindigkeit nicht höher als 0,2 mm/min gewählt werden. Die Messwerterfassung der Belastung und Verschiebung sollte jeweils gleichzeitig und in Intervallen pro Belastungsstufe von 0, 2, 5, 10, 20, 40, 60, 80, 100 min usw. erfolgen, um eine sachgemäße Auftragung der Kriechmaße im halblogarithmischen Maßstab zu ermöglichen.

Je nach Zielrichtung und messtechnischer Ausstattung der Pfahlversuche sind unterschiedliche Auswertungs- und Darstellungsformen möglich. Diese sind in DIN EN ISO 22477-1 und *EA-Pfähle (2012)* näher beschrieben. Aus den bei Probebelastungen ermittelten Widerstands-Setzungs-Linien bzw. -Hebungs-Linien ist der axiale Grenzpfahlwiderstand R_g bzw. $R_{1m,i}$ festzulegen, siehe 20.7.2. Sofern in Pfahlprobebelastungen nur geringe Setzungen erreicht werden, kann der Grenzwiderstand z. B. nach dem Hyperbelverfahren gemäß Abb. 20.24 extrapoliert werden.

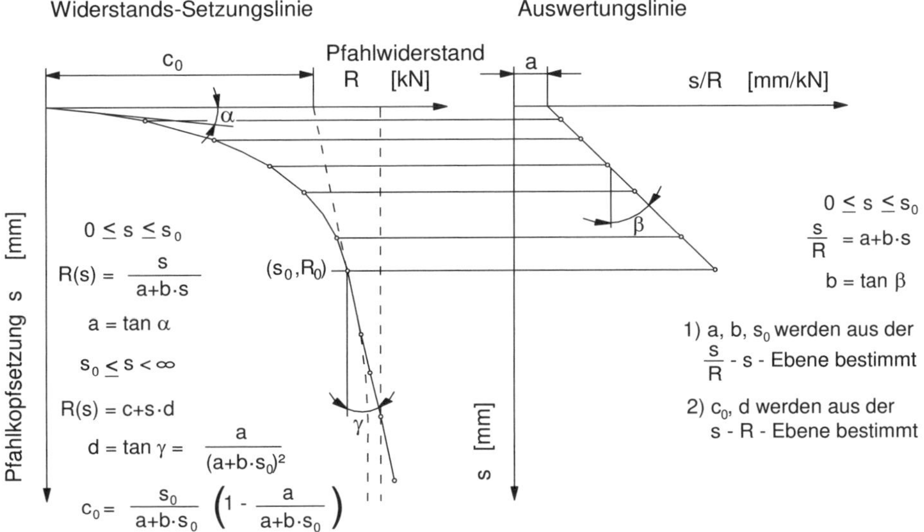

Abb. 20.24: *Extrapolation eines Probebelastungsergebnisses mit dem Hyperbelverfahren*

20.7.2 Ableitung der charakteristischen axialen Pfahlwiderstände aus Pfahlprobebelastungen

Als Ergebnis von Pfahlprobebelastungen ergeben sich Widerstands-Setzungs- (WSL) oder Hebungs-Linien (WHL) und lastabhängige Zeitsetzungslinien bzw. die entsprechenden Hebungslinien. Die Werte der ermittelten Widerstands-Verformungslinie $R_{m,i}$ sind als Versuchs- bzw. Messwerte zu verstehen, aus denen charakteristische Werte für die Nachweisführung nach 20.5 abzuleiten sind. Bei geeigneter Instrumentierung lässt sich der gesamte Pfahlwiderstand R_m getrennt in Pfahlfußwiderstand $R_{b,m}$ und Pfahlmantelwiderstand $R_{s,m}$ bestimmen sowie die Abhängigkeit dieser Anteile von den Verschiebungen ermitteln.

Bei Fertigrammpfählen (Verdrängungspfähle) ist eine getrennte Erfassung von Pfahlspitzendruck und Mantelreibung mit vertretbarem Aufwand i. d. R. nicht möglich, sondern es wird nur die gesamte Pfahlwiderstandskraft gemessen. Es ist aber auch möglich, eine näherungsweise getrennte Ermittlung von Spitzendruck und Mantelreibung vorzunehmen, indem an einem Probepfahl zunächst eine Zug- und dann eine Druckbelastung ausgeführt wird. Aus der ersten ermittelt man den Grenzwert des Herauszieh-Widerstands $R_{t,m}$ = Pfahlmantelwiderstands $R_{s,m}$ bzw. der Mantelreibung bei Zug $q_{s,t,m}$, aus der zweiten wird dann mit Kenntnis dieses Wertes und der Annahme, dass $q_{s,c,m}$ (Druck) $\approx q_{s,t,m}$ ist, der Grenzwert des Spitzendrucks $q_{b,m}$ berechnet. Wie in *Mazurkiewicz (1975)* gezeigt und in *Koreck (1986)* bestätigt, wird die Mantelreibung in Sand $q_{s,m}$ jedoch nach einem Richtungswechsel der Pfahlbelastung deutlich kleiner, sodass bei diesem Vorgehen der Spitzendruck $q_{b,m}$ oftmals zu groß bestimmt werden kann, verglichen mit dem Fall, dass der Druck- keine Zugbelastung vorausgegangen wäre. Die Ursache ist nach *Gudehus (1980)*, dass in Sand Kontraktanz nach Umkehr im Spannungspfad auftritt, d. h., der Anpressdruck zwischen Pfahlschaft und Boden vermindert sich je nach Wechsel der Belastungsrichtung. Zu beachtenswerten Fehlern kann dieser Effekt jedoch nur dann führen, wenn der Mantelreibungswiderstand aus Sandbereichen sehr groß im Verhältnis zum gesamten Pfahlwiderstand ist, was aufgrund der meist geringeren Einbindung von Verdrängungspfählen in die tragfähige Schicht oft nicht zu erwarten ist.

Nach *Handbuch Eurocode 7-1 (2015)* bzw. 20.5.1 ist der charakteristische Pfahlwiderstand $R_{c,k}$ bzw. $R_{t,k}$ im Grenzzustand der Tragfähigkeit aus der bei einer Probebelastung ermittelten WSL bzw. WHL abzuleiten. Lässt der Verlauf der Versuchswerte einen Punkt erkennen, ab dem ein Druckpfahl merklich zu versinken beginnt bzw. ein Zugpfahl sich deutlich hebt, so ist an diesem Punkt der Grenzwert für den Pfahlwiderstand $R_g = R_{ult} = R_{m,i}$ als Versuchs- bzw. Messwert festzulegen. Sofern anhand der WSL kein Grenzwert für den Pfahlwiderstand $R_{c,m,i}$ erkennbar ist, kann der Pfahlwiderstand bei einer bezogenen Setzung von 10 % des Pfahldurchmessers angesetzt werden.

Zur Berücksichtigung von Pfahlherstellungseinflüssen und Baugrundunregelmäßigkeiten führt das *Handbuch Eurocode 7-1 (2015)* einen Streuungsfaktor ξ_i ein (Tab. 20.17). Die ermittelten Messwerte des Pfahlwiderstandes $R_{m,i}$ werden mit diesem Streuungsfaktor nach Gl. (20.25) bzw. Gl. (20.26) gewichtet und so in charakteristische Pfahlwiderstände (gekennzeichnet mit Index k) überführt.

$$R_{c,k} = MIN \left\{ \frac{(R_{c,m})_{mitt}}{\xi_1}, \frac{(R_{c,m})_{min}}{\xi_2} \right\} \qquad (20.25)$$

ξ_1 und ξ_2 sind von der Anzahl durchgeführter Pfahlprobebelastungen abhängige Streuungsfaktoren, die auf den Mittelwert $(R_{c,m})_{mitt}$ bzw. den Kleinstwert $(R_{c,m})_{min}$ von $R_{c,m}$ angewandt werden.

Sofern Tragwerke eine ausreichende Steifigkeit haben, um Lasten von „weichen" zu „steifen" Druckpfählen umzulagern, dürfen nach *Handbuch Eurocode 7-1 (2015)* und *EA-Pfähle (2012)* die Zahlenwerte von ξ_1 und ξ_2 durch 1,1 dividiert werden, vorausgesetzt, dass ξ_1 niemals kleiner 1 wird. „Weiche" Druckpfähle sind z. B. bei unabhängig voneinander wirkenden Einzelpfählen gegeben und „steife" Druckpfähle, sofern die Bauwerkslasten z. B. über eine steife Kopfplatte auf mehrere Pfähle verteilt werden können.

Tab. 20.17: *Streuungsfaktoren ξ_i zur Ableitung charakteristischer Pfahlwiderstände aus statischen Pfahlprobebelastungen bei Druck- und Zugpfählen*

n	1	2	3	4	≥ 5
ξ_1	1,35	1,25	1,15	1,05	1,00
ξ_2	1,35	1,15	1,00	1,00	1,00
n ist die Anzahl der probebelasteten Pfähle.					

Für den Grenzwert des Herauszieh-Widerstandes eines Zugpfahls gilt Gl. (20.26) analog zu Gl. (20.25).

$$R_{t,k} = MIN\left\{\frac{(R_{t,m})_{mitt}}{\xi_1}, \frac{(R_{t,m})_{min}}{\xi_2}\right\} \tag{20.26}$$

Eine Unterscheidung zwischen „weichen" und „steifen" Pfählen wie bei Druckpfählen wird bei Zugpfählen nicht vorgenommen.

Das beschriebene Vorgehen zur Ableitung eines charakteristischen Pfahlwiderstandes aus den Messwerten ist nach *Handbuch Eurocode 7-1 (2015)* bzw. *EA-Pfähle (2012)* zunächst nur für den Grenzzustand der Tragfähigkeit angegeben. Würde man diese Festlegungen auch ganz formal auf die gemessenen Widerstände zur Ableitung der charakteristischen Widerstands-Setzungs-(Hebungs-)Linie im Gebrauchszustand übertragen, käme es ggf. zu Sprüngen in der charakteristischen WSL/WHL, was nicht sachgerecht ist.

Handbuch Eurocode 7-1 (2015) bzw. *EA-Pfähle (2012)* empfiehlt für die gesamte gemessene WSL/WHL eine qualifizierte Wichtung der Einzelergebnisse der Probebelastungen im Gebrauchszustand und daraus die Ableitung einer charakteristischen WSL bzw. WHL, die dann stetig verlaufen muss und den Nachweisen der Gebrauchstauglichkeit nach 20.5.2 zugrunde zu legen ist. Ggf. sind dabei mögliche Grenzwerte (max. und min. Setzungen) zu berücksichtigen.

20.8 Axiale Pfahlwiderstände aus dynamischen Pfahlprobebelastungen

20.8.1 Grundlagen

Eine Alternative zu den aufwendigeren axialen statischen Pfahlprobebelastungen sind die dynamischen, zerstörungsfreien Prüfmethoden. Bei der dynamischen Prüfung wird eine dynamische Stoßbelastung auf den Pfahl aufgebracht, die möglichst in der Größenordnung der späteren Nutzlast liegen sollte, jedoch nur einige Millisekunden wirkt. Sie befindet sich mit der beschleunigungsabhängigen Trägheitskraft, der geschwindigkeitsabhängigen Dämpfungskraft und der setzungsabhängigen Bodenwiderstandskraft im Gleichgewicht. Rückschlüsse auf das Tragverhalten sind damit theoretisch möglich, wenn der Zusammenhang zwischen der Pfahlbewegung und den Kräften bekannt ist. Gemessen wird der Zeitverlauf der Dehnung im Pfahlschaft und der Beschleunigung; bei der Integritätsprüfung (Prüfung des Pfahlbaustoffs und der -geometrie) nur der Beschleunigungsverlauf. Dabei können folgende Informationen gewonnen werden:

- am Gesamtsystem: Einfluss der Eigenschaften von Pfahl, Boden und Rammbär sowie die zeitabhängige Entwicklung des Rammwiderstandes,
- aus dem Baugrund: das dynamische Rammprotokoll,
- zum Rammbär: effektive Rammenergie und Wirkungsgrad der Rammung,
- zur Rammhaube: Verhalten und Steifigkeit,
- Pfahl-Stoßkraftverlauf: Spannungen im Pfahlmaterial, Integrität, statische und dynamische Pfahlwiderstände, Festwachsen des Pfahls im Boden und Effektivität einer Nachrammung.

Die dynamischen Pfahlprüfungen sind u. a. im *Handbuch Eurocode 7-1 (2015)* und in der *EA-Pfähle (2012)* sowie *Moormann (2020)* behandelt. Danach ist es zulässig, die Pfahlwiderstände aus einer dynamischen Pfahlprüfung abzuleiten, wenn eine Kalibrierung durch eine statische Probebelastung eines vergleichbaren Pfahl-Boden-Systems vorliegt. Es sollten an mindestens 2 Pfählen je Pfahltyp und Baugrundhomogenbereich entsprechende Prüfungen durchgeführt werden.

Alle Auswertungsverfahren basieren auf der eindimensionalen Wellenausbreitungstheorie. Durch den Rammschlag oder eine andere dynamische Erregung wird eine Stoßwelle in den Pfahl eingeleitet. Je nach Wirkung des Bodens kommt es zu charakteristischen Änderungen dieser Welle. Ein Teil der eingeleiteten Stoßkraft erreicht in der Regel den Pfahlfuß und wird dort als Zugwelle reflektiert. Nach der verstrichenen Zeit $T = 2 \cdot L/c$ (c: Ausbreitungsgeschwindigkeit der Welle [m/s]) führt die Reflexionswelle zu einer entsprechenden Bewegung am Pfahlkopf, die gemessen werden kann.

Wenn beim Rammen das Fallgewicht auf den Pfahlkopf trifft, werden Bewegungen erzeugt. Ist der Pfahl nicht in den Boden eingebunden, sind die Geschwindigkeiten, die durch die Stoßwelle verursacht wurden, proportional der Pfahlkopfkraft

$$F = \frac{E_b \cdot A_Q}{c} \cdot v \qquad (20.27)$$

mit

v: die der eingeleiteten Kraft proportionale Geschwindigkeit
A_Q: Pfahlquerschnittsfläche
c: Ausbreitungsgeschwindigkeit der Welle [m/s]; $c = 2 \cdot L/T$

Der Proportionalitätsfaktor $E_b \cdot A_Q/c$ wird als Impedanz Z bezeichnet. Er ist ein Maß für die Pfahlbeschaffenheit und damit auch für den dynamischen Gesamtwiderstand des Pfahles. In der Impedanz sind die Steifigkeit und die Massenverteilung des Pfahles zusammengefasst.

$$Z = E_b \cdot A_Q/c \text{ oder } Z = c \cdot \rho \cdot A_Q \qquad (20.28)$$

mit

E_b: dynamischer Elastizitätsmodul des Pfahlmaterials, $E_b = c^2 \cdot \rho$

ρ: Dichte (Materialkonstante)

Sobald jedoch der Pfahl in den Boden eindringt, wird dieser Bewegung Widerstand durch die Mantelreibung entgegengesetzt. Dadurch verringert sich die Geschwindigkeit des Pfahles und wird somit kleiner als v. Außerdem verursacht die Wirkung der Mantelreibung Refraktionen, die wiederum am Pfahlkopf als Abweichungen der Normalkraft und der Geschwindigkeit von der Proportionalität festgestellt werden können. Die Abweichungen der Geschwindigkeit von der Proportionalität geben demnach an, wie stark ein Pfahl in den Boden eingebunden ist. Die Reflexion der Welle am Pfahlfuß ist somit auch von der Größe der Pfahlfußbewegung und dem durch die Bewegung hervorgerufenen Pfahlfußwiderstand abhängig. Dabei gibt die Pfahlfußreflexion Auskunft über die Größe des Pfahlspitzendruckes. Der totale Eindringwiderstand des Systems Pfahl–Boden kann aus der Fußreflexion, die von Mantelreibung und Spitzendruck abhängt, bestimmt werden.

$$R_{tot} = 1/2 \cdot [(F_1 + Z \cdot v_1) + (F_2 - Z \cdot v_2)] \tag{20.29}$$

mit

F_1: Kraft des eingeleiteten Stoßes

v_1: Geschwindigkeit des eingeleiteten Stoßes

F_2: gemessene Kraft der Fußreflexion

v_2: Geschwindigkeit der Fußreflexion

Dabei kann die Kraft $F(t)$ aus der gemessenen Dehnung $\epsilon(t)$ durch die Beziehung $F(t) = E_b \cdot A_Q \cdot \epsilon(t)$ errechnet werden. Die entsprechenden Geschwindigkeiten $v(t)$ lassen sich aus dem Zeitintegral der gemessenen Beschleunigung $a(t)$ ermitteln.

Bei den direkten Verfahren wird die gesuchte Tragfähigkeit für den statischen Widerstand R_{stat} aus dem totalen Eindringwiderstand R_{tot} berechnet. Es muss der dynamische Anteil R_{dyn} vom Gesamtwiderstand des Bodens, der nur bei der Rammung infolge von Trägheits- und Dämpfungskräften auftritt, abgezogen werden:

$$R_{stat} = R_{tot} - R_{dyn} \tag{20.30}$$

mit

R_{stat}: nutzbarer statischer Widerstand

R_{tot}: dynamischer Gesamtwiderstand

R_{dyn}: dynamischer Widerstand

Ziel der Messungen von Kraft und Geschwindigkeit am Pfahlkopf ist demnach, den dynamischen Anteil am Widerstand möglichst genau zu bestimmen, sodass der nutzbare statische Pfahlwiderstand bekannt ist. Dafür sind zwei Verfahren gebräuchlich:

- direkte Verfahren (z. B. CASE, TNO)
- erweiterte Auswertungsverfahren (z. B. CAPWAP, TNOWAVE).

Mit Bezug auf die Vorgaben und Schreibweisen in *Handbuch Eurocode 7-1 (2015)* und *EA-Pfähle (2012)* gilt als Versuchs- bzw. Messwert der Pfahltragfähigkeit aus dynamischen Pfahlprobebelastungen Gl. (20.31).

$$R_{c,m} = R_{stat} \text{ [kN]} \tag{20.31}$$

Weitere theoretische Grundlagen siehe *EA-Pfähle (2012)* mit weiterführender Literatur.

20.8.2 Direkte Verfahren

Bei dem CASE-Verfahren wird der dynamische Widerstand R_{dyn} als proportional zur Eindringgeschwindigkeit des Pfahlfußes v_b angenommen:

$$R_{dyn} = J_c \cdot Z \cdot v_b \tag{20.32}$$

mit

$$v_b = v_1 + (F_1 - R_{tot})/Z \tag{20.33}$$

Der Dämpfungsfaktor J_c wird aus statischen Probebelastungen empirisch ermittelt und ist abhängig von Pfahltyp, Pfahllänge, Bodenart und -aufbau. Für Verdrängungspfähle liegen die J_c-Werte i. Allg. in den von Tab. 20.18 angegebenen Wertebereichen.
Die Anwendung des Verfahrens beschränkt sich auf Pfähle aus homogenem Material und konstantem Querschnitt. Des Weiteren sollte der dynamische Widerstand gegenüber dem statischen klein sein, sodass er den Charakter eines Korrekturgliedes besitzt.

Tab. 20.18: *Bandbreite typischer Dämpfungswerte*

Boden	J_c
Sand	0,05 - 0,20
Sandiger Schluff	0,15 - 0,30
Schluff	0,20 - 0,45
Schluffiger Ton	0,40 - 0,70
Ton	0,60 - 1,10

Beim TNO-Verfahren wird der dynamische Widerstand getrennt für den Pfahlmantel $R_{s,dyn}$ und die Spitze $R_{b,dyn}$ mit $R_{dyn} = R_{s,dyn} + R_{b,dyn}$ berechnet. Mit diesem Verfahren steht ein Mittel zur Verfügung, den statischen Widerstand des Mantels und der Spitze zu bestimmen. Ergänzende Informationen zum Verfahren sowie Bandbreiten typischer Dämpfungswerte sind *EA-Pfähle (2012)* zu entnehmen.

20.8.3 Erweiterte Verfahren mit Modellbildung

Das CAPWAP-Verfahren bietet die Möglichkeit einer erweiterten Auswertung mit Modellbildung in einem Iterationsprozess. Berechnet wird das dynamische Verhalten des Pfahles unter dem aufgebrachten Rammschlag auf der Grundlage geschätzter bzw. aus Mess- oder Erfahrungswerten ermittelter Bodenwiderstandswerte. Der statische Widerstandsanteil wird unter Anwendung eines bilinear elasto-plastischen Modells und der dynamische Anteil durch einen linear viskosen Ansatz dargestellt. Der Pfahlmantelwiderstand wird diskretisiert. Als Randbedingung für das numerische Pfahl-Boden-Modell wird der am Pfahlkopf gemessene Geschwindigkeits-Zeitverlauf aufgebracht. Durch die Gleichgewichtsbedingung am Pfahlkopf in vertikaler Richtung kann die der Geschwindigkeit entsprechende Kraft berechnet werden, die jedoch von den gewählten Bodenkenngrößen (vor allem Steifigkeit und Größtwert des örtlichen Bodenwiderstandes sowie der Dämpfung) abhängig ist. Stimmen errechneter und gemessener Kraftverlauf nicht überein, werden in darauf folgenden Iterationsschritten die gewählten Bodeneigenschaften so lange angepasst, bis eine Deckung erreicht ist.

Ergebnis der Iteration ist auch die Aufteilung von Mantel- und Fußwiderstand und damit die Bestimmung der Mantelreibungsverteilung und des Pfahlspitzendrucks. Für eine anschließende Simulation des statischen Belastungsvorganges und der Berechnung der Widerstands-Setzungs-Linie des Pfahls werden die aus der Iteration gewonnenen statischen Bodenwiderstandskennwerte herangezogen. Die errechnete WSL schließt grundsätzlich mit dem Übergang in den Versagensast ab. Dieser ist nicht immer der tatsächliche Grenzwiderstand des Pfahles, sondern der Widerstand, der aufgrund der Pfahlbewegungen unter dem Schlag nachgewiesen wurde.

Nach *EA-Pfähle (2012)* sollte das erweiterte Verfahren mit Modellbildung bei der Bestimmung von Pfahlwiderständen aus dynamischen Pfahlprobebelastungen bevorzugt angewandt werden.

20.8.4 Integritätsprüfung

Mit diesem Verfahren kann der Zustand des fertigen Pfahles geprüft und somit als Mittel des Qualitätsmanagements bzw. des Nachweises der Brauchbarkeit eingesetzt werden. Dabei interessieren allein das Pfahlmaterial und die Pfahlform. Allerdings können einige Fragen, wie z. B. die Betonüberdeckung, nicht geklärt werden.

Innerhalb der Integritätsprüfung gibt es verschiedene Verfahren, die parallel oder auch kombiniert angewandt werden und eine zweckmäßige Ergänzung zur Tragfähigkeitsprüfung darstellen. Hierbei wird zwischen den direkten und indirekten (zerstörungsfreien) Integritätsprüfungen unterschieden, siehe *EA-Pfähle (2012)* und insbesondere *Moormann (2020)*.

Als direkte Verfahren der Integritätsprüfung werden Kernbohrungen im Pfahl mit Kernentnahme und Prüfungen an den Kernen und/oder Videobefahrung des Bohrlochs und das Freilegen von Pfählen bezeichnet. Das Freilegen und Säubern eines Teils des Pfahls zur visuellen Inspektion und Prüfung, z. B. der Betondeckung und der Betongüte, ist als Integritätsprüfung nur in Ausnahmefällen möglich und in der Regel nur im obersten Schaftbereich ausführbar.

Übliche indirekte Verfahren für zerstörungsfreie Integritätsprüfungen sind folgend zusammengestellt.

- Bei der *Low-Strain*-Integritätsprüfung (PIT = Pile Integrity Testing), auch Hammerschlagmethode genannt, werden die Eigenschaften der untersuchten Pfähle nicht verändert. Dies geschieht durch einen Schlag auf den Pfahlkopf, der dabei eine Stoßwelle erzeugt, die als Druckwelle den Pfahlschaft durchläuft, am Pfahlfuß reflektiert wird und als Zugwelle zum Pfahlkopf zurückwandert. Beide Wellen werden am Messort mithilfe von Beschleunigungsaufnehmern registriert. Unter normalen Umständen sind diese beiden Signale deutlich erkennbar. Die Grenzen des Anwendungsbereiches sind durch Pfahlmaterial, Baugrund, Betonalter und Pfahllänge bestimmt. Störstellen im Pfahl reflektieren ebenfalls die Wellen. Auf der Zeitachse der Messaufzeichnung können die Pfahllänge bzw. die Tiefenlage und Art der Diskontinuität aus der Reflexion der Welle für eine angenommene Wellengeschwindigkeit unmittelbar abgelesen werden. Bei einer Impedanzzunahme, d. h. einer Vergrößerung der Querschnittsfläche, Erhöhung des Elastizitätsmoduls o. Ä., ergeben sich Abweichungen des Geschwindigkeits-Zeitverlaufes entgegen der Richtung des eingeleiteten Impulses. Bei einer Abnahme der Impedanz ist die Abweichung der Messkurve auf der gleichen Seite wie der Impuls, siehe Abb. 20.25.

- Im Gegensatz zu den Low-Strain-Prüfungen sind *High-Strain*-Integritätsprüfungen rammbegleitend und unterstützen qualitätssichernd den Herstellungsprozess.

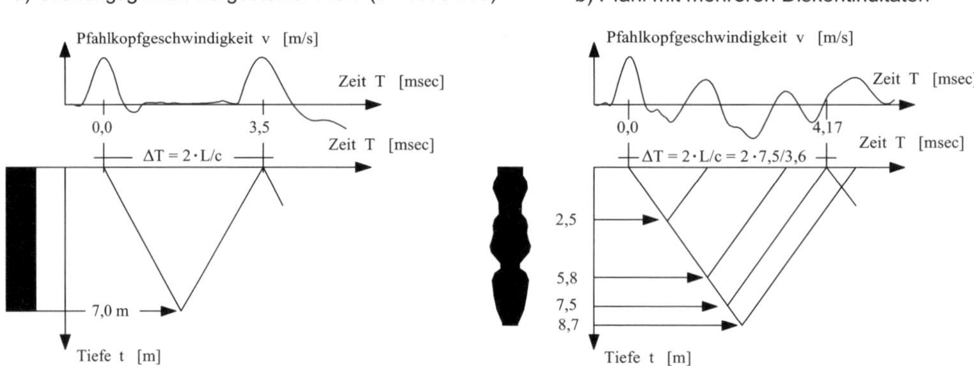

Abb. 20.25: *Schematische Darstellung einer Integritätsprüfung*

- Bei der *Ultraschallmethode* (CSL = Cross-Hole-Sonic-Logging) findet eine Transmissionsmessung zwischen in Leerrohren geführten Sender- und Empfängersonden zur Prüfung der Homogenität des Betons im Pfahlschaft statt.

- Bei der *Thermischen Integritätsprüfung* (TIP = Thermal Integrity Profiling) wird die Temperaturverteilung im Pfahl infolge Hydratation des Betons zur Prüfung der Pfahlgeometrie und Betonqualität gemessen.

In Tab. 20.19 sind die Anwendungsmöglichkeiten und Grenzen der Integritätsprüfung von Pfählen gegenübergestellt.

Die Ergebnisse der Integritätsprüfungen werden in die Klassen A1, A2, A3 und B eingeordnet. Werden keine Anomalien bzw. nur Anomalien im untergeordneten Ausmaß erfasst, entspricht dies den Beurteilungsklassen A1 bzw. A2. In diesem Fall sind keine Hinweise auf signifikante Fehlstellen vorhanden. Ergibt ein Prüfungsergebnis den Hinweis auf eine relevante Fehlstelle, ist das Ergebnis der Klasse A3 zuzuordnen. Lassen die Ergebnisse bereits unmittelbar eine wesentliche Beeinträchtigung der Pfahlbeschaffenheit erwarten, ist das Prüfungsergebnis der Klasse B zuzuordnen, welches i. d. R. weitere Prüfungen und Untersuchungen erfordert, siehe *Moormann (2020)*.

Tab. 20.19: *Qualitative Gegenüberstellung der Anwendungsmöglichkeiten und -grenzen der zerstörungsfreien Verfahren zur Integritätsprüfung von Pfählen, aus* Moormann (2020)

Detektierbare Anomalien und Eigenschaften von Betonpfählen	PIT	CSL	TIP
Horizontale Risse	+	-	-
Geneigte Risse	+	o	-
Betondeckung	-	-	+
Pfahllänge	+	+	+
Pfahlform	-	-	+
Homogenität Pfahlbeton	+	+	+
Anomalien			
- außerhalb des Bewehrungskorbes	+	-	+
z. B. Einschnürungen, Abplatzungen, Ausbauchungen			
- innerhalb des Bewehrungskorbes	+	+	+
z. B. Einschlüsse, Hohlräume, Kiesnester			
- nahe Pfahlkopfoberfläche	o	+	+
- nahe Pfahlfuß	o	+	+
Bevorzugter Anwendungsbereich			
Ortbetonpfähle mit einem Verhältnis Länge zu Durchmesser bis ca. 20	+	+	+
Ortbetonpfähle mit > ca. 1 m Durchmesser und einem Verhältnis Länge zu Durchmesser > ca. 20	o	+	+
Ortbetonpfähle mit kleinem Durchmesser	+	-	+
Mikropfähle	-	-	+
Fertigrammpfähle	- (*)	-	-
Unbewehrte Betonsäulen	+	-	+
+ gut geeignet, o mit Einschränkungen geeignet, - im Allgemeinen nicht geeignet, (*) für Beton und Holz kann das Verfahren mit Einschränkungen geeignet sein			

20.8.5 Ableitung der charakteristischen axialen Pfahlwiderstände aus dynamischen Pfahlprobebelastungen

Nach Handbuch *Handbuch Eurocode 7-1 (2015)* und *EA-Pfähle (2012)* ist der charakteristische Pfahlwiderstand $R_{c,k}$ aus den Versuchs- bzw. Messwerten von dynamischen Pfahlprobebelastungen durch Division mit den Streuungsfaktoren ξ_i zu ermitteln. Zur Berechnung der Streuungsfaktoren ξ_i sind die Grundwerte der Streuungsfaktoren $\xi_{0,i}$ mit den zugehörigen Erhöhungswerten $\Delta\xi$ und Modellfaktoren η_D nach Tab. 20.20 zu verwenden.

Tab. 20.20: *Grundwerte $\xi_{0,i}$ mit zugehörigen Erhöhungswerten und Modellfaktoren für Streuungsfaktoren ξ_5 und ξ_6 zur Ableitung charakteristischer Werte aus Stoßversuchen oder dynamischen Pfahlprobebelastungen,* aus EA-Pfähle (2012)

$\xi_{0,1}$ für $n =$	2	5	10	15	≥ 20
$\xi_{0,5}$	1,60	1,50	1,45	1,42	1,40
$\xi_{0,6}$	1,50	1,35	1,30	1,25	1,25

- n ist die Anzahl der probebelasteten Pfähle;
- Zwischenwerte von $\xi_{0,5}$ und $\xi_{0,6}$ für $n = 2$ bis 20 dürfen linear interpoliert werden

a) Zur Berechnung der Streuungsfaktoren ξ_i gilt $\xi_i = (\xi 0{,}1 + \Delta\xi) \cdot \eta_D$, siehe auch Abb. 20.26

b) Für den Erhöhungswert $\Delta\xi$ gilt:
- $\Delta\xi = 0{,}00$: für die Kalibrierung dynamischer Auswerteverfahren an statischen Pfahlprobebelastungsergebnissen auf dem gleichen Baufeld;
- $\Delta\xi = 0{,}10$: für die Kalibrierung dynamischer Auswerteverfahren an statischen Pfahlprobebelastungsergebnissen an einer vergleichbaren Baumaßnahme;
- $\Delta\xi = 0{,}40$: für die Kalibrierung dynamischer Auswerteverfahren aufgrund belegbarer oder allgemeiner Erfahrungswerte für Pfahlwiderstände. Die Anwendung des direkten Verfahrens, wie z. B. Case- oder TNO-Verfahren ist nicht zulässig.

c) Für den Modellfaktor η_D zur Berücksichtigung des Auswerteverfahrens gilt:
- $\eta_D = 1{,}00$: bei direkten Auswerteverfahren;
- $\eta_D = 0{,}85$: bei erweiterten Verfahren mit vollständiger Modellbildung.

d) Wenn Tragwerke eine ausreichende Steifigkeit und Festigkeit haben, um Lasten von „weichen" zu „steifen" Pfählen umzulagern, dürfen die Zahlenwerte von ξ_5 und ξ_6 durch 1,1 dividiert werden.

e) Für den Modellfaktor η_D zur Berücksichtigung von Rammformeln gilt:
- $\eta_D = 1{,}05$: bei Anwendung der Wellengleichungsmethode;
- $\eta_D = 1{,}10$: bei Anwendung einer Rammformel mit Messung der quasi-elastischen Pfahlkopfbewegung beim Rammschlag;
- $\eta_D = 1{,}20$: bei Anwendung einer Rammformel ohne Messung der quasi-elastischen Pfahlkopfbewegung beim Rammschlag.

f) Wenn unterschiedliche Pfähle in der Gründung vorhanden sind, sollten bei der Wahl der Anzahl n von Versuchspfählen Gruppen gleichartiger Pfähle getrennt berücksichtigt werden. Dies gilt auch für Bereiche gleichartiger Baugrundverhältnisse innerhalb eines Baufeldes.

Bevor dies durchgeführt wird, müssen Angaben zur Kalibrierung der dynamischen Pfahlprobebelastungen vorliegen und Plausibilitätskontrollen der Versuchs- bzw. Messwerte der Probebelastungsergebnisse vorgenommen werden, siehe hierzu *EA-Pfähle (2012)*.

Bei Tragwerken, die nicht imstande sind, Lasten von „weichen" zu „steifen" Pfählen auf Druck umzulagern, muss Gl. (20.34) für den Grenzwert des Druckwiderstandes erfüllt werden.

$$R_{c,k} = MIN\left\{\frac{(R_{c,m})_{mitt}}{\xi_5}, \frac{(R_{c,m})_{min}}{\xi_6}\right\} \tag{20.34}$$

ξ_5 und ξ_6 sind von der Anzahl durchgeführter Pfahlprobebelastungen abhängige Streuungsfaktoren, die auf den Mittelwert $(R_{c,m})_{mitt}$ bzw. den Kleinstwert $(R_{c,m})_{min}$ von $R_{c,m}$ angewandt werden. Die nach Gl. (20.34) abzuleitenden Streuungsfaktoren und die dabei zu beachtenden Randbedingungen finden sich in Tab. 20.20 und Abb. 20.26.

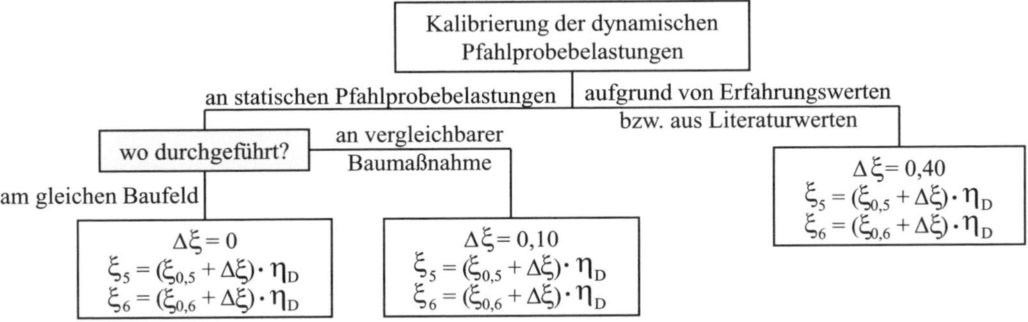

- Für den Modellfaktor gilt:
  - $\eta_D = 1{,}00$ für das direkte Verfahren,
  - $\eta_D = 0{,}85$ für das erweiterte Verfahren mit vollständiger Modellbildung;
  - $\eta_D = 1{,}05/\ 1{,}10/\ 1{,}20$ bei Anwendung von Rammformeln entsprechend Tabelle 20.20, Fußnote e
- Bei Tragwerken, die Lasten von „weichen" zu „steifen" Pfählen umlagern können, darf ξ_5 bzw. ξ_6 durch 1,10 dividiert werden.

Abb. 20.26: *Diagramm zum Vorgehen bei der Ableitung der Streuungsfaktoren ξ_5 und ξ_6 in Abhängigkeit von der Kalibrierung nach Tab. 20.20, aus* EA-Pfähle (2012)

20.9 Pfahlwiderstände quer zur Pfahlachse belasteter Pfähle

20.9.1 Kurze starre Pfähle

Beim Nachweis der Tragfähigkeit von kurzen Einzelpfählen im Grenzzustand der Tragfähigkeit (GEO-2) ist wie folgt vorzugehen:

- Mit vorgeschätzter Pfahllänge und charakteristischen Größen sind unter Verwendung der Gleichgewichtsbedingungen die sich ergebenden charakteristischen Auflagerkräfte und charakteristischen Schnittgrößen zu ermitteln.
- Die charakteristischen Auflagerkräfte im Boden sind durch Multiplikation mit den Teilsicherheitsbeiwerten für Einwirkungen in Bemessungskräfte umzuwandeln und

den Bemessungswerten der räumlichen Erdwiderstandskräfte gegenüberzustellen. Die endgültige Pfahllänge ist hierbei iterativ zu bestimmen.

- Für den Nachweis der Sicherheit gegen Materialversagen sind die charakteristischen Schnittgrößen durch Multiplikation mit den Teilsicherheitsbeiwerten für Einwirkungen in Bemessungswerte umzuwandeln.

20.9.2 Vereinfachter Bettungsmodulansatz

Der charakteristische Pfahlwiderstand eines Einzelpfahles sollte auch bei quer zur Pfahlachse wirkender Beanspruchung aufgrund von Probebelastungen oder Erfahrungen mit vergleichbaren Probebelastungen festgelegt werden.

Nach *Handbuch Eurocode 7-1 (2015)* und *EA-Pfähle (2012)* dürfen vereinfachend für die Biegebemessung der Pfähle („innere Tragfähigkeit“) Querwiderstände für Pfähle mit Pfahlschaftdurchmessern $D_s \leq 0,30$ m bzw. Kantenlängen $a_s \leq 0,30$ m über die Baugrundsteifigkeit analog zu 19.1.2 angesetzt werden. Der charakteristische Querwiderstand darf dabei durch charakteristische Werte $k_{s,k}$ der Bettungsmoduln der beteiligten Bodenschichten nach Gl. (20.35) bestimmt werden, wenn sie nur der Ermittlung der Schnittgrößen dienen.

$$k_{s,k} = E_{s,k}/D_s \tag{20.35}$$

Zur Verteilung von k_s siehe Abb. 20.27. Der Anwendungsbereich der Gl. (20.35) ist durch eine rechnerische maximale charakteristische Horizontalverschiebung von entweder 2,0 cm oder $0,03 \cdot D_s$ begrenzt. Der kleinere Wert ist maßgebend. Größe und Verteilung des charakteristischen Wertes $k_{s,k}$ des Bettungsmoduls längs des Pfahls im Boden müssen aus Probebelastungen (20.9.6) ermittelt werden, wenn die Verformungen der Pfahlgründung für das Tragverhalten des Bauwerkes von Bedeutung sind und keine Erfahrungen vorliegen.

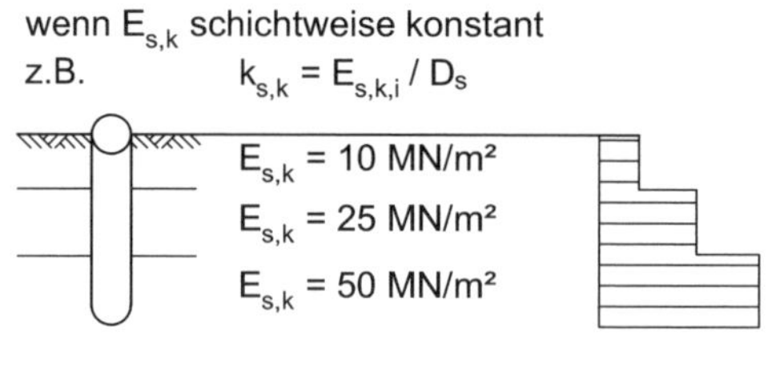

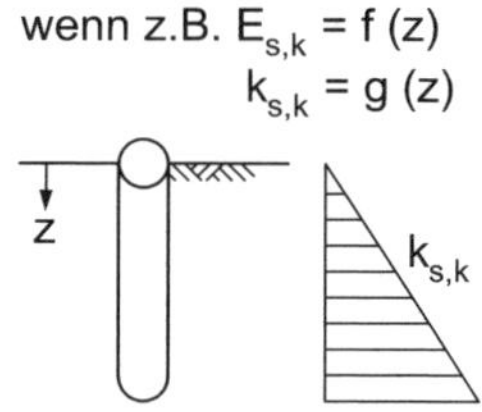

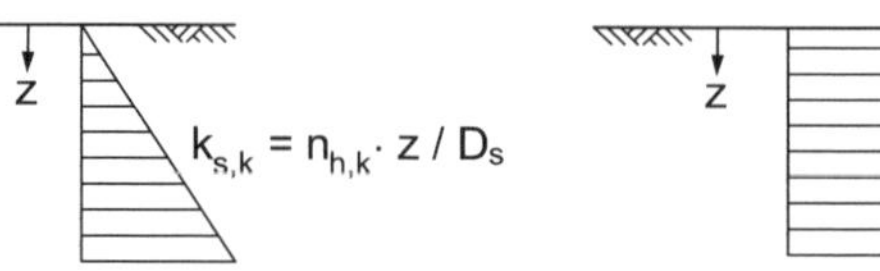

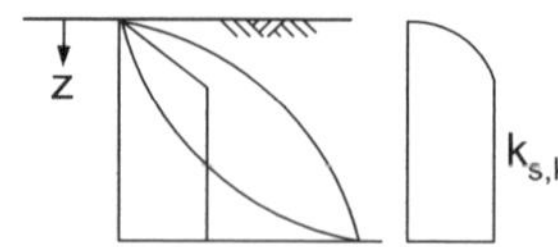

Abb. 20.27: *Übliche Ansätze für die Bettungsmoduln auf Einzelpfähle*

20.9.3 Nicht lineare Pfahlwiderstände

20.9.3.1 Allgemeines

Eine verbreitete Vorgehensweise bei der Bestimmung des lateralen Tragverhaltens von biegeweichen Pfählen ist die Modellierung des Bettungsverhaltens durch Last-Verschiebungs-Funktionen mit p-y-Kurven.

Die p-y-Kurven sind idealisierte nicht lineare, bodenart- und tiefenabhängige Kennlinien. Die Analyse des lateralen Pfahlverhaltens wird normalerweise anhand der Winkler-Feder-Theorie durchgeführt. Dabei wird die Übertragung von Schubspannungen zwischen den Bodenschichten vernachlässigt, d. h., dass die laterale Bodenreaktion der einzelnen Schichten entkoppelt und unabhängig von den Einwirkungszuständen der benachbarten Schichten betrachtet wird.

Die nicht lineare Bettung kann z. B. anhand der p-y-Methode gemäß *API (2014)* modelliert werden. Die dort angegebenen p-y-Kurven wurden aus der Analyse von Feldversuchen an Stahlrohrpfählen mit Durchmessern zwischen 0,30 m bis 0,64 m entwickelt, siehe z. B. *Reese et al. (1974)*, *Reese/Cox (1975)*, *Matlock (1970)* und *O'Neill/Murchison (1983)*. Im Allgemeinen wird davon ausgegangen, dass die Anwendung der Funktionsverläufe für Pfähle bis ca. 2 m Durchmesser zulässig ist. Bei größeren Pfahldurchmessern wie z. B. bei Monopiles im Offshore-Bereich sind besondere Anpassungen erforderlich.

Die p-y-Kurven nach *API (2014)* für nichtbindige Böden werden durch eine *tanh*-Funktion beschrieben, wobei sowohl die Anfangssteigung als auch die maximale Bettungsspannung von der Tiefe, der Wichte, dem Reibungswinkel des Bodens und vom Pfahldurchmesser abhängig sind. Für bindige Böden werden ebenfalls Ansätze angegeben, in denen die p-y-Kurven von der undränierten Scherfestigkeit sowie einer im triaxialen UU-Versuch zu bestimmenden Dehnung bei 50 % der deviatorischen Bruchspannung abhängen.

Für zyklische Beanspruchungen bei Gründungen von Offshore-Windenergieanlagen werden i. d. R. modifizierte Ansätze verwendet.

20.9.3.2 Nichtbindige Böden

Gemäß *API (2014)* werden p-y-Kurven für Sandböden nach Gl. (20.36) beschrieben:

$$p = A \cdot p_{ult} \cdot \tanh\left(\frac{k \cdot z \cdot y}{A \cdot p_{ult}}\right) \tag{20.36}$$

mit

$$A = \left(3 - 0,80 \cdot \frac{z}{D}\right) \geq 0,90 \quad \text{für statische Belastung}$$

Für zyklische Belastung gilt:

$$A = 0,90 \quad \text{für Zyklenanzahl } N < 100$$

$$A = 0,343 \cdot \frac{z}{D} \quad \text{für Zyklenanzahl } N \geq 100$$

mit

p_{ult}: maximal mobilisierte Bodenreaktion [kN/m]
y: horizontale Verschiebung [m]
z: Tiefe [m]
k: Bettungsanfangssteifigkeit [kN/m³] in Abhängigkeit des Reibungswinkels φ‘ gemäß Tab. 20.21

Tab. 20.21: *Statische Anfangssteifigkeit k in Abhängigkeit vom Reibungswinkel φ‘ nach* API (2014)

φ‘ [°]	k [MN/m³]
25	5,4
30	11,0
35	22,0
40	45,0

Die maximal mobilisierbare Bodenreaktionskraft p_{ult} pro Pfahlmeter hängt ab von der jeweiligen Tiefe z, dem Pfahlaußendurchmesser D und der Wichte des Bodens γ. Der Einfluss des inneren Reibungswinkels wird durch die Faktoren C_1, C_2 und C_3 erfasst.

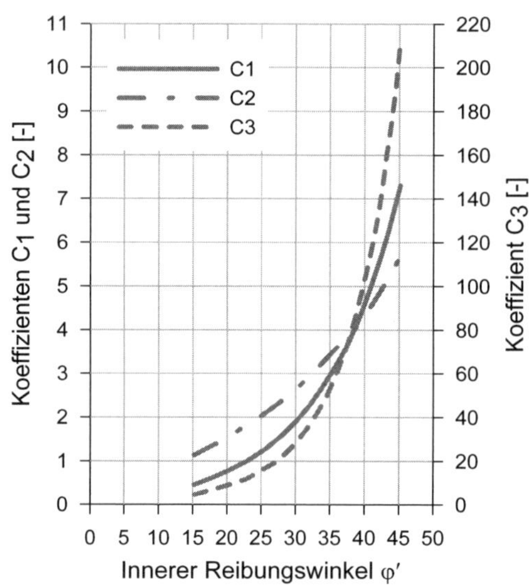

Abb. 20.28: *Dimensionslose Koeffizienten C_1, C_2 und C_3 in Abhängigkeit von Reibungswinkel φ‘ nach* API (2014)

Die maximale Bodenreaktion p_{us} wird durch Gl. (20.37) bei geringen Tiefen (p_{us}, Index us = ultimate shallow) und durch Gl. (20.38) bei größeren Tiefen (p_{ud}, Index ud = ultimate deep) ermittelt. Der kleinere der beiden Werte ist maßgebend.

$$p_{us} = (C_1 \cdot z + C_2 \cdot D) \cdot \gamma \tag{20.37}$$

$$p_{ud} = C_3 \cdot D \cdot \gamma \tag{20.38}$$

In Abb. 20.28 sind die dimensionslosen Koeffizienten C_1, C_2 und C_3 in Abhängigkeit vom Reibungswinkel φ‘ dargestellt.

20.9.3.3 Bindige Böden mit $c_u \leq 100$ kN/m²

Die p-y-Kurven für bindige Böden mit $c_u \leq 100$ kN/m² wurden von *Matlock (1970)* durch eine parabolische Funktion nach Gl. (20.39) beschrieben:

$$\frac{p}{p_{ult}} = 0,5 \cdot \left(\frac{y}{y_{50}}\right)^{1/3} \tag{20.39}$$

mit

p_{ult}: Bruchwert der Bodenreaktion [kN/m]
y_{50}: Verschiebung bei 50 % der maximal mobilisierbaren Bodenreaktion [m]

und

$$p_{ult} = \left(3 + \frac{\gamma'}{c_u} \cdot z + \frac{J}{D} \cdot z\right) \cdot c \cdot D \tag{20.40}$$

$$p_{ult} = 9 \cdot c_u \cdot D \tag{20.41}$$

$$y_{50} = 2,5 \cdot \varepsilon_{50} \cdot D \tag{20.42}$$

mit

γ: durchschnittliche Bodenwichte über die Tiefe [kN/m³]
z: Tiefe [m]
c_u: undränierte Kohäsion in der Tiefe z [kN/m²]
D: Pfahldurchmesser [m]
J: dimensionsloser Wert (= 0,5 für bindige Böden mit $c_u \leq 100$ kN/m²) [-]
ε_{50}: ist die Referenzdehnung bei 50 % Bruchspannung [-]

Der kleinere der beiden Werte p_{ult} der Gln. (20.40) und (20.41) ist maßgebend.

Werte für ε_{50} werden aus Triaxialversuchen baugrundabhängig bestimmt. Erfahrungswerte für ε_{50} sind bspw. in *Sullivan et al. (1980)* angegeben, siehe auch Tab. 20.22. In Abb. 20.29 ist ein Beispiel zur Ableitung einer p-y-Kurve im bindigen Boden mit $c_u \leq 100$ kN/m² dargestellt.

Tab. 20.22: *Referenzdehnung ε_{50} bei 50 % der Bruchspannung in Abhängigkeit der undränierten Kohäsion nach* Sullivan et al. (1980)

c_u [kN/m²]	ε_{50} [-]
12 - 25	0,02
25 - 50	0,01
50 - 100	0,007
100 - 200	0,005
200 - 400	0,004

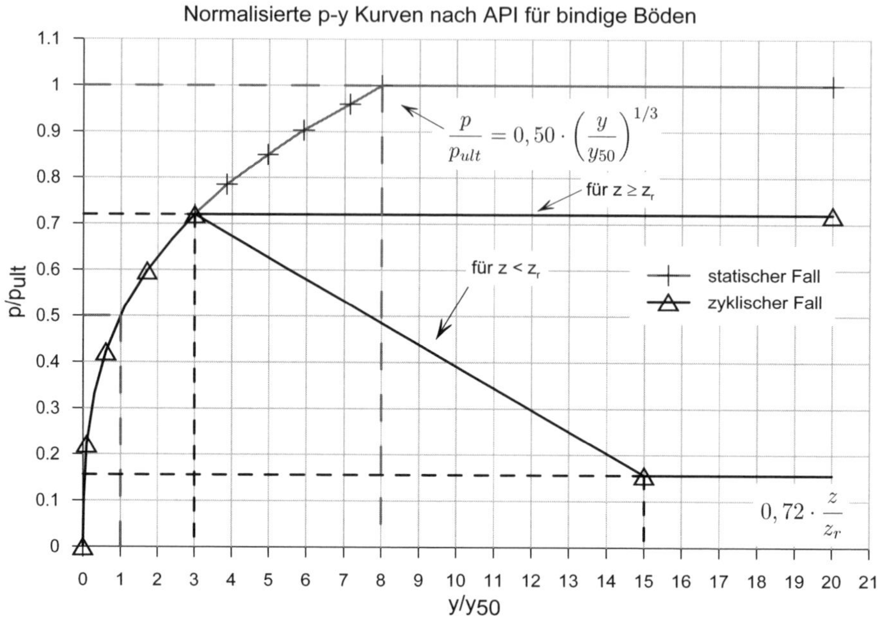

Abb. 20.29: *Normalisierte p-y-Kurven für bindige Böden mit $c_u \leq 100$ kN/m², nach* API (2014)

20.9.3.4 Steife bindige Böden mit $c_u > 100$ kN/m²

Reese/Cox (1975) entwickelten zwei Ansätze für die maximal mobilisierbare Bodenreaktion p_c für bindige Böden mit $c_u > 100$ kN/m², siehe Gln. (20.43) und (20.44).

$$p_{ct} = 2 \cdot c_u \cdot D + \gamma \cdot D \cdot z + 2,83 \cdot c_u \cdot z \tag{20.43}$$

$$p_{cd} = 11 \cdot c_u \cdot D \tag{20.44}$$

mit

γ: durchschnittliche Bodenwichte über die Tiefe z [kN/m³]

z: Tiefe [m]

c_u: durchschnittliche undränierte Kohäsion über die Tiefe z [kN/m²]

D: Pfahlaußendurchmesser [m]

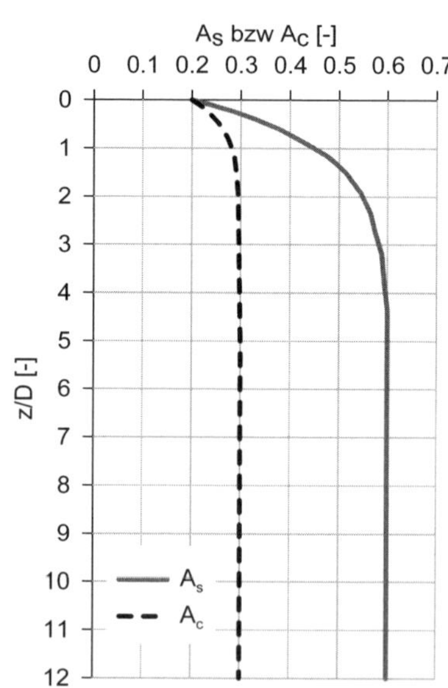

Abb. 20.30: *Korrekturfaktoren A_s und A_c für die Konstruktion von p-y-Kurven aus* Reese/Cox (1975)

Hierbei gilt p_{ct} für geringe Tiefen und p_{cd} für größere Tiefen. Der kleinere der beiden Werte ist für p_c maßgebend. Die p-y-Kurven werden in

Abhängigkeit von der lateralen Verschiebung y durch unterschiedliche Segmente definiert, siehe Abb. 20.31 und 20.32.

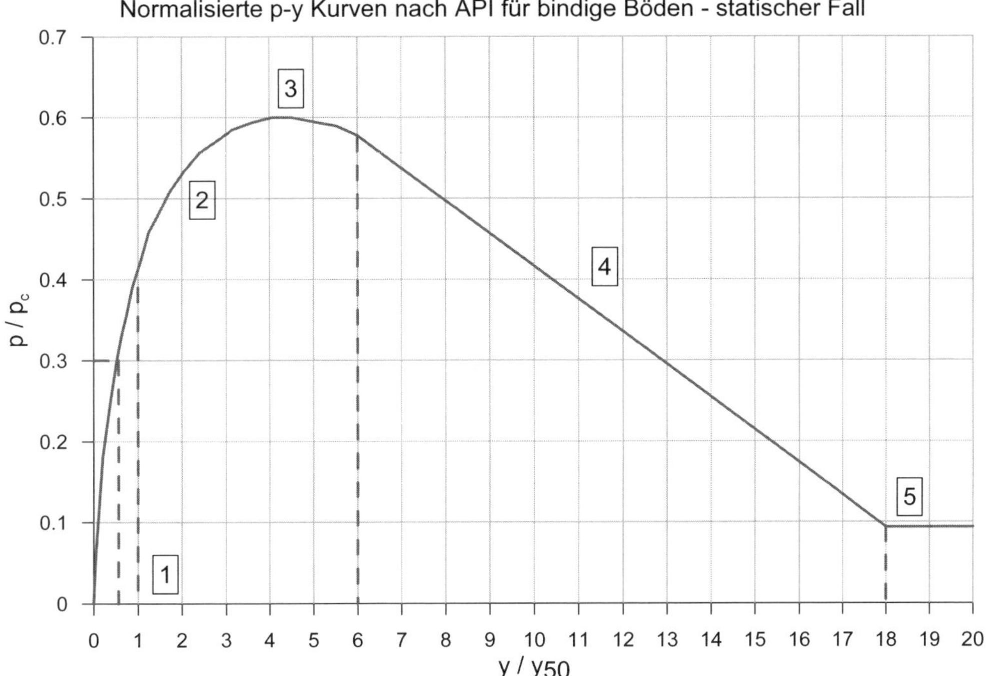

1: $p = (k \cdot z) \cdot y$

2: $p = 0,50 \cdot p_c \cdot \left(\frac{y}{y_{50}}\right)^{0,50}$ für $y \leq y_{50}$

3: $p = 0,50 \cdot p_c \cdot \left(\frac{y}{y_{50}}\right)^{0,50} - 0,055 \cdot p_c \cdot \left(\frac{y - A_s \cdot y_{50}}{A_s \cdot y_{50}}\right)^{1,25}$ für $A_s \cdot y_{50} < y \leq 6 \cdot A_s \cdot y_{50}$

4: $p = 0,50 \cdot p_c \cdot (6 \cdot A_s)^{0,50} - 0,411 \cdot p_c \cdot -\frac{0,0625}{y_{50}} \cdot p_c \cdot (y - 6 \cdot A_s \cdot y_{50})$
für $6 \cdot A_s \cdot y_{50} < y \leq 18 \cdot A_s \cdot y_{50}$

5: $p = 0,50 \cdot p_c \cdot (6 \cdot A_s)^{0,50} - 0,411 \cdot p_c \cdot -0,75 \cdot p_c \cdot A_s$ für $y > 18 \cdot A_s \cdot y_{50}$

Abb. 20.31: *Normalisierte p-y-Kurve für bindige Böden mit c_u > 100 kN/m² – statischer Fall, nach* API (2014)

Der Korrekturfaktor A_s bzw. A_c nach Abb. 20.30 und den Gln. (20.45) und (20.46) berücksichtigt dabei den Widerstand unter statischer bzw. zyklischer Einwirkungen.

In der Abb. 20.30 sind die Korrekturfaktoren A_c und A_s in Abhängigkeit von der Tiefe z dargestellt.

$$y_{50} = \varepsilon_{50} \cdot D \quad \text{für den statischen Fall} \tag{20.45}$$

$$y_p = 4,10 \cdot A_s \cdot y_{50} \quad \text{für den zyklischen Fall} \tag{20.46}$$

mit

ε_{50}: Dehnung bei 50 % der deviatorischen Bruchspannung [-]

D: Pfahldurchmesser [m]

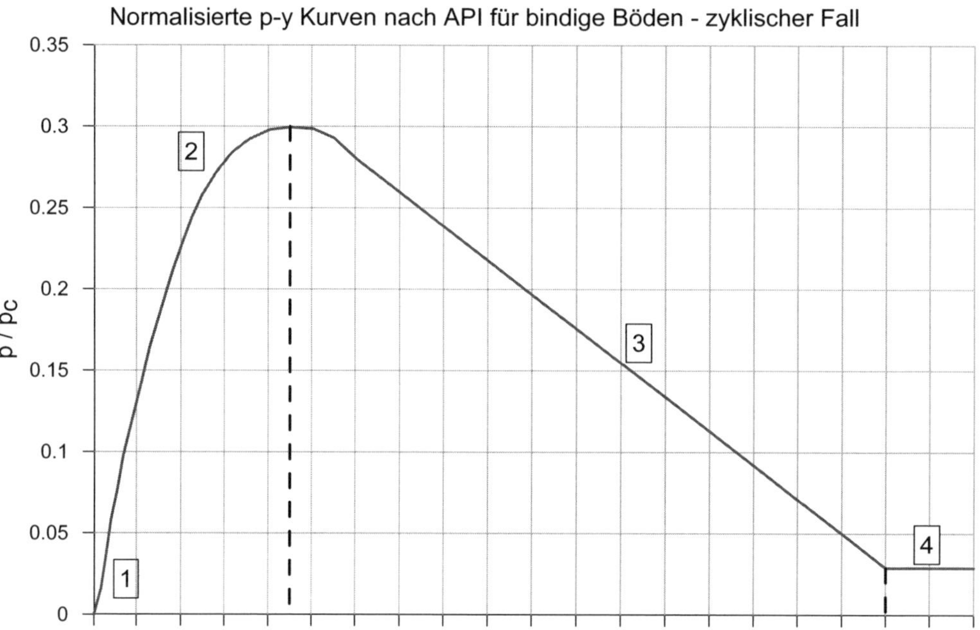

1: $p = (k \cdot z) \cdot y$

2: $p = A_c \cdot p_c \cdot \left[1 - \left(\frac{y - 0,45 \cdot y_p}{0,45 \cdot y_p}\right)^{2,50}\right] \quad$ für $y \leq 0,45 \cdot y_p$

3: $p = 0,936 \cdot A_c \cdot p_c - \frac{0,085}{y_{50}} \cdot p_c \cdot (y - 0,60 \cdot y_p) \quad$ für $0,45 \cdot y_p < y \leq 1,80 \cdot y_p$

4: $p = 0,936 \cdot A_c \cdot p_c - \frac{0,102}{y_{50}} \cdot p_c \cdot y_p \quad$ für $y > y_p$

Abb. 20.32: *Normalisierte p-y-Kurve für bindige Böden mit c_u > 100 kN/m² – zyklischer Fall, nach* API (2014)

20.9.4 Spezialfälle

20.9.4.1 Allgemeines

In besonderen Situationen kann es erforderlich werden, über die oben beschriebenen Bettungsmodelle hinausgehende, genauere Abbildungen der Pfahl-Boden-Interaktion vorzunehmen, z. B. wenn größere als die in 20.9.3 genannten Durchmesser Verwendung finden. Für die Bemessung z. B. von dynamisch beanspruchten Gründungen, wie Monopiles bei Offshore-Windenergieanlagen, ist die wirklichkeitsnahe Erfassung des Bodenverhaltens von wesentlicher Bedeutung, auch um eine realistische Einschätzung der Belastungssituation aus einer gesamtdynamischen Betrachtung zu erhalten. Hierzu zählen u. a. geschichtete Böden, die hohe Anfangssteifigkeit des Bodens bei kleinen Dehnungen und die Abnahme der Steifigkeit mit zunehmender Scherdehnung.

20.9.4.2 Berücksichtigung der Wechsellagerung des Baugrunds

Da die Feldversuche für die Ableitung der ursprünglichen p-y-Kurven nach *API (2014)* in homogenem Baugrund durchgeführt wurden, berücksichtigt das Verfahren nicht den Einfluss einer Bodenschichtung. Insbesondere größere Steifigkeitsunterschiede benachbarter Schichten werden dadurch bei Ansatz der diskreten Federn nicht wirklichkeitsnah abgebildet. Aus diesem Grund wird die Ermittlung einer p-y-Kurve in einer bestimmten Tiefe üblicherweise unter der Annahme eines homogenen Bodenprofils durchgeführt. D. h., dass das ganze Bodenprofil bis zu der betrachteten Tiefe idealisiert die gleiche Steifigkeit bzw. undränierte Scherfestigkeit aufweist. Diese Annahme führt dazu, dass die eigentliche laterale Antwort des geschichteten Bodens in Abhängigkeit von der Tragfähigkeit der einzelnen Schichten falsch eingeschätzt wird.

Georgiadis (1983) liefert einen Ansatz zur Ermittlung der p-y-Kurven für geschichtete Bodenprofile, der mit der Bestimmung einer „äquivalenten Tiefe“ für den Grenzwert der Bodenbettung an der Oberkante jeder Schicht als Funktion der aktuellen Tiefe, des Überlagerungsdruckes und der Steifigkeit des überlagernden Bodenmaterials einhergeht. In Abhängigkeit von den Eigenschaften des überlagernden Bodens kann die äquivalente Tiefe kleiner oder größer sein als die eigentliche Tiefe. Die Bestimmung der äquivalenten Tiefe ist schematisch in Abb. 20.33 dargestellt.

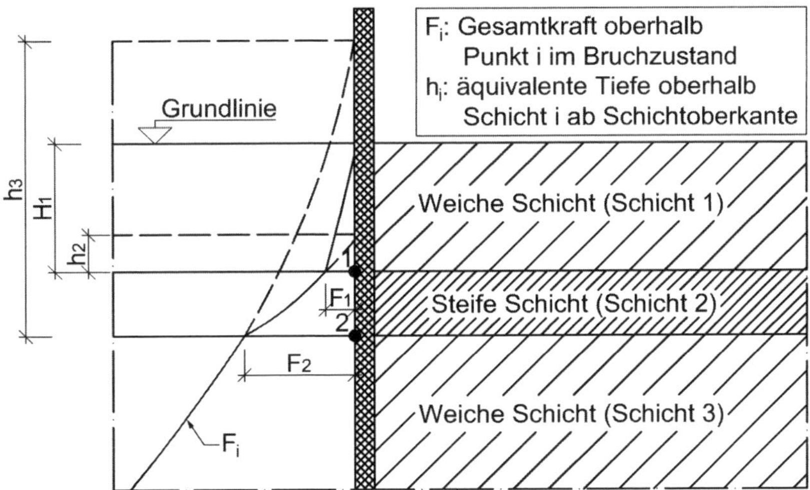

Abb. 20.33: *Bestimmung der äquivalenten Tiefen bei geschichtetem Bodenprofil nach* Georgiadis (1983)

Bei der Bestimmung der p-y-Kurven der zweiten Schicht in Abb. 20.33 muss die äquivalente Tiefe h_2 der Oberkante dieser Schicht ermittelt werden. Hierbei muss die Kraft F_1, die erforderlich ist, um die erste Schicht zum Bruch zu bringen, berechnet werden. Dies wird durch Integration des Bruchwertes des maximalen lateralen Widerstandes p_{ult} über die Tiefe H_1 der ersten Schicht Gl. (20.47) erreicht.

$$F_1 = \int_0^{H_1} p_{ult} \cdot dH \tag{20.47}$$

Danach wird die Einbindetiefe h_2 eines Pfahles in einem Bodenprofil mit den gleichen Eigenschaften wie die Schicht 2, die erforderlich ist, um eine Kraft F_1 zu erzeugen, berechnet. Dabei ist h_2 die äquivalente Tiefe der Oberkante der Schicht 2 nach Gl. (20.48),

$$F_1 = \int_0^{H_2} p_{ult} \cdot dH \tag{20.48}$$

wobei p_{ult} die nach dem Verfahren nach *API (2014)* errechnete maximal mobilisierte Bodenreaktion [kN/m] ist. Dabei ist p_{ult} eine Funktion der äquivalenten Tiefe, des eigentlichen Überlagerungsdrucks und der Eigenschaften der Schicht 2.

Ist die äquivalente Tiefe h_2 bekannt, können die p-y-Kurven dieser Schicht wie üblich ermittelt werden. Bei der Bestimmung der p-y-Kurven der 3. Schicht wird dieselbe Methodik angewendet.

Im Fall von geschichteten Böden mit sehr stark variierender Scherfestigkeit kann der Ansatz von *Georgiadis (1983)* zu sehr großen „äquivalenten Tiefen“ führen, die nicht mehr physikalisch sinnvoll sind bzw. zu einer Unter- bzw. Überschätzung der realen Widerstände führen. In diesem Fall ist eine geeignete Begrenzung der „äquivalenten Tiefe“ zu berücksichtigen, welche in Abhängigkeit vom Baugrundaufbau festzulegen ist, oder auf eine Berücksichtigung des Ansatzes zu verzichten.

20.9.4.3 Modifikationen der p-y-Kurven

Untersuchungen in *Kallehave et al. (2012)* und *Hald et al. (2009)* haben gezeigt, dass die durch einen direkten Ansatz von p-y-Kurven nach *API (2014)* abgeschätzten Eigenfrequenzen einer Offshore-Windenergieanlage in der Regel kleiner sind als tatsächlich gemessen. Daraus kann der Rückschluss gezogen werden, dass die Anfangssteifigkeit von Böden nach *API (2014)* unterschätzt wird. Dies führt zu einer Überschätzung der Pfahlverformungen, was wiederum eine Unterschätzung der Eigenfrequenzen hervor-

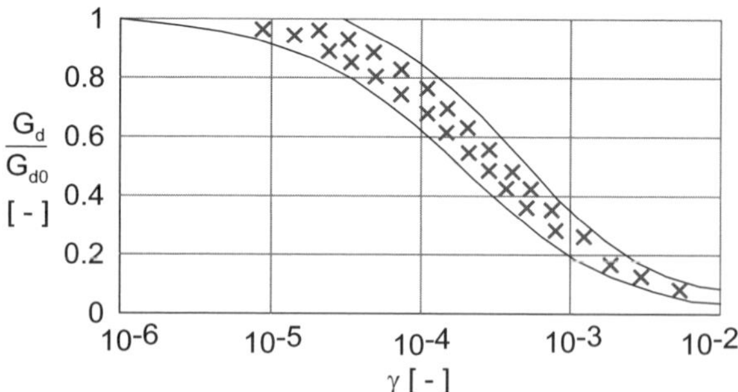

Abb. 20.34: *Abnahme des normierten Schubmoduls G mit zunehmender Scherdehnung γ aus* DGGT AK 1.4 (2019)

ruft. Um dies zu vermeiden, wird in *Kallehave et al. (2012)* empfohlen, das Dehnungsniveau bei der Ermittlung der p-y-Kurven zu berücksichtigen.

Der Schubmodul G nimmt ausgehend von einem Maximalwert G_{d0} bei sehr kleinen Dehnungen mit zunehmender Scherdehnungsamplitude γ ab. In Abb. 20.34 ist die Steifigkeitsabnahme mit zunehmender Scherdehnung gemäß den Empfehlungen des Arbeitskreises „Baugrunddynamik" *DGGT AK 1.4 (2019)* dargestellt.

20.9.5 Nachweis der Gebrauchstauglichkeit

Mit den in 20.9.2 und 20.9.3 angesprochenen Bettungsmoduln können auch Nachweise der Gebrauchstauglichkeit (Verformungsabschätzungen) durchgeführt werden, sofern dies überhaupt erforderlich ist. Hierbei ist insbesondere das nicht lineare Verfahren mit den p-y-Kurven nach 20.9.3 vorzuziehen, da es zu realistischeren Verformungsprognosen führt. Grundsätzlich sollten aber auch die Grenzen der Bettungsmodulanwendungen für Verformungsnachweise beachtet werden, siehe 20.10.

20.9.6 Pfahlprobebelastungen quer zur Pfahlachse

Besonders wenn im Grenzzustand der Gebrauchstauglichkeit (SLS) die Pfahlkopfverschiebungen und Verdrehungen genauer ermittelt werden müssen, sollten horizontale Pfahlprobebelastungen ausgeführt werden.

Nach *EA-Pfähle (2012)* sollte die Belastungseinrichtung nach Möglichkeit aus zwei benachbarten Pfählen bestehen, welche gegeneinander belastet werden. Damit kann zur Aufnahme der Reaktionskräfte auf besondere Widerlager verzichtet werden. Die Belastung ist mithilfe einer hydraulischen Presse aufzubringen. Sollen die Pfähle mit einem Zugglied aufeinander zu bewegt werden, muss ihr Achsabstand mindestens 6 Pfahldurchmesser betragen; sollen sie auseinandergedrückt werden, sind mindestens 2 Pfahldurchmesser vorzusehen. Weitere detaillierte Hinweise und Regelungen zur Ausführung von statischen Pfahlprobebelastungen quer zur Pfahlachse siehe *EA-Pfähle (2012)*.

20.9.7 Horizontal belastete Pfahlgruppen

Zu den Beanspruchungen und Widerständen horizontal belasteter Pfahlgruppen siehe 22.1.4.

20.10 Standsicherheitsnachweise quer zur Pfahlachse belasteter Pfähle

20.10.1 Nachweis der Tragfähigkeit quer zur Pfahlachse belasteter Pfähle bei linearer Bettung

Der Nachweis der horizontalen Tragfähigkeit von biegeweichen Pfählen im Grenzzustand der Tragfähigkeit (ULS) braucht nicht erbracht werden, wenn die Pfähle vollständig im Boden eingebettet sind und die waagerechte charakteristische Beanspruchung für BS-P höchstens 3 % bzw. für BS-T höchstens 5 % der lotrechten Beanspruchung erreicht.

In allen anderen Fällen ist wie folgt vorzugehen:

- Festlegung der Ausgangswerte zur Ermittlung von Bodenreaktionen in Form des Bettungsmoduls nach 20.9.2.
- Ermittlung der charakteristischen Schnittgrößen bzw. der charakteristischen Spannungen mit den charakteristischen Werten der Einwirkungen und den charakteristischen Werten der Bettungsmoduln.
- Umwandlung der charakteristischen Schnittgrößen bzw. charakteristischen Spannungen in Bemessungswerte der Beanspruchungen durch Multiplikation mit den Teilsicherheitsbeiwerten für Einwirkungen.
- Nachweis, dass in Oberflächennähe die charakteristischen Normalspannungen $\sigma_{h,k}$ zwischen Pfahl und Boden die im ebenen Fall berechneten charakteristischen Erdwiderstandsspannungen $e_{ph,k}$ (größtmögliche Bodenreaktion) nicht überschreiten. Es ist daher die Bedingung nach Gl. (20.49) zu erfüllen:

  $$\sigma_{h,k} \leq e_{ph,k} \tag{20.49}$$

  Bei Überschreiten der Bedingung ist der Bettungsmodul iterativ anzupassen, bis Gl. (20.49) eingehalten wird.
- Nachweis, dass der seitliche Bodenwiderstand nicht größer angesetzt worden ist, als es der Bemessungswert des räumlichen Erdwiderstandes für den entsprechenden Teil der Einbindetiefe bis zum Drehpunkt (Verschiebungsnullpunkt) zulässt. Eine ausreichende Sicherheit ist nachgewiesen, wenn die Grenzzustandsbedingung erfüllt ist:

  $$B_{h,d} \leq E_{ph,d} \tag{20.50}$$

  mit

  $B_{h,d}$: der Bemessungswert der Horizontalkomponente der resultierenden Auflagerkraft

  $E_{ph,d}$: der Bemessungswert der Horizontalkomponente des räumlichen Erdwiderstandes
- Nachweis der Sicherheit gegen Materialversagen.

20.10.2 Nachweis der Tragfähigkeit quer zur Pfahlachse belasteter Pfähle bei nicht linearer Bettung

Der Nachweis der Tragfähigkeit bei nicht linearer Bettung erfolgt wie bereits in 20.10.1 vorgestellt. Der Vorteil bei der Verwendung der p-y-Kurven nach 20.9.3 liegt darin, dass die Bedingung nach Gl. (20.49) automatisch über die gesamte Pfahllänge erfüllt ist. Eine iterative Anpassung des Bettungsmoduls ist daher nicht notwendig.

20.11 Ausgewählte Fragestellungen bei der Berechnung und Ausführung von Pfählen

20.11.1 Allgemeines

Im Folgenden sind einige ergänzende Besonderheiten bei der Berechnung und Ausführung von Pfahlgründungen aufgeführt. Diese Zusammenstellung erhebt keinen Anspruch auf Vollständigkeit.

20.11.2 Negative Mantelreibung

Negative Mantelreibung tritt auf, wenn die Setzungen des den Pfahl umgebenden Bodens größer als die Setzung des Pfahls sind. Ursache hierfür ist u. a. die Konsolidierung von Weichschichten durch Geländeauflasten oder auch Geländesetzungen infolge von Grundwasserabsenkungen.

Die Einwirkungen aus negativer Mantelreibung stehen zusammen mit den Einwirkungen auf die Pfähle aus dem Bauwerk und den Pfahlwiderständen abhängig von den Setzungen im Gleichgewicht. Abb. 20.35 zeigt diesen Zusammenhang für zwei Fälle:

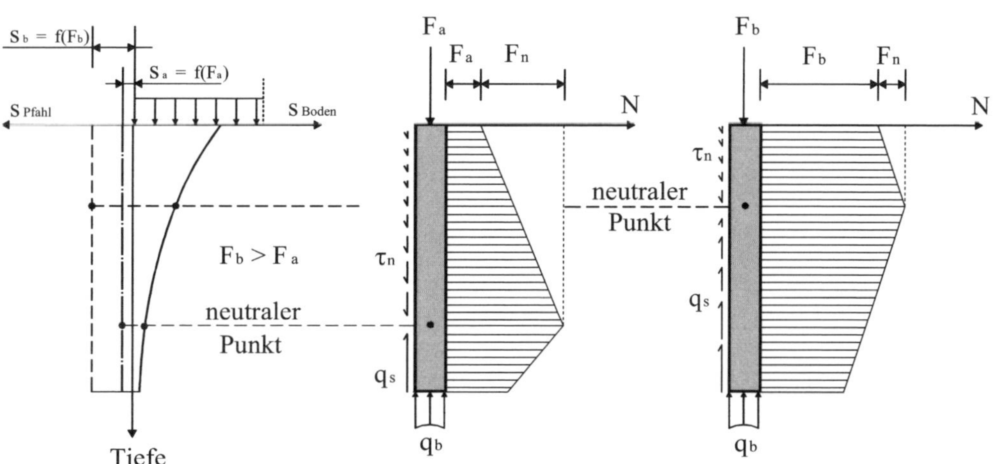

Abb. 20.35: *Qualitative Zusammenhänge zwischen Pfahlwiderständen und Beanspruchungen aus Bauwerkslasten und negativer Mantelreibung bei homogenem Baugrund und Definition des neutralen Punktes. Hinweis: Dargestellt ist die Änderung der axialen Pfahlbeanspruchung; aus* Kempfert/Moormann (2018)

- Bei geringen Beanspruchungen F_a aus den Bauwerkslasten und damit geringer Pfahlsetzung s_a und größerem Beanspruchungsanteil F_n aus negativer Mantelreibung reicht der Einfluss von τ_n tief.
- Umgekehrt führt ein großer Beanspruchungsanteil F_b zu größeren Pfahlsetzungen und damit infolge der Relativverschiebung zwischen Boden und Pfahl bald zur Aktivierung der positiven Mantelreibung q_s.

Die Grenze zwischen rechnerischer positiver und negativer Mantelreibung wird als neutraler Punkt bezeichnet.

Nach *Handbuch Eurocode 7-1 (2015)* und *EA-Pfähle (2012)* ist die negative Mantelreibung bei Pfahlgründungen eindeutig als eine ständige Einwirkung definiert, die zu einer zusätzlichen Beanspruchungskomponente F_n auf die Pfähle führt. Eine zutreffende Einschätzung von $\tau_{n,k}$ am Pfahl erfordert die Angabe der

- Pfahlsetzungen über die Tiefe,
- Setzungen der Bodenschichten über die Tiefe,
- Relativverschiebungen und
- ggf. Mobilisierungsfunktionen von $\tau_{n,k}$ und $q_{s,k}$.

Die *EA-Pfähle (2012)* enthält die nachfolgenden Näherungsangaben für die Größe der charakteristischen Werte der negativen Mantelreibung $\tau_{n,k}$ für bindige und nichtbindige Böden, z. B. für eine Situation nach Abb. 20.36.

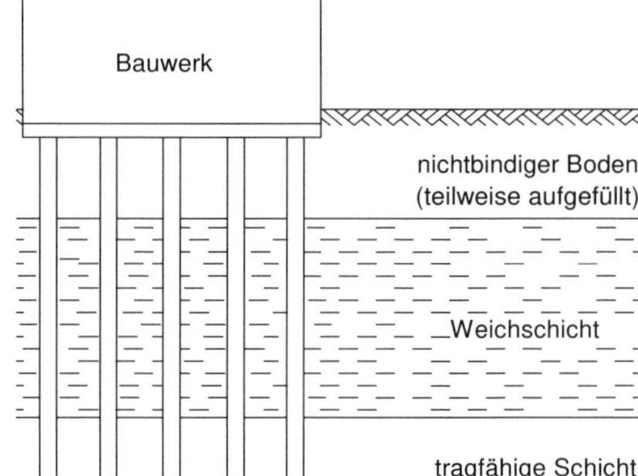

Abb. 20.36: *Randbedingung bei Entwicklung von negativer Mantelreibung*

Dabei sind im Wesentlichen zwei Ansätze zur Ableitung der charakteristischen negativen Mantelreibung $\tau_{n,k}$ zu berücksichtigen:

- Mit totalen Spannungen für bindige Böden:

$$\tau_{n,k} = \alpha \cdot c_{u,k} \tag{20.51}$$

mit

α: Faktor zur Festlegung der Größe der charakteristischen negativen Mantelreibung für bindige Böden

$c_{u,k}$: charakteristischer Wert der Scherfestigkeit des undränierten Bodens

Die Größenordnung des Faktors α liegt gem. *EA-Pfähle (2012)* je nach Bodenart und Pfahltyp zwischen 0,15 und 1,60, wobei häufig näherungsweise $\alpha = 1$ gesetzt wird und diese Beziehung generell für bindigen Boden empfohlen wird.

- Mit effektiven Spannungen für nichtbindige und bindige Böden:

$$\tau_{n,k} = K_0 \cdot \tan \varphi'_k \cdot \sigma'_v = \beta \cdot \sigma' \tag{20.52}$$

mit

σ'_v: effektive Vertikalspannung

K_0: Erdruhedruckbeiwert

φ'_k: charakteristischer Wert des Reibungswinkels der nichtbindigen und bindigen Schichten

β: Faktor zur Festlegung der Größe der charakteristischen negativen Mantelreibung für nichtbindige und bindige Böden

Die Größenordnung des Faktors β liegt nach den Angaben in der Literatur und nach Bodenart zwischen 0,1 und 1,0, siehe *Kempfert/Moormann (2018)*. Häufig wird für nichtbindige Böden $\beta = 0{,}25$ bis 0,30 verwendet. Es liegen jedoch keine abgesicherten Angaben darüber vor, ob sich $\tau_{n,k}$ je nach Konsolidierungszustand der Weichschicht in der Pfahlumgebung über die Zeit verändert.

Eine nichtbindige Auffüllung über einer Weichschicht kann rechnerisch zu sehr großen Pfahlbeanspruchungen aus negativer Mantelreibung führen, daher ist die resultierende charakteristische Beanspruchung nicht größer als das Gewicht dieser Schicht anzusetzen. Diese Regelung ist aber nur sinnvoll für engstehende Pfähle in einer Pfahlgruppe.

Die negative Mantelreibung $\tau_{n,k}$ ist nicht größer zu erwarten als eine positive Mantelreibung $q_{s,k}$ in vergleichbaren Baugrundschichten. Dabei wird in der *EA-Pfähle (2012)* empfohlen, bei praktischen Projekten diesen durch den Sachverständigen für Geotechnik ausdrücklich bestätigen oder projektbezogen modifizieren zu lassen.

Der Einfluss der negativen Mantelreibung reicht bis zum neutralen Punkt. In Wirklichkeit tritt eine Übergangszone von negativer und positiver Mantelreibung auf, wobei der Wechsel als linear angenommen wird. Sie wird als neutrale Ebene bezeichnet. Innerhalb dieser Übergangszone ist demnach die Mantelreibung nicht voll mobilisiert. Die Länge der Zone der „neutralen Ebene" nach Abb. 20.37 ist von der Relativverschiebung zwischen Pfahl und Boden abhängig. Je geringer der Winkel ψ zwischen den sich schneidenden Setzungskurven ist, desto größer ist die Übergangszone von negativer zu positiver Mantelreibung.

Der neutrale Punkt darf für praktische Berechnungsaufgaben näherungsweise ohne Übergangszone zwischen τ_n und q_s angenommen werden. Die größte Beanspruchung des Pfahls in axialer Richtung tritt jeweils in diesem Punkt auf, da die Gesamtlast durch die ebenfalls nach unten gerichteten Einwirkungen aus negativer Mantelreibung erhöht wird und bis zu diesem Punkt keine Lastabtragung in den Boden stattfindet, da hier kein Pfahlwiderstand mobilisiert wird. Weiterhin stimmen die Setzungen des Pfahls mit den Setzungen des umgebenden Bodens im neutralen Punkt überein.

Der neutrale Punkt liegt bei Spitzenwiderstandspfählen in der Nähe des Pfahlfußes, wo die Setzungen des umgebenden Bodens nicht mehr die volle positive Mantelreibung mobilisieren kann. Für einen langen Reibungspfahl liegt der neutrale Punkt dagegen häufig oberhalb der Pfahlmitte, wo die Setzungen von Boden und Pfahl gleich groß sind.

Die Einwirkungen auf den Pfahl aus negativer Mantelreibung können den äußeren Pfahlwiderstand erhöhen. So führt eine zusätzlich auf den Pfahl aufgebrachte Einwirkung aus Bauwerkslasten zunächst nicht zu einer Erhöhung des Pfahlfußwiderstandes, sondern reduziert die negative Mantelreibung. Umgekehrt bedeutet dies, dass die negative Man-

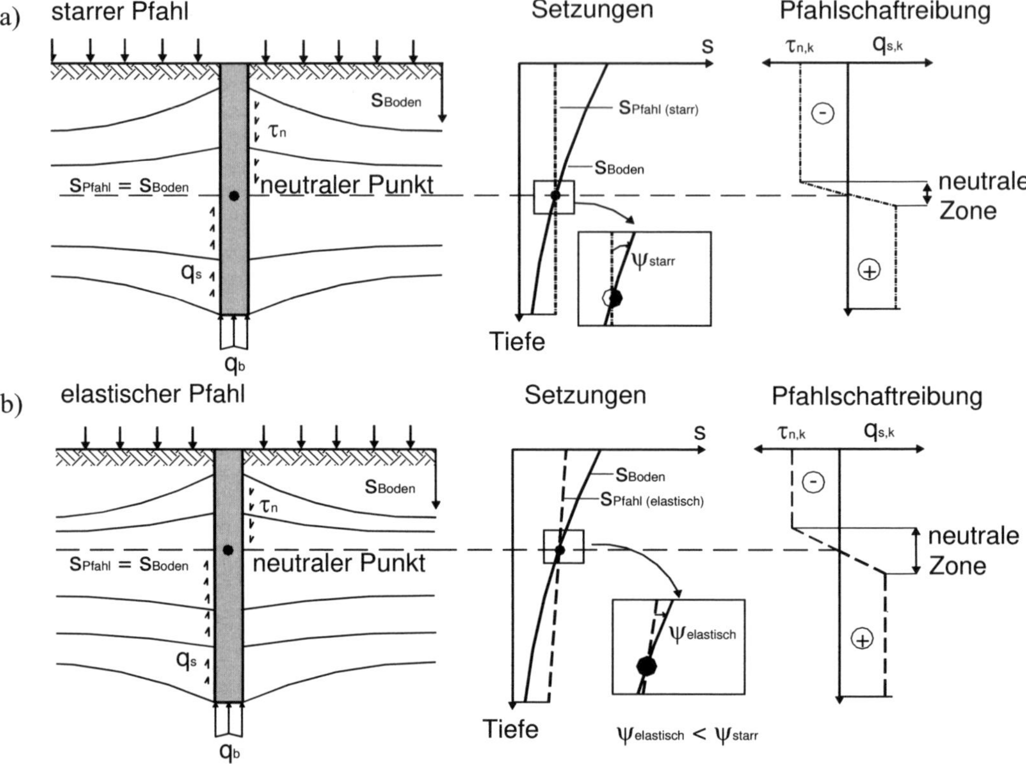

Abb. 20.37: *Modellvorstellung zur negativen Mantelreibung und Aktivierung der Pfahlschaftreibung in Abhängigkeit des Schnittwinkels ψ der Setzungskurven bei einem a) starren Pfahl bzw. b) elastischen Pfahl, aus* Kempfert/Moormann (2018)

telreibung aufgrund dieser Reduktion eine Tragreserve für den äußeren Pfahlwiderstand darstellt, ähnlich einer Vorspannung des Bodens.

Für die Bestimmung der Tiefenlage des neutralen Punktes im Grenzzustand der Gebrauchstauglichkeit SLS und somit der Größe der charakteristischen Einwirkung $F_{n,k}$ (SLS) und der Pfahlsetzung s (SLS) wird empfohlen:

- die Setzungen des den Pfahl umgebenden Bodens, i. d. R. für den Endzustand, also unter Berücksichtigung von Konsolidations- und Kriechsetzungen s_n, mit charakteristischen Größen zu bestimmen.

Im Grenzzustand der Tragfähigkeit (ULS) wird folgendes Vorgehen zur Ermittlung des neutralen Punktes und somit der Größe der charakteristischen Einwirkung $F_{n,k}$ (ULS) empfohlen:

- Festlegung der Setzung des Pfahls im Grenzzustand der Tragfähigkeit zu

$$s_g = s_{ult} \tag{20.53}$$

mit $s_g = 0,10 \cdot D_b$, sofern nicht genauere Setzungsangaben z. B. aus Pfahlprobebelastungen vorliegen. Bei anderen Pfahlgeometrien im Querschnitt sollte ein Ersatzdurchmesser angesetzt werden.

Ein Verformungsvergleich von s (SLS) bzw. $s_g = s_{ult}$ mit den Setzungen der umgebenden Weichschichten s_n ergibt die jeweilige Lage des neutralen Punktes. Die abgeschätzten Setzungen der Pfähle im Grenzzustand ULS treten in Wirklichkeit unter den tatsächlich wirkenden Lasten (charakteristische Einwirkungen) nicht auf. Die Nachweisführung im Grenzzustand ULS erfolgt somit auf Grundlage eines fiktiven Pfahl-Verformungszustandes.

Die Bemessungsgrößen ergeben sich aus Multiplikation der charakteristischen Einwirkung aus negativer Mantelreibung zu

$$F_{n,d}\ (\text{ULS}) = F_{n,k}\ (\text{ULS}) \cdot \gamma_G \tag{20.54}$$

In der Regel können aber Einwirkungen aus negativer Mantelreibung keinen echten äußeren Grenzzustand der Tragfähigkeit hervorrufen.

Für den Materialnachweis (innere Tragfähigkeit) des Pfahlbaustoffes (STR) ist die Mantelreibung i. d. R. für die Einwirkungskombination aus dem Grenzwert SLS der äußeren Pfahltragfähigkeit zu berücksichtigen (ungünstigste Beanspruchung).

Weitere Hinweise siehe *EA-Pfähle (2012)*.

20.11.3 Seitendruck

Infolge von Bodenbewegungen von weichen oder stark organischen bindigen Böden – im Folgenden als weiche Böden bezeichnet – ergeben sich Einwirkungen auf Vertikalpfähle, die durch die waagerechten Bodenbewegungen auf Biegung beansprucht werden. Beispiele für diese Einwirkungsform zeigt Abb. 20.38.

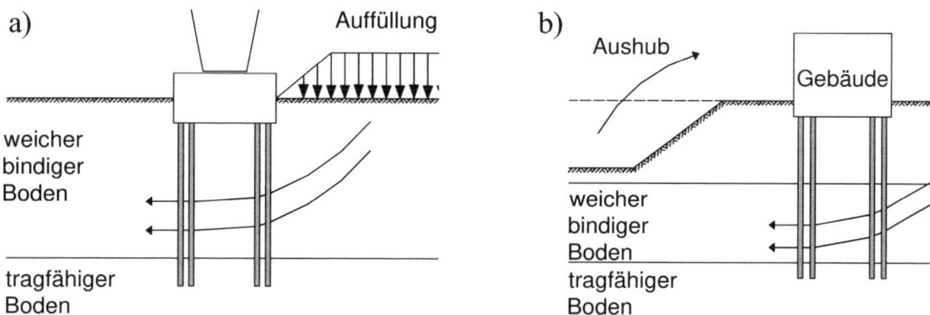

Abb. 20.38: *Beispiele für die Ausbildung von Seitendruck auf Pfähle aus* Kempfert/Moormann (2018): *a) resultierend aus einer Aufschüttung, b) resultierend aus einem Aushub*

Seitendruck auf Pfähle tritt häufig auch bei der Hinterfüllung von Widerlagern auf Pfählen auf. Die Größe der Einwirkung hängt hierbei u. a. vom Betrag der Bodenbewegung als auch von der Steifigkeit der Pfähle ab.

Unabhängig von der Baugrundschichtung können Seitendruckbeanspruchungen auf die Pfähle vorhanden sein, wenn die Pfähle

- in einer Böschung stehen oder
- einen Geländesprung als Gründungselemente stützen.

Im Folgenden wird unter Seitendruck auf Pfähle schwerpunktmäßig ein Umfließen von weichen Böden quer zur Pfahlachse verstanden.

Sofern weiche Böden, insbesondere normal- oder leicht überkonsolidiert mit weicher oder noch ungünstigerer Konsistenz, vorhanden sind, bei denen aufgrund der geometrischen oder belastungsbedingten Randbedingungen ein Seitendruck auf die Pfähle nicht ausgeschlossen werden kann, sind stets Untersuchungen bezüglich zusätzlicher Einwirkungen aus Seitendruck durchzuführen.

Liegen günstigere als die beschriebenen Verhältnisse vor, so darf die Notwendigkeit einer Pfahlbemessung auf Seitendruck mithilfe einer Geländebruchuntersuchung nach DIN 4084 vorgenommen werden.

Im Einzelnen ist dabei wie folgt vorzugehen:

- Durchführung einer Geländebruchberechnung am „entkleideten System“, siehe Abb. 20.39.
- Der die Stützkonstruktion belastende Bemessungserddruck wird gemäß Abb. 20.40 stützend auf das System angesetzt, wobei eine eventuelle veränderliche Einwirkung zu vernachlässigen ist, da diese die Stützkraft erhöht.
- Die Berechnungen sind i. d. R. für den Anfangszustand mit der undränierten Kohäsion für die Weichschichten durchzuführen.

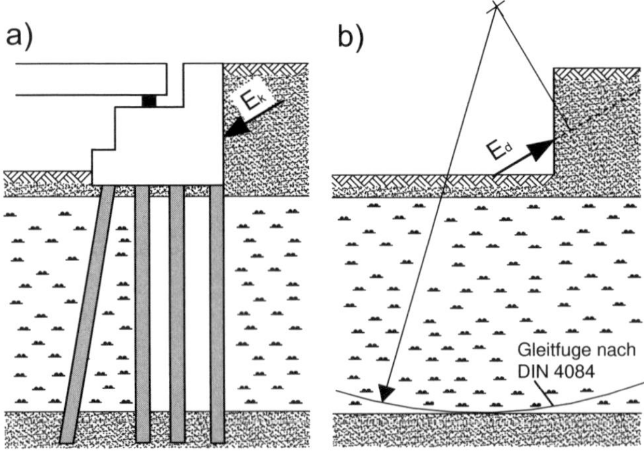

Abb. 20.39: *Untersuchung zur Notwendigkeit einer Pfahlbemessung auf Seitendruck, Ansatz der Stützkraft; a) Systembeispiel, b) „entkleidetes System“*, aus EA-Pfähle (2012)

Je nach Ausnutzungsgrad μ des Bemessungswiderstandes kann abgeschätzt werden, ob entsprechende Verformungen in den Weichschichten Seitendruckbeanspruchungen auf die Pfähle bewirken können. Werden für den Ausnutzungsgrad μ die in Tab. 20.23 zusammengestellten Grenzwerte eingehalten bzw. unterschritten, darf eine Pfahlbemessung auf Seitendruck entfallen.

Werden die Grenzwerte nach Tab. 20.23 überschritten, so ist die Größe der Seitendruckeinwirkung zu ermitteln. Hierfür wurde nach *EA-Pfähle (2012)* bisher unterschieden zwischen

- dem charakteristischen Fließdruck $p_{f,k}$ und

- dem charakteristischen resultierenden Erddruck Δe_k

und der sich daraus ergebende jeweils kleinere Seitendruck wurde als Beanspruchung auf die Pfähle angesetzt, siehe auch Abb. 20.40.

Tab. 20.23: *Grenzwerte für den Ausnutzungsgrad des Bemessungswiderstandes μ der Standsicherheit nach DIN 4084 und* EA-Pfähle (2012)

μ	weiche Bodenschichten, die ggf. einen Seitendruck auf Pfähle bewirken können
0,80	bindige Böden, insbesondere normal- oder leicht überkonsolidiert mit weicher oder noch ungünstigerer Konsistenz
0,75	stark organische Böden mit $V_{gl} > 15\,\%$ und $w > 75\,\%$, z. B. Klei, Torf, usw.

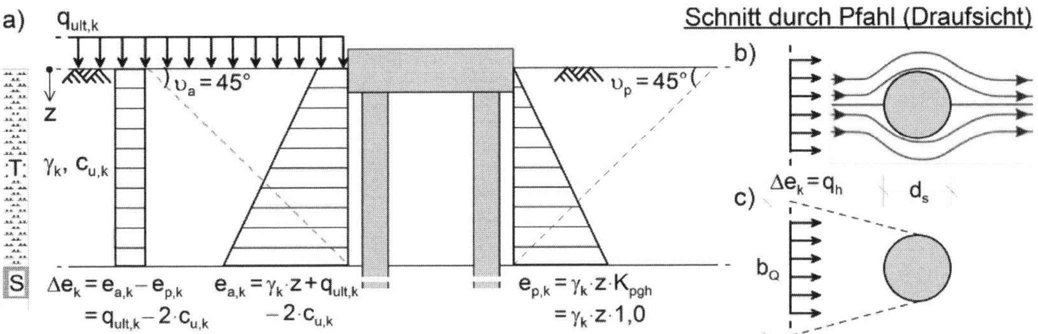

Abb. 20.40: *Ebener resultierender Erddruckansatz als Seitendruckeinwirkung im Anfangszustand mit $\varphi_{u,k} = 0$ und $c_{u,k}$, b) Bruchmechanismus im Pfahlnahbereich durch Fließdruckeinwirkung, c) Einwirkung des Erddrucks auf den Pfahl über die Einflussbreite b_Q, aus* Kempfert/Moormann (2018)

Ein neuerer Ansatz zur Ermittlung der charakteristischen Einwirkung des Seitendrucks auf Grundlage des Fließdrucks findet sich in *Bauer (2016)* und *Bauer/Kempfert (2018).*

Hierfür gilt der in Gl. (20.55) dargestellte Näherungsansatz für die Seitendruckkraft P_k [kN/m] quer zur Pfahlachse als Linienlast auf den Einzelpfahl im Anfangszustand.

$$P_k = (6 \cdot c_{u,k} \cdot \chi \cdot \mu + \Delta p_{t,k}) \cdot a_s \text{ bzw. } P_k = (6 \cdot c_{u,k} \cdot \chi \cdot \mu + \Delta p_{t,k}) \cdot d_s \qquad (20.55)$$

mit

$c_{u,k}$: über die bindige bzw. organische Bodenschicht (weicher Boden) gemittelte charakteristische, undränierte Kohäsion des Bodens,

χ: Modellfaktor für die Berücksichtigung der Boden- und Pfahlrandbedingungen sowie der geometrischen Verhältnisse nach Gl. (20.56),

μ: Ausnutzungsgrad des Bodens nach Abb. 20.39,

$\Delta p_{t,k}$: Langzeiteffekte des Seitendrucks in kN/m^2.

$$\chi = \chi_{cu} \cdot \chi_{hw} \cdot \chi_d \cdot \chi_{SE} \cdot \chi_{yq} \cdot \chi_{GP} \qquad (20.56)$$

mit

- χ_{cu} : für die undränierte Kohäsion des weichen Bodens $c_{u,k}$ nach Tab. 20.24,
- χ_{hw}: für die Mächtigkeit der bindigen Bodenschicht h_W nach Tab. 20.25,
- χ_d: für die Pfahlabmessung und Pfahlform nach Tab. 20.26,
- χ_{SE}: zur Berücksichtigung von Sandeinlagerungen nach Tab. 20.27,
- χ_{yq}: für einen Entfernungseinfluss zwischen der seitendruckerzeugenden Einwirkung und dem Pfahl nach Tab. 20.28,
- χ_{GP}: zur Berücksichtigung des Gruppenverhaltens nach Tab. 20.29.

Tab. 20.24: *Modellfaktor* χ_{cu}

$c_{u,k}$ in kN/m^2	≤ 5	10	≥ 30
χ_{cu} bei $h_W \leq 6$ m	1,35	1,0	0,9
χ_{cu} bei $h_W > 6$ m	1,0	1,0	1,3
Anmerkung: Zwischenwerte sind linear zu interpolieren.			

Tab. 20.25: *Modellfaktor* χ_{hw}

h_w in m	≤ 4	≥ 12
χ_{hw}	1,3	0,8
Anmerkung: Zwischenwerte sind linear zu interpolieren.		

Tab. 20.26: *Modellfaktor* χ_d

$a_s = D_s$ in m	0,5	1,5
χ_d für a_s	1,37	1,15
χ_d für D_s	1,0	0,86
Anmerkungen: Zwischenwerte von χ_d sind linear zu interpolieren. Eine Extrapolation von χ_d auf die Pfahlabmessungen bis $a_s = D_s = 0{,}3$ m und $a_s = D_s = 3{,}0$ m ist zulässig.		

Sind im Baugrund mehrere weiche Bodenschichten vorhanden, die näherungsweise nicht als homogene Schicht zusammengefasst werden können, ist schichtweise die mittlere, charakteristische Einwirkung aus Seitendruck P_k nach Gl. (20.55) zu ermitteln, indem die undränierte Kohäsion $c_{u,k}$ sowie der Modellfaktor χ_{cu} schichtweise angesetzt werden.

Wenn im Baugrund zwischen den weichen Schichten Einlagerungen von nichtbindigen Schichten vorhanden sind, die durch die Verschiebung der weichen Böden gegen die Pfahlgründung gedrückt werden, führt dies i. d. R. zu einer Erhöhung des Seitendrucks, siehe Abb. 20.41.

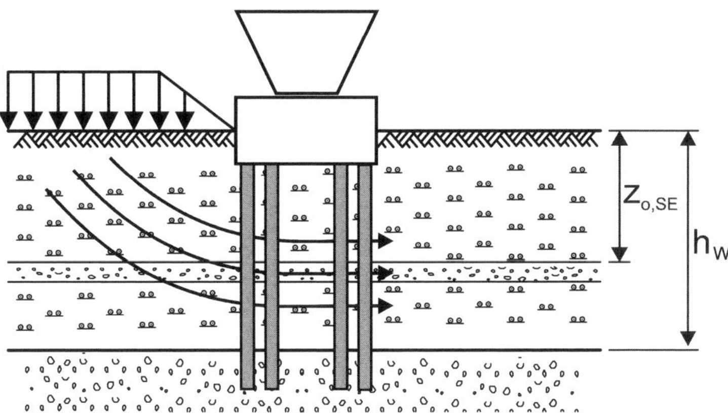

Abb. 20.41: *Randbedingungen bei in den weichen Schichten eingelagerten nichtbindigen Schichten mit höherer Steifigkeit*

Der Einfluss der nichtbindigen Schichten auf die Seitendruckbeanspruchung ist abhängig vom Steifigkeitsverhältnis λ nach Gl. (20.57).

$$\lambda = \frac{E_{S,nichtbindig}}{E_{S,bindig}} \tag{20.57}$$

Die Auswirkung einer in der Weichschicht eingelagerten nichtbindigen Schicht mit einer Mächtigkeit von ≤ 2 m auf den mittleren, charakteristischen Seitendruck kann nach Gl. (20.56) über den Modellfaktor χ_{SE} gem. Tab. 20.27 abgeschätzt werden.

Tab. 20.27: *Modellfaktor* χ_{SE}

λ nach Gl. (20.57)	≤ 3	> 3 bis ≤ 35		> 35 bis ≤ 150	
OK nichtbindige Einlagerung $z_{o,SE}$ (Abb. 20.41)		1m	≥ 5 m	1 m	≥ 9 m
χ_{SE}	1,0	1,5	1,0	1,9	1,0
Anmerkung: Zwischenwerte sind linear zu interpolieren.					

Wenn zwischen der seitendruckerzeugenden Bodenauflast und der Pfahlachsen gemäß Abb. 20.42 eine größere Entfernung l vorliegt, kann der mittlere, charakteristische Seitendruck der ersten Pfahlreihe einer Pfahlgruppe oder des Einzelpfahls nach Gl. (20.56) über den Modellfaktor χ_{yq} nach Tab. 20.28 abgemindert werden.

Stehen Pfähle in einem Abstand mit $a \leq 9 \cdot a_s$ bzw. $a \leq 9 \cdot D_s$ in einer Gruppe, ist der mittlere, charakteristische Seitendruck P_k nach Gl. (20.55) auf den einzelnen Gruppenpfahl über den Modellfaktor χ_{GP} in Gl. (20.56) nach Abb. 20.43 oder Tab. 20.29 zu ermitteln. Der Bezugs-Seitendruck P_k gilt dabei für einen Einzelpfahl an der Position QR 1.

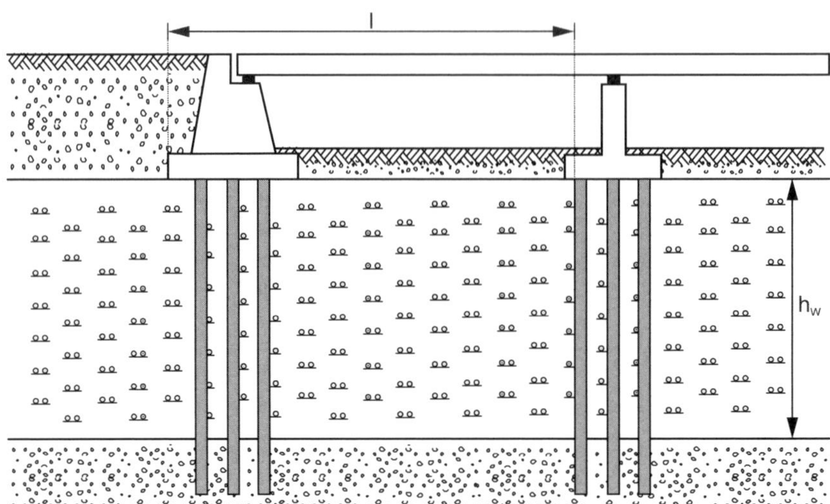

Abb. 20.42: *Randbedingungen zum Entfernungseinfluss*

Tab. 20.28: *Modellfaktor χ_{yq}*

Abstand zu Bodenauflast l in m	< 2,5	10			≥ 40		
Mächtigkeit der weichen Bodenschicht h_W in m	generell	< 2	2-6	> 6	< 2	2-6	> 6
Faktor χ_{yq}	1,0	0,35	0,65	0,75	0,35	0,15	0,20
Anmerkung: Zwischenwerte sind linear zu interpolieren.							

Die Gruppenwirkung der Pfähle wird dabei infolge der Abschirmwirkung durch die vorn stehenden Pfähle und ggf. infolge des größeren Abstandes zur seitendruckerzeugenden Bodenauflast insbesondere von deren Position längs zur Bodenverschiebung (Pfahlquerreihe QR) bestimmt. Außenpfähle der jeweiligen Pfahlquerreihe (Pfahltyp A) in Pfahlgruppen weisen gegenüber innen liegenden Pfählen (Pfahltyp I) der jeweiligen Pfahlquerreihe eine erhöhte Seitendruckeinwirkung auf. Bei Pfahlabständen $a < 9 \cdot a_s$ bzw. $a > 9 \cdot D_s$ sind die Gruppenpfähle wie Einzelpfähle zu behandeln ($\chi_{GP} = 1{,}0$).

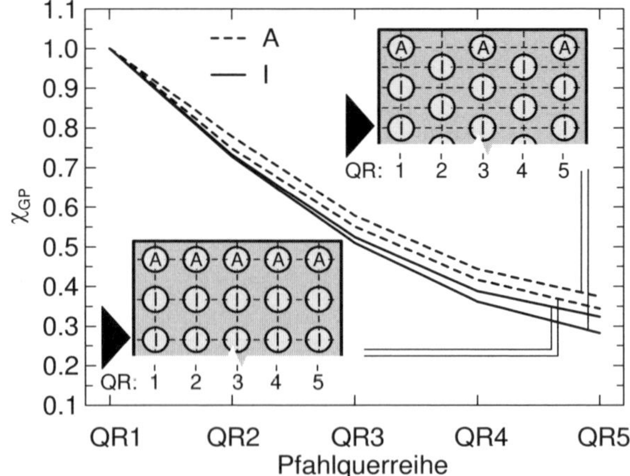

Abb. 20.43: *Systemangaben und Modellfaktor χ_{GP} für den einzelnen Gruppenpfahl beim Pfahlabstand $a \leq 9 \cdot a_s$ bzw. $a \leq 9 \cdot D_s$*

Tab. 20.29: *Modellfaktor* χ_{GP}

Position des Pfahls nach Abb. 20.43		QR1	QR2	QR3	QR4	$\geq$ QR5
nicht versetzt	Pfahltyp I	1,00	0,73	0,52	0,39	0,32
nicht versetzt	Pfahltyp A	1,00	0,75	0,55	0,42	0,34
versetzt	Pfahltyp I	1,00	0,73	0,51	0,36	0,28
versetzt	Pfahltyp A	1,00	0,78	0,58	0,44	0,37

Infolge von Konsolidation und Kriecheffekten kann ein kontinuierlich ansteigender Seitendruck $\Delta p_{t,k}$ [kN/m^2] auftreten. Dieser ist weitgehend unabhängig vom Ausnutzungsgrad μ nach Tab. 20.23 und kann in Abhängigkeit des Viskositätsindex der Weichschichten $I_\nu = C_\alpha / C_C$ sowie des Zeitverlaufs der Konsolidation t_{cons} [in Monaten] und des Bodenkriechens t_{creep} [in Monaten] nach Gl. (20.58) abgeschätzt werden

$$\Delta p_{t,k} = (380 \cdot I_\nu + 10) \cdot \log t_{cons} + 175 \cdot I_\nu \cdot \log t_{creep} \tag{20.58}$$

mit

$\Delta p_{t,k}$ [kN/m^2] aus der Konsolidations- und Kriechphase $\Delta p_{t,k,cons}$ bzw. $\Delta p_{t,k,creep}$ mit den Zeiten t_{cons} und t_{creep} für $t_{cons} \geq 2 << t_{creep}$ [in Monaten]

oder näherungsweise

$$\Delta p_{t,k} = 700 \cdot I_\nu \tag{20.59}$$

mit

$\Delta p_{t,k}$ [kN/m^2] über den Zeitraum von 50 Jahren (600 Monate)

Zur Verteilung der mittleren, charakteristischen Seitendruckkraft (Linienlast) P_k nach Gl. (20.55) kann näherungsweise mit den Verteilungsfaktoren $f_{p,max}$, $z_{fp,max}/h_W$, $f_{p,o}$ und $f_{p,u}$ nach Tab. 20.30 und Abb. 20.44 über die Mächtigkeit der weichen Bodenschicht angesetzt werden.

Dabei ist näherungsweise zwischen den folgenden Bodentypen zu unterscheiden:

- anorganische und organische Böden mit $c_u < 10$ kN/m^2 (Bodentyp I)
- anorganische und organische Böden mit $c_u \geq 10$ kN/m^2 (Bodentyp II)

Tab. 20.30: *Verteilungsfaktoren $f_{p,max}$, $z_{fp,max}/h_W$, $f_{p,o}$ und $f_{p,u}$ nach Abb. 20.44*

	$f_{p,max}$				$z_{fp,max}/h_W$			$z_{fp,max}$
h_W in m	1	6	12	≥ 12	1	8	12	> 12
Bodentyp I	1,5	1,5	1,8	$1,8 + 0,05 \cdot (h_W - 12)$	0,6	0,47	0,4	4,5 m
Bodentyp II	1,05	1,44	1,9	$1,9 + 0,08 \cdot (h_W - 12)$	0,6	0,38	0,25	3,0 m
	$f_{p,o}$				$f_{p,u}$			
h_W in m	1	6	12	≥ 12	1	8	12	> 12
Bodentyp I	0,6	0,53	0,45	$0,45 - 0,01 \cdot (h_W - 12)$	1,2	0,7	0,4	$0,4\text{-}0,05 \cdot (h_W - 12)$
Bodentyp II	0,5	0,68	0,9	$0,9 + 0,04 \cdot (h_W - 12)$	1,45	0,45	0	0
Anmerkung: Zwischenwerte sind linear zu interpolieren.								

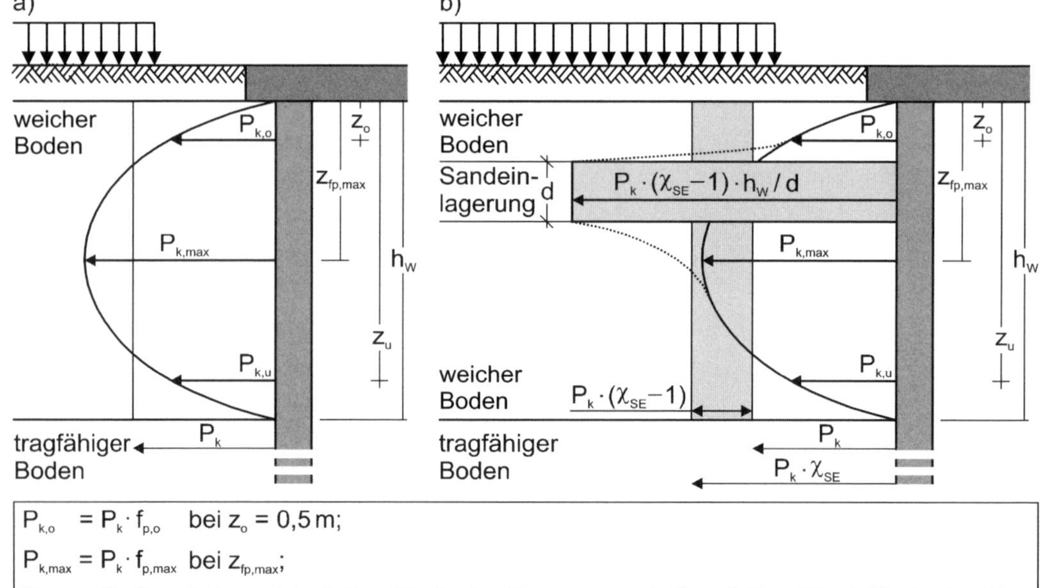

Abb. 20.44: *Verteilung des Seitendrucks über die bindige Bodenschicht mit den Verteilungsfaktoren nach Tab. 20.30; a) bei einer näherungsweise homogenen, anstehenden weichen Bodenschicht, b) beim Vorhandensein einer Sandeinlagerung in der weichen Bodenschicht*

Bei mehreren weichen Schichten kann die Seitendruckkraft P_k nach Abb. 20.44 näherungsweise über alle Schichten gemittelt werden.

Beim Vorhandensein von oberflächennahen nichtbindigen Einlagerungen in der weichen Bodenschicht ergibt sich ggf. eine erheblich erhöhte Seitendruckeinwirkung in dieser Weichschicht auf den Pfahl. Zur größenmäßigen Abschätzung ist dazu jeweils eine Ermittlung von P_k nach Gl. (20.55) mit und ohne nichtbindigen Einlagerungen durchzuführen, d. h. mit $\chi_{SE} \geq 1,0$ nach Tab. 20.27 (mit nichtbindiger Einlagerung, $P_k \cdot \chi_{SE}$) bzw. $\chi_{SE} = 1,0$

(ohne nichtbindige Einlagerung). Die Differenz von $P_k \cdot \chi_{SE}$ (mit) und P_k (ohne nichtbindige Einlagerung) ist anschließend rechteckförmig als Einwirkung auf den Pfahl in der nichtbindigen Schicht anzusetzen, s. a. Abb. 20.44. Die Verteilung des Seitendrucks in den weichen Bodenschichten bleibt davon zunächst unberührt und ist ggf. mit der Einwirkung in der nichtbindigen Einlagerung zu einem gesamtheitlichen Einwirkungsbild gemäß Abb. 20.44 zu verziehen.

Die Ermittlung der charakteristischen Beanspruchungen der Pfähle quer zur Pfahlachse aus Seitendruck kann dann z. B. als punktgelagerte Stäbe oder über das Bettungsmodulverfahren aus dem ermittelten Seitendruck auf die Pfähle erfolgen.

20.11.4 Setzungsbiegung

Bei schrägen Pfählen kann es zur Setzungsbiegung kommen, siehe *EA-Pfähle (2012)*.

20.12 Zahlenbeispiele siehe Anhang B-20.

21 Berechnung von Pfahlrosten

21.1 Allgemeines

Als Pfahlroste werden über eine Pfahlkopfplatte oder einen Pfahlkopfbalken zusammengefasste Pfahlgruppen bezeichnet, deren Einzelpfähle so weit auseinanderstehen, dass es zu keiner oder nur geringfügigen gegenseitigen Beeinflussungen im Trag- und Setzungsverhalten kommt. Zur Aufnahme der Horizontallastkomponenten werden einige Pfähle häufig geneigt. Pfahlroste können alle Kräfte biegespannungsfrei aufnehmen. Sie kommen häufig unter Kaimauern zum Einsatz, wobei die Lasten durch sich wiederholende Pfahlanordnungen abgetragen werden. Statt Pfahlreihen können auch Spundwände oder kombinierte Wände mit einbezogen werden, siehe Abb. 21.1.

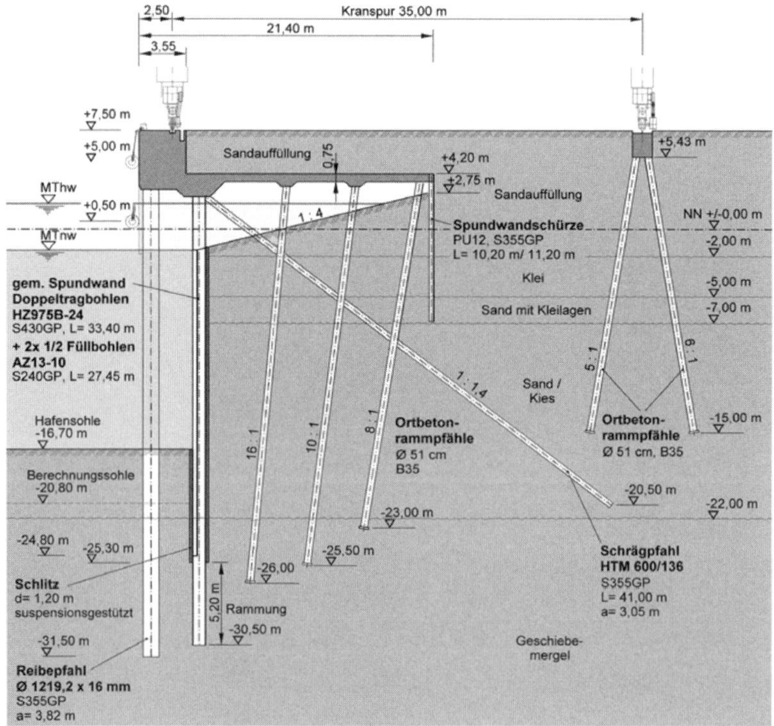

Abb. 21.1: *Containerterminal Hamburg Altenwerder: Kaimauerquerschnitt des 2. Bauabschnitts (Regelblock) als Beispiel eines Pfahlrostbauwerks, aus* Brinkmann (2005)

Bei der Pfahlrostberechnung ist zwischen ebenen und räumlichen Pfahlrosten zu unterscheiden. Pfahlroste unter Kaimauern kann man normalerweise als ebene Systeme berechnen. Hierbei wird vorausgesetzt, dass beim Überleiten der Kräfte von der Konstruktion auf die Pfähle keine zusätzlichen Zwangskräfte eingeleitet werden.

Konstruktive Hinweise zur Ausführung von Pfahlrostbauwerken sind u. a. *Agatz/Lackner (1977)* zu entnehmen.

21.2 Berechnungsmodell für Pfahlroste

Der klassischen Berechnung von Pfahlrosten liegt das vereinfachte statische Berechnungsmodell nach Abb. 21.2 zugrunde, welches z. B. in *Schiel (1960)* und *Nökkentved (1928)* wie folgt beschrieben wird:

- Die Pfähle sind im statischen Sinn Pendelstützen, die am Kopf und Fuß gelenkig gelagert sind.
- Die Fußlagerung ist unverschieblich.
- Die Pfähle sind linear elastische Federn.
- Die Nachgiebigkeit des tragenden Untergrundes geht rechnerisch in die Federkonstanten der Pfähle ein.
- Die Biegesteifigkeit der Kopfplatte bzw. des Überbaus ist groß im Vergleich zur Pfahlsteifigkeit („starre“ Pfahlkopfkonstruktion).
- Es erfolgt keine Einwirkung des Bodens auf die Pfähle selbst (z. B. negative Mantelreibung).

Im Folgenden sind die Verfahren zur Berechnung der Pfahlkräfte und ggf. Verschiebungen behandelt, die dann als charakteristische Einwirkungen F_k bzw. Beanspruchungen E_k in die Nachweise der Tragfähigkeit und Gebrauchstauglichkeit der Einzelpfähle nach 20.5 Eingang finden.

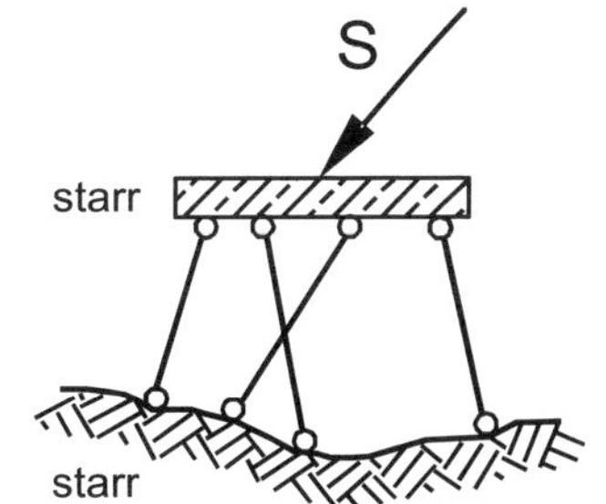

Abb. 21.2: *Pfahlrost: System und Randbedingungen*

Für die Pfahlkräfte werden je nach Verfahren und mit Bezug auf die Originalliteratur nachfolgend die Abkürzungen Q, P, R verwendet, die als charakteristische Einwirkungen bzw. Beanspruchungen $F_k = E_k = Q = P = R$ nach dem Teilsicherheitskonzept in die weiteren Nachweise einzuführen sind.

21.3 Statisch bestimmte Pfahlroste

Zu dieser Gruppe zählen alle Pfahlsysteme, deren Pfahlkräfte unabhängig von der Steifigkeit der Rostplatte und der Steifigkeit der Pfähle sind. Die Pfahlkräfte werden für diesen Fall durch einfache Kräftezerlegung bestimmt.

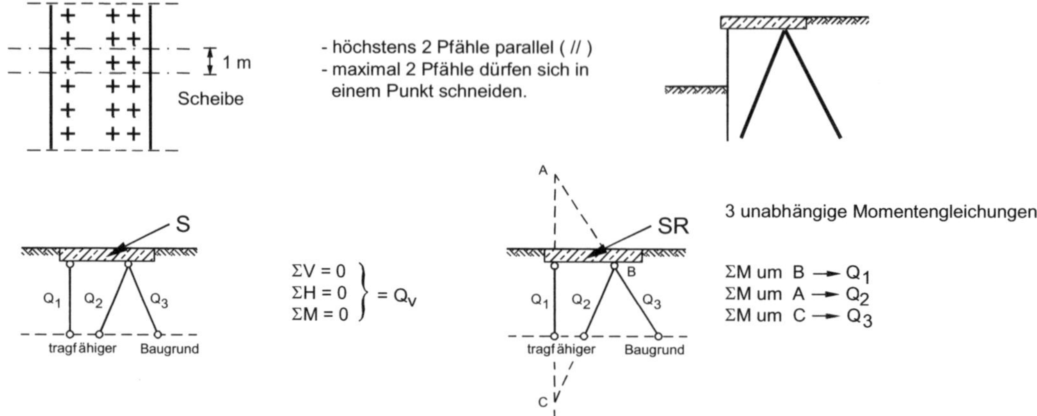

Abb. 21.3: *Randbedingungen und analytische Lösungen ebener Pfahlroste*

Statisch bestimmte ebene Pfahlsysteme mit beliebiger Belastung besitzen bis zu drei nicht parallele Pfahlrichtungen. Die Pfahlkräfte können mit dem Verfahren nach *Culmann* ermittelt werden.

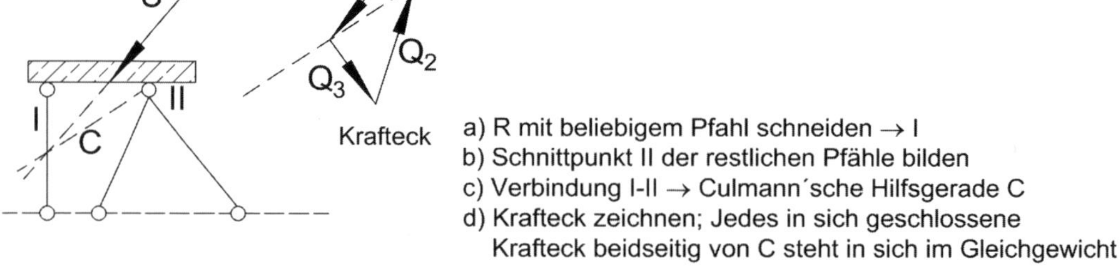

Abb. 21.4: *Grafische Lösungen ebener Pfahlroste, Culmann-Verfahren*

21.4 Statisch unbestimmte ebene Pfahlroste und räumliche Pfahlrostberechnung

Statisch unbestimmte ebene Pfahlroste lassen sich unter bestimmten Voraussetzungen näherungsweise ebenfalls nach dem *Culmann*-Verfahren berechnen, siehe Abb. 21.5. Dabei dürfen maximal 3 Pfahlneigungsrichtungen und 3 Pfähle parallel vorliegen.

Allgemeiner können ebene Pfahlroste nach dem Verfahren von *Nökkentved* berechnet werden. Dieses Verfahren ist bei beliebiger Belastung und Pfahlanordnung anwendbar.

Zur Berechnung statisch unbestimmter räumlicher Pfahlrostsysteme wurde klassisch häufig das Verfahren nach *Schiel* angewandt.

Zu den detaillierten Berechnungsgleichungen siehe *Nökkentved (1928)*, *Schiel (1960)*, *Kolymbas (1989)* oder *Kempfert/Raithel (2012)*.

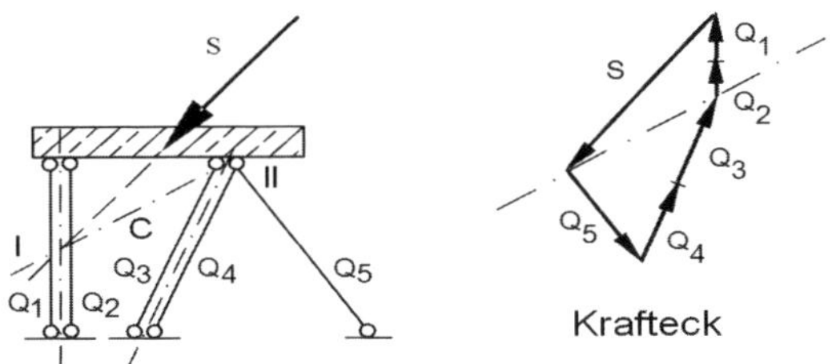

Abb. 21.5: *Culmann-Verfahren bei einfachen statisch unbestimmten Pfahlrosten*

21.5 Pfahlrostberechnungen mit Stabwerksprogrammen

Heute werden statisch unbestimmte Pfahlroste i. d. R. mit Stabwerksprogrammen EDV-mäßig bearbeitet. Abb. 21.6 zeigt dazu ein Beispiel zum statischen System.

Die Vorteile dieser Berechnungsweise sind:

- Die Steifigkeiten von Pfahlkopfplatte und Pfahl können berücksichtigt werden.
- Die Baugrundsteifigkeit kann über vertikale und horizontale Federn angesetzt werden.

Dabei liegen oftmals auch Ansätze nach der FEM zugrunde.

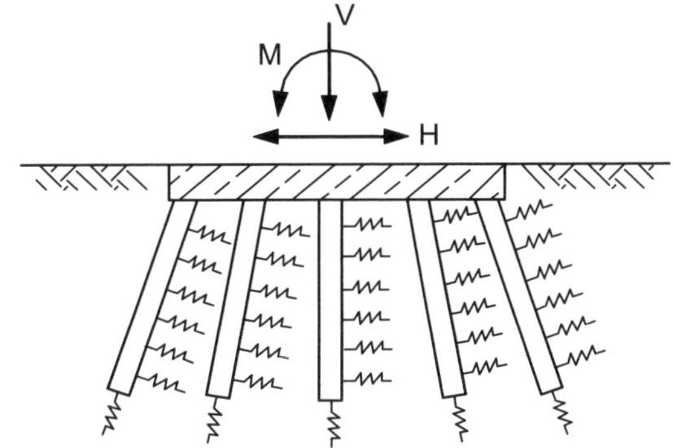

Abb. 21.6: *Beispiel eines statischen Systems für Stabzugberechnung von Pfahlrosten*

Anmerkung: Unabhängig von der heute üblichen EDV-mäßigen Bearbeitung von Pfahlrostberechnungen können mit den in 21.3 und 21.4 angegebenen Verfahren z. B. im Rahmen von Vorentwürfen mit geringem Arbeitsaufwand optimierte Pfahlanzahl und Pfahlneigungen abgeschätzt werden.

21.6 Berücksichtigung des nichtlinearen Pfahltragverhaltens

Wenn die Widerstands-Setzungs-Linie eines Pfahles aus einer Pfahlprobebelastung bekannt ist, bietet sich eine direkte Methode zur Bestimmung der Verschiebungsgrößen an, indem in der Berechnung nach 20.4 oder 20.5 iterativ die Pfahlsteifigkeit schrittweise der Widerstands-Setzungs-Linie angeglichen wird.

In vielen Fällen lässt sich bei Pfahlsystemen mit unterschiedlich stark ausgenutzten Pfählen (Pfahlsysteme, die in Geometrie und/oder Belastung unsymmetrisch sind) durch Berücksichtigung der Nichtlinearität eine Steigerung der Tragfähigkeit der Gründung rechnerisch nachweisen.

Vergleichsrechnungen für Pfahlrostsysteme mit unsymmetrischer Belastung infolge Momenteneinwirkung sind in *Rudolf (2005)* aufgeführt. In diesen Beispielen zeigt sich zunächst eine Umlagerung der Pfahlwiderstände von den äußeren auf die inneren Pfähle. Damit reduzieren sich die Pfahlwiderstände der äußeren Pfähle. Gleichzeitig werden die inneren Pfähle höher belastet. Die eintretenden Setzungen fallen für den gesamten Pfahlrost insgesamt geringer aus.

Es ist allerdings zu beachten, dass trotz der Reduzierung des maximal aktivierten Pfahlwiderstandes und der maximalen Setzung die Pfahlwiderstands- oder Setzungsdifferenzen zwischen zwei Pfählen ansteigen können.

Die größten Widerstandsdifferenzen zwischen zwei Pfählen treten bei der nichtlinearen Berechnung i. d. R. zwischen den äußeren beiden Pfählen auf der weniger belasteten Seite auf.

Zusammenfassend ist zum Einfluss der Nichtlinearität der Widerstands-Setzungs-Linie von Pfählen bei der Berechnung von Pfahlrosten festzustellen, dass es bei druckbeanspruchten Pfählen grundsätzlich zu einer Reduzierung der Maximalwerte

- der Pfahlkräfte,
- der Setzungen und
- der Schnittgrößen in der Pfahlkopfplatte

kommt.

Eine Ausnahme kann beim Vorhandensein von nur sehr gering beanspruchten Druckpfählen im Pfahlrost auftreten. Wie zuvor beschrieben, kann es hier aufgrund einer Entlastung infolge der Berücksichtigung der Nichtlinearität zu einer Zugbeanspruchung im Pfahl kommen. Da sich das Widerstands-Setzungsverhalten und die innere Bemessung von Zug- und Druckpfählen grundsätzlich unterscheiden, muss das Auftreten dieses Falles ausgeschlossen werden.

21.7 Gelände- und Grundbruch von Bauwerken auf hohen Pfahlrosten

Der Nachweis der Sicherheit gegen Grundbruch von hohen Pfahlrosten kann nach DIN 4084 geführt werden. Weitere Hinweise können auch der *EAU (2012)* entnommen werden.

21.8 Zahlenbeispiele siehe Anhang B-21.

22 Pfahlgruppen und Kombinierte Pfahl-Plattengründungen

22.1 Pfahlgruppen

22.1.1 Allgemeines

Die zunehmende Lastkonzentration bei Bauwerksgründungen z. B. durch große Spannweiten im Brückenbau oder bei der Gründung von Hochhäusern erfordert die Gründung auf mehreren engstehenden Pfählen, die zu Pfahlgruppen zusammengefasst sind. Die einzelnen Pfähle in einer Gruppe beeinflussen sich gegenseitig im Lastsetzungsverhalten. Zur Unterstreichung dieses Sachverhaltes sei erwähnt, dass die Setzungen s_i der Gruppenpfähle unterschiedlich sind, auch wenn diese gleich belastet werden, d. h. $F_i = \text{const.}$ ist. Umgekehrt sind bei konstanten Setzungsgrößen $s_i = \text{const.}$ aller Gruppenpfähle die Pfahlwiderstände nicht konstant, sondern abhängig von der Position des Einzelpfahles in der Pfahlgruppe.

Die Modellierung der Interaktion Bauwerk/Baugrund erfordert die Berücksichtigung der Interaktion Pfahl/Pfahl, die als Gruppenwirkung bezeichnet wird. Die Kenntnisse über Art und Größe der Gruppenbeeinflussung sind relativ gering. Probebelastungen an Pfahlgruppen sind aufgrund der erforderlichen Zug- und Druckkräfte technisch schwierig, zudem sind sie sehr zeit- und kostenintensiv. Wissenschaftliche Untersuchungen beschäftigten sich bisher überwiegend damit, aus dem Lastsetzungsverhalten des Einzelpfahles auf das einer entsprechenden Pfahlgruppe zu schließen. Bei der Modellierung des Tragverhaltens von Pfahlgründungen kommt hinzu, dass die Installation der Pfähle die Bodeneigenschaften verändern kann.

Nach bisherigem Kenntnisstand kann eine Gruppenwirkung vorausgesetzt werden, wenn die Pfahlachsabstände a kleiner als der 3- bis 8-fache Pfahldurchmesser D sind. In den alten Normen DIN 4014 und DIN 4026 wurde ein Mindestabstand von $a/D = 3$ gefordert, dabei wurde aber mehr an ungünstige Herstellungseinflüsse bei zu engem Pfahlabstand als an die Gruppenwirkung gedacht. Aus Modellversuchen kann abgeleitet werden, dass die Gruppenwirkung auf das Tragverhalten erst bei a/D größer als 6 bis 8 vernachlässigbar ist. Nachfolgend wird die Gruppenwirkung beschrieben im Hinblick auf

- vertikale Pfahlwiderstände von Druckpfahlgruppen,
- vertikale Setzung von Druckpfahlgruppen,
- vertikale Pfahlwiderstände von Zugpfahlgruppen,

- horizontal belastete Pfahlgruppen.

22.1.2 Axial belastete Druckpfahlgruppen

Die Einwirkungen auf axial belastete Pfahlgruppen entsprechen den Einwirkungen auf Einzelpfähle nach Kapitel 20.

Die Widerstands-Setzungs-Linie des Einzelpfahles wird durch die Gruppenwirkung verändert und ist abhängig von der jeweiligen Position in der Gruppe, siehe Abb. 22.1. Die Veränderung der Widerstands-Setzungs-Linie des Einzelpfahles gegenüber derjenigen eines Gruppenpfahles ist dadurch gekennzeichnet, dass bei identischen Laststufen der Gruppenpfahl zunächst größere Setzungen aufweist, dass aber bei weiterer Laststeigerung ab einem bestimmten Punkt der Gruppenpfahl auch ein günstigeres Last-Verformungsverhalten zeigen kann.

Im Bereich der Gebrauchstauglichkeit muss allerdings mit einer ungünstigen Beeinflussung der Widerstands-Setzungs-Linie durch die Gruppenwirkung gerechnet werden. Bei der Berechnung und Dimensionierung von Pfahlgruppen kann dementsprechend die Tragfähigkeit oder Setzung des Einzelpfahles nicht uneingeschränkt auf die Pfahlgruppe übertragen werden.

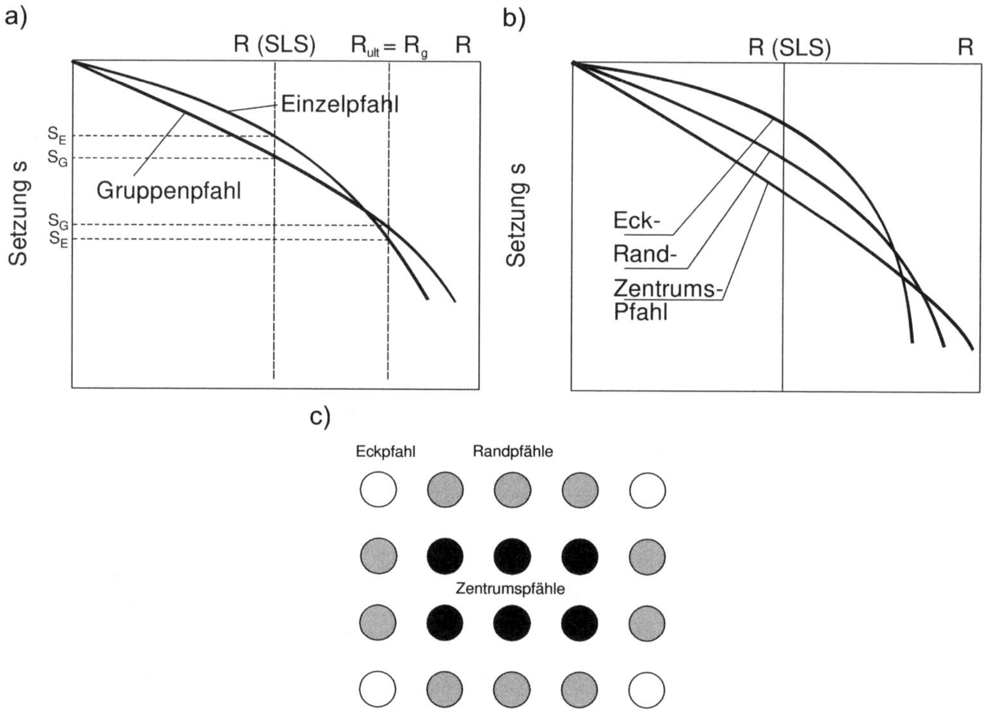

Abb. 22.1: *Qualitativer Verlauf des Widerstands-Setzungsverhaltens von Einzel- und Gruppenpfählen, aus Kempfert (2009):*
a) Unterschied Einzelpfahl-Gruppenpfahl,
b) Setzungsverhalten abhängig von der Stellung in der Gruppe,
c) Pfahlgruppe

Nach *Handbuch Eurocode 7-1 (2015)* sind die erhöhten Setzungen infolge Gruppenwirkung und Setzungsdifferenzen zwischen den Pfählen innerhalb einer Pfahlgruppe oder zwischen mehreren Pfahlgruppen zu berücksichtigen und die Verträglichkeit für das aufgehende Bauwerk nachzuweisen, da dort die Setzungen bzw. Setzungsdifferenzen als Zwangsbeanspruchungen wirken können.

Bei der Aufteilung der Bauwerksreaktionen auf die Pfähle einer Pfahlgruppe darf das Setzungsverhalten der Pfähle analog zu Einzelpfählen nach 20.5.2 mit Federkonstanten berücksichtigt werden, die aus der Sekante für den voraussichtlich maßgebenden Belastungsbereich aus der Widerstands-Setzungs-Linie der Einzelpfähle abzuleiten sind. Eine mögliche Veränderung der Widerstands-Setzungs-Linie durch Gruppenwirkung, d. h. die Verschlechterung des Einzelpfahltragverhaltens infolge der Wechselwirkung zwischen den Gruppenpfählen, ist zu berücksichtigen. Nachfolgend sind einige Methoden zur Setzungsabschätzung von Pfahlgruppen aufgeführt:

Zur Abschätzung der Gruppenwirkung sind in der Literatur zahlreiche Verfahren bekannt, siehe z. B. *Kempfert/Moormann (2018)*, die allerdings i. d. R. keine Allgemeingültigkeit haben.

In *Rudolf (2005)* und *Rudolf/Kempfert (2006)* wurden auf Grundlage von umfangreichen Parameterstudien mit der FEM (Kapitel 16, Band 1) Nomogramme zur Berücksichtigung der Gruppenwirkung von Druckpfahlgruppen abgeleitet, die auch in der *EA-Pfähle (2012)* zur Anwendung empfohlen sind. Darin finden sich ebenfalls Berechnungsbeispiele und die für Druckpfahlgruppen zu führenden Nachweise am Einzelpfahl und für die Gruppe bzw. der Beanspruchung in der aufgehenden Konstruktion.

22.1.3 Zugpfahlgruppen

Zugpfahlgruppen werden z. B. zur Auftriebssicherung von Dock- oder Baugrubensohlen, zur Aufnahme von Zuglasten aus Seilabspannungen oder zusammen mit Druckpfählen zur Übertragung von Momenten oder Horizontalbelastungen verwendet. Zugpfähle tragen über Mantelreibung, seltener auch durch zusätzliche Bodenauflast bei einer Pfahlfußverbreiterung.

Für den Nachweis von Gründungskörpern oder Bauwerken, die mit Zugpfählen im Untergrund verankert werden, sind stets zwei Grenzfälle zu unterscheiden:

- Mit der Annahme, dass jeder Pfahl als Einzelpfahl wirkt, ist für den Grenzzustand GEO-2 die ausreichende Sicherheit gegen Herausziehen nachzuweisen.
- Mit der Annahme, dass die Pfähle zusammen mit dem umgebenden Boden infolge der Gruppenwirkung einen geschlossenen Bodenblock bilden, ist für den Grenzzustand UPL eine ausreichende Sicherheit gegen Abheben des angehängten Bodenblocks nachzuweisen.

Der für den Nachweis der Sicherheit gegen Herausziehen benötigte Bemessungswert der Beanspruchung kann sich aus zwei Einwirkungskombinationen ergeben:

- Die Pfähle werden ausschließlich durch Zug beansprucht und die Beanspruchung der Pfähle ist somit direkt ermittelbar und

- bei ungünstigster Kombination von gleichzeitig wirkenden Druck- und Zugkräften überwiegen die charakteristischen Zugkräfte.

Im zweiten Fall ist der Bemessungswert $F_{t,d}$ der Zugbeanspruchung aus folgendem Ansatz zu ermitteln:

$$F_{t,d} = F_{t,G,k} \cdot \gamma_G + F_{t,Q,rep} \cdot \gamma_Q - F_{c,G,k} \cdot \gamma_{G,inf} \tag{22.1}$$

mit

$F_{t,G,k}$: charakteristischer Wert der Zugbeanspruchung eines Pfahls oder einer Pfahlgruppe infolge von ständigen Einwirkungen

γ_G: Teilsicherheitsbeiwert für ständige Beanspruchungen im Grenzzustand GEO-2 nach Anhang A-8

$F_{t,Q,rep}$: charakteristischer bzw. repräsentativer Wert der Zugbeanspruchung eines Pfahls oder einer Pfahlgruppe infolge von möglichen ungünstigen veränderlichen Einwirkungen

γ_Q: Teilsicherheitsbeiwert für ungünstige veränderliche Beanspruchungen im Grenzzustand GEO-2 nach Anhang A-8

$F_{c,G,k}$: charakteristischer Wert einer gleichzeitig wirkenden Druckbeanspruchung infolge von ständigen Einwirkungen

$\gamma_{G,inf}$: Teilsicherheitsbeiwert $\gamma_{G,inf} = 1,00$ für günstige ständige Druckbeanspruchungen im Grenzzustand GEO-2 nach Anhang A-8

Um eine ausreichende Sicherheit gegen Abheben eines unter Einwirkung von Zugkräften stehenden, mit Zugpfählen verankerten Gründungskörpers oder Bauwerkes zu erreichen, ist nachzuweisen, dass für den Grenzzustand UPL die folgende Bedingung erfüllt ist:

$$G_{dst,k} \cdot \gamma_{G,dst} + Q_{dst,rep} \cdot \gamma_{Q,dst} \leq G_{stb,k} \cdot \gamma_{G,stb} + G_{E,k} \cdot \gamma_{G,stb} \tag{22.2}$$

mit

$G_{dst,k}$: charakteristischer Wert ständiger destabilisierender vertikaler Einwirkungen

$\gamma_{G,dst}$: der Teilsicherheitsbeiwert für ständige destabilisierende Einwirkungen im Grenzzustand UPL nach Anhang A-8

$Q_{dst,rep}$: der charakteristische bzw. repräsentative Wert veränderlicher destabilisierender vertikaler Einwirkungen

$\gamma_{Q,dst}$: der Teilsicherheitsbeiwert für destabilisierende veränderliche Einwirkungen im Grenzzustand UPL nach Anhang A-8

$G_{stb,k}$: der untere charakteristische Wert stabilisierender ständiger vertikaler Einwirkungen des Bauwerks

$\gamma_{G,stb}$: der Teilsicherheitsbeiwert für stabilisierende ständige Einwirkungen im Grenzzustand UPL nach Anhang A-8

$G_{E,k}$: charakteristische Gewichtskraft des an einer Zugpfahlgruppe angehängten Bodens nach Abb. 22.2 und Gl. (22.3)

Die Gewichtslast $G_{E,k}$ darf nach dem Ansatz

$$G_{E,k} = n_z \cdot \left[l_a \cdot l_b \cdot \left(L - \frac{1}{3} \cdot \sqrt{l_a^2 + l_b^2} \cdot \cot\varphi \right) \right] \cdot \eta_z \cdot \gamma \qquad (22.3)$$

ermittelt werden.

Dabei ist neben den bereits definierten Größen:

- L: die Länge der Zugelemente
- l_a: das größere Rastermaß
- l_b: das kleinere Rastermaß
- n_z: Anzahl der Zugpfähle
- γ: die maßgebende Wichte des angehängten Bodens
- η_z: der Anpassungsfaktor, $\eta_z = 0,80$

Zum zugehörigen geometrischen Modell siehe Abb. 22.2. Es gilt auch für Randpfähle. Gegebenenfalls ist die Wichte γ ganz oder teilweise durch die Wichte γ' des unter Auftrieb stehenden Bodens zu ersetzen.

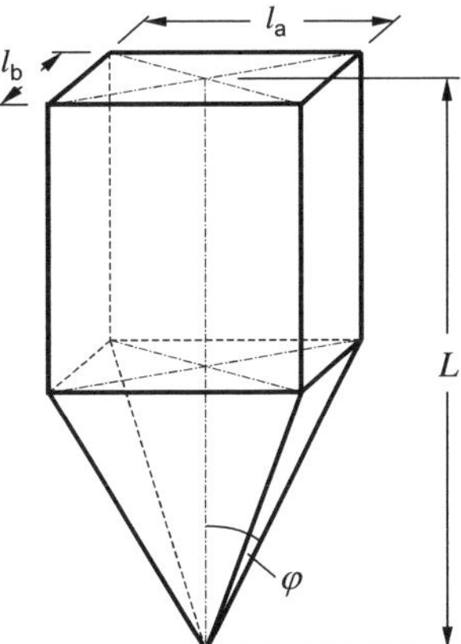

Abb. 22.2: *Geometrie des an einem Einzelpfahl angehängten Bodens, aus* Handbuch Eurocode 7-1 (2015)

Sowohl beim Nachweis der Sicherheit gegen Herausziehen des Einzelpfahles als auch beim Nachweis der Sicherheit gegen Abheben darf die Mitwirkung von Scherkräften T_k berücksichtigt werden, wobei die Hinweise in *EA-Pfähle (2012)* zu beachten sind.

a) Beim Nachweis der Sicherheit gegen Herausziehen der Pfähle im Grenzzustand GEO-2 sind die Scherkräfte entsprechend dem Ansatz

$$F_{t,d} = F_{t,G,k} \cdot \gamma_G + F_{t,Q,rep} \cdot \gamma_Q - (F_{c,G,k} + T_k) \cdot \gamma_{G,inf} \qquad (22.4)$$

für die Ermittlung des Bemessungswertes der Zugbeanspruchungen als günstige ständige Druckbeanspruchung zu behandeln.

b) Beim Nachweis der Sicherheit gegen Abheben im Grenzzustand UPL sind die Scherkräfte entsprechend der Bedingung

$$G_{dst,k} \cdot \gamma_{G,dst} + Q_{dst,rep} \cdot \gamma_{Q,dst} \leq G_{stb,k} \cdot \gamma_{G,stb} + (G_{E,k} + T_k) \cdot \gamma_{G,stb} \qquad (22.5)$$

als stabilisierend wirkende ständige Einwirkungen zu behandeln.

22.1.4 Horizontal belastete Pfahlgruppen

Durch Momente und Horizontallasten beanspruchte Pfähle tragen die Belastungen über die seitliche Bettung des Pfahles ab. Hierbei wird die Biegesteifigkeit des Pfahles in Anspruch genommen. Die Einzelpfähle von Pfahlgruppen unter einer gemeinsamen Pfahlgruppe weisen zwar in etwa gleich große Pfahlkopfverschiebungen auf, beteiligen sich aber in unterschiedlichem Ausmaß an der Aufnahme der horizontalen Gesamtlast.

Abb. 22.3 zeigt Ergebnisse von horizontal belasteten Pfahlgruppen, aus denen eindeutig die abschirmende Wirkung einiger Pfähle untereinander hervorgeht. Auf der Grundlage von Großversuchen und Modellversuchen wird in *EA-Pfähle (2012)* ein Berechnungsansatz für die Abminderung der Horizontalsteifigkeit der Pfahlgruppe angegeben. Die Angaben gelten sowohl für gelenkig an eine Pfahlkopfplatte angeschlossene als auch für in die Pfahlkopfplatte eingespannte Pfähle. Innerhalb der Gruppe erfährt ein Pfahl die abgeminderte Kraft $\alpha \cdot H_0$. Der Abminderungsfaktor α hängt von der Position des jeweiligen Pfahles in der Gruppe ab.

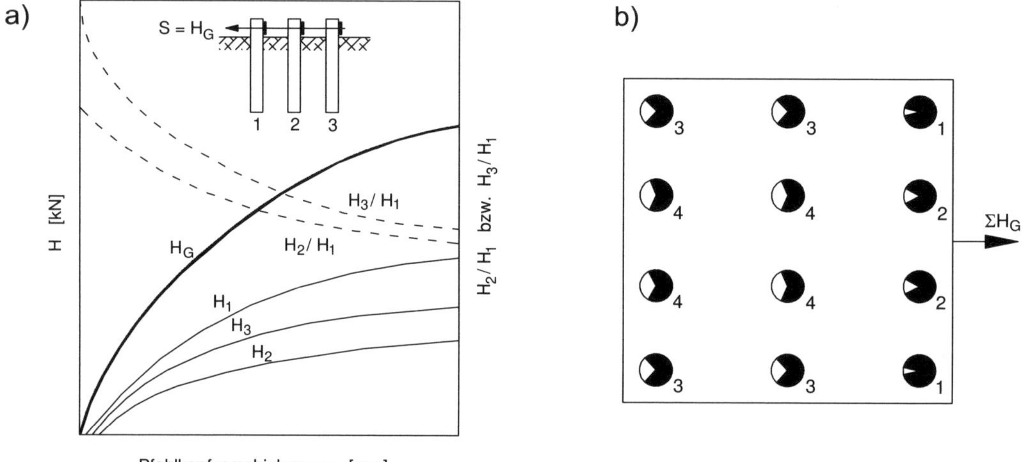

Abb. 22.3: *a) Pfahlprobebelastungsergebnisse an horizontal belasteten Pfahlgruppen, nach* Schmidt (1984),
b) qualitative Verteilung der gesamten Einwirkung H_G auf die Einzelpfähle der Gruppe, nach Franke et al. (1994)

Bei doppeltsymmetrischen Gruppen gleicher Pfähle errechnet sich der Lastanteil H_i, der auf den Pfahl i einwirkt, zu

$$H_i/H_G = \alpha_i/\sum \alpha \quad \text{mit } \alpha_i = \alpha_L \cdot \alpha_Q \tag{22.6}$$

Die Faktoren α_L und α_Q (siehe Abb. 22.4) der Einzelpfähle hängen von den Pfahlabständen (α_L längs zur Kraftrichtung, α_Q quer zur Kraftrichtung) und von der Lage des jeweiligen Pfahles in der Pfahlgruppe ab (bei sehr großen Abständen der Pfähle, $\alpha_L/D \geq 6$ und $\alpha_Q/D \geq 3$, ist α_L und $\alpha_Q = 1$).

Enge Abstände der Pfähle bewirken auch eine Änderung des elastischen Verhaltens des Baugrundes. Hieraus folgt zwingend, dass auch der Bettungsmodul bei Gruppenpfählen entsprechend abgeändert werden muss.

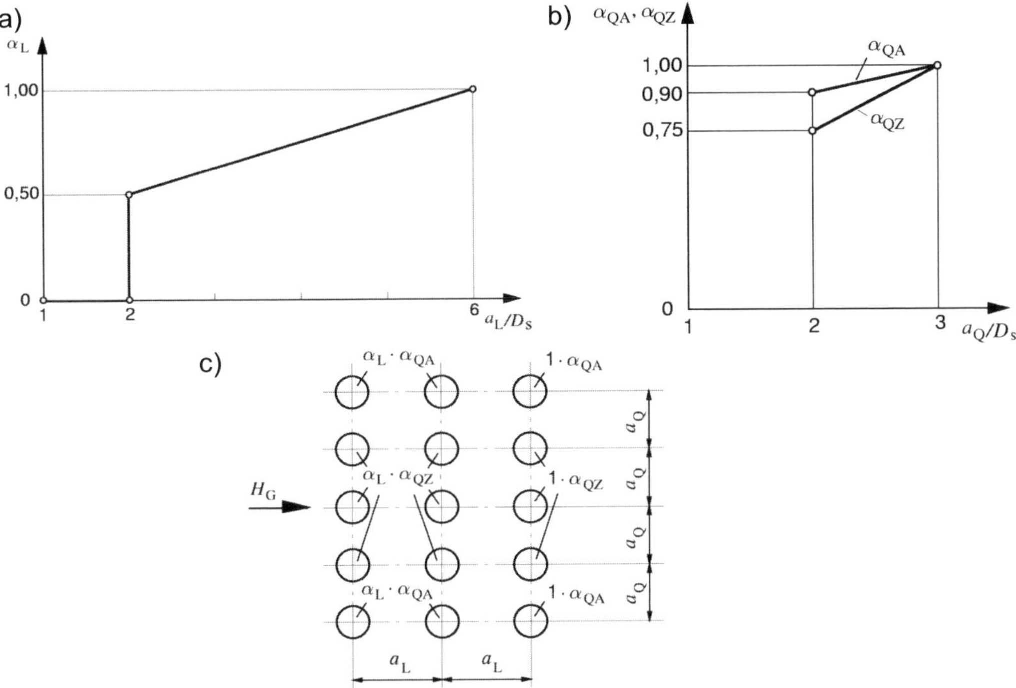

Abb. 22.4: *Abminderungsfaktoren nach EA-Pfähle (2012):*
a) α_L für das Verhältnis Pfahlachsenabstand a_L in Kraftrichtung zum Pfahlschaftdurchmesser D_s,
b) α_{QA} und α_{QZ} für das Verhältnis Pfahlachsenabstand a_Q quer zur Kraftrichtung zum Pfahlschaftdurchmesser D_s,
c) α_i in Abhängigkeit von der Lage des Pfahls innerhalb der Gruppe

Bei linear mit der Tiefe zunehmendem Bettungsmodul $k_{s,k}(z) = k_{hE,k} \cdot z/D_s$ gilt mit der elastischen Länge des Einzelpfahles

$$L = \left(\frac{E \cdot I}{k_{hE,k}}\right)^{0,2} \tag{22.7}$$

für

$$l/L \geq 4 : k_{hi,k} = \alpha_i^{1,67} \cdot k_{hE,k} \tag{22.8a}$$

$$l/L \leq 2 : k_{hi,k} = \alpha_i \cdot k_{hE,k} \tag{22.8b}$$

mit

$E \cdot I$: die Biegesteifigkeit des Pfahles

$k_{hE,k}$: der charakteristische Wert des Bettungsmoduls des Einzelpfahles in der Tiefe $z = D_s$

$k_{hi,k}$: der charakteristische Wert des Bettungsmoduls des Pfahles i der Gruppe in der Tiefe $z = D_s$

l: die Länge des Pfahles

Für Werte $4 > l/L > 2$ darf linear interpoliert werden.

Bei über die Tiefe konstantem Bettungsmodul (als obere Grenze für Pfähle in überkonsolidiertem bindigen Boden) $k_{s,k}(z) = k_{s,k} = \text{const.}$ gilt mit der elastischen Länge L des Einzelpfahls und dem Bettungsmodul des Einzelpfahls $k_{sE,k}$

$$L = \left(\frac{E \cdot I}{k_{sE,k} \cdot D_s} \right)^{0,25} \tag{22.9}$$

für

$$l/L \geq 4 : k_{si,k} = \alpha_i^{1,33} \cdot k_{sE,k} \tag{22.10a}$$
$$l/L \leq 2 : k_{si,k} = \alpha_i \cdot k_{sE,k} \tag{22.10b}$$

Für Werte $4 > l/L > 2$ darf linear interpoliert werden.

22.2 Kombinierte Pfahl-Plattengründungen (KPP)

22.2.1 Allgemeines

Die Gründung von Hochhäusern und anderen schlanken Bauwerken mit einer konzentrierten Ableitung von Einwirkungen in den Baugrund stellt an die Gründung besondere Anforderungen. Die Kombinierte Pfahl-Plattengründung (KPP) ist eine vergleichsweise neue Variante einer Pfahlgründungskonstruktion. Gegenüber der herkömmlichen Pfahlgründung, bei der der Lastabtrag ausschließlich über die Pfähle angenommen wird, wird beim System der KPP die über Sohldruckbeanspruchung aktivierte mittragende Wirkung der Gründungsplatte ebenfalls berücksichtigt. Die KPP ist eine Kombinationsgründung aus Pfählen und Platte, wodurch sowohl die Tragfähigkeit des oberen als auch die des unteren, tiefen Untergrundes genutzt wird. Durch diese Abtragung der Bauwerkseinwirkungen tritt eine Reduzierung der Setzungen ein.

Eine KPP ist insbesondere bei sehr hohen, konzentrierten Einleitungen von Einwirkungen (hohe Schlankheit des aufgehenden Bauwerkes) in bindigem Baugrund sowie bei einer mit der Tiefe zunehmenden Steifigkeit außerordentlich wirtschaftlich sowie sinnvoll anwendbar. Als mittragende Elemente sind die Pfähle, die Fundamentplatte und der Baugrund und deren gegenseitige Beeinflussung zu berücksichtigen. Diese treten in Wechselwirkung, sodass für die Bemessung des Gesamtsystems die Interaktionen dieser Elemente entscheidend sind.

Die Zielsetzung einer KPP liegt zum einen in der Gründungsoptimierung, welche zu wirtschaftlicheren Lösungen führen kann, zum anderen können durch eine KPP die Setzungen gegenüber einer Flächengründung reduziert werden. In diesem Zusammenhang wurde der Begriff „Setzungsbremse“ geprägt, siehe *Burland et al. (1977)*.

Für den Entwurf und die Berechnung von Kombinierten Pfahl-Plattengründungen existieren bislang noch keine allgemein gültigen bzw. allgemein anerkannten Entwurfs- und Nachweismethoden. Hinweise finden sich in *Hanisch et al. (2002)*, *Lutz et al. (2006)* und *Kempfert/Moormann (2018)*.

Unabhängig davon wurden in den letzten Jahren national und international zahlreiche Bauwerke mit diesem Gründungssystem geplant und ausgeführt, so dass Erfahrungen aus aktuellen Fortentwicklungen von Hochhausgründungen z. B. in Frankfurt/Main existieren, wo die hochbelasteten Hochhausfundamente im Innenstadtbereich auf vergleichsweise setzungsfähige, tonige Böden treffen, siehe *Katzenbach (1993)*. An diesen Bauwerken konnten die günstigen statischen und wirtschaftlichen Eigenschaften der Kombinierten Pfahl-Plattengründung untersucht und nachdrücklich bestätigt werden. Aber auch bei anderen Bodenarten und Bauwerken (z. B. Brückenpfeiler) werden zunehmend KPP-Gründungen ausgeführt.

22.2.2 Zielsetzungen beim Gründungsentwurf mit KPP

Die oberste Zielsetzung bei der Anwendung der KPP ist die Verformungsbeschränkung. Bei mächtigen Schichten aus überkonsolidiertem, bindigem Baugrund (z. B. Frankfurt oder London), wo eine Flächengründung allein für die Lastabtragung ausreichen würde, soll mit der KPP eine Reduzierung der Setzungen und der damit verbundenen Bauwerksverkantungen erreicht werden. Bei den ersten Anwendungen dieser Gründungsart ergeben sich noch weitere positive Effekte, die nachfolgend aufgelistet sind, s. a. *Katzenbach (1993)*.

- Reduzierung der Hebungen innerhalb und außerhalb der Baugrube während der Ausschachtungsarbeiten, da die Pfähle im Sinne einer Bodenverbesserung die Entspannung des Baugrundes beim Aushub verhindern.
- Verbesserung der Wirtschaftlichkeit einer Flachgründung durch Reduktion der inneren Beanspruchung der Gründungsplatte.
- Minimierung der bautechnischen Aufwendungen zur Beherrschung der Verformungseinflüsse auf die Konstruktion, die Fassade und die technische Ausrüstung.
- Bessere Beherrschbarkeit der hohen Beanspruchungsübergänge zwischen Hochhaus und Flachtrakten.
- Minimierung der Setzungseinflüsse auf die Nachbarbebauung.
- Gewährleistung der Standsicherheit des Gründungskörpers als Ganzes, wenn die Fundamentplatte aufgrund der hohen Bauwerkslasten und wegen ihrer kleinen Abmessungen alleine nicht standsicher ist.
- Schaffung eines exzentrischen Gründungskörpers bei exzentrischem Lastangriff zur Vermeidung vorhersehbarer Verkantungen (nachträgliche Zentrierung der resultierenden Bauwerkslast) durch asymmetrische Anordnung und asymmetrische Längenstaffelung der Pfähle.

22.2.3 Entwicklung und ausgeführte Bauwerke

Am Anfang war die Gründung von Hochhäusern in setzungsfähigen bindigen Böden, wie z. B. in Frankfurt oder London, vor allem mit der Beherrschung der Setzungen und Verkantungen verknüpft. Die bis 180 m hohen Hochhäuser der ersten Generation in Frankfurt wurden auf 3 bis 4 m dicken Fundamentplatten flach gegründet. Hierbei wurden Setzungen in der Größenordnung von 15 bis 35 cm während der ersten 5 bis 10 Jahre nach Baubeginn beobachtet, siehe *Katzenbach (1993)*.

Mit diesen großen Setzungsbeträgen nimmt auch die Gefahr von Beeinträchtigungen der Gebrauchstauglichkeit und Betriebssicherheit infolge von Verkantungen aufgrund der natürlichen Inhomogenität des Bodens zu.

Burland et al. (1977) hat erstmals ausführlich über die Gründungsmethode KPP berichtet, mit der die bis dato für unvermeidbar gehaltenen Setzungen reduziert werden können. Danach wurde diese Methode bei der Gründung eines 16-geschossigen Gebäudes im Londoner Ton angewendet. In Deutschland wurde die Brauchbarkeit dieses Gründungssystems erstmalig 1984 mit dem 130 m hohen, 30-geschossigen Messetorhaus in Frankfurt nachgewiesen. Weitere Bauwerke zeigt Abb. 22.5.

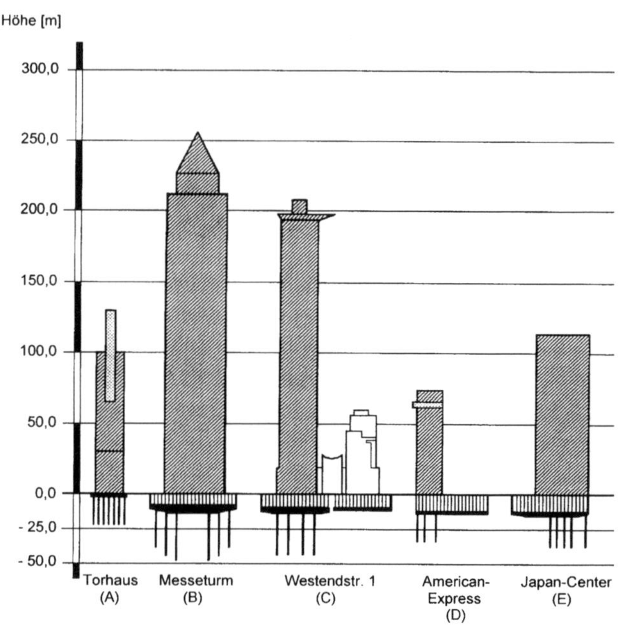

Abb. 22.5: *Ausgeführte Bauwerke mit KPP in Frankfurt, aus* Katzenbach (1993)

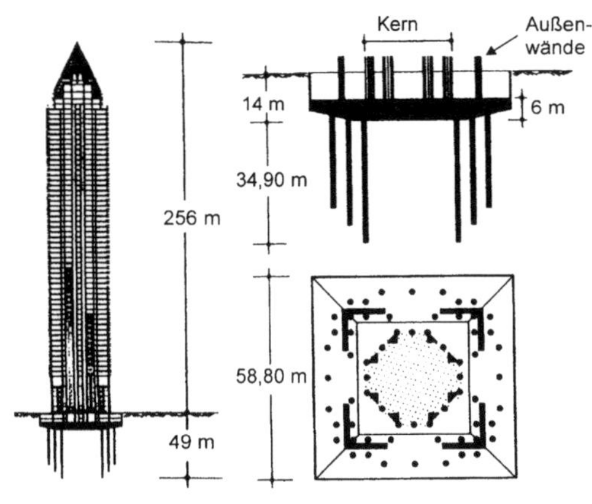

Abb. 22.6: *Messeturm Frankfurt, aus* Sommer et al. (1990)

Insbesondere der Messeturm in Frankfurt mit 256 m Höhe und 60 Geschossen zeigt hierbei die Möglichkeiten der KPP auf, siehe Abb. 22.6. Unter 7 bis 8 m mächtigen quartären Sanden und Kiesen stehen in mehr als 100 m Tiefe unter Gelände die unter der Bezeichnung „Frankfurter Ton" bekannten tertiären Schichten aus einer unregelmäßig aufgebauten Wechselfolge von Tonen und Tonmergel, in die Sandbänke und Kalksteinbänke eingelagert sind, an. Die Festigkeit des Tons nimmt stetig mit der Tiefe von $c_{u,k} = 100\,\text{kN/m}^2$ bis $400\,\text{kN/m}^2$ in 70 m Tiefe unter der Geländeoberfläche zu. Die zu erwartenden Setzungen wurden für eine reine Plattengründung mit ca. 40 cm errechnet.

Durch die KPP reduziert sich die abgeschätzte Endsetzung auf ca. 12 cm. Insgesamt ist die Gründungsplatte 6 m dick, verjüngt sich aber am Rand auf 3 m. Unter der Gründungsplatte sind 3 etwa konzentrisch angeordnete Pfahlringe mit insgesamt 64 Großbohrpfählen,

$D = 1,3$ m und zwischen 26,9 m (außen) und 34,9 m (innen) Länge, angeordnet. Die Pfahlabstände betragen zwischen $3 \cdot D$ bis $6 \cdot D$. Eine Optimierung der Gründung zeigt sich in der Anordnung und der Länge der Pfähle. Die Pfähle stehen zur Mitte enger, was sich günstig auf die Biegebeanspruchung der Platte auswirkt. Um eine gleichmäßige Verteilung der Gebäudelast auf die einzelnen Pfähle und damit eine bessere Pfahlausnutzung zu erreichen, wurden die Pfahllängen gestaffelt.

22.2.4 Wirkungsweise und Berechnungshinweise

Bei Kombinierten Pfahl-Plattengründungen geht es i. d. R. nicht um eine Vermeidung von Grenzzuständen der Tragfähigkeit, sondern vielmehr um Probleme im Grenzzustand der Gebrauchstauglichkeit. Im Allg. müssen entweder die Setzungen vermindert bzw. es müssen größere Setzungsdifferenzen vermieden werden, um eine Verkantung zu verhindern. Eine Setzungsverminderung mit einer KPP ist besonders effektiv, wenn die Steifigkeit des Baugrundes mit der Tiefe zunimmt, dies gilt besonders für überkonsolidierte bindige Böden, bei denen meist eine deutliche Abhängigkeit der Verformbarkeit vom Eigenspannungszustand und der Vorbelastung festzustellen ist.

Die Setzung unter einer großen Fundamentplatte resultiert dabei im Wesentlichen aus der Zusammendrückbarkeit der oberen Schichten, wo große Sohldruckbeanspruchungen auf vergleichsweise kleine Steifemoduln treffen. Wenn also bei einer KPP diese obere setzungsaktive Zone mit Pfählen durchstoßen wird, so kann ein Teil der Einwirkungen bei Aufrechterhaltung der gemeinsamen Tragwirkung von Platte, Pfählen und Boden in den tieferen, steifen Boden eingetragen werden, siehe *Katzenbach (1993)*.

Das schematische Modell zum Tragverhalten einer KPP ist in Abb. 22.7 dargestellt. Der Gesamtwiderstand der Gründung $R_{c,tot,k}$ ergibt sich aus der Summe der Pfahlwiderstände und dem Widerstand aus der Flachgründung welcher aus dem Integral der Sohldruckbeanspruchungen resultiert:

$$R_{c,tot} = R_{Platte} + R_{Pfähle} = \int \sigma_0 \cdot dA + \sum R_{Pfähle,i} \tag{22.11}$$

Das Tragverhalten einer Kombinierten Pfahl-Plattengründung ist somit dadurch charakterisiert, dass sowohl die Pfähle als auch die Gründungsplatte für die Lastabtragung in den Baugrund herangezogen werden. Vereinfacht stellen die Pfähle eine „wegunabhängige" Stützung der Gründungsplatte dar, siehe Abb. 22.7.

Unter der Platte ergibt sich bei einer reinen Flachgründung unter der Einwirkung F_k eine Verteilung der Sohldruckbeanspruchung. Wenn zusätzlich unter der Platte Pfähle angeordnet werden (zweckmäßig direkt unter den Einwirkungen), so können die Widerstände der Pfähle von der Belastung abgezogen werden, sodass sich die Sohldruckbeanspruchung und die Plattenbeanspruchung verringern.

Bei einer Modellierung von Kombinierten Pfahl-Plattengründungen muss eine Vielzahl von Interaktionseinflüssen beachtet werden.

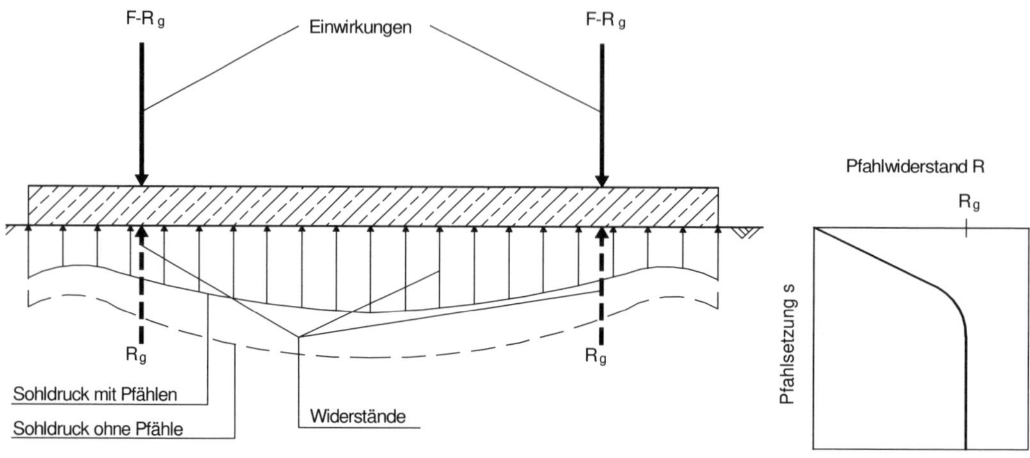

Abb. 22.7: *Reduzierung des Sohldrucks durch die KPP, aus* Katzenbach (1993)

Neben der Interaktion Bauwerk/Baugrund sind auch andere Interaktionen zu berücksichtigen. Dies sind gemäß Abb. 22.8, siehe auch *Kempfert/Moormann (2018)*:

- Pfahl/Boden-Interaktion:
  Das Tragverhalten von Pfählen hängt neben anderen Einflussfaktoren maßgebend von dem im Baugrund herrschenden Spannungszustand ab. Die effektiven horizontalen Normalspannungen in situ bestimmen die Größe der entlang des Pfahlschafts mobilisierbaren Mantelreibung. Während das Tragverhalten eines Einzelpfahls ausschließlich vom Primärspannungszustand und den während und nach der Pfahlherstellung erfolgten Spannungsänderungen bestimmt wird, wird das Tragverhalten eines Gründungspfahls einer KPP zusätzlich durch den Einfluss der Nachbarpfähle und der Platte auf das Spannungsniveau des den Pfahl umgebenden Baugrunds beeinflusst.

- Pfahl/Pfahl-Interaktion:
  Bei Kombinierten Pfahl-Plattengründungen ist auch, wie bereits in 22.1.2 gezeigt, mit einer gegenseitigen Beeinflussung der Tragfähigkeit der Pfähle in Abhängigkeit vom Pfahlachsabstand zu rechnen.

- Platten/Boden-Interaktion:
  Die Platten/Boden Interaktion beschreibt das Spannungs- und Verformungsverhalten der Sohlplatte und ist bereits in Kapitel 8 (Band 1) und Kapitel 17 behandelt.

- Pfahl/Platten-Interaktion:
  Die Mobilisierung der Mantelreibung über die Pfahltiefe wird beim Einzelpfahl durch die Relativverschiebung in der Kontaktzone zwischen dem Pfahlschaft und dem umgebenden Boden und durch die mit der Tiefe zunehmenden Primärspannungen im Boden bestimmt. Durch den Einfluss der Fundamentplatte auf das Spannungsniveau im Bodenkontinuum können infolge des durch die Sohlnormalspannungen unter der Platte erhöhten Spannungszustands im Boden bei zunehmenden Setzungen im oberen Bereich der Pfahltragstrecke höhere Mantelreibungswerte mobilisiert

werden. Andererseits beeinflusst der unter der Fundamentplatte angeordnete Pfahl auch das Tragverhalten der Fundamentplatte, indem der Pfahl zu einer Reduzierung der Sohlnormalspannung unter der Fundamentplatte insbesondere in der Nähe des Pfahlschafts führt.

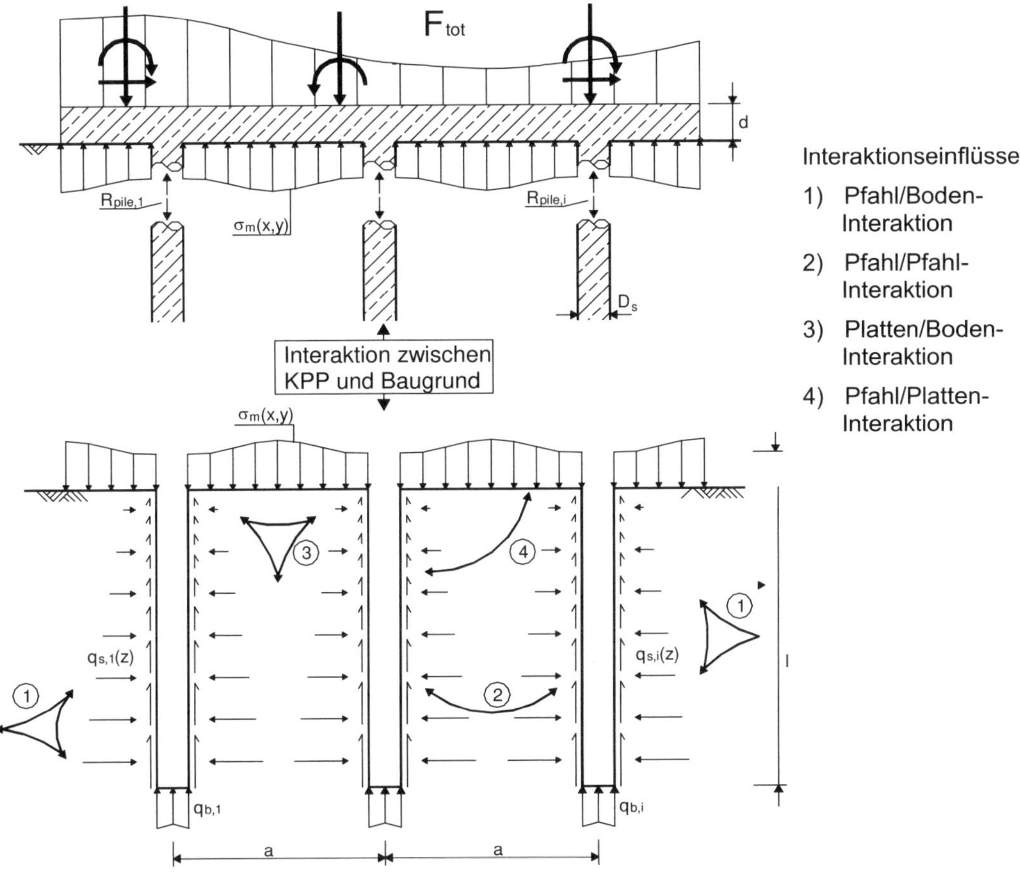

Abb. 22.8: *Interaktionseinflüsse, nach* Hanisch et al. (2002)

Eine charakteristische Kenngröße für die Tragwirkung einer KPP ist der Pfahlplatten-Koeffizient α_{KPP}, welcher das Verhältnis der Summe aller Pfahlwiderstände zum Gesamtwiderstand der Gründung beschreibt, siehe Gl. (22.12).

$$\alpha_{KPP}(s) = \frac{\sum_{n=1}^{m} R_{Pfahl,n}(s)}{R_{c,tot}(s)} \tag{22.12}$$

Anhand des Pfahlplatten-Koeffizienten ist ersichtlich, welcher Anteil des Gesamtwiderstandes über die Pfähle bzw. die Gründungsplatte aktiviert wird. Der Variationsbereich des Pfahlplatten-Koeffizienten liegt zwischen $\alpha_{KPP} = 0$ und 1, siehe *Katzenbach et al. (1999)*. Bei $\alpha_{KPP} = 1$ liegt eine reine Pfahlgründung vor, bei der ein Lastabtrag von der Fundamentplatte in den Baugrund nicht vorhanden ist bzw. rechnerisch nicht berücksichtigt wird. Bei $\alpha_{KPP} = 0$ handelt es sich um eine Flächengründung (Abb. 22.9).

Die bisher ausgeführten Kombinierten Pfahl-Plattengründungen wurden in der Regel mit einem Pfahl-Plattenkoeffizienten von $\alpha_{KPP} = 0{,}3$ bis 0,8 bemessen.

Die Berechnung einer KPP kann mit

- empirischen Berechnungsverfahren,
- auf äquivalenten Ersatzmodellen beruhenden Verfahren,
- analytischen Berechnungsverfahren oder
- numerischen Berechnungsverfahren

erfolgen, s. a. *Lutz et al. (2006)* oder *Kempfert/Moormann (2018)*.

Berechnungsgrundlagen und durchzuführende Nachweise finden sich auch in der KPP-Richtlinie, siehe *Hanisch et al. (2002)*.

Im *Handbuch Eurocode 7-1 (2015)* heißt es dazu: Beim Nachweis einer KPP im Grenzzustand GEO-2 ist der Bemessungswert des Gesamtwiderstandes mit

$$R_{c,tot,d} = R_{c,tot,k}/\gamma_{R,v} \quad (22.13)$$

zu bestimmen, wobei der Teilsicherheitsbeiwert $\gamma_{R,v}$ nach Anhang A-8 anzusetzen ist. Das verwendete Berechnungsverfahren zur Ermittlung des Gesamtwiderstandes $R_{c,tot,k}$ muss die Interaktion zwischen Baugrund, Sohlplatte und Pfählen in ausreichender Weise berücksichtigen.

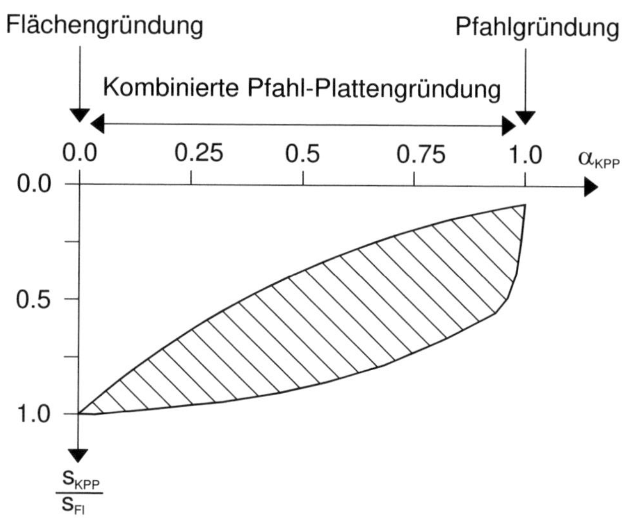

Abb. 22.9: *Qualitatives Beispiel für die mögliche Setzungsreduktion einer KPP abhängig vom Pfahlplatten-Koeffizienten α_{KPP}, nach* Hanisch et al. (2002)

Ein Nachweis der Einzelelemente der Sohlplatte oder Einzelpfähle im Grenzzustand GEO-2 darf entfallen. Für den Nachweis im Grenzzustand der Gebrauchstauglichkeit sind Setzungs- bzw. Verformungsberechnungen mit charakteristischen Größen am Gesamtsystem vorzunehmen. Hieraus können sich Zwangsbeanspruchungen für einzelne Bauteile (z. B. Sohlplatte) ergeben, die bei den entsprechenden Materialnachweisen im Grenzzustand der inneren Tragfähigkeit zu berücksichtigen sind.

22.3 Zahlenbeispiele siehe Anhang B-22.

Des Weiteren wird die Berechnung einer Zugpfahlgruppe zur Sicherung einer Baugrubensohle in den Beispielen zum Kapitel 28 behandelt.

23 Konstruktion und Ausführung von Baugruben und Gräben

23.1 Einleitung

Zur Herstellung von Bauwerken, Gründungskörpern, Anlagen der Ver- und Entsorgung und Verkehrswegen unterhalb der Geländeoberfläche ist i. d. R. die Ausbildung von Baugruben erforderlich. Die Ausbildung und räumliche Ausdehnung einer Baugrube ist abhängig von mehreren Faktoren, wie

- Abmessungen und Tiefenlage des Bauwerkes bzw. der Gründungskörper,
- vorgesehene Gründungsart,
- Gründungstiefe, Fundamentausbildung und Abstand angrenzender Bauwerke bzw. Grundstücksgrenzen,
- Art und Beschaffenheit des Baugrundes,
- erforderlicher Arbeitsraum für Mensch und Maschine,
- Grundwasserverhältnisse,
- Leitungen, Kanäle oder dergleichen im Bereich der Baugrube.

Als Grundlage für eine wirtschaftliche Baugrubenkonstruktion muss in jedem Einzelfall unter Berücksichtigung der genannten Einflussfaktoren geprüft werden, ob die Standsicherheit der Baugrubenwände durch die Ausbildung einer geböschten Baugrube sichergestellt werden kann oder ein Verbau erforderlich wird. Die wichtigsten Normen und Empfehlungen zum Thema Baugruben sind:

- DIN 4124: Baugruben und Gräben – Böschungen, Verbau, Arbeitsraumbreiten
- Empfehlungen des Arbeitskreises „Baugruben“ – *EAB (2012)*.

Hierin finden sich auch Hinweise auf weitere Normen und Literatur. Nachfolgend wird zunächst vorrangig auf die DIN 4124 eingegangen, da darin insbesondere die praktischen Belange der Baugrubenausbildung geregelt und für einfache Fälle bei Beachtung der in der Norm enthaltenen Verbauregeln besondere statische Nachweise entfallen können. Die im Zusammenhang mit der Herstellung von Baugruben und Gräben maßgebenden Forderungen an die Arbeitssicherheit sind ebenfalls in DIN 4124 behandelt.

23.2 Nicht verbaute Baugruben und Gräben

Für nicht verbaute Baugruben und Gräben gelten nach DIN 4124 folgende Regelungen:

- In Bereichen, wo entweder der Rand einer Baugrube oder die Baugrube betreten werden müssen, sind mindestens 0,6 m breite, möglichst waagerechte Schutzstreifen anzuordnen. Bei Gräben bis zu einer Tiefe von 0,8 m ist nur auf einer Seite der Schutzstreifen erforderlich, siehe Abb. 23.1.
- Wird zur Verringerung der Höhe eines Baugruben- oder Grabenverbaues ein geböschter Voraushub hergestellt, dann muss zwischen Verbau und Böschungsfuß ein mindestens 0,60 m breiter waagerechter Streifen angeordnet werden, sofern dort Beschäftigte tätig werden, siehe Abb. 23.1.

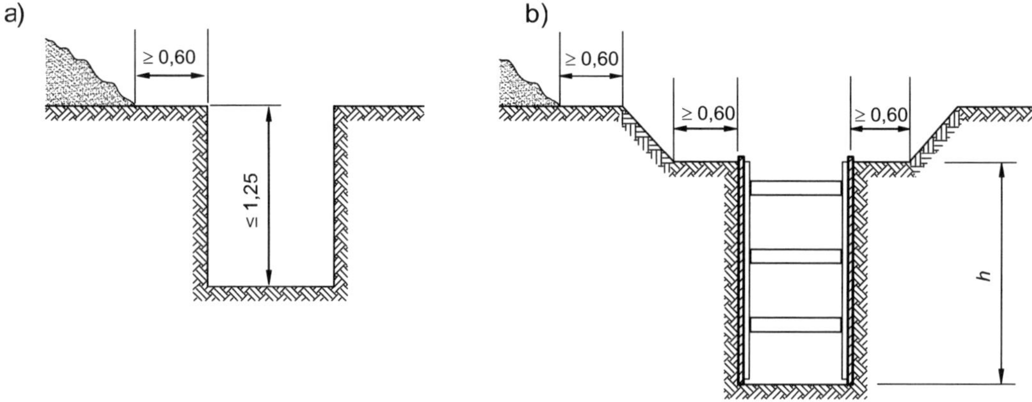

Abb. 23.1: *a) Nicht verbauter Graben, b) verbauter Graben mit geböschtem Voraushub, nach DIN 4124*

- Bis 1,25 m Tiefe dürfen senkrechte Wände ohne besondere Sicherung unter Einhaltung der zulässigen Geländeneigung nach Abb. 23.2 hergestellt werden, sofern Straßenfahrzeuge, Baumaschinen und Baugeräte bis 12 t Gesamtgewicht einen Abstand von 1,0 m zwischen Außenkante und Böschungskante einhalten. Bei Straßenfahrzeugen über 12 t bis 40 t ist ein Abstand von 2,0 m zwischen Außenkante und Böschungskante einzuhalten.

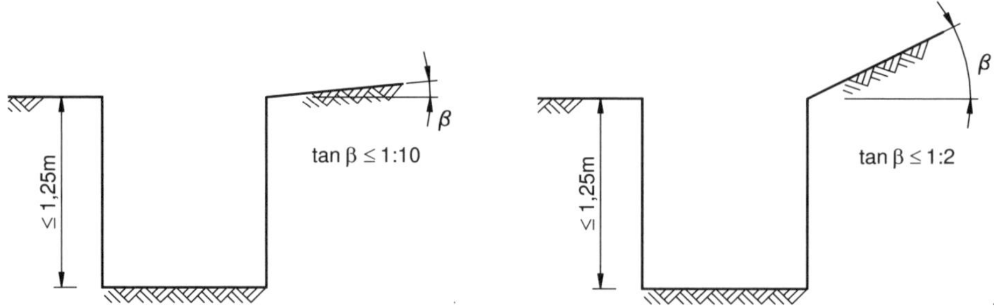

Abb. 23.2: *Zulässige Geländeneigungen neben nicht verbauten Baugruben und Gräben bis 1,25 m Tiefe mit senkrechten Wänden, nach DIN 4124*

- Für Tiefen zwischen 1,25 m bis 1,75 m in mindestens steifen bindigen Böden oder Fels stehen Ausführungsmöglichkeiten nach Abb. 23.3 a) bis c) zur Wahl, wobei Abb. 23.3 c) einen teilweise verbauten Graben darstellt.

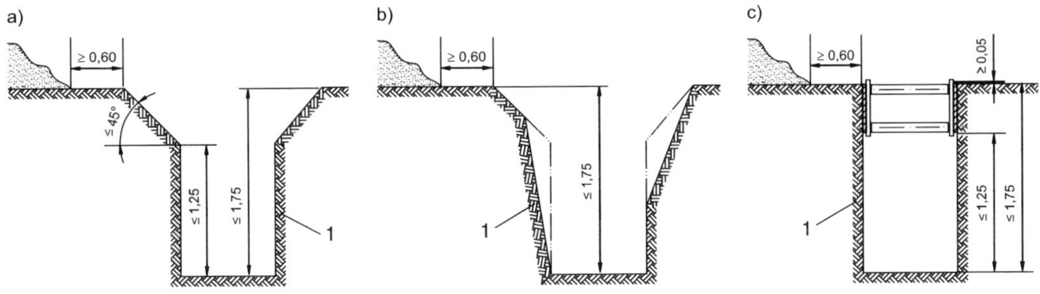

Abb. 23.3: *a) und b) nicht verbaute Baugruben und Gräben von 1,25 bis 1,75 m Tiefe in mindestens steifen bindigen Böden oder Fels,*
c) teilweise verbaute Baugruben und Gräben von 1,25 bis 1,75 m Tiefe in mindestens steifen bindigen Böden, nach DIN 4124

- Aushubtiefen von mehr als 1,25 m bzw. 1,75 m müssen abgeböscht hergestellt werden. Ohne rechnerischen Nachweis der Standsicherheit dürfen die Böschungswinkel β nach Abb. 23.4 in Abhängigkeit von der Bodenart nicht überschritten werden.

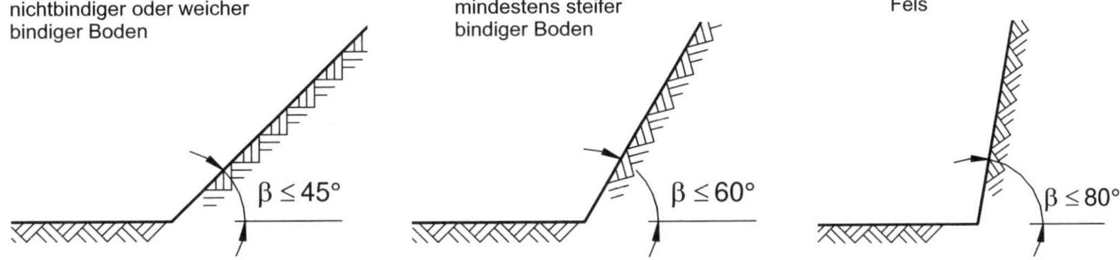

Abb. 23.4: *Zulässige Böschungswinkel für abgeböschte Baugruben, nach DIN 4124*

Die vorstehenden Angaben sind Regelfälle nach DIN 4124 unter günstigen Bedingungen. Geringere Wandhöhen und flachere Böschungen sind erforderlich, wenn besondere Einflüsse (siehe z. B. folgend) die Standsicherheit der Baugrubenwand gefährden können, etwa:

- Störungen des Bodengefüges wie Klüfte oder Verwerfungen,
- zur Einschnittsohle hin fallende Schichtung oder Schieferung,
- nicht oder nur wenig verdichtete Verfüllungen unter Aufschüttungen,
- erhebliche Anteile an Seeton, Beckenschluff, organischen Bestandteilen und ähnlichen festigkeitsmindernden Bodenarten im Fall eines weichen bindigen Bodens,
- Grundwasserabsenkung durch offene Wasserhaltungen,
- Zufluss von Schichtenwasser,

- nicht entwässerte, im wassergesättigten Zustand zum Fließen neigende Böden,
- der Verlust der Kapillarkohäsion eines nichtbindigen Bodens durch Austrocknen,
- fehlender lastfreier Schutzstreifen bei Baugruben/Gräben mit mehr als 0,80 m Tiefe,
- starke Erschütterungen aus Verkehr, Rammarbeiten, Verdichtungsarbeiten oder Sprengungen.

Weiterhin kann die Oberfläche einer Böschung durch Wasser, Trockenheit oder Frost gefährdet werden. Erosionsrinnen infolge ablaufender Niederschläge lassen sich durch Schutz der Böschung mit Kunststoff-Dichtungsbahnen, aufgespritztem Bitumen oder durch eine Spritz- oder Filterbetonabdeckung ggf. mit Mattenbewehrung vermeiden, siehe *Weißenbach/Hettler (2001)*.

Die Standsicherheit nicht verbauter Wände ist nach DIN 4084 (Band 1, Kapitel 14) nachzuweisen, wenn

- eine Böschung höher als 5 m ist,
- bei senkrechten Wänden die o. g. Bedingungen nicht erfüllt sind,
- die o. a. Böschungswinkel überschritten werden, wobei jedoch ein Böschungswinkel von mehr als 80° bei nichtbindigen oder bindigen Böden bzw. von mehr als 90° bei Fels nicht zulässig ist,
- die o. a. Böschungswinkel wegen störender Einflüsse nicht angewandt werden dürfen, die zulässige Wandhöhe bzw. die zulässige Böschungsneigung jedoch nicht nach vorliegenden Erfahrungen zuverlässig festgelegt werden können,
- vorhandene Leitungen oder andere bauliche Anlagen gefährdet werden können,
- unmittelbar neben dem Schutzstreifen von 0,60 m eine stärker als 1:2 geneigte Erdaufschüttung bzw. Stapellasten von mehr als 10 kN/m^2 zu erwarten sind. Der Standsicherheitsnachweis darf bei einer 1:1 geneigten Erdaufschüttung entfallen, wenn die Tiefe der Baugrube bzw. des Grabens zusammen mit der Höhe der Erdaufschüttung das Maß von 5,0 m nicht übersteigt.

23.3 Verbaute Baugruben und Gräben

23.3.1 Arbeitsraumbreiten und Mindestgrabenbreiten

23.3.1.1 Gräben für Leitungen und Kanäle

Bei der Ausbildung des erforderlichen Arbeitsraumes von Gräben für Leitungen und Kanäle ist wegen der unterschiedlichen Lagerung der Rohre zwischen Gräben für Abwasserleitungen bzw. Abwasserkanäle und Gräben für alle übrigen Leitungen und Kanäle zu unterscheiden:

a) Bei Gräben für Abwasserleitungen bzw. Abwasserkanäle sind die Regelungen der DIN EN 1610 und DIN EN 1610 Berichtigung 1 maßgebend.

b) Bei Gräben für alle übrigen Leitungen sind die nachfolgenden Regelungen nach DIN 4124 maßgebend.

Die Mindestgrabenbreite bei Gräben mit senkrechten Wänden bis zu einer Tiefe von 1,25 m, die beim Ausheben und beim Verfüllen betreten werden, in denen jedoch neben den Leitungen kein Arbeitsraum benötigt wird, wie z. B. bei Drängräben, sind in Abhängigkeit von der Regelverlegetiefe die in Tab. 23.1 angegebenen lichten Mindestgrabenbreiten einzuhalten. Als Regelverlegungstiefe gilt die Unterkante (UK) der Leitungen bzw. bei Anordnung eines Sandbettes unterhalb der Rohre die tatsächliche Aushubtiefe.

Tab. 23.1: *Lichte Mindestbreiten für Gräben ohne betretbaren Arbeitsraum bis 1,25 m Tiefe nach DIN 4124; Tabelle gilt nicht für Abwasserkanäle und -leitungen nach DIN EN 1610*

Regelverlegetiefe	bis 0,70 m	über 0,70 m bis 0,90 m	über 0,90 m bis 1,00 m	über 1,00 m bis 1,25 m
Lichte Grabenbreite	0,30 m	0,40 m	0,50 m	0,60 m

Bei Gräben, die einen Arbeitsraum zum Verlegen oder Prüfen von Leitungen oder Kanälen haben müssen, sind in Abhängigkeit von der Grabentiefe bzw. dem Rohrschaftdurchmesser die in Tab. 23.2 bzw. in Tab. 23.3 angegebenen lichten Mindestgrabenbreiten einzuhalten. Der größere Wert ist jeweils maßgebend.

Tab. 23.2: *Lichte Mindestbreiten für Gräben mit betretbarem Arbeitsraum in Abhängigkeit vom äußeren Leitungs- und Rohrschaftdurchmesser nach DIN 4124; Tabelle gilt nicht für Abwasserkanäle und -leitungen nach DIN EN 1610*

<table>
<tr><th rowspan="3">Äußerer Leitungs- bzw. Rohrschaftdurchmesser OD in m</th><th colspan="4">Lichte Mindestbreite b in m</th></tr>
<tr><th colspan="2">Verbauter Graben</th><th colspan="2">Nicht verbauter Graben</th></tr>
<tr><th>Regelfall</th><th>Umsteifung</th><th>$\beta \leq 60°$</th><th>$\beta < 60°$</th></tr>
<tr><td>bis 0,40</td><td>b=OD+0,40</td><td>b=OD+0,70</td><td colspan="2">b = OD + 0,40</td></tr>
<tr><td>über 0,40 bis 0,80</td><td colspan="2">b = OD + 0,70</td><td rowspan="3">b=OD+0,40</td><td rowspan="3">b=OD+0,70</td></tr>
<tr><td>über 0,80 bis 1,40</td><td colspan="2">b = OD + 0,85</td></tr>
<tr><td>bis 1,40</td><td colspan="2">b = OD + 1,00</td></tr>
</table>

Bei nicht kreisförmigen Leitungen ergibt sich die maßgebende Breite des Arbeitsraumes aus Tab. 23.2 mit dem Ansatz der größten Außenhöhe des Rohrschaftes bzw. des Kanals. Bei Gräben mit Mehrfachleitungen innerhalb eines Arbeitsraumes berechnet sich die lichte Mindestgrabenbreite nach Abb. 23.5 a):

- $\frac{1}{2} \cdot b_1$ und $\frac{1}{2} \cdot b_2$ nach Tab. 23.2 für jede der beiden äußeren Leitungen,
- den halben äußeren Leitungs- bzw. Rohrschaftdurchmesser $\frac{1}{2} \cdot OD_1$ bzw. OD_2 der beiden Leitungen,
- gegebenenfalls den äußeren Leitungs- bzw. Rohrschaftdurchmesser von weiteren Leitungen bzw. Kanälen,

- den Abständen z zwischen den Leitungen bzw. Kanälen.

Tab. 23.3: *Lichte Mindestbreiten für Gräben mit betretbarem Arbeitsraum und senkrechten Wänden in Abhängigkeit von der Grabentiefe nach DIN 4124; Tabelle gilt nicht für Abwasserkanäle und -leitungen nach DIN EN 1610*

Lichte Mindestbreite b in m	Art und Tiefe des Grabens	Bemerkungen
0,60	Geböschter Graben bis 1,75 m	siehe Abb. 23.1a), 23.3a), b)
0,70	Teilweise verbauter Graben bis 1,75 m	siehe Abb. 23.3c)
0,70	Verbauter Graben bis 1,75 m	
0,80	Verbauter Graben über 1,75 bis 4,0 m	s. Abb. 23.1b), 23.13, 23.15
1,00	Verbauter Graben über 4,0 m	

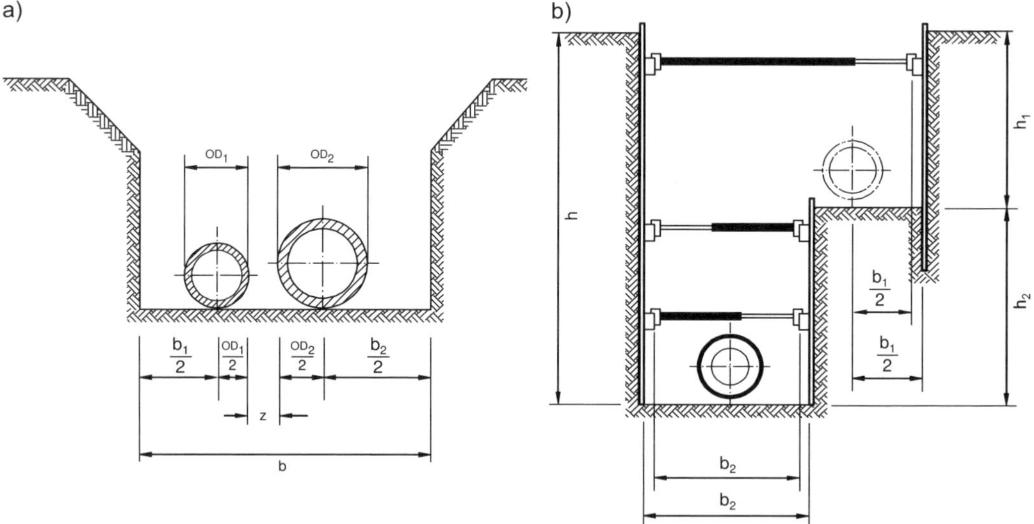

Abb. 23.5: *a) Lichte Mindestgrabenbreite für Gräben mit Arbeitsraum für Mehrfachleitungen, b) lichte Mindestgrabenbreite für Stufengräben mit Arbeitsraum*

Der Abstand z richtet sich nach der Verlegetechnik und den Erfordernissen der Verdichtung. Wenn der Zwischenraum betreten werden muss, dann ist die Breite z in Anlehnung an Tab. 23.2 in Abhängigkeit vom äußeren Leitungs- und Rohrschaftdurchmesser OD mit mindestens $\frac{1}{2} \cdot 0,40$ m $= 0,20$ m bzw. $\frac{1}{2} \cdot 0,70$ m $= 0,35$ m auszuführen.

Für Gräben mit unterschiedlichen Tiefen (Stufengräben) gelten die Festlegungen hinsichtlich der lichten Mindestgrabenbreiten sinngemäß. Als Grabentiefen sind die in Abb. 23.5b) mit h_1 und h_2 bezeichneten Höhen der beiden Einzelstufen anzunehmen.

23.3.1.2 Baugruben

Nach DIN 4124 sind für Baugruben Arbeitsräume, die betreten werden, in einer Mindestbreite von 0,5 m auszuführen. Abb. 23.7 und Abb. 23.6 zeigen hierfür einige Beispiele.

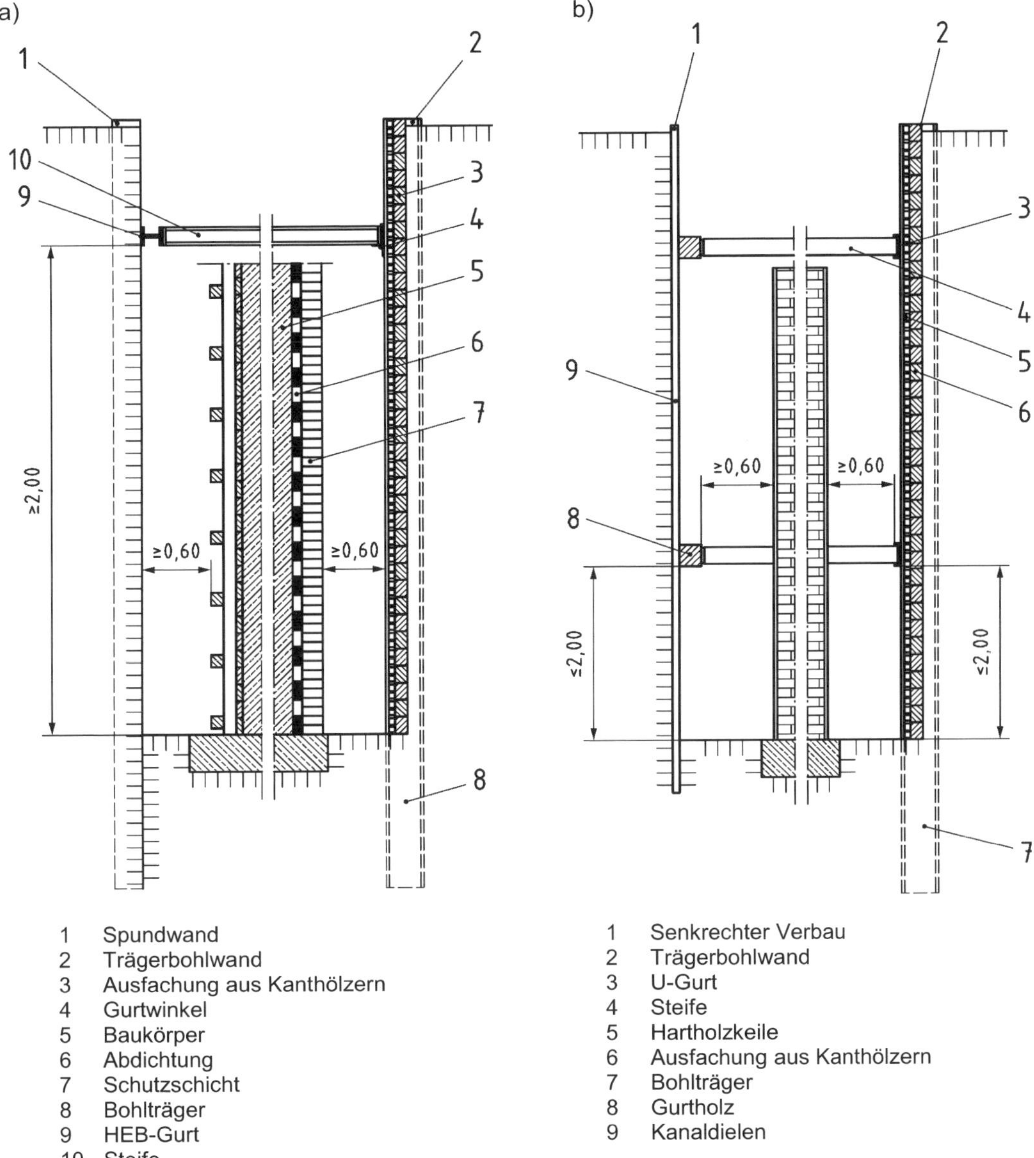

Abb. 23.6: *Arbeitsraumbreite bei verbauten Baugruben: a) ohne Behinderung durch Gurte und Steifen und b) mit Behinderung durch Gurte und Steifen, nach DIN 4124*

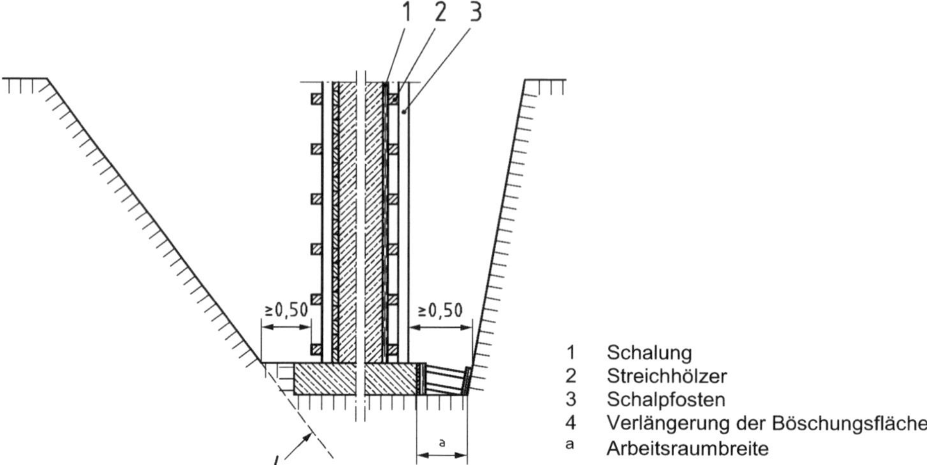

Abb. 23.7: *Arbeitsraumbreite bei abgeböschten Baugruben, nach DIN 4124*

Bei rechteckigen Baugruben für runde Schächte bis 1,5 m Außendurchmesser und kreisförmige Baugruben für rechteckige Schächte sind mindestens die Arbeitsraumabmessungen gemäß Abb. 23.8 einzuhalten.

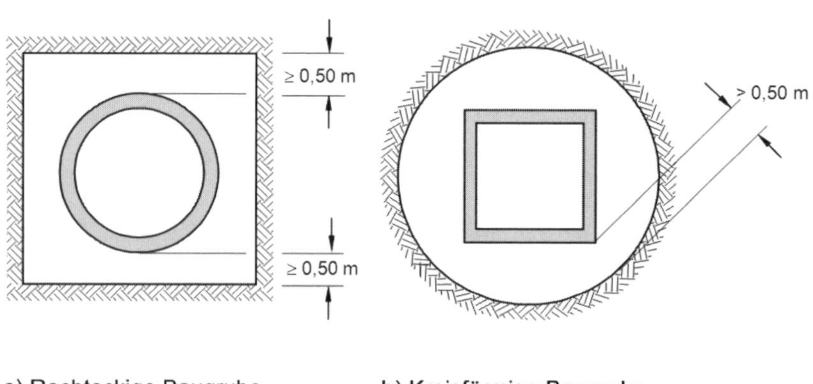

Abb. 23.8: *Arbeitsräume für Schächte, nach DIN 4124*

23.4 Grabenverbauformen

23.4.1 Allgemeines

Sofern die Bedingungen nach 23.2 unwirtschaftlich sind oder nicht erfüllt werden können, sind die Baugruben und Gräben zu verbauen. Als Verbau kommen im Wesentlichen infrage:

a) Baugruben mit geringen Abmessungen sowie für Gräben eignen sich besonders:

- Grabenverbaugeräte,

- waagerechter Grabenverbau,
- senkrechter Grabenverbau.

b) Die Anordnung einer der nachfolgend beschriebenen Verbauarten kann bei der Ausbildung einer größeren Baugrube der Anforderung nach Wasserdichtheit, geringer Verformbarkeit der Baugrubenwand, den vorhandenen Bodenverhältnissen u. a. m. erforderlich werden, s. a. 23.5:

- Trägerbohlwände (23.5.2),
- Spundwände (Kapitel 25),
- Schlitzwände (Kapitel 26),
- Pfahlwände (23.5.4),
- Injektionswände im Düsenstrahlverfahren oder durch Vereisung,
- vernagelte Wände in Verbindung mit Spritzbeton,
- Unterfangungswände (Kapitel 29).

23.4.2 Grabenverbaugeräte

Grabenverbaugeräte sind Einrichtungen zur Sicherung von Grabenwänden. Sie bilden den fertigen Verbau eines Grabenteilstückes, siehe z. B. *Arz P. et al. (1994)* oder *Hettler et al. (2018b)*. Es wird unterschieden in:

a) Mittig gestützte Grabenverbaugeräte: Plattenpaare, die über mittig angeordnete Aufrichter durch Stützbauteile miteinander verbunden sind, siehe Abb. 23.9 a).

b) Randgestützte Verbaugeräte: Plattenpaare, die über an den Rändern der Platten angeordnete Aufrichter durch Stützbauteile verbunden sind, siehe Abb. 23.9 b).

c) Schleppboxen: Randgestützte Grabenverbaugeräte, die waagerecht gezogen werden, siehe Abb. 23.9 c).

d) Rahmengestützte Grabenverbaugeräte: Plattenpaare oder Sonderprofile, die durch waagerecht angeordnete Rahmen gestützt sind.

e) Gleitschienen-Grabenverbaugeräte: Platten, die in Einfach- oder auch Mehrfach-Gleitschienenpaaren geführt werden, die durch gelenkige oder steife Stützbauteile verbunden sind, siehe Abb. 23.10 a).

f) Gleitschienen-Grabenverbaugeräte mit Stützrahmen: Elemente, bei denen in der Höhe verschiebliche Stützrahmen dafür sorgen, dass sich der Abstand gegenüberliegender Gleitschienen und Platten zueinander beim Absenkvorgang nicht verändert, siehe Abb. 23.10 b).

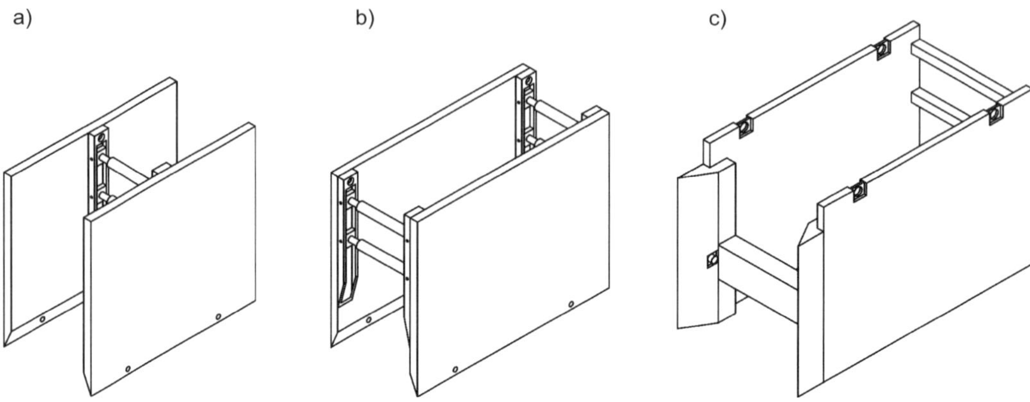

Abb. 23.9: *a) Mittig gestütztes Grabenverbaugerät,*
b) Randgestütztes Verbaugerät,
c) Schleppbox

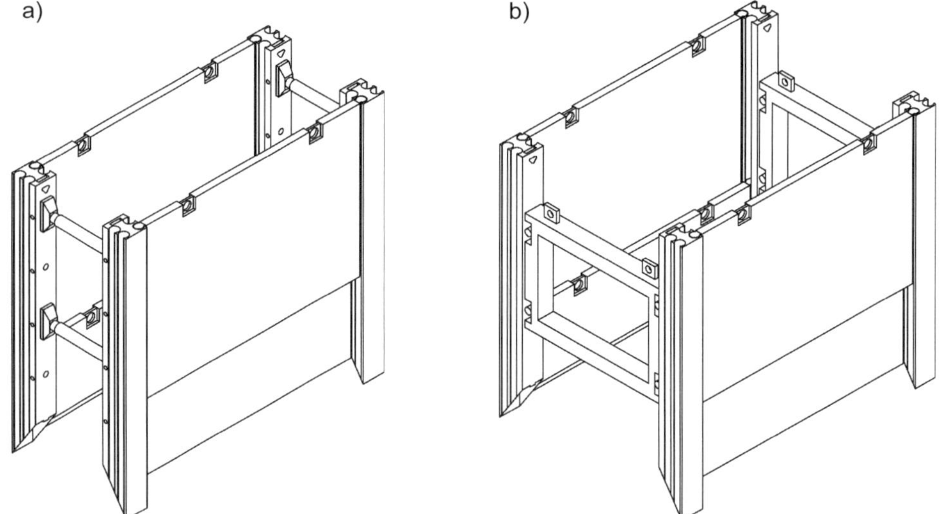

Abb. 23.10: *a) Gleitschienen-Grabenverbaugerät mit teilbeweglichen Strebenverbindungen,*
b) Gleitschienen-Grabenverbaugerät mit Stützrahmen

Rand- oder rahmengestützte Grabenverbaugeräte dürfen nur bis zu einer Grabentiefe von 6,0 m, mittig gestützte Grabenverbaugeräte bis zu einer Tiefe von 4,0 m eingesetzt werden. Ungeeignet sind diese Elemente in Böden, die zum Ausfließen neigen. Beim Einsatz der Grabenverbaugeräte ist zu beachten, dass beim Aushub der Grundwasserspiegel bis unter die Aushubsohle abgesenkt wird. Vor dem Einsatz der Elemente ist zu überprüfen, ob die zu erwartende Erddruckbelastung aufgenommen werden kann.

Die Ausbildung eines mit Grabenverbaugeräten gesicherten Grabenabschnittes ist Abb. 23.11 zu entnehmen.

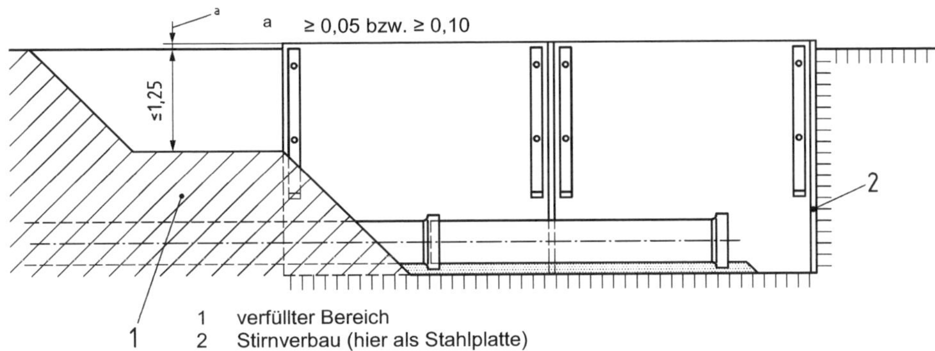

Abb. 23.11: *Mindestverbaulänge eines mit Grabenverbaugeräten gesicherten Grabenabschnitts, nach DIN 4124*

Die Herstellung der Grabenabschnitte kann entweder im Einstellverfahren oder im Absenkverfahren (siehe Abb. 23.12) erfolgen. Voraussetzungen für das Einstellverfahren sind:

- vorübergehend standfester Boden,
- senkrechte Grabenwände,
- gleichbleibende Grabenbreite auf die Länge eines Verbaugerätes,
- kein Betreten und keine Belastung der noch nicht gesicherten Grabenkanten,
- kein Betreten des Grabens vor dem Einstellen des Grabenverbaugerätes,
- keine Leitungen, Gebäude oder andere bauliche Anlagen bzw. Verkehrsflächen im Einflussbereich des Grabens,
- hinnehmbare Größe der zu erwartenden Setzungen, Auflockerungen und Verschiebungen des Bodens im Einflussbereich des Grabens.

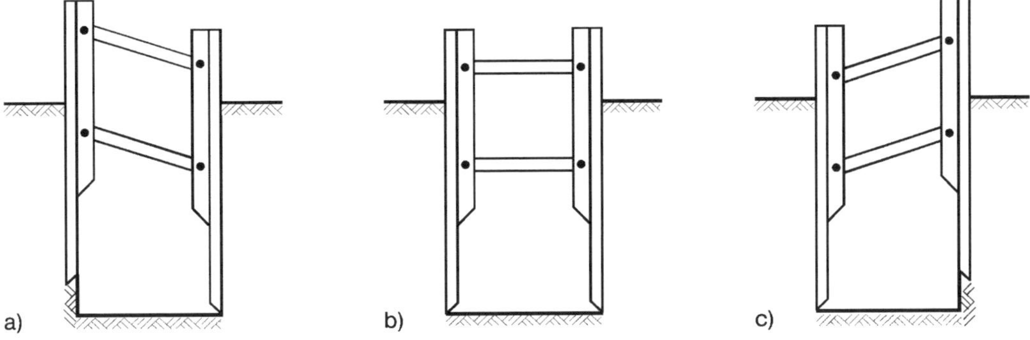

Abb. 23.12: *Absenkverfahren mit großformatigen Stahlverbauplatten: a) rechte Seite abgesenkt; b) beide Seiten abgesenkt; c) linke Seite abgesenkt, nach* Hettler et al. (2018b)

Der Spalt zwischen Grabenwand und Verbaugerät ist auf der ganzen Höhe zu verfüllen.

Beim Absenkverfahren werden die Grabenverbaugeräte oder Teile davon senkrecht in den Boden gedrückt. Im Wechsel mit dem Bodenaushub erfolgt das Absenken der Elemente, wobei der vorauseilende Bodenaushub unterhalb der Platten das Maß von 0,5 m nicht überschreiten darf.

23.4.3 Waagerechter Grabenverbau

Der waagerechte Verbau, siehe Abb. 23.13, wird oberhalb des ggf. abgesenkten Grundwasserspiegels bei grabenähnlichen Baugruben angewandt.

Voraussetzung für den waagerechten Grabenverbau ist ein derart standfester Baugrund, der wenigstens vorübergehend über die Höhe einer Bohlenbreite frei stehen bleibt. Dies gilt auch bei Auftreten von Sickerwasser. Spätestens ab einer Grabentiefe von 1,25 m ist mit dem Einziehen der Bohlen und der Aussteifung zu beginnen. Je nach Standfestigkeit des Bodens wird der Graben 1 bis 2 Bohlenbreiten ausgeschachtet und die waagerechten Bohlen (Breite 20 bis 30 cm, Länge 4,0 bis 4,5 m) unter Einfassung in der Bohlenmitte und an den Enden durch Brusthölzer mit Keilen und Steifen (mind. 2) abgesteift. Die Brusthölzer sollten auf möglichst großer Länge nachgetrieben werden, damit eine hohe Steifigkeit des Gesamtverbandes erreicht wird. An den Enden der einzelnen Einbaufelder ist eine doppelte Versteifung (an beiden Seiten der Bohlenstöße) erforderlich.

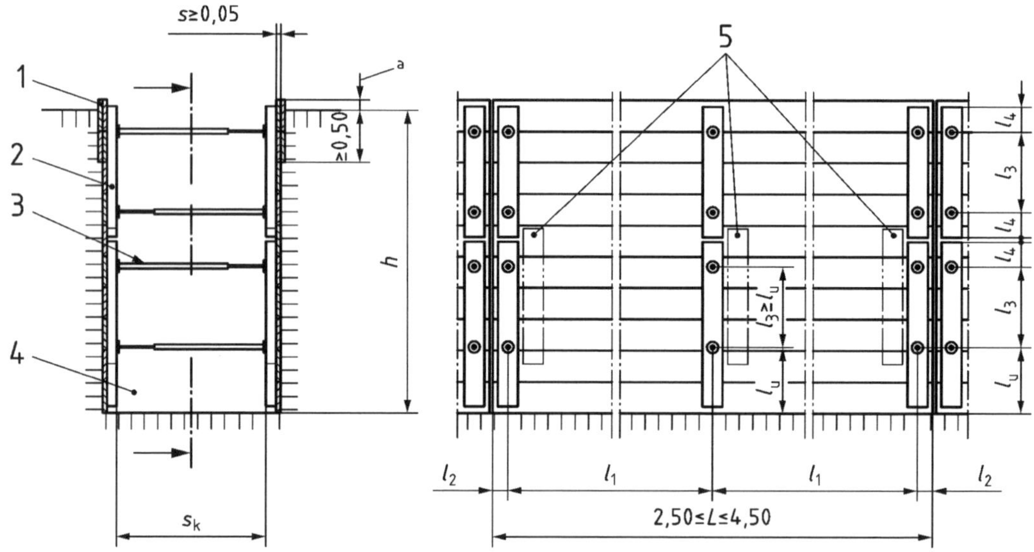

1 Verdoppelung der Bohlen (falls erforderlich)
2 Aufrichter (Brustholz), 8 cm × 16 cm bzw. 12 cm × 16 cm]
3 Rundholzsteife, d = 10 cm bzw. 12 cm oder Kanalstrebe
4 Raum zum Rohreinbau bzw. zur Kabelverlegung
5 Diese Aufrichter (Brusthölzer) dürfen im Vollaushubzustand entfernt werden
a ≥ 0,05 bzw. ≥ 0,10

Abb. 23.13: *Waagerechter Normverbau, nach DIN 4124*

Anstelle von Holzsteifen können auch Teleskopsteifen oder Spindelspreizen aus Stahl, siehe Abb. 23.14, verwendet werden.

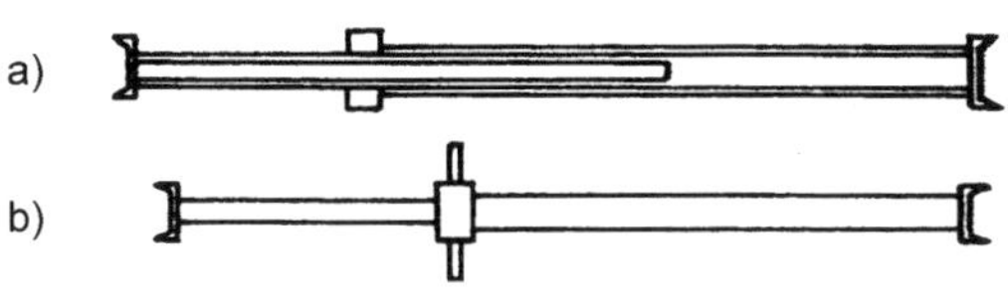

Abb. 23.14: *a) Teleskopsteife, b) Spindelspreize*

Bei breiteren Baugruben, die nicht mehr gegen die gegenüberliegende Wand abgesteift werden können, sind schräge Absteifungen in die Baugrube oder rückwärtige Verankerungen möglich, siehe Kapitel 27. Der stirnseitige Abschluss kann in der Regel durch querliegende Bohlen erfolgen, die sich auf die längslaufenden Bohlen abstützen. Wird der Normverbau nach Abb. 23.13 verwendet, so kann ein Standsicherheitsnachweis entfallen, wenn die Bedingungen nach DIN 4124 eingehalten werden.

23.4.4 Senkrechter Grabenverbau

23.4.4.1 Allgemeines

Wenn der Baugrund eine geringe Standfestigkeit aufweist, sodass eine freie Standhöhe über mindestens eine Bohlenbreite nicht mehr möglich ist, und wenn das Eintreiben von Holzbohlen oder Kanaldielen in den Baugrund möglich ist, wird der senkrechte Grabenverbau angewandt.

Bei locker gelagerten nichtbindigen Böden und bei weichen bindigen Böden müssen die Holzbohlen oder Kanaldielen bei jedem Bauzustand so weit in den Untergrund einbinden, dass ein Aufbruch ausgeschlossen ist (mind. 0,3 m). Wird der senkrechte Verbau bei standfesten Böden eingebaut, die auch einen waagerechten Baugrubenverbau zulassen würden, darf auf eine Einbindung, außer wenn aus statischen Gründen erforderlich, verzichtet werden.

Die Gurthölzer und Gurtträger sind durch entsprechende Vorrichtungen (z. B. Hängeeisen oder Ketten) an der Baugrubenwand aufzuhängen. Sind die Holzbohlen oder Kanaldielen nicht in der Lage, das Eigengewicht der Gurthölzer und der Steifen in den Untergrund abzutragen, dann sind die Gurthölzer über Unterleghölzer an ihnen aufzuhängen.

23.4.4.2 Verbau mit Holzbohlen

Der senkrechte Grabenverbau mit Holzbohlen sollte nur ausgeführt werden, wenn der Baugrund so standfest ist, dass die Bohlen dem Aushub nachfolgen können. Dabei werden die Aussteifungen entsprechend dem Aushub nacheinander eingebracht. Der Aushub darf bei mindestens steifen bindigen Böden über eine Länge bis 5 m maximal bis eine Tiefe von 0,5 m vorauseilen. Bei nur vorübergehend standfesten nichtbindigen oder weichen bindigen Böden ist die Vorauseilung des Aushubes über eine Länge von höchstens 3 Bohlen nebeneinander auf max. 0,25 m Tiefe zu begrenzen. Besondere Sorgfalt ist den Rückbauzuständen zu widmen. Werden Holzbohlen erst nach vollständiger Verfüllung der Baugrube gezogen, so sind erhebliche Auflockerungen im Untergrund die Folge und führen häufig zu Schäden an benachbarten Bauwerken.

In Abb. 23.15 ist der senkrechte Holzverbau (Normverbau) dargestellt.

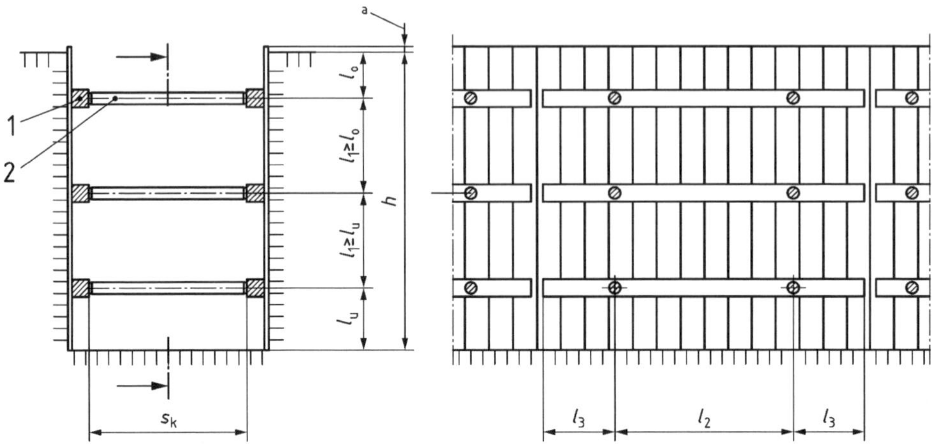

1 Gurtholz, 16 cm × 16 cm bzw. 20 cm × 20 cm
2 Kanalstrebe oder Rundholzsteife, d = 12 cm bzw. 14 cm
a ≥ 0,05 bzw. ≥ 0,10

Abb. 23.15: *Senkrechter Normverbau mit Verbauteilen aus Holz, nach DIN 4124*

23.4.4.3 Verbau mit Kanaldielen

Den senkrechten Verbau mit Kanaldielen zeigt Abb. 23.16. Kanaldielen weisen im Gegensatz zu Spundwänden keine Schlösser auf. Als Ersatz für Kanaldielen können auch Leichtprofile, die ihrer Form nach den Spundwänden ähneln, oder Tafelbleche bzw. Rammbleche verwendet werden.

Die Bauweise mit Kanaldielen bietet gegenüber dem Holzverbau den Vorteil, dass die Profile eine wesentlich höhere Lebensdauer besitzen und auch im Wasser eingesetzt werden können.

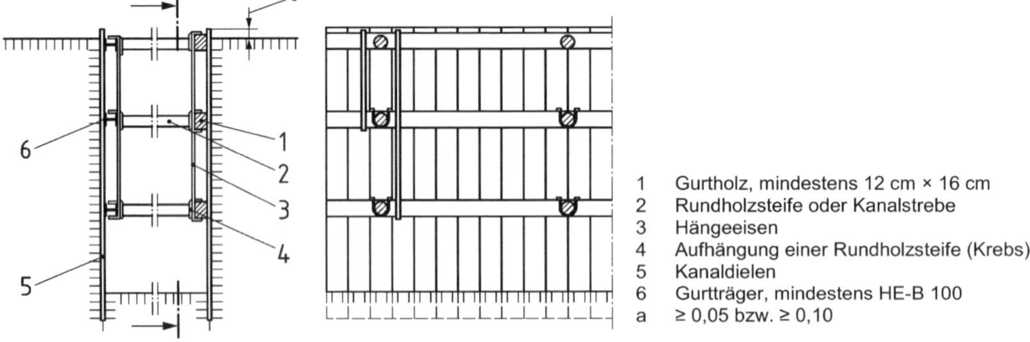

Abb. 23.16: *Senkrechter Verbau mit Kanaldielen, nach DIN 4124*

23.4.4.4 Gestaffelter Verbau

Bei größeren Baugrubentiefen wird der Verbau in mehreren Stufen (Gefachen) ausgeführt. Beim gestaffelten Verbau werden die senkrecht gerammten Holzbohlen oder Kanaldielen nach der Tiefe versetzt (gestaffelt) angeordnet, siehe Abb. 23.17.

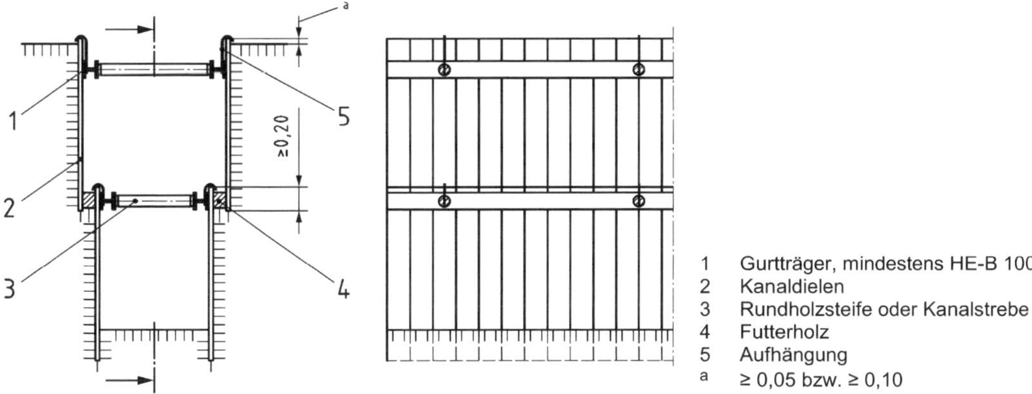

Abb. 23.17: *Gestaffelter senkrechter Verbau, nach DIN 4124*

23.5 Baugrubenwände

23.5.1 Allgemeines

Im Gegensatz zu den Verbaumethoden nach 23.3 und 23.4, die im Wesentlichen im städtischen Tiefbau Verwendung finden, werden für größere und tiefere Baugrubenmaßnahmen i. d. R.

- Trägerbohlwände,
- Spundwände,
- Bohrpfahlwände und
- Schlitzwände

ausgeführt. Trägerbohlwände und Spundwände werden nach *EAB (2012)* i. d. R. als biegeweich und Ortbetonwände (Bohrpfahl- und Schlitzwände) i. d. R. als biegesteif bzw. verformungsarm angesehen. Die Auswahl der geeigneten Art und Konstruktion (ausgesteift, verankert) ist dabei abhängig von den Randbedingungen der Baugrubensituation, z. B. Grundwasserverhältnisse, Abstand der Nachbarbebauung usw.

Im Folgenden sind die Baugrubenwandformen sowie konstruktive Randbedingungen kurz beschrieben.

23.5.2 Trägerbohlwände

Der Baugrubenverbau mit Trägerbohlwänden („Berliner Verbau“) wurde zu Beginn des letzten Jahrhunderts beim Berliner U-Bahnbau aus dem Kanalverbau entwickelt, da für tiefe Baugruben ein Kanalverbau wegen der engen Steifenabstände und ständig erforderlichen Umsteifungen beim Baugrubenaushub unwirtschaftlich wird. Heute ist die Trägerbohlwand in trockenen ramm- oder bohrfähigen Böden in der Regel die wirtschaftlichste Lösung und bei Hindernissen im Untergrund (z. B. kreuzende Versorgungsleitungen) sehr anpassungsfähig.

Historisch haben sich im Verkehrstunnelbau im Zusammenhang mit der Baugrubenausbildung durch Trägerbohlwände folgende Bauweisen gebildet, die heute allerdings angepasst werden:

- Berliner Bauweise, bei der eine Grundwasserabsenkung bei Sanden und Kiesen, wenn erforderlich, durch Tiefbrunnen möglich ist. Zwischen Bauwerk und Baugrubenwand ist kein Arbeitsraum vorhanden. Der Verbau dient gleichzeitig als Abdichtungsunterlage und äußere Schalung für das Bauwerk.

- Hamburger Bauweise, die sich als örtlich bedingte Variante der Berliner Bauweise entwickelt hat. Infolge der dort stark wechselnden, unterschiedlichen Bodenarten (Sande und Kiese mit Tonen bzw. Mergeln) ist eine Grundwasserabsenkung mittels Tiefbrunnen nicht so erfolgreich wie z. B. in Berlin. Es ist nicht immer eine trockene Baugrubenwand vorhanden, die als einwandfreie Klebeunterlage für die Abdichtung angesehen werden kann. Infolgedessen wird ein 0,8 bis 1 m breiter Arbeitsraum vorgesehen, sodass die Abdichtung des Bauwerks nachträglich von außen aufgebracht werden kann, siehe *Klöckner/Schmidt (1977)*.

- Die Münchener Bauweise ist ebenfalls eine Variante der Berliner Bauweise. Dabei werden die Tragglieder (Bohlträger) in vorgebohrte Löcher gestellt, die im Fußbereich mit Kalkmörtel verfüllt werden. Auf die hölzerne Ausfachung werden Hartfaserplatten über eine Lattenkonstruktion als Schalungsträger für das in wasserundurchlässigem Beton hergestellte Tunnelbauwerk befestigt. Der Zwischenraum zwischen Ausfachung und Hartfaserplatte wird mit Sand verfüllt.

Ein Baugrubenverbau mit Trägerbohlwänden besteht aus folgenden konstruktiven Einzelteilen, siehe Abb. 23.18 bis Abb. 23.20:

a) Tragglieder: Als senkrechte Tragglieder werden I-Profile, IPB-Profile,][-Profile oder PSp-Profile vor dem Aushub in einem Abstand von etwa 1 bis 3 m in der Fluchtlinie der geplanten Baugrubenwand gerammt. Bei wenig rammfähigen Böden oder wenn Erschütterungen oder der Lärm durch das Rammen vermieden werden müssen, ist es zweckmäßiger, die Bohlträger in vorgebohrte Löcher einzustellen, siehe Abb. 23.19. Der zwischen Bohrlochwandung und Träger verbleibende Raum wird mit Sand, Magerbeton oder Kalkmörtel gefüllt. Der Vorteil von][-Profilen besteht darin, dass durch den Abstand der][-Profile ohne Verwendung einer Gurtung geankert werden kann. Dies kann erforderlich sein, wenn eine „glatte“ Verbauwand benötigt wird. Nachteilig ist der höhere Preis und u. U. eine höhere Ankeranzahl. Nach *EAB (2012)* ist bei Baugruben bis 10 m Tiefe eine Mindesteinbindetiefe der Träger von 1,50 m unter der Baugrubensohle erforderlich, sofern der Standsicherheitsnachweis keine größere Einbindetiefe erforderlich macht. Anstelle von Stahlträgern können auch Bohrrohre oder Bohrpfähle treten, wenn bei der Herstellung oder beim Ausschachten entsprechende Vorrichtungen zur Auflagerung der Ausfachung vorgesehen werden.

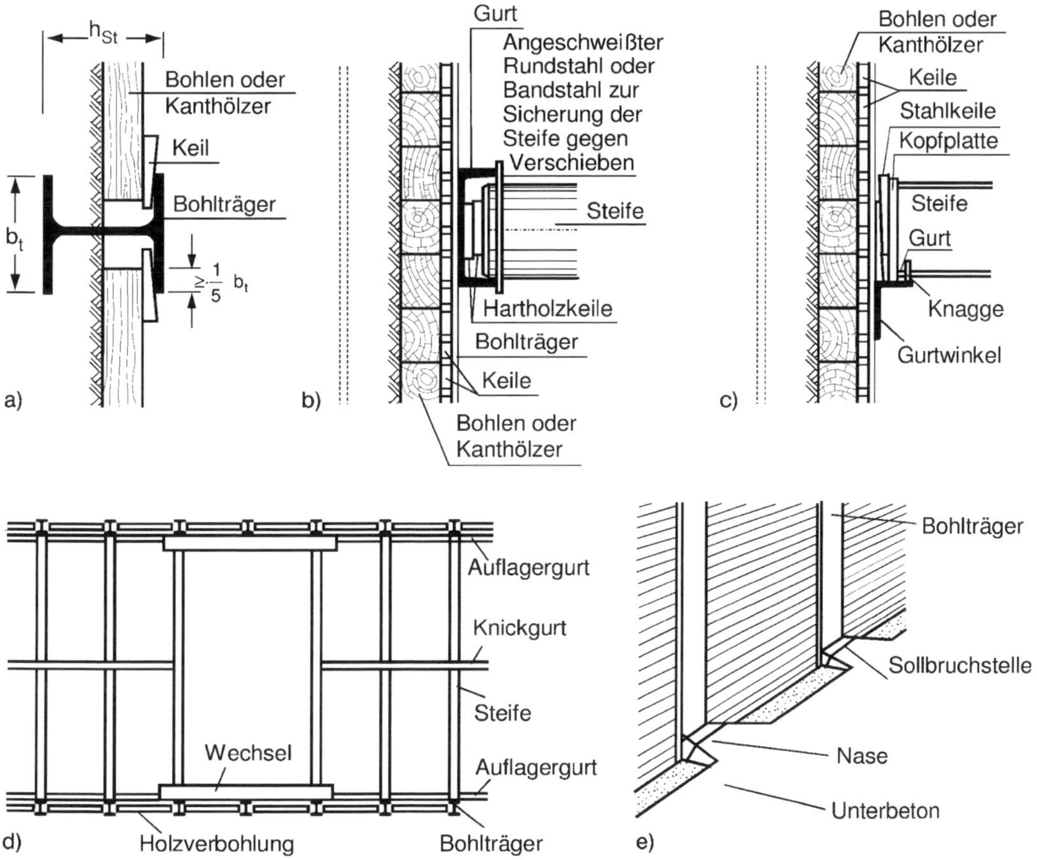

Abb. 23.18: *Konstruktive Einzelheiten einer Trägerbohlwand: a) Verkeilung der Bohlen, b) Auflagerung von Holzsteifen, c) Auflagerung von Stahlsteifen, d) Baggerloch, e) Abstützung gegen Unterbeton, nach* Hettler et al. (2018b)

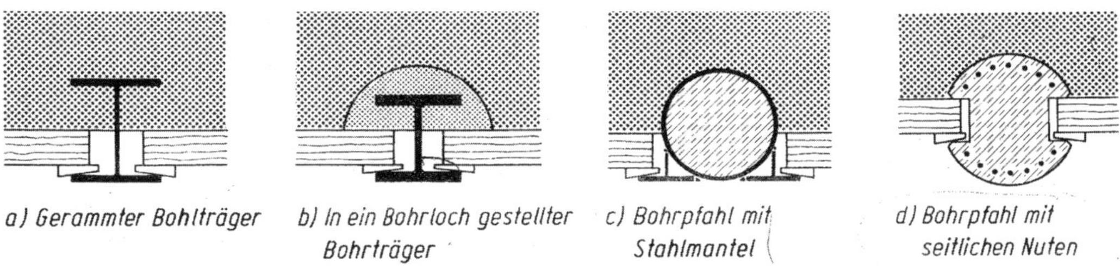

Abb. 23.19: *Senkrechte Tragglieder für Trägerbohlwände, nach* Weißenbach (1975b)

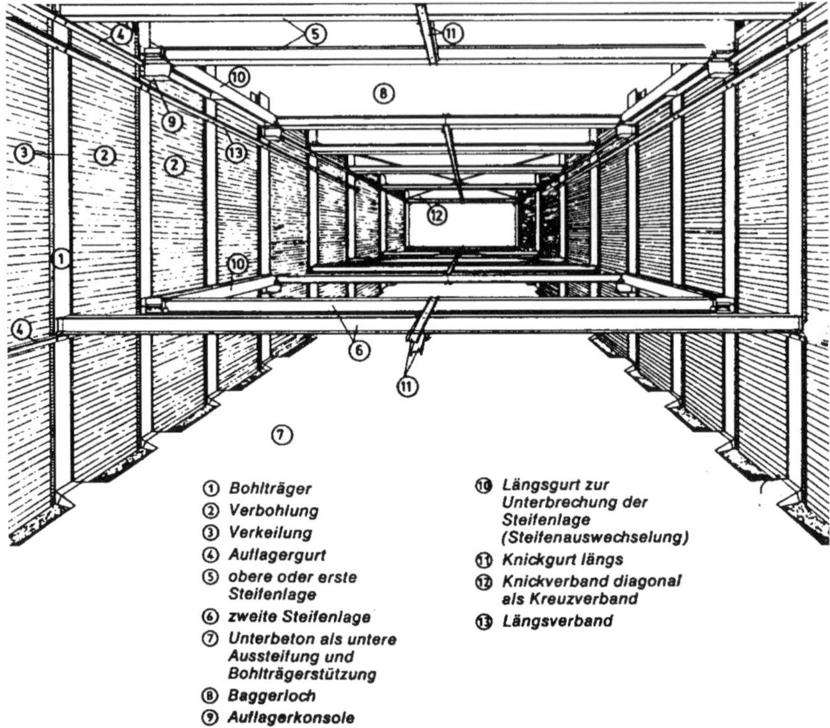

Abb. 23.20: *Gesamtansicht einer Baugrube mit Trägerbohlwänden*

b) Ausfachung: Die horizontale Wandausfachung folgt unmittelbar dem Aushub und ist spätestens ab einer Aushubtiefe unter Geländeoberkante von 1,25 m einzubauen. Der Aushub darf i. d. R. dem Einbau der weiteren Ausfachung um max. 0,5 m vorauseilen. Bei steifen bis halbfesten bindigen Böden bis max. 1,0 m, wenn diese eine entsprechende freie Standhöhe aufweisen. Durch Auskeilung der Ausfachung gegen die Trägerflansche wird ein Verbund gegen das Erdreich hergestellt. Die Ausfachung kann aus Holzbohlen, Kanthölzern, Kanaldielen, Stahlbetonfertigteilen, Ortbeton, Eisenbahnschwellen, Rundhölzern, Trägern oder Spritzbeton bestehen. Vor- und Nachteile der Ausfachungsarten sind in Tab. 23.4 zusammengestellt. Weitere Hinweise finden sich z. B. in *Haack (1979)*, *Weißenbach (1975b)* oder *Hettler et al. (2018b)*.

Tab. 23.4: *Kriterien für die Wahl der beiden gebräuchlichsten Ausfachungsarten*

Ausfachungsart	Vorteile	Nachteile
Holzausfachung	anpassungsfähig bezüglich schwieriger Geometrien, preiswert, die Holzbohlen können beim Rückbau wiedergewonnen werden	Gefahr der Verrottung und damit Hohlräume im Untergrund
Spritzbetonausfachung (bewehrt und unbewehrt)	hohe Tragfähigkeit	teuer

c) Aussteifung oder Verankerung: Bei größeren Baugrubentiefen reicht die Einspannung der Bohlträger im Boden unter der Baugrubensohle zur Aufnahme der Erddrucklasten nicht mehr aus oder ist mit zu großen Verformungen verbunden, sodass eine Aussteifung (Abb. 23.21) oder Rückverankerung (Abb. 23.22) erforderlich wird. Eine Aussteifung der Bohlträger über horizontale Gurte erfolgt in der Regel mit Rundhölzern, bis Baugrubenbreiten von max. 10 m, oder Stahlprofilen. Beide Aussteifungsarten sind durch Anbringen von Winkelstücken oder Knaggen an den Bohrträger gegen Abheben und Verschieben zu sichern. Aussteifungen der Baugrubenwände sollten gegenüber Rückverankerungen bevorzugt werden, wenn ein verformungsarmer Verbau erreicht werden soll oder die Steifen den Bauvorgang nicht zu sehr behindern. Bei sehr breiten Baugruben ist eine wirtschaftliche gegenseitige Aussteifung der Baugrubenwände nicht möglich. Hierfür sind Rückverankerungen oder Absteifungen (auch abschnittsweise) gegen die Baugrubensohle bzw. bereits fertige Bauteile erforderlich. Für die Rückverankerung kommen Verpressanker (Kapitel 27) zur Ausführung.

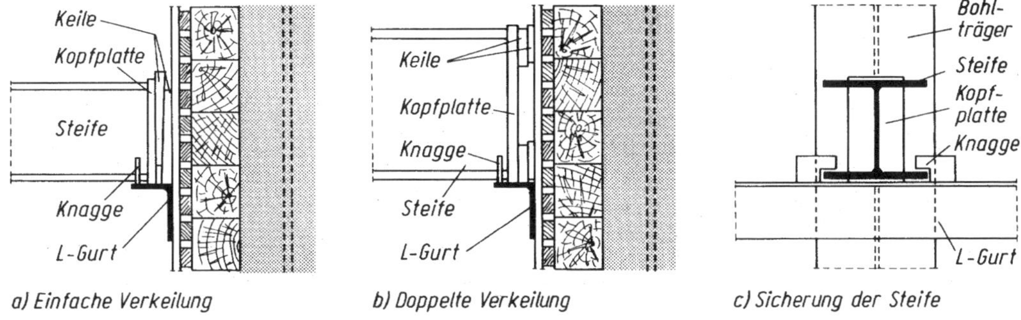

Abb. 23.21: *Auflagerungskonstruktion von Aussteifungen aus Stahl, aus* Weißenbach (1975b)

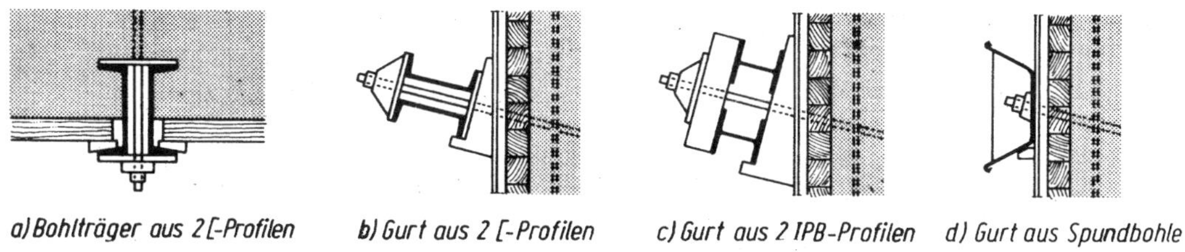

Abb. 23.22: *Verankerte Trägerbohlwände, aus* Weißenbach (1975b)

d) Rückgewinnung: In der Regel werden mindestens die Bohlträger mithilfe von Pfahlziehern, Rüttelziehgeräten oder hydraulischen Ziehgeräten wiedergewonnen. Neben setzungsempfindlichen Bauwerken sollten die Bohlträger aber im Untergrund verbleiben. Bei der Hamburger Bauweise ist eine Wiedergewinnung der Ausfachung ebenfalls möglich. Dabei erfolgt der Ausbau abschnittsweise wie der Einbau unter gleichzeitiger Arbeits- und Baugrubenraumverfüllung. Bei der Berliner Bauweise ist die Ausfachung verloren. Hier sind besondere konstruktive Maßnahmen (z. B. Trägerschutzbleche) erforderlich, um eine Beschädigung der Abdichtung des Bauwerkes beim Ziehen der Träger zu vermeiden.

23.5.3 Spundwände

Spundwände sind wie Trägerbohlwände als biegeweiche Baugrubenwände einzuordnen. Für die Ausführung von Spundwandbauwerken gilt DIN EN 12063. Spundwände sind im Kapitel 25 behandelt.

23.5.4 Ortbetonwände

Ortbetonwände als massive Verbauarten für Baugruben sind Schlitz- und Bohrpfahlwände. Bei der Schlitzwandbauweise (Kapitel 26) wird der Aushubschlitz durch eine Stützflüssigkeit (i. Allg. thixotrope Bentonitsuspension) stabilisiert und mit Spezialgreifern ausgehoben. Der Herstellungsvorgang ist in Abb. 23.23 schematisch dargestellt.

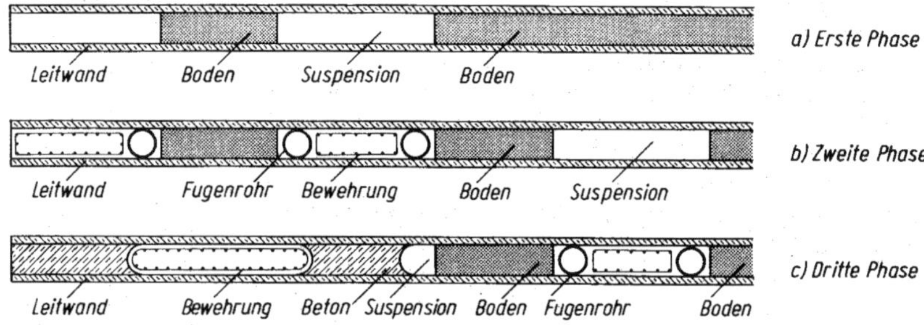

Abb. 23.23: *Herstellung einer Schlitzwand (Draufsicht), s. a. Kapitel 26*

Gegenüber den Bohrpfahlwänden, siehe Kapitel 20 und *EA-Pfähle (2012)*, bieten die Schlitzwände den Vorteil, dass eine durchgehende Bewehrung über eine größere Breite möglich ist und kein Pfahlbeton erneut angeschnitten werden muss wie bei der überschnittenen Pfahlwand. Man unterscheidet tangierende, überschnittene und aufgelöste Pfahlwände, siehe Abb. 23.24.

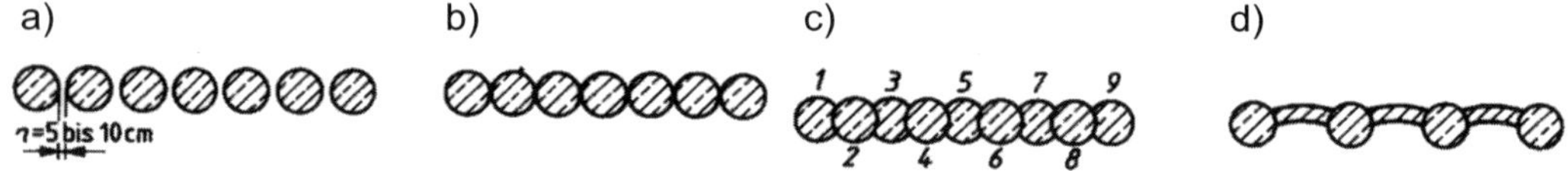

Abb. 23.24: *Bohrpfahlwände: a) mit Abstand angeordnete Pfähle, b) tangierende Pfähle, c) überschnittene Pfähle (1, 3, 5, 7, 9: unbewehrte Pfähle; 2, 4, 6, 8: bewehrte Zwischenpfähle), d) aufgelöste Pfähle*

a) *Überschnittene Pfahlwand*: Es werden zunächst die unbewehrten Pfähle 1, 3, 5 usw. und anschließend die bewehrten Zwischenpfähle hergestellt. Dabei schneiden die letzteren in die beiden benachbarten bereits betonierten Pfähle ein, sodass eine durchgehende Betonwand entsteht. Die Überschneidung ist von Pfahllänge und -durchmesser abhängig. Ein Mindestmaß von 10 – 15 cm sollte jedoch nicht unterschritten werden, da die Herstellung gewisser Toleranzen (0,5 – 1,0 % Abweichung von der Senkrechten) unterliegt. Überschnittene Pfahlwände finden Anwendung bei wasserdichten Baugrubenumschließungen.

b) *Tangierende Pfahlwände*: Der lichte Abstand der Pfähle liegt aus Herstellungsgründen bei 2 – 5 cm. Der Vorteil dieses Verfahrens ist, dass durch die dichte Anordnung bewehrter Pfähle hohe Biegemomente übertragen werden können. Eine wasserdichte Baugrubenumschließung ist damit jedoch nicht im vertretbaren Rahmen herzustellen.

c) *Aufgelöste Pfahlwände*: Das Achsmaß der Pfähle liegt zwischen 1,0 und 3,0 m. Der Zwischenraum wird üblicherweise mit Spritzbeton gesichert. Dieser ist entweder bewehrt und auf Biegung berechnet oder unbewehrt und unter Einbeziehung der Gewölbetragwirkung berechnet. Der Anwendungsbereich liegt bei der Sicherung von angrenzenden Verkehrswegen oder leichter Bebauung oder wenn Spund- bzw. Trägerbohlwände eine zu geringe Steifigkeit aufweisen. Weitere Details zu Bohrpfahlwänden sind *Seitz/Schmidt (2000)* zu entnehmen.

Die massiven Verbauarten bieten den Vorteil einer relativ erschütterungs- und geräuscharmen Herstellung. Sie werden als verformungsarm eingestuft, sodass sie insbesondere neben setzungsempfindlichen Bauwerken zum Einsatz kommen. In Verbindung mit einer dichten Baugrubensohle (z. B. Unterwasserbeton- oder Injektionssohle) oder einer angeschnittenen dichtenden Bodenschicht kann eine nahezu dichte Baugrube ohne Grundwasserabsenkung hergestellt werden, was heute zunehmend Bedeutung erlangt. Häufig können die massiven Verbauarten als spätere Umfassungswand in das herzustellende Bauwerk integriert werden. Abb. 23.25 zeigt verschiedene Anwendungsbeispiele für Bohrpfahlwände bzw. für Schlitzwände. In Zusammenhang mit Gebäudeunterfangungen sind neben Schlitz- und Bohrpfahlwänden als massive Verbauarten auch die Stabwand (z. B. aus Mikropfählen nach DIN EN 14199), die Unterfangungswand, die chemisch verfestigte Erdwand oder die Frostwand eingesetzt worden, siehe *Weißenbach/Hettler (2001)* oder auch Kapitel 29.

23.5.5 Sonderbauweisen

Bestimmte Böden im Übergangsbereich zu Fels, wie z. B. Mergel oder gewisse Juratone können beim Baugrubenaushub ohne Sicherheitsmaßnahmen vorübergehend standfest sein. Sie können ihre Standfestigkeit i. d. R. nur durch Witterungseinflüsse verlieren, sodass als Schutz eine Spritzbetonschicht, ggf. in Verbindung mit Ankern, ausreichend sein kann.

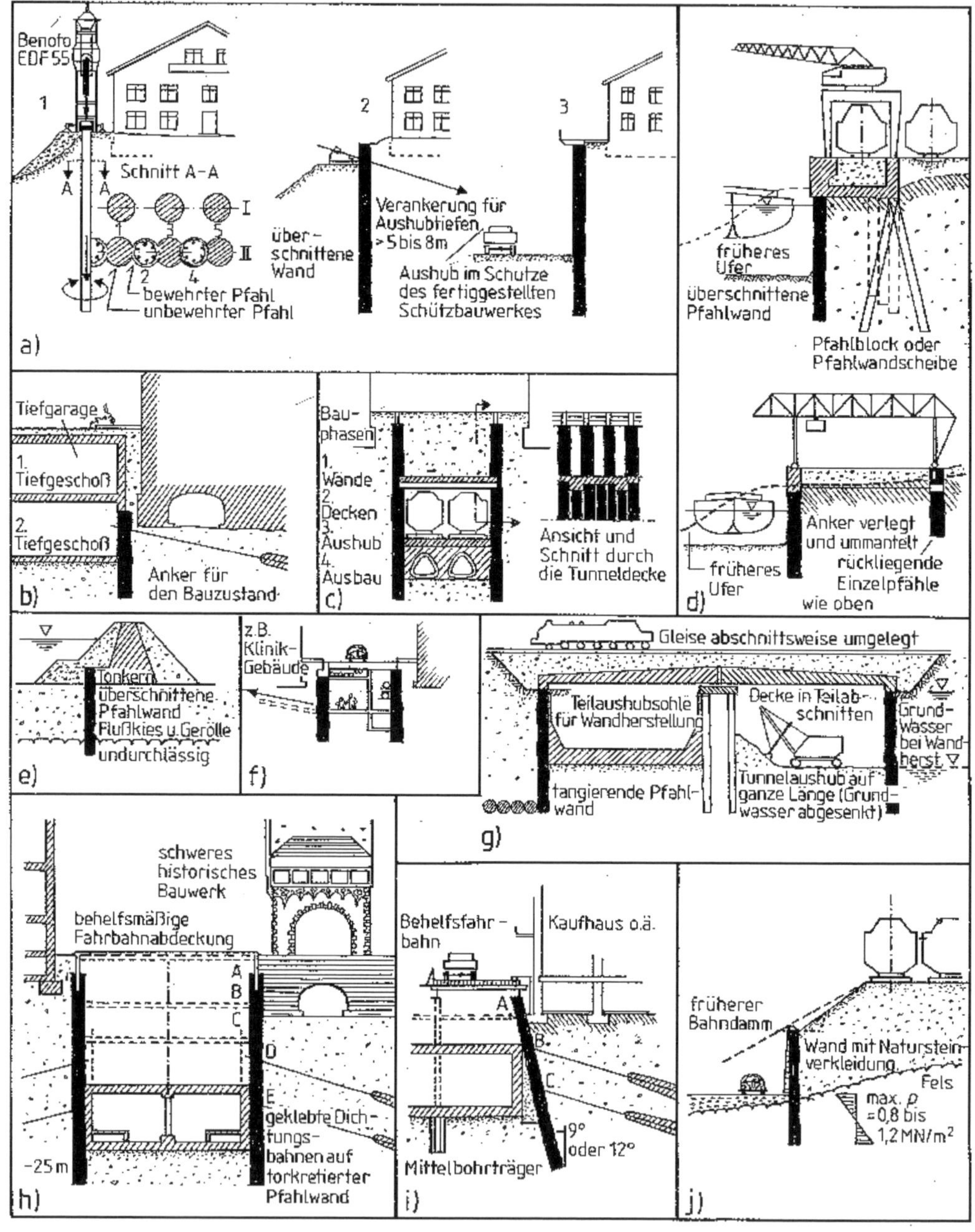

Abb. 23.25: *Anwendungsbeispiele für Bohrpfahl- und/oder Schlitzwände, aus* Simmer (1992)

24 Wasserhaltung und Dränung

24.1 Allgemeines

Bauaufgaben im Untergrund erhalten eine zusätzliche Schwierigkeit, wenn die Bauwerke oder die notwendigen Baugruben in Grund- oder Stauwasserstände einbinden. Das Absenken, Fassen und Ableiten von Wasser führt dazu, dass eine Baugrube im Trockenen hergestellt werden kann bzw. Bauwerke geschützt werden. Des Weiteren können auch Verfahren eingesetzt werden, die das Wasser abschirmen, z. B. wasserdichte Baugrubenwände in Verbindung mit Dichtungssohlen, wasserdichte Keller (weiße Wanne).

24.2 Filterregeln

Mit Filterstabilität wird das physikalische Verhalten eines Systems zweier oder mehrerer Bodenmaterialien im Schichtgrenzenbereich bei Durchströmung von Wasser infolge eines hydraulischen Potentialgefälles (Band 1, Kapitel 3) im Hinblick auf die Rückhaltung von Bodenteilchen im Filter aus dem abzufilternden Boden (Basismaterial) bezeichnet.

Dabei sind zwei Kriterien einzuhalten:

1. Kriterium: *Mechanische Filterfestigkeit* (Filterstabilität)
   Die Einhaltung dieses Kriteriums soll die Rückhaltung der Bodenteilchen aus dem abzufilternden Boden bewirken. Dieses Kriterium ist eine geometrische Anforderung an die Porengröße des Filtermaterials.

2. Kriterium: *Hydraulische Filterwirksamkeit* (Filterdurchlässigkeit)
   Die hydraulische Wirksamkeit des Filters soll eine Wasserdurchlässigkeit garantieren, die es ermöglicht, dass das Wasser im Filter möglichst drucklos abfließen kann.

Die Forderungen an das Filtermaterial werden z. B. durch Einhaltung der Filterregel nach Terzaghi erfüllt, s. Gln. (24.1) und (24.2).

a) Mechanische Filterfestigkeit:

$$D_{15} < 4 \cdot d_{85} \tag{24.1}$$

Der Korndurchmesser D_{15} eines grobkörnigen Bodens (z. B. Filterkiessand) bei der Ordinate 15 % seiner Körnungslinie muss kleiner sein als der 4-fache Korndurchmesser d_{85} des abzufilternden Bodens, s. a Abb. 24.1.

b) Hydraulische Filterwirksamkeit:

$$D_{15} > 4 \cdot d_{15} \tag{24.2}$$

Der Korndurchmesser D_{15} des grobkörnigen Bodens muss größer sein als der 4-fache Korndurchmesser d_{15} des feinkörnigen Bodens, s. a Abb. 24.1.

Die Körnungslinie des mineralischen Filters ist im zulässigen Bereich, wenn sie die Linie AB nach Abb. 24.1 schneidet. Außerdem sollte ein etwa ähnlicher Verlauf beider Körnungslinien angestrebt werden.

In der Literatur finden sich zahlreiche weitere Filterregeln, die unterschiedliche Böden oder Anwendungsformen berücksichtigen.

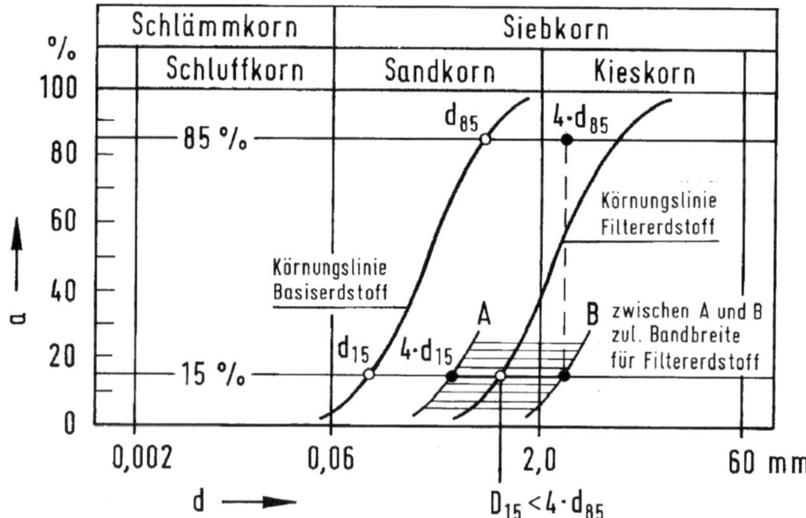

Abb. 24.1: *Filterregel nach Terzaghi (entnommen aus Merkblatt zur Wasserbautechnik Nr. 5.2/1b des Bayerischen Landesamts für Wasserwirtschaft)*

24.3 Dränung zum Schutz von baulichen Anlagen

24.3.1 Ausführung

Unter Dränung wird nach DIN 4095 die Entwässerung des Bodens durch eine Dränschicht und Dränleitung verstanden. Dabei soll auch ein Ausschlämmen von Bodenteilchen verhindert werden (Filterstabilität). Die Dränanlage besteht i. d. R. aus Drän-, Kontroll- und Spüleinrichtungen sowie den Ableitungen in eine Vorflut. Vor den erdberührten Bauteilen sind zur Verhinderung von drückendem Wasser verschiedene Schichten anzuordnen.

Eine Abdichtung direkt am Bauteil dient als Schutz gegen nicht drückendes Wasser. Davor ist eine wasserdurchlässige Dränschicht angeordnet. Die Dränschicht sollte alle erdberührten Flächen bedecken. Am Fußpunkt ist die drucklose Weiterleitung des Wassers bei mineralischer Ummantelung des Dränrohres durch mindestens 0,2 m Scheitelüberdeckung über der Dränleitung sicherzustellen. Die Dränleitung sollte bei Gebäuden möglichst als geschlossene Ringleitung ausgeführt in einem filterfesten Kiessand verlegt werden. Dränrohre werden i. d. R. als geschlitzte Kunststoffrohre, meist in gewellter Form rund oder maulförmig als Voll- oder Teilsickerrohre, hergestellt.

Kontrollschächte (DN 300) sind bei Richtungswechseln der Dränleitung anzuordnen. Ihr Abstand sollte 20 m nicht übersteigen. Spül- und Sammelschächte (DN 1000) sind mindestens an Hoch- und Tiefpunkten anzuordnen, wobei der Abstand höchstens 60 m betragen sollte. Abb. 24.2 zeigt Ausführungsbeispiele von Dränanlagen.

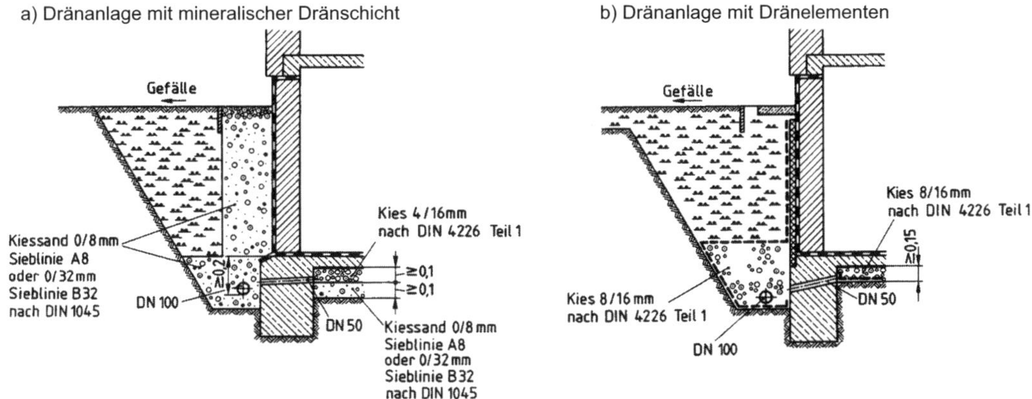

Abb. 24.2: *Beispiele von Dränanlagen, aus DIN 4095*

Die Dränmaßnahmen unter Bodenplatten sind abhängig von der bebauten Fläche. Bei Flächen unter 200 m^2 darf eine Flächendränschicht ohne Dränleitung zur Ausführung kommen. Bei Flächen über 200 m^2 ist ein Flächendrän vorzusehen, der über Dränleitungen entwässert wird.

24.3.2 Statische und hydraulische Beanspruchung der Dränanlage

Zur statischen und hydraulischen Beanspruchung und Bemessung siehe DIN 4095.

24.4 Konstruktive Ausbildung von Wasserhaltungen

24.4.1 Anwendungsgrenzen

Die Auswahl geeigneter Wasserhaltungsanlagen richtet sich insbesondere nach der Durchlässigkeit der anstehenden Böden, der Schichtenfolge und der vorgesehenen Absenktiefen. Abb. 24.3 zeigt hierzu eine schematische Übersicht.

Nach Abb. 24.3 sind unter „Injektionen" hier verschiedene geotechnische Abdichtungsverfahren zu verstehen, siehe DIN 4093. Osmotische Verfahren haben praktisch keine Bedeutung.

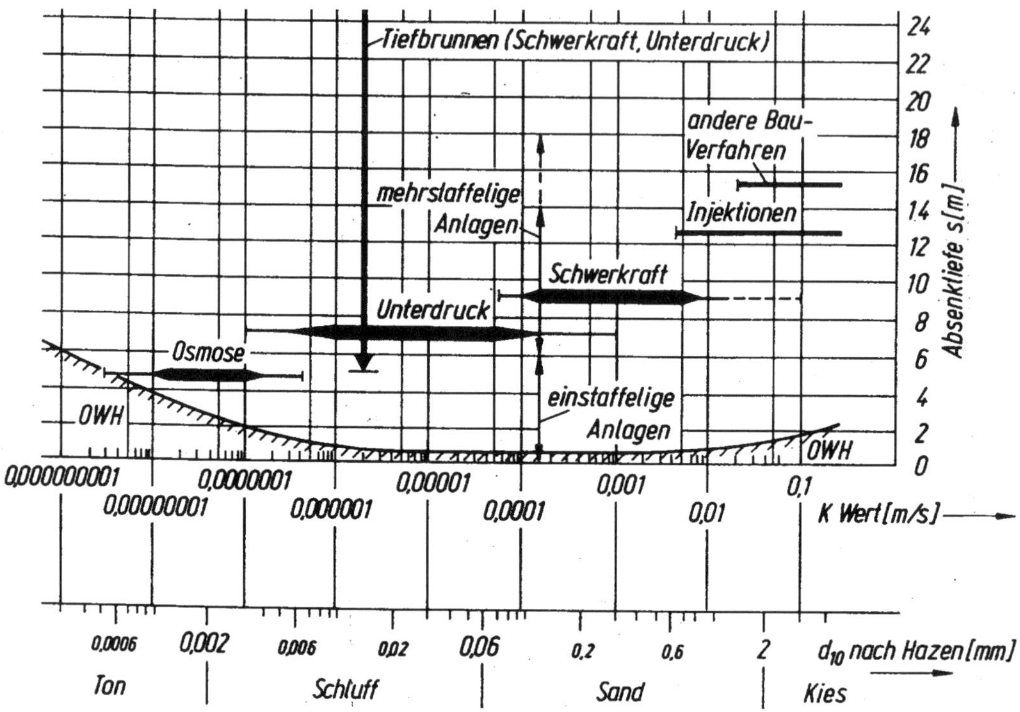

Abb. 24.3: *Anwendungsbereiche der Wasserhaltungsverfahren, aus* Herth/Arndts (1994)

24.4.2 Offene Wasserhaltung

Die offene Wasserhaltung ist i. d. R. das kostengünstigste Wasserhaltungsverfahren. Bei offenen Wasserhaltungen wird das der Baugrube durch die Sohle und aus den Böschungen zufließende Wasser oberflächlich i. d. R. über Gräben und Rinnen in Pumpensümpfen gesammelt und von dort abgepumpt, siehe Abb. 24.4.

Ihre Anwendung erfordert standfesten Untergrund, wie zum Beispiel bindige Böden, Fels mit Klüften oder grober Kies, bei denen keine Auftriebsgefahr besteht. Sandige Böden neigen zum Ausfließen. Der Wasserandrang ist bei sehr durchlässigen Böden zu groß. Offene Wasserhaltungen sind wegen der Grundbruchgefahr

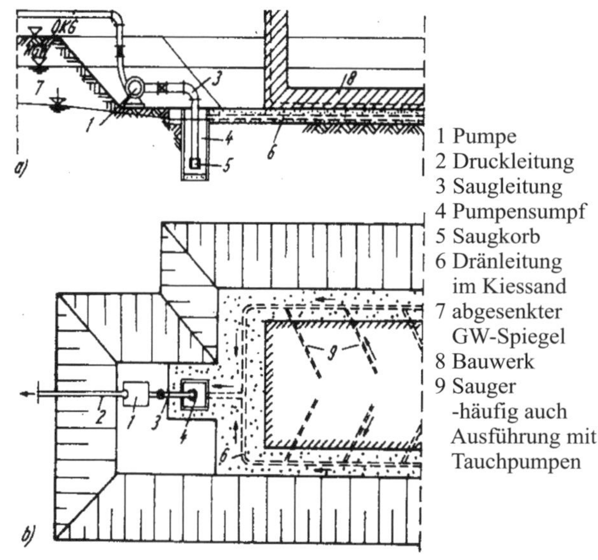

Abb. 24.4: *Prinzip einer offenen Wasserhaltung, aus* Knaupe (1983)

nur bis in geringe Tiefen möglich. Mit zunehmender Tiefe wächst durch stärkeren Wasserandrang die Gefahr von Bodenauflockerungen. Die Standfestigkeit und Tragfähigkeit des Bodens wird gefährdet. Daher sind flache Böschungen vorzusehen.

Um Aufweichungen in den jeweiligen Aushubebenen zu vermeiden, die die Erdarbeiten wesentlich erschweren können, müssen laufend Gräben und Pumpensümpfe angelegt werden. Aus den Böschungen austretendes Wasser wird durch Dränungen, Gräben, Kiesrigolen, Belastungsfilter oder Einkornbetonfilter erfasst und der offenen Wasserhaltung zugeführt.

24.4.3 Schwerkraftentwässerung

Bei der Schwerkraftentwässerung fließt das Wasser durch den Höhenunterschied zwischen Grundwasserspiegel und Wasserstand dem Brunnen zu. Das hydraulische Gefälle entsteht nur durch die Schwerkraft.

Es werden folgende Systeme unterschieden:

a) Flachbrunnen:

- Dabei handelt es sich um eine Grundwasserabsenkung durch Brunnen, bei denen die Wasserförderung durch eine Kreiselpumpe über eine gemeinsame Saugleitung erfolgt. Da die Saughöhe der Pumpen in der Praxis 8 m kaum überschreitet, erreichen derartige Anlagen unter Berücksichtigung der Reibungsverluste in den Saugleitungen sowie der Absenkung s_{EB} der einzelnen Brunnen nur Absenkungen bis höchstens 4 m. Für größere Absenkungen ist eine tiefer gestaffelte Anlage notwendig, siehe Abb. 24.5.

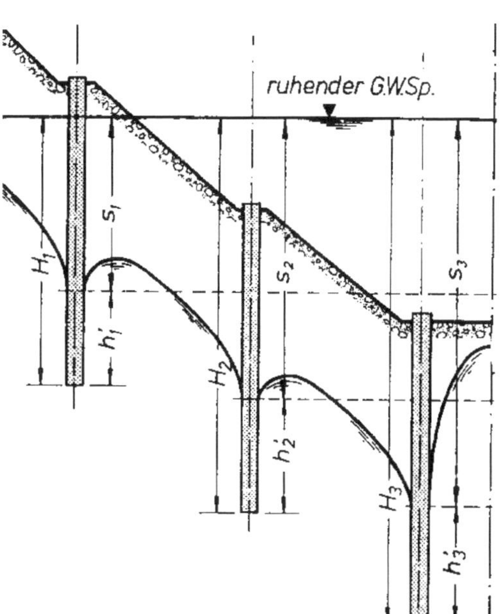

Abb. 24.5: *Staffelanlage mit Flachbrunnen*

b) Tiefbrunnen:

- Für Grundwasserabsenkungen werden sehr häufig auch Tiefbrunnen ausgeführt, s. Abb. 24.6.

- Bei Tiefbrunnenanlagen wird in jeden Brunnen eine Pumpe eingebaut, die das Wasser nicht hochsaugt, sondern drückt. Im Allgemeinen werden elektrisch betriebene Tauchpumpen verwendet. Mit Tiefbrunnenanlagen ist nahezu jede gewünschte Absenktiefe erreichbar.

- Die Brunnen sind Kiesschüttungsbrunnen mit Bohrdurchmesser von 400 bis 1.500 mm und Filterrohrdurchmesser von 200 bis 1.250 mm. Die Brunnen sollen möglichst außerhalb der Baugrube liegen, da sie dann weder den Aushub noch die späteren Arbeiten in der Baugrube behindern.

- Auf dem unten geschlossenen Sumpfrohr sitzt das mit Schlitzen versehene Filterrohr und darüber die Aufsatzrohre. Das Filterrohr muss durch Filtermaterial umgeben werden, wobei Filterregeln (24.2) einzuhalten sind. Meist genügt eine einzelne Filterschicht (z. B. Filterkies 3/7 mm), bei Böden mit hohem Feinsandanteil werden oftmals zwei aufeinander abgestufte Filterschichten erforderlich.

c) Wellpointanlagen (Punktbrunnenanlagen):

- Als Wellpoint bezeichnet man Flachbrunnen einfachster Art, bei denen das Filterrohr der Brunnen gleichzeitig als Saugrohr dient und direkt mit der Saugleitung verbunden ist. Der Durchmesser der ca. 8-10 m langen Brunnenrohre beträgt 2 bis 4 Zoll (5,08 bis 10,17 cm).

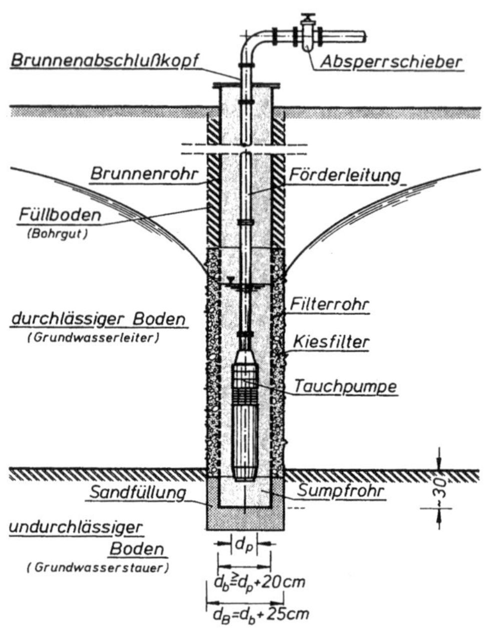

Abb. 24.6: *Tiefbrunnen*

- Da das untere Rohrende auf 1 bis 2 m Länge als Filter ausgebildet wird, ist eine Kiesschüttung i. d. R. nicht erforderlich. Die Brunnen werden nicht gebohrt, sondern in den Boden eingespült.

- Das Brunnenrohr steht im Betrieb unter Unterdruck, der nur zum Heben des Wassers benötigt wird. Er wirkt nicht auf den Boden. Das Wasser fließt dem Brunnen nur durch die Schwerkraft zu.

24.4.4 Vakuumentwässerung

Wenn die Schwerkraft nicht ausreicht, um das Wasser dem Brunnen zufließen zu lassen, ist für die Grundwasserabsenkung der Aufbau eines Vakuums erforderlich. Das ist i. d. R. ab Durchlässigkeiten von kleiner $k = 10^{-4}$ bis 10^{-5} m/s der Fall. Es ist zu beachten, dass der Unterdruck nicht nur im Brunnen wirkt, sondern auf den umgebenden Boden übertragen wird.

Für die Vakuumentwässerung kommen Spülfilteranlagen und Vakuumtiefbrunnen infrage.

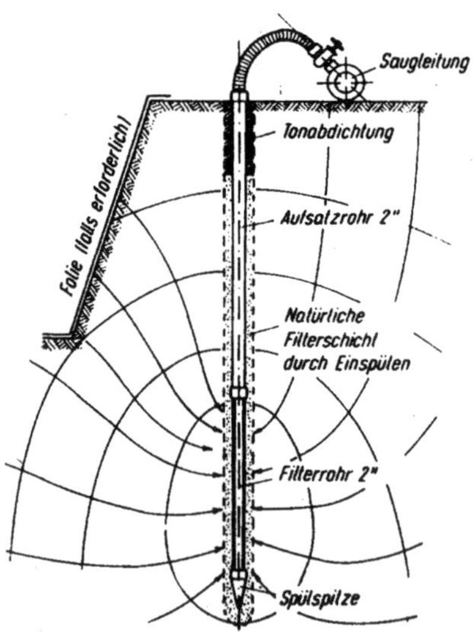

Abb. 24.7: *Vakuumbrunnen, nach* Rieß (2001)

Die normalen Spülfilteranlagen besitzen Filterrohre mit 1,5 bis 2,5 Zoll (3,81 bis 6,35 cm) Durchmesser und sind am unteren Ende mit einem 1 bis 2 m langen Filterteil versehen. Sie werden eingespült. Bei Böden mit einer Durchlässigkeit von $k > 10^{-4}$ m/s wirken die Spüllanzen wie Wellpointanlagen, da dann kein Unterdruckraum außerhalb des Brunnens aufgebaut wird.

Wegen der nur kleinen Absenktrichter, die sich bei Unterdruckanlagen einstellen, sind die Spüllanzen im Abstand von 1 bis 2 m anzuordnen. Die Filterbrunnen werden gruppenweise an eine gemeinsame Rohrleitung angeschlossen. Auf je 50 m Rohrleitung kommt etwa eine Vakuumpumpe. Da die Wassermengen klein sind, ist die Vorausberechnung i. Allg. nicht erforderlich.

Mit einer Staffel werden i. d. R. Absenkungen von 4 bis 6 m erreicht. Bei tieferen Absenkungen wird ein mehrstaffeliger Einbau der Anlage erforderlich.

24.4.5 Herstellung und konstruktive Ausbildung

24.4.5.1 Gebohrte Brunnen

Der Brunnendurchmesser wird nach den technischen Möglichkeiten der Herstellung, nach den anfallenden Wassermengen und den betrieblichen Bedingungen gewählt. Zunächst wird eine verrohrte Bohrung mit Durchmesser von 300 mm bis zu 1.500 mm abgeteuft. Im Normalfall beträgt der Bohrdurchmesser 500 mm bis 600 mm. Danach wird ein Filterrohr (Durchmesser 150 mm bis 1000 mm je nach Bohrung) meist als verzinktes Stahlfilterrohr mit Schlitzbrücklochung, seltener als geschlitztes Kunststoffrohr, eingesetzt.

Die Filterlochung liegt nur im wasserführenden Teil des Brunnens, darüber und darunter ist das Filterrohr geschlossen. Auch am Fuß befindet sich ein ca. 1 m hoher, nicht geschlitzter Rohrbereich, damit ein kleiner Pumpensumpf entsteht (Sumpfrohr). Die Brunnenrohre werden gewöhnlich aus 5 m langen Rohrstücken zusammengebaut. Bei mehreren wasserführenden Horizonten werden auch mehrere Filterstrecken übereinander angeordnet. Der Durchmesser des Bohrrohres ergibt sich dann aus dem des Filterrohres zuzüglich 2-mal Dicke des Filters. Hieraus ergeben sich übliche Abmessungen nach Tab. 24.1.

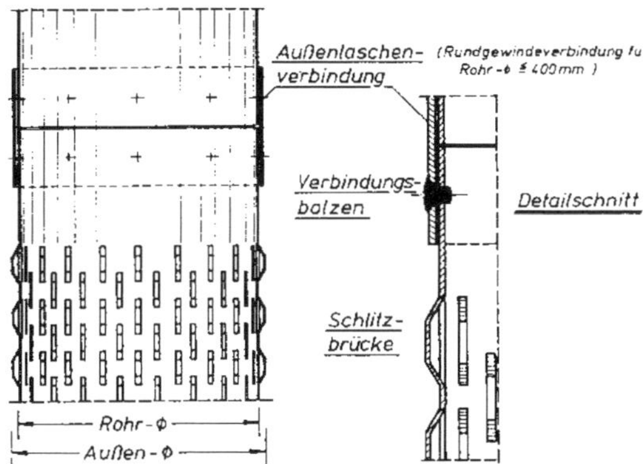

Abb. 24.8: *Schlitzbrückenfilter*

Tab. 24.1: *Übliche Bohrdurchmesser für Filterrohre*

Bohrdurchmesser [mm]	Filterrohrdurchmesser [mm]	Filterdicke [mm]
300 bis 400	150	75 bis 125
500 bis 600	300	100 bis 150
1000	600	200
1500	1000	250

Gleichzeitig wird mit dem Schütten des Filters zwischen Filterrohr und Bohrlochverrohrung letztere gezogen. Das Filterrohr verbleibt im Boden. Bei sehr feinen Böden sind mehrstufige Filter erforderlich, wobei die Stufen mithilfe von Drahtkörben getrennt gepackt werden. Es sind auch kleinere Filterrohre mit fabrikmäßig aufgeklebtem Kiesbelag erhältlich.

In Mittel- und Grobsanden können auch Gewebefilter um die Schlitzbrückenlochung verwendet werden. Dann ist der Bohrrohrdurchmesser nur wenig größer als der des Filterrohres. Der Gewebefilter ist ein Tressengewebe aus Kupfer oder Messing. Zwischen Filterrohr und Tresse befindet sich ein weitmaschiges Drahtgewebe (Untertresse) aus etwa 3 mm dickem Kupfer- oder verzinktem Eisendraht. Statt eines Untertressengewebes kann auch ein Draht spiralenförmig um das Filterrohr gewickelt werden. In den so fertiggestellten Bohrbrunnen wird die Wasserförderanlage eingehängt.

24.4.5.2 Gespülte Brunnen

Gespülte Brunnen bestehen aus einem Filterrohr (Durchmesser 50 mm bis 200 mm) aus Kunststoff oder Stahl, das am unteren Ende auf 1 m bis 2 m Länge als Filterrohr (Schlitzlochung von 0,3 mm bis 0,5 mm Breite) ausgebildet ist (Abb. 24.9a)). Innerhalb des Brunnenrohres steckt ein kleineres Wasser-Förderrohr. Beide Rohre sind am Fuß in einer Spülspitze durch ein Ringventil zu verbinden oder zu trennen. Die Spülspitze ist nach unten durch ein Kugelventil abgeschlossen.

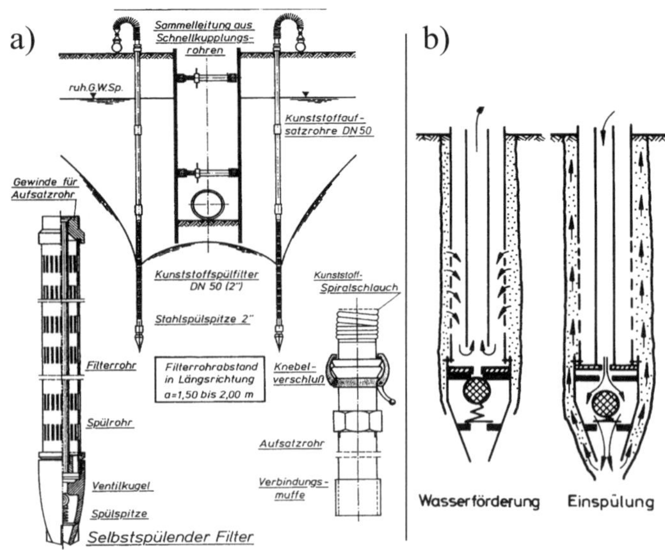

Abb. 24.9: *a) Vakuumlanzen/-filter,*
b) Spülspitzenausbildung und Funktion

Der Spülstrom öffnet das Kugelventil und drückt das Ringventil nach oben, s. Abb. 24.9b). Daher tritt der Spülstrom an der Spitze aus und nicht durch die Filterlochung. Der Spülstrom lockert den Boden vor der Spülspitze auf, sodass das Brunnenrohr i. d. R. von Hand in den Boden gedrückt werden kann. Das am Brunnenrohr nach oben zurückströmende Spülwasser löst aus dem umgebenden Boden feinere Bestandteile und spült sie am Rohr entlang nach oben, sodass eine Art natürlicher Filterschicht um den Spülbrunnen herum entsteht. Nach Erreichen der Endtiefe wird der Spülstrom abgestellt, das Kugelventil schließt die Spülspitze ab und das Ringventil fällt herunter.

Bei der Wasserförderung ist das Ringventil geschlossen, sodass das Filterrohr durch das Förderrohr entwässert bzw. abgepumpt wird.

24.5 Theorie der Berechnung von Grundwasserabsenkungen

24.5.1 Aufgabenstellung

Bei der Berechnung von Wasserhaltungen ist zunächst der Verlauf der Wasserspiegellinie (Sickerlinie) im Boden und der dabei anfallenden Wassermengen Q zu ermitteln. Dies kann unter dem Begriff *Ergiebigkeit des Untergrunds* zusammengefasst werden. Demgegenüber ist zu prüfen, was ein Einzelbrunnen mit bestimmten frei gewählten Abmessungen an Wassermenge Q abführen kann: *Fassungsvermögen des Einzelbrunnens.* Beide Bedingungen optimal zu erfüllen bzw. aufeinander abzustimmen ist die konstruktive Aufgabe des Entwurfs und der Berechnung von Wasserhaltungen.

24.5.2 Brunnengleichungen nach *Dupuit-Thiem*

Die Berechnung der Form der Wasserspiegellinie und des Wasserandrangs (Ergiebigkeit des Untergrundes) wird nach den Brunnengleichungen von *Dupuit-Thiem* vorgenommen, siehe *Dupuit (1963)* und *Thiem (1870)*. Man geht zunächst von homogenen Untergrundverhältnissen bis zur Brunnensohle aus und betrachtet einen Einzelbrunnen mit folgenden Annahmen:

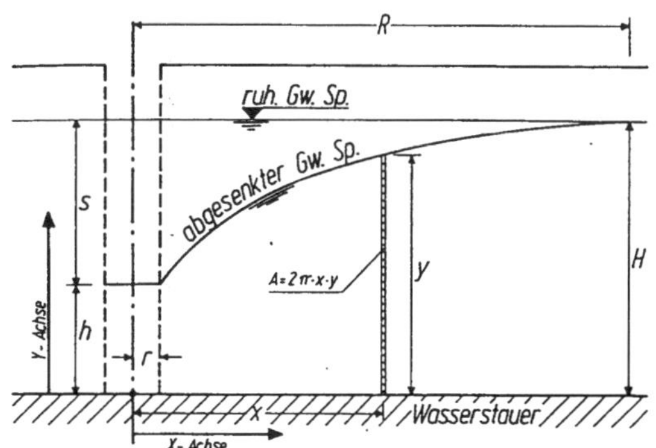

Abb. 24.10: *Vollkommener Brunnen im homogenen Untergrund*

- Der abgesenkte Grundwasserspiegel wird als *Beharrungszustand* betrachtet, d. h. die Sickerströmung stellt einen stationären Zustand dar. Bei konstanter Reichweite R fließt aus dem Gebiet außerhalb von R ständig so viel Wasser nach wie auch abgepumpt wird.
- Die Poren des Untergrunds sind wassergesättigt, die Durchlässigkeit k ist bekannt und über die Brunnentiefe konstant. Die physikalischen Eigenschaften besonders der Durchlässigkeit sind in alle Richtungen gleich (isotrop).

- Es ist ein *vollkommener* Brunnen vorhanden, bei dem die Brunnensohle den Wasserstauer erreicht, welcher den Grundwasserleiter nach unten abschließt.
- Die Geschwindigkeitsvektoren des auf den Brunnen anströmenden Wassers verlaufen horizontal, die Neigung der Sickerlinie wird vernachlässigt. Es gelten das Gesetz von *Darcy* und die Kontinuitätsgleichung (Band 1, Kapitel 3).
- Der Kapillarsaum bleibt unberücksichtigt.

Mit diesen Voraussetzungen und den Bedingungen nach Abb. 24.10 kann die Brunnengleichung abgeleitet werden.

$$Q = v \cdot A \tag{24.3}$$

Für die zylinderförmige Fläche gilt allgemein Gl. (24.4a) sowie mit dem Gesetz von Darcy Gln. (24.4b) und (24.4c).

$$A = 2 \cdot \pi \cdot x \cdot y \tag{24.4a}$$

$$Q = k \cdot i \cdot A \tag{24.4b}$$

$$Q = 2 \cdot \pi \cdot x \cdot y \cdot \frac{dy}{dx} \tag{24.4c}$$

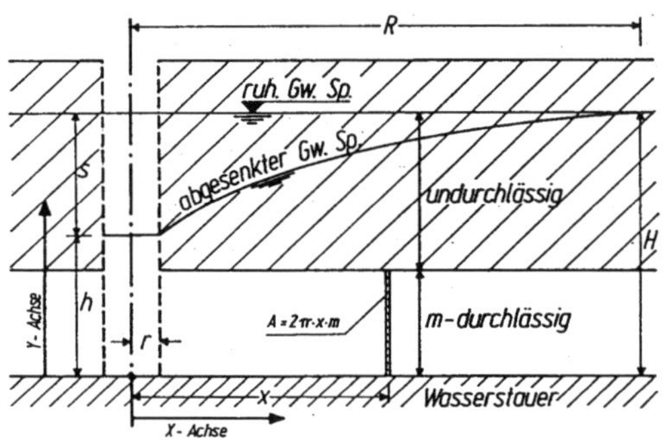

Abb. 24.11: *Vollkommener Brunnen bei einer begrenzt durchlässigen Schicht der Dicke m, aus* Herth/Arndts (1994)

Durch Integration der Gl. (24.4c) und Einsetzen der Randbedingungen

$$y_1 = H; \quad x_1 = R; \quad y_2 = h; \quad x_2 = r$$

ergibt sich

$$Q = \frac{\pi \cdot k \cdot (H^2 - h^2)}{\ln R - \ln r} = \frac{\pi \cdot k \cdot (y_1^2 - y_2^2)}{\ln x_1 - \ln x_2} \tag{24.5}$$

Diese Gleichung liefert den Wasserandrang zum Brunnen bzw. die *Ergiebigkeit des Untergrunds.* Gl. (24.5) wird zu Gl. (24.6) für die Randbedingungen nach Abb. 24.11.

$$Q = \frac{2 \cdot \pi \cdot k \cdot m \cdot s}{\ln R - \ln r} = \frac{2 \cdot \pi \cdot k \cdot (y_1 - y_2) \cdot m}{\ln x_1 - \ln x_2} \tag{24.6}$$

Des Weiteren sind Formeln für halbgespannte Oberflächen bekannt.

24.5.3 Reichweite des Absenktrichters

Die Reichweite des Absenktrichters lässt sich abschätzen nach einer empirischen Formel von *Sichardt (1927)* zu

$$R = 3000 \cdot s \cdot \sqrt{k} \tag{24.7}$$

mit

R: Reichweite in m

k: Durchlässigkeitsbeiwert in m/s

s: Absenkung $H - h$ in m

Gl. (24.7) ist i. d. R. ausreichend genau, insbesondere da R in den Gln. (24.5) und (24.6) mit dem natürlichen Logarithmus eingeht.

24.5.4 Unvollkommene Brunnen

Beim unvollkommenen Brunnen ist ein größerer Wasserandrang aus den Bodenbereichen unter der Brunnensohle vorhanden. Für eine genaue Berechnung dieser Verhältnisse müsste die Anisotropie der Durchlässigkeit berücksichtigt werden.

In der praktischen Berechnung wird zunächst näherungsweise von einem vollkommenen Brunnen ausgegangen und die zu erwartende größere Wassermenge mit einem empirischen Faktor erhöht.

$$Q_{unvollk} = f \cdot Q_{vollk} \tag{24.8}$$

mit

$f = 1,1$: für $t \leq H$

$f = 1,3$: für $t \geq 2 \cdot H$

$f = 1,2$: für $H < t < 2 \cdot H$

H: ruhende Grundwasserspiegelhöhe in Bezug auf die Brunnensohle

t: Mächtigkeit der wasserführenden Schicht unter der Brunnensohle

24.5.5 Mehrbrunnenformel nach *Forchheimer*

Für praktische Bauaufgaben wird in der Regel eine Grundwasserabsenkung mit mehreren Brunnen notwendig. Die Absenktrichter der einzelnen Brunnen laufen ineinander über bzw. überlagern und addieren sich. Ausgehend von der in Abb. 24.12 dargestellten Grundrissanordnung mehrerer Brunnen und unter der Voraussetzung, dass alle Brunnen die gleiche Tiefe haben (vollkommene Brunnen) und allen Brunnen die gleiche Wassermenge entnommen wird, hat *Forchheimer (1898)* analoge Brunnengleichungen abgeleitet. Für die Kombination Reichweitenendpunkt R/H und Spiegelpunkt P nach Abb. 24.12 mit den Werten x_i/y ergibt sich

$$Q = \frac{\pi \cdot k \cdot (H^2 - y^2)}{\ln R - \frac{1}{n} \cdot \ln x_1 \cdot x_2 \cdot \ldots \cdot x_n} \tag{24.9}$$

24.5.6 Fassungsvermögen eines Einzelbrunnens

Nach *Sichardt (1927)* ist als Fassungsvermögen eines Einzelbrunnens diejenige Wassermenge definiert, die ein Brunnen entsprechend der benetzten Filterfläche in der Zeiteinheit aufnehmen kann, und zwar unter der Voraussetzung, dass der Höchstwert des Gefälles am Brunnenrand auftritt.

Dieses Grenzgefälle beträgt nach der empirischen Ermittlung von *Sichardt (1927)* mit k in m/s:

$$i = \frac{1}{15 \cdot \sqrt{k}} \qquad (24.10)$$

Damit kann der Einzelbrunnen maximal eine Wassermenge von

$$q = A \cdot v = A \cdot k \cdot i = \frac{2 \cdot \pi \cdot r \cdot h' \cdot k}{15 \cdot \sqrt{k}} \qquad (24.11)$$

aufnehmen, mit h' gleich Wasserstand im Einzelbrunnen. Nach Umformung ergibt sich Gl. (24.12).

$$q = \frac{2 \cdot \pi \cdot r \cdot h' \cdot \sqrt{k}}{15} \qquad (24.12)$$

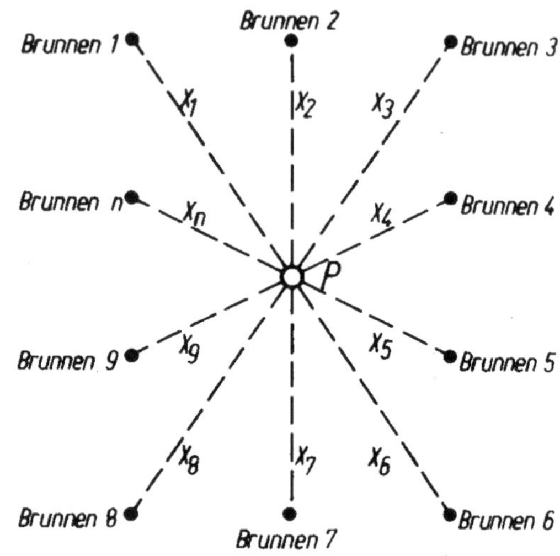

Abb. 24.12: *Grundrissanordnung einer Mehrbrunnenanlage*

24.5.7 Zusammenhang zwischen dem Wasserandrang und Fassungsvermögen eines Brunnens

Unter Variation der Absenkung s des Einzelbrunnens ergibt sich für den Wasserandrang (Zuströmung) aus dem Boden nach Gl. (24.5) der Zusammenhang gemäß Abb. 24.13.

Anmerkung: Gl. (24.5) wird in Abb. 24.13 nicht mit „ln“ , sondern als häufig auch verwendete gleichwertige Schreibweise mit „log“ bzw. „lg“ ermittelt. Daraus ergibt sich der Faktor 2,3.

Demgegenüber ergibt sich für das Fassungsvermögen der Einzelbrunnen die lineare Beziehung nach Abb. 24.14a).

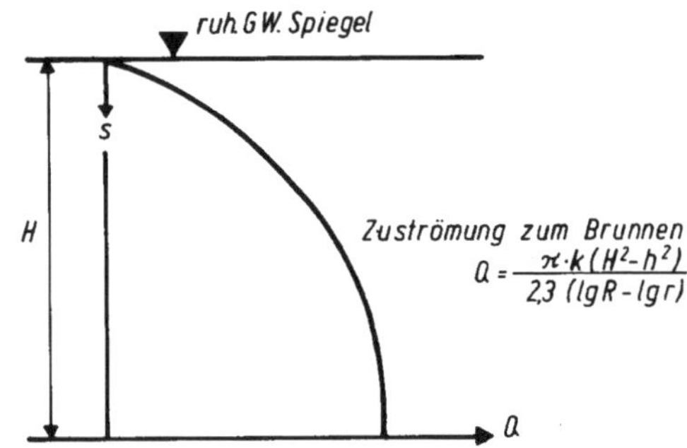

Abb. 24.13: *Wasserandrang aus dem Boden, aus* Herth/Arndts (1994)

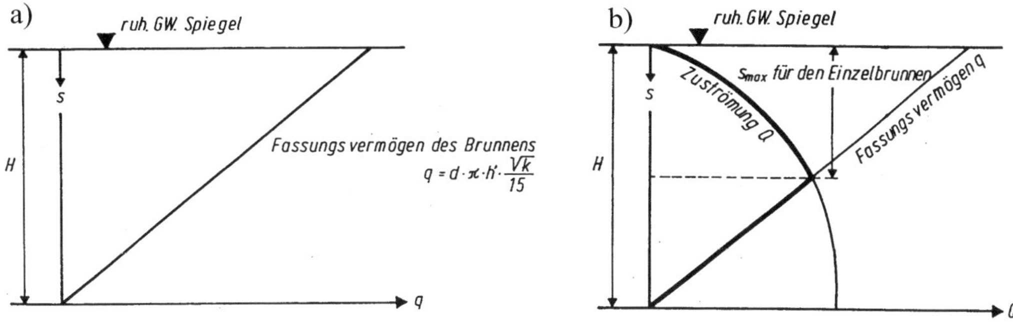

Abb. 24.14: *a) Fassungsvermögen des Einzelbrunnens,*
b) Optimierung nach Zuströmung aus dem Boden und Fassungsvermögen eines Brunnens aus Herth/Arndts (1994)

Demzufolge ist zur wirtschaftlichen Brunnenbemessung eine Optimierungsaufgabe gemäß Abb. 24.14 b) vorzunehmen.

24.5.8 Vakuumbrunnen

Der Wasserandrang zu einem Vakuumbrunnen kann vergleichend zur Schwerkraftentwässerung abgeleitet werden, wenn der hydraulische Gradient eine zusätzliche Komponente aus dem Vakuumdruck enthält. Die Zusammenhänge sind in *Herth/Arndts (1994)* dargelegt. Von *Kramer (1979)* wird für die Ergiebigkeit eines Vakuumbrunnens folgender empirischer Ansatz vorgeschlagen

$$q_v = q + \frac{q \cdot p_v \cdot \vartheta}{U} \tag{24.13}$$

mit

- q_v: Ergiebigkeit eines Brunnens unter Vakuum
- q: Ergiebigkeit eines Brunnens ohne Vakuum
- ϑ: empirischer Einflussfaktor (i. M. = 15)
- U: Ungleichförmigkeitsgrad
- p_v: Unterdruck im Brunnen

24.5.9 Negativbrunnen (Wiederversickerung)

Da zunehmend nur geringe Grundwasserabsenkungsraten genehmigt werden, spielt teilweise auch die Wiederversickerung (Infiltration) durch Negativbrunnen eine baupraktische Rolle. Hierzu sind *Herth/Arndts (1994)* oder *Odenwald et al. (2018)* weitere Hinweise zu entnehmen.

24.6 Praktische Abfolge bei der Berechnung von Grundwasserabsenkungen

24.6.1 Allgemeines

Im Folgenden sind die einzelnen Schritte für die praktische Berechnung von Wasserhaltungen (vornehmlich Schwerkraftentwässerung) und die notwendigen Gleichungen nochmals aufgelistet. Die Bezeichnungen wurden näherungsweise in Anlehnung an den Ausführungen in *Herth/Arndts (1994)* übernommen. Dargestellt ist der einfachste Fall einer Mehrbrunnengrundwasserabsenkung.

24.6.2 Festlegung der Brunnenparameter

Im *1. Schritt* wird die Grundwasserabsenkungsanlage zunächst vorgeschätzt. Dazu gehören Brunnenradius r, die benetzten Filterhöhen im Brunnen h bzw. h', Brunnentiefe und damit H, siehe Abb. 24.10. Des Weiteren muss der mittlere Durchlässigkeitsbeiwert k des Bodens bekannt sein.

24.6.3 Bestimmung der Absenktiefe s

Die Absenktiefe s ist im *2. Schritt* unter Berücksichtigung eines Sicherheitszuschlags i. d. R. von 0,5 m festzulegen und setzt sich aus der Höhendifferenz zwischen ruhendem Grundwasserspiegel und dem Absenkziel (z. B. 0,5 m unter Baugrubensohle) zusammen, siehe Abb. 24.10, Abb. 24.15 und Abb. 24.16.

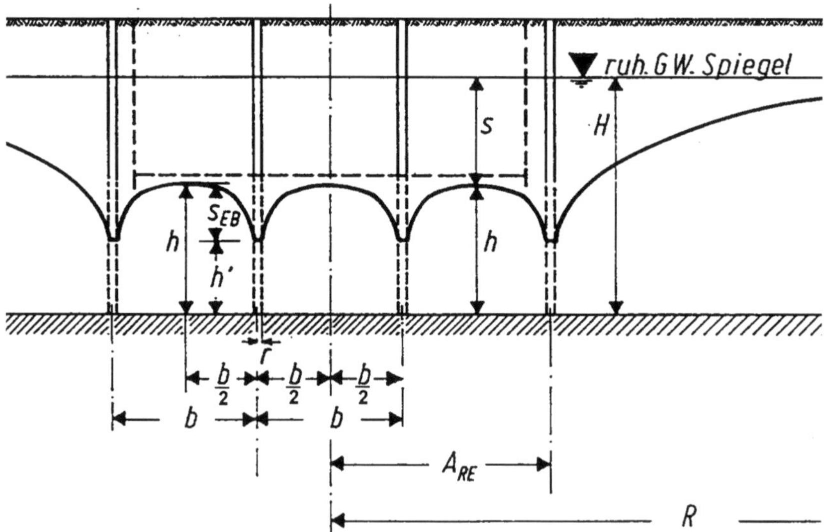

Abb. 24.15: *Bezeichnungen bei einer Mehrbrunnenanlage, aus* Herth/Arndts (1994)

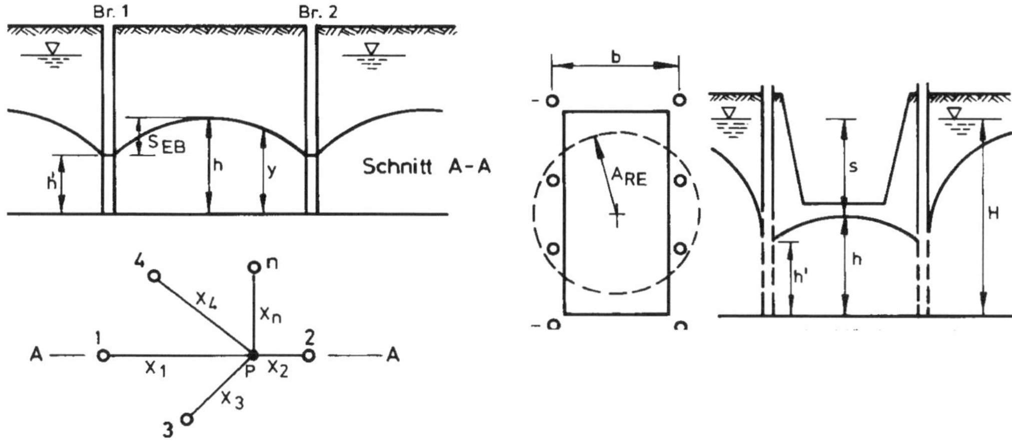

Abb. 24.16: *Mehrbrunnenanlage im Grundriss und Schnitt*, aus Herth/Arndts (1994)

24.6.4 Ersatzradius A_{RE}

Für die überschlägige Ermittlung des Wasserandrangs zu einer Baugrube wird im *3. Schritt* der rechteckförmige Grundriss in einem gedachten größeren Einzelbrunnen mit dem Ersatzradius A_{RE} nach Gl. (24.14) bzw. Abb. 24.16 und Abb. 24.17 umgewandelt. Dabei ist

a: lange Seite der Fläche (Brunnenachse)

b: kurze Seite der Fläche (Abb. 24.16)

$m = a/b$

$$A_{RE} = \eta \cdot b \tag{24.14}$$

Bei sehr längsgestreckten Baugruben der Länge L wird $A_{RE} = L/3$ angesetzt.

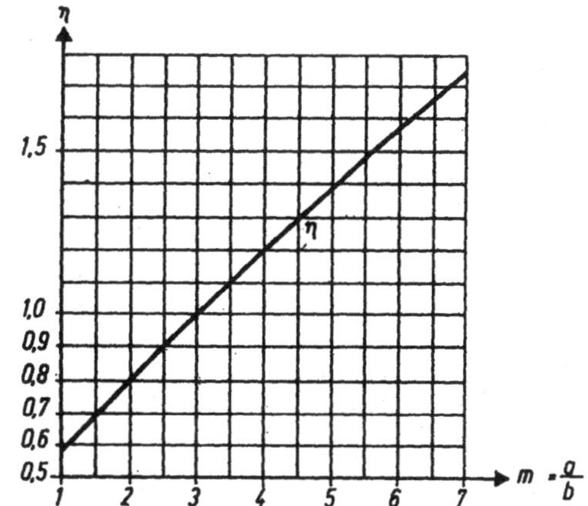

Abb. 24.17: *Ermittlung des Ersatzradius A_{RE} bei rechteckigen Baugruben*, aus Herth/Arndts (1994)

24.6.5 Ermittlung der Reichweite R

Die Reichweite R ergibt sich im *4. Schritt* nach Gl. (24.7). In der Literatur werden oftmals Grenzen für Gl. (24.7) angegeben. Sind diese nicht erfüllt, ist ggf. eine Korrektur notwendig.

24.6.6 Überschlägiger Wasserandrang

Mit Gl. (24.14) wird im *5. Schritt* Gl. (24.5) für den gedachten Einzelbrunnen der Baugrube zu

$$Q_{Beh} = \frac{\pi \cdot k \cdot (H^2 - h^2)}{\ln R - \ln A_{RE}} \tag{24.15}$$

Damit wird der gesamte Wasserandrang auf die Baugrube abgeschätzt, wobei Q_{Beh} (Beharrungszustand) durch einen Zuschlag für ein schnelleres Erreichen des Absenkzieles (erhöhter Wasserandrang beim Leerpumpen des Absenktrichters) beaufschlagt wird. Häufig werden 10 % Zuschlag gemäß Gl. (24.16) angesetzt.

$$Q_{max} = 1,1 \cdot Q_{Beh} \tag{24.16}$$

Anmerkung: Für die Berechnung von Spiegellinienpunkten ist immer von einem Beharrungszustand (stationärer Zustand) auszugehen und mit Q_{Beh} zu rechnen. Q_{max} gilt nur für die Ermittlung der Brunnenanzahl und Pumpenleistungen.

24.6.7 Festlegung der lokalen Absenktrichter

Im *6. Schritt* erfolgt die Schätzung der Höhe der lokalen Absenktrichter der einzelnen Brunnen s_{EB} und daraus der benetzten Filterhöhe h', siehe Abb. 24.15.

24.6.8 Bestimmung der Brunnenanzahl

Mit Gl. (24.12) kann im *7. Schritt* das Fassungsvermögen des Einzelbrunnens berechnet werden. Die erforderliche Brunnenanzahl ergibt sich dann zu

$$n = Q_{max}/q \tag{24.17}$$

Die Brunnen sind dabei um die Baugrube zu verteilen. Das Optimum der Brunnenverteilung ist erreicht, wenn der Ausdruck $1/n \cdot \sum \ln x_i$ in Gl. (24.18) für alle Punkte des Baugrubenrandes gleich groß ist. Gl. (24.18) entspricht der Mehrbrunnenformel nach Gl. (24.9). Die Erreichung dieses Optimums erfordert in der Regel einen größeren Rechenaufwand. Bei optimaler Brunnenverteilung ist die Ergiebigkeit der einzelnen Brunnen, homogener Untergrund vorausgesetzt, theoretisch gleich groß. Dieser Zustand ist in der Praxis nicht vorhanden. Es genügt also im Allgemeinen, die folgende Rechnung für den ungünstigsten Punkt, der normalerweise an einer äußeren Ecke der Baugrube liegt, durchzuführen. Unter Umständen empfiehlt es sich, die Brunnen dort etwas dichter anzuordnen. Im Übrigen können verbleibende Unterschiede in der Brunnenergiebigkeit durch die Steuerung der Pumpen ausgeglichen werden. Gegebenenfalls sind weitere kritische Punkte (z. B. Baugrubenmitte) zu überprüfen. Zu den Bezeichnungen siehe Abb. 24.15 und 24.16. Es wird jetzt mit der Mehrbrunnenformel

$$Q_{Beh} = \frac{\pi \cdot k \cdot (H^2 - h^2)}{\ln R - \frac{1}{n} \cdot \sum \ln x_i} \tag{24.18}$$

die Wassermenge für die ungünstigsten Punkte der Baugrube mit den gleichen Ausgangswerten mit Ausnahme von A_{RE} neu ermittelt. Dabei wird überprüft, ob die vorgesehene

Anlage die neue Wassermenge einschließlich der Zuschläge fassen kann.

$$Q_{max} = 1,1 \cdot Q_{Beh}; \quad q = Q_{max}/n_{vorh}$$

Bei einem mittleren Brunnenabstand von b hat der lokale Absenktrichter der einzelnen Brunnen die Größe nach Gl. (24.16).

$$s_{EB} = h - \sqrt{h^2 - \frac{1,5 \cdot q \cdot (\ln \frac{b}{2} - \ln r)}{k \cdot \pi}} \tag{24.19}$$

Somit ergibt sich erneut die Prüfung der tatsächlich benetzten Filterhöhe $h'_{neu} = h - s_{EB}$ und daraus das tatsächliche Fassungsvermögen des einzelnen Brunnens zu

$$q_{neu} = \frac{2 \cdot \pi \cdot r \cdot h'_{neu} \cdot \sqrt{k}}{15}$$

Es sollte bei richtiger Brunnenwahl $q_{neu} \geq q$ sein, da sonst die Brunnenanzahl zu erhöhen ist.

24.6.9 Prüfung weiterer Punkte des Absenktrichters

Mit der allgemeinen Mehrbrunnenformel kann im *8. Schritt* bei weiteren Punkten des Absenktrichters überprüft werden, ob das angestrebte Absenkziel erreicht wird.

$$y_1^2 - y_2^2 = \frac{Q_{Beh} \cdot (\frac{1}{n} \cdot \sum \ln x_1 - \frac{1}{n} \cdot \sum \ln x_2)}{\pi \cdot k}$$

24.7 Weitere Randbedingungen

Für die Berechnung von weiteren Entwässerungssituationen mit unterschiedlichen Randbedingungen, z. B. Sickerschlitze, gespanntes Wasser, offene Wasserhaltung usw., siehe z. B. *Herth/Arndts (1994)*.

24.8 Setzungen infolge Grundwasserabsenkung

Für die im Bereich des Absenktrichters der Grundwasserabsenkung liegenden Bodenschichten ändern sich die Wichteverhältnisse entsprechend Abb. 24.18. Insbesondere, wenn im Untergrund setzungsempfindliche Schichten vorhanden sind (z. B. Torf, weicher Ton usw.), kann es zu erheblichen zusätzlichen Setzungen infolge der in Abb. 24.18 dargestellten Zusammenhänge aus $\Delta\sigma_z$ kommen.

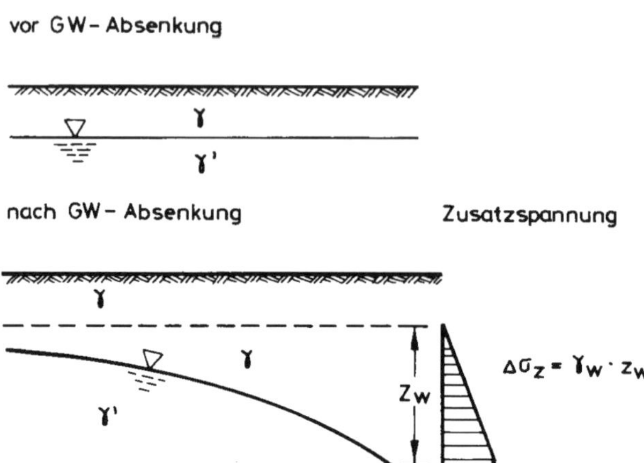

Abb. 24.18: *Spannungsverhältnisse im Boden bei Grundwasserabsenkung*

24.9 Zahlenbeispiele siehe Anhang B-24.

25 Spundwände

25.1 Allgemeines

Spundwände eignen sich nicht nur als Baugrubenumschließung, sondern auch als bleibender Bestandteil unterirdischer Dauerbauwerke, wie z. B. Stützwände, Widerlagerwände und Hafenanlagen. Im Gegensatz zu einigen Verbaumethoden nach Kapitel 23 bilden Stahlspundwände einen nahezu wasserdichten Baugrubenverbau und können somit auch bei Baugruben im Grundwasser eingesetzt werden.

Die Spundwandbauweise ist in der Regel verhältnismäßig teuer und zeigt sich im Vergleich zu Trägerbohlwänden bei Hindernissen (z. B. Versorgungsleitungen) wenig anpassungsfähig. Spundwände können aber i. Allg. mehrfach verwendet werden. Die technischen und wirtschaftlichen Grenzen des Spundwandverbaus bei Baugruben sind häufig von folgenden Einflussfaktoren abhängig, s. a. *Arends (1979)*:

- Bei normalem Rammgerät liegt die rammbare Bohlenlänge bei ca. 15 m; darüber hinaus muss überschweres Rammgerät eingesetzt werden.
- Durch das Einrammen der Bohlen entsteht häufig eine nicht hinnehmbare Lärmbelästigung. Inzwischen lassen sich die Bohlen aber auch durch schallgedämmte Rammsysteme oder durch Rütteln, Einpressen (Pilemaster) und Bohrpressen verhältnismäßig geräuscharm einbringen.
- Der Baugrund muss bis in die erforderliche Tiefe rammbar sein. Insbesondere dicht bis sehr dicht gelagerte Sande und Kiese, Schotter und felsartige Böden führen häufig zu Schwierigkeiten beim Einbringen der Spundwandprofile. Die rammtechnischen Anforderungen ergeben oft stärkere Profile gegenüber den statischen Belangen. In kritischen Fällen sind Proberammungen zu empfehlen.
- Erschütterungseinflüsse durch das Rammen oder Rütteln können benachbarte Bauwerke gefährden und zu Belästigungen der Anwohner führen.

Spundwände werden in allen Bereichen des Grund- und Wasserbaus sowie im Deponiebau eingesetzt. Dazu gehören Baugrubenumschließungen, Uferwände, Einfassungen künstlicher Erdaufschüttungen (Fangedämme), Dichtungswände, Rampen und Tunnelbauwerke usw.

Besonders für den Grabenverbau werden auch Spundwandleichtprofile eingesetzt, die als Kanaldielen bezeichnet werden.

Im Folgenden sind beispielhaft Spundwandformen wiedergegeben. Da sich das Lieferprogramm der Spundwandhersteller laufend dem Markt anpasst, wird empfohlen, jeweils die neuesten Profiltafeln der Hersteller zu verwenden.

25.2 Lieferformen der Spundwandprofile

Die Normen DIN EN 10248-1 (Warmgewalzte Spundbohlen aus unlegierten Stählen) und DIN EN 10249-1 (Kaltgewalzte Spundbohlen aus unlegierten Stählen) liegen in ihren europäisch verabschiedeten Endfassungen bereits seit 2006 als Entwurf vor und werden die jeweiligen Vorgängerversionen DIN EN 10248-1 und DIN EN 10249-1 ablösen. Hieraus sind beispielsweise entsprechend Tab. 25.1 bis 25.4 die jeweiligen Stahlsorten, Spannungen und Profile zusammengestellt.

Tab. 25.1: *Stahlsorten für warmgewalzte Stahlspundbohlen nach DIN EN 10248-1*

Stahlsorte	Mindestzugfestigkeit f_u [N/mm^2]	Mindeststreckgrenze f_y [N/mm^2]	Mindestbruchdehnung ϵ_u [%]
S 240 GP	340	240	26
S 270 GP	410	270	24
S 320 GP	440	320	23
S 355 GP	480	355	22
S 390 GP	490	390	20
S 430 GP	510	430	19
S 460 GP	530	460	17

Tab. 25.2: *Stahlsorten für kaltgewalzte Stahlspundbohlen nach DIN EN 10249-1*

	Mindeststreckgrenze f_y [N/mm^2]		Zugfestigkeit f_u [N/mm^2]	Mindestbruchdehnung ϵ_u [%]
	Nenndicke mm			
	≤ 16	> 16		
S 235 JRC	235	225	360-510	längs 26, quer 24
S 275 JRC	275	265	410-560	längs 23, quer 21
S 355 JOC	355	345	470-630	längs 22, quer 20
S 355 MC	355	355	430-550	23
S 355 NC	355	355	470-610	25
S 420 MC	420	420	480-620	19
S 420 NC	420	420	530-670	23

Abb. 25.1 und Abb. 25.2 zeigen Beispiele von Spundwandbohlen als U- und Z-Profile. Verbunden werden die Spundwandbohlen über die Schlösser, siehe Abb. 25.3.

Die Tab. 25.3 und 25.4 zeigen beispielhaft verschiedene U- und Z-Profile. Weitere Profiltafeln, z. B. auch für Leichtprofile, Flachprofile und Kanaldielen, finden sich in den Spundwandhandbüchern bzw. auf den Internetseiten der jeweiligen Hersteller.

Folgende generelle Unterschiede zwischen U- und Z-Profilen sind hervorzuheben:

- U-Profile: rammtechnisch günstig, statisch ungünstig mit eingeschränkter Schubkraftübertragung im Schloss (Systemlinie)
- Z-Profile: rammtechnisch ungünstig (Schlösser nicht in der Systemlinie), statisch günstig

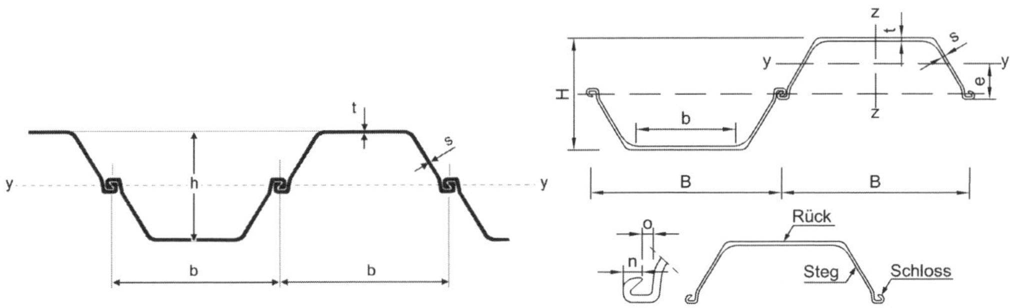

Abb. 25.1: *Beispiele von U-Profilen*

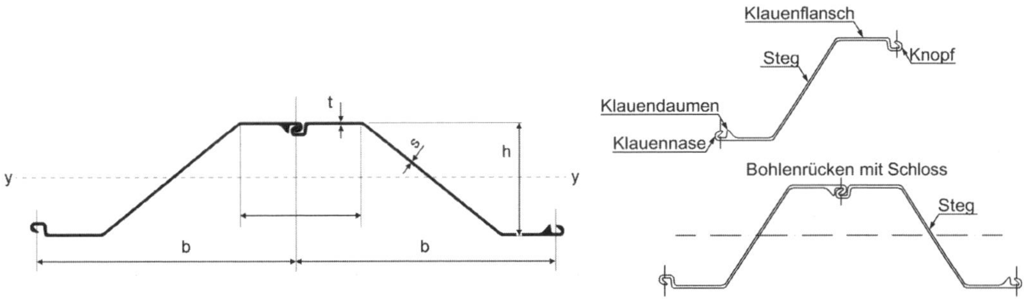

Abb. 25.2: *Beispiele von Z-Profilen*

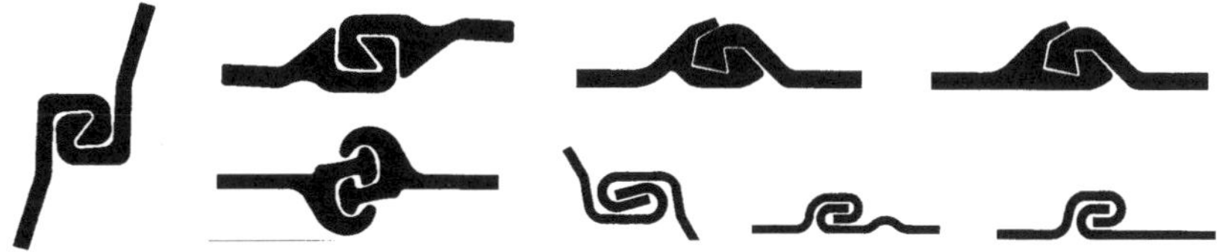

Abb. 25.3: *Beispiele von Schlossformen*

Tab. 25.3: *Auszug Spundwandprofiltafeln für U-Profile, Lieferprogramm von ArcelorMittal*

Profil	Breite	Höhe	Wanddicke		Querschnittsfläche	Gewicht		Trägheitsmoment	Elastisches Widerstandsmoment	Statisches Moment	Plastisches Widerstandsmoment	Querschnittsklasse[1]						
	b	h	t	s		Einzelbohle	Spundwand					S 240 GP	S 270 GP	S 320 GP	S 355 GP	S 390 GP	S 430 GP	S 460 AP
	mm	mm	mm	mm	cm^2/m	kg/m	kg/m^2	cm^4/m	cm^3/m	cm^3/m	cm^3/m							
AU™ Profile																		
AU 14	750	408	10,0	8,3	132	77,9	**104**	28680	**1405**	820	1663	2	2	3	3	3	3	3
AU 16	750	411	11,5	9,3	147	86,3	**115**	32850	**1600**	935	1891	2	2	2	2	2	3	3
AU 18	750	441	10,5	9,1	150	88,5	**118**	39300	**1780**	1030	2082	2	3	3	3	3	3	3
AU 20	750	444	12,0	10,0	165	96,9	**129**	44440	**2000**	1155	2339	2	2	2	3	3	3	3
AU 23	750	447	13,0	9,5	173	102,1	**136**	50700	**2270**	1285	2600	2	2	2	3	3	3	3
AU 25	750	450	14,5	10,2	188	110,4	**147**	56240	**2500**	1420	2866	2	2	2	2	2	3	3
PU® Profile																		
PU 12	600	360	9,8	9,0	140	66,1	**110**	21600	**1200**	715	1457	-	-	-	2	2	2	3
PU 12S	600	360	10,0	10,0	151	71,0	**118**	22660	**1260**	755	1543	-	-	-	2	2	2	2
PU 18^{-1}	600	430	10,2	8,4	154	72,6	**121**	35950	**1670**	980	1988	2	2	2	2	2	3	3
PU 18	600	430	11,2	9,0	163	76,9	**128**	38650	**1800**	1055	2134	2	2	2	2	2	2	2
PU 18^{+1}	600	430	12,2	9,5	172	81,1	**135**	41320	**1920**	1125	2280	2	2	2	2	2	2	2
PU 22^{-1}	600	450	11,1	9,0	174	81,9	**137**	46380	**2060**	1195	2422	2	2	2	2	2	3	3
PU 22	600	450	12,1	9,5	183	86,1	**144**	49460	**2200**	1275	2580	2	2	2	2	2	2	2
PU 22^{+1}	600	450	13,1	10,0	192	90,4	**151**	52510	**2335**	1355	2735	2	2	2	2	2	2	2
PU 28^{-1}	600	452	14,2	9,7	207	97,4	**162**	60580	**2680**	1525	3087	2	2	2	2	2	2	2
PU 28	600	454	15,2	10,1	216	101,8	**170**	64460	**2840**	1620	3269	2	2	2	2	2	2	2
PU 28^{+1}	600	456	16,2	10,5	226	106,2	**177**	68380	**3000**	1710	3450	2	2	2	2	2	2	2
PU 32^{-1}	600	452	18,5	10,6	233	109,9	**183**	69210	**3065**	1745	3525	2	2	2	2	2	2	2
PU 32	600	452	19,5	11,0	242	114,1	**190**	72320	**3200**	1825	3687	2	2	2	2	2	2	2
PU 32^{+1}	600	452	20,5	11,4	251	118,4	**197**	75410	**3340**	1905	3845	2	2	2	2	2	2	2

25.3 Einbringen und Einbringgeräte von Spundbohlen

Dem Einbringvorgang ist eine hohe Bedeutung beizumessen, da sich insbesondere bei der Spundwandeinbringung entscheidet, ob die Wand wie vorgesehen funktionstüchtig ist. Die folgenden Darstellungen basieren teilweise auf den Ausführungen nach *Hoesch Hüttenwerke AG (1993)*, *EAU (2012)* und *TESPA Rammfibel (2001)*. Weitere Hinweise finden sich auch in *Drees (2001)* und *Berner/Moormann (2018)*.

Zum Niederbringen von Spundbohlen kommen hauptsächlich Schlagrammverfahren, Vibrationsverfahren (alte Bezeichnung: Rüttelverfahren) und Einpressverfahren zum Einsatz. In den letzten Jahren ist die zunehmende Verwendung von Vibrationsverfahren zu beobachten, da immer leistungsfähigere frequenzgesteuerte Vibratoren entwickelt werden. Neben den zur Verfügung stehenden Geräten zum Niederbringen von Spundbohlen sind die Untergrundverhältnisse der maßgebende Faktor bei der Auswahl des geeigneten Einbringverfahrens.

Die Wahl der Rammgeräte (Einbringgeräte) wird bestimmt durch die

Tab. 25.4: *Auszug Spundwandprofiltafeln für Z-Profile, Lieferprogramm von ArcelorMittal*

Profil	Breite	Höhe	Wanddicke		Quer-schnitts-fläche	Gewicht		Trägheits-moment	Elastisches Wider-stands-moment	Statisches Moment	Plastisches Wider-stands-moment	Querschnitts-klasse[1)]						
	b mm	h mm	t mm	s mm	cm²/m	Einzelbohle kg/m	Spund-wand kg/m²	cm⁴/m	cm³/m	cm³/m	cm³/m	S 240 GP	S 270 GP	S 320 GP	S 355 GP	S 390 GP	S 430 GP	S 460 AP
AZ®-800																		
AZ 18-800	800	449	8,5	8,5	129	80,7	**101**	41320	**1840**	1065	2135	3	3	3	3	3	4	4
AZ 20-800	800	450	9,5	9,5	141	88,6	**111**	45050	**2000**	1165	2330	3	3	3	3	3	3	3
AZ 22-800	800	451	10,5	10,5	153	96,4	**120**	48790	**2165**	1260	2525	2	2	3	3	3	3	3
AZ 23-800	800	474	11,5	9,0	151	94,6	**118**	55260	**2330**	1340	2680	2	2	2	3	3	3	3
AZ 25-800	800	475	12,5	10,0	163	102,6	**128**	59410	**2500**	1445	2890	2	2	2	2	2	3	3
AZ 27-800	800	476	13,5	11,0	176	110,5	**138**	63570	**2670**	1550	3100	2	2	2	2	2	2	2
AZ®-750																		
AZ 28-750	750	509	12,0	10,0	171	100,8	**134**	71540	**2810**	1620	3245	2	2	2	2	3	3	3
AZ 30-750	750	510	13,0	11,0	185	108,8	**145**	76670	**3005**	1740	3485	2	2	2	2	2	2	3
AZ 32-750	750	511	14,0	12,0	198	116,7	**156**	81800	**3200**	1860	3720	2	2	2	2	2	2	2
AZ®																		
AZ 18[2)]	630	380	9,5	9,5	150	74,4	**118**	34200	**1800**	1050	2104	2	2	2	3	3	3	3
AZ 18-10/10	630	381	10,0	10,0	157	77,8	**123**	35540	**1870**	1095	2189	2	2	2	2	3	3	3
AZ 26[2)]	630	427	13,0	12,2	198	97,8	**155**	55510	**2600**	1530	3059	2	2	2	2	2	2	2
AZ 46	580	481	18,0	14,0	291	132,6	**229**	110450	**4595**	2650	5295	2	2	2	2	2	2	2
AZ 48	580	482	19,0	15,0	307	139,6	**241**	115670	**4800**	2775	5553	2	2	2	2	2	2	2
AZ 50	580	483	20,0	16,0	322	146,7	**253**	121060	**5015**	2910	5816	2	2	2	2	2	2	2

- Rammelemente (Länge der Bohlen, Form, Abmessungen und Gewicht),
- Einrammtiefe,
- Untergrundverhältnisse und das
- gewählte Rammverfahren.

Die Elemente zum Einbringen der Spundbohlen müssen mit der nötigen Sicherheit und Schonung gerammt und dabei ausreichend geführt werden.

Als Einbringgeräte für Spundbohlen kommen in Betracht:

- Fallbäre,
- Druckluftbäre,
- Zylinderbäre,
- Dieselbäre,
- Hydraulikbäre,
- Schnellschlaghämmer,

- Vibratoren (Rüttler),
- hydraulische Einpressgeräte.

Nachfolgend sind die Leistungsmerkmale kurz zusammengefasst:

a) *Fall-, Diesel-, Druckluft-, Zylinder-, Hydraulikbäre*:
Das Verhältnis Bärgewicht (Schlaggewicht) zum Gewicht aus Rammelement und Haube sollte ca. 1:1 bis 2:1 betragen. Prellschläge durch zu große Hubhöhen sind zu vermeiden. Schwere Bären mit kleiner Hubhöhe sind leichteren Bären mit großer Hubhöhe vorzuziehen. In bindigen Böden sind diese Rammbären besonders geeignet. Bei weniger als 30 mm Eindringung je Hitze (10 Schläge) sollte die Rammung eingestellt werden. In Ausnahmefällen jedoch, z. B. bei Proberammungen, kann bedenkenlos bis auf 10 mm Eindringung gegangen werden. Die Rammung mit diesen Bären setzt stets den Einsatz einer Rammhaube voraus.
Beim Dieselbär ist die Rammenergie abhängig von der Sprunghöhe (Hub) des Kolbens. Mit dem Hub ändert sich auch die Schlagzahl. Sie sinkt bei großer und steigt bei kleiner Sprunghöhe. Bei Proberammungen ist daher der Hub des Kolbens zu messen und die Ergebnisse sind schriftlich festzuhalten.

b) *Schnellschlaghämmer*:
Sie haben gegenüber den vorgenannten Bären eine geringe Einzelschlagenergie und eignen sich in nichtbindigen Böden besonders gut. Das Gewicht der einzutreibenden Bohle sollte das 5-Fache des Kolbengewichtes des Schnellschlaghammers nicht überschreiten. Die Rammgeschwindigkeit sollte 150 mm pro Minute nur in Ausnahmefällen unterschreiten.

c) *Vibratoren* (Rüttler):
Ihre Leistung wird bestimmt durch das statische Moment, die Drehzahl, die Fliehkraft (Erregerkraft) und den Schwingungsausschlag. An neueren Geräten können durch Änderung des statischen Momentes und der Frequenz der Schwingungsausschlag und die Erregerkraft variiert werden. So kann das Gerät geänderten Bodeneigenschaften gut angepasst werden. Die Rammelemente werden mit diesem Gerät sehr schonend eingebracht. Die Rammleistung wird sehr stark von dem anstehenden Boden beeinflusst. Gut rüttelbar sind locker bis mitteldicht gelagerte nasse Grob- und Mittelkiese sowie Grob- und Mittelsande.

d) *Spundbohlenpressen*:
Die Spundbohlenpressen wurden entwickelt, um den jahrelang als unvermeidliche Störung angesehenen Lärm beim Rammen zu reduzieren. Heute finden diese Maschinen häufig ihre Anwendung wegen des erschütterungsfreien Betriebes. Die Pressen, die für den Einsatz in kohäsiven Böden besonders geeignet sind, werden hydraulisch betätigt und beziehen den größten Teil ihrer Reaktionskraft aus der Reibung der zuvor eingebrachten Bohlen.

Tab. 25.5 gibt eine Grobübersicht zur Eignung unterschiedlicher Verfahren.

Tab. 25.5: *Eignung unterschiedlicher Einbringverfahren für Spundwände abhängig von verschiedenen Bodenarten*

Verfahren	Eignung der Einbringverfahren für entsprechende Bodenarten
Vibrationsverfahren	Besonders geeignet für: - umlagerungswillige Böden wie Sande und Kiese mit runder Kornform, hohem Wassergehalt und bis zu mitteldichter bis dichter Lagerung - weiche, breiige Bodenschichten mit hoher Plastizität Weniger geeignet für: - Sande und Kiese mit kantiger Kornform - stark bindige Böden Kritisch bei: - trockenen Böden (trockene Feinsande) - Böden, die mitschwingen oder federn (steife Mergel- und Tonböden)
Rammverfahren	Geeignet für alle Bodenarten. Dabei wird unterschieden in: 1. Leichte Rammung bei: - weichen oder breiigen Böden (Klei, Moor, Torf, Schlick) - locker gelagerten Mittel- und Grobsanden - locker gelagerten Kiesen ohne Steineinschlüsse, ohne die Einlagerung von verkitteten Schichten 2. Mittelschwere Rammung bei: - mitteldicht gelagerten Mittel- und Grobsanden - mitteldicht gelagerten feinkiesigen Böden - steifem Ton und Lehm 3. Schwere bis sehr schwere Rammung bei: - dicht gelagerten Mittel- und Grobkiesen - dicht gelagerten feinkiesigen und schluffigen Böden - Schichtungen mit verkitteten Einlagerungen - halbfestem bis festem Ton - Geröll und Moräneschichten - Geschiebemergel - verwittertem und weichem bis mittelhartem Fels
Einpressverfahren	- bindige, weiche Böden - nichtbindige, locker gelagerte Böden - keine Hindernisse in der Spundwandtrasse

25.4 Rammtechnische Grundlagen

Bei der Profilwahl sind nicht nur statische Erfordernisse, sondern auch rammtechnische (einbringtechnische) Randbedingungen zu berücksichtigen, da die Beanspruchung der Bohlen beim Einbringen um ein Vielfaches größer sein kann als im Gebrauchszustand (feste Bodenschichten, schweres Rammgerät, Bohlenlänge, Rammtiefen, Hindernisse usw.).
Wenn nachfolgend von „Spundwandrammung" gesprochen wird, so ist an alle Einbringungsverfahren gedacht (Rammung, Vibration, Schnellschlaghämmer usw.).
In kritischen Fällen empfehlen sich wie bereits angeführt Proberammungen (Probevibrationen). Die Proberammungen müssen sorgfältig durchgeführt werden, Rammprotokolle sind zu führen, die Eindringung ist laufend zu überprüfen und festzuhalten. Durch Freibaggerung der Probebohlen kann dabei ein zuverlässiges Urteil über das Verhalten dieser Bohlen im Boden gewonnen werden.

Tab. 25.6: *Zusammenhang und Einordnung der Spundwandprofile zu den Ergebnissen des Standard-Penetration-Tests (SPT) für nichtbindige Böden, aus* TESPA Rammfibel (2001)

Standard-Penetration-Test (SPT) N_{30}	Widerstandsmoment (cm^3/m)	
	Stahl mit niedriger Streckgrenze	Stahl mit hoher Streckgrenze
0-10	500	
11-20		500
21-25	1000	
26-30		1000
31-35	1300	
36-40		1300
41-45	2300	
46-50		2300
51-60	3000	
61-70		3000
71-80	4000	
81-140		4000

Bei Böden mit Steineinschlüssen und bei sehr dicht gelagerten Sand-Kiesböden sind Profile mit ausreichender Wanddicke insbesondere auch im Bohlenrücken und Stahlsorten mit größerer Streckgrenze zu wählen. Durch eine entsprechende Berücksichtigung der Bodenschichten und der dazugehörigen Parameter lässt sich der zu erwartende Rammwiderstand beurteilen und ein geeignetes Profil auswählen. Tab. 25.6 gibt beispielhaft Empfehlungen auf der Grundlage von Standard-Penetration-Tests (SPT) für nichtbindige Böden beim Gebrauch von Rammhämmern und Bohlen mit einer Systembreite von 500 mm.

In Abb. 25.4 sind die in der *TESPA Rammfibel (2001)* genannten Richtwerte für die Auswahl der Bohlen beim Rammen grafisch umgesetzt und in Beziehung zu den Ergebnissen des Standard-Penetration-Tests (SPT), Drucksondierungen und den daraus abzuleitenden Lagerungsdichten für nichtbindige Böden dargestellt. Hieraus ist zu erkennen, dass es für die Rammbarkeit eines gegebenen Profils in einer bestimmten Stahlgüte einen Grenzbereich der Bodenbeschaffenheit gibt.

Die in Abb. 25.4 und Abb. 25.5 dargestellten Zusammenhänge wurden empirisch gefunden und nicht theoretisch abgeleitet. Sie bündeln die zu berücksichtigende Erfahrung für das Gebiet der Rammtechnik, wenn Probleme aufgrund von ungeeigneten Profilen während des Rammens vermieden werden sollen. Sie sind als Regeln der Technik für die Auswahl von Spundwandprofilen in Abhängigkeit von Sondierergebnissen bzw. der Lagerungsdichte des zu durchrammenden Bodens einzustufen.

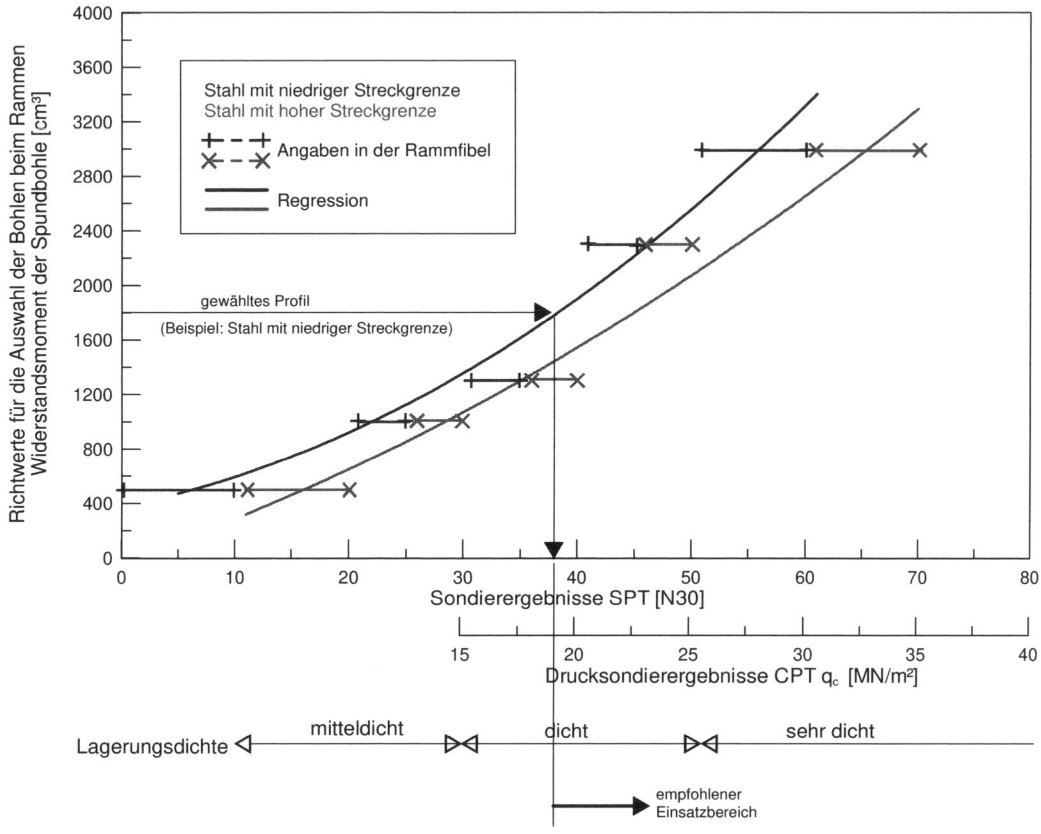

Abb. 25.4: *Richtwerte für die Auswahl der Bohlen beim Rammen auf Basis der Angaben in der* TESPA Rammfibel (2001)

Rammtechnische Hinweise für Profile ergeben sich weiterhin wie folgt:

- Einzelbohlen sind rammtechnisch aufgrund der fehlenden Steifigkeit ungünstig, sie neigen zum Federn, durch welches ein Teil der Rammenergie verbraucht wird. Nach Möglichkeit sollte daher keine Wand aus Einzelbohlen gerammt werden.

- Doppelbohlen verhalten sich rammtechnisch besonders gut. Diese Bohlen sollten nur in den gemeinsamen Schlössern verpresst eingesetzt werden, da hierdurch die Steifigkeit der Elemente weiter erhöht wird. Über 90 % der Doppelbohlen werden als verpresste Doppelbohlen eingebaut.

- Bohlen für schwer rammbare Böden (dicht gelagerte Sand-Kiesböden, schwere Mergelböden, harter Ton usw.), d. h. in rammtechnisch ungünstigen Böden, sind schwere gedrungene Profile in einer höheren Stahlsorte vorzuziehen. Für schwierige Bodenverhältnisse eignen sich besonders Profile mit geringer Systembreite und Profilhöhe sowie großer Wanddicke.

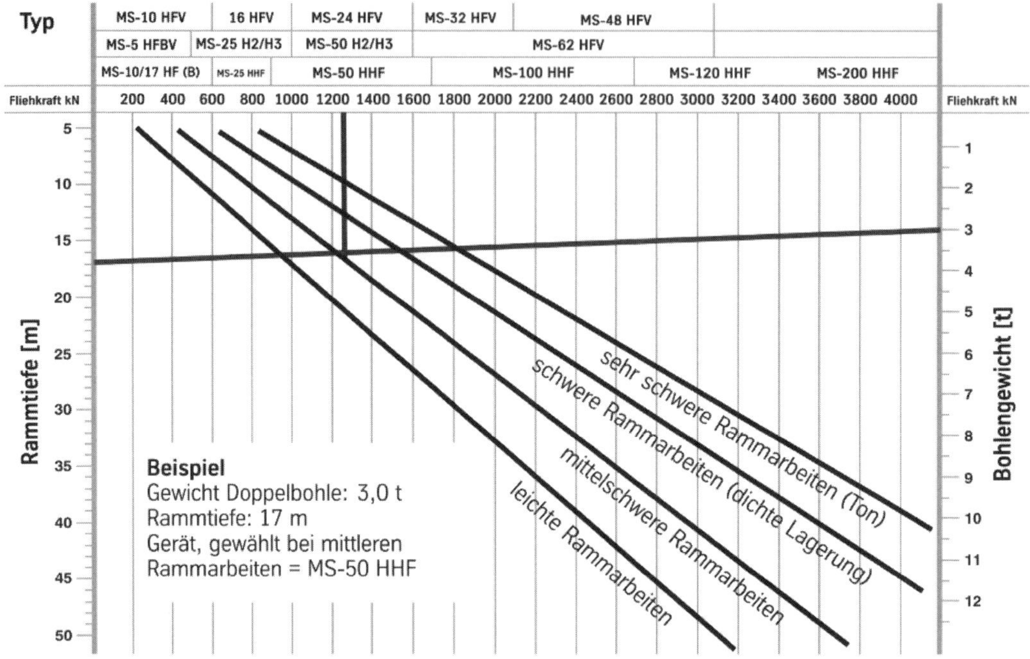

Abb. 25.5: *Gerätewahl eines Vibratoren-Herstellers aus* Berner/Moormann (2018)

Zusammengezogene Bohlen sollen möglichst durch Pressen der mittleren Schlösser zu einem einheitlichen Element verbunden werden. Das Aufnehmen und Aufstellen der Rammelemente sowie das Rammen werden dadurch erleichtert und das Mitziehen bereits gerammter Elemente weitgehend ausgeschaltet.

Beim Hochnehmen von ungepressten Mehrfachbohlen ist jede Bohle an den Lasthaken anzuhängen, damit ein Herausrutschen nicht angehängter Einzelbohlen verhindert wird.

25.5 Führung der Bohlen beim Einbringen

Besonders wichtig für eine gute Spundwandeinbringung ist eine einwandfreie Führung der Bohlen. Sie hat die Aufgabe, eine saubere Rammflucht zu gewährleisten, im Boden befindliche Hindernisse leicht zu überwinden oder beiseitezudrücken und einem Vor- bzw. Nacheilen der Bohlen rechtzeitig entgegenzuwirken. Jede Ramm-

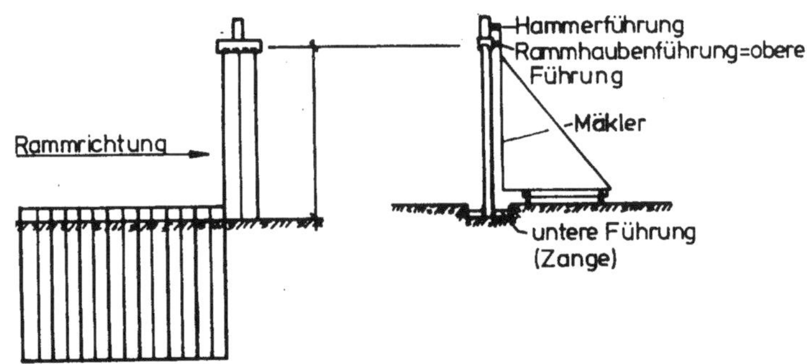

Abb. 25.6: *Führung bei der Einbringung*

einheit muss daher in mindestens zwei Höhenlagen geführt werden. Je größer der Abstand zwischen den beiden Führungen ist, umso wirkungsvoller lassen sich die Bohlen führen. Bei sehr langen Bohlen können jedoch mehrere Zwischenführungen erforderlich werden, damit ein Federn der Rammelemente und somit eine Verringerung der Schlagwirkung vermieden wird. Es ist zu unterscheiden zwischen den Führungen:

a) Mäklerrammung
Der Rammbär wird bei dieser Rammung an dem gleichen Mäkler geführt wie das Rammelement. Für die Rammung ist es also wichtig, einen absolut senkrechten Stand des Mäklers zu gewährleisten und dafür zu sorgen, dass der Rammschlag senkrecht auf den Schwerpunkt des Rammelementes auftrifft. Bei Vor- bzw. Nacheilung der Bohlenköpfe kann ein Verschieben des Auftreffpunktes in Wandrichtung zum Schwerpunkt der Bohle sinnvoll sein.

b) Freireiterrammung
Der Bär wird bei dieser Führungsart durch Freireiterführungen am Bohlenkopf gehalten und geführt.

Die obere Führung der Bohlen erfolgt beim Rammen meistens über die Rammhaube. Bei Schnellschlaghämmern können jedoch auch besondere Führungszangen, die unterhalb des Bohlenkopfes am Mäkler befestigt werden und mit der Rammeinheit abwärts gleiten, erforderlich werden. Bei der Freireiterrammung muss die obere Mäklerführung durch ein zweites Zangenpaar ersetzt werden. Die untere Führung (Bodenzange) ist sowohl für Mäkler- als auch für Freireiterrammung wie folgt möglich: Die untere Führungszange soll aus zwei kräftigen Doppel-T-Trägern bestehen und möglichst weit unten angeordnet werden. Gegen seitliches Verschieben sind die Zangen durch kräftige eingerammte Träger oder Abspreizungen zu festen Punkten hin zu sichern. Die Länge der Führung soll mindestens über sechs Doppelbohlen reichen, wobei zusätzlich die vorhandene Wand um ca. 1,50 m überdeckt werden soll. Der gegenseitige Abstand der Träger ist durch Abstandhalter sicherzu-

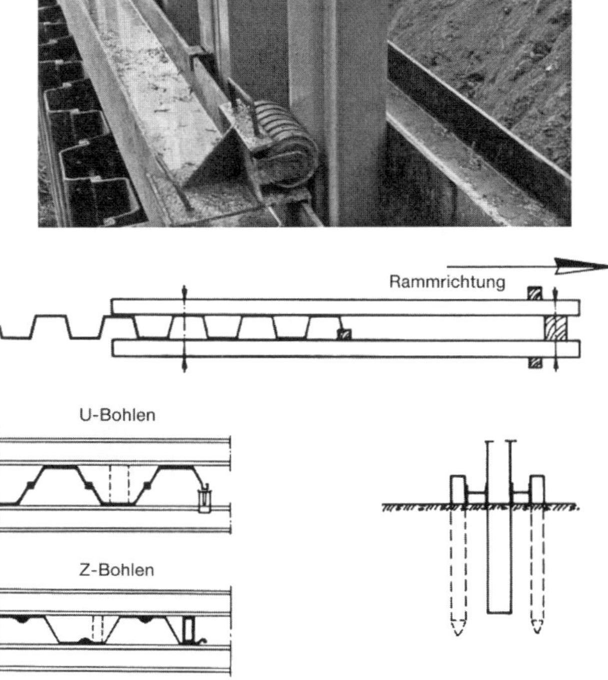

Abb. 25.7: *Beispiele der unteren Führung bei Spundwandeinbringung aus* Berner/Moormann (2018)

stellen. Bügel aus Stahl- bzw. Schraubenbolzen müssen darüber hinaus angeordnet werden, um ein Auseinanderbiegen der Träger zu verhindern. Unmittelbar vor jeder zu rammenden Bohle sollte in Rammrichtung voraus ein Führungselement, bestehend aus Abstandhalter und Bügel, angeordnet werden.

Das freie Flanschende (Knopfflansch) bei Z-Bohlen bzw. das freie Schloss der U-Bohle wird während der Rammung durch einen Führungsklotz gehalten. Ein Drehen der Bohlen innerhalb der Zange wird dadurch verhindert. Bei schwerer Rammung und langen Bohlen sind diese Führungsklötze auch in den Bohlentälern anzuordnen.

Beim Rammen im Wasser wird die untere Führungszange möglichst dicht über dem Wasserspiegel am Rammgerüst bzw. mit schwimmendem Gerät an besonderen Stahlpfählen befestigt. Abb. 25.7 zeigt dazu Beispiele.

25.6 Vorgehensweise bei der Einbringung

Das erste Rammelement muss besonders sorgfältig in die Falllinie der Wandebene gestellt werden. Beim Rammen der weiteren Rammelemente ist von vornherein für eine gute Schlossführung zu sorgen. Durch einen vor dem Rammen gebaggerten tiefen Schlitz kann der Schlosseingriff vergrößert werden. Hierdurch verringert sich außerdem die Einrammtiefe.

a) Fortlaufende Rammung (Pfahlrammung, Einzelrammung), siehe Abb. 25.8:

   Das am meisten anzutreffende Rammverfahren ist das fortlaufende Rammen, bei dem jede Rammeinheit sofort auf Tiefe geschlagen wird. Diese Rammung kann gefahrlos bei locker gelagerten Böden und kurzen Bohlenlängen durchgeführt werden. Gefährdet ist das in Rammrichtung vorausliegende Schloss, das durch Widerstände im Boden ausgelenkt werden kann. Besteht daher der Boden aus dicht gelagerten Kiesen bzw. Sanden, aus festen bindigen Böden oder sind Hindernisse im Baugrund zu erwarten, muss staffelförmig oder fachweise gerammt werden.

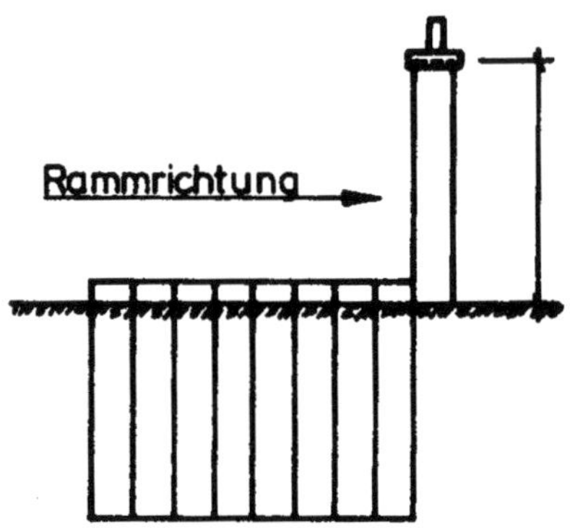

Abb. 25.8: *Fortlaufende Spundwandeinbringung*

b) Staffelweise Rammung (stufenweise), siehe Abb. 25.9:

   Die Bohlen werden hierbei nacheinander staffelweise (stufenweise oder tafelweise) auf Tiefe gerammt. Meist wird in zwei oder drei Staffeln gerammt. Bei zwei Staffeln sollte die erste Staffel nicht über $0,6 \cdot T$ hinausgehen (T = Einrammtiefe). Für drei Staffeln beträgt das übliche Verhältnis:
   - 1. Staffel $0,4 \cdot T$
   - 2. Staffel $0,35 \cdot T$
   - 3. Staffel $0,25 \cdot T$

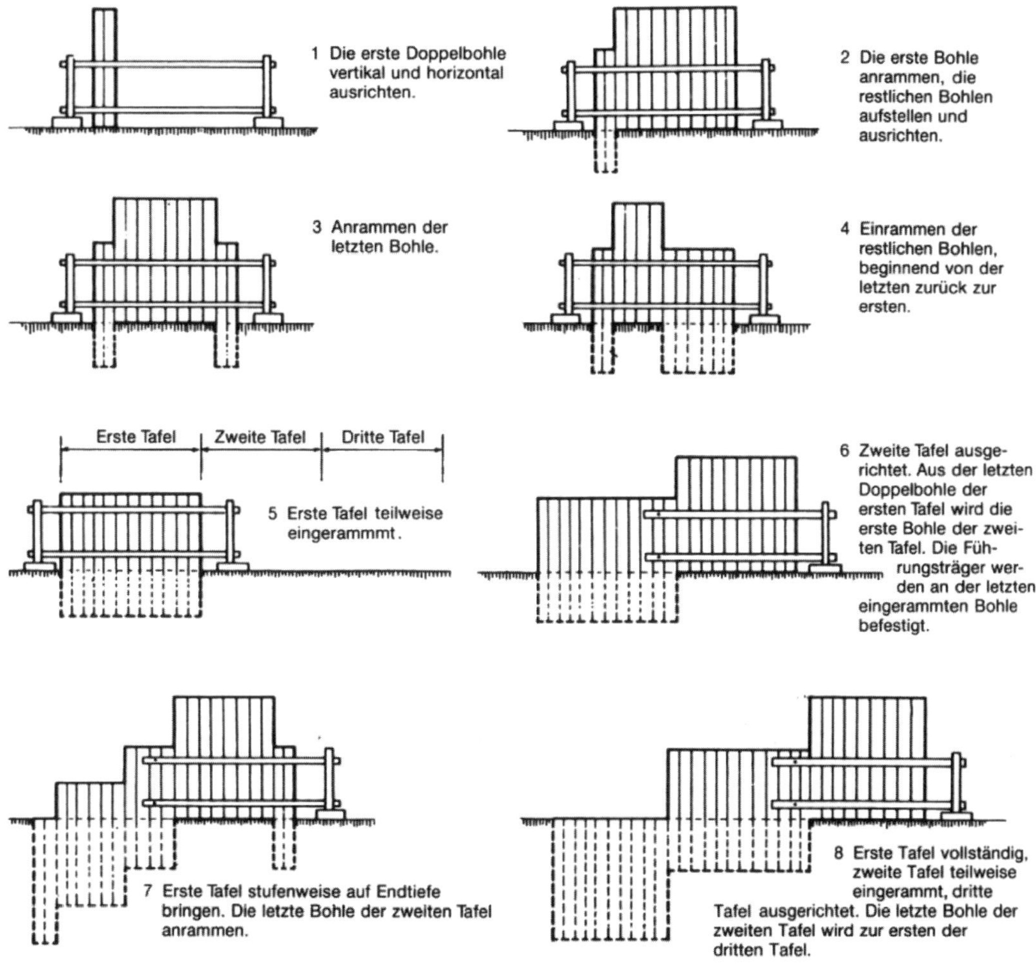

Abb. 25.9: *Staffelweise Einbringung nach* Berner/Moormann (2018)

Bei stark unterschiedlichen Bodenschichtungen sind die Staffeln so zu wählen, dass die Staffelenden jeweils auf die harten Bodenschichten auftreffen und darin leicht einbinden. Das staffelweise Rammen kann mit einem, besser aber mit mehreren Rammhämmern durchgeführt werden. Für das Tieferrammen der 2. und der 3. Staffel werden dabei sinnvoll schwerere Rammhämmer eingesetzt.

c) Fachweises Rammen, siehe Abb. 25.10:

In schwierigem Untergrund werden die Bohlen am schonendsten fachweise eingerammt. Hierbei werden die Bohlen zwischen Führungen aufgestellt oder so in den Boden eingerammt, dass ein fester Stand gegeben ist. Bei sehr dicht gelagertem Sand-Kies-Gemisch wird empfohlen, die zuerst einzubringenden Bohlen 1, 3, 5 am Bohlenfuß und am Schloss zu verstärken. Dadurch wird ein Aufmeißeln des Bodens erzielt, was eine leichtere Rammung der anderen beiden Bohlen zur Folge hat.

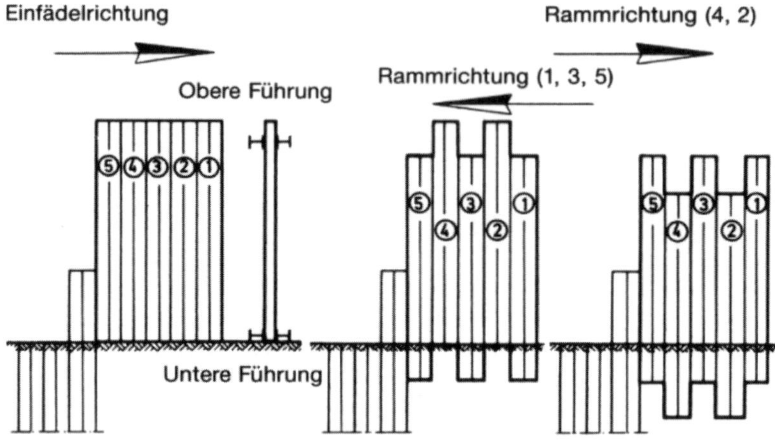

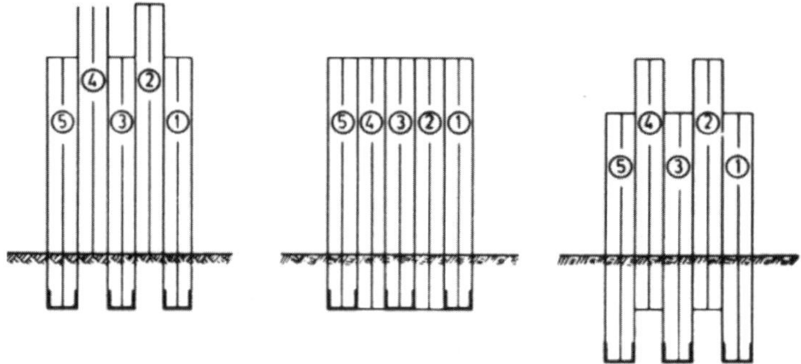

Abb. 25.10: *Fachweises Einbringen von Spundwandprofilen nach* Berner/Moormann (2018)

d) Rammen nach dem Festpunktverfahren, siehe Abb. 25.11:

Sind genaue Wandlängen einzuhalten, ist das Rammen nach dem Festpunktverfahren möglich. Hierbei werden voraus Rammeinheiten nach theoretisch ermittelten Abständen auf Tiefe gerammt. Zwischen diesen Festpunkten werden dann die restlichen Bohlen fachweise eingestellt und staffelförmig vom Festpunkt beginnend auf Tiefe geschlagen. Durch Walz- und Rammtoleranzen kommt es dabei jedoch zu erheblichen Schlossreibungen. Es ist daher besser, Passbohlen nach den auf der Baustelle festgestellten Maßen herzustellen.

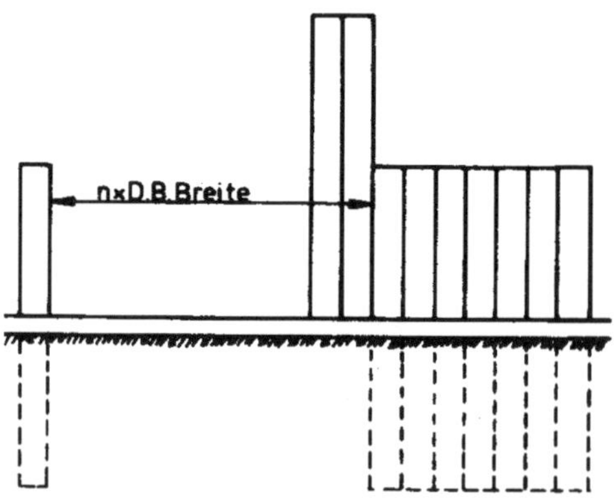

Abb. 25.11: *Einbringung nach dem Festpunktverfahren*

e) Einbringen der Bohlen mit hydraulischen Pressen:

Beim Einbringen der Bohlen mit einer Hydraulikpresse werden die Spundbohlen jeweils zu Tafeln zusammengestellt und die Presse mit einem Kran an die aufgestellten Bohlen angeschlossen. Der Anschluss der Kolben der Hydraulikzylinder an die Spundbohlen erfolgt kraftschlüssig durch Bolzen oder Schraubverbindungen. In Abhängigkeit vom Pressentyp werden rund zwei Kolben mit Druck beaufschlagt, während die anderen verriegelt sind. Auf diese Weise lassen sich zwei Bohlen gleichzeitig in den Boden treiben. Nachdem alle Kolben ausgefahren sind, werden alle zusammen wieder zurückgezogen. Hierdurch senkt sich die Presse und der gesamte Zyklus wiederholt sich, siehe Abb. 25.12. In der Bauausführung können unterschiedliche Pressverfahren zum Einsatz kommen. Abb. 25.12 stellt nur ein Beispiel dar.

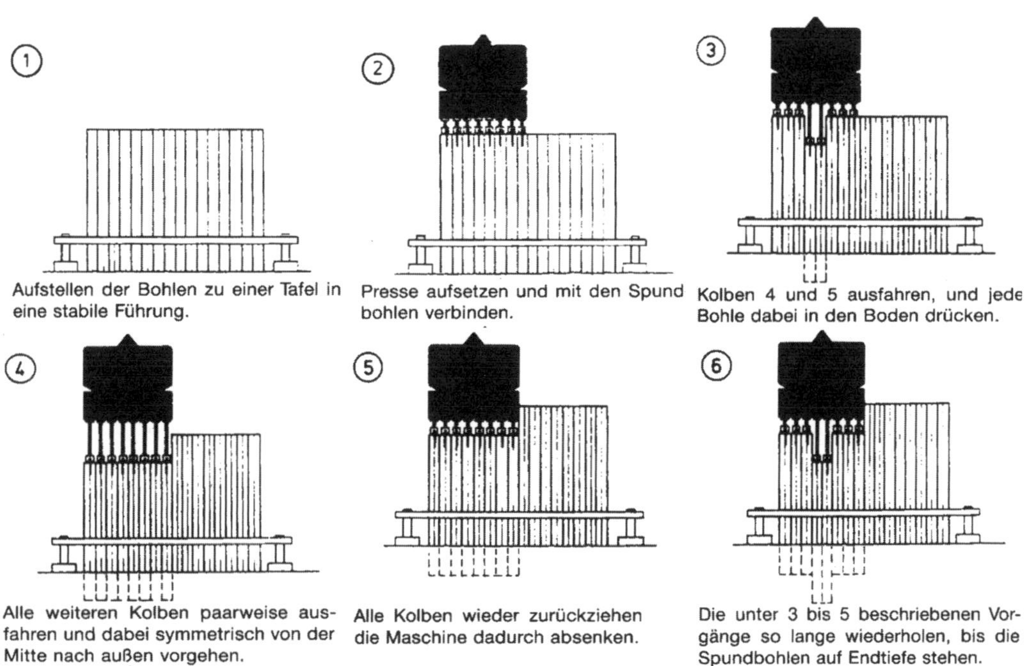

Abb. 25.12: *Beispiel für die Arbeitsweise der Hydraulikpresse*

25.7 Behandlungen von Abweichungen bei der Einbringung

Beim Rammen sind Lage der Bohlen in der Bohlenzange, Stellung zur Lotrechten und Zustand des Bohlenkopfes sowie ihr Eindringen unter der Rammwirkung laufend zu beobachten.

Beim Auftreten von Rammabweichungen gleich welcher Art sind unverzüglich Gegenmaßnahmen einzuleiten, siehe *TESPA Rammfibel (2001)* und *Berner/Moormann (2018)*. Abweichungen können Voreilen des Bohlenkopfes oder Nacheilen des Bohlenkopfes mit Voreilen des Bohlenfußes sein.

Beim Voreilen des Bohlenkopfes liegt die Ursache darin, dass sich der Bohlenfußwiderstand in Richtung gerammte Wand vergrößert, weil dort der Boden bereits vorverdichtet ist. Die Mantelreibung vergrößert sich zwar bei zunehmender Eindringtiefe in den Boden, bleibt allerdings gleichmäßig verteilt. Die Schlossreibung vergrößert sich mit der Eindringtiefe und greift am äußeren Rand des Systems an.

Ist der Boden sehr hart, besteht die Gefahr des Nacheilens. Durch Auflockerung des Bodens der vorangegangenen gerammten Bohlen wird der Spitzenwiderstand am Bohlenschloss herabgesetzt und die dem Voreilen entgegengesetzte asymmetrische Krafteinwirkung treibt die Bohle in eine sich zur Wand hin neigende Schräglage.

Grundsätzlich ist die Wahl des richtigen Rammkonzeptes die beste Möglichkeit, um Sollabweichungen zu vermeiden. Zu ergreifende Maßnahmen gegen die Abweichung sind ausführlich in *Berner/Moormann (2018)* zusammengestellt.

25.8 Einbringen in harte und felsartige Böden

Beim Rammen in harten und felsartigen Böden sind Stahlspundbohlen mit großen Wanddicken in hochfesten Stahlsorten einzusetzen. Durch die hohe Streckgrenze und die Wanddicken können Widerstände im Boden weitgehend ohne bleibende Verformungen überwunden werden. Liegen felsartige Einschlüsse vor, dann ist neben den genannten Maßnahmen eine Fußverstärkung z. B. in Form einer Profilaufdopplung zweckmäßig, durch welche Hindernisse besser überwunden bzw. zur Seite gedrückt werden. Weitere Hinweise zum Einbringen von Spundwänden in Fels siehe *Brackemann/Kühn-Velten (1976)*.

25.9 Einbringhilfen

Als Einbringhilfen werden das Spülen mit Nieder- oder Hochdruck, Sprengen oder das Bohren verwendet.

Die Einbringverfahren Rammen, Vibrieren und Pressen sind unter Umständen erst möglich unter Zuhilfenahme des Spülens. Geräteüberlastungen und Verformungen an den Rammelementen sowie Bodenerschütterungen werden dadurch vermindert. Beim Spülvorgang wird ein Wasserstrahl über ein oder mehrere Spülrohre an den Fuß des Rammelementes geleitet. Das Wasser lockert den Boden auf und transportiert gelöstes Material ab.

Das Niederdruckspülverfahren wird in rolligen, dicht gelagerten Böden, aber auch in trockenen, gleichkörnigen und mit Kies vermischten Sandböden mit einem Druck von bis zu 20 bar eingesetzt. Das Hochdruckspülverfahren wird mit einem Druck zwischen 250 und 500 bar zum Einbringen von Spundbohlen in extrem dicht gelagerten Böden sowie in setzungsgefährdeten Bereichen eingesetzt, da hier geringere Wassermengen erforderlich sind als bei der Spülung mit Niederdruck.

Das Sprengen wird in Böden eingesetzt, die bisher als schwierig oder absolut ungeeignet für das Rammen von Spundbohlen angesehen werden. Beim Sprengen unterscheidet man zwischen Lockerungssprengungen und Schocksprengungen. Beim Lockersprengverfahren werden in der Spundwandtrasse eine Reihe von Bohrlöchern mit verdämmten Ladungen bestückt, sodass nach der Sprengung ein V-förmiger Bereich entsteht, der schwer rammbar ist. Bei Schocksprengungen werden Bohrlöcher im Abstand von 0,6 bis 1,2 m bis zur Solltiefe niedergebracht und mit Ladungen besetzt. Zwei bis acht benachbarte Bohrlöcher werden gleichzeitig gezündet, sodass das Gestein durch die benachbarten aufeinandertreffenden Druckwellen gelockert wird.

Bei Lockerungsbohrungen werden Löcher im Bereich der Schlösser i. d. R. mit einem Durchmesser von rd. 30 cm ohne Bodenförderung vorgebohrt, d. h., die Bohrschnecke wird nur in den Boden eingedreht und gegenläufig ausgedreht, um das Bodengefüge zu lockern. Bei Austauschbohrungen wird dagegen der vorhandene Boden oder Fels durch rammbares Material ausgetauscht. Bei sehr schwer rammbaren Böden oder Fels werden die Austauschbohrungen auch überschnitten mit größeren Durchmessern als die Spundwandbreite ausgeführt, um den Austausch im gesamten Spundwandbereich zu ermöglichen.

Die Einbringhilfen können einen Einfluss auf das axiale Tragverhalten der Spundwandelemente haben. Dies ist entsprechend vor Ausführung zu prüfen, sodass die in der Ausführungsplanung berücksichtigten Angaben hinsichtlich Tragfähigkeit eingehalten werden.

25.10 Dichtigkeit von Stahlspundwänden

Wände aus Stahlspundbohlen sind wegen des erforderlichen Spielraumes in den Schlossverbindungen nicht absolut wasserdicht. Die Dichtigkeit der werkseitig eingezogenen Schlösser ist dabei meistens geringer als bei Rammschlössern, die sich im Einrammbereich zum Teil mit Boden zusetzen.

Eine fortschreitende Selbstdichtung kann i. Allg. im Laufe der Zeit erwartet werden. Sie kann bei frei im Wasser stehenden Wänden mit einseitigem Wasserüberdruck durch Einschütten geeigneter Dichtungsstoffe unterstützt werden (z. B. Kesselasche, Sägemehl usw.). Beim Leerpumpen von Baugruben sind anfangs hohe Pumpenleistungen erforderlich, damit eine hohe Spiegeldifferenz entsteht und Dichtungsstoffe in die Schlossfugen eingespült werden.

Die Dichtigkeit der Schlösser kann außerdem erhöht werden durch Verfüllen mit einer plastischen Masse, durch Einstemmen von Gummi- bzw. Kunststoffschnüren, von Bleischnüren, von Holzkeilen usw.

Ein völliges Dichten der Schlösser wird durch Verschweißen erreicht, und zwar entweder durch unmittelbares Dichtschweißen der Schlossfuge oder durch Abdecken der Schlossfuge mit Flach- oder Profilstahl, der beidseitig mit der Spundwand verschweißt wird.

25.11 Berechnung und Bemessung von Spundwänden

Bei der Berechnung von Spundwänden bzw. Spundwandbauwerken ist zu unterscheiden zwischen der Anwendung

a) temporär bei Baugruben und

b) als Dauermaßnahme, z. B. bei Kaianlagen.

Die Berechnungsgrundlagen zum Nachweis der äußeren Tragfähigkeit und zur Schnittgrößenermittlung sowie Beispiele zu a) finden sich in der *EAB (2012)* und Kapitel 28.

Auch für die Anwendung nach b) gelten die wesentlichen Grundlagen nach Kapitel 28. Ergänzungen und weitere Hinweise dazu enthält die *EAU (2012)*, die bauaufsichlich im Bereich der Wasser- und Schifffahrtsverwaltungen Anwendung findet.

Nach der bauaufsichtlichen Einführung der Eurocodes wird die Bemessung der inneren Tragfähigkeit der Spundwandbohlen nach DIN EN 1993-5 (Eurocode 3, Teil 5) durchgeführt. Nachfolgend werden wesentliche Grundlagen der Bemessung nach DIN EN 1993-5 dargestellt, vgl. auch *Steinhoff (2009)* und *Kalle (2011)*.

Nach DIN EN 1993-5 kann die Bemessung von Spundwänden grundsätzlich nach den Verfahren elastisch-elastisch, elastisch-plastisch oder plastisch-plastisch erfolgen. Die plastische Ermittlung der Beanspruchungen von Spundwänden ist aber nur in Sonderfällen sinnvoll. Die Ermittlung der Schnittgrößen erfolgt daher in der Regel nach der Elastizitätstheorie.

Zur Bemessung der Spundbohlen werden diese nach DIN EN 1993-5 in Abhängigkeit der Flanschschlankheiten b/t_f und der Stahlgüte in Klassen eingeteilt, vgl. Tab. 25.7.

- Klasse 1: Querschnitte, für die eine plastische Berechnung einschließlich Momentenumlagerung ausgeführt werden darf, vorausgesetzt, dass sie eine ausreichende Rotationskapazität besitzen.
- Klasse 2: Querschnitte, für die eine elastische Berechnung notwendig ist, jedoch kann der Vorteil des plastischen Querschnittswiderstandes ausgenutzt werden.
- Klasse 3: Querschnitte, die für die Anwendung einer elastischen Berechnung und elastischer Spannungsverteilung im Querschnitt bemessen sind, wobei in den Randfasern Fließen auftreten kann.
- Klasse 4: Querschnitte, für die lokales Beulen den Querschnittswiderstand vermindert.

Die Tab. 25.3 und 25.4 enthalten beispielhafte Abmessungen aus dem Lieferprogramm eines Spundwandherstellers. Anhand der Abmessungen und der Stahlgüte kann ersehen werden, dass die üblichen Spundwandprofile entweder in die Klasse 2 oder in die Klasse 3 eingeordnet sind.

Für Profile der Klasse 3 wird immer eine Bemessung nach dem Verfahren elastisch-elastisch erforderlich. Für Profile der Klasse 2 ist das Verfahren elastisch-plastisch (elastische Schnittgrößenermittlung, Ausnutzung der plastischen Querschnittswerte W_{pl}) zulässig.

Tab. 25.7: *Querschnittsklassifizierung von Spundbohlen nach DIN EN 1993-5*

Klassifizierung	Z-Profile	U-Profile
Klasse 1	— dieselben Grenzwerte wie für Klasse 2 — ein Rotationsnachweis ist durchzuführen	
Klasse 2	$\frac{b/t_f}{\varepsilon} \leq 45$	$\frac{b/t_f}{\varepsilon} \leq 37$
Klasse 3	$\frac{b/t_f}{\varepsilon} \leq 66$	$\frac{b/t_f}{\varepsilon} \leq 49$

$\varepsilon = \sqrt{\frac{235}{f_y}}$	f_y in N/mm²	240	270	320	355	390	430
	ε	0,99	0,93	0,86	0,81	0,78	0,74

Erläuterung:

b Flanschbreite, zwischen den Eckausrundungen, wenn das Verhältnis r/t_f nicht größer als 5,0 ist, andernfalls muss eine genauere Methode verwendet werden;

t_f Flanschdicke bei Flanschen mit konstanter Dicke;

r Radius der Querschnittsmittellinie in der Ecke zwischen Flansch und Steg;

f_y Streckgrenze.

Die Bemessung erfolgt durch Nachweis, dass der Bemessungswert des Biegemomentes M_{Ed} den Bemessungswert des Momentenwiderstandes des Querschnitts $M_{c,Rd}$ nicht überschreitet.

$$M_{Ed} \leq M_{c,Rd} \tag{25.1}$$

Für reine Biegung gilt:

$$M_{c,Rd} = \beta_B \cdot W_{pl/el} \cdot f_y / \gamma_{M0} \tag{25.2}$$

mit

- β_B: Faktor für die Tragfähigkeit, der die mögliche Verminderung der Schubkraftübertragung in den Schlössern berücksichtigt, nach Tab. 25.8
- $W_{pl/el}$: plastisches (Klasse 1 und Klasse 2 - Querschnitte) oder elastisches Widerstandsmoment (Klasse 3 - Querschnitte)
- f_y: Nennwert der Streckgrenze
- γ_{M0}: Teilsicherheitsbeiwert = 1,0 nach DIN EN 1993-1-1

Bezüglich des Nachweisverfahrens elastisch-elastisch wird bei U-Bohlen eine Abminderung mit β_B bzw. β_D nicht erforderlich, wenn die U-Bohlen zumindest in jedem zweiten auf der Wandachse liegendem Schloss nach *EAU (2012)* schubfest verbunden sind und der Nachweis der Schubkraftübertragung erbracht werden kann. Bei Z-Bohlen darf stets $\beta_B =$

$\beta_D = 1,0$ gesetzt werden. Infolgedessen beziehen sich die Abminderungsfaktoren in Tab. 25.8 i. d. R. auf das Nachweisverfahren elastisch-plastisch.

Tab. 25.8: *Abminderungsfaktoren β_B (Biegetragfähigkeit) und β_D (Biegesteifigkeit) für U-Bohlen nach DIN EN 1993-5/NA*

Typ U-Bohle	Anzahl Anker/Steifen	Bodenart Festigkeit/Konsistenz	Abminderungsfaktoren	
			β_B	β_D
Einzelbohle (oder Mehrfachbohle ohne Schlossverbund)			0,6	0,4
Doppelbohle (im Mittelschloss auf ganzer Länge schubfest[a] verbunden)	0	locker bis mitteldicht breiig bis weich[b]	0,7	0,6
		dicht bis sehr dicht steif bis fest[c]	0,8	0,7
	1	locker bis mitteldicht breiig bis weich[b]	0,8	0,7
		dicht bis sehr dicht steif bis fest[c]	0,9	0,8
	≥ 2	locker bis mitteldicht breiig bis weich[b]	0,9	0,8
		dicht bis sehr dicht steif bis fest[c]	1,0	0,9

[a] Zur schubfesten Verbindung zählen alle Schlossverriegelungsarten, die ein gegenseitiges Verschieben der U-Bohlen in den Schlossleisten unter Belastung vermeiden (z. B.: werkseitiges Verpressen, werk- oder bauseitiges Verschweißen). Eine auf der Baustelle ausgeführte Schlossverriegelung, die nach dem Einbringen der Spundwand erfolgt, kann in ihrer Wirkungsweise nur für die Belastungsphasen in Ansatz gebracht werden, die sich erst nach Ausführung der Schubverbindung einstellen werden, siehe 3.12(4). Unterhalb der Baugrubensohle ist in der Regel eine Verriegelung der Schlösser durch bauseitige Verfahren nicht möglich, was beim Tragfähigkeitsnachweis des Bauteiles in diesem Bereich dann zu berücksichtigen ist.

[b] Lockere bis mitteldichte bzw. breiige bis weiche Böden werden wie folgt definiert:
- nichtbindige Böden: $q_c \leq 10$ MN/m^2 (CPT, en: cone penetration test);
- bindige Böden: $q_c \leq 0{,}75$ MN/m^2 (CPT);
- Erdaufschüttungen;
- Wasser.

[c] Für mindestens dicht gelagerte bzw. steife Böden oberhalb des Grundwassers dürfen die Tabellenwerte um 0,1 angehoben werden. Der Ansatz unterschiedlicher Abminderungsfaktoren in den sich über die Spundwandlänge ergebenden jeweiligen Bodenschichten (mehrschichtigen Böden) ist durchaus erlaubt. Vereinfachend empfiehlt es sich jedoch, mit den geringsten Abminderungsfaktor der vorhandenen Bodenschichten die Bauteilbemessung durchzuführen.

Ist eine Normalkraft vorhanden, ist zudem grundsätzlich nachzuweisen:

$$N_{Ed} \leq N_{Rd} \tag{25.3}$$

mit

$N_{pl,Rd} = A \cdot f_y / \gamma_M$

A: Querschnittsfläche

In der Praxis ist allerdings in der Regel der o. g. Normalkraftnachweis nicht bemessungsrelevant, da sich die maximalen Ausnutzungsgrade üblicherweise beim Nachweis der Biegemomente ergeben.

Die Auswirkung der Normalkraft auf den plastischen Momentenwiderstand darf vernachlässigt werden, wenn bei U-Bohlen der Klassen 1 und 2 die Bedingung nach Gl. (25.4) eingehalten wird:

$$N_{Ed}/N_{pl,Rd} \leq 0,25 \tag{25.4}$$

Für Z-Bohlen lautet die Bedingung:

$$N_{Ed}/N_{pl,Rd} \leq 0,10 \tag{25.5}$$

Der Knicknachweis kann entfallen, wenn das Kriterium nach Gl. (25.6) eingehalten wird. Weitere Hinweise enthält DIN EN 1993-5.

$$N_{Ed}/N_{cr} \leq 0,04 \tag{25.6}$$

mit

$$N_{cr} = E \cdot I \cdot \beta_D \cdot \pi^2/l^2$$

$E \cdot I$: Produkt aus E-Modul und Trägheitsmoment I (Biegesteifigkeit der Wand)

β_D: Faktor für die Biegesteifigkeit, der die mögliche Verminderung der Schubkraftübertragung in den Schlössern berücksichtigt, nach Tab. 25.8

l: Knicklänge, siehe DIN EN 1993-5

Des Weiteren ist es notwendig, die Spundwandstege hinsichtlich des Schubkraftwiderstandes nachzuweisen. Der Bemessungswert der Querkraft V_{Ed} sollte in jedem Querschnitt das Kriterium nach Gl. (25.7) erfüllen. Weitere Details des Nachweises sind DIN EN 1993-5 zu entnehmen.

$$V_{Ed} \leq V_{pl,Rd} \tag{25.7}$$

mit

$V_{pl,Rd}$: Bemessungswert des plastischen Querkraftwiderstandes für einen einzelnen Steg, der definiert ist durch:

$$V_{pl,Rd} = \frac{A_V \cdot f_y}{\sqrt{3} \cdot \gamma_{M0}} \tag{25.8}$$

A_v: Schubfläche für einen einzelnen Steg, projiziert in die Richtung von V_{Ed}

Da die o. g. Kriterien hinsichtlich der Größe der einwirkenden Normalkraft i. d. R. eingehalten werden, ergibt sich auf Grundlage der o. g. Ausführungen für die Bemessung der Spundbohlen i. d. R. somit folgende Vorgehensweise:

1) Überprüfung in welche Querschnittsklasse das Profil einzuordnen ist. Dies erfolgt in der Regel durch Angaben des Herstellers. Sofern diese nicht vorhanden sind, ist Tab. 25.7 anzuwenden.

2) Wahl des Nachweisverfahrens elastisch-elastisch oder elastisch-plastisch.

3) Festlegung der Abminderungsfaktoren β_B und β_D. Bei elastisch-elastischem Nachweis von U-Bohlen und schubfester Verbindung in mindestens jedem zweiten Schloss sowie bei Z-Bohlen gilt $\beta_B = \beta_D = 1,0$.

4) Überprüfung nach Gln. (25.4) und (25.5), ob eine Abminderung des Momentenwiderstandes erforderlich wird.

5) Überprüfung nach Gl. (25.6), ob ein Knicknachweis erforderlich ist.

6) Nachweis der Tragfähigkeit infolge Momentenbeanspruchung und ggf. Normalkraftbeanspruchung.

25.12 Zahlenbeispiele siehe Anhang B-25.

26 Schlitzwände

26.1 Einführung

Schlitzwände sind massive, mittels Stützflüssigkeiten hergestellte Wände aus Beton, Stahlbeton oder anderen zementgebundenen Stoffen. Sie werden für folgende Zwecke eingesetzt:

- *Statisch*: Abstützen von Horizontalkräften (Erddruck, Wasserdruck) bzw. Abtragen von Vertikallasten.
- *Wasserdichtend*: Zurückhalten von Grundwasser; Einkapseln von Kontamination im Baugrund.
- *Abschirmend*: als Barriere gegen dynamische Schwingausbreitung im Boden.

Schlitzwände werden nur vertikal ausgeführt. Die üblichen Wanddicken liegen zwischen 0,4 und 2,0 m. Die übliche Arbeitslänge des Aushubwerkzeuges liegt zwischen 2,5 und 3,5 m. Der Aushub bzw. das Lösen des Bodens bzw. Felses im Schlitz kann entweder mittels Greifer oder durch Fräsen erfolgen. Die derzeit erreichbaren Tiefen liegen in etwa bei 100 m bis 150 m. Ab einer Aushubtiefe von ca. 30 m kann es im Greiferverfahren aufgrund von sich in der Stützflüssigkeit ablagernder Sandanteile zu Widerständen kommen, die zu einem Greiferverlust führen können. Bei der Herstellung ist eine Vertikalität bis kleiner 0,5 % Lotabweichung möglich. Weitere Grundlagen können *Triantafyllidis (2004)* entnommen werden. Abb. 26.1 zeigt die einzelnen Elemente einer Schlitzwand.

Die Vorteile der Schlitzwandbauweise ergeben sich wie folgt, siehe *Stocker/Walz (1992)* und *Haugwitz/Pulsfort (2018)*:

- *Verformungsarm*: Bei Rückverankerung kann die Horizontalverformung der Stahlbetonschlitzwand bis auf 1 bis 2 ‰, bezogen auf die freie Wandhöhe, begrenzt werden.
- Weitgehend *wasserdicht* bzw. *wassersperrend.*
- *Schonend*: Schlitzwände können unmittelbar vor dem Gebäude abgeteuft werden; bei der Herstellung entstehen nur geringe Erschütterungen.
- *Wirtschaftlich*: Die Schlitzwand kann konstruktiv in das Gebäude mit einbezogen werden und ist in der Lage, neben den Horizontallasten auch sehr hohe vertikale Lasten abzutragen. Die Anordnung der Anker und die Ausführung der Bewehrung (z. B. asymmetrische Anordnung, versteckte Gurte) können angepasst werden.

- *Platzsparend*: Die Schlitzwand kann nahezu ohne Zwischenraum vor Gebäuden oder Fundamenten abgeteuft werden.
- *Sicher*: Durch die vergleichsweise geringe Anzahl von Fugen ist die Schlitzwand als wassersperrende Baugrubenwand/Dichtungswand bei geeigneten Randbedingungen nahezu konkurrenzlos.
- Einsatz unter beengten Verhältnissen: Besonders mit speziellen Fräsen können auch sehr tiefe Schlitzwände hergestellt werden.

Die Nachteile sind, siehe *Stocker/Walz (1992)* und *Haugwitz/Pulsfort (2018)*:

- Die Schlitzwand ist im Vergleich zur Spundwand oder zum Trägerbohlwandverbau hinsichtlich Baustelleneinrichtung und Materialverbrauch aufwendiger. Zudem müssen gebrauchte Stützflüssigkeiten oder mit Suspension verunreinigtes Aushubmaterial gesondert entsorgt werden. Bei kleinen Wandflächen, geringen Tiefen und beengten Platzverhältnissen ist die Schlitzwand der Pfahlwand meist unterlegen.
- Aussparungen für querende Leitungen oder Kanäle sind häufig problematisch.

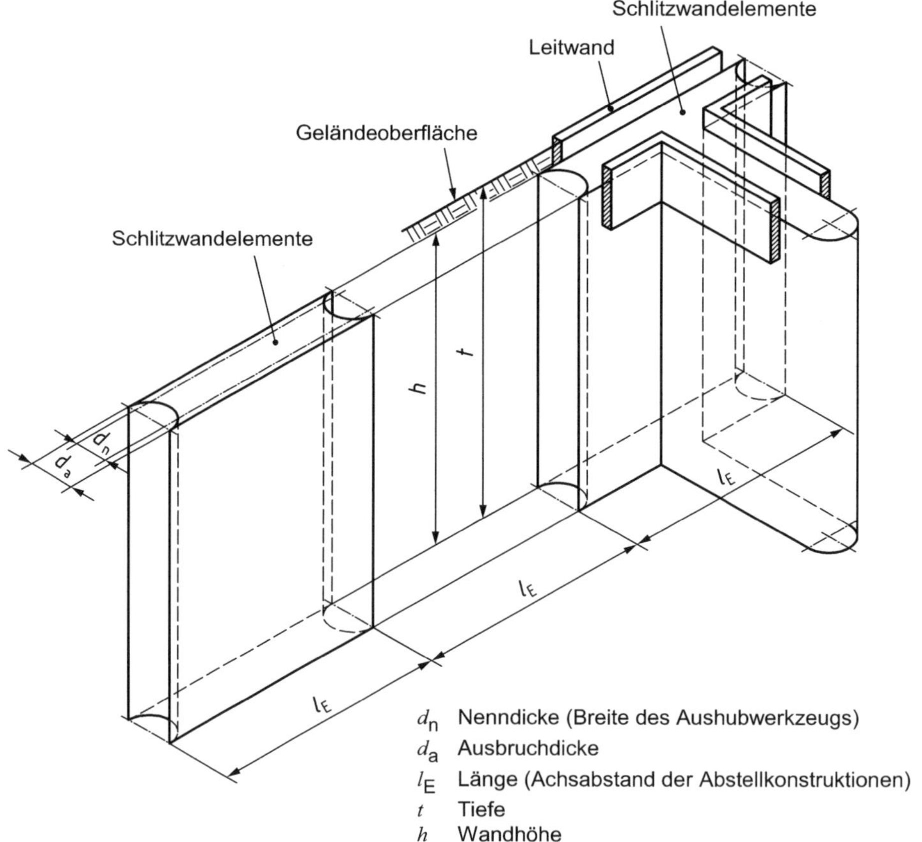

Abb. 26.1: *Schlitzwandelemente und Leitwände aus DIN 4126*

Im Zusammenhang mit der Bemessung und Berechnung von Schlitzwänden gelten DIN 4126, DIN 4126 Beiblatt 1, DIN 4127, *Handbuch Eurocode 7-1 (2015)* und ergänzend *EAB (2012)*. Für die Ausführung gilt DIN EN 1538.

Bei Schlitzwänden wird unterschieden zwischen dem Einphasenverfahren (Stützflüssigkeit gleich endgültiger Wandbaustoff) und dem Zweiphasenverfahren (1. Phase Stützflüssigkeit, 2. Phase Beton). Im Folgenden wird nur das Zweiphasenverfahren als statisch wirksame massive Wand behandelt. Das Einphasenverfahren wird i. d. R. bei Dichtwänden verwendet. Es sind nahezu beliebige Grundrissanordnungen der Schlitzwandelemente möglich.

Die einzelnen Schlitzwandlamellen sind jeweils nacheinander herzustellen, wobei diese über eine nicht zu vermeidende Fuge voneinander getrennt sind, d. h., die Schlitzwand stellt kein monolithisches Bauteil in Wandlängsrichtung dar, sondern besteht aus Einzelbauteilen (Lamellen).

26.2 Herstellung der Zweiphasenschlitzwand

26.2.1 Herstellungsübersicht und Ablaufmöglichkeiten

Abb. 26.2 zeigt eine generelle Herstellungsübersicht und Abb. 26.3 einen Schlitzwandgreifer und das Einstellen der Bewehrung in den Schlitz.

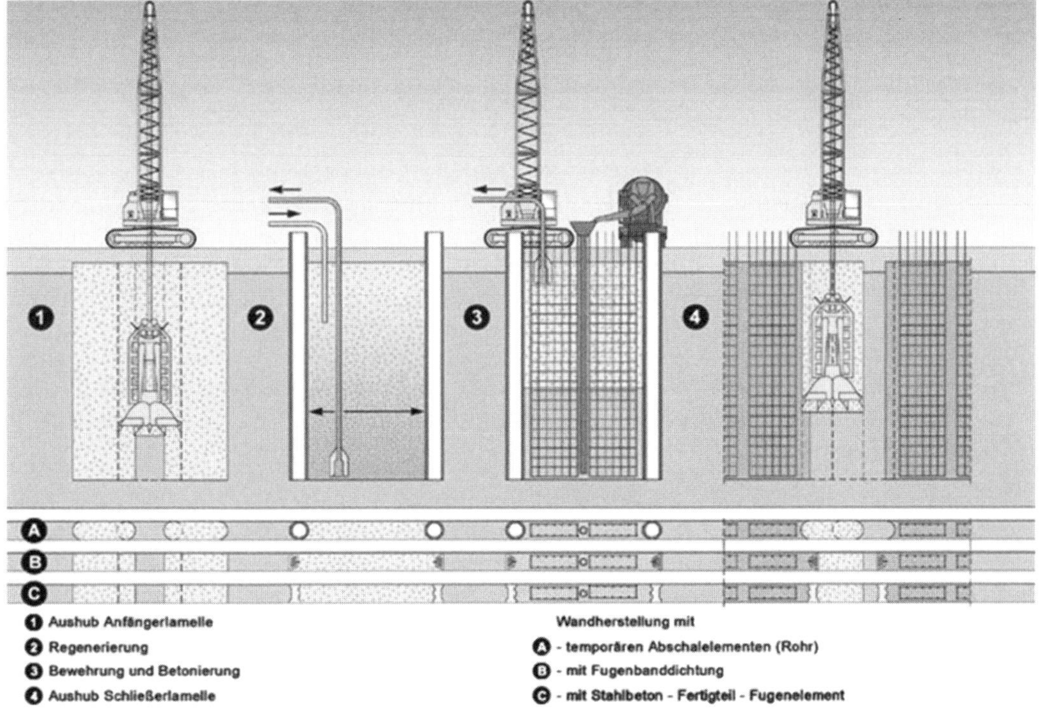

Abb. 26.2: *Hauptarbeitsvorgänge bei der Schlitzwandbauweise*

Abb. 26.3: *Aushub mit Schlitzwandgreifer und Einstellen der Bewehrung*

Hinsichtlich des Bauablaufes werden zwei Vorgehensweisen bei der Schlitzherstellung unterschieden.

- *Alternierende Bauweise* (Pilgerschrittverfahren): Dabei wird nach Fertigstellung eines Schlitzwandelementes die jeweils übernächste Lamelle hergestellt (Primärlamellen). Die stehengebliebenen Bodenbereiche werden dann in einem zweiten Durchgang (Sekundärlamellen) ausgehoben. Bedingt durch die Abstellkonstruktionen, z. B. Fugenrohre (nur Primärlamelle) haben die Primär- und die Sekundärlamelle nicht die gleichen Abmessungen.

- *Kontinuierliche Bauweise*: Dabei werden die Schlitze kontinuierlich hergestellt, beginnend mit der sog. Startlamelle oder Starter und endend mit der Schlusslamelle oder Schließer.

Abb. 26.4 beschreibt den generellen Arbeitsablauf beim Pilgerschrittverfahren unter Verwendung von Abschalrohren.

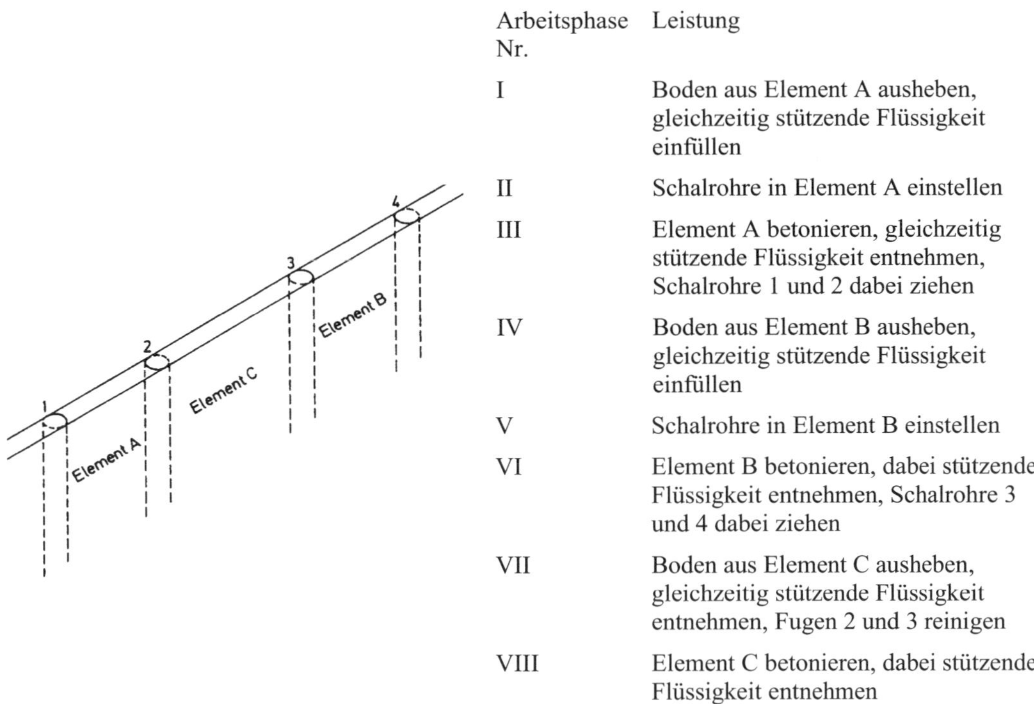

Arbeitsphase Nr.	Leistung
I	Boden aus Element A ausheben, gleichzeitig stützende Flüssigkeit einfüllen
II	Schalrohre in Element A einstellen
III	Element A betonieren, gleichzeitig stützende Flüssigkeit entnehmen, Schalrohre 1 und 2 dabei ziehen
IV	Boden aus Element B ausheben, gleichzeitig stützende Flüssigkeit einfüllen
V	Schalrohre in Element B einstellen
VI	Element B betonieren, dabei stützende Flüssigkeit entnehmen, Schalrohre 3 und 4 dabei ziehen
VII	Boden aus Element C ausheben, gleichzeitig stützende Flüssigkeit entnehmen, Fugen 2 und 3 reinigen
VIII	Element C betonieren, dabei stützende Flüssigkeit entnehmen

Abb. 26.4: *Arbeitsablauf bei der alternierenden Bauweise, nach* Weiß/Winter (1985)

26.2.2 Herstellungsschritte

Folgende grundsätzliche Herstellungsschritte sind zu unterscheiden, wobei die entsprechenden Bedingungen einzuhalten sind.

a) *Vorarbeiten*: Aushub eines ca. 1 bis 2 m tiefen Grabens zur Herstellung der Leitwände.

b) *Leitwände*: Anordnung der Leitwände in einer Tiefe von 0,7 bis 1,5 m, wobei konstruktive Lösungen nach Abb. 26.5 zur Ausführung kommen. Die Leitwände sind Hilfswände mit geringer Tiefe zu beiden Seiten des herzustellenden Schlitzes. Die Leitwände sollen den oberen Schlitzbereich stützen und das Aushubwerkzeug führen und dienen beim Einstellen des Bewehrungskorbes als Auflager.

c) *Aushub*: Lamellenlänge ca. 2 bis 7 m, häufig 5 m. Der Aushub erfolgt mittels Greifern oder Fräsen, welche in der Breite, i. d. R. zwischen 0,4 und 2,0 m, der statischen Dicke der späteren Schlitzwand entsprechen. Je nach verwendeter Abstell- bzw. Abschalkonstruktion ist im Zuge des Aushubs die Fuge von hergestellten Nachbarlamellen zu reinigen.

d) *Stützflüssigkeit*: Die Stützflüssigkeit (i. d. R. Suspension aus Wasser und Bentonit oder anderen ausgeprägt plastischen Tonen) gewährleistet die Standsicherheit des offenen Schlitzes, d. h., sie hindert den ausgehobenen Hohlraum am Zusammenfallen. Hierzu ist die Suspension hinsichtlich ihrer Eigenschaften, insbesondere der Dichte

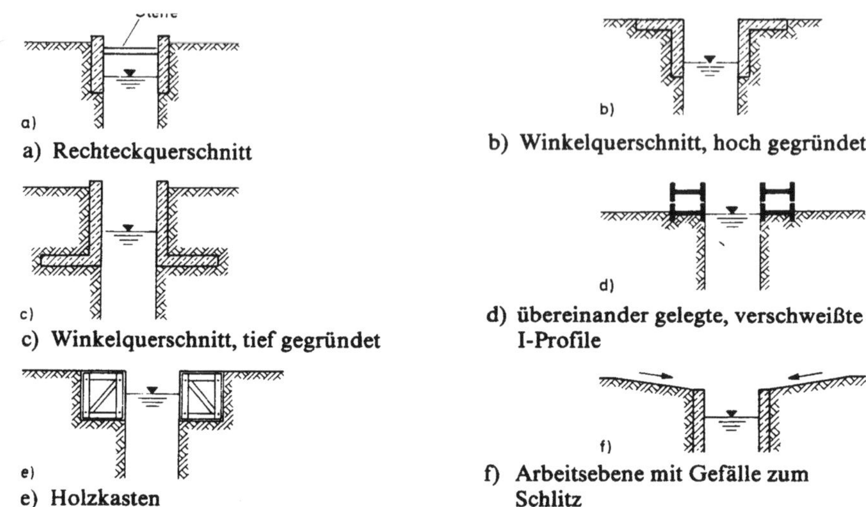

Abb. 26.5: *Konstruktionsformen von Leitwänden, aus* Weiß/Winter (1985)

und Fließgrenze anhand von Berechnungen zur Gewährleistung der Standsicherheit am offenen Schlitz festzulegen. Die Dichte der reinen Suspension ohne Füllstoffe beträgt ungefähr $\rho \approx 1{,}03$ t/m^3. Die maximale Dichte mit Sandanreicherungen o. Ä. sollte $\rho \approx 1{,}26$ t/m^3 nicht überschreiten. Hinsichtlich der Fließgrenze siehe e). Auf der Baustelle ist eine Wiederaufbereitung (Regenerationsanlage) für die Suspension sowie ein Entsorgungskonzept vorzusehen.
Anmerkung 1: Fließgrenze τ_F ist die Scherspannung, ab der in einer Stützflüssigkeit (thixotrope Flüssigkeit) das Fließen eintritt.
Anmerkung 2: Füllstoffe sind Zusätze (z. B. Steinmehl o. Ä.) zum Zweck der Dichteveränderung der Suspension.

e) *Bewehren*: Nach dem Erreichen der Endaushubtiefe wird die Bewehrung in die Suspension eingestellt, wobei die Bewehrungskörbe beim Einbau ggf. gestoßen werden (temporäres Abstützen/Einhängen eines Korbes und Einfädelung mit Verbindung des Folgekorbes). Vor dem Bewehren ist die Schlitzsohle zu reinigen und die Stützflüssigkeit zu homogenisieren, das sog. Regenerieren der Bentonitsuspension.
Beim späteren Betoniervorgang ist zu gewährleisten, dass der Frischbeton auch durch die Maschen des Bewehrungskorbes dringen und diesen vollflächig umfließen kann. Je höher τ_F der Suspension, desto mehr behindert die Bewehrung das Durchfließen und Verdrängen der Stützflüssigkeit durch den Beton. Aus diesem Grunde sind bestimmte Mindestabstände der Bewehrung einzuhalten. DIN EN 1538 sieht hierfür die folgenden Mindestabstände der Bewehrung unabhängig von der Fließgrenze τ_F vor:

- Vertikalbewehrung: Der horizontale lichte Abstand zwischen Einzelstäben oder Stabgruppen parallel zur Wandung muss mindestens 100 mm sein. Er darf auf 80 mm an Stoßstellen oder im Fall stark bewehrter Elemente verringert werden, vorausgesetzt, das Größtkorn des Zuschlags liegt unter 20 mm.

- Horizontalbewehrung: Der vertikale lichte Abstand zwischen den Stäben muss mindestens 200 mm sein. Dieser darf auf 150 mm verringert werden, vorausgesetzt, das Größtkorn des Zuschlags liegt unter 20 mm. Der horizontale lichte Abstand den Bewehrungskorb durchdringender Horizontalstäbe muss mindestens 150 mm sein. Ein Mindestabstand von 200 mm wird empfohlen, um den freien Fluss des Betons zu sichern.

f) *Betonieren*: Anschließend wird der Beton über Fallrohre (im Bewehrungskorb von oben bis zum Schlitzwandfuß eingestellt) im sog. „Kontraktorverfahren“ von unten nach oben in den Schlitz eingebracht, wobei die aufsteigende Betonsäule die Bentonitsuspension nach oben verdrängt (Steiggeschwindigkeiten des Betons $\geq$ 3 m/h), sodass diese während des Betoniervorgangs abgepumpt werden kann. Die Standzeit zwischen Ende des Homogenisierens und Betonierbeginn sollte 5 Stunden nicht überschreiten. Untersuchungen in *König/Schröder (2015)* zeigen jedoch auch, dass auch bei längeren Standzeiten nicht unbedingt mit einer negativen Auswirkung auf die Standsicherheit des Schlitzes zu rechnen ist.

Maßabweichungen: Die Nenndicke der Schlitzwand darf nicht unterschritten werden. Abweichungen der Wandaußenfläche von den durch die Nenndicke bestimmten Sollflächen sind höchstens bis zu ± 1,5 % der Wandtiefe oder bis zu ± 10 cm zulässig. Der größere Wert ist maßgebend.

26.2.3 Schlitzgeräte

26.2.3.1 Gegreiferte Wand

Hierbei erfolgt das Lösen und Fördern des Bodens aus dem Schlitz mittels

- Tieflöffel: üblicherweise bis 12 m;
- Seilgreifer: Tiefen üblicherweise 30 m bis 50 m; bereits ausgeführt bis 100 m;
- Hydraulikgreifer, geführt an einer Kellystange: Tiefen bis 30 m;
- Hydraulikgreifer, am Seil hängend.

26.2.3.2 Gefräste Wand

Das Lösen des Bodens erfolgt mit Fräsen, deren Schneidräder sich entweder um horizontal oder vertikal angeordnete Achsen drehen. Die Schneidräder werden hydraulisch oder elektrisch angetrieben. Der Boden wird hydraulisch mit der Stützflüssigkeit aus dem Schlitz gefördert. Tiefen bis etwa 150 m sind heute möglich.

26.2.4 Fugen und Abstellkonstruktionen

Die einzelnen Wandelemente müssen bei der Zweiphasenwand aufgrund der Herstellung mit einem Fugensystem definiert voneinander getrennt werden, welches gegebenenfalls auch eine gewisse Wasserdichtigkeit gewährleistet. Dies ist umso schwieriger, als im Betonbau die rissfreie Ausführung großer zusammenhängender Wandflächen wegen der zu erwartenden Schwindbewegungen ohne Dehnungsfugen nicht möglich ist. Hinzukommen unterschiedliche Bewegungsbeanspruchungen quer zur Wand infolge Aushubs in Abschnitten, gegebenenfalls auch infolge unterschiedlichen Bodenaufbaus und unterschiedlicher Belastung.

Es wurden bisher vier Grundtypen von Elementfugen mit jeweils spezifischen Vor- und Nachteilen entwickelt, s. a. Abb. 26.6.

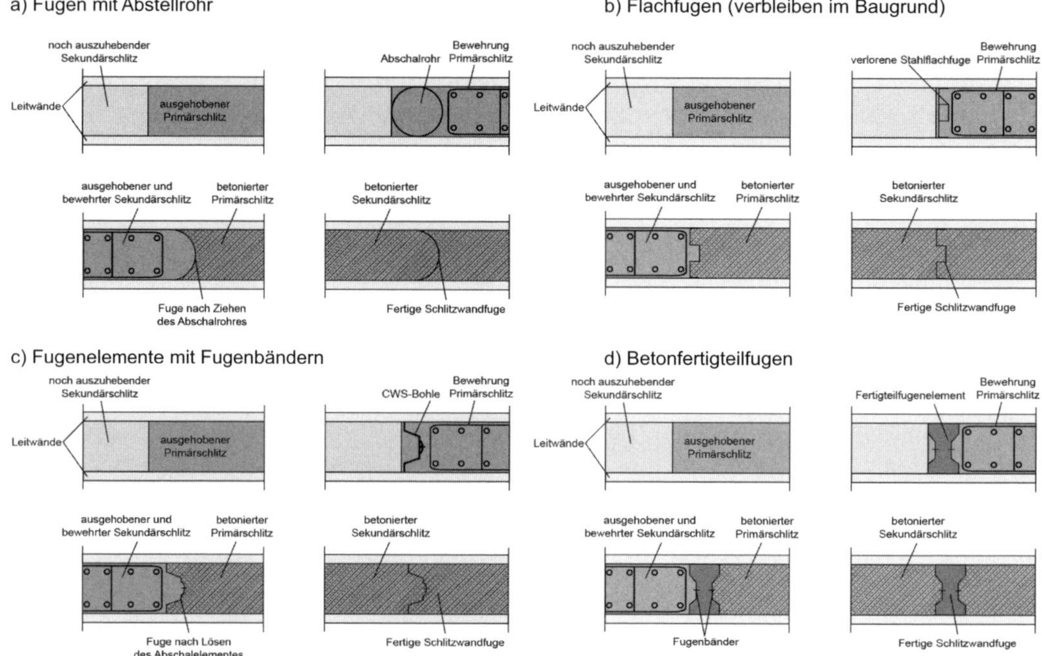

Abb. 26.6: *Fugensysteme zwischen den Lamellen: a) Fugen mit Abstellrohr, b) Flachfugen, die im Baugrund verbleiben, c) Fugenelemente mit Fugenbändern, d) Betonfertigteilfugen, aus* Haugwitz/Pulsfort (2018)

Das Abstellrohr ergibt eine Fugenfläche mit langem Sickerweg und ist relativ preisgünstig. Das Ziehen muss zum richtigen Zeitpunkt erfolgen, d. h. nach dem Betonieren, wenn der Beton noch jung, aber schon abgebunden ist. Dies kann insbesondere bei langen Schlitzwänden zu Problemen führen.

Bei der Verwendung von Fugenbändern kann eine hohe Wasserdichtigkeit erzielt werden. In einem trapezförmigen Abschalelement wird dazu ein Fugenband hälftig eingebaut und somit beim Betonieren in die Vorläuferlamelle eingebunden. Bei ausreichender Betonfestigkeit wird das Abschalelement horizontal in die suspensionsgestützte Folgelamelle gezogen und so die andere Hälfte des Fugenbands freigelegt. Durch Betonieren der Nachbarlamelle wird das Fugenband in diese eingebunden. Somit werden beide Lamellen durch ein vertikales Fugenband wasserdicht verbunden.

Die Fugenkonstruktion mit im Schlitz verbleibenden Abstellelementen, insbesondere aus Betonfertigteilen oder Stahlabstellelementen, wird in jüngerer Zeit häufiger verwendet, hat aber statt einer zwei Trennflächen.

Bei tiefen Schlitzwänden sind die großen Fertigteilgewichte zu berücksichtigen und ggf. die Leitwände zu verstärken, da diese als Auflager beim Einstellen der Fertigteile in die Suspension dienen.

Des Weiteren ist zur Vermeidung von Fehlstellen besondere Sorgfalt bei der Reinigung der Fugen bzw. beim Entfernen von Über- bzw. Umlaufbeton erforderlich.

- Der suspensionsgefüllte Schlitz muss vor dem Einstellen der Abstellelemente i. d. R. etwas länger gegenüber der planmäßigen Schlitzlänge ausgehoben werden, damit das Abschalelement ohne Probleme eingestellt und vor der Betonage vertikal in der Suspension ausgerichtet werden kann.

- Bei der anschließenden Betonage des jeweiligen Schlitzes fließt ein geringer Teil des Betons als Über-/Umlaufbeton um das Abstellelement und läuft in den Hohlraum auf der Seite der späteren Nachbarlamelle. Durch den Über-/Umlaufbeton auf der anderen Seite wird auch die Lage des Abstellelementes stabilisiert, da sich ansonsten bei einem einseitigen Betondruck das Abstellelement verschieben könnte.

- Der Über-/Umlaufbeton wird dann bei der Herstellung der Nachbarlamelle entfernt. Zum Entfernen des Über-/Umlaufbetons, welcher nicht schon durch den Greifer beim Aushub des Bodens der Nachbarlamelle entfernt werden konnte, wird i. d. R. ein sog. „Hobel“ eingesetzt, der am Abschal-/Fugenelement „entlangschrammt“. Dieser Hobel fährt auf der Seite des Abstellelementes entlang und reißt durch sein Eigengewicht bzw. durch die Zugkraft des Baggers anhaftenden Über-/Umlaufbeton ab.

- Es sei darauf hingewiesen, dass der Hobel auch oft schon während des Greiferaushubes eingesetzt werden muss, da der Greifer ansonsten durch den Über-/Umlaufbeton abgelenkt werden kann und in größerer Tiefe ggf. noch verbliebenen Boden unterhalb bzw. im Nahbereich des Abstellelementes nicht entfernen kann. Spätestens nach Erreichen des Endaushubes vor der Betonage ist sicherzustellen, dass der Über-/Umlaufbeton entfernt wurde, da ansonsten aufgrund der unregelmäßigen Ausbildung und Mächtigkeit des Über-/Umlaufbetons über die Tiefe im Fugenbereich eingelagerter Boden verbleiben kann, welcher nach dem Aushub zu Fehlstellen führen kann.

- Bei der Betonage der Folgelamelle wird dann die gereinigte Oberfläche des Abstellelementes anbetoniert, sodass ein definierter Fugenanschluss zwischen Vorgänger- und Folgelamelle entsteht.

Abb. 26.7: *Einstellen eines Betonfertigteiles als Abstellelement in den suspensionsgefüllten Schlitz*

Abb. 26.8 zeigt dazu eine Skizze zur genannten Problematik, wenn der Hobel nur unzureichend den Über-/Umlaufbeton vor der Betonage entfernen konnte und es infolgedessen zu Kiesfenstern bzw. Fehlstellen kommt.

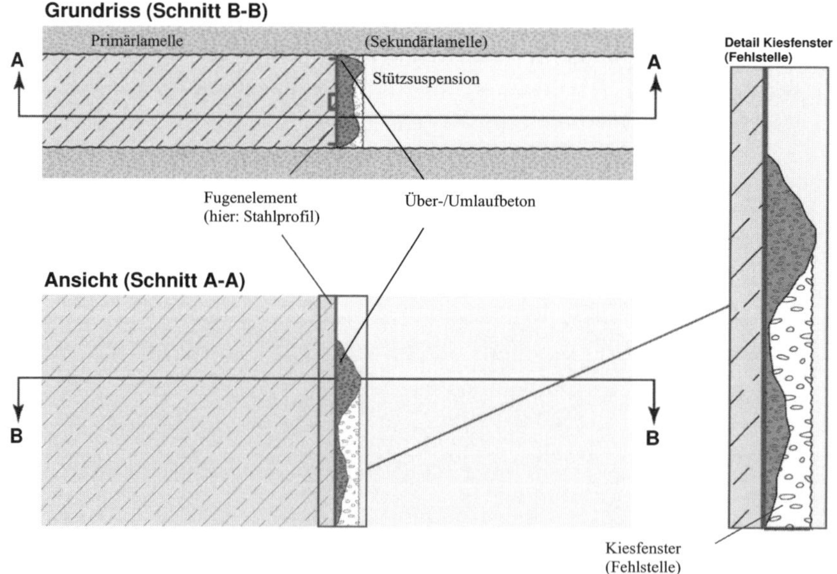

Abb. 26.8: *Skizze zur Problematik von unzureichend entferntem Über-/Umlaufbeton (Skizze unmaßstäblich)*

26.3 Eigenschaften von Stützflüssigkeiten (Bentonite)

26.3.1 Verwendung

In der Geotechnik werden für viele Anwendungen sogenannte Stützflüssigkeiten eingesetzt. Dabei handelt es sich i. d. R. um Bentonitsuspensionen. Sie dienen z. B. zur Stützung von offenen Bodenschlitzen in der Schlitzwandtechnik, zur Stützung von Aufschluss- oder Pfahlbohrungen, als Teil von Dichtwandmassen, zur Erhöhung der Abdichtungswirkung von mineralischen Dichtungen sowie allgemein als Gleitschicht (z. B. im Senkkastenbau) usw.

Diese Stützflüssigkeiten müssen definierte stoffliche Eigenschaften aufweisen, die auch labormäßig zu überprüfen sind.

26.3.2 Rheologie

Im Folgenden sind die wichtigsten rheologischen Begriffe in Anlehnung an DIN 4127 zusammengestellt.

a) *Suspension* ist die Aufschlämmung fester Teilchen (disperse Phase) in Wasser (flüssige Phase = Dispersionsmittel).

b) *Ideale Flüssigkeit* (*Newton*'sche Flüssigkeit)

c) *Viskosität* ist das Stoffverhalten einer idealen Flüssigkeit. Sie lässt sich durch das Modell nach Abb. 26.11 quantifizieren.

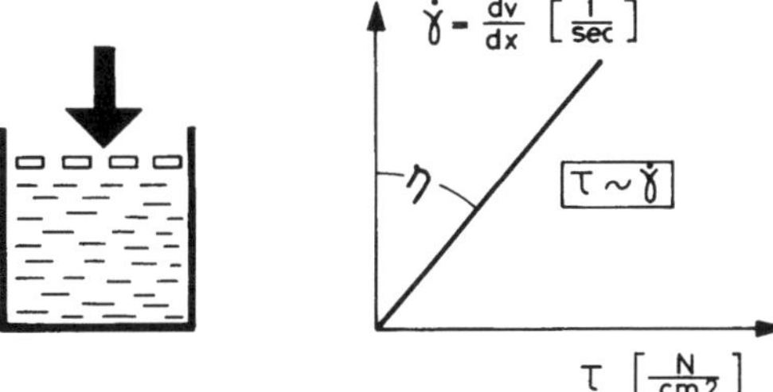

Abb. 26.9: *Rheologisches Modell einer idealen Flüssigkeit*

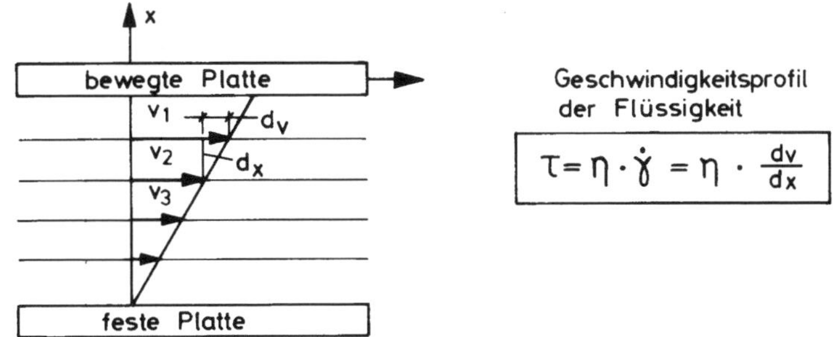

Abb. 26.10: *Definition der Viskosität einer idealen Flüssigkeit*

Die Viskosität (Zähigkeit) einer Flüssigkeit ist damit definiert zu

$$\eta = \frac{\tau}{\dot{\gamma}} \quad [\mathrm{N \cdot sec/cm^2}] \tag{26.1}$$

Die Einheit $[N \cdot sec/cm^2]$ wird auch als cP bezeichnet. Wasser hat eine Viskosität von 1 [cP] und z. B. Olivenöl 100 [cP]. $\dot{\gamma}$ ist die Schergeschwindigkeit.

d) *Bingham'*sche Flüssigkeit:
Das rheologische Modell einer *Bingham*'schen Flüssigkeit ist in Abb. 26.11 dargestellt. Danach treten bei diesem Flüssigkeitstyp erst Deformationen auf, wenn die Fließgrenze τ_F überwunden ist.

$$\tau = \tau_F + \eta \cdot \dot{\gamma} \tag{26.2}$$

e) Stützende Flüssigkeiten (Bentonitsuspensionen) sind *Bingham*-Flüssigkeiten mit Thixotropieeigenschaften gemäß Abb. 26.12. Dabei kann die Fließgrenze τ_F durch Scherverformungen (z. B. Durchrühren) kleiner werden, und im Ruhezustand (keine weiteren Scherverformungen) baut sich in Abhängigkeit von der Standzeit die ursprüngliche Fließgrenze wieder auf. Die beiden Grenzwerte der Fließgrenze werden mit dyn τ_F (dynamische Fließgrenze) und stat τ_F (statische Fließgrenze) bezeichnet.

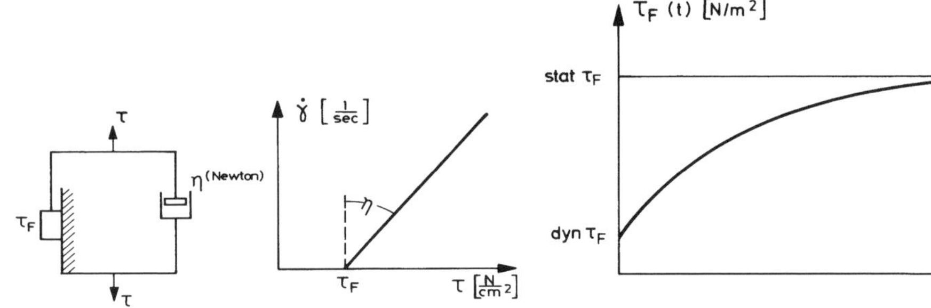

Abb. 26.11: *Stoffverhalten einer Bingham-Flüssigkeit*

Abb. 26.12: *Thixotropieeigenschaften (thixotrope Verfestigung)*

26.3.3 Bentonite

Bentonit wurde um 1890 im Staat Wyoming (USA) in der Nähe von Fort Benton entdeckt. Dieser Ton wurde nach seiner Fundstätte „Bentonit" genannt. Hauptbestandteil und maßgebend für die Eigenschaften von Bentonit ist das Tonmaterial Montmorillonit. Bentonit enthält neben dem Hauptmaterial Montmorillonit noch Begleitmineralien wie Quarz, Glimmer, Feldspat, Pyrit, Kalk usw.

Die wesentlichen Ursachen für das besondere physikalische und chemische Verhalten von Bentonit- bzw. Montmorillonitsuspensionen sind

- der strukturelle Aufbau und die Morphologie der Montmorillonitkristalle,
- das Kationen-Austauschvermögen,
- die innerkristalline Quellfähigkeit.

Beim Montmorillonit handelt es sich um ein kristallines, schichtförmig aufgebautes Aluminium-Hydrosilikat mit der Struktur nach Abb. 26.13.

Die Silikatlamellen bestehen aus drei Schichtlagen mit einer SiO_4-Tetraeder-, einer Aluminiumoxidhydrat-Oktaeder- und einer SiO_4-Tetraederschicht. Der Montmorillonitkristall ist nun aus vielen solchen Schichtpaketen zusammengesetzt. In Anwesenheit von Wasser quillt der Montmorillonitkristall auf, da sich zwischen den einzelnen Schichtpaketen Wassermoleküle einlagern. Der Schichtabstand zwischen zwei Montmorillonitlamellen wächst dadurch beim Ca-Montmorillonit um das Doppelte. Dieses Phänomen der innerkristallinen Quellung beruht auf einer nicht ausgeglichenen Ladungsverteilung innerhalb der Schichtpakete. Wenn z. B. ein dreiwertiges Aluminium-Ion in der Oktaederschicht isomorph durch ein zweiwertiges Magnesium-Ion ersetzt wird, enthält die Oktaederschicht eine positive Ladung weniger, d. h., insgesamt besitzt die Oberfläche des Schichtpaketes negative Überschussladung. Die negative Überschussladung wird durch Anlagerung austauschfähiger, positiver Ionen, meist Calcium-, Magnesium- oder Natrium-Ionen, kompensiert.

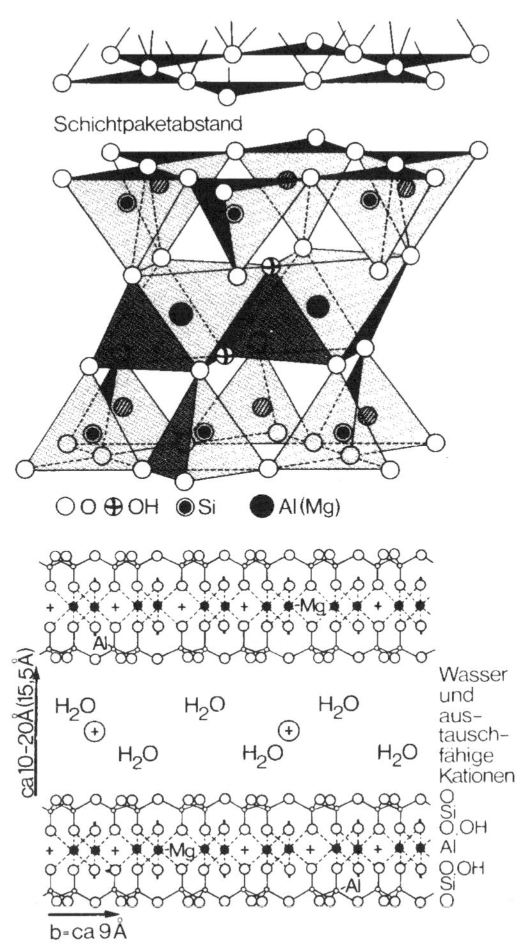

Abb. 26.13: *Struktur des Montmorillonitkristalls*

Die Menge der austauschbaren Ionen wird in mval pro 100 g Trockenton angegeben. Die Mengen sind je nach Tonmaterial sehr verschieden.

Kaolinit	3 - 15 mval/100 g
Illit	10 - 50 mval/100 g
Montmorillonit	70 - 100 mval/100 g

Diese Ionen befinden sich an den Rändern der Kristalle und beim Montmorillonit auch zwischen den Silikatschichten und haben bei Anwesenheit von Wasser das Bestreben, sich zu hydratisieren. Die Folge ist, dass Wasser zwischen den Schichten eingelagert wird, wodurch sich insgesamt der Schichtabstand erweitert. Zugleich wird aber auch die Bindekraft zwischen den einzelnen Schichtpaketen durch die dazwischenliegende Wasserschicht aufgelockert, sodass die Schichten auch gegeneinander eine gewisse Beweglichkeit haben. Der Kristall ist also kein starres Gebilde mehr, sobald Wasser eingelagert ist.

Eigenfestigkeit und damit eine Fließgrenze zeigen vor allem Suspensionen, welche anisometrische Teilchen enthalten, d. h. Teilchen, die in ihrer Form stark von der Kugelform abweichen. Dazu gehören die plättchenförmigen Teilchen der Tonminerale, besonders die extrem dünnen Plättchen des Montmorillonits.

Die plättchenförmigen Montmorillonitteilchen bilden in der verfestigten Bentonit-Suspension eine kartenhausähnliche Struktur, wobei die Tonteilchen sich an Ecken und Kanten über eine dünne Wasserschicht berühren und miteinander mehr oder weniger stark verklebt sind. Bei mechanischer Beanspruchung, z. B. durch Schütteln, wird diese Struktur zerstört, welche in der Ruhe wieder die ursprüngliche Struktur ausbildet und erstarrt.

Besonders geeignet für die Herstellung von Bentonitsuspensionen mit hoher Eigenfestigkeit sind Natrium- oder Aktivbentonite wegen der starken innerkristallinen Quellfähigkeit des Natrium-Montmorillonits. Die deutschen Bentonite (Niederbayern) sind durchweg Calcium-Bentonite, d. h., sie enthalten austauschfähig gebundene Calcium-Ionen und besitzen dadurch eine relativ geringe Quellfähigkeit. Der technisch bedeutsamere, hochquellfähige Aktivbentonit muss erst durch eine chemische Aktivierung aus dem Calcium-Bentonit hergestellt werden. Hierbei werden die austauschfähig gebundenen Calcium-Ionen durch Natrium-Ionen ersetzt, was eine weitgehende Änderung der Bentoniteigenschaften bewirkt.

Die Viskosität sowie die Fließgrenze und Eigenfestigkeit steigen mit zunehmender Sodamenge stark an, während zugleich die Presswassermenge geringer, also das Wasserbindevermögen besser wird.

Die stark quellfähigen, hochviskosen Natrium-Bentonitsuspensionen mit hoher Fließgrenze werden als Stützflüssigkeit eingesetzt. Dagegen werden die Calcium-Bentonite bevorzugt zur Dichtungsfunktion (z. B. Deponiebau) verwendet.

26.3.4 Güteüberwachung

Zur Eigen- und Fremdüberwachung der Qualität und der Eigenschaften der Bentonite werden zahlreiche Versuchstechniken angewandt.

Die DIN 4127 unterscheidet zwischen einer vollständigen Prüfung und einer Kurzprüfung.

Die vollständige Prüfung beinhaltet folgende Einzelprüfungen:

- am Ton:
  - Wassergehalt w nach DIN EN ISO 17892-1,
  - Korndichte ρ_s nach DIN 18124,
  - Massenanteil des Chlorids (Cl) in %,
- an den Suspensionen:
  - Fließgrenze τ_F, $\tau_{F(10°C)}$, $\tau_{F(30°C)}$, stat $\tau_F = \tau_{F(16°C)}$,
  - Scherspannung τ_{500},
  - Filtratwasserabgabe f.

In DIN EN 1538 werden die Prüfungen entsprechend Abb. 26.14 geregelt.

Tabelle 1 — Eigenschaften von Bentonitsuspensionen im frischen Zustand

Eigenschaft[a]	Werte
Dichte, in g/cm^3	< 1,10
Marsh-Zeit[b], in s	32 bis 50
Filtratwasserabgabe[c], in cm^3	< 30
pH-Wert	7 bis 11
Filterkuchendicke, in mm	< 3

[a] Für die Prüfverfahren siehe Tabelle 2, Fußnoten a bis c.

[b] Die Marsh-Zeit ist die Zeit, die ein Volumen von 946 ml der Bentonitsuspension benötigt, um aus dem Marsh-Trichter auszulaufen. Ein Volumen von 1 000 ml darf verwendet werden; in diesem Fall sollte die Marsh-Zeit entsprechend angepasst werden.

[c] Die Dauer der Prüfung der Filtratwasserabgabe darf für Regelkontrollprüfungen auf 7,5 min reduziert werden. In diesem Fall müssen die Werte für die Filtratwasserabgabe und für den Filterkuchen entsprechend angepasst werden. Die Filtratwasserabgabe für die Prüfung mit einer Dauer von 7,5 min beträgt etwa die Hälfte vom Wert, der nach 30 min erreicht wird.

Tabelle 2 — Eigenschaften von Bentonitsuspensionen

Eigenschaft[a]	Zustand	
	zur Wiederverwendung	vor dem Betonieren
Dichte, in g/cm^3	< 1,25	< 1,15
Marsh-Zeit[b], in s	32 bis 60	32 bis 50
Filtratwasserabgabe[c], in cm^3	< 50	nicht anzuwenden
pH-Wert[d]	7 bis 12	nicht anzuwenden
Sandgehalt, in Volumen-%	nicht anzuwenden	< 4
Filterkuchendicke, in mm	< 6	nicht anzuwenden

[a] Die Marsh-Zeit, die Filtratwasserabgabe, der Sandgehalt und der Filterkuchen können z. B. mit den Prüfungen nach EN ISO 13500 ermittelt werden.

[b] Die Marsh-Zeit ist die Zeit, die ein Volumen von 946 ml der Bentonitsuspension benötigt, um aus dem Marsh-Trichter auszulaufen. Ein Volumen von 1 000 ml darf verwendet werden; in diesem Fall sollte die Marsh-Zeit entsprechend angepasst werden.

[c] Die Dauer der Prüfung der Filtratwasserabgabe darf für Regelkontrollprüfungen auf 7,5 min reduziert werden. In diesem Fall müssen die Werte für die Filtratwasserabgabe und für den Filterkuchen entsprechend angepasst werden. Die Filtratwasserabgabe für die Prüfung mit einer Dauer von 7,5 min beträgt etwa die Hälfte vom Wert, der nach 30 min erreicht wird.

[d] Anhaltswerte.

Abb. 26.14: *Regelungen aus DIN EN 1538 zu den Prüfungen von Bentonitsuspensionen*

Die Kurzprüfung umfasst folgende Einzelprüfungen:

- am Ton:
  - Wassergehalt w nach DIN EN ISO 17892-1,

- an den Suspensionen:
  - Fließgrenze τ_F,
  - Filtratwasserabgabe f.

Nachfolgend sind einige Versuche kurz beschrieben, die im Zusammenhang mit der Prüfung zur Anwendung kommen.

a) Bestimmung des Fließverhaltens mit dem *Marsh-Trichter*:
Das wohl am häufigsten und zu Routineuntersuchungen auf fast allen Bohr- und Baustellen verwendete Gerät zur Messung der Suspensionsviskosität ist der *Marsh-Trichter*, siehe Abb. 26.15 a). Hierbei handelt es sich um einen Trichter (Fassungsvermögen 1500 cm^3) mit eingebautem Sieb und einem Messbecher. Für die Viskositätsmessung stoppt man die Zeit in Sek., die 946 cm^3 Suspension benötigen, um aus dem Trichter auszulaufen. Die anzustrebenden Werte liegen bei frischen Suspensionen nach einer Quellzeit von ca. einer Stunde zwischen 38 und 42 Sek. und bei regenerierten, mit Feinanteilen angereicherten Suspensionen zwischen 40 und 50 Sek.

a) 
b) 
c) 

Abb. 26.15: *a) Marsh-Trichter, b) Viskosimeter, c) Pendelgerät*

b) *Viskosimeter*:
Dieses Gerät ist ein Rotationsviskosimeter, Abb. 26.15 b), dessen Koaxialzylinder in die zu messende Suspension eingetaucht werden. Der äußere Zylinder dreht sich mit konstanter Geschwindigkeit und überträgt je nach Konsistenz der Flüssigkeit das Drehmoment auf den inneren Zylinder, dessen Bewegung gemessen wird. Wegen des nur geringen Messspaltes ist dieses Gerät bei verunreinigten Gebrauchtsuspensionen nur bedingt anwendbar.

c) Bestimmung der Fließgrenze τ_F mit dem *Pendelgerät*:
Das Pendelgerät in Abb. 26.15 c) wurde speziell für die Kontrolle der Schlitzwandsuspension entwickelt. Es misst die Kraft, welche die zu prüfende Suspension dem Beginn der Bewegung einer in ihr befindlichen Kugel entgegensetzt. Aus den Messwerten kann die Fließgrenze τ_F errechnet oder bei geringen Dichten auch direkt abgelesen werden.

d) Fließgrenzenmessgerät nach *von Soos* mit der *Kugelharfe*:
Das Kugelharfengerät in Abb. 26.16 a) wurde speziell für die schnelle und einfache Kontrolle der Schlitzwandsuspension im Baustellenlabor entwickelt. Dichte und Durchmesser der einzelnen Kugeln sind unterschiedlich. Diejenige Kugel, die gerade nicht mehr auf der Suspension schwebt, ist der Fließgrenze τ_F der zu messenden Suspension zuzuordnen. Der Fließgrenzwert kann unter Berücksichtigung der jeweiligen Suspensionsdichte einer Tabelle entnommen werden.

e) Bestimmung der Suspensionsdichte mit der *Spülungswaage*:
Die Suspensionsdichte kann mit einer besonderen Waage (Spülungswaage) bestimmt werden, siehe Abb. 26.16 c). Die Dichte z. B. für frische Bentonitsuspensionen sollte bei 1,015 bis 1,070 t/m^3 liegen.

f) Bestimmung der Filtratwasserabgabe f mit der *Filterpresse*:
Zur Messung der Wasserabgabe aus der Suspension dient der Filterpressversuch nach Abb. 26.16 b). Eine Suspension wird innerhalb von 30 Sek. unter einen Druck von 7 bar gesetzt und durch einen Filter gedrückt. Nachdem der Druck 7 Minuten lang konstant gehalten wurde, wird die Filtratwassermenge gemessen. Die abgepresste Wassermenge gibt ein Maß für die Stabilität der Suspension.

a)
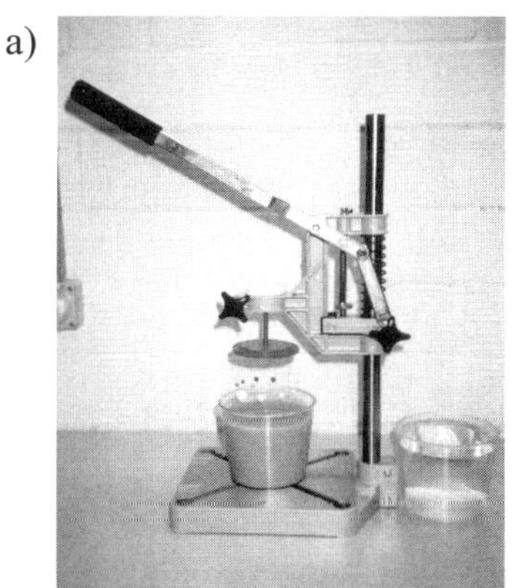
b)

c)
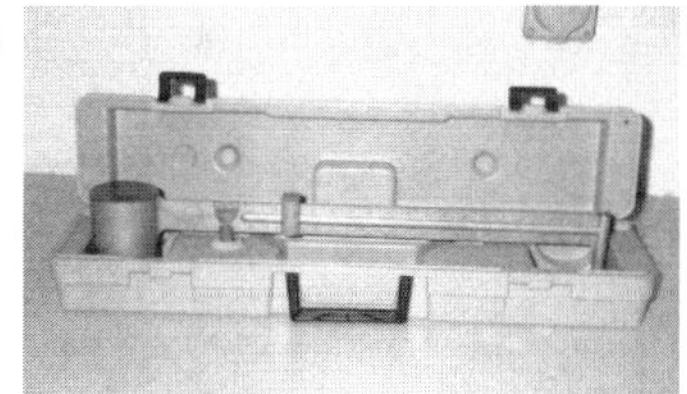

Abb. 26.16: *a) Kugelharfengerät, b) Filterpresse, c) Spülungswaage*

g) Ermittlung des Druckgefälles f_{s0} mit dem *Permeameter*:
Das Gerät (Abb. 26.17) besteht aus zwei verbundenen Plexiglaszylindern unterschiedlichen Durchmessers, die über einen Schlauch mit einem Überlaufgefäß kommunizieren. Die zylindrischen Teströhren hängen in einem Stativ. Das Eindringen der durch einen Quirl bewegten Suspension in den Porenraum eines Versuchsbodens wird bis zum Stillstand beobachtet. Es werden h_1, s und h_2 gemessen. Für Vergleichsversuche mit verschiedenen stützenden Flüssigkeiten muss ein einheitlicher Versuchsboden verwendet werden. Hierfür ist rundkörniger Kies der Korndichte 2,6 t/m^3 üblich, der zu 10 % aus der Korngruppe 5/6,3 mm und zu 90 % aus der Korngruppe 6,3/8 mm zusammengesetzt wird. Die maßgebende Korngröße des Versuchsbodens beträgt also $d_{10} = 6{,}3$ mm.

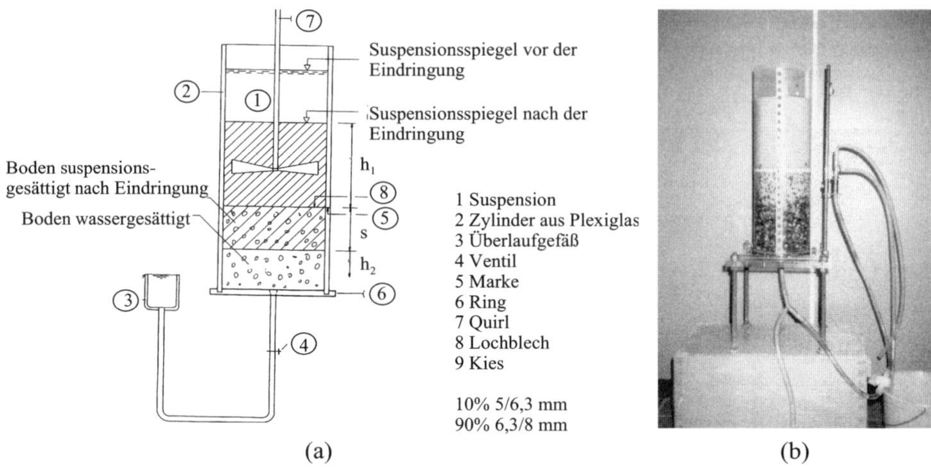

Abb. 26.17: *Gerät zur Messung des Druckgefälles: a) Schematische Darstellung, b) Foto*

26.4 Standsicherheitsnachweise des offenen Schlitzes

26.4.1 Allgemeines

Neben den üblichen statischen Nachweisen für eine Schlitzwand, z. B. nach *EAB (2012)*, sind die Standsicherheit des offenen Schlitzes, aus der sich die mögliche Schlitzlänge ergibt, und die Standsicherheit von abgleitenden Einzelkörnern nachzuweisen.

Für den mit Stützflüssigkeit gefüllten Schlitz sind i. d. R. vier Standsicherheitsnachweise zu führen:

- Sicherheit gegen den Zutritt von Grundwasser in den Schlitz,
- Sicherheit gegen Abgleiten von Einzelkörnern oder Korngruppen (innere Standsicherheit),
- Sicherheit gegen Unterschreiten der statisch erforderlichen Spiegelhöhe der Stützflüssigkeit,
- Sicherheit gegen die Ausbildung den Schlitz gefährdender Gleitflächen im Boden (äußere Standsicherheit des Schlitzes).

Die Zuordnung der einzelnen Standsicherheitsnachweise zu den entsprechenden Grenzzuständen und Teilsicherheiten ist im *Handbuch Eurocode 7-1 (2015)* nicht geregelt und wird nachfolgend entsprechend den Regelungen der DIN 4126 und DIN 4126 Beiblatt 1 vorgenommen.

26.4.2 Sicherheit gegen den Zutritt von Grundwasser in den Schlitz und gegen Verdrängen der stützenden Flüssigkeit

Bei der Sicherheit gegen das Verdrängen der stützenden Flüssigkeit durch das Grundwasser werden die Teilsicherheiten nach *Handbuch Eurocode 7-1 (2015)* bzw. der DIN 4126 für die Grenzzustände UPL und HYD angewandt. Für jede beliebige Stelle des Schlitzes ist nachzuweisen, dass die Bedingung

$$p_{w,k} \cdot \gamma_{G,dst} \leq p_{F,k} \cdot \gamma_{G,stb} \tag{26.3}$$

erfüllt ist.

Dabei sind

$p_{w,k}$: der charakteristische Wert des hydrostatischen Drucks des Grundwassers an der betrachteten Stelle des Schlitzes; das ist der Druck, der entweder dem höchsten während der Bauzeit auftretenden Grundwasserspiegel oder dem während des Schlitzaushubs durch Messung nachzuweisenden Grundwasserspiegel in der betrachteten Bodenschicht entspricht;

$p_{F,k}$: der charakteristische Wert des hydrostatischen Drucks der stützenden Flüssigkeit an der betrachteten Stelle des Schlitzes, wobei der Spiegel der stützenden Flüssigkeit nicht höher als 0,20 m unter der Oberkante der Leitwand anzusetzen ist;

$\gamma_{G,dst}, \gamma_{G,stb}$: Teilsicherheitsbeiwerte für die ungünstigen bzw. die günstigen ständigen Einwirkungen im Grenzzustand HYD bzw. UPL in der Bemessungssituation BS-A nach *Handbuch Eurocode 7-1 (2015)* bzw. Anhang A-8. Demzufolge sind die Werte $\gamma_{G,dst} = 1{,}00$ und $\gamma_{G,stb} = 0{,}95$ maßgebend.

26.4.3 Sicherheit gegen Abgleiten von Einzelkörnern oder Korngruppen (innere Standsicherheit)

Die innere Standsicherheit ist gegeben, wenn sich aus der Wand keine Einzelkörner oder Korngruppen lösen können und in die Suspension absinken, siehe Abb. 26.18.

Das Abgleiten von Einzelkörnern, Korngruppen oder dünnen Bodenschollen wird dem Grenzzustand GEO-3 in der Bemessungssituation BS-T zugeordnet.

Eine ausreichende Sicherheit ist erbracht, wenn gilt:

$$\gamma_k'' \cdot \gamma_G \leq \frac{2 \cdot \eta_F \cdot \tau_F}{d_{10}} \cdot \frac{\tan \varphi_k'}{\gamma_\varphi} \tag{26.4}$$

mit

τ_F: Fließgrenze einer Tonsuspension

d_{10}: maßgebende Korngröße

γ_k'': Wichte des Bodens unter dem Auftrieb der stützenden Flüssigkeit (zul. Näherung $\gamma_k' = \gamma'$)

φ_k': charakteristischer Wert des Reibungswinkels des Bodens

η_F: Anpassungsfaktor für die Fließgrenze wegen ihrer Schwankungen während des Schlitzaushubs und wegen des vereinfachten Messverfahrens für die Fließgrenze auf der Baustelle; $\eta_F = 0,6$

γ_G: Teilsicherheitsbeiwert für ständige Einwirkungen im Grenzzustand GEO-3

γ_φ: Teilsicherheitsbeiwert für den Reibungsbeiwert $\tan\varphi'_k$ des dränierten Bodens im Grenzzustand GEO-3

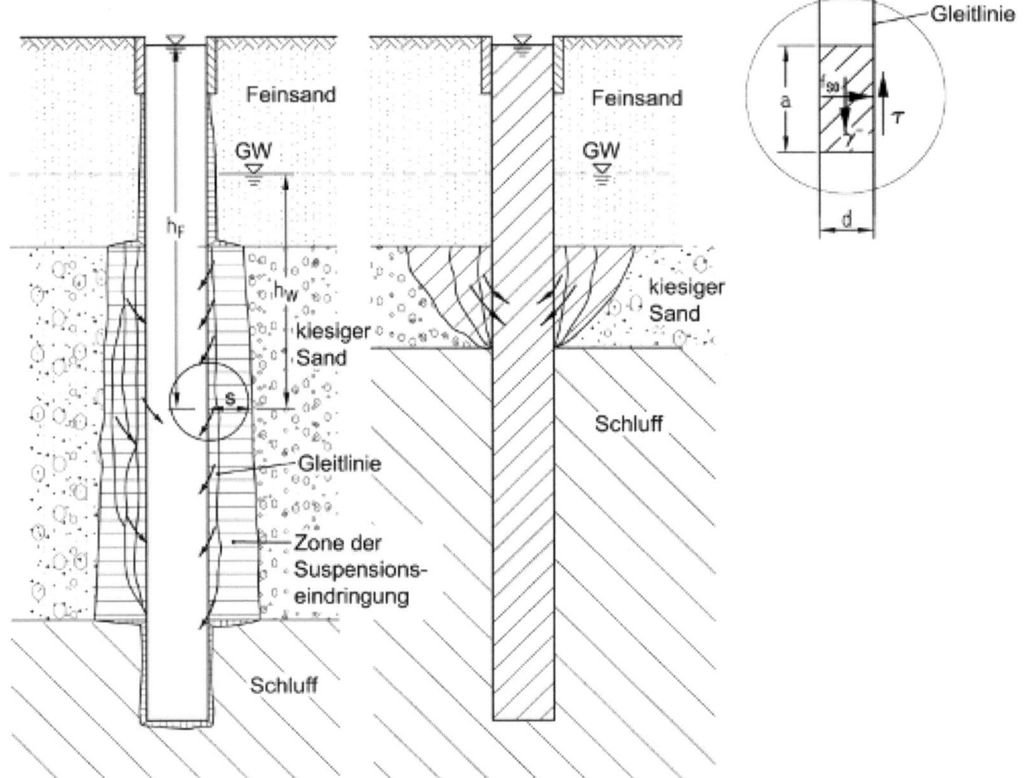

Abb. 26.18: *Grenzzustand der Tragfähigkeit im Boden bei nicht ausreichender „innerer" Standsicherheit nach* Haugwitz/Pulsfort (2018)

Für die Wichte γ''_k gilt:

$$\gamma''_k = (1 - n) \cdot (\gamma_s - \gamma_F) \tag{26.5}$$

mit

n: Porenanteil des Bodens

γ_s: Kornwichte des Bodens

γ_F: Wichte der stützenden Flüssigkeit

Setzt man $\gamma_G = 1{,}0$ und $\gamma_\varphi = 1{,}15$ für GEO-3 nach *Handbuch Eurocode 7-1 (2015)* und $\eta_F = 0,6$ in Gl. (26.4) ein, ergibt sich:

$$\text{erf. } \tau_F \geq 0,96 \cdot \frac{\gamma''_k \cdot d_{10}}{\tan\varphi'_k} \approx \frac{\gamma''_k \cdot d_{10}}{\tan\varphi'_k} \tag{26.6}$$

Tab. 26.1: *Mindestfließgrenzen τ_F in Abhängigkeit von der Bodenart, nach DIN 4126*

Zeile	d_{10} [mm]	Mindestfließgrenzen τ_F während der Aushubarbeiten [N/m^2]	Bodenart z. B.
1	$\leq 0{,}6$	10	Mittelsand
2	≤ 2	30	Kies mit mindestens 10 % Sand
3	≤ 5	70	Kies mit weniger als 10 % Sand, aber mit mindestens 15 % Feinkies

Die Bedingung nach Gl. (26.6) ist nach DIN 4126 eingehalten, wenn die Mindestfließgrenzen τ_F nach Tab. 26.1 während der Aushubarbeiten nicht unterschritten werden.

Für Kies- und Steinschichten mit $d_{10} > 5$ mm und einer Mächtigkeit von > 5 m gilt zusätzlich $\tau_F = 70$ N/m^2. Ersatzweise durchführbare Sondermaßnahmen siehe DIN 4126.

26.4.4 Sicherheit gegen Unterschreiten der statisch erforderlichen Spiegelhöhe der Stützflüssigkeit

Die Sicherheit gegen Unterschreiten der statisch erforderlichen Spiegelhöhe der Stützflüssigkeit im offenen Schlitz wird durch baubetriebliche Maßnahmen gewährleistet (Vorratshaltung).

26.4.5 Sicherheit gegen die Ausbildung den Schlitz gefährdender Gleitflächen im Boden (äußere Standsicherheit des Schlitzes)

26.4.5.1 Grenzzustandsbedingung

Ausreichende Standsicherheit ist entweder durch einen Probeschlitz oder auf rechnerischem Wege nachzuweisen. Beim rechnerischen Nachweis der Sicherheit von suspensionsgefüllten Schlitzen gegen Einsturz der Erdwandung infolge Gleitflächenbildung im Boden nach Abb. 26.19 wird eine Gegenüberstellung des Suspensionsdruckes mit dem Erddruck vorgenommen. Dabei ist der auf den Boden wirksame Suspensionsdruck anzusetzen, d. h. der um den hydrostatischen Druck des Grundwassers verminderte Suspensionsdruck. Gegebenenfalls muss auch die Eindringung der Suspension bei der Ermittlung des absetzbaren hydrostatischen Druckes berücksichtigt werden.

Schwieriger ist die Erfassung des Erddruckes, denn beim flüssigkeitsgestützten Schlitz handelt es sich um ein räumliches Erddruckproblem. Eine ausreichende Sicherheit ist nachgewiesen, wenn in jeder Aushubtiefe folgende Bedingung erfüllt ist:

$$E_{ah,k} \cdot \gamma_{G,dst} \leq S_k \cdot \gamma_{G,stb} \tag{26.7}$$

mit

S_k: charakteristischer Wert der Stützkraft

$E_{ah,k}$: charakteristischer Wert der aktiven Erddruckkraft

$\gamma_{G,dst}, \gamma_{G,stb}$: Teilsicherheitsbeiwerte für ungünstige bzw. günstige ständige Einwirkungen im Grenzzustand HYD bzw. UPL in den Bemessungssituationen BS-P und BS-T nach *Handbuch Eurocode 7-1 (2015)*

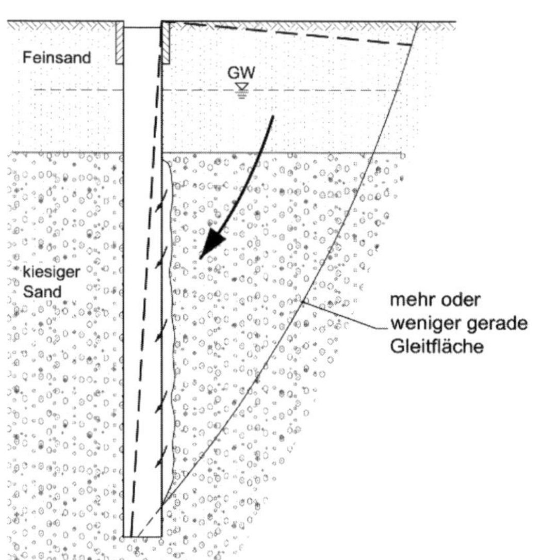

Abb. 26.19: *Grenzzustand der Tragfähigkeit im Boden bei nicht ausreichender „äußerer" Standsicherheit nach* Haugwitz/Pulsfort (2018)

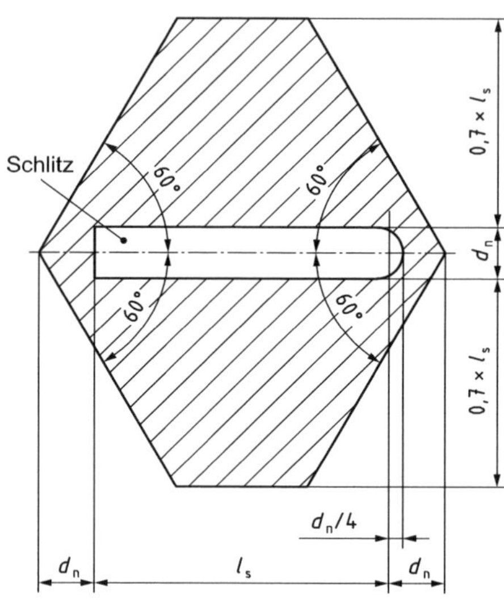

Abb. 26.20: *Kritischer Bereich eines Schlitzes, dargestellt im Grundriss, und Ermittlung der Schlitzlänge l_s, links bei rechteckigem, rechts bei gerundetem Abschluss, aus DIN 4126*

Wenn Lasten aus baulichen Anlagen im kritischen Bereich nach Abb. 26.20 vorhanden sind, sollte die Erddrucklast mit dem Anpassungsfaktor $\eta_0 = 1{,}2$ erhöht werden.

26.4.5.2 Ermittlung der Stützkraft S

Für die Berechnung der wirksamen Stützdruckkraft wird ein Schnitt zwischen Suspension und gestützter Erdwand geführt. Der Spiegel der stützenden Flüssigkeit darf bei der Ermittlung der Stützkraft S nicht höher als 0,2 m unter der Oberkante der Leitwand angesetzt werden.

Es sind zwei Fälle zu unterscheiden:

1) Vor der stützenden Wand bildet sich ein Filterkuchen aus. Auf die Wand wirkt die volle hydrostatische Druckkraft

$$S_k = S_{H,k} - W_k \tag{26.8}$$

mit

$$S_{H,k} = 0,5 \cdot \gamma_{F,k} \cdot h_f^2 \tag{26.8a}$$

$$W_k = 0,5 \cdot \gamma_{W,k} \cdot h_W^2 \tag{26.8b}$$

2) Die stützende Flüssigkeit dringt in die Wand ein. Die Eindringtiefe errechnet sich wie folgt

   – bei fehlendem Grundwasser:

$$s = \frac{h_F \cdot \gamma_F}{f_{s0}} \tag{26.9}$$

   – bei Grundwasser im Schlitzwandbereich:

$$s = \frac{h_F \cdot \gamma_F - h_W \cdot \gamma_W}{f_{s0}} \tag{26.10}$$

   mit

   f_{s0}: Druckgefälle
   γ_F: Wichte der Stützflüssigkeit
   h_F: Höhe der stützenden Flüssigkeit
   h_W: Höhe des Grundwasserspiegels

Wird das Druckgefälle nicht genauer ermittelt, darf es mit Gl. (26.11) berechnet werden.

$$f_{s0} = \frac{2 \cdot \tau_F}{d_{10}} \tag{26.11}$$

Durch die Eindringung der stützenden Flüssigkeit in die Wand wird die Stützkraft verringert. Im Sicherheitsnachweis kann dies durch zwei Möglichkeiten berücksichtigt werden:

a) Die Stützkraft wird nach Abb. 26.21 abgemindert. Maßgebend ist die Strömungskraft im Gleitkörper am Ende des Strömungsvorganges. Die Abminderung wird durch den Faktor A_S/A berücksichtigt.

$$S_k = (S_{H,k} - W_k) \cdot \frac{A_s}{A} \tag{26.12}$$

wobei A_S für die Eindringfläche der stützenden Flüssigkeit im Erddruckkeil und A für die Eindringfläche der stützenden Flüssigkeit steht.
Die Abminderung der Stützkraft darf vernachlässigt werden, wenn der Stützkraftverlauf infolge Eindringung der stützenden Flüssigkeit in den Boden ≤ 5 % ist d. h.,

$$S_k \geq 0,95 \cdot (S_{H,k} - W_k) \tag{26.13}$$

oder

$$f_{s,0} \geq 200 \text{ kN/m}^3 \tag{26.14}$$

ist. Dynamische Einwirkungen aus den üblichen Verkehrslasten bewirken keine Abminderung der Stützkraft.
Bei der Ermittlung der Stützkraft S im Bereich der Leitwände darf statt der Druckkraft der stützenden Flüssigkeit die Erddrucklast aus Bodeneigenlast und ständiger

gleichmäßig verteilter Auflast bis zur Höhe des Erdruhedrucks angesetzt werden, wenn die Leitwände und ihre Aussteifung für diese Belastung bemessen sind.

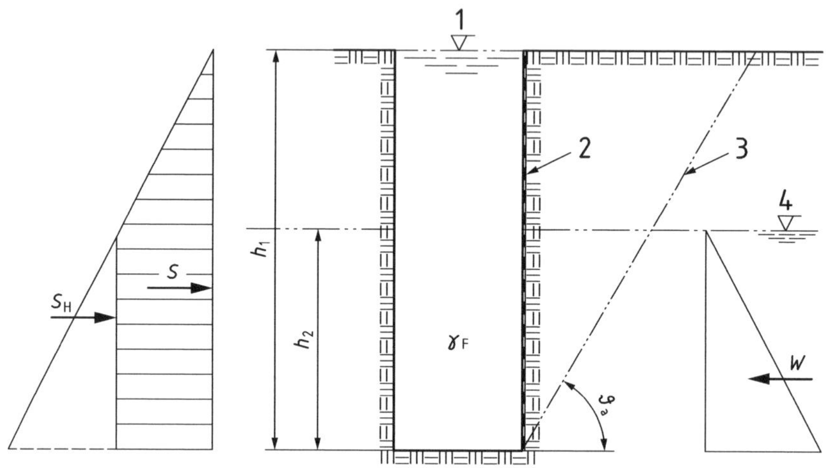

Legende

1 Stützflüssigkeit

2 Membran
$S = S_H - W$

3 Gleitfläche
$S_H = 0{,}5 \cdot \gamma_F \cdot h_1^2$

4 Grundwasserspiegel
$W = 0{,}5 \cdot \gamma_w \cdot h_2^2$

a) Membranwirkung $f_{s0} \to \infty$

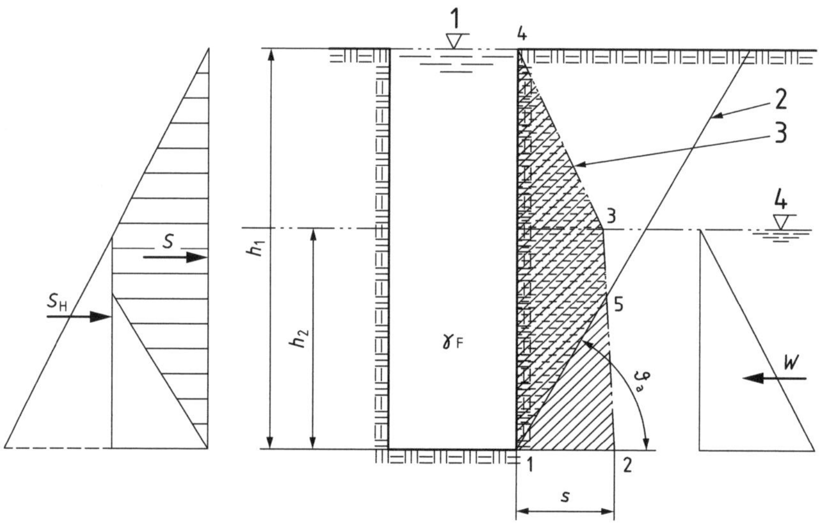

Legende

1 Stützflüssigkeit

2 Gleitfläche

3 Eindringgrenze der Stützflüssigkeit in den Boden

4 Grundwasserspiegel

$S = (S_H - W) \cdot \frac{A_s}{A}$ (Strömungskraft im Gleitkörper am Ende des Strömungsvorganges) mit

$s = \frac{h_1 \gamma_F - h_2 \gamma_w}{f_{s0}}$ $S_H = 0{,}5 \cdot \gamma_F \cdot h_1^2$ $W = 0{,}5 \cdot \gamma_W \cdot h_1^2$

A_s Fläche 1-5-3-4-1

A Fläche 1-2-5-3-4-1

b) Stagnation der Stützflüssigkeit im Korngerüst $0 < f_{s0} < \infty$

Abb. 26.21: *Grenzfälle der Stützwirkung, aus DIN 4126*

b) Der charakteristische Wert der Stützkraft S_k darf auch mit den Anpassungsfaktoren η_2 nach Tab. 26.2 aus dem um die Druckkraft des Grundwassers verminderten charakteristischen Wert der hydrostatischen Druckkraft $S_{H,k}$ nach Gl. (26.15) berechnet werden:

$$S_k = \eta_2 \cdot (S_{H,k} - W_k) \qquad (26.15)$$

Tab. 26.2: *Anpassungsfaktoren η_2 in Gl.(26.15), nach DIN 4126*

f_{s0} [kN/m^3]	η_2 [-]
$100 \leq f_{s0} < 200$	0,85
$50 \leq f_{s0} < 100$	0,80
$f_{s0} < 50$	0,70

26.4.5.3 Ermittlung des charakteristischen Wertes der Erddrucklast $E_{ah,k}$

Die bei der gewählten Aushubtiefe ausgelöste Erddrucklast ist zu berechnen. Einerseits kann die Berechnung für einen unendlich langen Schlitz erfolgen; dies kann unter der Voraussetzung vorgenommen werden, dass die Länge der Schlitzwand ausreichend groß gegenüber ihrer Tiefe ist. Andererseits hat der Schlitzwandgraben im Normalfall eine begrenzte Länge l und eine relativ große Tiefe t. Aus diesem Grund kann von einer Ausbildung eines Gewölbes im Boden ausgegangen werden. Diese Gewölbewirkung hat nach *Stocker/Walz (1992)* zur Folge, dass

- sich im Bruchzustand ein Gleitkörper mit räumlich gekrümmter Bruchfläche (Bruchmuschel) ausbildet,
- die einwirkende Erddruckkraft kleiner als der *Coulomb*'sche Erddruck ist.

Die DIN 4126 empfiehlt, zur Berechnung der räumlichen Erddrucklast ein prismatisches Berechnungsmodell gemäß Abb. 26.22 zu verwenden.

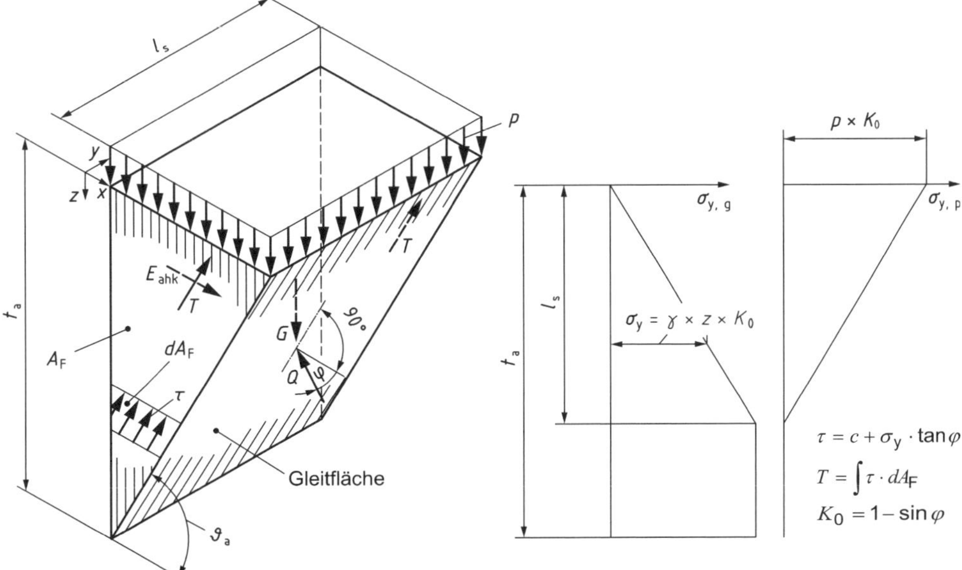

Abb. 26.22: *Näherung für den Bruchkörper, Ansatz der stützenden Schubspannungen in den dreieckförmigen Flankenflächen des Bruchkörpers, aus DIN 4126*

Hierbei werden in den dreieckförmigen Stirnflächen gleitflächenparallele Schubkräfte eingeführt, die die Erddrucklast verkleinern. Bei der Ermittlung sind vier Fälle zu unterscheiden (Abb. 26.23).

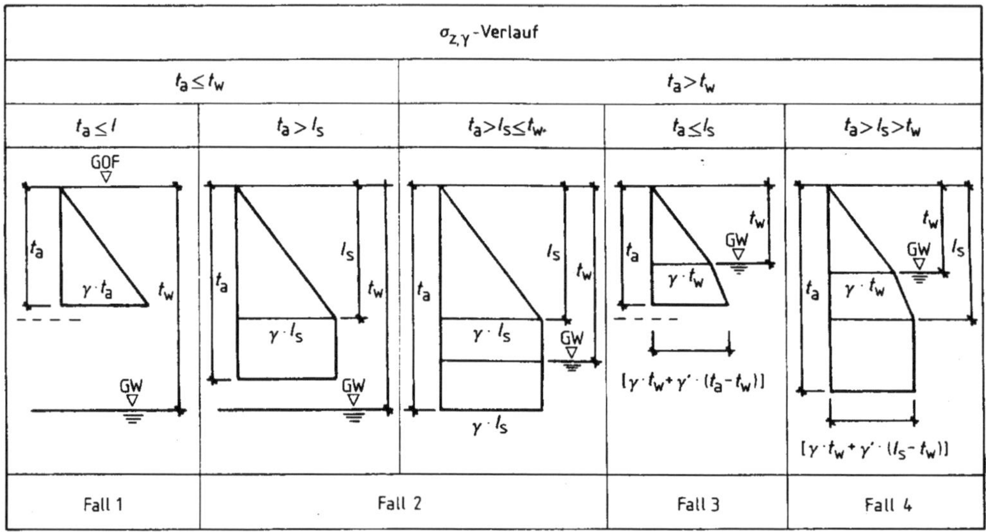

Abb. 26.23: *Verlauf der σ_z- Spannungen, aus* Weiß/Winter (1985)

Für die in Abb. 26.23 dargestellten Fälle gilt folgende Beziehung:

$$\text{Fall 1: } T = T_0 \tag{26.16a}$$

$$\text{Fall 2: } T = T_0 \cdot (1 - f_1^3) \tag{26.16b}$$

$$\text{Fall 3: } T = T_0 \cdot (1 - \alpha \cdot f_2^3) \tag{26.16c}$$

$$\text{Fall 4: } T = T_0 \cdot (1 - \gamma'/\gamma \cdot f_1^3 - \alpha \cdot f_2^3) \tag{26.16d}$$

mit

$T_0 \quad = 1/6 \cdot k_0 \cdot \gamma \cdot t_a^3 \cdot \cot \vartheta_a \cdot \tan \varphi_k$

$K_0 \quad = 1 - \sin \varphi_k$

γ: Wichte des Bodens

t_a: Höhe des Schlitzes

ϑ_a: charakteristischer Gleitflächenwinkel für den aktiven Erddruckkeil

$\alpha \quad = 1 - \gamma'/\gamma$

$f_1 \quad = 1 - l_s/t_a$

$f_2 \quad = 1 - t_w/t_a$

Die Erddrucklast wird, wie in Abb. 26.21 dargestellt, entweder grafisch oder analytisch berechnet. Lasten aus Baufahrzeugen und Aushubgeräten brauchen bei der Erddruckermittlung nicht berücksichtigt zu werden, wenn die Leitwände und ihre Aussteifung für den Erddruck aus diesen Lasten bemessen sind. Der Gleitflächenwinkel ϑ_a ist zur Auffindung der minimalen Sicherheit zu variieren. Stützende, parallel zur Gleitfläche gerichtete Schubspannungen infolge Reibung und Kohäsion in den Flankenflächen des Gleitkörpers dürfen berücksichtigt werden. Ihre Größe aus Reibung darf höchstens durch einen bilinearen Ansatz für die Normalspannung $\sigma_{y,\gamma}$ aus Bodeneigenlast und durch einen dreieckförmigen Ansatz für die Normalspannung $\sigma_{y,p}$ aus seitlichen Auflasten p angenähert werden.

Die Kohäsion des Bodens darf bei den Nachweisen nur mit zwei Dritteln des charakteristischen Wertes c_k in die Berechnung eingeführt werden. Für komplizierte Verhältnisse hinsichtlich Baugrundschichtungen, Auflasten, Geometrie usw. können auch andere Ansätze der räumlichen Erddrucktheorie angewandt werden. Vergleichende Untersuchungen finden sich in *Müller-Kirchenbauer et al. (1997)*.

26.4.5.4 Ermittlung der Leitwanderddrucklast ΔE

Die Leitwanderddrucklast kann angesetzt werden, wenn die Leitwände und ihre Aussteifung für diese Belastung bemessen sind. Bei der Berechnung der Leitwanderddrucklast kann vereinfacht wie folgt vorgegangen werden.

$$\Delta E_k = E_{L,k} - S_{L,k} \tag{26.17}$$

Erddruck auf die Leitwand:

$$\Delta E_{L,k} = 0,5 \cdot l_s \cdot \gamma \cdot K_0 \cdot t_L^2 \tag{26.18}$$

mit

l_s: Länge der Schlitzwand

γ: Wichte des Bodens

K_0: Erdruhedruckbeiwert

t_L: Tiefe der Leitwand

Stützkraft auf Leitwand:

$$S_{L,k} = 0,5 \cdot l_s \cdot \gamma_F \cdot (t_L - t_F)^2 \tag{26.19}$$

mit

γ_F Wichte der Stützflüssigkeit

l_s: Länge der Schlitzwand

t_L: Tiefe der Leitwand

t_F: Tiefe der stützenden Flüssigkeit

26.4.5.5 Befreiung vom Standsicherheitsnachweis

Der Nachweis ist bei beliebig langen Schlitzen nicht erforderlich, wenn

- eine der Bedingungen nach Gln. (26.12) oder (26.13) und
- die in Abb. 26.24 dargestellten Randbedingungen eingehalten sind.

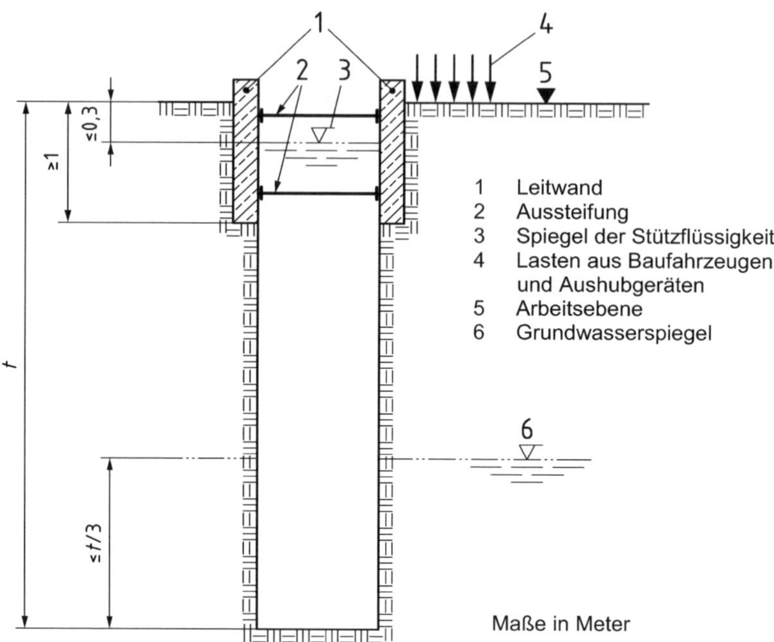

Abb. 26.24: *Beliebig lange Schlitze im Boden (nichtbindige Böden), aus DIN 4126*

26.5 Standsicherheit der erhärteten Wand

Die Berechnung der Standsicherheit und die Bemessung der erhärteten Wand erfolgen weitgehend analog zu denen von Pfahlwänden, siehe z. B. *EAB (2012)*.

26.6 Zahlenbeispiele siehe Anhang B-26.

27 Verpressanker

27.1 Einleitung

Mit dem Ziel, möglichst steifenfreie Baugruben zu erhalten, wurden vor etwa 60 Jahren Verpressanker im Lockergestein entwickelt, siehe *Jelinek/Ostermayer (1966)*. Vorher waren bereits Verankerungen in der Geotechnik im Fels- und Felshohlraumbau bekannt. Im Folgenden sind zunächst Verpressanker im Locker- und teilweise auch im Festgestein behandelt. Zu den erforderlichen Standsicherheitsnachweisen im Zusammenhang mit Verpressankern siehe Kapitel 28.

Für Verankerungen gelten folgende Normen und Regelungen:

- *Handbuch Eurocode 7-1 (2015)*, Abschnitt 8: Verankerungen,
- DIN EN 1537: Ausführung von Arbeiten im Spezialtiefbau – Verpressanker; Deutsche Fassung EN 1537:2013,
- DIN SPEC 18537: Ergänzende Festlegungen zu DIN EN 1537, Ausführung von Arbeiten im Spezialtiefbau – Verpressanker,
- weiterhin sind bauaufsichtliche Zulassungen für die Ankerkopfkonstruktionen von Kurzzeitankern (Temporäranker) und für die Ankersysteme von Daueranker (Permanentanker) erforderlich.

Nach *Wichter/Meiniger (2018)* werden Anker mit Zuggliedern aus Spannstählen in Einstabanker, Litzenanker und Bündelanker unterteilt.

- *Einstabanker* bestehen aus Rundstahl mit warm aufgewalzten groben Gewinderippen, welche einen guten Scherverbund mit dem Verpresskörper bewirken. Einstabanker lassen sich leicht verlängern und in ihrer Kraft regulieren. Die Ankerkraft kann durch Abhebeversuche leicht kontrolliert werden. Nachteilig ist bei Einstabankern gelegentlich, dass die möglichen Ankerkräfte begrenzt sind, und dass der Einbau unter beengten Platzverhältnissen problematisch sein kann.
- Bei *Litzenankern* erfolgt die Kraftübertragung mit je 7 Stück zu einer Litze verseilten glatten Einzelspanndrähten. Der Zentraldraht hat einen geringfügig größeren Durchmesser als die Peripheriedrähte. Mehrere Litzen bilden zusammen das Stahlzugglied. Übliche Litzendurchmesser sind 0,6 Zoll (15,24 mm) bzw. 0,62 Zoll (15,75 mm). Ein großer Vorteil von Litzenankern sind die hohen erzielbaren Ankerkräfte sowie die

Verwendbarkeit auch bei kleinen Einbauradien (z. B. in Kellern) und ihr im Vergleich zu Einstabankern gutmütigeres Reagieren bei Korrosionsangriff.

- *Bündelanker (Mehrstabanker)* bestehen aus runden gerippten vergüteten Spannstählen. Nenndurchmesser sind 12 mm (Stahlgüte St 1420/1570), die je nach Bedarf zu Zuggliedern aus 3 bis 12 Einzelstählen zusammengefasst werden. Sie werden heute nicht mehr eingesetzt. Es existieren jedoch zahlreiche dauerhaft verankerte Bauwerke, bei denen dieser Ankertyp eingebaut wurde.

Eine Zusammenstellung gebräuchlicher Zugglieder für Einstab- und Litzenanker enthält Tab. 27.1 bzw. 27.2.

Tab. 27.1: *Gebräuchliche Zugglieder für Einstabanker, aus* Wichter/Meiniger (2018)

Bezeichnung	Stahlgüte $f_{p0,1k}/f_{pk}$ bzw. $f_{p0,2k}/f_{pk}$ [N/mm^2]	Stab-durch-messer D [mm]	Last an der Streck-grenze $P_{t0,1k}$ bzw. $P_{t0,2k}$ [kN]	Bruchlast $P_{t,k}$ [kN]	Bemerkungen
Einstabanker	835/1030	26,5	460	568	Stahl warmge-
aus	835/1030	32,0	671	828	walzt, gereckt
Spannstahl	835/1030	36,0	849	1048	und angelas-
	950/1050	26,5	523	579	sen, mit Ge-
	950/1050	32,0	764	844	winderippen,
	950/1050	36,0	966	1068	Rechtsgewinde
	950/1050	40,0	1193	1319	
	950/1050	47,0	1647	1821	
	1080/1230	26,5	595	678	
	1080/1230	32,0	868	989	
	1080/1230	36,0	1098	1251	
Einstabanker	500/550	32,0	402	442	Linksgewinde
aus Baustahl	500/550	40,0	628	691	
B500B	500/550	50,0	982	1080	
(Gewindestahl)	555/700	63,5	1758	2217	
Einstabanker	670/800	18,0	170	204	Rechtsgewinde
aus Gewinde-	670/800	22,0	255	304	
stahl	670/800	25,0	329	393	
S670/800	670/800	28,0	413	493	

Tab. 27.2: *Auswahl gebräuchlicher Zugglieder für Litzenanker, aus* Wichter/Meiniger (2018)

Litzendurchmesser [Zoll]	Stahlgüte $f_{t0,1k}/f_{tk}$ [N/mm²]	Litzenanzahl	Last an der Streckgrenze $P_{t0,1k}$ [kN]	Bruchlast $P_{t,k}$ [kN]
0,6	St 1570/1770	2	440	496
		3	659	743
		4	879	991
		5	1099	1239
		6	1319	1487
		7	1539	1735
		8	1758	1982
		9	1978	2230
		10	2198	2478
		11	2418	2726
		12	2638	2974
0,6	St 1660/1860	2	465	521
		3	697	781
		4	930	1042
		5	1162	1302
		6	1394	1562
		7	1627	1823
		8	1859	2083
		9	2092	2344
		10	2324	2604
		11	2556	2864
		12	2789	3125

27.2 Begriffe

Im Zusammenhang mit der Tragfähigkeit des einzelnen Ankers sind folgende Begriffe und Definitionen zu unterscheiden:

- Das Kriechverhalten oder das *Kraftabfallmaß* k_l bis zur Prüflast P_p.
- Das *Kriechmaß* k_s ist eine Beurteilungsgröße für die zeitabhängige Zunahme der Ankerkopfverschiebungen unter einer konstanten Ankerkraft. Dabei ist k_s abhängig vom Ankertyp, von den Baugrundverhältnissen, der Ankerherstellung und der Größe der Ankerkraft. Zur Definition des Kriechmaßes siehe 27.6.
- Der *charakteristische Herausziehwiderstand* $R_{a,k}$ eines Ankers ist der Widerstand an der Grenzfläche zwischen Baugrund und dem Verpresskörper des Ankers, dem im Zugversuch ein Kriechmaß von $k_s = 2{,}0$ mm entspricht.
- Der *charakteristische Widerstand des Stahlzuggliedes* $R_{t,k}$ (innere Tragfähigkeit) ergibt sich aus dem charakteristischen Wert der Spannung des Stahlzuggliedes bei 0,1 %

bzw. 0,2 % bleibender Dehnung und der Querschnittsfläche des Stahlzuggliedes nach 27.5.4.

- Der *Bemessungswert des Ankerwiderstandes* R_d ist der kleinere Wert des Bemessungswertes des Herausziehwiderstandes $R_{a,d}$ des Ankers bzw. des Widerstandes des Stahlzuggliedes $R_{t,d}$.
- Die *Gebrauchskraft* E_k ist diejenige Kraft, die sich entsprechend der statischen Berechnung aus den Einwirkungen der zu verankernden Konstruktion ergibt.
- Die *Prüfkraft* P_p ist diejenige Kraft, die bei den Ankerprüfungen aufgebracht wird.
- Die *Festlegekraft* P_0 ist diejenige Kraft, auf die der Anker nach dem Prüfen wieder angespannt und festgelegt wird.
- *Kurzzeitanker* sind Anker mit einer geplanten Lebensdauer von weniger als 2 Jahren. *Daueranker* haben eine geplante Lebensdauer von mehr als 2 Jahren.

27.3 Verpressankersysteme

Sowohl für Kurzzeitanker als auch Daueranker wird zwischen den Systemen Verbundanker und Druckrohranker unterschieden. Abb. 27.1 zeigt hierzu beide Konstruktionsformen sowie die Bezeichnungen nach DIN EN 1537.

Bei Verbundankern umschließt der Verpresskörper unmittelbar das Stahlzugglied im Bereich der Krafteintragungslänge. Die Ankerkräfte werden durch Formschluss von dem Stahlzugglied in den Zementstein des Verpresskörpers übertragen. Dieser leitet sie dann in den Baugrund ab. Dabei kann es zu Rissen im Verpresskörper kommen.

Bei Druckrohrankern wird das Zugglied im Bereich des Verpresskörpers durch ein stabiles geripptes Stahlrohr bis zu einer stählernen Bodenplatte geführt, in der es eingeschraubt wird. Das Zugglied ist zwischen Bodenplatte und Ankerkopf frei dehnbar. Die Krafteinleitung erfolgt dadurch vom Ende des Ankers. Der Verpresskörper erhält überwiegend Druck, Querrisse durch Zugspannungen in Längsrichtung werden vermieden.

Als Stahlzugglieder werden zugelassene Spannstähle (bevorzugt) bzw. Betonstähle eingesetzt. Hierbei wird unterschieden zwischen Einstabankern und Litzenankern.

Die Ankerköpfe bzw. Kopfkonstruktionen sind abhängig vom Ankerstahl und von der Wandunterlage. Planmäßige Winkelabweichungen zwischen Ankerkopf und Auflagerfläche müssen ausgeglichen werden (z. B. mit einer Kugelkalotte oder Keilscheiben). Ankerköpfe sollten einen besonderen Korrosionsschutz aufweisen.

Zum Gesamtkorrosionsschutz der Ankersysteme sind die entsprechenden Abschnitte in DIN EN 1537 und besonders die bauaufsichtlichen Zulassungen der einzelnen Systeme zu beachten.

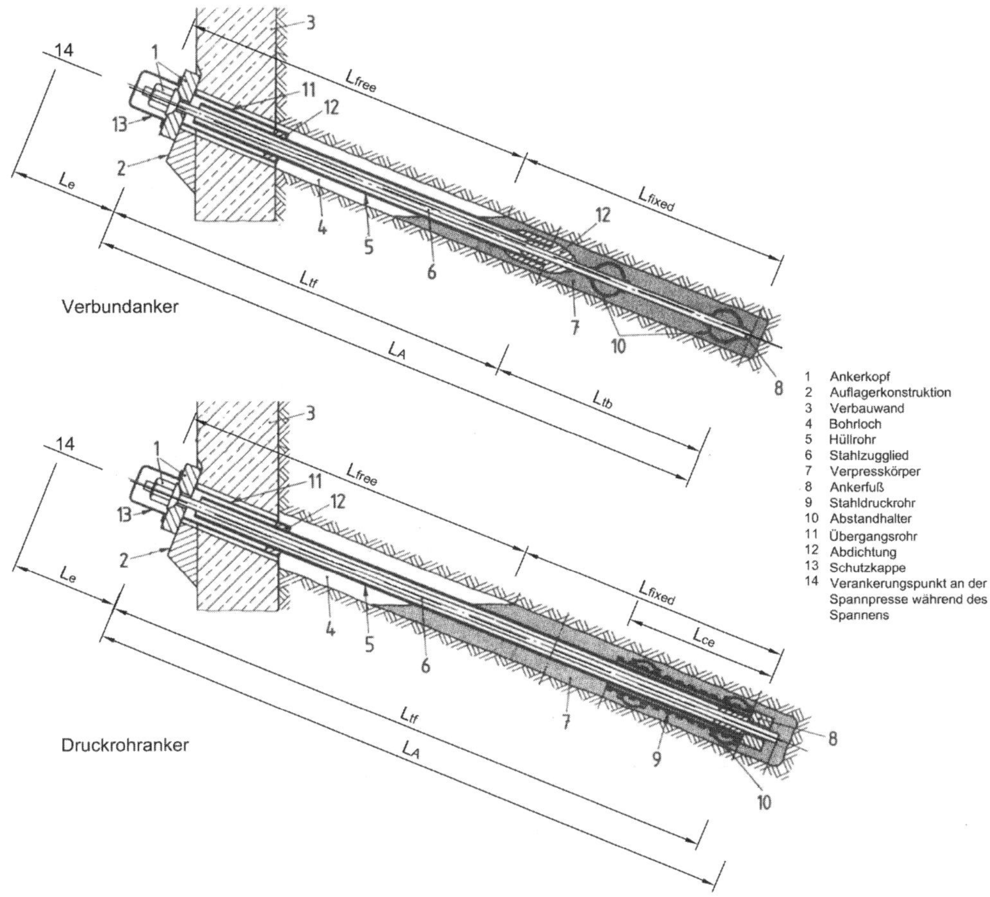

Abb. 27.1: *Konstruktionsformen von Verbund- und Druckrohrankern mit Bezeichnungen nach DIN EN 1537*

27.4 Bohrverfahren und Herstellung

In Abb. 27.2 sind die üblichen Ankerbohrverfahren zusammengestellt. Die zweckmäßige Anwendung der Verfahren ist abhängig von den Baugrundverhältnissen und weiteren baulichen Randbedingungen (Tab. 27.3).

Den Ankereinbau sowie den Verpress- und Nachverpressvorgang zeigt Abb. 27.3.

Zur Wirksamkeit der Nachverpressung in fein- bzw. gemischtkörnigen Böden siehe auch *Ehl (1985)*, *Hettler/Meininger (1990)* und Abb. 27.4, wobei Tragfähigkeitserhöhungen bis zu 100 % möglich sind. Die Verpressdrücke betragen bis zu 40 bar. Hierbei ist jedoch auf eine ausreichende Überlagerung zu achten, sodass der Boden nicht aufbricht.

Mehrfaches Nachverpressen mit kleinen Mengen erzielt eine bessere Wirkung als einfaches Nachverpressen mit sehr hohen Drücken und großen Mengen.

Tab. 27.3: *Anwendungsgebiete der Ankerbohrverfahren, nach* Wichter/Meiniger (2018)

Bezeichnung des Bohrverfahrens	Verrohrung	Spülung	Haupteinsatzgebiete
Rammbohrung	ja	nein	locker bis mitteldicht gelagerte nichtbindige Böden (Einsatz auch bei Bohrungen gegen drückendes Grundwasser)
Drehschlagbohren, Außenhammer	nein	Luft	Fels
Drehschlagbohren, Senkhammer	nein	Luft	Fels, feste bindige Böden ohne Wasser
Überlagerungsbohrung	ja	Luft, Wasser	nichtbindige / bindige Böden oder weicher Fels
Schneckenbohrung Schneckenbohrung mit Seele	nein ja	nein Luft	in standfesten bindigen Böden oder weichem Fels
Kernbohrung	ja	Wasser	Fels, Beton

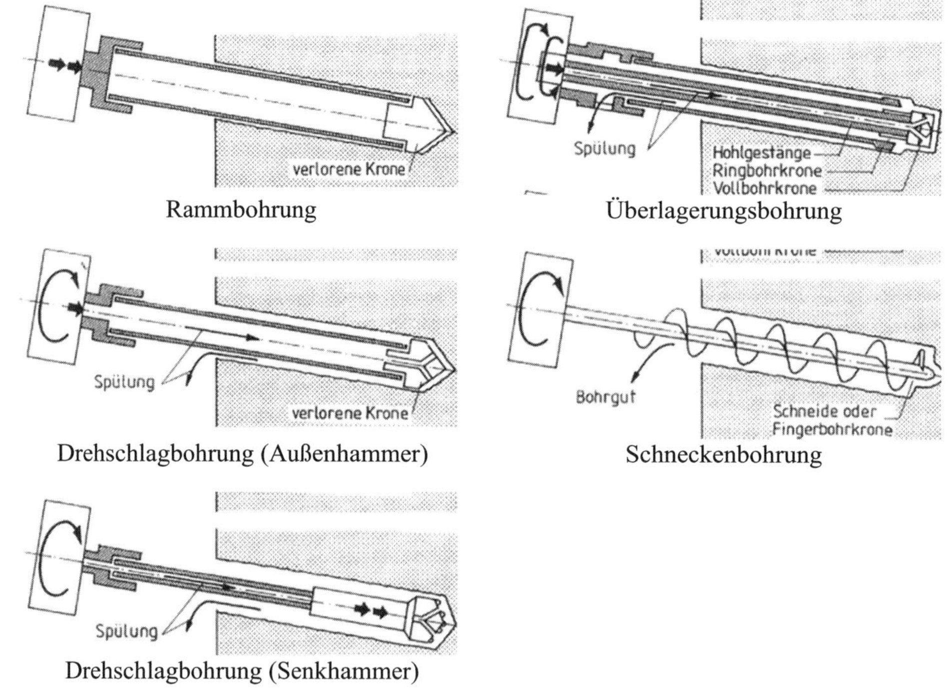

Abb. 27.2: *Ankerbohrverfahren für Verpressanker, aus* Wichter/Meiniger (2018)

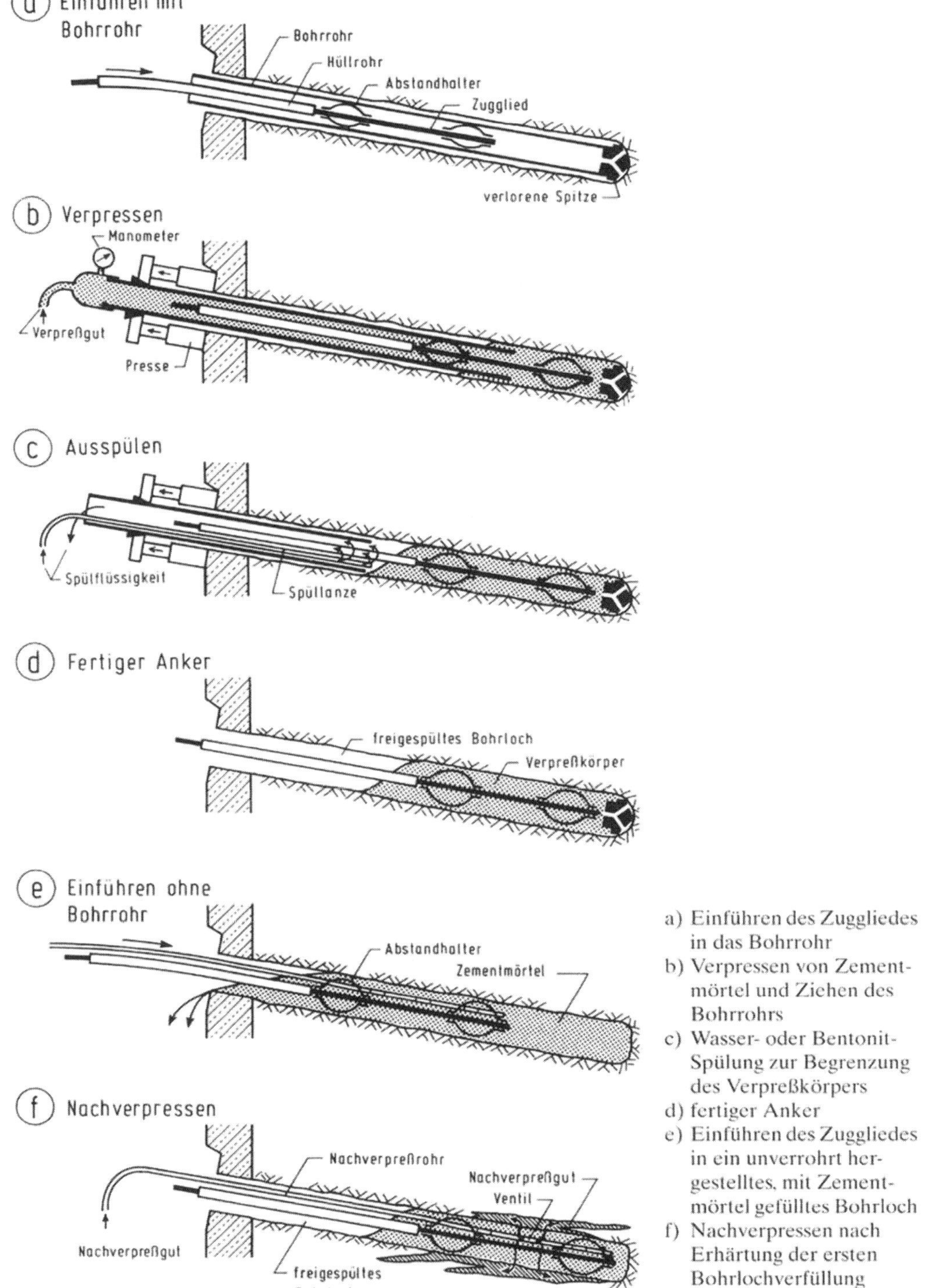

Abb. 27.3: *Darstellung der Einbau-, Verpress- und Nachpressvorgänge bei Verpressankern, aus* Ostermayer (2001)

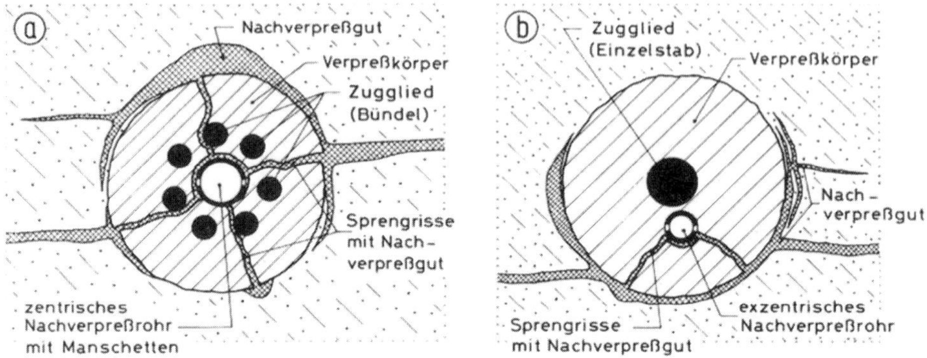

Abb. 27.4: *Verpresskörperausbildung bei unterschiedlicher Anordnung der Nachverpressrohre: a) mit Manschettenrohr und Doppelpacker, b) mit einfachen Verpressröhrchen*

27.5 Nachweis der Tragfähigkeit und Gebrauchstauglichkeit

27.5.1 Allgemeines

Die Nachweise der Tragfähigkeit und Gebrauchstauglichkeit von Verpressankern sind im *Handbuch Eurocode 7-1 (2015)* geregelt. Dabei ist von Bedeutung, dass der charakteristische Herausziehwiderstand („äußere Tragfähigkeit“) ähnlich wie bei Pfählen nicht durch erdstatische Verfahren ermittelt werden kann, sondern durch Zugversuche (Ankerprüfungen) entsprechend 27.6 zu bestimmen ist. Im Folgenden sind die wesentlichen Schritte beim Nachweis der Tragfähigkeit und Gebrauchstauglichkeit von Verpressankern behandelt.

27.5.2 Einwirkungen und Beanspruchungen

Die charakteristischen Beanspruchungen von Verpressankern P_k ergeben sich aus den Standsicherheitsnachweisen als charakteristische Schnittgrößen aus den Einwirkungen auf verankerte Bauwerke bzw. Bauteile.

Im Regelfall handelt es sich bei den Einwirkungen um:

- Lasten infolge von Erddruck,
- Lasten, die aufgrund felsmechanischer Untersuchungen festgelegt worden sind,
- Lasten infolge von Wasserdruck,
- Lasten infolge von Seilkräften,
- am Ankerkopf angreifende Lasten

oder um die Summe verschiedener Anteile dieser Lasten. Bei Baugrubenkonstruktionen in Böden ergibt sich P_k außerdem ganz oder teilweise auf der Grundlage des Erdruhedrucks oder eines erhöhten aktiven Erddrucks nach DIN 4085. Siehe hierzu auch *EAB (2012)*.

Der Bemessungswert der Ankerbeanspruchungen P_d ergibt sich aus Multiplikation der charakteristischen Beanspruchung mit dem maßgebenden Teilsicherheitsbeiwert.

$$P_d = P_{G,k} \cdot \gamma_G + P_{Q,k} \cdot \gamma_Q \tag{27.1}$$

mit

P_d: Bemessungswert der Ankerbeanspruchung

γ_G: Teilsicherheitsbeiwert für ständige Einwirkungen (Anhang A-8)

γ_Q: Teilsicherheitsbeiwert für veränderliche Einwirkungen (Anhang A-8)

27.5.3 Bemessungswert des Materialwiderstandes und Grenzzustandsgleichung

Bei der inneren Bemessung der Anker muss folgende Ungleichung erfüllt werden:

$$R_{a,d} \leq R_{t,d} \tag{27.2}$$

mit

$R_{a,d}$: Bemessungswert des Herausziehwiderstandes

$R_{t,d}$: Bemessungswert des Materialwiderstandes

Der charakteristische Widerstand des Stahlzuggliedes $R_{t,k}$ ergibt sich zu

$$R_{t,k} = A_t \cdot f_{t,0.1,k} \text{ bzw. } R_{t,k} = A_t \cdot f_{t,0.2,k} \tag{27.3}$$

mit

A_t: Querschnittsfläche des Stahlzuggliedes

$f_{t,0.1,k}$: charakteristischer Wert der Spannung des Stahlzuggliedes bei 0,1 % bleibender Dehnung für Spannstahl

$f_{t,0.2,k}$: charakteristischer Wert der Spannung des Stahlzuggliedes bei 0,2 % bleibender Dehnung für Betonstahl

Der charakteristische Widerstand der Ankerkopfkonstruktion muss mindestens so groß sein wie der charakteristische Widerstand $R_{t,k}$ des Stahlzuggliedes. Der Bemessungswert des Widerstands des Stahlzugglieds im Grenzzustand STR („innerer Ankerwiderstand“) ist aus dem folgenden Ansatz mit dem Teilsicherheitsbeiwert $\gamma_M = 1{,}15$ zu ermitteln, siehe *Handbuch Eurocode 7-1 (2015)*.

$$R_{t,d} = \frac{R_{t,k}}{\gamma_M} \tag{27.4}$$

Die Werte für die charakteristische Zugfestigkeit des Stahlzuggliedes $f_{t,k}$ und die Spannung des Zuggliedes bei 0,1 % bleibender Dehnung $f_{t,0.1,k}$ bzw. bei 0,2 % bleibender Dehnung $f_{t,0.2,k}$ ergeben sich z. B. für zugelassene Daueranker entsprechend Tab. 27.4.

Tab. 27.4: *Beispiele von Berechnungsgrößen für Verpressanker*

Durchmesser [mm]	Anzahl (max.) [-]	$f_{t,k}$ [N/mm^2]	A_s [mm^2]	$f_{p,0.1}$; $f_{p,0.2}$ [kN]	$f_{t,0.1,k}$; $f_{t,0.2,k}$ [N/mm^2]
15,2 (0,60″)	1 (22)	1770	140	220	1570
15,8 (0,62″)	1 (22)	1770	150	236	1570
26,5	1	1230	552	596	1080
	1	1050	552	525	950
	1	1030	552	461	835
32,0	1	1230	804	869	1081
	1	1050	804	760	950
	1	1030	804	672	835
36,0	1	1230	1018	1099	1080
	1	1050	1018	960	950
	1	1030	1018	850	835
40,0	1	1230	1257	1357	1080
	1	1050	1257	1190	950

27.5.4 Bemessungswert des Herausziehwiderstandes und Grenzzustandsgleichung

Der charakteristische Herausziehwiderstand eines Verpressankers $R_{a,k}$ ist definiert als Widerstand des Verpresskörpers bei der Übertragung der Zugkraft in den Boden. Der Herausziehwiderstand von Verpressankern ist über Eignungsprüfungen festzulegen und durch Abnahmeprüfungen an jedem Bauwerksanker zu überprüfen, siehe 27.6. Bei Baumaßnahmen mit Dauerankern sind die Eignungsprüfungen an mindestens 3 Ankern auf der jeweiligen Baustelle durchzuführen. Bei Kurzzeitankern darf auf eine Eignungsprüfung verzichtet werden, wenn Ergebnisse von Eignungsprüfungen mit dem gleichen Ankersystem in vergleichbarem Baugrund und mit demselben Herstellungsverfahren vorliegen. Eine Eignungsprüfung ist jedoch dann durchzuführen, wenn ein höherer Herausziehwiderstand $R_{a,k}$ als an der anderen Stelle nachgewiesen werden soll.

Im Grenzzustand GEO-2 ist nachzuweisen, dass die Grenzzustandsgleichung

$$P_d \leq R_{a,d} \tag{27.5}$$

mit

P_d: Bemessungswert der Ankerbeanspruchung
$R_{a,d}$: Bemessungswert des Herausziehwiderstandes

eingehalten wird. Der charakteristische Herausziehwiderstand $R_{a,k}$ ist aus dem Kleinstwert der Versuchsergebnisse der Eignungsprüfung abzuleiten. Der Bemessungswert $R_{a,d}$ des

Herausziehwiderstandes des Einzelankers ergibt sich zu

$$R_{a,d} = \frac{R_{ta,k}}{\gamma_a} \quad (27.6)$$

Der Teilsicherheitsbeiwert γ_a ergibt sich aus *Handbuch Eurocode 7-1 (2015)* bzw. Anhang A-10.

Da dic Eignungsprüfungen bzw. Abnahmeprüfungen in der Entwurfs- und Angebotsphase einer Baumaßnahme i. d. R. noch nicht vorliegen, müssen die charakteristischen „äußeren Ankertragfähigkeiten" (Herausziehwiderstände) zunächst abgeschätzt werden. Aus Ankerprüfungen liegen umfangreiche Erfahrungswerte zur möglichen Tragfähigkeit vor, die in Abb. 27.5 bis 27.7 dargestellt sind. Angaben zur Abschätzung der Tragfähigkeit von Felsankern enthalten z. B. *Ostermayer (2001)* und *Littlejohn et al. (1990)*.

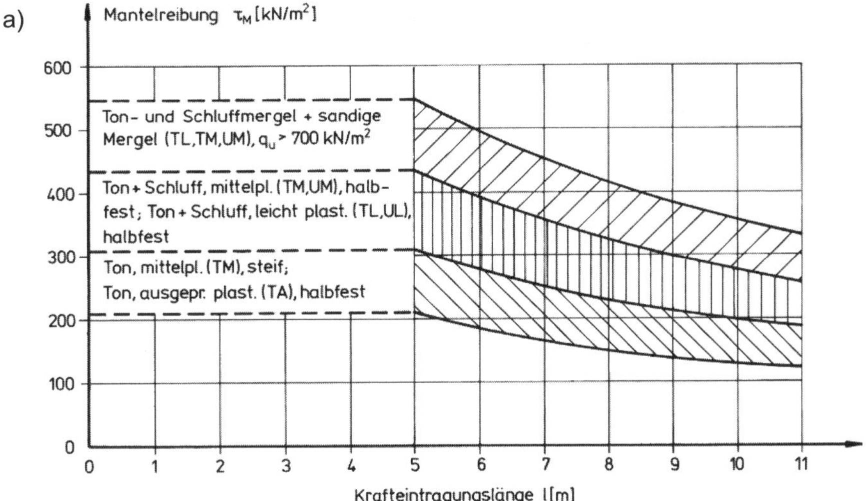

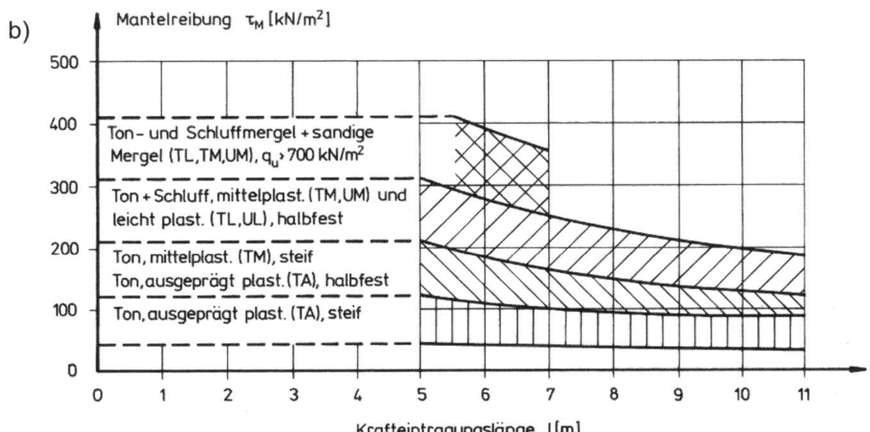

Abb. 27.5: *Grenzwerte der Mantelreibung von Ankern in bindigen Böden: a) ohne Nachverpressung, b) mit Nachverpressung, aus* Ostermayer (2001)

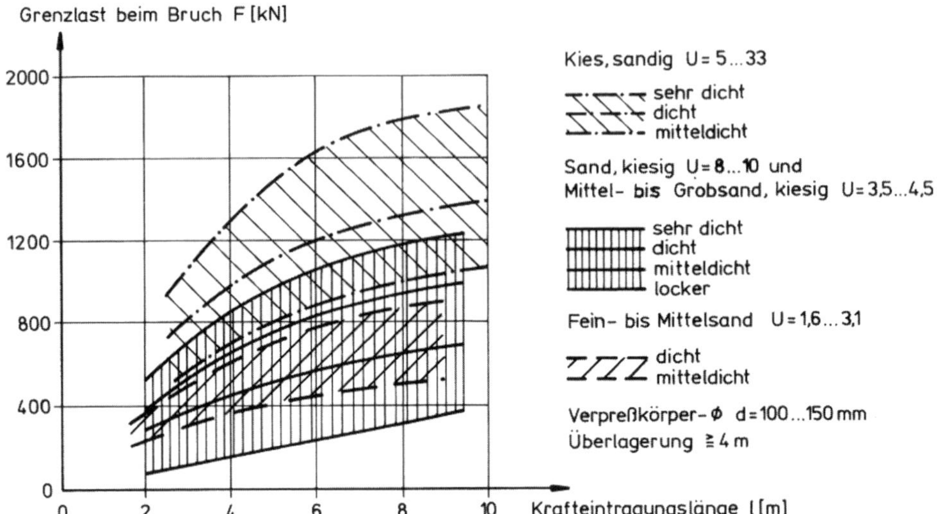

Abb. 27.6: *Maximaler Herausziehwiderstand von Ankern in nichtbindigen Böden, aus* Ostermayer (2001)

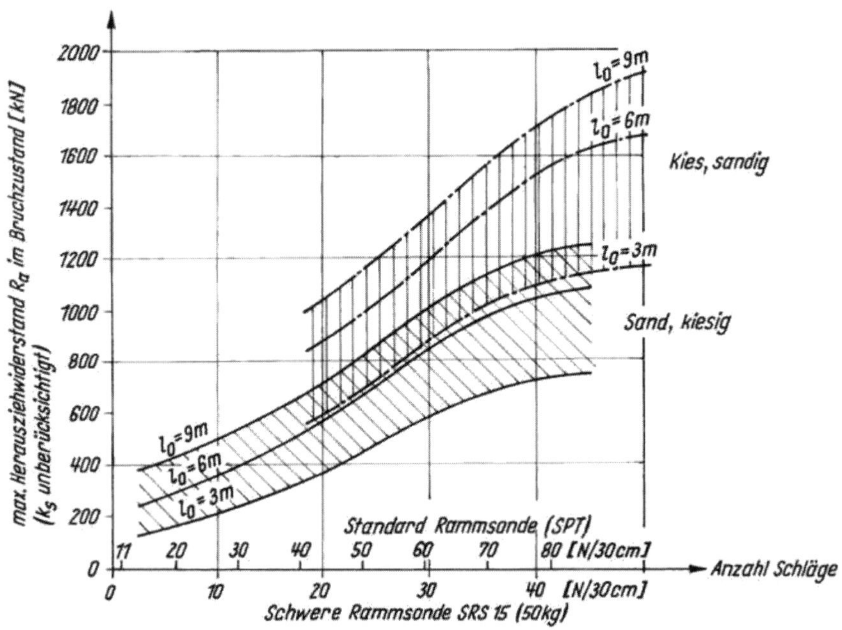

Abb. 27.7: *Maximaler Herausziehwiderstand von Ankern abhängig von den Ergebnissen der schweren Rammsondierung in nichtbindigen Böden, aus* Ostermayer (2001)

27.5.5 Nachweis der Gebrauchstauglichkeit

27.5.5.1 Bedingungen

Der Nachweis der Gebrauchstauglichkeit der Verankerung erfolgt über die Abnahmeprüfung nach DIN EN 1537, Prüfverfahren 1, mit den Anforderungen an das einzuhaltende Kriechmaß k_s nach DIN SPEC 18537. Insbesondere sind hierbei die rechnerische freie Ankerlänge L_{app} und die maximale Festlegekraft P_0 zu bestätigen.

Der Nachweis der Gebrauchstauglichkeit umfasst weiterhin auch die Ermittlung von Verschiebungen und Verkantungen des durch die Verpressanker zusammengespannten Bodenblocks, siehe *EAB (2012)* und Kapitel 28.

27.5.5.2 Abnahmeprüfung

Details zur Abnahmeprüfung siehe 27.6.3. Die in den Prüfungen vorhandenen und einzuhaltenden freien Stahllängen können analog zu 27.6.2.4 ermittelt werden.

27.6 Ankerprüfungen

27.6.1 Allgemeines

Das Tragverhalten von Verpressankern kann nicht abgesichert vor der Bauausführung berechnet werden, sondern ist durch Ankerprüfungen (Zugversuche) zu bestimmen. Für Vorentwürfe können Erfahrungswerte zum Tragverhalten (z. B. 27.5.4) verwendet werden.

Nach DIN EN 1537 werden drei Klassen von Belastungsprüfungen unterschieden. Dies sind Untersuchungs-, Eignungs- und Abnahmeprüfungen. Untersuchungsprüfungen bei Kurzzeit- und Dauerankern und Eignungsprüfungen bei Dauerankern dürfen nur durch eine für die Überwachung des Einbaus von Verpressankern derzeit anerkannte Prüf-, Überwachungs- und Zertifizierungsstelle überwacht und beurteilt werden.

Nachfolgend sind die wesentlichen Aufgaben der einzelnen Prüfformen bei Verpressankern aufgelistet.

a) *Untersuchungsprüfungen*:

Die Untersuchungsprüfung nach DIN EN 1537 ist eine erweiterte Eignungsprüfung, die in Sonderfällen durchgeführt wird, wenn keine Erfahrungen über das Tragverhalten der Anker bei vergleichbaren Baugrundbedingungen vorliegen und die Anker aus diesem Grund bis zum Erreichen des maximalen Herausziehwiderstands (Versagen im Boden) belastet werden.

b) *Eignungsprüfungen* bestätigen für den jeweiligen Bemessungsfall:

- den Nachweis der Ankertragfähigkeit bei der Prüflast P_p oder bei der kritischen Kriechkraft P_c,
- das Kriechverhalten oder das Kraftabfallmaß k_l bis zur Prüflast P_p,
- die rechnerische freie Stahllänge L_{app}.

c) *Abnahmeprüfung* bestätigt für jeden einzelnen Anker:

- den Nachweis der Ankertragfähigkeit bei der Prüflast P_p,
- das Kriechverhalten oder das Kraftabfallmaß k_l bis zur Prüflast P_p,
- die rechnerische freie Stahllänge L_{app}.

Die in den folgenden Unterabschnitten für jede Prüfklasse festgelegten Prüfverfahren gelten sowohl für Kurzzeit- als auch für Daueranker. Die national anzuwendenden Regelungen bei der Durchführung der jeweiligen Prüfungen enthält DIN SPEC 18537. Nachfolgend sind diese maßgebenden Regelungen dargestellt.

Für die Prüfungen ist das Prüfverfahren 1 nach DIN EN 1537, 9.4 anzuwenden, vgl. Abb. 27.8.

Für die Prüfkraft müssen folgende Grenzwerte eingehalten werden:

$$P_p \leq 0,80 \cdot P_{t,k} = 0,80 \cdot f_{t,k} \cdot A_t \quad \text{mit } P_{t,k} = \text{ Zugfestigkeit des Zuggliedes}$$

und

$$P_p \leq 0,95 \cdot P_{t,0.1,k} = 0,95 \cdot f_{t,0.1,k} \cdot A_t \text{ bzw. } P_p \leq 0,95 \cdot P_{t,0.2,k} = 0,95 \cdot f_{t,0.2,k} \cdot A_t$$

Der kleinere Wert ist maßgebend.

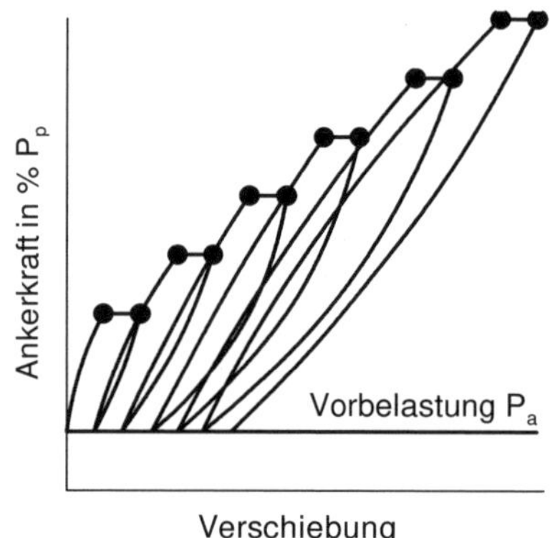

Prüfverfahren 1: Der Anker wird stufenweise in einem oder mehreren Zyklen von der Vorbelastung aus bis zur Prüflast belastet. Für jeden Zyklus wird die Verschiebung des Ankerkopfes bei der maximalen Spannkraft über einen festgelegten Zeitraum gemessen.

Abb. 27.8: *Ankerprüfverfahren 1 mit Definition, nach DIN EN 1537*

Der Anker wird stufenweise in einem oder mehreren Zyklen von der Vorbelastung aus bis zur Prüfkraft belastet (siehe Abb. 27.8). Bei jeder Laststufe sind die Verschiebungen des luftseitigen Endes des Ankers über einen festgelegten Zeitraum zu messen. Die grundsätzliche Messanordnung zeigt Abb. 27.9 und eine beispielhafte Kraft-Verschiebungslinie Abb. 27.10.

Zur Beurteilung des Tragverhaltens eines Ankers dient das Kriechverhalten des Ankers unter Belastung und die Dehnung des Stahlzuggliedes. Das Kriechverhalten wird charakterisiert durch das Kriechmaß k_s bei konstanter Ankerkraft:

$$k_s = \frac{(s_b - s_a)}{log(t_b/t_a)} \tag{27.7}$$

mit

s_1, s_2: Verschiebung am Ankerkopf zum Zeitpunkt 1 bzw. 2
s_a, s_b: Verschiebung am Ankerkopf zum Zeitpunkt a bzw. b
t: Zeit bei konstanter Ankerkraft

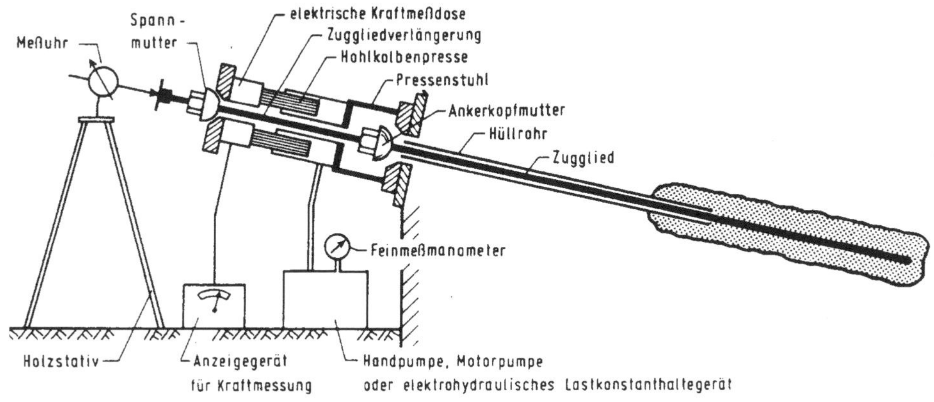

Abb. 27.9: *Messanordnung bei Zugversuchen, aus* Ostermayer (2001)

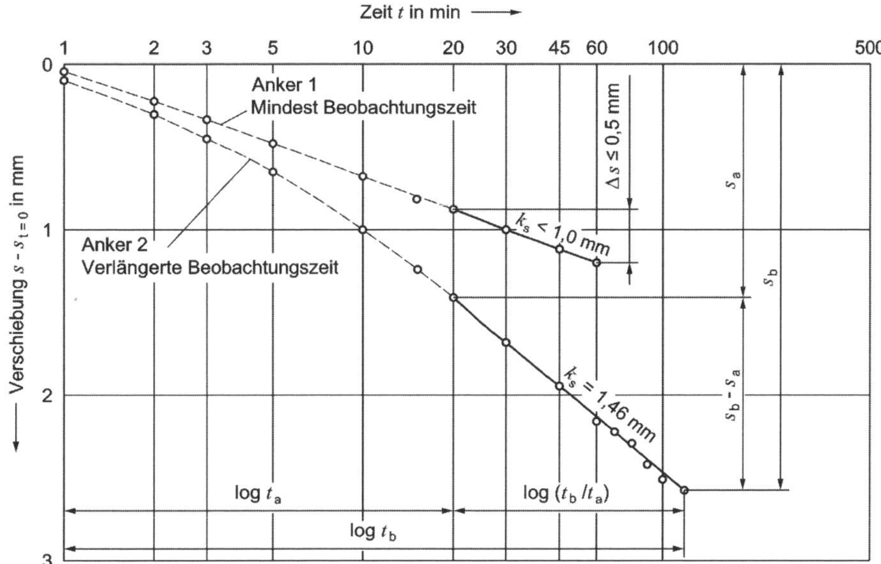

Abb. 27.10: *Zeit-Verschiebungslinien zur Ermittlung des Kriechmaßes k_s bei der Prüfkraft P_p am Beispiel der Eignungsprüfung eines Daueranker in nichtbindigem Boden, aus DIN SPEC 18537*

27.6.2 Eignungsprüfung

27.6.2.1 Allgemeines und Prüfkraft

Die Eignungsprüfung ist generell an mindestens 3 Ankern durchzuführen, die in der Ausführung den zu verwendenden Bauwerksankern entsprechen.

Aufbauend auf den Ergebnissen von Untersuchungsprüfungen bestätigt die Eignungsprüfung die Einhaltung des Kriechmaßes k_s, des Spannkraftabfalls k_l bei der Prüfkraft P_p und der Festlegekraft P_0 oder der kritischen Kriechkraft P_c für die nachfolgende Abnahmeprüfung.

Die Prüfkraft P_p ergibt sich aus dem Bemessungswert P_d der Ankerbeanspruchung zu:

$$P_p = \gamma_a \cdot P_d \tag{27.8}$$

Der Teilsicherheitsbeiwert γ_a ergibt sich aus *Handbuch Eurocode 7-1 (2015)* bzw. Anhang A-10.

27.6.2.2 Durchführung und Mindestbeobachtungszeiten

Jeder Anker sollte mit mindestens fünf Spannzyklen auf die Prüfkraft gespannt werden. Die maximalen Laststufen der Spannzyklen sind in Tab. 27.5 angegeben.

Bei jeder Laststufe sind die Verschiebungen des luftseitigen Endes des Ankers zu messen. Nach dem erstmaligen Erreichen einer Laststufe ist die Last mindestens während der Beobachtungszeit konstant zu halten und dann mit Zwischenlaststufen auf die Vorbelastung P_a (zwischen $0,1 \cdot P_p$ und 50 kN) zu reduzieren.

Danach wird mit Zwischenlaststufen die maximale Laststufe des nächsten Spannzyklus aufgebracht. Die Beobachtungszeit auf den Zwischenlaststufen beträgt 1 min. Bei konstant gehaltener Prüfkraft sind die Verschiebungen während der Beobachtungszeit zu messen (z. B. 1 min, 2 min, 3 min, 5 min, 10 min, 15 min, 20 min, 30 min, 45 min und 60 min) und im halblogarithmischen Maßstab darzustellen.

Tab. 27.5: *Laststufen und Beobachtungszeiten bei Eignungsprüfungen*

Laststufen	Mindestbeobachtungszeiten Kurzzeitanker [min]		Mindestbeobachtungszeiten Daueranker [min]	
	nichtbindiger Boden und Fels	bindiger Boden	nichtbindiger Boden und Fels	bindiger Boden
Vorlast P_a	1	1	1	1
$0,40 \cdot P_p$	1	1	15	15
$0,55 \cdot P_p$	1	1	15	15
$0,70 \cdot P_p$	5	5	30	30
$0,85 \cdot P_p$	5	5	30	30
$1,00 \cdot P_p$	30	60	60	180

Die in Tab. 27.5 angegebenen Beobachtungszeiten sind ggf. zu verlängern, wenn

a) die Zunahme der Verschiebungen $\Delta s \leq 0{,}5$ mm ist, und zwar bei

- Kurzzeitankern in nichtbindigen Böden u. Fels: zwischen der 10. und 30. Min.
- Kurzzeitankern in bindigen Böden: zwischen der 20. und 60. Min.
- Daueranker in nichtbindigen Böden u. Fels: zwischen der 20. und 60. Min.
- Daueranker in bindigen Böden: zwischen der 60. und 180. Min.

oder

b) die Neigung der Zeit-Verschiebungslinie in der Darstellung nach Abb. 27.10 mit dem Logarithmus der Zeit zunimmt.

Die Beobachtungszeiten müssen so lange verlängert werden, bis das Kriechmaß aus einem geradlinig verlaufenden Ast am Ende der Zeit-Verschiebungskurve eindeutig bestimmt werden kann, vgl. auch DIN SPEC 18537.

27.6.2.3 Kriechmaß

Es ist nachzuweisen, dass ein Kriechmaß von $k_s = 2$ mm nicht überschritten wird. Zur Ermittlung der Kriechmaße sind die Zeit-Verschiebungslinien der jeweiligen maximalen Laststufe der Spannzyklen grafisch wie in Abb. 27.11 darzustellen.

Wird bei einem Anker bereits bei einer Laststufe unterhalb der Prüfkraft P_p das Kriterium $k_s = 2{,}0$ mm überschritten, ist die zulässige Ankerkraft für alle Anker, für die die Eignungsprüfung gilt, auf der Grundlage des niedrigsten Versuchswertes neu festzulegen. Andernfalls sind weitere Eignungsprüfungen (z. B. an Ankern mit verbessertem Herstellungsverfahren) durchzuführen.

27.6.2.4 Ergebnisse der Eignungsprüfung

Aus den Ergebnissen der Eignungsprüfung folgt entweder unmittelbar oder als Bestätigung der Untersuchungsprüfung der charakteristische Herausziehwiderstand $R_{a,k}$.

Weiterhin folgt aus den Kraft-Verschiebungskurven der Eignungsprüfung die rechnerische freie Stahllänge L_{app}. Diese ist definiert als

$$L_{app} = \frac{(A_t \cdot E_t \cdot \Delta s)}{\Delta P} \tag{27.9}$$

mit

A_t: Querschnitt des Stahlzuggliedes

E_t: Elastizitätsmodul des Stahlzuggliedes

Δs: elastische Dehnung des Zuggliedes am Ankerkopf

ΔP: $= P_p - P_a$

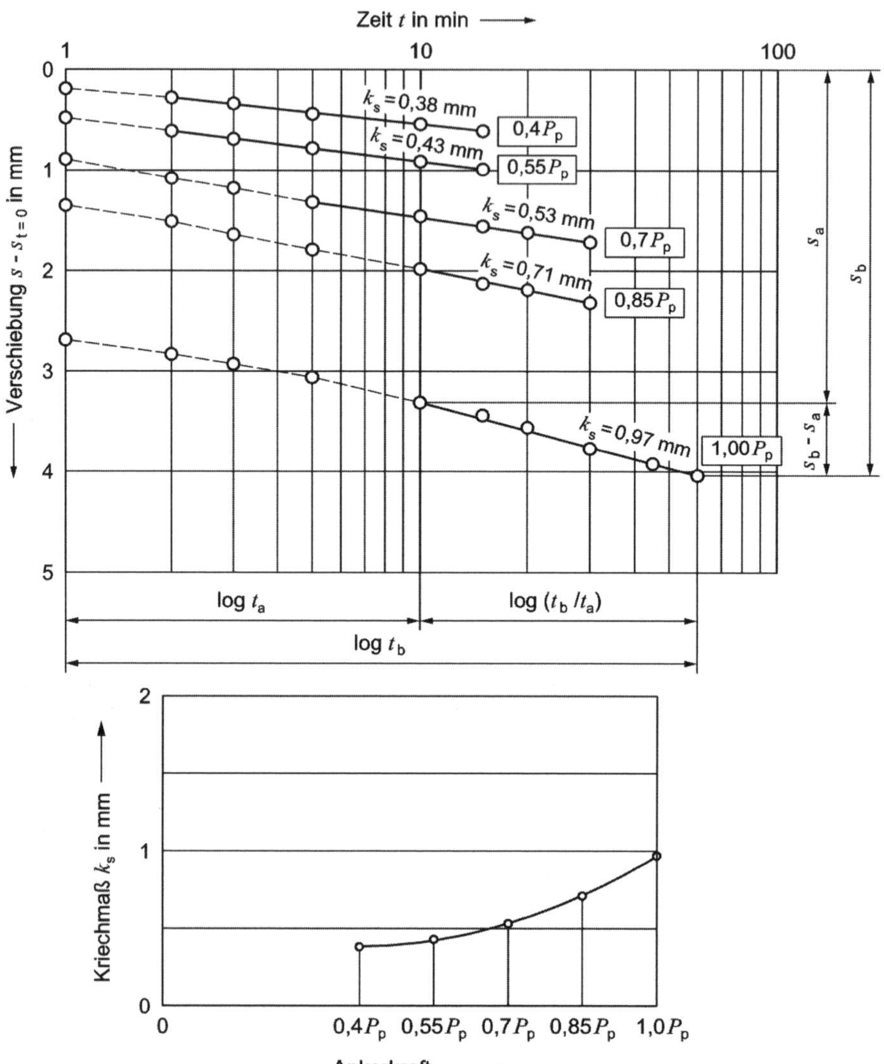

Abb. 27.11: *Auswertung und Darstellung des Kriechmaßes, aus DIN SPEC 18537*

Die Grenzlängen, zwischen denen die rechnerische freie Ankerlänge liegen darf, sind als

- obere Grenze bei Verbundankern: $L_{app} \leq L_{tf} + L_e + 0,5 \cdot L_{tb}$ (27.10)

- obere Grenze bei Druckrohrankern: $L_{app} \leq 1,10 \cdot L_{tf} + L_e$ (27.11)

- untere Grenze: $L_{app} \geq 0,80 \cdot L_{tf} + L_e$ (27.12)

Die angegebenen Grenzen der rechnerischen freien Stahllänge können direkt über die gemessene Verschiebung kontrolliert werden. Hierzu wird die Verschiebung am Ende jedes

Lastzyklus in einen elastischen und einen bleibenden Verschiebungsanteil aufgeteilt und, wie in Abb. 27.12 dargestellt, aufgetragen. Die Grenzen der rechnerischen freien Stahllänge werden hierzu wie in Grenzlinien der elastischen Verschiebung umgerechnet.

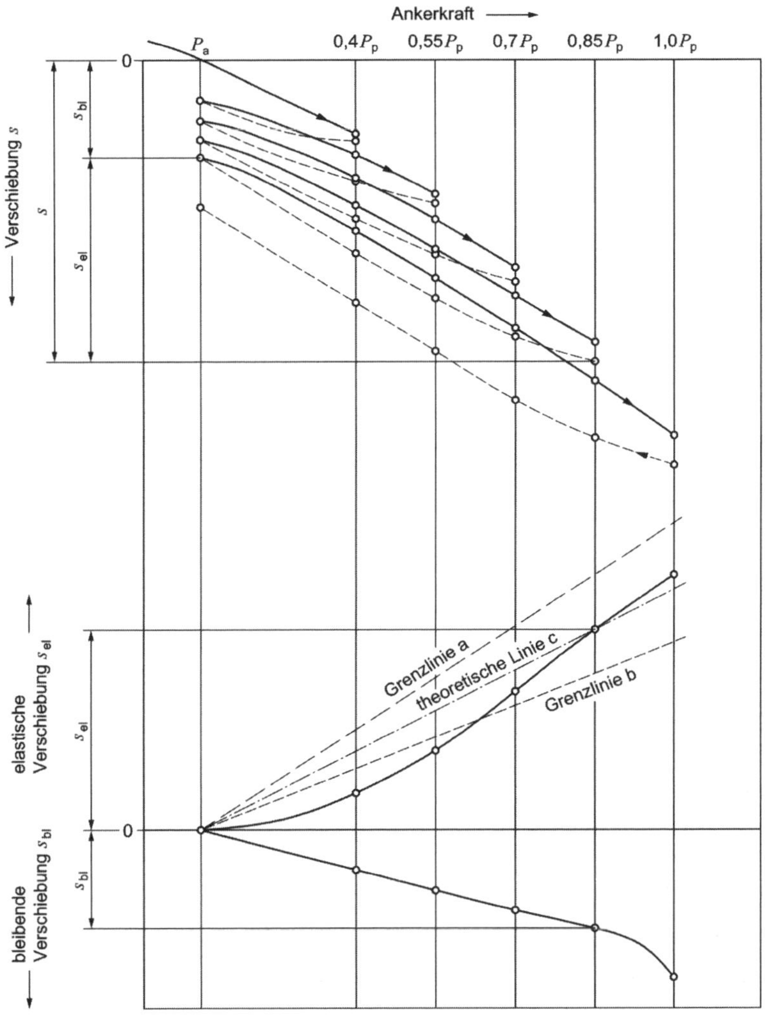

Legende
oben: Gesamtverschiebungen
unten: elastische und bleibende Verschiebungen und Grenzlinien

Abb. 27.12: *Grafischer Nachweis der freien Stahllänge, aus DIN SPEC 18537; die entsprechenden Gleichungen sind DIN SPEC 18537 zu entnehmen*

27.6.2.5 Festlegekraft P_0

Die Festlegekraft P_0 ergibt sich üblicherweise nach Gebrauchslastkriterien, i. d. R. 80 bis 100 % der Gebrauchslast, siehe z. B. *EAB (2012)*. In DIN SPEC 18537 wird lediglich geregelt, dass die Festlegekraft P_0 den charakteristischen Wert der Ankerbelastung nicht überschreiten darf.

27.6.3 Abnahmeprüfung

Jeder Bauwerksanker ist einer Abnahmeprüfung zu unterziehen. Im Unterschied zur DIN 4125 ergibt sich nach *Handbuch Eurocode 7-1 (2015)* die Prüfkraft P_p bei der Abnahmeprüfung analog wie bei der Eignungsprüfung zu:

$$P_p = \gamma_a \cdot P_d \quad (27.13)$$

Ausgehend von der Vorbelastung P_0 sind die Anker mit Zwischenstufen nach Tab. 27.6 bis zur Prüfkraft P_p zu belasten und anschließend wieder auf die Vorbelastung zu entlasten. Die Wartezeiten auf den einzelnen Laststufen sind in Tab. 27.6 angegeben. Bei jeder Laststufe sind die Verschiebungen des luftseitigen Endes des Ankers zu messen. Die Prüfkraft ist bei nichtbindigen Böden und Fels mindestens 5 min, bei bindigen Böden mindestens 15 min konstant zu halten. Dabei sind die auftretenden Verschiebungen in Abhängigkeit von der Zeit zu messen (z. B. nach 1 min, 2 min, 3 min, 5 min, 10 min und 15 min).

Tab. 27.6: *Laststufen und Beobachtungszeiten bei Abnahmeprüfungen (Kurzzeitanker und Daueranker)*

Laststufen	Mindestbeobachtungszeiten nichtbindiger Böden und Fels [min]	Mindestbeobachtungszeiten bindiger Böden [min]
Vorlast P_a	1	1
$0,40 \cdot P_p$	1	1
$0,55 \cdot P_p$	1	1
$0,70 \cdot P_p$	1	1
$0,85 \cdot P_p$	1	1
$1,00 \cdot P_p$	5	15

Die in Tab. 27.6 angegebenen Mindestbeobachtungszeiten sind zu verlängern,

a) wenn in nichtbindigen Böden und Fels die Zunahme der Verschiebungen zwischen der 2. Minute und der 5. Minute $\Delta s > 0{,}20$ mm ist oder

b) wenn in bindigen Böden die Zunahme der Verschiebungen zwischen der 5. Minute und der 15. Minute $\Delta s > 0{,}25$ mm ist.

In diesen Fällen ist die Beobachtung so lange fortzusetzen, bis die Kriechmaße eindeutig ermittelt werden können.

Es ist nachzuweisen, dass ein Kriechmaß von $k_s = 2$ mm nicht überschritten wird. Zur Auswertung und Definition des Kriechmaßes siehe 27.6.2.3.

Des Weiteren ist nachzuweisen, dass bei der Prüfkraft P_p für die rechnerische freie Stahllänge L_{app} die in 27.6.2.4 genannten Bedingungen (obere Grenze und untere Grenze) eingehalten werden.

27.7 Weitere Nachweise und Regelungen

Folgende weitere Punkte sind zu beachten bzw. Nachweise zu führen:

- Werden Kurzzeitanker für Erdruhedruck bemessen, dann ist zusätzlich der Nachweis zu führen, dass bei Annahme eines umgelagerten aktiven Erddrucks die zulässige Ankerkraft nach der Eignungsprüfung eingehalten wird.

- Bei einer charakteristischen Ankerbeanspruchung P_k größer 700 kN und Achsabständen zwischen den Verpresskörpern kleiner als 1,5 m ist eine Ankergruppenprüfung durchzuführen. Hierbei ist die Eignungsprüfung zeitgleich an drei benachbarten Ankern auszuführen.

- Bei Dauerankern, die im Gebrauchszustand über die Festlegekraft hinaus schwellend beansprucht werden und die in für Schwellbelastungen kritischen Böden (z. B. wassergesättigte Feinsande) liegen, sollte anschließend an die Eignungsprüfung eine Schwellbelastung durchgeführt werden. Dabei ist der Anker 20-mal einer Schwellbelastung zu unterziehen. Die Oberlast beträgt P_k, die Unterlast $0,5 \cdot P_k$. Die Verschiebungen sind auf der Ober- und Unterlast mindestens nach jedem 5. Lastwechsel zu messen. Anschließend ist der Anker auf die Vorbelastung P_a zu entlasten und die bleibende Verschiebung festzustellen. Die Zunahme der Verschiebung je Lastwechsel sollte mit zunehmender Lastwechselanzahl bei der Ober- und Unterlast abnehmen. Die Beurteilung der Ergebnisse der Schwellbelastung muss durch eine für die Überwachung des Einbaus von Verpressankern derzeit anerkannte Prüf-, Überwachungs- und Zertifizierungsstelle erfolgen.

- Durch konstruktive Maßnahmen ist sicherzustellen, dass der Ausfall eines Verpressankers nicht zum Versagen des durch die Anker gesicherten Bauwerks oder Bauteils führt. Wenn hierfür in besonderen Fällen ein Standsicherheitsnachweis erforderlich ist, darf er unter Berücksichtigung aller Reserven der Tragkonstruktion und des Bodens (z. B. Gewölbebildung des Bodens und Ausnutzung der Streckgrenze für die Spannungen des Stahlzugglieds) geführt werden, siehe *EAB (2012)*.

- Die Standsicherheit der gesamten Konstruktion einschließlich des Verankerungsbereichs im Boden ist durch die Verfahren Tiefe Gleitfuge (28.10), Geländebruch (Band 1, Kapitel 14) usw. nachzuweisen.

27.8 Zahlenbeispiele siehe Anhang B-27.

28 Berechnung von Baugruben

28.1 Einleitung

Eine Auswahl möglicher Baugrubenwandsysteme und Ausführungsformen enthält bereits Kapitel 23. Grundlage für die Berechnung von Baugrubenwänden ist die Empfehlung des Arbeitskreises „Baugruben“, *EAB (2012)*. Die nachfolgenden Abschnitte sind deswegen weitgehend analog zur Gliederung der *EAB* aufgebaut.

Inhaltlich werden wesentliche Festlegungen der *EAB* angesprochen und teilweise durch die i. d. R. üblichen Berechnungsverfahren ergänzt, die so in den Empfehlungen nicht zu finden sind.

Bezüglich „Baugruben neben Bauwerken“, „Baugruben im Fels“ und „Verankerte Baugrubenwände“ siehe *EAB (2012)*, Abschnitt 7 bis 9. Angaben zu „Baugruben in weichen Böden“ sind *Kempfert/Gebreselassie (2006)* und *EAB (2012)*, Abschnitt 12 zu entnehmen. Des Weiteren sind die entsprechenden Jahresberichte der *EAB (2012)* zu berücksichtigen, siehe *Hettler (2016)*, *Hettler et al. (2018a)* und *Hettler et al. (2019)*. Im Herbst 2020 wird die 6. Auflage der *EAB* veröffentlicht werden. Inhaltlich sind die bisher über die vorab genannten technischen Jahresberichte veröffentlichten Änderungen bereits berücksichtigt worden.

Weitere im Zusammenhang mit der Berechnung von Baugruben zu beachtende Normen und Vorschriften sind z. B.: *Handbuch Eurocode 7-1 (2015)*, DIN 4084, DIN 4085, DIN 4123, DIN 4124, DIN 4126, DIN EN 10248-1 und *EAU (2012)* sowie die Vorschriften für die Bemessung und Konstruktion der einzelnen Bauteile (Materialnachweise) nach Eurocode EC 2 (DIN EN 1992-1-1) und EC 3 (DIN EN 1993-1-1).

28.2 Allgemeine Vorgaben aus Handbuch EC 7-1 und EAB

28.2.1 Vorgehensweise zum Nachweis des Grenzzustandes der Tragfähigkeit nach dem Teilsicherheitskonzept

Im *Handbuch Eurocode 7-1 (2015)* findet sich ein Abschnitt 9 „Stützbauwerke“, der auch die wesentlichen Punkte für Baugrubenberechnungen enthält. Darauf baut die 5. Auflage der *EAB (2012)* auf.

Besonders bei der Berechnung von Baugruben lässt sich das grundlegende Prinzip der Anwendung des Teilsicherheitskonzeptes in der Geotechnik nach *Handbuch Eurocode 7-1 (2015)* nochmals erläutern, siehe auch Band 1, Kapitel 13:

- Ermittlung der charakteristischen Beanspruchungen (charakteristische Schnittgrößen: Biegemomente, Auflagerkräfte usw.) mit charakteristischen Einwirkungen.
- Einführung der Teilsicherheitsbeiwerte erst ganz zum Ende der Nachweisführung auf die charakteristischen Beanspruchungen E_k (daraus ergeben sich die Bemessungsbeanspruchungen E_d) bzw. die charakteristischen Widerstände R_k (daraus ergeben sich die Bemessungswiderstände R_d).

Nach *Weißenbach (2003)* sind für Standsicherheitsnachweise bei Baugruben (Nachweis der Tragfähigkeit) nach dem Teilsicherheitskonzept folgende Punkte zu beachten:

- Die Grenzzustandsbedingung $E_d \leq R_d$ des Teilsicherheitskonzeptes verlangt eine scharfe Trennung zwischen Einwirkungen E und Widerständen R.
- Auf der belastenden Erddruckseite kann der Erddruck umgelagert werden, wobei nach *EAB (2012)* im Regelfall eine Umlagerung von Geländeoberfläche bis Baugrubensohle erfolgen sollte, siehe Abb. 28.1.
- Grundsätzlich sind alle Abmessungen im Vorwege anzunehmen und dann auf dem Wege der Iteration zu optimieren.
- Als grundsätzliche Schwierigkeit bei der Anwendung des Teilsicherheitskonzeptes kommt bei der im Boden eingespannten Wand hinzu, dass kein unterer Auflagerpunkt definiert werden kann und daher für die Schnittgrößenermittlung die Bemessungseinwirkungen mit den angenommenen Bemessungs-Bodenreaktionen überlagert werden müssen, sofern das Rechenprogramm keine Möglichkeit bietet, innerhalb eines Trägerabschnittes gleichzeitig positive und negative Belastungen aufzubringen.

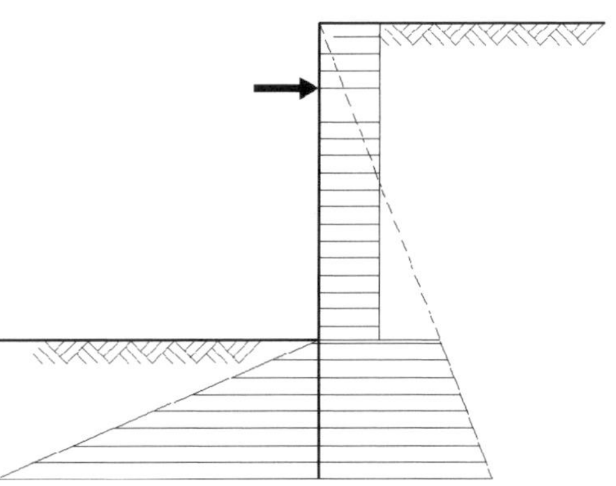

Abb. 28.1: *Beispiel für die Erddruckumlagerung, nach* EAB (2012)

Für Baugrubenkonstruktionen ist für die Berechnung der Grenzzustand (ULS) GEO-2 maßgebend und es darf i. d. R. die Bemessungssituation BS-T nach *Handbuch Eurocode 7-1 (2015)* zugrunde gelegt werden. Nur für die Baugrubensteifen und die Verankerungen im Vollaushubzustand ist die Bemessungssituation BS-P im GEO-2 maßgebend.

Demzufolge werden entsprechend *Handbuch Eurocode 7-1 (2015)* und Anhang A-8 die mit den charakteristischen Bodenkenngrößen ermittelten Beanspruchungen auf die Baugrubenwand mit den Teilsicherheitsbeiwerten $\gamma_G = 1,2$ für ständige Einwirkungen und $\gamma_Q = 1,3$ für den Erddruck aus Verkehrslasten (veränderliche Einwirkungen) multipliziert. Der Erdwiderstand auf der Baugrubenseite wird wie bisher vorgelagert berechnet, wobei die angesetzte Teilsicherheit nach *Handbuch Eurocode 7-1 (2015)* und Anhang A-10 mit $\gamma_{R,e} = 1,3$ anzusetzen ist.

Im Folgenden sind die wesentlichen Punkte und Schritte hinsichtlich der Vorgehensweise bei der Berechnung von Baugruben zusammengestellt.

1. Entwurf des Bauwerkes und Festlegung des statischen Systems.

2. Ermittlung der *charakteristischen* Werte $F_{k,i}$ der Einwirkungen aus Erd- und Wasserdruck.
   Anmerkung: Die Bodenkenngrößen werden als charakteristische Werte eingesetzt. Aufgrund der unterschiedlichen Sicherheiten für Beanspruchungen (Schnittkräfte) aus ständigen Lasten (z. B. Erddruck aus Eigengewicht des Bodens, großflächige Ersatzauflasten bis 10 kN/m² usw.) und aus veränderlichen Lasten (Verkehrslasten) müssen die Anteile getrennt ermittelt werden.

3. Ermittlung der *charakteristischen* Beanspruchungen $E_{k,i}$ in Form von Schnittgrößen oder Spannungen.
   Anmerkung: Schnittgrößen und Spannungen müssen für ständige und veränderliche Einwirkungen wegen der unterschiedlichen Teilsicherheitsbeiwerte getrennt ermittelt werden. Die Einbindetiefe der Wand ist im ersten Schritt nach Erfahrung zu wählen.

4. Ermittlung der charakteristischen Widerstände $R_{k,i}$ des Baugrundes (Erdwiderstand vor dem Wandfuß).
   Anmerkung: Die Bodenkenngrößen werden mit charakteristischen Werten eingesetzt. Die Wandlänge (Einbindetiefe) ist gemäß Pkt. 3 zunächst abzuschätzen.

5. Einführung der Teilsicherheitsbeiwerte für die Beanspruchungen aus ständigen und veränderlichen Lasten.
   Anmerkung: Die Teilsicherheitsbeiwerte finden sich im *Handbuch Eurocode 7-1 (2015)* bzw. Anhang A-8. Für Baugrubenwände gilt GEO-2 als „Grenzzustand des Versagens von Bauwerken und Bauteilen“. Dabei darf die Bemessungssituation BS-T angesetzt werden. Für Steifen und Verankerungen im Vollaushubzustand gilt die Bemessungssituation BS-P.

6. Ermittlung der Bemessungswerte $E_{d,i}$ der Beanspruchungen mithilfe der Teilsicherheitsbeiwerte für Einwirkungen.
   Anmerkung: Die Schnittgrößen/Spannungen werden mit den jeweils zugehörigen Teilsicherheitsbeiwerten für ständige bzw. veränderliche Einwirkungen multipliziert und danach überlagert.

7. Einführung der Teilsicherheitsbeiwerte für Widerstände nach *Handbuch Eurocode 7-1 (2015)* bzw. Anhang A-10. Für den Fußwiderstand von Baugrubenwänden gilt GEO-2 für den Erdwiderstand und i. d. R. die Bemessungssituation BS-T.

8. Ermittlung der Bemessungswerte $E_{ph,d}$ der Widerstände des Baugrundes (Erdwiderstand am Fußauflager) mithilfe der Teilsicherheitsbeiwerte für Erdwiderstände sowie Ermittlung der Bemessungswiderstände $R_{d,j}$ der Bauteile nach den Regeln der jeweiligen Materialnorm.

9. Nachweis der Einhaltung der Grenzzustandsbedingung für das Fußauflager

$$B_{h,d} \leq E_{ph,d}$$

und für die Bauteile der Verbauwand

$$E_d \leq R_{M,d}$$

Anmerkung: Die Einbindelänge der Wand muss vergrößert werden, wenn die Grenzzustandsgleichung nicht erfüllt ist. Ist die Grenzzustandsgleichung für Bauteile nicht erfüllt, muss der Querschnitt verstärkt oder die Materialfestigkeit erhöht werden.

28.2.2 Weitere Nachweise im Grenzzustand der Tragfähigkeit

Für bestimmte Randbedingungen, z. B. Abb. 28.2 a), ist ein Gesamtstandsicherheitsnachweis nach Grenzzustand GEO-3, siehe Band 1 Kapitel 13, nach DIN 4084 zu führen.

Zum Nachweis „Tiefe Gleitfuge“ (nur bei verankerten Wänden) siehe 28.11 und Abb. 28.2 b). Weiterhin kommen bei Baugruben im Wasser die Nachweise im Grenzzustand des Versagens durch Aufschwimmen (B-17.6) und hydraulischen Grundbruch (28.12.4) hinzu.

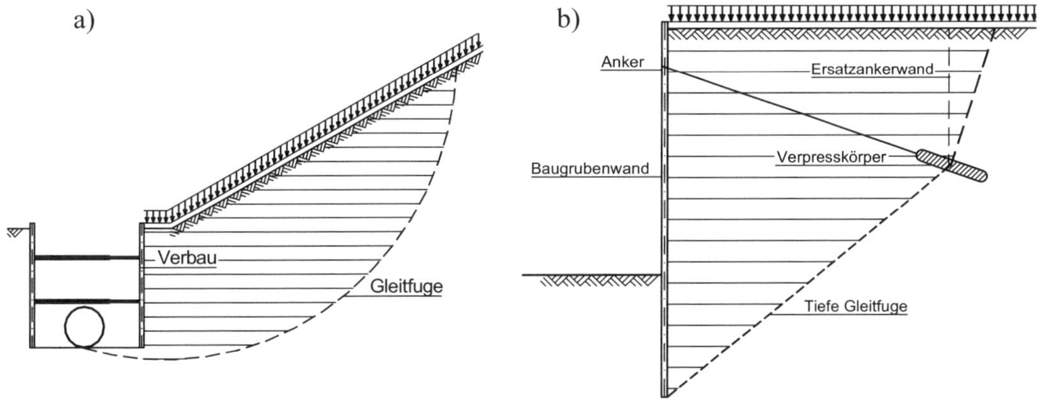

Abb. 28.2: *Weitere Tragfähigkeitsnachweise bei Baugruben:*
a) Nachweis der Gesamtstandsicherheit (Geländebruchsicherheit),
b) Nachweis der tiefen Gleitfuge

Ergänzend müssen auch die Einzelteile der Baugrubenkonstruktion (Bohlträger, Steifen usw.) nachgewiesen werden. In 28.16 sind hierfür Hinweise zusammengestellt.

28.2.3 Nachweis der Sicherheit gegen den Grenzzustand der Gebrauchstauglichkeit

Der Nachweis der *Gebrauchstauglichkeit* gewinnt bei Baugruben, neben bestehenden Bauwerken, aufgrund der waagerechten Verschiebungen der Wand zunehmend an Bedeutung, siehe 28.14 und 28.15.

28.3 Grundlagen für die Berechnung und Bemessung

28.3.1 Einwirkungen und Berechnungslastfälle

Wie bereits ausgeführt, genügt es nach *EAB (2012)* i. d. R., die Standsicherheitsnachweise für die Bemessungssituation BS-T nach *Handbuch Eurocode 7-1 (2015)* zu erbringen, wobei folgende Lasten berücksichtigt werden:

a) Eigenlasten der Baugrubenkonstruktion, ggf. unter Berücksichtigung von Hilfsbrücken und Baugrubenabdeckungen,

b) unmittelbar wirksame Nutzlasten (z. B. Straßen- u. Eisenbahnverkehrslasten, Baustellenfahrzeuge, Baggerlasten),

c) Erddruck infolge Bodeneigenlast, Bauwerkslasten und Nutzlasten, ggf. unter Berücksichtigung von Kohäsion,

d) Wasserdruck.

Zur Ermittlung von veränderlichen repräsentativen Werten dürfen nach *EAB (2012)* bei der Lastermittlung die nachfolgend aufgeführten Kombinationsbeiwerte Ψ verwendet werden:

- Bei Baugruben neben Altbauten sollte für die Gründungslasten $\Psi = 1,0$ gesetzt werden. Neben Neubauten dürfen die repräsentativen Werte aus der Statik des Tragwerkplaners übernommen werden.

- Werden die Vertikallasten aus Straßen- und Schienenverkehr angesetzt, sind Kombinationsbeiwerte $\Psi = 1,0$ zu verwenden. Davon abweichend sind auch andere Werte möglich, wenn Vorschriften der jeweiligen Verkehrsbetriebe den Berechnungen zugrunde gelegt werden.

- Allgemein sind bei vereinfachten Lastannahmen nach 28.3.3 für Nutzlasten aus Baustellenverkehr und Baubetrieb sowie für Nutzlasten aus Baggern und Hebezeugen die Kombinationsbeiwerte $\Psi = 1,0$ zu setzen.

Die Bemessungssituation BS-A braucht nur in Sonderfällen (z. B. Bremskräfte oder Temperaturwirkung auf Steifen usw.) untersucht werden.

28.3.2 Festlegung der charakteristischen Bodenkenngrößen

Nach *EAB (2012)* sind für die Ermittlung des Erddrucks und des Erdwiderstandes bei Baugruben und Gräben von mehr als 5,0 m Tiefe bodenmechanische Untersuchungen stets vorzunehmen, sofern die örtlichen Erfahrungen keinen ausreichenden Aufschluss ergeben.

Die charakteristischen Bodenkenngrößen φ'_k, c'_k, $\varphi_{u,k}$ und $c_{u,k}$ für die Scherfestigkeit und γ_k und γ'_k für die Wichte sollten nach *Handbuch Eurocode 7-1 (2015)* bzw. *Handbuch Eurocode 7-2 (2011)* und DIN 1055-2 ermittelt werden. DIN 1055-2 gilt zunächst nur für die Ermittlung der Einwirkungen. In *EAB (2012)* sowie Band 1, Kapitel 11, finden sich Erfahrungswerte für Bodenkenngrößen.

Auch eine Kapillarkohäsion von mindestens $c'_k = 2,0$ kN/m² darf bei Sandböden i. d. R. berücksichtigt werden, wenn der Baugrund vor Austrocknung und Überflutung geschützt ist. Weitere Hinweise dazu siehe *EAB (2012)*.

Der Erddruck auf Baugrubenkonstruktionen wird als Grundlage für die Nachweise der Tragfähigkeit (ULS) und der Gebrauchstauglichkeit (SLS) zunächst immer mit charakteristischen Bodenkenngrößen (charakteristischer Erddruck) ermittelt.

28.3.3 Festlegungen zum Ansatz von charakteristischen Nutzlasten

Festlegungen zum Ansatz von charakteristischen Nutzlasten (Verkehrslasten, Lasten für Baufahrzeuge usw.) sind in der *EAB (2012)* zusammengestellt. Ruhende oder bewegliche Lasten werden durch folgende Ansätze berücksichtigt, s. a. *Hettler et al. (2018b)*:

- Die auf der Baustelle vorkommenden Stapellasten werden i. Allg. durch eine unbegrenzte Flächenlast von $p_k = 10$ kN/m² erfasst. Werden größere Mengen oder schwere Baumaterialien in unmittelbarer Nähe der Baugrube gelagert, sind genauere Untersuchungen anzustellen.
- Als Ersatzlast für den nach StVO zugelassenen Straßen- und Baustellenverkehr genügt eine unbegrenzte Flächenlast von $p_k = 10$ kN/m² nur, wenn eine feste Fahrbahndecke vorhanden ist und zwischen den Aufstandsflächen der Räder und der Hinterkante der Baugrubenwand ein Abstand von mindestens 1,0 m verbleibt. Bei geringerem Abstand ist zusätzlich zu der unbegrenzten Flächenlast entweder die tatsächliche Radlast anzusetzen oder die zusätzliche Ersatzflächenlast q'_k entsprechend Abb. 28.3 und Tab. 28.1. Bei diesem Ansatz ist bereits die Lastausbreitung im Straßenbelag berücksichtigt.
- Liegt die Baugrube im Lastausstrahlungsbereich von Schienenfahrzeugen, sind die Ersatzlasten nach Vorschrift der zuständigen Verkehrsbetriebe zu verwenden.

Bei Baggern und Hebefahrzeugen sind die wirklichen Lasten bzw. Ersatzlasten in Abhängigkeit des Gerätegewichtes und dem Abstand zur Baugrubenwand anzusetzen.

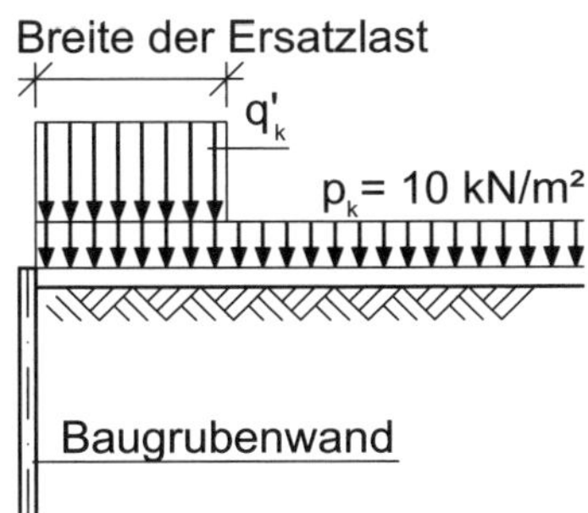

Abb. 28.3: *Charakteristische Ersatzlasten für Straßen-, Schienen- und Baustellenverkehr, Bagger und Hebefahrzeuge*

Tab. 28.1: *Charakteristische Ersatzlasten für Bagger und Hebefahrzeuge*

Gesamtgewicht des Gerätes	Zusätzliche Streifenlast q'_k		Breite der Streifenlast q'_k
	Kein Abstand	Abstand 0,60 m	
100 kN (10 t)	50 kN/m²	20 kN/m²	1,5 m
300 kN (30 t)	110 kN/m²	40 kN/m²	2,0 m
500 kN (50 t)	140 kN/m²	50 kN/m²	2,5 m
700 kN (70 t)	150 kN/m²	60 kN/m²	3,0 m

28.3.4 Wasserdruck

Baugruben im Wasser mit Berücksichtigung von Wasserdrücken auf die Baugrubenwand siehe Band 1 (13.7.4) und 28.13. Weitere Angaben siehe auch *Handbuch Eurocode 7-1 (2015)*.

Der Wasserdruck beim festgelegten niedrigsten Wasserstand ist nach *Handbuch Eurocode 7-1 (2015)* als ständige Einwirkung zu behandeln, der darüber hinausgehende Wasserdruck bei höheren Wasserständen entsprechend den örtlichen Gegebenheiten

- als regelmäßig auftretende veränderliche Einwirkung im Sinne der Bemessungssituation BS-P,
- als vorübergehende oder planmäßige einmalige Einwirkung im Sinne der Bemessungssituation BS-T (Regelfall für Baugruben),
- gegebenenfalls auch als außergewöhnliche Einwirkung im Sinne der Bemessungssituation BS-A (z. B. Hochwasserereignisse).

Unabhängig von dieser Zuordnung nach *Handbuch Eurocode 7-1 (2015)* darf bei der Ermittlung der Bemessungswerte der Beanspruchungen der gesamte Wasserdruck (einschließlich veränderlicher Anteil des Wasserdruckes) mit den Teilsicherheitsbeiwerten für ständige Einwirkungen nach *Handbuch Eurocode 7-1 (2015)*, Tab. A 2.1, bzw. Anhang A-8 belegt werden. Diese Regelung vereinfacht die Berechnung maßgeblich.

28.3.5 Allgemeines zu statischen Systemen, Erddruckbelastung und Verformung

Bei der Berechnung von Baugrubenwänden ist zu unterscheiden zwischen im Boden eingespannten, nicht gestützten und den ein- oder mehrfach gestützten Wänden. Die Ausbildung des Fußauflagers der Wand im Baugrund kann dabei zwischen frei aufgelagert und vollständig eingespannt liegen. Gestützte Baugrubenwände werden i. d. R. näherungsweise als Balken auf starren oder nachgiebigen Stützen (Steifen, Anker, Bodenauflager) berechnet, siehe Abb. 28.4.

Folgende statische Systeme sind bei der Baugrubenwandberechnung, aber auch bei der Berechnung von beliebigen Wandsystemen, z. B. Uferwand usw., zu unterscheiden. Schematische Darstellungen mit den zu erwartenden qualitativen Wandverformungen zeigt Abb. 28.4.

- Nicht gestützte, im Boden eingespannte Wand, Abb. 28.4 a):
  Drehung um D, daraus folgt die Einspannung. Große Verformungen und Wandlängen. Nur für geringe Geländesprünge geeignet.
- Einmal gestützte, im Boden eingespannte Wand, Abb. 28.4 b):
  Einfach statisch unbestimmtes System. Geringe Verformungen wegen Auflagerpunkt A (Steife oder Anker) und Fußeinspannung sowie Reduzierung der Biegemomente. Daraus ergibt sich eine wirtschaftliche Profilbemessung.

- Einmal gestützte, im Boden frei aufgelagerte Wand, Abb. 28.4 c):
  Statisch bestimmtes System. Größere Biegemomente, aber geringere Wandlängen. Dazwischen gibt es auch noch eine teilweise Einspannung.

- Mehrfach gestützte Wand, Abb. 28.4 d):
  Mehrfach statisch unbestimmtes System. Das untere Auflager ergibt sich aus einer freien Auflagerung im Boden oder bei einer im Boden nicht aufgelagerten Wand als untere Stütze (Steife, Anker). Berechnung als Durchlaufträger; geringe Biegemomente.

Neben den Verfahren der Elastizitätstheorie (elastisch-elastisch) darf auch das Traglastverfahren, siehe *EAB (2012)*, zur Berechnung von Baugrubenwänden benutzt werden (hier nicht behandelt).

Aus umfangreichen Messungen an Baugrubenwänden konnte festgestellt werden, dass bei gestützten Wänden die Erddruckverteilung hinter der Wand von der klassischen Verteilung der linearen Zunahme mit der Tiefe abweicht. Man spricht hier von einer Erddruckumlagerung. Die Erddruckumlagerung bedeutet eine Abweichung der Erddruckverteilung von der klassischen Dreiecksform unter Beibehaltung der Gesamterddrucklast aus der klassischen Theorie. Abb. 28.5 zeigt hierfür ein Beispiel. Die Ursache von Erddruckumlagerungen ist in der Herstellung der Baugrube (fortschreitender Aushub und schrittweiser Einbau von Abstützungen) begründet.

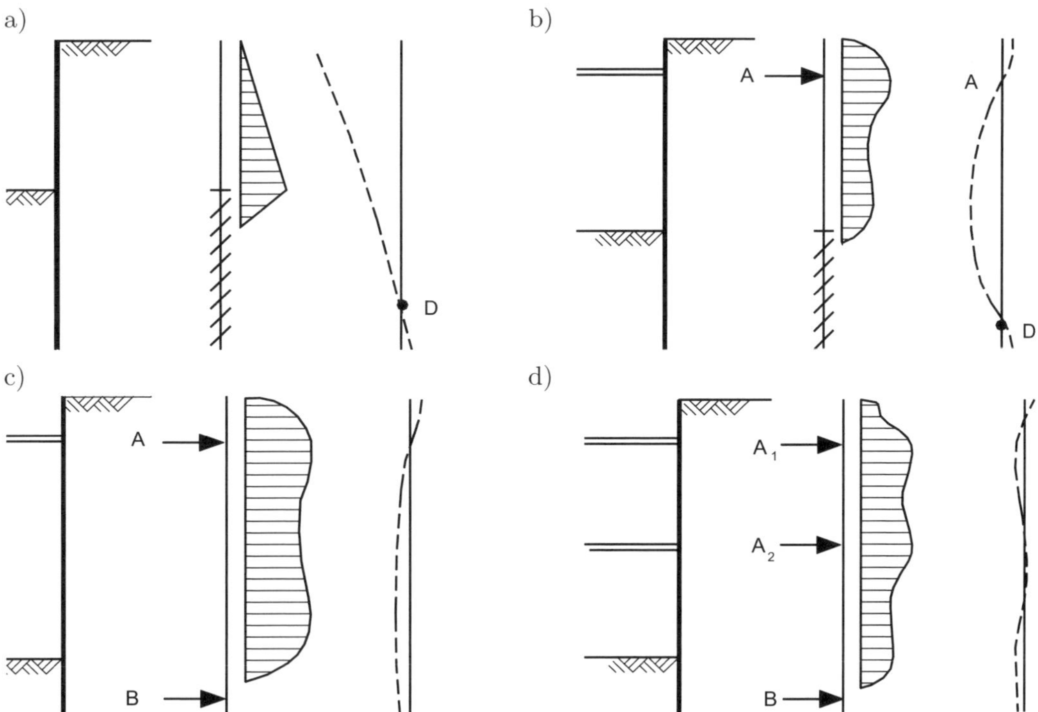

Abb. 28.4: *Statische Baugrubenwandsysteme und qualitative Wandverformungen: a) eingespannt, b) einmal gestützt und eingespannt, c) einmal gestützt und frei aufgelagert, d) mehrfach gestützte Wand*

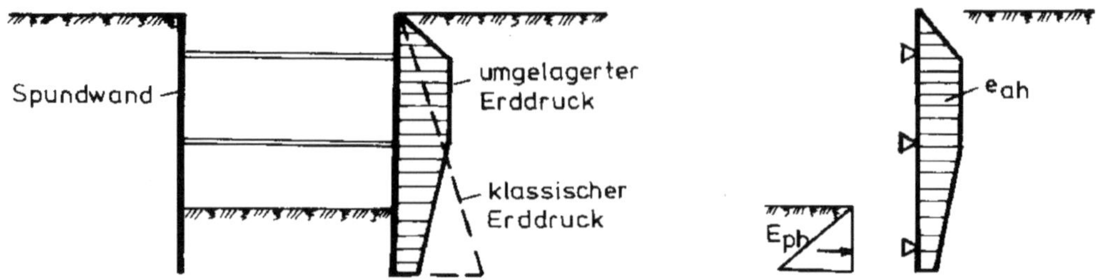

Abb. 28.5: *Beispiel für Erddruck hinter Baugrubenwänden (Erddruckumlagerung) und statisches System mit Freischneidung im Wandfußbereich*

Hinsichtlich möglicher Wandverformungen ist zwischen biegeweichen (z. B. Trägerbohl- und Spundwänden) und verformungsarmen (z. B. Schlitz- und Bohrpfahlwänden) Baugrubenwänden zu unterscheiden. Ein verformungsarmer Verbau kann durch Vorspannen der Steifen bzw. Anker (nur bedingt) und durch eine steife Wand erreicht werden. Auch durch Ansatz eines erhöhten aktiven Erddruckes, der zwischen den Grenzzuständen des aktiven Erddruckes und des Erdruhedruckes zu wählen ist, kann in gewissen Grenzen eine Verminderung der Baugrubenwandverformung erreicht werden. Diese Vorgehensweise führt zu einer entsprechend stärkeren Dimensionierung der Bauteile, die dann wiederum steifer wirken. Da unter Ansatz von erhöhten Erddrücken auf einen verformungsarmen Verbau auch eine Erddruckumlagerung auftritt, wird dieser Erddruck i. d. R. ebenfalls umgelagert.

Die wesentlichen Anteile der Baugrubenverformungen sind:

a) Durchbiegung der Wand selbst,

b) Horizontalverschiebung der Wand infolge von nachgebenden Stützstellen (Anker, Steifen, Erdwiderstand),

c) Hebungen der Baugrubensohlen infolge Baugrubenaushub.

Insbesondere a) und b) können gleichzeitig zu Setzungen des Bodens hinter der Wand führen. Bei rückverankerten, tiefen Baugruben sind weitere Verformungsanteile zu erwarten, siehe *EAB (2012)* und Kapitel 28.15.

28.4 Größe und Verteilung des Erddrucks auf Baugrubenwände

Die Größe des Erddruckes (aktiver Erddruck, Erdruhedruck, Zwischenformen) auf eine Wand hängt von deren Verformungszustand ab, siehe DIN 4085 und Kapitel 12. Nach *EAB (2012)* sind dafür maßgebend:

a) die Nachgiebigkeit der Stützung,

b) die Nachgiebigkeit des Erdauflagers,

c) der Abstand der Stützpunkte und die Biegesteifigkeit der Baugrubenwand, siehe 28.6.1 und 28.7.1.

Bei der Baugrubenherstellung lässt sich der Erdruhedruckzustand i. d. R. nicht erhalten. Erhöhter aktiver Erddruck tritt i. Allg. bei mehrfach ausgesteiften Spundwänden mit verhältnismäßig geringem Abstand der Stützpunkte und wenig nachgiebiger Stützung sowie allgemein bei ausgesteiften Ortbetonwänden auf, wenn die Steifen mit mehr als 30 % der für den Vollaushubzustand errechneten charakteristischen Kraft vorgespannt werden. Für mehrfach ausgesteifte Trägerbohlwände gilt dies ebenfalls, sofern die Steifen auf mehr als 60 % der für den Vollaushubzustand errechneten charakteristischen Kraft vorgespannt werden. Bei geringeren Vorspannkräften kann von einem aktiven Erddruckzustand ausgegangen werden. Bei rückverankerten Baugrubenwänden richtet sich die Größe der zu erwartenden Erddruckkraft nach der festgelegten Ankerkraft, siehe *EAB (2012)*.

Die Ermittlung der Größe der Erddruckkraft kann nach der klassischen *Coulomb*'schen Erddrucktheorie auf der Grundlage von DIN 4085 durchgeführt werden. Dabei darf i. Allg. nach *EAB (2012)* ein charakteristischer Erddruckneigungswinkel $\delta_{a,k}$ von

- $\delta_{a,k} = +2/3 \cdot \varphi'_k$ bei Trägerbohlwänden, Spundwänden und Ortbetonwänden sowie
- $\delta_{a,k} = +1/2 \cdot \varphi'_k$ bei Schlitzwänden

angesetzt werden. Sofern aber bei der Schlitzwandherstellung durch geeignete Maßnahmen die Ausbildung eines Filterkuchens vermieden werden kann oder eine stark unebene Wandoberfläche erreicht wird, darf auch ein betragsmäßig höherer Erddruckneigungswinkel als $|\delta_k| = \frac{1}{2} \cdot \varphi$ angesetzt werden.

Lässt sich der Nachweis $\sum V = 0$, siehe 28.5.4, nicht anders führen, so ist ein kleinerer oder negativer Erddruckneigungswinkel bis höchstens $\delta_{a,k} = -2/3 \cdot \varphi'_k$ bzw. $-1/2 \cdot \varphi'_k$ der Erddruckberechnung zugrunde zu legen. Wenn die in DIN 4085 genannten Grenzen für die Berechnung mit ebenen Gleitflächen überschritten werden, muss mit gekrümmten oder zusammengesetzten Gleitflächen gerechnet werden. Die Erdwiderstandswerte für gekrümmte Gleitflächen können *Caquot et al. (1973)* oder *Pregl* (DIN 4085), siehe Kapitel 12, entnommen werden. In diesem Fall ist maximal ein Erddruckneigungswinkel von $\delta_{p,k} = -\varphi'_k$ anzusetzen.

In Tab. 28.2 sind die maßgebenden maximalen Erddruckneigungswinkel in Abhängigkeit vom Reibungswinkel φ'_k zusammengefasst. Die Vorzeichendefinition und Richtung der Neigungswinkel ist Abb. 28.6 zu entnehmen.

Tab. 28.2: *Maßgebende maximale Erddruckneigungswinkel in Abhängigkeit vom Reibungswinkel φ'_k, nach* EAB (2012)

Wandbeschaffenheit	gekrümmte Gleitflächen	ebene Gleitflächen
verzahnte Wand	$\|\delta_k\| = \varphi'_k$	$\|\delta_k\| \leq 2/3 \cdot \varphi'_k$
raue Wand	$27{,}5° \geq \|\delta_k\| \leq \varphi'_k - 2{,}5°$	$\|\delta_k\| \leq 2/3 \cdot \varphi'_k$
weniger raue Wand	$\|\delta_k\| \leq 1/2 \cdot \varphi'_k$	$\|\delta_k\| \leq 1/2 \cdot \varphi'_k$
glatte Wand	$\|\delta_k\| = 0$	$\|\delta_k\| = 0$

Bei durchgehend bindigen (Abb. 28.7) und bei wechselnden Bodenschichten (Abb. 28.8) ist für die Erddruckberechnung (Einwirkung) der bindigen Schichten nach zwei Wegen vorzugehen, siehe auch Band 1 (12.6.5):

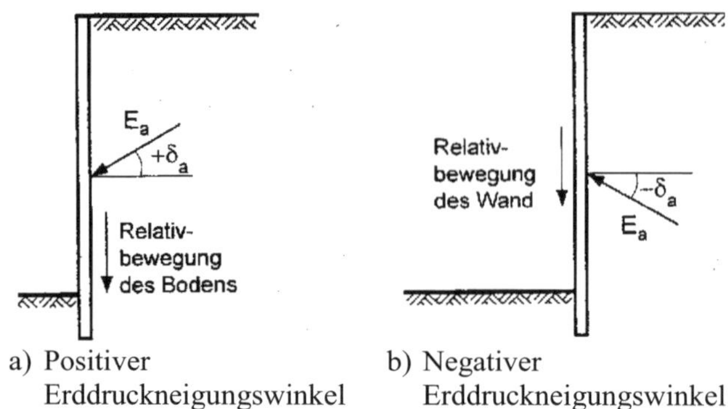

Abb. 28.6: *Definition des Erddruckneigungswinkels bei aktivem Erddruck, aus* EAB (2012)

a) Mit den charakteristischen Scherfestigkeiten im Bereich bindiger Schichten nach Abb. 28.7 a) und Abb. 28.7 b) bzw. Abb. 28.8 b).

b) Mit einem Ersatzreibungswinkel $\varphi'_{Ers,k} = 40°$ im Bereich der bindigen Schichten, siehe Abb. 28.7 e) und Abb. 28.8 c).

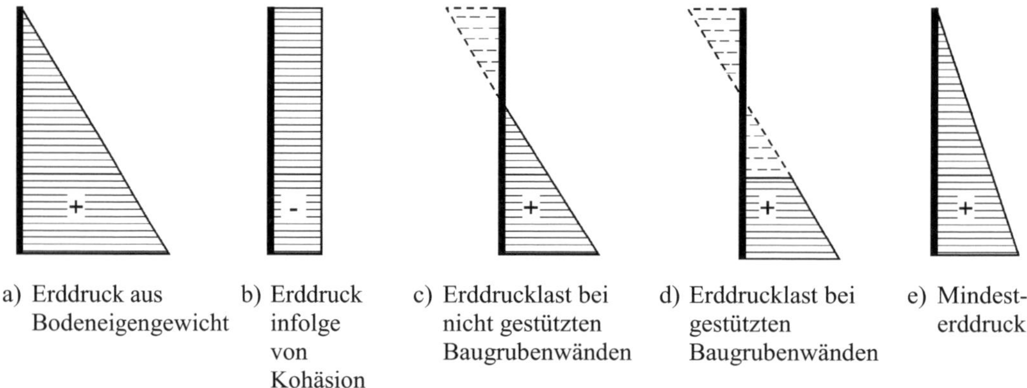

Abb. 28.7: *Ermittlung der aktiven Erddrucklast bei durchgehend bindigem Boden, aus* EAB (2012)

Die Erddruckberechnung der nichtbindigen Schichten erfolgt stets mit den charakteristischen Scherfestigkeiten. Maßgebend ist als Mindesterddruck die größere Erddruckkraft (Resultierende Kraft der Erdruckfläche) der jeweiligen Schicht. Die Gesamtbelastung ergibt sich aus der Addition der maßgebenden Erddruckkräfte der einzelnen Schichten.

Die infolge Kohäsion entstehenden rechnerischen Zugspannungen dürfen bei der Ermittlung der Erddruckkraft bei nicht oder nachgiebig gestützten Baugrubenwänden, die sich um den Fußpunkt oder einen tiefer gelegenen Punkt drehen, nach Abb. 28.7 c) nicht berücksichtigt werden, siehe auch *Hettler/Kurrer (2019)*.

Bei der Ermittlung der Erddruckkraft von wenig nachgiebig gestützten Baugrubenwänden, bei denen aufgrund der Gegebenheiten eine Erddruckumlagerung zu erwarten ist, darf der aus einer Kohäsion resultierende rechnerische Zugspannungsanteil voll berücksichtigt und

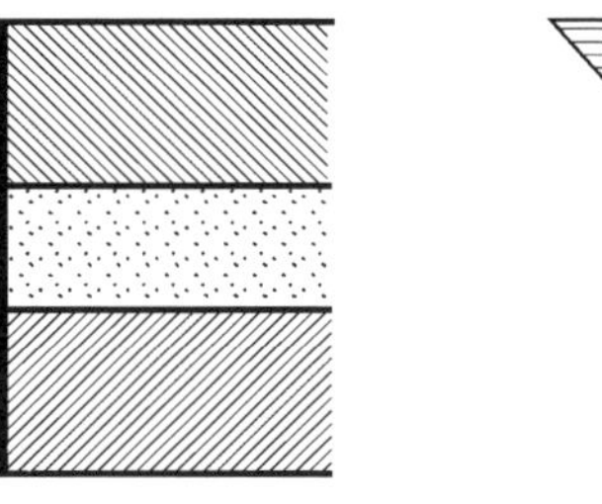

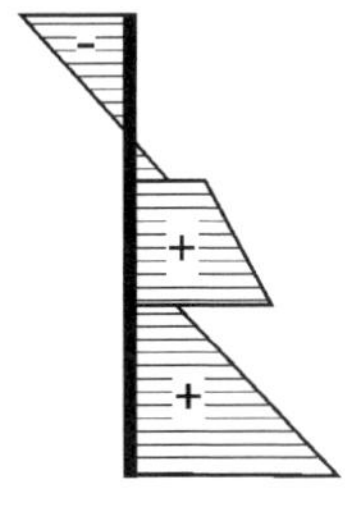

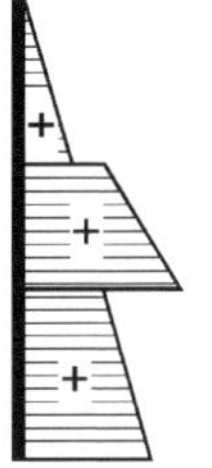

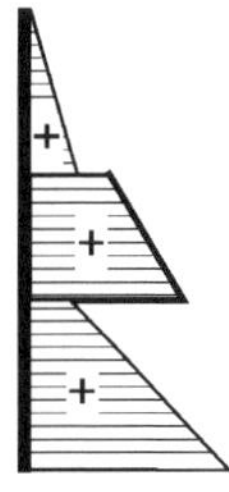

Abb. 28.8: *Ermittlung der aktiven Erddruckkraft bei teilweise bindigen Bodenschichten, aus* EAB (2012)

gegen entsprechende Druckspannungen aufgerechnet werden. Dadurch ergibt sich eine Reduzierung der Gesamtbelastung, siehe Abb. 28.7 d). Dies setzt eine Erddruckumlagerung voraus. Ist diese nicht zu erwarten, z. B. bei nicht gestützten, im Boden eingespannten Baugrubenwänden, bleiben die rechnerischen Zugspannungen aus Kohäsion außer Ansatz, siehe Abb. 28.7 c).

Das Besondere bei Erddruckfragen auf Baugrubenwänden liegt darin, dass wegen der möglichen Wandbewegungen infolge Konstruktion und Bauzuständen eine Erddruckumlagerung der klassischen dreieckförmigen Erddruckfigur eintritt. Zur Erfassung der o. g. Einflüsse werden üblicherweise folgende vereinfachte Annahmen bei der Berechnung von Baugrubenwänden vorgenommen:

a) Jeder Bauzustand wird unabhängig von den Einflüssen des vorangegangenen untersucht,

b) der Einfluss der unterschiedlichen Auflagernachgiebigkeit wird i. d. R. vernachlässigt,

c) der Erddruck wird mit einer vermutlich auftretenden Lastverteilung angesetzt.

Als Grundlage für die nachfolgenden Empfehlungen zur Annahme wirklichkeitsnaher Erddruckverteilungen sei nochmals der Einfluss der Wandbewegung auf die Erddruckumlagerung behandelt, siehe Abb. 28.9.

Abb. 28.9: *Einfluss der Wandbewegung auf die Erddruckverteilung*

Allgemeine Regel: Die aktiven Erddrücke lagern sich auf diejenigen Stellen um, bei denen die Abweichung der Wandbewegung von einer Fußpunktdrehung nach Abb. 28.9 a) am größten ist. Stützstellen ziehen die Erddruckverteilung an. An den Stellen, wo sich die

Wand der Belastung „entziehen“ kann (z. B. Wanddurchbiegung), nimmt der Erddruck entsprechend ab, siehe beispielhaft für Trägerbohlwände Abb. 28.10.

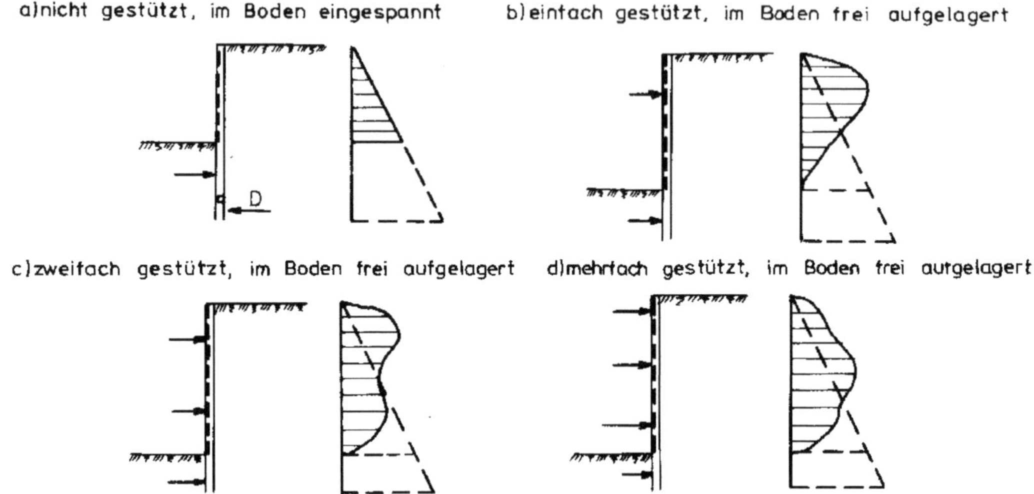

Abb. 28.10: *Typische Erddruckverteilungen hinter Trägerbohlwänden abhängig von der Stützung*

Für die praktische Berechnung dürfen die tatsächlichen auftretenden Erddruckverteilungen vereinfacht werden, wobei nicht gestützte, im Boden eingespannte Wände stets mit der klassischen dreieckförmigen Erddruckverteilung zu berechnen sind. Folgende Vereinfachungen sind nach *EAB (2012)* zulässig, wobei näherungsweise Erddrucklastfiguren zu wählen sind, die von geraden Linien begrenzt werden, Abb. 28.11.

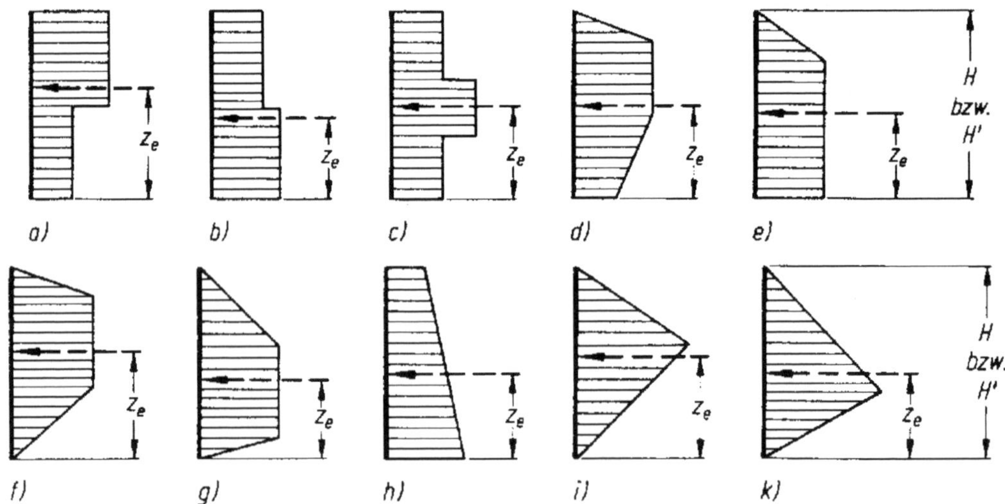

Abb. 28.11: *Erddrucklastfiguren für gestützte Baugrubenwände (Beispiele) aus* EAB (2012)

Die Größe der aktiven Erddruckkraft aus Nutzlasten (Linien- und Streifenlasten) ist nach den üblichen Ansätzen und bei nicht gestützten, im Boden frei aufgelagerten Wänden auch unter Ansatz von Zwangsgleitflächen zu ermitteln, siehe Abb. 28.12.

Die Verteilung dieser Belastungsanteile ist mit möglichst einfachen Figuren entsprechend Abb. 28.13 und Abb. 28.14 vorzunehmen. Die einzelnen Erddrucklastanteile sind entsprechend zu überlagern. Abb. 28.15 zeigt Beispiele von praktischen Überlagerungsmöglichkeiten.

Unter Berücksichtigung des neuen Teilsicherheitskonzeptes ist bei der Ermittlung des Erddruckes aus einer unbegrenzten Flächenlast zu unterscheiden zwischen

- einem Lastanteil $p_k \leq 10$ kN/m^2, der den ständigen Einwirkungen zugerechnet wird, und
- einem Lastanteil q_k, der über $p_k > 10$ kN/m^2 hinausgeht und den veränderlichen Einwirkungen zugerechnet wird.

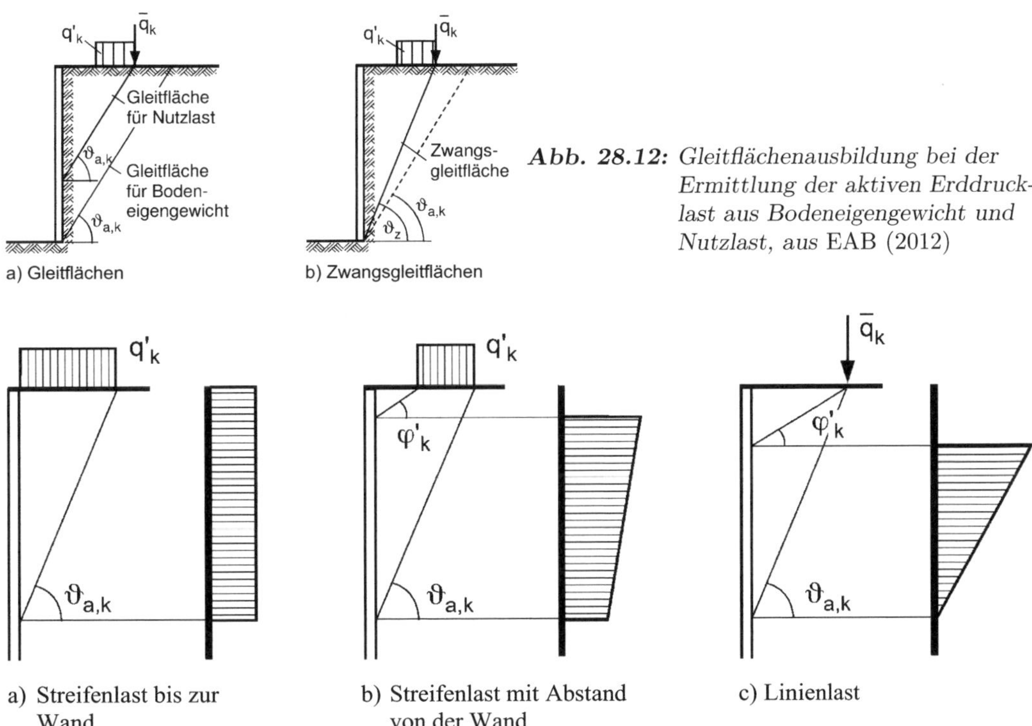

Abb. 28.12: *Gleitflächenausbildung bei der Ermittlung der aktiven Erddrucklast aus Bodeneigengewicht und Nutzlast, aus* EAB (2012)

Abb. 28.13: *Ansatz des Erddrucks aus lotrechten Nutzlasten bei nicht bzw. nachgiebig gestützten Wänden, aus* EAB (2012)

Wenn in bindigen Bodenschichten als Mindesterddruck die maßgebende Erddruckkraft mit einem Ersatzreibungswinkel $\varphi'_{Ers,k} = 40°$ zu ermitteln ist, so ist auch der Erddruck aus einer unbegrenzten Flächenlast mit einem Lastanteil $p_k \leq 10$ kN/m^2 mit diesem Wert zu berücksichtigen. Die Erddruckkräfte aus unbegrenzten Flächenlasten mit einem Lastanteil q_k, Streifenlasten und Linienlasten sind nach *EAB (2012)* stets mit der charakteristischen

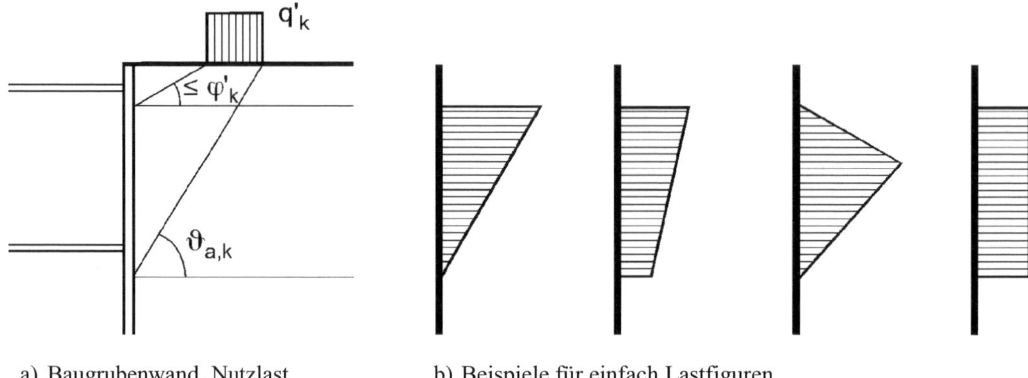

a) Baugrubenwand, Nutzlast und Lastausbreitung

b) Beispiele für einfach Lastfiguren

Abb. 28.14: *Ansatz des Erddruckes aus lotrechten Nutzlasten bei wenig nachgiebig gestützten Wänden, aus* EAB (2012)

Scherfestigkeit zu ermitteln. In der Regel gilt dies auch für Lasten $p_k > 10$ kN/m². In Ausnahmefällen dürfen bei einer Kohäsion $c'_k > 30$ kN/m² die so ermittelten Erddrücke aus Auflasten mit rechnerischen Zugspannungen aus Bodeneigengewicht und Kohäsion angemessen verrechnet werden, sofern genauere Untersuchungen durchgeführt werden und ausreichende örtliche Erfahrungen vorliegen.

Für die Verteilung des Erddruckes gilt Folgendes:

a) Bei nicht gestützten und nachgiebig gestützten Wänden wird der Erddruck infolge der unbegrenzten Flächenlast sowohl aus $p_k \leq 10$ kN/m² als auch aus q_k entsprechend der klassischen Erddrucktheorie als Rechteck über die Wandhöhe angesetzt.

b) Bei wenig nachgiebig gestützten Wänden wird der Erddruck infolge der unbegrenzten Flächenlast $p_k \leq 10$ kN/m² in die Lastfigur für die unbelastete Geländeoberfläche einbezogen und der Erddruck infolge der unbegrenzten Flächenlast q_k entsprechend der klassischen Erddrucktheorie als Rechteck über die Wandhöhe angesetzt.

Der Erddruck aus Streifenlasten q'_k oder aus Linienlasten $\overline{q}_k$ darf in Form einer einfachen Lastfigur angesetzt werden, siehe z. B. Abb. 28.13 und Abb. 28.14.

Im Folgenden werden in Ergänzung zu Band 1, Kapitel 12 weitere für Baugrubenwandberechnungen übliche Ansätze zur Berücksichtigung einer Auf- oder Nutzlast (z. B. aus Baugeräten etc.) hinter der Baugrubenwand in Anlehnung an *Weißenbach/Hettler (2009)* zusammengestellt.

a) Streifenlasten unmittelbar hinter der Wand:
Die Erddrucklast infolge q' nach Abb. 28.13 und Abb. 28.15 ist

$$E_{aq'h,k} = K_{agh} \cdot q'_k \cdot b'_q \cdot \tan \vartheta_{a,k} \tag{28.1}$$

Für die sich nach Abb. 28.15 b) (oben) dargestellte Rechteckverteilung ergibt sich

$$e_{aq'h,k} = E_{aq'h,k}/(b_{p'} \cdot \tan \vartheta_{a,k}) = K_{agh} \cdot q'_k \tag{28.2}$$

Bei Erddruckumlagerungen, die mit einer Erddruckordinate $e_{h,k} = 0$ oder $e_{h,k} = e_{aqh,k}$ beginnen, sollte der Erddruck infolge q'_k entsprechend Abb. 28.15 c) (oben) als auf der Spitze stehendes Dreieck mit einer doppelt so großen Ordinate angesetzt werden, um eine Unterbemessung der Wand im oberen Bereich zu vermeiden.

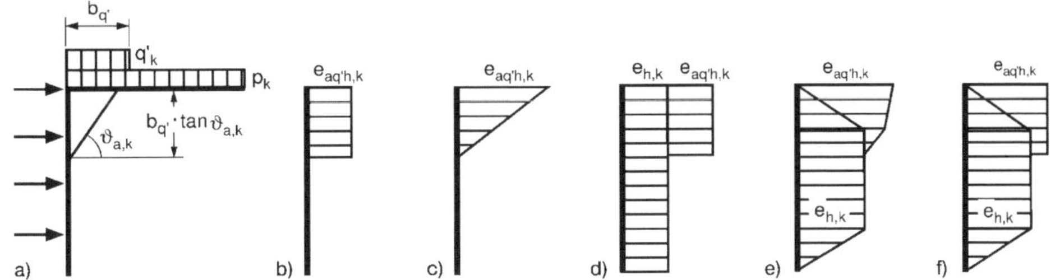

Erddruck infolge einer an der Baugrubenwand beginnenden Streifenlast bei gestützter Baugrubenwand;
a) Stützung und Belastung der Baugrubenwand, b) Erddruck infolge einer Streifenlast als Rechteck,
c) Erddruck infolge einer Streifenlast als Dreieck, d) Lastbild bei rechteckfçrmiger Grundfigur,
e) und f) Lastbilder bei trapezfçrmiger Grundfigur

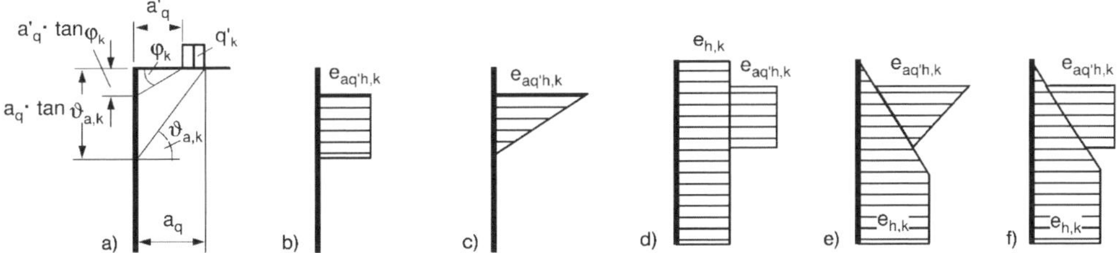

Erddruck infolge einer im Abstand a´q von der Baugrubenwand beginnenden Streifenlast bei gestützter oder nicht gestützter Baugrubenwand;
a) Lastausbreitung und Gleitflächenausbildung, b) Erddruck als Rechteck, c) Erddruck als Dreieck,
d) Lastbild bei rechteckförmiger Grundfigur, e) Lastbild bei dreieckförmiger Grundfigur,
f) vereinfachtes Lastbild bei dreieckförmiger Grundfigur

Abb. 28.15: *Beispiele zu Erddrücken aus Nutzlasten bzw. Überlagerungsmöglichkeiten, aus* Weißenbach/Hettler (2009)

b) Erddruck infolge Ersatzstreifenlast q'_k im Abstand a'_q von der Baugrubenwand: Für diesen Fall nach Abb. 28.15 a) (unten) ist

$$E_{aq'h,k} = K_{aqh} \cdot q'_k \cdot (a_q - a'_q) \tag{28.3}$$

mit K_{aqh} nach Tab. 28.3.

Bezüglich der Lastverteilungsfigur gelten die Ausführungen nach a) analog, siehe Abb. 28.15 (unten).

Die Erddruckgleichlast ist

$$e_{aq'h,k} = E_{aq'h,k} / (a_q \cdot \tan \vartheta_{a,k} - a'_q \cdot \tan \varphi'_k) \tag{28.4}$$

Tab. 28.3: *Erddruckbeiwerte $K_{agh,k}$ für eine senkrechte Wand und waagerechte Geländeoberfläche, aus* Weißenbach/Hettler (2009)

$\delta_{a,k}$ =	φ'_k =												
	15°	**17,5°**	**20°**	**22,5°**	**25°**	**27,5°**	**30°**	**32,5°**	**35°**	**37,5°**	**40°**	**42,5°**	**45°**
0°	0,767	0,735	0,714	0,669	0,637	0,606	0,577	0,547	0,521	0,494	0,466	0,439	0,414
+ 2,5°	0,699	0,677	0,650	0,627	0,601	0,574	0,550	0,524	0,500	0,475	0,449	0,425	0,401
+ 5°	0,646	0,630	0,610	0,590	0,569	0,548	0,525	0,502	0,480	0,458	0,436	0,413	0,390
+ 7,5°	0,600	0,590	0,575	0,559	0,541	0,521	0,503	0,483	0,462	0,441	0,421	0,400	0,380
+ 10°	0,563	0,555	0,546	0,532	0,516	0,499	0,482	0,464	0,445	0,427	0,407	0,388	0,369
+ 12,5°	0,528	0,525	0,517	0,504	0,494	0,479	0,463	0,447	0,431	0,412	0,395	0,378	0,359
+ 15°	0,502	0,498	0,492	0,483	0,472	0,459	0,447	0,431	0,416	0,399	0,384	0,366	0,350
+ 17,5°		0,437	0,469	0,460	0,452	0,442	0,429	0,416	0,402	0,387	0,373	0,357	0,341
+ 20°			0,447	0,442	0,434	0,425	0,414	0,402	0,389	0,375	0,361	0,348	0,332
+ 22,5°				0,424	0,418	0,409	0,400	0,389	0,376	0,364	0,351	0,337	0,322
+ 25°					0,402	0,393	0,384	0,376	0,364	0,352	0,341	0,328	0,314
+ 27,5°						0,379	0,371	0,363	0,353	0,342	0,331	0,318	0,306
+ 30°							0,358	0,350	0,342	0,332	0,321	0,310	0,298
+ 32,5°								0,339	0,330	0,321	0,312	0,301	0,290
+ 35°									0,320	0,311	0,303	0,293	0,283
+ 37,5°										0,301	0,294	0,285	0,274
+ 40°											0,283	0,275	0,266
+ 42,5°												0,258	0,257
+ 45°													0,250
+ 2/3 · φ	0,563	0,534	0,508	0,483	0,459	0,436	0,414	0,393	0,372	0,353	0,334	0,317	0,298

28.5 Allgemeine Festlegungen für die Berechnung

28.5.1 Nachweis der Standsicherheit

Nach *Handbuch Eurocode 7-1 (2015)* und *EAB (2012)*, EB 81 ist entsprechend 28.2.1 wie folgt vorzugehen:

1) Baugrubenkonstruktion mit Abmessungen wählen und statisches System festlegen.
2) Ermittlung der charakteristischen Einwirkungsgrößen auf die Baugrubenkonstruktion.
3) Berechnung der charakteristischen Beanspruchungen/Schnittgrößen E_k (Querkräfte, Auflagerkräfte, Bodenreaktionen und Biegemomente).

4) Ermittlung der Bemessungswerte der Beanspruchung in jedem maßgebenden Schnitt durch die Konstruktion sowie zwischen Konstruktion und Boden aus folgendem Ansatz:

$$E_d = E_{G,d} + E_{Q,d} \tag{28.5}$$

mit $E_{G,d} = E_{G,k} \cdot \gamma_G$ und $E_{Q,d} = E_{Q,k} \cdot \gamma_Q$ bzw. $E_{Q,d} = \sum E_{Qi,k} \cdot \gamma_Q$

indem die charakteristischen Schnittgrößen E_k mit den Teilsicherheitsbeiwerten γ_G bzw. γ_Q multipliziert werden. Dabei ist $E_{Q,k}$ i. d. R. bei Baugruben $E_{Q,rep}$.

Bei der Ermittlung von $E_{G,k}$ und $E_{Q,k}$ sollte unabhängig davon, ob linear-elastische oder nichtlineare Verfahren bei der Schnittgrößenermittlung zugrunde liegen, immer wie folgt vorgegangen werden:

- Ein Berechnungsverlauf mit ständigen Einwirkungen; daraus ergibt sich $E_{G,k}$.
- Ein Berechnungsverlauf mit ständigen und veränderlichen Einwirkungen; daraus ergibt sich $E_{G,k} + E_{Q,k}$; aus $(E_{G,k} + E_{Q,k}) - E_{G,k}$ kann dann $E_{Q,k}$ ermittelt werden.

5) Ermittlung der charakteristischen Widerstände $R_{k,i}$. Dabei wird unterschieden zwischen den Widerständen der Konstruktionsteile (Widerstand gegen Druck-, Zug- und Schubkräfte sowie Biegemomente) und den Widerständen des Bodens (Erdwiderstand, Pfahlwiderstand, Herausziehwiderstand von Ankern). Die Bemessungswiderstände ergeben sich aus dem Ansatz

$$R_{d,i} = R_{k,i}/\gamma_R \tag{28.6}$$

indem die charakteristischen Widerstände $R_{k,i}$ durch die Teilsicherheitsbeiwerte γ_R für das jeweilige Material, z. B. Stahl, Stahlbeton, Holz, Beton oder Boden, bzw. der Verankerungselemente dividiert werden.

6) Nachweis (mit den ermittelten Bemessungsbeanspruchungen und Bemessungswiderständen in jedem infrage kommenden Schnitt) der Einhaltung der Grenzzustandsbedingung

$$\sum E_{d,i} \leq \sum R_{d,i} \tag{28.7}$$

7) Sofern die Grenzzustandsbedingungen nicht erfüllt sind, müssen die Abmessungen entsprechend vergrößert werden. Wenn ein unwirtschaftlicher Sicherheitsüberschuss abgebaut werden soll, dürfen die Abmessungen entsprechend verringert werden. Die Berechnung ist in beiden Fällen zu wiederholen.

8) Zum Nachweis der Gebrauchstauglichkeit von Baugruben siehe 28.14 und 28.15.

28.5.2 Nachweis der Einbindetiefe

Für den Nachweis der tatsächlichen oder gewählten Einbindetiefe von Baugrubenwänden ist der Grenzzustand GEO-2 maßgebend und nach *EAB (2012)* vorzugehen. Dementsprechend geht die Berechnung vom charakteristischen Erddruck und der resultierenden charakteristischen Bodenreaktion aus.

Man erhält mit den charakteristischen Bodenkenngrößen die charakteristische Größe der Erddruckkraft

- aus Bodeneigengewicht und Kohäsion,
- aus Belastungen der Geländeoberfläche.

Bei im Boden frei aufgelagerten Wänden darf zur Ermittlung der charakteristischen Auflagerkräfte das Bodenauflager im Schwerpunkt der zu erwartenden Bodenreaktionsspannungen angenommen werden. Die Verteilung der Reaktionsspannung darf aus dem Gebrauchszustand übernommen werden, unabhängig davon, ob mit einem festen Auflager, einer elastischen Bettung oder mit der Methode der Finiten-Elemente gerechnet wird. Bei festen Auflagern darf die Bodenreaktion dreiecksförmig bzw. parabelförmig, bilinear oder rechteckförmig angenommen werden, siehe Abb. 28.16.

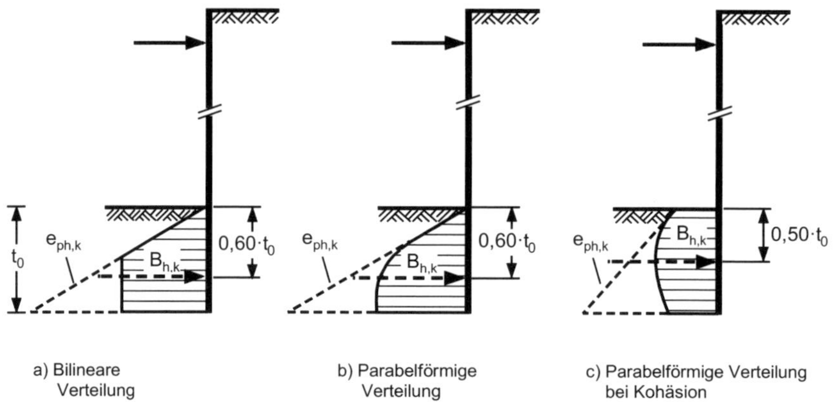

Abb. 28.16: *Beispiele für den Ansatz der Bodenreaktion bei freier Auflagerung im Boden; a) bilineare Verteilung, b) parabelförmige Verteilung, c) parabelförmige Verteilung bei Kohäsion, aus* EAB (2012)

Bei im Boden eingespannten Wänden dürfen die Bodenreaktionen entsprechend dem Lastansatz von *Blum* angenommen werden. Bei voller Einspannung von Stützwänden wird dabei eine senkrechte Tangente im angenommenen Drehpunkt vorausgesetzt. Bei teilweiser Einspannung und bei nicht gestützten Wänden entfällt diese Bedingung.

Für den Nachweis der ausreichenden Einbindetiefe wird die Resultierende $B_{h,k}$ der Bodenreaktion benötigt. Dabei ist nachzuweisen, dass die Bemessungsauflagerkraft höchstens so groß ist wie der Bemessungserdwiderstand

$$B_{h,d} \leq E_{ph,d} \tag{28.8}$$

Weitere Hinweise siehe *EAB (2012)*.

28.5.3 Allgemeines zu den Berechnungsverfahren

Bei der Berechnung sind nach *EAB (2012)* alle beim Ausheben und Verfüllen der Baugrube auftretenden Vor- und Rückbauzustände einschließlich Ausbau von Steifen bzw. Umsteifen oder Entspannen von Ankern zu untersuchen. Falls nur die Standsicherheit für die Bemessung maßgebend ist, dürfen die Schnittgrößen folgendermaßen vereinfacht ermittelt werden:

a) Als statisches System darf ein Träger auf unnachgiebigen Stützen zugrunde gelegt werden. Alternativ dürfen die Stützkräfte unter alleiniger Berücksichtigung der Gleichgewichtsbedingung unter der Annahme ermittelt werden, dass sich bei statisch unbestimmten Systemen die Verformungen der Stützung entsprechend der gewählten Stützkraftverteilung einstellen.

b) Die Verformungen in den verschiedenen Bauzuständen und ihre Auswirkungen auf den jeweils folgenden Bauzustand müssen in der Regel nicht untersucht werden.

c) Die bei freier Auflagerung im Boden in Wirklichkeit über die Einbindetiefe verteilten Bodenreaktionen dürfen durch ihre Resultierende ersetzt werden. Dabei ist zu berücksichtigen, dass am festen Auflagerpunkt ein Kragmoment auftritt, das unter Umständen fälschlicherweise für die Bemessung maßgebend sein könnte.

Bei mehrfach gestützten Bohlträger- und Spundwänden dürfen neben dem Verfahren elastisch-elastisch auch die Nachweisverfahren elastisch-plastisch und plastisch-plastisch angewandt werden. Im Zusammenwirken mit den Besonderheiten des Fußauflagers im Boden kommen folgende Berechnungsverfahren zur Ermittlung der Schnittgrößen infrage:

- Verfahren der Elastizitätstheorie,
- ggf. Traglastverfahren (nur in Ausnahmefällen),
- Bettungsmodulverfahren,
- Anwendung der Finite-Elemente-Methode (FEM).

Bei der Schnittgrößenermittlung für statisch unbestimmte Systeme nach dem Verfahren elastisch-elastisch darf folgende Momentenumlagerung vorgenommen werden:

a) Ergibt sich an einem einzelnen Auflagerpunkt eine rechnerische Überbeanspruchung der Bohlträger oder der Spundwand, dann darf der Anteil des Bemessungswertes des Biegemomentes, der über den Bemessungswert des Biegewiderstandes hinausgeht, entsprechend dem Verfahren elastisch-plastisch nach Eurocode EC 3-1-1 (DIN EN 1993-1-1) nach Abb. 28.17 umgelagert werden, sofern bei der Schnittgrößenermittlung eine wirklichkeitsnahe Lastfigur zugrunde gelegt worden ist.

b) Die Auswirkungen auf die Biegemomente in den benachbarten Feldern und an den benachbarten Auflagerpunkten sind nachzuweisen, jedoch dürfen die Quer- und Auflagerkräfte an der untersuchten Stützung nicht abgemindert werden.

c) Die nach der Elastizitätstheorie ermittelten Stützmomente dürfen entsprechend Eurocode EC 3-1-1 (DIN EN 1993-1-1) höchstens um 15 % ihrer Maximalwerte vermindert oder vergrößert werden. Nach der Momentenumlagerung dürfen unter Berück-

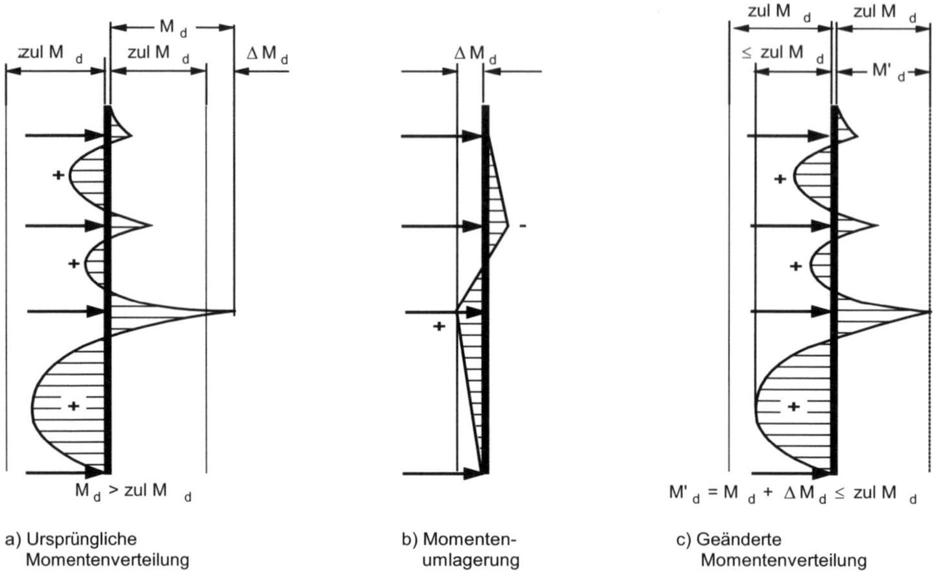

Abb. 28.17: *Umlagerung von Biegemomenten, aus* EAB (2012)

sichtigung der Bemessungswerte der Normalkräfte die mit den entsprechenden Teilsicherheitsbeiwerten abgeminderten charakteristischen Materialkenngrößen an keiner Stelle überschritten werden. Außerdem sind die Mindestdicken für die Flansche und die Stege nachzuweisen.

d) In Anlehnung an Eurocode EC 2-1-1 (DIN EN 1992-1-1) darf die Momentenumlagerung bei Ortbetonwänden und bei aufgelösten Bohrpfahlwänden vorgenommen werden. Die Abminderung des Stützmomentes darf jedoch nicht größer sein als den in Eurocode EC 2-1-1 (DIN EN 1992-1-1) in Abhängigkeit von der Stahlduktilität, der Betonfestigkeit und vom Verhältnis der Höhe der Druckzone zur statischen Nutzhöhe des Querschnittes angegebenen Grenzen. Wird eine Ortbetonwand später als tragendes Glied in ein Dauerbauwerk integriert, so kann es zweckmäßig sein, auch im Bauzustand auf die Abminderung des Stützmomentes zu verzichten.

28.5.4 Nachweis der Vertikalkomponente des mobilisierten Erdwiderstandes

Es ist sicherzustellen, dass das Auftreten des gewählten negativen Neigungswinkels beim mobilisierten Erdwiderstand gewährleistet ist. Dies ist der Fall, wenn die Summe $V_k = \sum V_{k,i}$ aller von oben nach unten gerichteten charakteristischen Einwirkungen gleich oder größer ist als die Vertikalkomponente $B_{v,k}$ der charakteristischen Bodenreaktion im Bodenauflager B_k.

$$V_k \geq B_{v,k} \tag{28.9}$$

mit

$$B_{v,k} = B_{h,k} \cdot \tan \delta_{p,k}$$

Dabei sind alle von oben nach unten gerichteten charakteristischen Einwirkungen, z. B. das Eigengewicht G_k der Wand, ständige Auflasten P_k, die Vertikalkomponente $E_{av,k}$ der mit positivem Erddruckneigungswinkel ermittelten Erddruckkraft und ggf. die Vertikalkomponente $A_{v,k}$ einer Ankerkraft, zu berücksichtigen.

Die Bodenreaktionskraft B_k entspricht dem mobilisierten Erdwiderstand mob E_p. Daher sind die Neigungswinkel $\delta_{B,k}$ der Auflagerkraft B_k und $\delta_{p,k}$ des mobilisierten Erdwiderstandes mit $\delta_{B,k} = \delta_{p,k}$ gleich. Außerdem dürfen die Neigungswinkel der charakteristischen Größen den Winkeln im Bemessungszustand gleichgesetzt werden.

Für den Neigungswinkel $\delta_{p,k}$ der Auflagerkraft B_k ist immer der Wert anzusetzen, der nach *EAB (2012)* für gekrümmte Gleitflächen maßgebend ist, siehe 28.4. Dies gilt auch dann, wenn der Erdwiderstand mit ebenen Gleitflächen und einem reduzierten Neigungswinkel ermittelt worden ist, um wirklichkeitsnahe K_p-Werte bei der Berechnung mit geraden Gleitflächen zu erhalten. Dadurch wird vermieden, dass der Nachweis der Vertikalkomponente auf der unsicheren Seite liegt.

Für die zahlenmäßige analytische Ermittlung der Einspannwirkung muss die zu erwartende Spannungsverteilung im Einspannbereich vereinfacht werden. Hier hat sich insbesondere der Ansatz nach *Blum* durchgesetzt, siehe Abb. 28.18.

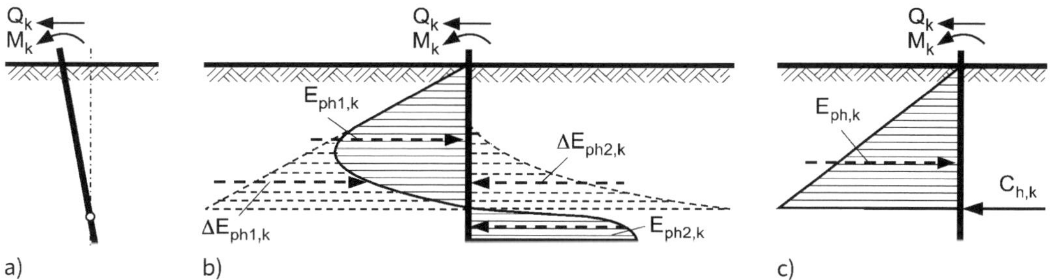

Abb. 28.18: *Umwandlung der zu erwartenden Spannungsverteilung in das Ersatz-Lastbild von Blum; a) Drehung der Wand, b) Ergänzung der zu erwartenden Spannungsverteilung, c) Ersatz-Lastbild, aus* Hettler et al. (2018b)

Beim Ersatz-Lastbild wird gemäß Abb. 28.18 b) auf beiden Seiten der Wand die Spannungsfigur durch Flächen ergänzt, die gleich groß sind und deren Resultierende $\Delta E_{ph1,k}$ und $\Delta E_{ph2,k}$ in der gleichen Höhe liegen. Der weiteren Untersuchung werden dann die Kräfte entsprechend Abb. 28.18 c) zugrunde gelegt. An dem für die Ermittlung von Schnittgrößen und Einbindetiefe maßgebenden Gleichgewicht $\sum H = 0$ und $\sum M = 0$ wird damit nichts geändert, siehe Gln. (28.10) und (28.11).

$$E_{ph,k} = E_{ph1,k} + \Delta E_{ph1,k} \tag{28.10}$$

$$C_{h,k} = E_{ph2,k} + \Delta E_{ph2,k} \tag{28.11}$$

Bei im Boden eingespannten Trägerbohlwänden, Spundwänden oder Ortbetonwänden, deren Einspannung mit dem vorab beschriebenen Lastansatz ermittelt wird, wird entsprechend *EAB (2012)* zwischen einem vereinfachten und einem genauen Nachweis unterschieden:

a) Der vereinfachte Nachweis lautet:

$$V_k = G_k + E_{av,k} + A_{v,k} + C_{v,k} \geq B_{v,k} \qquad (28.12)$$

Die Vertikalkomponente $B_{v,k}$ darf dabei mit $B_{v,k} = B_{h,k} \cdot \tan \delta_{p,k}$ ermittelt werden.

b) Beim genauen Nachweis darf zur Ermittlung der tatsächlich wirksamen Auflagerkräfte die rechnerische Auflagerkraft $B_{h,k}$ entsprechend Abb. 28.19 um die Hälfte der zugehörigen Kraft $C_{h,k}$ abgemindert werden. Die von oben nach unten wirkende Komponente der Kraft C_k darf dementsprechend als günstige Einwirkung nur mit der Hälfte in Rechnung gestellt werden.

$$V_k = G_k + E_{av,k} + A_{v,k} + 0,5 \cdot C_{v,k} \geq (B_{h,k} - 0,5 \cdot C_{h,k}) \cdot \tan \delta_{p,k} \qquad (28.13)$$

Sowohl beim vereinfachten als auch beim genauen Nachweis ist der Neigungswinkel der Ersatzkraft C_k nach *Blum* in der Regel auf $\delta_c \leq 1/3 \cdot \varphi'_k$ zu begrenzen. Er darf maximal bis zu dem Neigungswinkel nach *EAB (2012)* größer gewählt werden, wenn die Ersatzkraft C_k zur Abtragung von Vertikalkräften benötigt wird.

Bei verankerten Baugrubenwänden mit einer Ankerneigung $\alpha_A \geq 15°$ darf auf den Nachweis, dass der gewählte negative Neigungswinkel beim mobilisierten Erdwiderstand sichergestellt ist, verzichtet werden.

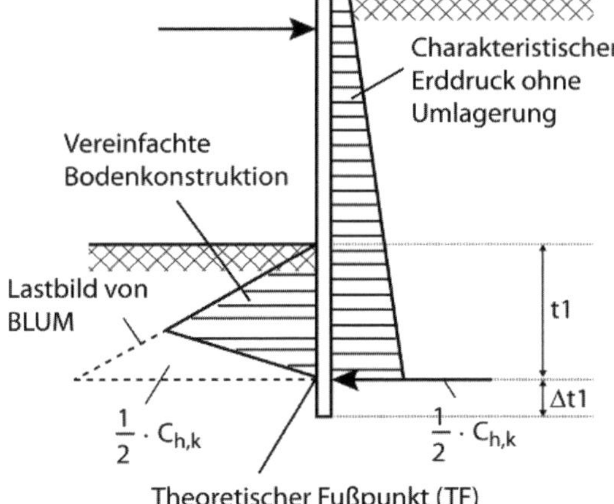

Abb. 28.19: *Wirksamer Anteil der Bodenreaktion bei Einspannung im Boden nach Blum, aus* EAB (2012)

Lässt sich der Nachweis der Vertikalkomponente des Erdwiderstandes nicht führen, dann ist der Neigungswinkel der Auflagerkraft B_k zu verringern. Dadurch verringert sich die Größe des Erdwiderstandes. Dementsprechend sind Einbindetiefe und Bemessungsschnittgrößen mit den geänderten Ansätzen neu zu ermitteln.

28.5.5 Nachweis der Abtragung von Vertikalkräften in den Untergrund

Es ist nachzuweisen, dass die von oben nach unten gerichteten lotrechten Einwirkungen von der Wand in den Untergrund abgeleitet werden können und die Wand nicht versinkt. Dazu muss nachgewiesen werden, dass entsprechend der Grenzzustandsbedingung

$$\sum V_{d,i} \leq \sum R_{d,i} \tag{28.14}$$

die Summe $\sum V_{d,i}$ der Bemessungswerte der von oben nach unten gerichteten Einwirkungen höchstens so groß ist wie die Summe $\sum R_{d,i}$ der Bemessungswerte der Widerstände, siehe Abb. 28.20. Hierbei ist Folgendes zu beachten:

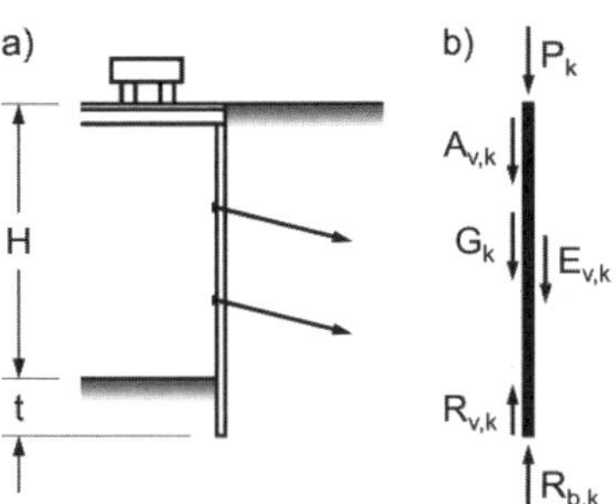

Abb. 28.20: *Charakteristische Einwirkungen und Widerstände für den Nachweis der äußeren Tragfähigkeit bei im Boden frei aufgelagerter Wand: a) Schnitt durch die Baugrube, b) Kräftespiel, aus* Hettler et al. (2018a)

a) Die von oben nach unten gerichteten charakteristischen Einwirkungen sind getrennt nach ständigen und veränderlichen Einwirkungen mit den Teilsicherheitsbeiwerten γ_G und γ_Q in Bemessungswerte umzurechnen.

b) Die von unten nach oben gerichteten charakteristischen Widerstände einschließlich der Reibungskraft an der Baugrubenseite der Wand und die Vertikalkomponente der wirksamen Gegenkraft C sind mit den zugehörigen Teilsicherheitsbeiwerten für Widerstände in Bemessungswerte umzurechnen. Die charakteristischen Spitzendrücke für gerammte Bohlträger, Spundwände, Bohrpfähle und für in Bohrlöcher gesetzte, im Fußbereich vermörtelte Bohlträger sowie für Ortbetonwände finden sich in *EA-Pfähle (2012)*, *EAU (2012)* und *EAB (2012)*. Hierbei sind insbesondere die entsprechenden Technischen Jahresberichte ergänzend zu berücksichtigen, aus denen ein teilweise leicht voneinander abweichendes Vorgehen resultiert, siehe z. B. *Moormann/Kempfert (2014)*, *Grabe (2019)* und *Hettler et al. (2018a)* sowie die nachfolgende Zusammenstellung:

c) Als charakteristische Reibungskraft $R_{v,k}$ auf der Baugrubenseite der Wand darf nach *EAB (2012)* wahlweise ein Mantelwiderstand oder die Vertikalkomponente der Auflagerkraft B_k angesetzt werden. Es ergibt sich

- der Mantelwiderstand aus der Abwicklung A_s der Fläche und der Mantelreibung $q_{s,k}$ zu

$$R_{v,k} = A_s \cdot q_{s,k} \tag{28.15}$$

- die Vertikalkomponente der Auflagerkraft B_k aus der waagerechten Auflagerkraft $B_{h,k}$ und dem Reibungsbeiwert tan δ_k zu

$$R_{v,k} = B_{h,k} \cdot \tan\,\delta_k \tag{28.16}$$

Erfahrungsgemäß ergeben sich nach *Hettler et al. (2018a)* für den Ansatz der Vertikalkomponente der Auflagerkraft im Vergleich zur Ermittlung mit Erfahrungswerten für die Mantelreibung günstigere Ergebnisse. Die entsprechenden Nachweise sind in EB 84 und EB 85 der *EAB (2012)* formuliert.

d) Für die Ermittlung der vertikalen Tragfähigkeit der Tragelemente sind in *Hettler et al. (2018a)* Erfahrungswerte für Spundwände und Bohlträger in nichtbindigen und bindigen Böden zusammengestellt, siehe Tab. 28.4 und 28.5. Die anzusetzende wirksame Mantelfläche A_s ergibt sich aus Abb. 28.21. Für weitere Erfahrungswerte wird auf *EAB (2012)* und *EA-Pfähle (2012)* verwiesen.

Tab. 28.4: *Erfahrungswerte für den charakteristischen Spitzendruck $q_{b,k}$ und für die charakteristische Mantelreibung $q_{s,k}$ von Spundwänden und Bohlträgern in nichtbindigen Böden, aus* Hettler et al. (2018a)

Mittlerer Spitzenwiderstand q_c der Drucksonde in MN/m²	Spitzendruck $q_{b,k}$ im Bruchzustand in MN/m²	Mantelreibung $q_{s,k}$ im Bruchzustand in kN/m²	
	Spundwände und Bohlträger	Spundwände	Bohlträger
7,5	9	20	35
15	18	40	70
$\geq$ 25	25	50	95

Tab. 28.5: *Erfahrungswerte für den charakteristischen Spitzendruck $q_{b,k}$ und für die charakteristische Mantelreibung $q_{s,k}$ von Spundwänden und Bohlträgern in nichtbindigen Böden, aus* Hettler et al. (2018a)

Scherfestigkeit $c_{u,k}$ des undränierten Bodens in kN/m²	Spitzendruck $q_{b,k}$ im Bruchzustand in MN/m²	Mantelreibung $q_{s,k}$ im Bruchzustand in kN/m²	
	Spundwände und Bohlträger	Spundwände	Bohlträger
60	-	15	20
100	1,00	20	27
150	1,75	25	35
$\geq$ 250	2,50	35	50

e) Die von unten nach oben wirkende charakteristische Vertikalkomponente $C_{v,k}$ der Ersatzkraft C_k ergibt sich aus

$$C_{v,k} = C_{h,k} \cdot \tan \delta_k \tag{28.17}$$

f) Bei im Boden eingespannten Wänden ist entsprechend *EAB (2012)* die charakteristische Auflagerkraft $B_{h,k}$ um die Hälfte der charakteristischen Ersatzkraft $C_{h,k}$ zu vermindern. Damit verringert sich die Vertikalkomponente $B_{v,k}$ entsprechend. Die

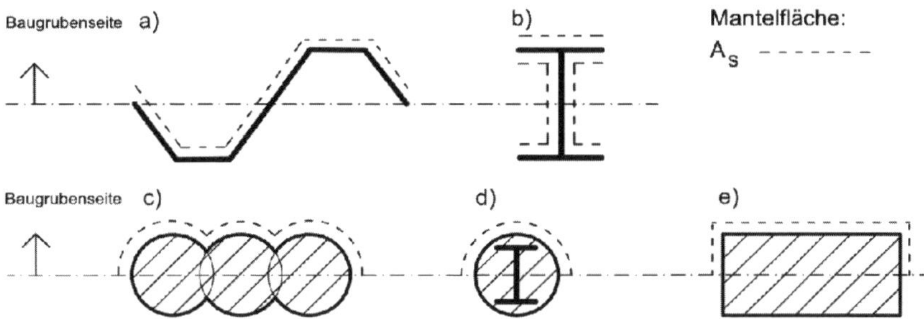

Abb. 28.21: *Wirksame Mantelfläche A_s zwischen Baugrubensohle und theoretischem Fußpunkt, a) Spundwand, b) Bohlträger, c) Bohrpfahlwand, d) im Fußbereich einbetonierte Bohlträger und e) Schlitz-/Dichtwand, aus* Hettler et al. (2018a)

errechnete Ersatzkraft $C_{h,k}$ ihrerseits darf nur mit der Hälfte, jedoch maximal mit dem Neigungswinkel nach 28.4 in Rechnung gestellt werden.

g) Nach *EAU (2012)* und *Grabe (2019)* sind bei Wänden aus Stahlträgerprofilen (I-förmige Wandprofile) und kombinierten Wänden die axiale Tragfähigkeit der Tragelemente (offene Stahlrohre, Hohlkastenpfähle, einfache und doppelte Stahlträgerprofile) nach *EAU (2012)* und *Moormann/Kempfert (2014)* zu ermitteln. Für die Nachweisführung darf eine der in Abb. 28.22 dargestellten Modellvorstellungen gewählt werden. Hierbei kann entweder auf der Erdwiderstandsseite die Vertikalkomponente B_k^* oder die Mantelreibung $q_{s,k}$ angesetzt werden.

Die Mantelreibung $q_{s,k}$ darf oberhalb des theoretischen Fußpunktes nicht auf der durch aktiven Erddruck beanspruchten Fläche als Widerstand angesetzt werden. Bei einer abgegrabenen Wand ist ein erhöhter horizontaler Spannungszustand durch die Vorbelastung gegeben. Daher kann für die Nachweisführung auf der Fläche oberhalb des theoretischen Fußpunktes die Mantelreibung nach Tab. 28.6 bis 28.9 verdoppelt werden. Vereinfachend darf der volle Umfang des Tragprofils von der Berechnungssohle bis zum theoretischen Fußpunkt angesetzt werden. Hierbei ist jedoch die Erhöhung der Mantelreibung auf der passiven Seite nicht anzusetzen. Unterhalb des theoretischen Fußpunktes darf bei beiden Systemskizzen die umlaufende Abwicklungsfläche in Ansatz gebracht werden. Weitere Details sind *Becker (2017)* und *Grabe (2019)* zu entnehmen.

Wenn keine Ergebnisse von Pfahlprobebelastungen vorliegen, dürfen die in Tab. 28.6 und 28.7 für Wellenspundwände und die in Tab. 28.8 und 28.9 für kombinierte Wände genannten Erfahrungswerte angewandt werden. Hierbei ist abweichend zu den Vorgaben von *Lüking/Becker (2015)* bzw. *Moormann/Kempfert (2014)* das Modell 2 (vgl. 20.6.4) bereits ab einem Durchmesser von 1400 mm für doppelte und einfache Stahlträgerprofile sowie offene Stahlrohre anzuwenden. Ergänzend ist Abb. 28.23 zu berücksichtigen.

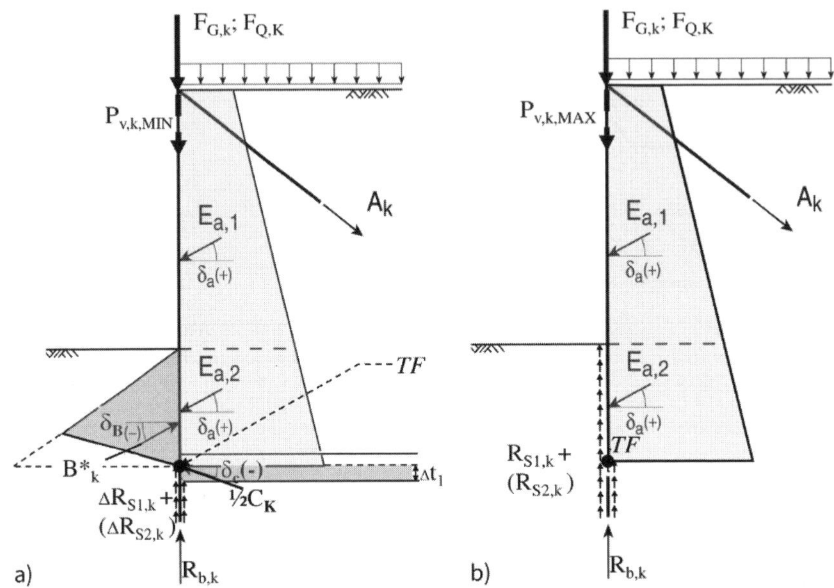

Abb. 28.22: *Widerstehende Vertikalkomponenten R ab Berechnungssohle beim Nachweis der axialen Tragfähigkeit nach EAU (2012); a) Widerstände aus erdstatischer Berechnung (Modell 1); b) Widerstände infolge Mantelreibung und Spitzenwiderstand (Modell 2)*

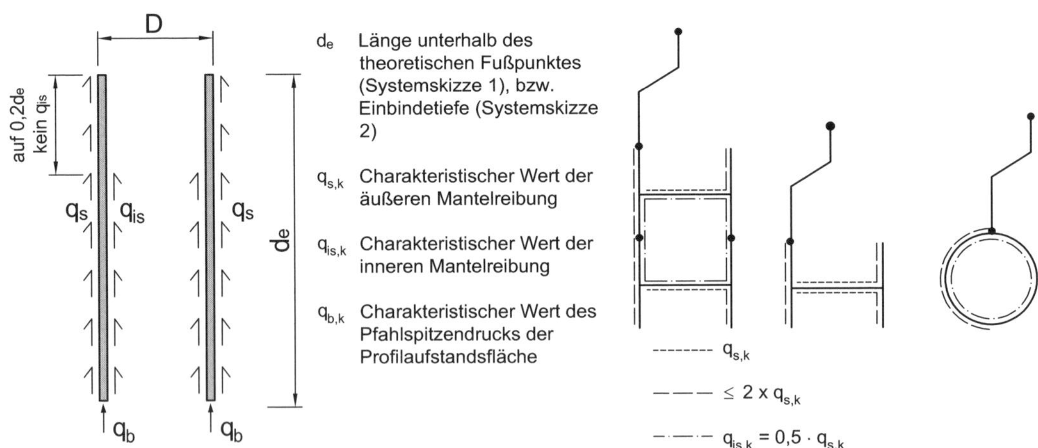

Abb. 28.23: *Ansatz der wirksamen Mantelfläche und Spitzenwiderstände gemäß Modell 2, Technischer Jahresbericht 2014 EA-Pfähle, aus Grabe (2019)*

Tab. 28.6: *Erfahrungswerte des charakteristischen Spitzendrucks $q_{b,k}$ und der charakteristischen Mantelreibung $q_{s,k}$ von gerammten Spundwänden in nichtbindigen Böden, aus* Grabe (2019)

mittlerer Sondierspitzenwiderstand q_c der Drucksonde [MN/m^2]	Spitzendruck $q_{b,k}$ im Bruchzustand [MN/m^2]	Mantelreibung $q_{s,k}$ im Bruchzustand [kN/m^2]
7,5	9	20
15	18	40
$\geq$ 25	25	50

Tab. 28.7: *Erfahrungswerte des charakteristischen Spitzendrucks $q_{b,k}$ und der charakteristischen Mantelreibung $q_{s,k}$ von gerammten Spundwänden in bindigen Böden, aus* Grabe (2019)

Scherfestigkeit $c_{u,k}$ des undränierten Bodens [kN/m^2]	Spitzendruck $q_{b,k}$ im Bruchzustand [MN/m^2]	Mantelreibung $q_{s,k}$ im Bruchzustand [kN/m^2]
60	-	15
100	1,00	20
150	1,75	25
$\geq$ 250	2,50	35

Tab. 28.8: *Erfahrungswerte des charakteristischen Spitzendrucks $q_{b,k}$ und der charakteristischen äußeren Mantelreibung $q_{s,k}$ für offene Stahlrohrpfähle, Hohlkastenpfähle, Stahlträgerprofilpfähle und doppelte Stahlträgerprofilpfähle in nichtbindigen Böden, aus* Grabe (2019)

mittlerer Sondierspitzenwiderstand q_c der Drucksonde [MN/m^2]	Spitzendruck $q_{b,k}$ im Bruchzustand [MN/m^2]	äußere Mantelreibung $q_{s,k}$ im Bruchzustand [kN/m^2]
7,5	9	30
15	18	60
$\geq$ 25	25	80

Tab. 28.9: *Erfahrungswerte des charakteristischen Spitzendrucks $q_{b,k}$ und der charakteristischen äußeren Mantelreibung $q_{s,k}$ für offene Stahlrohrpfähle, Hohlkastenpfähle, Stahlträgerprofilpfähle und doppelte Stahlträgerprofilpfähle in bindigen Böden, aus* Grabe (2019)

Scherfestigkeit $c_{u,k}$ des undränierten Bodens [kN/m^2]	Spitzendruck $q_{b,k}$ im Bruchzustand [MN/m^2]	äußere Mantelreibung eines Einzelträgers $q_{s,k}$ im Bruchzustand [kN/m^2]
60	-	20
100	1,00	27
150	1,75	35
$\geq$ 250	2,50	50

Kann der Nachweis der Vertikalkräfte mit den zunächst gewählten Ansätzen nicht erfüllt werden, dann ist die positive Erddruckneigung im Bereich oberhalb der Baugrubensohle zu verringern. Ggf. ist eine negative Erddruckneigung anzusetzen, sofern eine entsprechende Kraftübertragung möglich ist. Die damit verbundene Vergrößerung der Erddruckkraft ist zu berücksichtigen. Dementsprechend sind Einbindetiefe und Bemessungsschnittgrößen mit den geänderten Ansätzen neu zu ermitteln. Bei Ansatz eines negativen Erddruckneigungswinkels ist die von unten nach oben wirkende charakteristische Vertikalkomponente $E_{av,k}$ des Erddrucks als negative Einwirkung anzusetzen und deshalb von den charakteristischen Einwirkungen V_k abzuziehen. Weitere Hinweise siehe *EAB (2012)*.

28.6 Berechnungsansätze und Verfahren für Trägerbohlwände

28.6.1 Wirklichkeitsnahe Lastfiguren für gestützte Trägerbohlwände

Bei Trägerbohlwänden ist gemäß Abb. 28.24 zunächst der klassische Erddruck nach Coulomb zu berechnen und bei gestützten Trägerbohlwänden in eine wirklichkeitsnahe Lastfigur umzulagern. In die Erddruckumlagerung wird bei Trägerbohlwänden i. d. R. nur der Erddruck bis Baugrubensohle mit einbezogen. Bezüglich der wirklich auftretenden Erddruckverteilungen siehe 28.4.

Sofern die Bohlträger ausreichend tief in den Untergrund einbinden, kann die Fußstützung als freie Auflagerung nach *EAB (2012)* oder als Einspannung bzw. als Teileinspannung im Boden angesetzt werden. Bei der Festlegung der Lastfigur braucht jedoch zwischen im Untergrund frei aufgelagerten und eingespannten Trägern nicht unterschieden werden.

Bei nicht gestützten, im Boden eingespannten Trägerbohlwänden ist stets die klassische Erddruckverteilung anzusetzen. Bei einmal gestützten Trägerbohlwänden dürfen wirklichkeitsnahe Lastfiguren angenommen werden.

Die in Abb. 28.25 zusammengestellten Situationen können als wirklichkeitsnahe Lastfiguren für Trägerbohlwände angesetzt werden und sind für die Berechnungen und Erddruckumlagerungen bei waagerechter Geländeoberfläche und mindestens mitteldicht bis dicht gelagerten sowie mindestens steifen Böden zu verwenden. Bei einmal gestützten

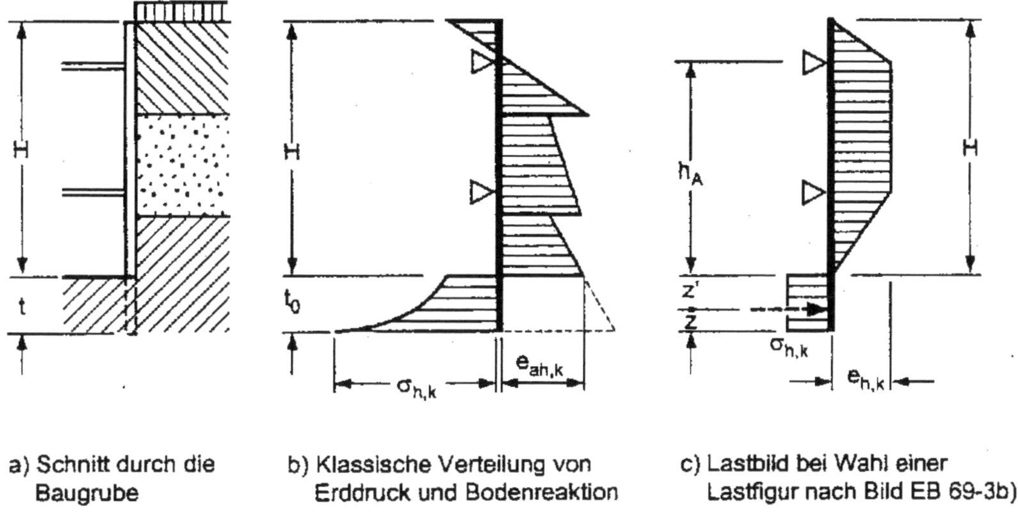

Abb. 28.24: *Beispiel einer Lastbildermittlung für zweimal gestützte Trägerbohlwände (aktiver Erddruck und freie Auflagerung) in geschichtetem Boden, aus* EAB (2012)

Trägerbohlwänden dürfen folgende Lastfiguren gemäß *EAB (2012)* als wirklichkeitsnah angenommen werden:

a) ein durchgehendes Rechteck entsprechend Abb. 28.25 oben a), sofern die Steifen- oder Ankerlage nicht tiefer angeordnet ist als $h_k = 0,1 \cdot H$;

b) ein in der halben Höhe abgestuftes Rechteck mit $e_{ho,k}/e_{hu,k} = 1,5$ entsprechend Abb. 28.25 oben b), sofern die Steifen- oder Ankerlage im Bereich von $h_k > 0,1 \cdot H$ bis $h_k = 0,2 \cdot H$ ist;

c) ein in der halben Höhe abgestuftes Rechteck mit $e_{ho,k}/e_{hu,k} = 2,0$ entsprechend Abb. 28.25 oben c), sofern die Steifen- oder Ankerlage im Bereich von $h_k > 0,2 \cdot H$ bis $h_k = 0,3 \cdot H$ ist.

Bei $h_k > 0,3 \cdot H$ wird als wirklichkeitsnahe Lastfigur ein Dreieck nach Abb. 28.11 i) mit der größten Ordinate in Höhe der Stützung empfohlen.

Bei zweimal gestützten Trägerbohlwänden dürfen folgende Lastfiguren als wirklichkeitsnah angenommen werden:

a) ein abgestuftes Rechteck mit einem Lastsprung in Höhe der unteren Steifenlage und dem Ordinatenverhältnis $e_{ho,k}/e_{hu,k} = 2,0$ entsprechend Abb. 28.25 mittig a), sofern die Steifen- oder Ankerlage etwa in Höhe Geländeoberfläche, die untere Lage in der oberen Hälfte der Baugrubentiefe H angeordnet ist;

b) ein Viereck entsprechend Abb. 28.25 mittig b), sofern die obere Steifen- oder Ankerlage unterhalb der Geländeoberfläche, die untere Lage etwa auf halber Höhe der Baugrubentiefe H angeordnet ist;

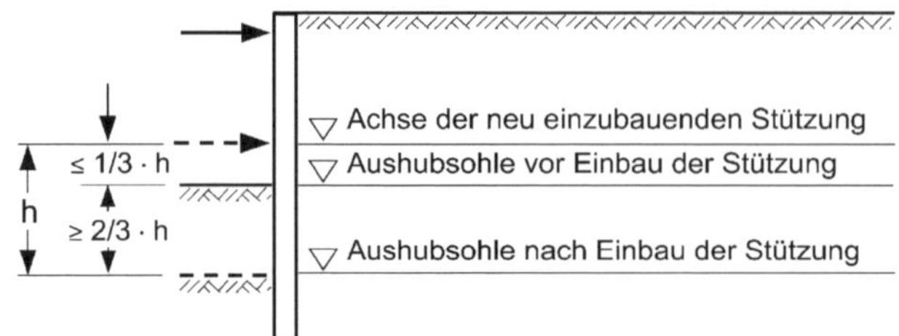

Aushubgrenze vor Einbau einer Stützung

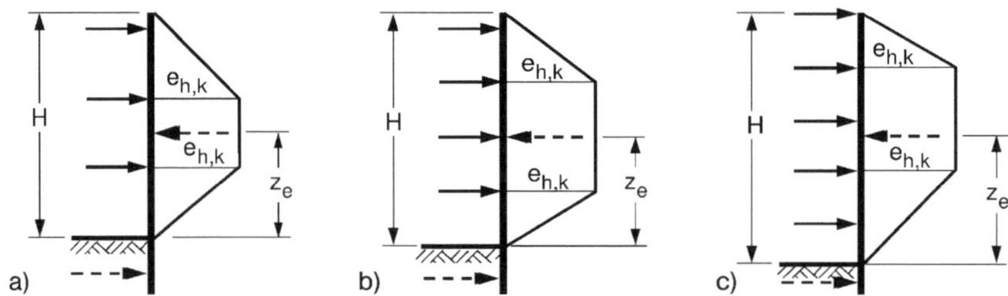

Lastfiguren für dreimal oder öfter gestützte Trägerbohlwände

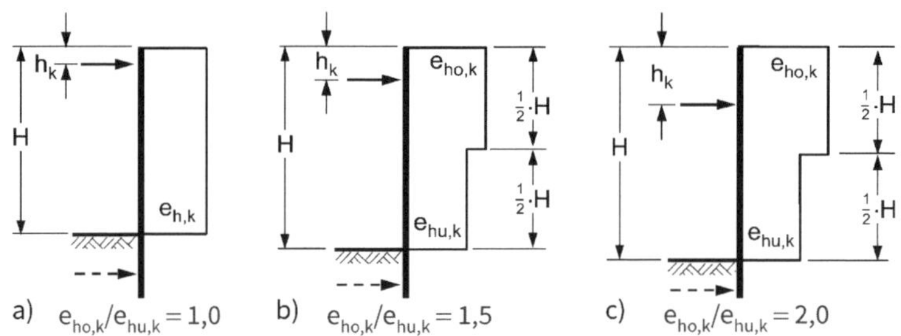

Lastfiguren für einmal gestützte Trägerbohlwände

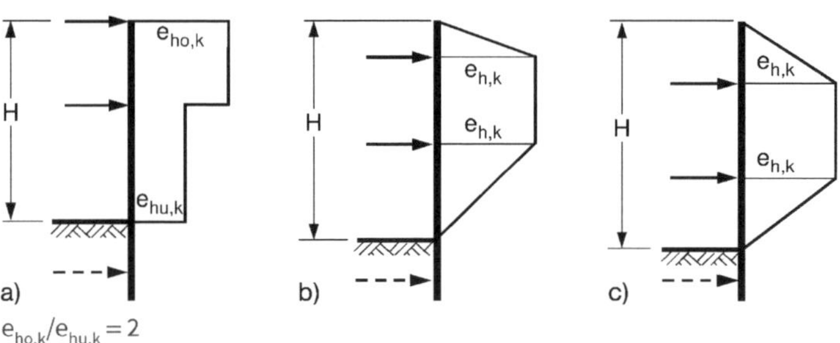

Lastfiguren für zweimal gestützte Trägerbohlwände

Abb. 28.25: *Wirklichkeitsnahe Lastfiguren für gestützte Trägerbohlwände nach EB 69 der* EAB (2012)

c) ein Viereck entsprechend Abb. 28.25 mittig c), sofern die beiden Steifen- oder Ankerlagen sehr tief angeordnet sind.

Bei dreimal oder öfter gestützten Trägerbohlwänden mit etwa gleichen Stützweiten darf das Trapez entsprechend Abb. 28.25 unten als wirklichkeitsnahe Lastfigur angenommen werden. Die Resultierende des Erddrucks soll dabei im Bereich $z_e = 0,5 \cdot H$ bis $z_e = 0,55 \cdot H$ liegen.

Die Vorgaben nach Abb. 28.24 sind für ausgesteifte Trägerbohlwände immer anzuwenden. Für rückverankerte Wände ist die wirklichkeitsnahe Erddruckverteilung nach *EAB (2012)* auch wesentlich abhängig vom Vorspanngrad (Festlegelast) der Anker. Demnach darf für verankerte Wände auch vereinfacht eine rechteckförmige Lastfigur unabhängig vom geometrischen Ansatzpunkt der Anker gewählt und damit die charakteristischen Schnittgrößen ermittelt werden.

28.6.2 Ansatz des Erdwiderstandes vor Bohlträgern

Die Abtragung der sich aus der Trägerbohlberechnung ergebenden unteren Auflagerkraft $B_{h,k}$ (freie Auflagerung) oder Wandeinspannung im Boden ist wegen der begrenzten Trägerbreite über den räumlichen Erdwiderstand $E^*_{ph,k}$ nach *Weißenbach/Hettler (2009)* zu führen.

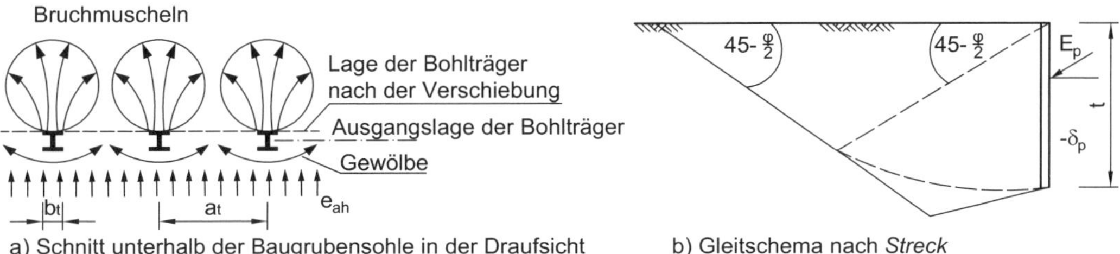

Abb. 28.26: *Räumlicher Erdwiderstand vor Bohlträgern, nach* Weißenbach (1975a)

Der räumliche Erdwiderstand ergibt sich zu

$$E^*_{ph,k} = E^*_{pgh,k} + E^*_{pch,k} = 1/2 \cdot \gamma \cdot \omega_R \cdot t^3 + 2 \cdot c' \cdot \omega_K \cdot t^2 \qquad (28.18)$$

mit den räumlichen Erdwiderstandsbeiwerten nach Tab. 28.10.

In die Erdwiderstandsbeiwerte nach Tab. 28.10 (Gleitschema *Streck*) sind folgende Erddruckneigungswinkel eingearbeitet:

- bei Böden mit $\varphi \leq 30°$: $\delta_p = -\delta^* = -(\varphi - 2,5°)$
- bei Böden mit $\varphi \geq 30°$: $\delta_p = -\delta^* = -27,5°$

Die *Kohäsion* darf als Kapillarkohäsion nichtbindiger Böden voll angesetzt werden, bei bindigen Böden ist sie zunächst in den entsprechenden Gleichungen nur zur Hälfte zu berücksichtigen.

Beim Nachweis des Auflagers am Trägerfuß (Nachweis Bodenreaktion und Erdwiderstand $B_{h,k}$) oder der Trägereinspannung sind zwei Nachweise stets erforderlich:

- Erdwiderstand *ohne* Überschneidung,

- Erdwiderstand *mit* Überschneidung.

Tab. 28.10: *Räumliche Erdwiderstandsbeiwerte aus* Weißenbach/Hettler (2009)

a) Erdwiderstandsbeiwerte ω_R

$f_t = \frac{b_t}{t}$	$\varphi'_k =$												
	15°	**17,5°**	**20°**	**22,5°**	**25°**	**27,5°**	**30°**	**32,5°**	**35°**	**37,5°**	**40°**	**42,5°**	**45°**
0,05	0,40	0,48	0,59	0,72	0,90	1,13	1,44	1,71	2,09	2,57	3,16	3,96	5,00
0,10	0,57	0,67	0,83	1,02	1,28	1,59	2,04	2,42	2,96	3,63	4,47	5,59	7,07
0,15	0,69	0,82	1,02	1,25	1,56	1,95	2,50	2,97	3,63	4,45	5,48	6,85	8,66
0,20	0,80	0,95	1,17	1,45	1,80	2,26	2,88	3,43	4,19	5,14	6,32	7,91	10,00
0,25	0,90	1,06	1,31	1,62	2,02	2,52	3,22	3,83	4,68	5,74	7,07	8,84	11,20
0,30	0,98	1,16	1,44	1,77	2,21	2,76	3,53	4,20	5,13	6,29	7,75	9,69	12,20

b) Erdwiderstandsbeiwerte ω_K

$f_t = \frac{b_t}{t}$	$\varphi'_k =$												
	15°	**17,5°**	**20°**	**22,5°**	**25°**	**27,5°**	**30°**	**32,5°**	**35°**	**37,5°**	**40°**	**42,5°**	**45°**
0,05	0,98	1,08	1,20	1,34	1,51	1,70	1,94	2,14	2,41	2,73	3,10	3,55	4,09
0,10	1,39	1,53	1,69	1,90	2,14	2,41	2,75	3,03	3,41	3,86	4,38	5,02	5,78
0,15	1,70	1,88	2,07	2,32	2,62	2,95	3,37	3,71	4,18	4,73	5,36	6,14	7,08
0,20	1,97	2,17	2,40	2,68	3,03	3,41	3,89	4,29	4,83	5,47	6,19	7,09	8,18
0,25	2,20	2,42	2,68	3,00	3,39	3,81	4,35	4,79	5,40	6,11	6,93	7,93	9,15
0,30	2,41	2,66	2,93	3,29	3,71	4,17	4,76	5,25	5,91	6,69	7,59	8,69	10,00

Der sich ergebende kleinere Wert ist für die weitere Berechnung maßgebend. Diese Nachweise werden praktisch durch Vergleich der ideellen ebenen Erdwiderstandsbeiwerte für den räumlichen Erdwiderstand nach Gl. (28.20) bzw. Gl. (28.21) mit demjenigen mit Überschneidungen nach Gl. (28.22) geführt.

Oftmals ergibt die Anwendungsform, z. B. wenn bei Fußeinspannung nach den Spundwandverfahren gerechnet werden soll, dass der räumliche Erdwiderstand auf eine durchgehende Wand (ebener Zustand) zu beziehen ist. Dieser gedachte ebene Erdwiderstand unter Voraussetzung, dass *keine Überschneidung* der Bruchmuscheln nach Abb. 28.26 erfolgt, ergibt sich zu

$$E_{ph,k} = \frac{E^*_{ph,k}}{a_t} = \frac{1}{2} \cdot \gamma \cdot \omega_{ph} \cdot t^2 \tag{28.19}$$

mit

ω_{ph} : wirksamer ideeller Erdwiderstandsbeiwert für den fiktiven ebenen Zustand

a_t : Trägerbohlabstand

Hieraus erhält man unter der Voraussetzung, dass sich die Erdwiderstandskräfte vor den einzelnen Bohlträgern nicht überschneiden, für den ideellen Erdwiderstandsbeiwert die Beziehung

$$\omega_{ph} = \frac{2 \cdot E^*_{ph,k}}{\gamma \cdot a_t \cdot t^2} \tag{28.20}$$

und vereinfacht für kohäsionslose Böden

$$\omega_{ph} = \frac{\omega_R \cdot t}{a_t} \tag{28.21}$$

Bei einer Überschneidung der Erdwiderstandskräfte vor den einzelnen Bohlträgern erhält man den ideellen Erdwiderstandsbeiwert ω_{ph} nach Gl. (28.22):

$$\omega_{ph} = K_{ph,k}(\delta_p \neq 0) \cdot \frac{b_t}{a_t} + K_{ph,k}(\delta_p = 0) \cdot \frac{(a_t - b_t)}{a_t} + \frac{\sqrt{K_{ph,k}(\delta_p \neq 0)} \cdot 4 \cdot c'}{\gamma \cdot t} \tag{28.22}$$

worin Einflüsse vor dem Träger ($\delta_p \neq 0$) und im Zwischenraum zwischen den Trägern, bezogen auf lfdm Wandlänge, verarbeitet sind. Hierbei ist zu beachten, dass sich Gl. (28.22) zunächst nur auf feuchte Sand- oder Kiesböden und deren Kapillarkohäsion bezieht. Bei bindigen Böden wird der Kohäsionsanteil zu groß ermittelt. Der *Erdwiderstandsanteil infolge Kohäsion* ist in diesem Fall bis auf die *Hälfte* abzumindern.

Sofern die Einzelträger in einem zu geringen Abstand stehen, überschneiden sich die Wirkungen des räumlichen Erdwiderstandes vor benachbarten Bohlträgern. Da der räumliche Anteil des Erdwiderstandes aus Bodeneigenlast stets ohne Erddruckneigungswinkel zustande kommt, muss in diesem Fall der Erdwiderstand vor der lichten Breite b_w mit ($\delta_p = 0$) ermittelt werden, siehe Abb. 28.27.

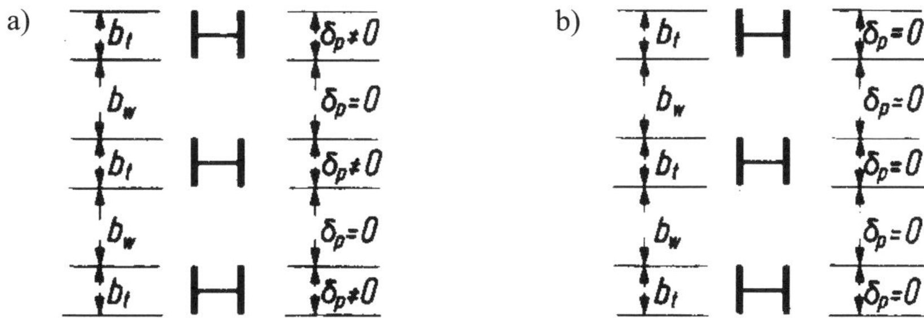

Abb. 28.27: *Ansatz des Erddruckneigungswinkels beim Erdwiderstand aus Bodeneigenlast vor Bohlträgern mit a) behinderter Vertikalbewegung, b) unbehinderter Vertikalbewegung*

28.6.3 Nachweis der Einbindetiefe bei im Boden frei aufgelagerten Trägerbohlwänden

Für den Nachweis der Einbindetiefe ist der Grenzzustand GEO-2 maßgebend. Es ist nachzuweisen, dass der Bemessungswert der Fußauflagerkraft höchstens so groß ist wie der

Bemessungswert des Erdwiderstandes:

$$B_{h,d} \leq E_{ph,d} \tag{28.23}$$

mit

$$E_{ph,d} = \frac{E_{ph,k}}{\gamma_{R,e}} \tag{28.24}$$

Zum Ansatzpunkt von $B_{h,k}$, siehe Abb. 28.16.

Bei Anwendung der im *Handbuch Eurocode 7-1 (2015)* bzw. im Anhang A-10 angegebenen Teilsicherheitsbeiwerte zur Ermittlung der Bemessungswerte des Erdwiderstandes für die Aufnahme der Auflagerkraft im Boden kann nur dann unterstellt werden, dass bei nichtbindigen Böden und bei mindestens steifen bindigen Böden die Verschiebungen des Fußauflagers in der gleichen Größenordnung liegen wie die Bewegung und Verformungen der übrigen Baugrubenwand, wenn der Bemessungserdwiderstand zusätzlich mit einem Anpassungsfaktor $\eta_{Ep} = 0,80$ abgemindert wird:

$$E_{ph,d} = \frac{E_{ph,k}}{\gamma_{R,e}} \cdot \eta_{Ep} \tag{28.25}$$

Auf den Anpassungsfaktor darf verzichtet werden, wenn

a) bei einmal gestützten Wänden die Bewegungen des Fußauflagers unbedenklich sind und

b) bei mehrfach gestützten Wänden die Bewegungen nicht größer sind als die Verschiebungen und Verformungen der übrigen Baugrubenwand, wie z. B. bei dicht gelagertem nichtbindigem Boden oder halbfestem bindigem Boden im Bereich der Einbindetiefe.

Die Verteilung der Bodenreaktion über die Einbindetiefe hängt vom Ausnutzungsgrad der Wandbewegung und dem Verhältnis von Profilsteifigkeit zu Bodensteifigkeit ab. Näherungsweise darf bei nichtbindigen und mindestens steifen bindigen Böden bei der Ermittlung der Schnittgrößen von einem parabelförmigen oder einem bilinearen Ansatz (Knickpunkt in $0,4 \cdot t_0$) nach Abb. 28.16 ausgegangen werden mit dem Schwerpunkt der Bodenreaktion bei $z' = 0,6 \cdot t_0$ unterhalb der Baugrubensohle.

28.6.4 Nachweis der Einbindetiefe bei im Boden eingespannten Trägerbohlwänden

Beim Nachweis der ausreichenden Erwiderstandskraft im Fußauflagerbereich ist Gl. (28.23) einzuhalten.

Bei eingespannten Bohlträgern ist zwischen gestützten und nicht gestützten Trägerbohlwänden zu unterscheiden.

Bei nicht gestützten, im Boden eingespannten Trägerbohlwänden erhält man ein Lastbild entsprechend Abb. 28.28 a). Dabei geht man davon aus, dass immer eine volle bodenmechanische Einspannung zustande kommt. Der Bemessungswert des Erdwiderstandes ist beim Nachweis der Einbindetiefe mit den Teilsicherheitsbeiwerten zu ermitteln. Bei weichen bindigen Böden ist wegen der großen Verformung eine nur im Boden eingespannte Wand in der Regel unzweckmäßig.

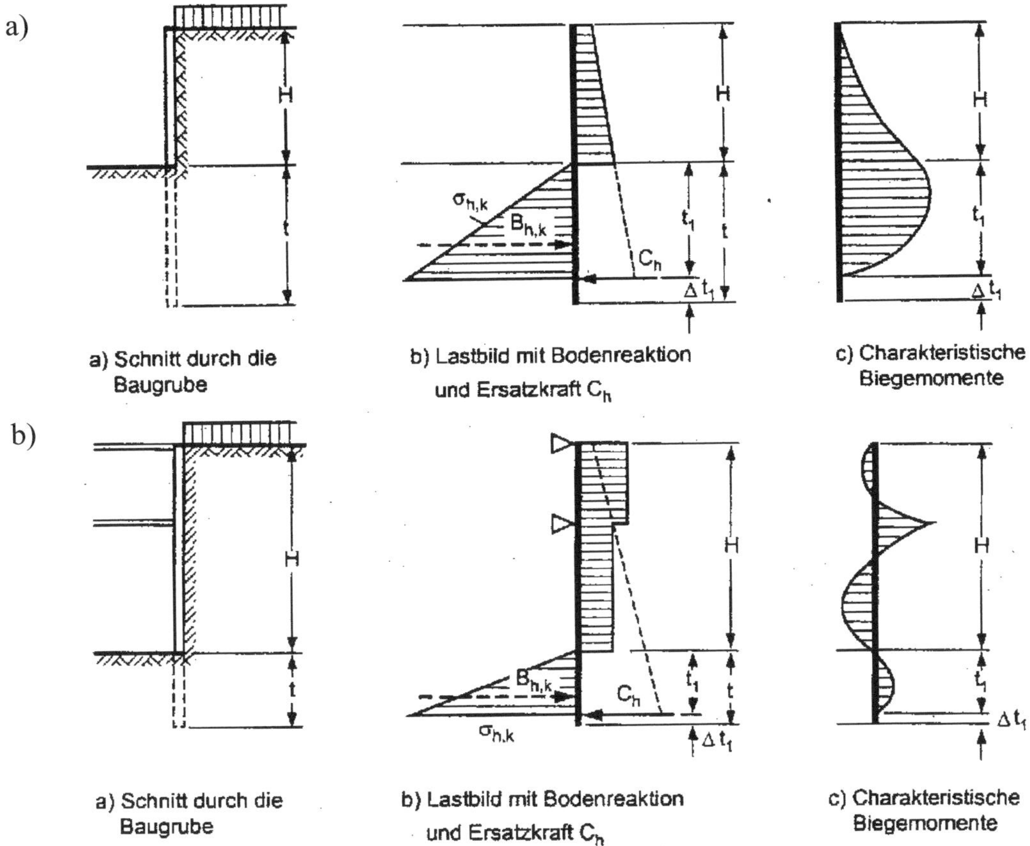

Abb. 28.28: *System, Belastung und Momentenverlauf, aus* EAB (2012) *bei*
a) einer nicht gestützten, im Boden eingespannten Trägerbohlwand,
b) einer zweimal gestützten, im Boden eingespannten Trägerbohlwand

Der Erdwiderstand vor eingespannten Bohlträgern kann entsprechend dem bei frei aufgelagerten Bohlträgern ermittelt werden, siehe 28.6.3. Im Allgemeinen ist es zweckmäßig, den Erdwiderstand auf die gesamte Länge der Baugrubenwand zu verteilen, damit die für Spundwände abgeleiteten Berechnungsverfahren verwendet werden können. Man erhält den gleichen Erdwiderstand wie vor einer Spundwand, wenn sich die Anteile des Erdwiderstandes vor den einzelnen Bohlträgern überschneiden und der Neigungswinkel mit $\delta_p = 0$ angesetzt wird.

Überschneiden sich bei kohäsionslosen Böden die Anteile des Erdwiderstandes vor den einzelnen Bohlträgern nicht, erhält man eine mit der Tiefe zunehmende parabolische Verteilung der Bodenreaktion. Die Verteilungsfigur darf in ein flächengleiches Dreieck umgewandelt werden, jedoch ist durch die Verschiebung der Resultierenden der Erdwiderstand um 15 % abzumindern. Bei bindigen Böden darf der rechnerische Erdwiderstand bei einer Überschneidung der Anteile des Erwiderstandes bis zu 10 % vergrößert werden.

Bei gestützten Trägerbohlwänden gilt ein Lastbild entsprechend Abb. 28.28 b). Hier hängt der Grad der Einspannung vom Verformungsverhalten der Bohlträger ab. Bei einer vollen bodenmechanischen Einspannung geht man rechnerisch davon aus, dass im theoretischen Fußpunkt weder eine Verdrehung noch Verschiebung auftritt. Bei weichen bindigen Böden und bei stark organischen Böden ist eine Einspannung im Allgemeinen nicht in Rechnung zu stellen.

Die für die Einspannung einer nicht gestützten Trägerbohlwand entsprechend Abb. 28.28 a) erforderliche Einbindetiefe t_1 ist zur Aufnahme der statisch erforderlichen Bemessungsersatzkraft $C_{h,d}$ mindestens um $\Delta t_1 = 0,2 \cdot t_1$ zu vergrößern. Entsprechend ist bei gestützten und voll eingespannten Trägerbohlwänden nach Abb. 28.28 b) zu verfahren. Bei teilweiser Einspannung $t_1' < t_1$ darf der Zuschlag Δt_1 näherungsweise zwischen dem maßgebenden Wert Δt_1 der vollen Einspannung und der freien Auflagerung mit $\Delta t_1 = 0$ in Abhängigkeit von dem Verhältnis $t_1' : t_1$ der Einbindetiefe geradlinig interpoliert werden.

28.6.5 Gleichgewicht der Horizontalkräfte bei Trägerbohlwänden

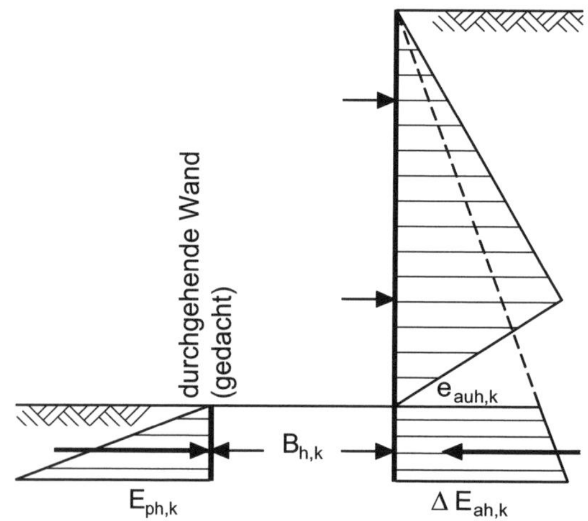

Abb. 28.29: *System und Belastung beim Nachweis $\sum H = 0$ für frei aufgelagerte Bohlträger*

Nach *EAB (2012)* muss mit $\sum H = 0$ nachgewiesen werden, dass der in der Berechnung auf der aktiven Seite zunächst vernachlässigte Erddruck unterhalb der Baugrubensohle zusammen mit der Auflagerkraft aus dem Bohlträger $B_{h,k}$ von dem gesamten zur Verfügung stehenden Bemessungswert $E_{ph,d}$ des Erdwiderstandes (gedachte durchgehende Wand) unter Berücksichtigung der Teilsicherheitsbeiwerte aufgenommen wird, siehe Abb. 28.29. Dieser Nachweis ist als Ergänzung zum Nachweis der Einbindetiefe anzusehen. Der Nachweis der Aufnahme des Erddrucks unterhalb der Baugrubensohle ist nach Gl. (28.26) im Grenzzustand GEO-2 zu führen:

$$B_{h,d} + \Delta E_{ah,d} \leq E_{ph,d} \tag{28.26}$$

Der Erddruck auf der aktiven Seite berechnet sich aus der Differenz zwischen dem Erddruck bis zum Fußpunkt der Bohrträger und dem in Rechnung gestellten Erddruck bis zur Baugrubensohle wie folgt:

$$\Delta E_{ah,k} = (e_{auh,k} + 0,5 \cdot \gamma \cdot K_{agh} \cdot t) \cdot t \tag{28.27}$$

Bei bindigen Böden ist sowohl der Erddruck mit den charakteristischen Scherfestigkeiten als auch mit dem Ersatzreibungswinkel zu ermitteln, wobei der größere Wert maßgebend ist. Der charakteristische Erdwiderstand kann wie für eine geschlossene Wand mit einem

Neigungswinkel $\delta_p = -\varphi'$ ermittelt werden, wenn gekrümmte oder gebrochene Gleitflächen zugrunde gelegt werden.

Je nach Auflagerung sind folgende Situationen zu berücksichtigen:

a) Frei aufgelagerter Bohlträger (Abb. 28.30):

Die Größe der charakteristischen Auflagerkraft entspricht der Auflagerkraft aus dem Nachweis der Einbindetiefe.

Lässt sich bei gestützten, im Boden frei aufgelagerten Trägerbohlwänden der Nachweis mit der zunächst gewählten Einbindetiefe nicht erbringen (Abb. 28.30 a)), ist entweder

- die Einbindetiefe entsprechend zu vergrößern (Abb. 28.30 b)) oder
- rechnerisch auf die Einbindung im Untergrund zu verzichten (Abb. 28.30 c)) oder
- der gesamte Erddruck von der Geländeoberfläche bis Bohlträgerunterkante in die Umlagerung einzubeziehen (Abb. 28.30 d)).

Eine erneute Ermittlung der Schnittgrößen ist dann mit den neuen Systemen erforderlich.

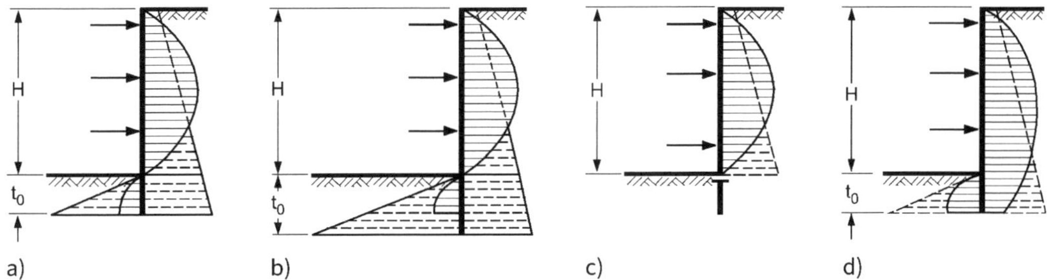

Abb. 28.30: *Nachweis $\sum H = 0$ bei gestützten, im Boden frei aufgelagerten Trägerbohlwänden; a) Nachweis $\sum H = 0$ nicht möglich, b) Vergrößerung der Einbindetiefe, c) Verzicht auf Einbindung, d) Erddruckumlagerung bis zum Wandfuß, aus* EAB (2012)

b) Eingespannte Bohlträger:

Bei im Boden eingespannten Trägerbohlwänden tritt der theoretische Auflagerpunkt an die Stelle des tatsächlichen Fußpunktes der Bohlträger.

Die charakteristische Auflagerkraft entspricht der nach dem Lastansatz von *Blum* erforderlichen Bodenreaktion von der Baugrundsohle bis zum theoretischen Fußpunkt, siehe Abb. 28.28 a) und b). Mit Rücksicht auf die in Wirklichkeit zu erwartende Größe der zur Einspannung der Bohlträger erforderlichen Bodenreaktion darf jedoch die nach Blum ermittelte Auflagerkraft $B_{h,k}$ entsprechend Abb. 28.17 näherungsweise um die Hälfte der errechneten Ersatzkraft $C_{h,k}$ verringert werden:

$$B_{h,k} = E'_{ph,k} - C_{h,k}/2 \tag{28.28}$$

Lässt sich bei gestützten, im Boden eingespannten Trägerbohlwänden der Nachweis mit der zunächst gewählten Einbindetiefe nach Abb. 28.30 a) nicht erbringen, ist entweder

- die Einbindetiefe nach Abb. 28.30 b) entsprechend zu vergrößern oder
- auf eine volle Einspannung zu verzichten und stattdessen mit teilweiser Einspannung bzw. mit freier Auflagerung zu rechnen oder
- der gesamte Erddruck von der Geländeoberfläche bis zum theoretischen Auflagerpunkt in die Umlagerung einzubeziehen oder
- die Trägerbohlwand wie eine Spundwand zu behandeln.

Eine erneute Ermittlung der Schnittgrößen ist dann mit den neuen Systemen erforderlich.

28.7 Berechnungsansätze und Verfahren für Spundwände und Ortbetonwände

28.7.1 Wirklichkeitsnahe Lastfiguren für gestützte Spundwände und Ortbetonwände

Bei Spundwänden und Ortbetonwänden ist zunächst analog 28.6.1 zu verfahren und die Belastung nach Abb. 28.31 zu ermitteln. Sofern die Spundwände oder Ortbetonwände ausreichend tief in den Untergrund einbinden, kann die Fußstützung als freie Auflagerung oder als Einspannung bzw. als Teileinspannung im Boden nach EB 26 der *EAB (2012)* angesetzt werden. Bei der Festlegung der Lastfigur braucht jedoch zwischen im Untergrund frei aufgelagerten und eingespannten Wänden nicht unterschieden werden.

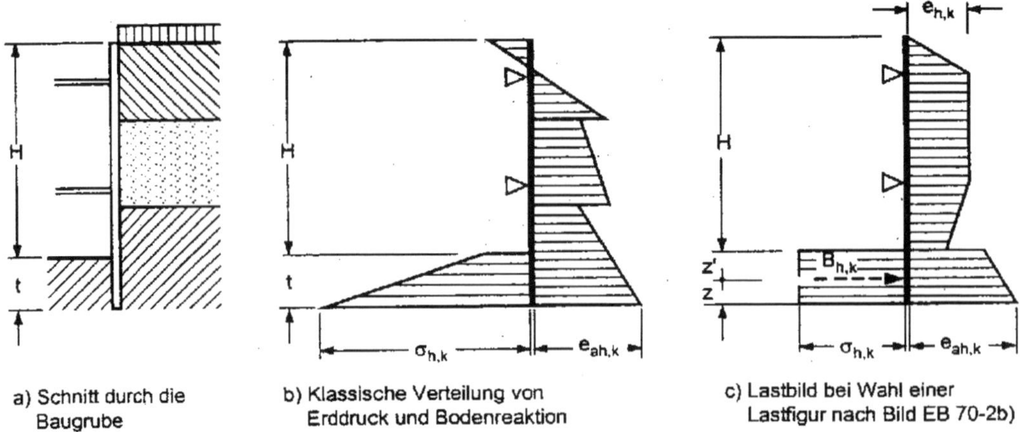

Abb. 28.31: *Lastbildermittlung für gestützte Spundwände und Ortbetonwände bei Ansatz des aktiven Erddruckes und freier Auflagerung im Boden, aus* EAB (2012)

Entsprechend der klassischen Erddrucktheorie sind die Erddruckspannungen mit charakteristischen Bodenkenngrößen

- von der Geländeoberfläche bis Wandunterkante bei im Boden frei aufgelagerten Wänden
- und von der Geländeoberkante bis zum angenommenen theoretischen Fußpunkt bei im Boden eingespannten Wänden

zu ermitteln. In die Erddruckumlagerung wird i. d. R. nur der Erddruck bis Baugrubensohle mit einbezogen. Nur in begründeten Ausnahmefällen kann eine Erddruckumlagerung auch bis maximal zur Wandunterkante erfolgen. Anschließend sind die charakteristischen Auflagerkräfte über das Kräftegleichgewicht der charakteristischen Einwirkungen zu ermitteln. Abb. 28.31 zeigt dazu die grundsätzliche Vorgehensweise ohne Berücksichtigung des Erddruckes aus weiteren Nutzlasten. In Abb. 28.32 sind die Lastfiguren für einmal gestützte Spund- und Ortbetonwände zusammengestellt.

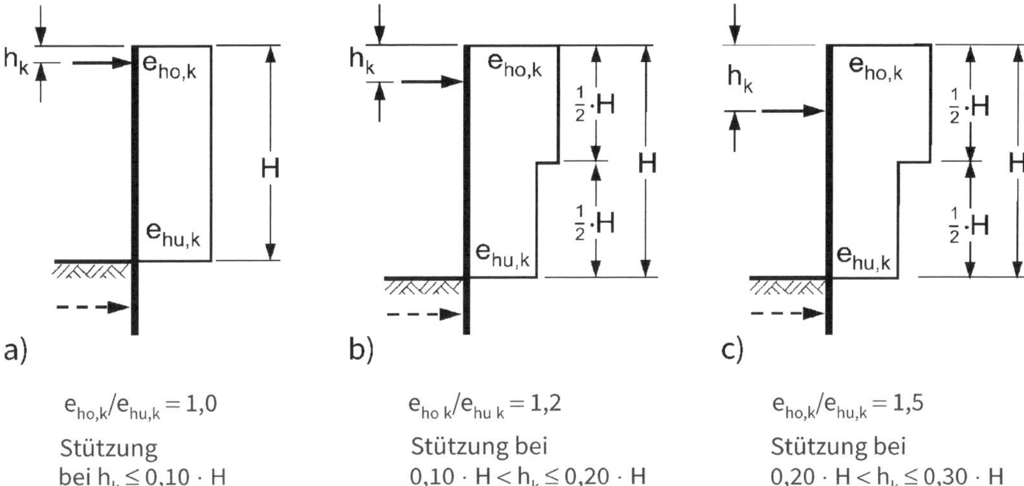

Abb. 28.32: *Wirklichkeitsnahe Lastfiguren für einmal gestützte Spundwände und Ortbetonwände nach EB 70 der* EAB (2012)

Bei zweimal gestützten Spund- und Ortbetonwänden dürfen folgende Lastfiguren als wirklichkeitsnah angenommen werden, s. Abb. 28.33:

a) ein abgestuftes Rechteck mit dem Lastsprung in Höhe der unteren Steifenlage und dem Ordinatenverhältnis $e_{ho,k}/e_{hu,k} = 1,5$ entsprechend Abb. 28.33 oben a), sofern die obere Steifen- oder Ankerlage etwa in Höhe der Geländeoberfläche, die untere Lage in der oberen Hälfte der Höhe H angeordnet ist;

b) eine viereckige mit $e_{ho,k}/e_{hu,k} = 2,0$ entsprechend Abb. 28.33 oben b), sofern die obere Steifen- oder Ankerlage unterhalb der Geländeoberfläche, die untere Lage etwa bei der Hälfte der Höhe H angeordnet ist;

c) ein abgestuftes Rechteck entsprechend Abb. 28.33 oben c), sofern beide, die Steifen- oder Ankerlage, sehr tief angeordnet sind.

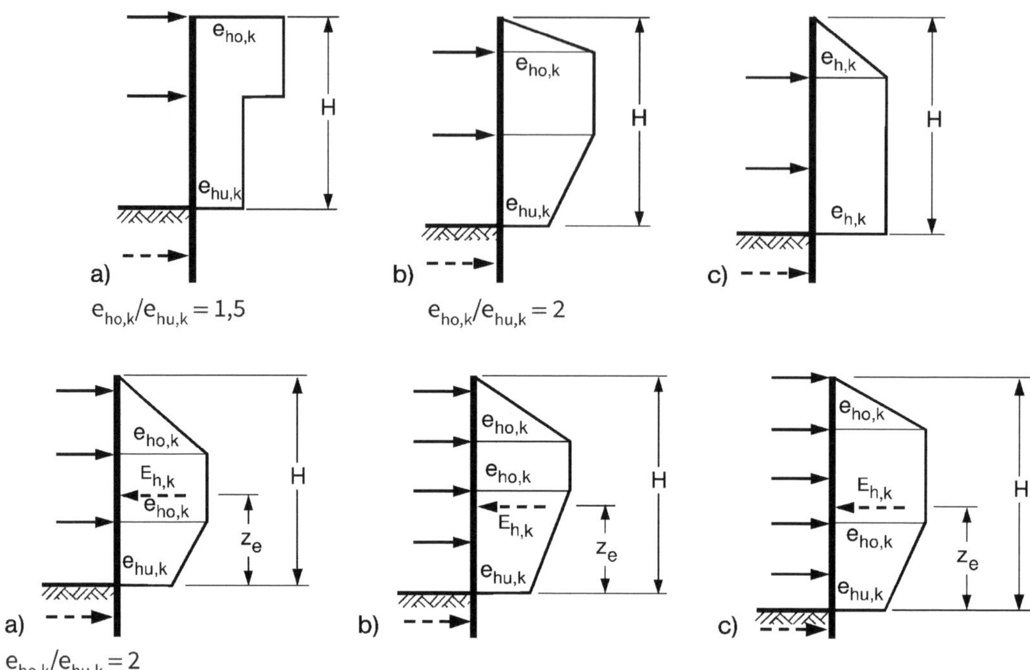

Abb. 28.33: *Wirklichkeitsnahe Lastfiguren für zwei- und mehrfach gestützte Spundwände und Ortbetonwände nach EB 70 der* EAB (2012)

Bei dreimal oder öfter gestützten Spundwänden oder Ortbetonwänden mit etwa gleichen Stützweiten darf die Lastfigur nach Abb. 28.33 als wirklichkeitsnah angenommen werden, sofern die Knickpunkte der Lastfigur in Höhe der Stützungspunkte mit einem Verhältnis $e_{ho,k}/e_{hu,k} = 2,0$ angenommen werden. Die Resultierende der rechnerischen Belastung soll dabei im Bereich von $z_e = 0,4 \cdot H$ bis $z_e = 0,5 \cdot H$ liegen.

Die Vorgaben nach Abb. 28.33 sind für ausgesteifte Spundwände immer anzuwenden. Für rückverankerte Wände ist die wirklichkeitsnahe Erddruckverteilung auch wesentlich abhängig vom Vorspanngrad (Festlegelast) der Anker. Demnach darf für verankerte Wände auch vereinfacht eine rechteckförmige Lastfigur unabhängig vom geometrischen Ansatzpunkt der Anker gewählt und damit die charakteristischen Schnittgrößen ermittelt werden.

28.7.2 Erdwiderstand bei im Boden frei aufgelagerten Wänden

Gemäß *EAB (2012)* ist für den Erdwiderstandsansatz bei im Boden frei aufgelagerten Spund- und Ortbetonwänden wie folgt zu verfahren. Wenn $\sum V = 0$ dies zulässt, sind folgende Erddruckneigungswinkel δ_p möglich:

a) $\delta_{p,k} = -\varphi'_k$ wenn gekrümmte Gleitflächen nach *Caquot et al. (1973)*, DIN 4085 oder gebrochene Gleitflächen nach dem von *Weißenbach (1985)* oder *Mao (1993)* modifizierten Ansatz nach *Streck* zugrunde gelegt werden,

b) $\delta_{p,k} = -2/3 \cdot \varphi'_k$ wenn mit ebenen Gleitflächen für $\varphi' \leq 30°$ gerechnet wird,

c) $\delta_{p,k} = -1/2 \cdot \varphi'_k$ bei Schlitzwänden,

d) $\delta_{p,k} = -1/3 \cdot \varphi'_k$ bei weichen bindigen Böden.

Die Definition des Erddruckneigungswinkels ist Abb. 28.34 zu entnehmen. Ebene Gleitflächen dürfen nur zugrunde gelegt werden, wenn die Geländeoberfläche nicht ansteigt, der Reibungswinkel φ'_k nicht größer ist als 35° und der Neigungswinkel auf $\delta_p = -2/3 \cdot \varphi'_k$ herabgesetzt wird.

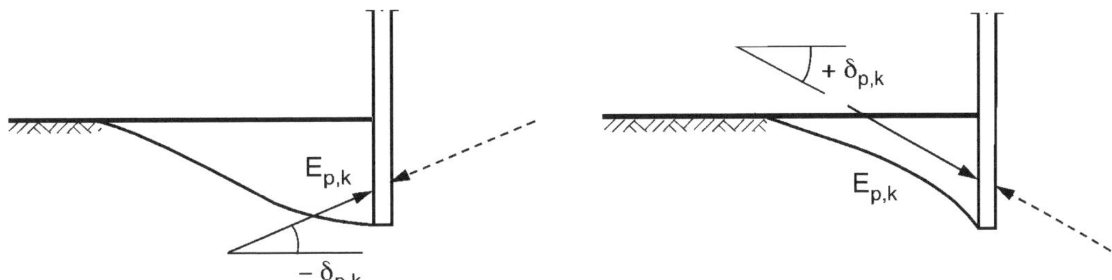

Abb. 28.34: *Neigungswinkel beim Erdwiderstand, aus* EAB (2012)

Der Angriffspunkt von $E_{ph,k}$ ergibt sich nach Tab. 28.11 im 1. Fall als parabelförmige Verteilung gemäß Abb. 28.16 und im 2. Fall in einem rechteckförmigen Verlauf, siehe Abb. 28.16.

Tab. 28.11: *Angriffspunkt von $E_{ph,k}$ unterhalb des Belastungsnullpunktes bei Spund- und Ortbetonwänden*

Boden	Tiefe
nicht bindige bzw. mindestens steife bindige Böden	$0,60 \cdot t_0$
halbfeste und feste bindige Böden	$0,50 \cdot t_0$
weiche bindige Böden	klassische Theorie

Bei Ansatz der Teilsicherheitsbeiwerte nach *Handbuch Eurocode 7-1 (2015)* wird angenommen, dass bei nichtbindigen Böden und mindestens bei steifen bindigen Böden die Verschiebungen des Fußauflagers etwa der Verschiebung der übrigen Baugrubenwand entsprechen.

Der Nachweis der Aufnahme des Erddrucks unterhalb der Baugrubensohle ist nach Gl. (28.29) im Grenzzustand GEO-2 zu führen:

$$E_{ph,d} \geq B_{h,d} \tag{28.29}$$

28.7.3 Erdwiderstand im Boden bei Wänden mit Fußeinspannung

Bei Spundwänden und Ortbetonwänden mit Fußeinspannung unterscheidet man zwischen nicht gestützten und gestützten Wänden.

Bei nicht gestützten Spund- und Ortbetonwänden kommt in tragfähigen Böden immer die volle bodenmechanische Einspannung zustande, da sich die Wand bis zum Erreichen des Gleichgewichtszustandes um einen Punkt oberhalb des Wandfußes drehen kann. Gemäß *EAB (2012)* ist der Erdwiderstand bei einer nicht gestützten, im Boden eingespannten Spund- und Ortbetonwand gemäß Abb. 28.35 anzusetzen.

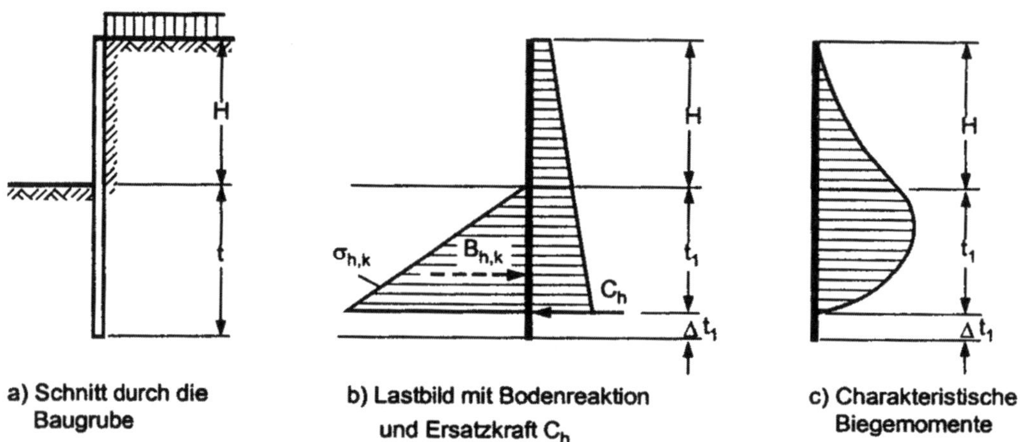

Abb. 28.35: *System, Belastung und Momentenverlauf bei einer nicht gestützten, im Boden eingespannten Spund- oder Ortbetonwand, aus* EAB (2012)

Beim Nachweis der Einbindetiefe und bei der Ermittlung der Schnittgrößen muss nachgewiesen werden, dass der Erddruck auf der aktiven Seite zusammen mit der Auflagerkraft $B_{h,k}$ von dem gesamten zur Verfügung stehenden Bemessungswert $E_{ph,d}$ des Erdwiderstandes unter Berücksichtigung der Teilsicherheitsbeiwerte aufgenommen wird. Der Nachweis der Aufnahme des Erddrucks unterhalb der Baugrubensohle ist nach Gl. (28.30) im Grenzzustand GEO-2 zu führen:

$$E_{ph,d} \geq C_{h,d} \tag{28.30}$$

Bei gestützten Spundwänden hängt der Grad der Einspannung vom Verformungsverhalten der Wand und des Bodens ab. Eine volle bodenmechanische Einspannung geht in diesem Fall theoretisch davon aus, dass am Fußpunkt weder eine Verschiebung noch eine Verdrehung auftritt. Bei gestützten Ortbetonwänden darf keine Einspannung im Boden angesetzt werden, da man davon ausgeht, dass sich nur bei gestützten biegeweichen Wänden eine volle Einspannung ausbilden kann.

Bei einer nicht gestützten Spund- oder Ortbetonwand und gestützten Spundwänden, bei denen sich eine volle Einspannung ausbilden kann, ist entsprechend Abb. 28.35 und Abb. 28.36 die erforderliche theoretische Einbindetiefe t_1 zur Aufnahme der zur Rückdrehung des Wandfußes statisch erforderlichen Ersatzkraft $C_{h,d}$ mindestens um $\Delta t_1 = 0,2 \cdot t_1$ zu vergrößern, sofern kein genauerer Nachweis geführt wird. Wird ein genauerer Nachweis nach *Lackner (1950)* geführt, ist jedoch mindestens ein Zuschlag von $\Delta t_1 = 0,1 \cdot t_1$ zu wählen, siehe auch *EAB (2012)*. Das Gleiche gilt für gestützte Spundwände (Abb. 28.36), sofern sich eine volle Einspannung im Boden einstellen kann.

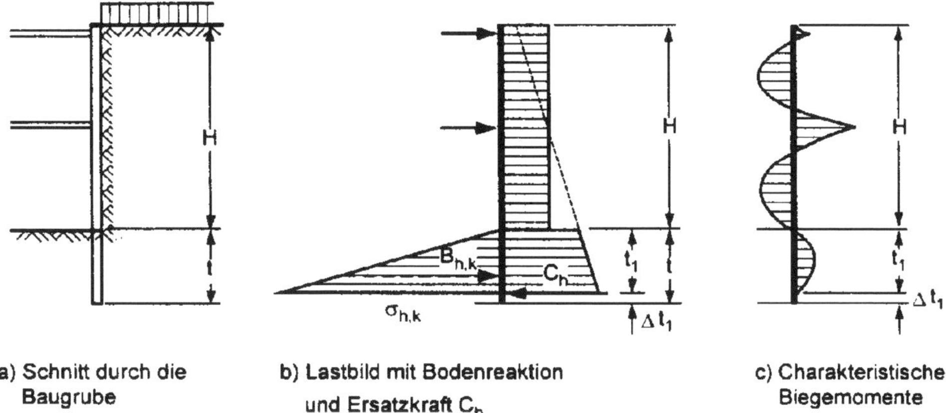

Abb. 28.36: *System, Belastung und Momentenverlauf bei einer zweimal gestützten, im Boden eingespannten Spundwand, aus* EAB (2012)

Bei teilweiser Einspannung darf der Rammtiefenzuschlag näherungsweise zwischen dem bei Volleinspannung maßgebenden Wert Δt_1 und dem bei freier Auflagerung geltenden Wert $\Delta t_1 = 0$ in Abhängigkeit vom Verhältnis $t_1' : t_1$ geradlinig interpoliert werden.

Nach *Lackner (1950)* ist zur Ermittlung der Einbindetiefe Δt_1 gemäß Abb. 28.37 die Grenzzustandsbedingung im Grenzzustand GEO-2 für die Bemessungsgrößen einzuhalten:

$$C_{h,d} \leq E_{phC,d} \tag{28.31}$$

Die Ersatzkraft $C_{h,d}$ setzt sich aus den Anteilen $C_{Gh,k}$ und $C_{Qh,k}$ aus ständigen und veränderlichen Einwirkungen zusammen:

$$C_{h,d} = C_{Gh,k} \cdot \gamma_G + C_{Qh,k} \cdot \gamma_Q \tag{28.32}$$

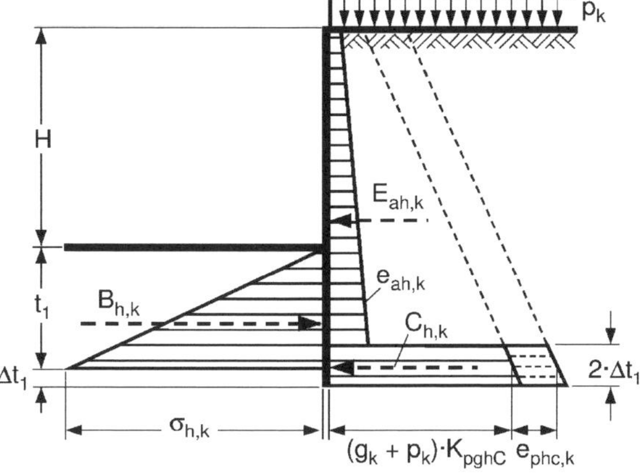

Abb. 28.37: *Aufnahme der Kraft C_h am Fuß einer im Boden eingespannten Wand nach Lackner, aus* EAB (2012)

Der Bemessungserdwiderstand im Punkt C berechnet sich zu:

$$E_{phC,d} = 2 \cdot \Delta t_1 \cdot \frac{e_{phC,k}}{\gamma_{R,e}} \tag{28.33}$$

Gegebenenfalls ist bei der Ermittlung von $e_{phC,k}$ der Einfluss von Grundwasser zu berücksichtigen.

Der Nachweis der Vertikalkomponente des mobilisierten Erdwiderstandes ist nach *EAB (2012)* zu erbringen. Des Weiteren der Nachweis der Abtragung von Vertikalkräften in den Untergrund.

28.8 Erddruckansätze bei verankerten Baugrubenwänden

Werden die Anker so vorgespannt, dass die Bewegungen der Wand ähnlich sind wie bei einer Aussteifung, so gelten nach *EAB (2012)* die gleichen Erddruckansätze wie bei ausgesteiften Baugrubenwänden. Da dies jedoch in der Regel nicht zutrifft, außerdem durch entsprechend größere oder kleinere Vorspannung der Anker auch andere Erddruckverteilungen erzwungen werden können und darüber hinaus der Boden nicht nur als Belastung, sondern auch zur Aufnahme der Ankerkräfte wirksam wird, gelten für verankerte Baugrubenwände die im Folgenden dargestellten Grundsätze.

Die Größe und die Verteilung des Erddruckes auf verankerte Baugrubenwände hängen in erster Linie davon ab, mit welchen Kräften die Anker vorgespannt und festgelegt werden. Man erhält eine der Schnittgrößenermittlung zugrunde gelegte, vom klassischen Erddruck abweichende Erddruckverteilung, z. B. eine Lastfigur nach Abb. 28.11, in der Regel nur dann, wenn die Anker bei der Bemessung für aktiven Erddruck auf wenigstens 80 %, bei der Bemessung für einen höheren als den aktiven Erddruck auf 100 % der für den jeweiligen Bauzustand errechneten charakteristischen Beanspruchung E_k festgelegt werden.

Im Allgemeinen wird für die Berechnung einer verankerten Wand als Lastfigur näherungsweise ein Erddruckrechteck gewählt. Im Gegensatz zu den ausgesteiften Baugruben darf hierbei auf die geforderte rechnerische Vergrößerung der ermittelten Bemessungswerte der Querkräfte und Auflagerkräfte verzichtet werden. Eine Abminderung der mit dem Erddruckrechteck ermittelten Biegemomente ist dann allerdings nicht zulässig.

Innerhalb gewisser Grenzen, insbesondere auch abhängig von der Steifigkeit der Baugrubenwand, kann durch entsprechende Anordnung und Vorspannung der Anker eine frei gewählte Erddruckverteilung erzwungen werden. Soll eine starke Erddruckverteilung nach oben erreicht werden, z. B. eine Erddruck-Lastfigur, deren Resultierende oberhalb der halben Baugrubentiefe liegt, so ist es bei mehrfach verankerten Baugrubenwänden erforderlich, die oberen Ankerlagen länger auszubilden als die unteren.

In Ausnahmefällen kann bei entsprechender Wahl der Ankeranordnung, Ankerlänge und Vorspanngrad bei verhältnismäßig steifen Wänden (z. B. Ortbetonwänden oder Schlitzwänden) die klassische Erddruckverteilung zugrunde gelegt werden.

28.9 Nachweis der Gesamtstandsicherheit bei verankerten Baugrubenwänden

Für verankerte Baugrubenwände ist nachzuweisen, dass die Anker ausreichend lang sind. Die erforderliche Ankerlänge ergibt sich dabei aus dem Nachweis der Gesamtstandsicherheit. Hierbei sind folgende zwei Bruchzustände zu untersuchen:

a) Drehung der Wand um einen tief liegenden Punkt, d. h. Nachweis der Standsicherheit in der tiefen Gleitfuge entsprechend 28.10 und Abb. 28.2 b).

b) Drehung der Wand um einen hoch gelegenen Punkt, d. h. Nachweis der Geländebruchsicherheit nach Band 1, Kapitel 14, und Abb. 28.2 a).

Anmerkung: Wird im Nachweis der Gebrauchstauglichkeit nach *EAB (2012)*, EB 83 (siehe auch 28.14 und 28.15) festgestellt, dass für die festgelegten Ankerlängen unverträgliche Bewegungen der Wand zu erwarten sind, kann dieses ebenfalls eine Verlängerung der Anker zur Folge haben.

28.10 Nachweis der Standsicherheit in der tiefen Gleitfuge

28.10.1 Allgemeines

Bei rückverankerten Wänden oder anderen Stützkonstruktionen (Stützmauern, Unterfangungswänden usw.) ist nach *Handbuch Eurocode 7-1 (2015)* und *EAB (2012)* der Nachweis der Standsicherheit in der tiefen Gleitfuge zu führen.

Dabei ist für verankerte Stütz- und Baugrubenwände für den Grenzzustand GEO-2 nachzuweisen, dass die Ankerlänge ausreichend gewählt worden ist. Dies ist der Fall, wenn der von der Verankerung erfasste Bodenkörper bei einer Drehung der Wand um den Fußpunkt oder einen tiefer gelegenen Punkt nicht auf einer tiefen Gleitfuge abrutschen kann. Die Ankerlänge muss zunächst vorgeschätzt werden, damit dann die vorhandene Sicherheit (Ausnutzungsgrad) ermittelt werden kann. Für die erste Abschätzung gilt, dass der Anker etwa so lang wird, wie die Stützwand hoch ist.

28.10.2 Standsicherheit in der tiefen Gleitfuge bei einer Ankerlage

28.10.2.1 Allgemeines

Ist die Ankerlänge zu kurz gewählt, tritt ein Bruchmechanismus gemäß Abb. 28.38 auf:

Der „aktive Gleitkeil“ A erzeugt den Erddruck auf die Wand. Hierdurch entsteht die Ankerkraft. Diese Kraft wird über den Ankerkörper (Verpresskörper, Ankerwand usw.) in den Bodenblock B übertragen und führt im Versagensfall zum Abrutschen des Bodenblocks B auf der (schwach) nach oben gekrümmten Gleitfuge. Diese wird näherungsweise durch eine vom Wandfuß zur Mitte der Verpressstrecke verlaufende gerade Gleitfuge ersetzt. Die Beanspruchung ist die im Bodenblock B eingeleitete Ankerkraft; der Widerstand entsteht durch die in der tiefen Gleitfuge wirksame Scherfestigkeit und wird berechnet als die Kraft $A_{mögl,k}$, die in Richtung des Ankers wirkend, den Bodenblock B auf der tiefen Gleitfuge zum Abrutschen veranlasst.

Ein Ersatzsystem für Ankerpfähle ist in *EAU (2012)* enthalten.

Der Fußpunkt der tiefen Gleitfuge wird wie folgt festgelegt:

- bei frei aufgelagerten Verbauwänden in Höhe Unterkante Baugrubenwand bzw. Bohlträger;
- bei im Boden eingespannten oder elastisch gebetteten Wänden gilt als rechnerischer Fußpunkt der Querkraftnullpunkt.

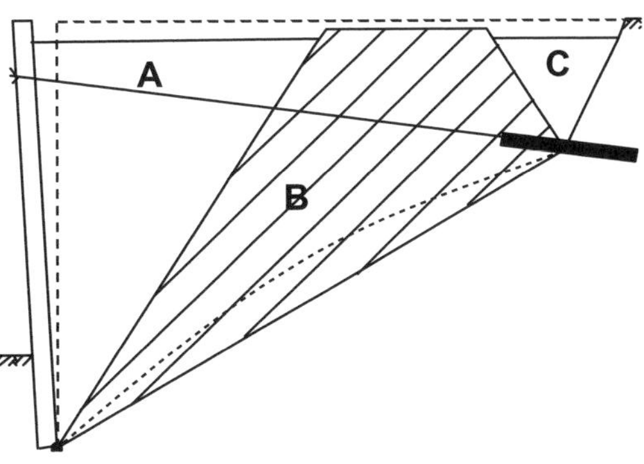

Abb. 28.38: *Bruchmechanismus*

Wenn die Verbauwand stärker in den Baugrund einbindet als es zur Aufnahme der waagerechten Auflagerkraft erforderlich ist (z. B. zur Aufnahme zusätzlicher lotrechter Lasten, zur Vermeidung des hydraul. Grundbruchs, zur Auftriebssicherung etc.), bleibt die Lage des Fußpunktes unverändert. Ist allerdings bei steifen Wänden mit großer Beanspruchung aus Wasserdruck trotz einer Verlängerung aus den zuvor beschriebenen Gründen mit Verschiebungen des Wandfußes zu rechnen, dann ist der tatsächliche Wandfuß als Fußpunkt der tiefen Gleitfuge anzunehmen.

Wird rechnerisch oder tatsächlich auf eine Einbindung der Wand in den Untergrund verzichtet, so ist der Fußpunkt in der Tiefe anzunehmen, in der die unterhalb der Baugrubensohle angreifende Bemessungs-Erddruckkraft vom Bemessungs-Erdwiderstand aufgenommen werden kann.

Als rückwärtige Begrenzung des untersuchten Erdkörpers gilt:

- bei durchgehenden Ankerwänden eine vom Fuß der Ankerwand ausgehende, senkrecht bis zur Geländeoberfläche reichende Ebene;
- bei einzelnen Ankerplatten ist die entsprechende Ersatzankerwand um $a_1/2$ (a_1: lichter Abstand der Ankerplatte) vor den Ankerplatten anzunehmen;
- bei einem Zugpfahl, der auf seiner gesamten Länge Kraft in den Baugrund abtragen kann, wird nur eine begrenzte Krafteinleitunglänge l_r außerhalb des aktiven Erddruckkeils angesetzt, vgl. Abb. 28.39.

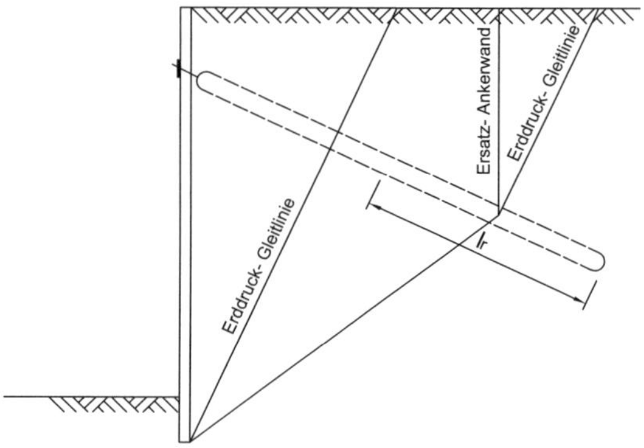

Abb. 28.39: *Nachweis der Standsicherheit in der tiefen Gleitfuge bei Pfählen*

Auf die Ersatzankerwand bei Pfählen und Verpressankern ist $\delta_a = 0$ bzw. bei geneigtem Gelände $\delta_a = \beta$ anzusetzen. Bei Ankerwänden und Ankerplatten darf mit $\delta_a = 2/3 \cdot \varphi'_k$ gerechnet werden.

Anmerkung: Teilweise werden in der Literatur beim Nachweis der tiefen Gleitfuge abweichende Abkürzungen verwendet. In *EAB (2012)* entspricht $R_{A,cal} = A_{mögl,k}$ und $F_{Q,k} = P_k$ sowie $C_k = K_k$.

28.10.2.2 Homogener Baugrund

Das Verfahren zum Nachweis der Standsicherheit in der tiefen Gleitfuge geht zurück auf *Kranz (1953)*. Dabei wird ein Schnitt unmittelbar hinter der Wand, in der tiefen Gleitfuge und in der Ersatzankerwand durchgeführt und das Krafteck gemäß Abb. 28.40, aufbauend auf Abb. 28.38, entwickelt.

In Abb. 28.40 bezeichnet $E_{a2,k}$ den aktiven Erddruck auf die rückverankerte Wand, $E_{a1,k}$ den aktiven Erddruck auf die Ersatzankerwand, Q_k die charakteristische Reibungskraft in

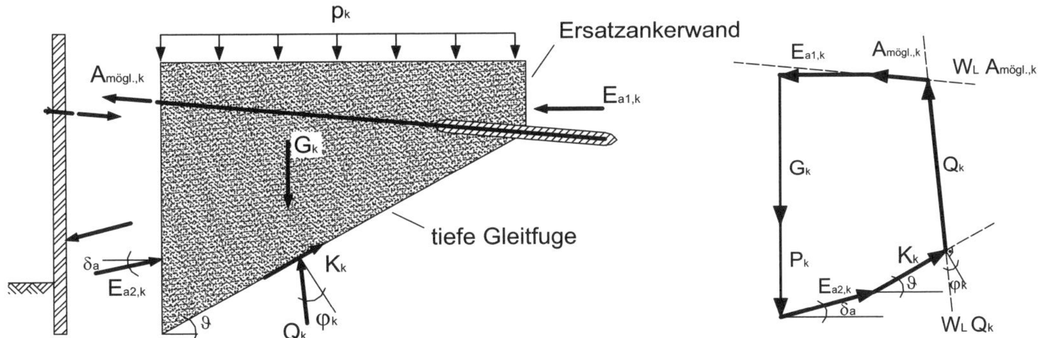

Abb. 28.40: *System und Krafteck beim Nachweis tiefe Gleitfuge, nach* Kranz (1953)

der Gleitfuge, K_k die über die Länge der Gleitfuge wirksame charakteristische Kohäsionskraft, P_k die resultierende Nutzlast, G_k das charakteristische Eigengewicht des idealisierten Bruchkörpers und $A_{mögl,k}$ den möglichen charakteristischen Ankerwiderstand.

$A_{mögl,k}$ ergibt sich dabei grafisch aus dem in Abb. 28.40 (rechts) dargestellten Krafteck. Den Bemessungswert $A_{mögl,d}$ erhält man nach Division durch den Teilsicherheitsbeiwert $\gamma_{R,e}$. Eine ausreichende Sicherheit gegen Versagen in der tiefen Gleitfuge ist eingehalten, wenn für den Grenzzustand GEO-2 die Bedingung

$$A_{vorh,d} \leq A_{mögl,d} \qquad (28.34)$$

mit

$$A_{mögl,d} = A_{mögl,k}/\gamma_{R,e}$$
$$A_{vorh,d} = A_{vorh,G,k} \cdot \gamma_G + A_{vorh,Q,k} \cdot \gamma_Q$$

erfüllt ist, d. h., wenn der Bemessungswert $A_{vorh,d}$, der sich aus der Schnittgrößenermittlung (Nachweis Einbindetiefe) ergibt, nicht größer ist als der Bemessungswert $A_{mögl,d}$ der Ankerkraft, die im Grenzzustand das Abgleiten des Erdkörpers auf der tiefen Gleitfuge bewirkt.

Anmerkungen zur Bestimmung von $A_{mögl,d}$:

- Ein ggf. vorhandener horizontaler Grundwasserspiegel wird durch die unterschiedlichen Bodenwichten (γ_k bzw. γ'_k) berücksichtigt. Horizontale Wasserdruckkräfte heben sich dabei gegenseitig auf. Der horizontale Wasserdruck geht nur bei der Ermittlung der charakteristischen vorhandenen Ankerkraft $A_{vorh,G,k}$ bzw. $A_{vorh,Q,k}$ ein.
- Der Erddruck auf der Baugrubenseite ist bis zum Fußpunkt des Gleitkörpers zu berücksichtigen. Die Erddruckkraft $E_{a2,k}$ muss aus den gleichen Erddruckansätzen wie bei der Schnittgrößenbemessung (Nachweis der Einbindetiefe) ermittelt werden.
- Wenn bei der Schnittgrößenbestimmung eine Kohäsion berücksichtigt wurde, darf diese auch beim Nachweis tiefe Gleitfuge als zusätzliche haltende Kraft im Krafteck

berücksichtigt werden. l_c ist die Länge der kohäsionsbehafteten tiefen Gleitfuge.

$$K_k = c'_k \cdot l_c \tag{28.35}$$

- Erddrücke aus unbegrenzten Flächenlasten $p_k \leq 10$ kN/m² werden zu den ständigen Lasten gezählt.
- Die Nutzlast P_k auf der Geländeoberfläche ist aus den gleichen Lastansätzen zu ermitteln, die der Ermittlung der Erddrucklast $E_{a2,d}$ und der Bemessungsankerkraft $A_{vorh,d}$ zugrunde gelegt worden sind. Auf eine gesonderte Untersuchung, bei der die Nutzlast P_k sowohl bei der Ermittlung der Bemessungsankerkraft $A_{vorh,d}$ als auch bei der Ermittlung der möglichen Ankerkraft $A_{mögl,d}$ nicht angesetzt wird, darf verzichtet werden.
- Aus Modellversuchen und aus Vergleichsberechungen ist bekannt, dass in Wirklichkeit keine ebene tiefe Gleitfuge, sondern eine nach oben durchgebogene Gleitfuge auftritt. Der damit verbundene Fehler wird wie folgt ausgeglichen: Bei der Verankerung mit Ankerwänden und Ankerplatten ist der Widerstand $A_{mögl,k}$ mit dem Anpassungsfaktor $\eta_T = 0,75$ zu multiplizieren. Bei der Verankerung mit Pfählen oder Verpressankern wird der Fehler durch die Wahl des Schwerpunktes der Lasteintragungsstrecke als Endpunkt der tiefen Gleitfuge ausgeglichen.

28.10.2.3 Geschichteter Baugrund

Bei geschichtetem Baugrund sind für den Nachweis in der tiefen Gleitfuge im Wesentlichen zwei Fälle zu unterscheiden.

a) Bodenschichtgrenze schneidet die tiefe Gleitfläche:
Der Bodenblock zwischen der zu verankernden Wand und der Ersatzankerwand wird so in Lamellen unterteilt, dass an jeder Lamelle in der tiefen Gleitfuge eine einheitliche Scherfestigkeit wirkt. Es werden ausgehend von der Lamelle an der Ersatzankerwand so viele Teilkraftecke gezeichnet wie Lamellen vorhanden sind, siehe Abb. 28.41.

b) Bodenschichtgrenze schneidet tiefe Gleitfuge nicht:
Die Bodenschichtung wird nur in der unterschiedlichen Gewichtsermittlung berücksichtigt, siehe Abb. 28.42.

28.10.3 Standsicherheit in der tiefen Gleitfuge bei mehreren Ankerlagen

Die in 28.10.2 behandelten Grundlagen für die Berechnung einfach verankerter Stützwände gelten grundsätzlich auch bei mehrfach verankerten Wänden. Im Hinblick auf das Zusammenwirken der einzelnen Ankerlagen sind jedoch einige zusätzliche Überlegungen anzustellen. Je nach Anordnung der Anker sind zwischen den Mittelpunkten der Krafteintragungsstrecken und dem Fußpunkt der tiefen Gleitlinie verschiedene gerade oder zusammengesetzte tiefe Gleitflächen möglich, für die jeweils durch Stabilitätsuntersuchungen die Grenzzustände der Tragfähigkeit nachzuweisen sind.

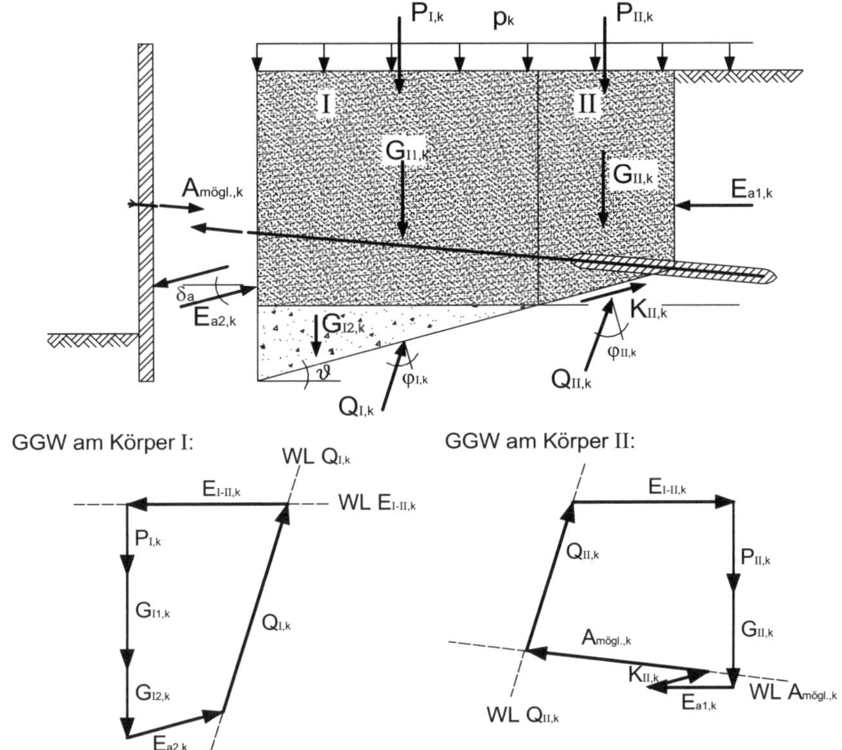

Abb. 28.41: *System und Krafteck bei Schichtgrenzen in der tiefen Gleitfuge*

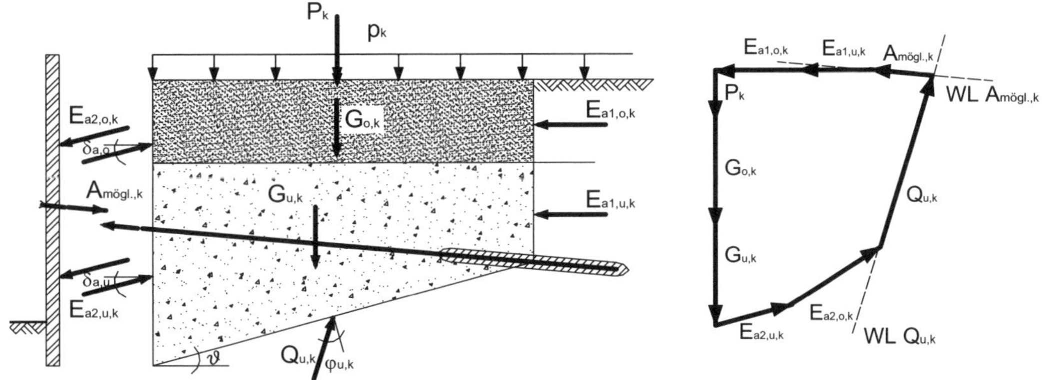

Abb. 28.42: *System und Krafteck bei Schichtgrenzen oberhalb der tiefen Gleitfuge*

Nachfolgend sind für vier verschiedene Fälle der Ankeranordnung in Anlehnung an *Ranke/Ostermayer (1968)* die Kräfteansätze erläutert und hieraus die Sicherheitsbeiwerte bestimmt. Diese Beispiele mit zweifacher Verankerung lassen sich ohne Weiteres auf mehrfach verankerte Wände übertragen.

a) Fall 1:
Der in Abb. 28.43 und Abb. 28.44 dargestellte Fall 1 ist dadurch gekennzeichnet, dass

der obere Anker kürzer ist als der untere. Diese Art der Ankeranordnung kann sich in der Praxis dann ergeben, wenn mit der klassischen Erddruckverteilung gerechnet wird und eventuell auch Wasserdruck aufzunehmen ist.

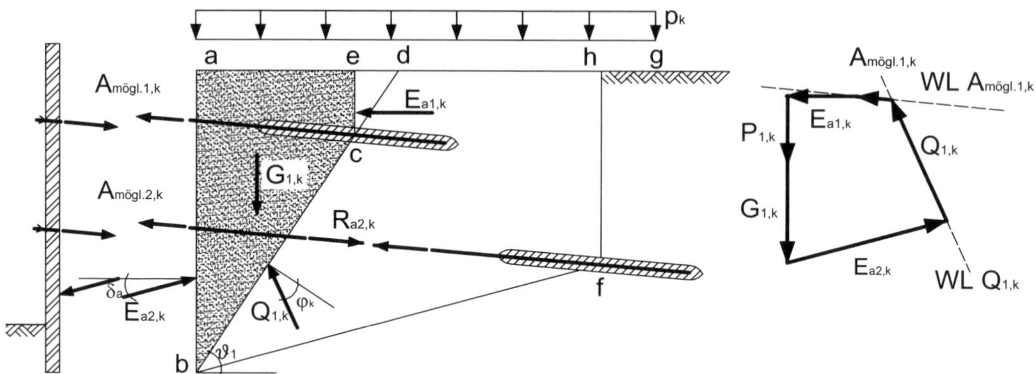

Abb. 28.43: *Kräfteansatz zu Fall 1 für die Gleitfläche (b c)*

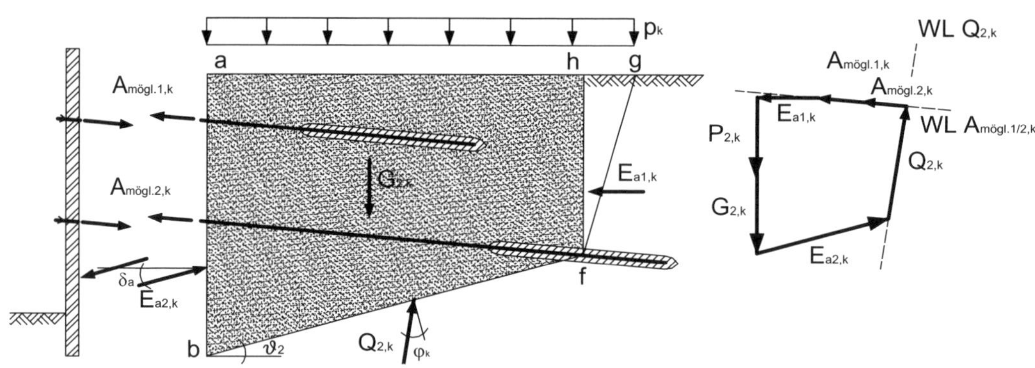

Abb. 28.44: *Kräfteansatz zu Fall 1 für die Gleitfläche (b f)*

i) Die Sicherheit der oberen Ankerlage erhält man aus dem Gleitflächenverlauf (b c) bzw. aus der Gleichgewichtsbetrachtung für den schraffierten Bodenkörper (a b c e). In dem untersuchten Rundschnitt ist der untere Anker zweimal geschnitten, der Widerstand $A_{mögl,2,k}$ geht demnach in das Kräftepolygon nicht ein, da er auf den schraffierten Bodenkörper keine Zugkraft ausübt. Man erhält den Nachweis der Tragfähigkeit in Bezug auf die Gleitfläche (b c):

$$A_{vorh,1,d} \leq A_{mögl,1,k}/\gamma_{R,e} \tag{28.36}$$

ii) Für den Nachweis der Standsicherheit in der unteren tiefen Gleitfläche (b f) erhält man aus dem Kräftegleichgewicht für (a b f h) (schraffierter Körper in Abb. 28.44) die Widerstände $A_{mögl,1,k}$ und $A_{mögl,2,k}$. Da beide Anker in der Untersuchung nur einmal geschnitten sind bzw. da beide Anker auf den Bodenkörper eine Zugkraft ausüben, ist die Summe der Bemessungsgrößen der Ankerbeanspruchungen $A_{vorh,1,d}$ und $A_{vorh,2,d}$ den Bemessungsgrößen der Widerstände $A_{mögl,1,d}$ und $A_{mögl,2,d}$ gegenüberzustellen.

$$A_{vorh,1,d} + A_{vorh,2,d} \leq (A_{mögl,1,k} + A_{mögl,2,k}) / \gamma_{R,e} \tag{28.37}$$

b) Fall 2:
Fall 2 (Abb. 28.45) stellt den Normalfall bei Berücksichtigung einer Erddruckumlagerung und bei nahezu homogenen Untergrundverhältnissen dar. Der obere Anker ist länger als der untere, der Mittelpunkt der Krafteintragungsstrecke des oberen Ankers (Punkt c) liegt jedoch noch innerhalb des vom unteren Anker ausgehenden aktiven Gleitkeiles (f g h). Damit kann die Standsicherheit für beide Gleitflächen (b c) und (b f) wie im Fall 1 nachgewiesen werden, da bei der Betrachtung der Gleitfläche (b c) der Widerstand $A_{mögl,2,k}$ ebenfalls herausfällt und bei der Untersuchung des Gleitflächenverlaufes (a b f g) beide Anker wiederum nur einmal geschnitten werden.

i) Für die obere Ankerlage muss gelten:

$$A_{vorh,1,d} \leq A_{mögl,1,k} / \gamma_{R,e} \tag{28.38}$$

ii) Für die untere Ankerlage gilt der Nachweis:

$$A_{vorh,1,d} + A_{vorh,2,d} \leq (A_{mögl,1,k} + A_{mögl,2,k}) / \gamma_{R,e} \tag{28.39}$$

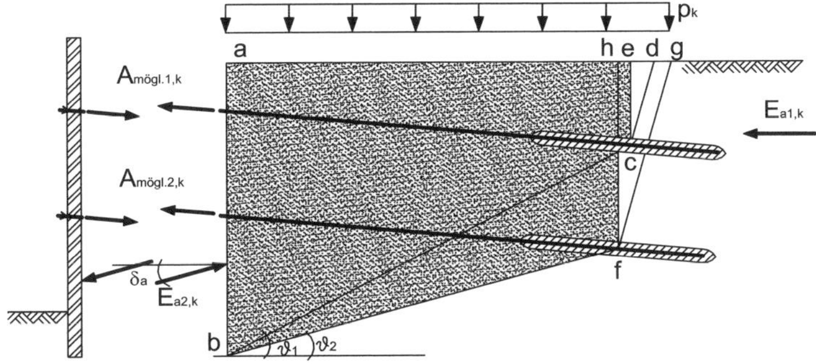

Abb. 28.45: *Kräfteansatz zu Fall 2*

c) Fall 3:
Im Fall 3 (Abb. 28.46 und Abb. 28.47) liegt der obere Anker außerhalb des vom unteren Anker ausgehenden Gleitkeiles, der Neigungswinkel der Gleitfläche (b c) ist jedoch größer als derjenige der Gleitfläche (b f) des unteren Ankers ($\vartheta_1 > \vartheta_2$). Theoretisch sind drei Nachweise erforderlich, praktisch werden allerdings nur zwei Nachweise geführt.

i) Der Nachweis für die obere Ankerlage ist wie in den Fällen 1 und 2 zu führen:

$$A_{vorh,1,d} \leq A_{mögl,1,k} / \gamma_{R,e} \tag{28.40}$$

ii) Für die obere und untere Ankerlänge muss der in Abb. 28.46 dargestellte Fall einer gebrochenen Gleitfuge (b f c) untersucht werden:

$$A_{vorh,1,d} + A_{vorh,2,d} \leq \left(A_{mögl,1,k} + A_{mögl,2,k}\right) / \gamma_{R,e} \tag{28.41}$$

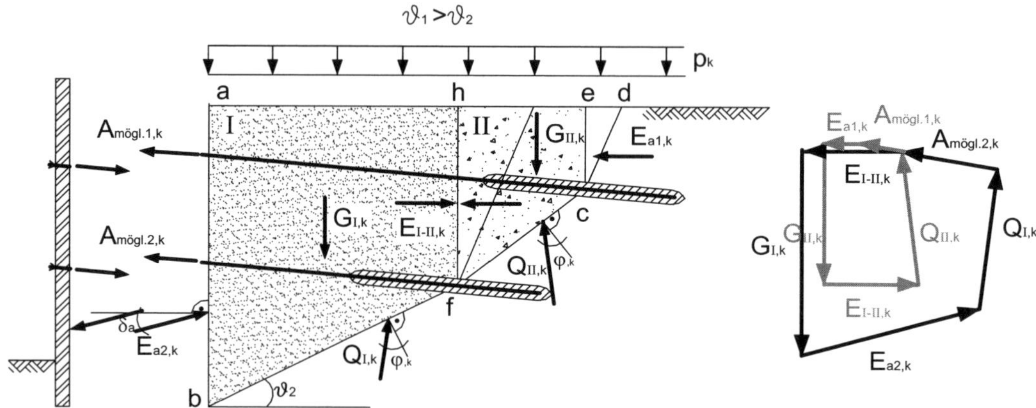

Abb. 28.46: *Kräfteansatz zu Fall 3 für Gleitfläche (b f c)*

iii) Theoretisch braucht bei der Ermittlung der Standsicherheit entsprechend der Darstellung in Abb. 28.47 nur $A_{vorh,2,d}$ berücksichtigt werden. Da aber der aufwendige Fall 3ii) entfallen soll, wird die Sicherheit wie folgt berechnet:

$$A_{vorh,1,d} + A_{vorh,2,d} \leq A_{mögl,2,k} / \gamma_{R,e} \tag{28.42}$$

Die gewählte Sicherheitsdefinition liegt im Vergleich mit Fall 3ii) auf der sicheren Seite, weil die angreifenden Kräfte $(A_{vorh,1,d} + A_{vorh,2,d})$ gleich groß sind und die mögliche Ankerkraft bei Fall 3 iii) eindeutig kleiner ist als bei Fall 3 ii).

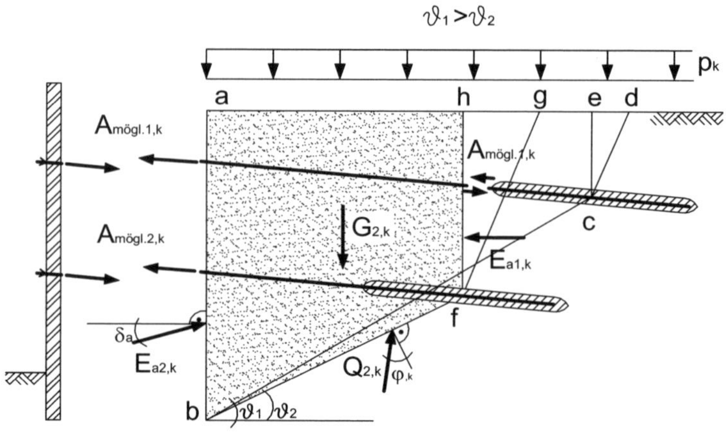

Abb. 28.47: *Kräfteansatz zu Fall 3 für Gleitfläche (b f)*

d) Fall 4:
In Abb. 28.48 bzw. Abb. 28.49 ist der Fall dargestellt, dass die Anker der oberen Lage so lang sind, dass $\vartheta_1 < \vartheta_2$ wird. Dieser Fall tritt meistens dann auf, wenn erst in größerer Tiefe Bodenschichten anstehen, die für eine Verankerung geeignet sind, sodass die Ankerlängen in erster Linie durch die erforderliche Tragfähigkeit der Einzelanker bestimmt werden.

i) Für die durch die obere Ankerlage festgelegte Gleitfläche (b c) muss in diesem Fall entsprechend Abb. 28.48 die Summe der Bemessungsgrößen der Ankerkräfte angesetzt werden:

$$A_{vorh,1,d} + A_{vorh,2,d} \leq (A_{mögl,1,k} + A_{mögl,2,k}) / \gamma_{R,e} \tag{28.43}$$

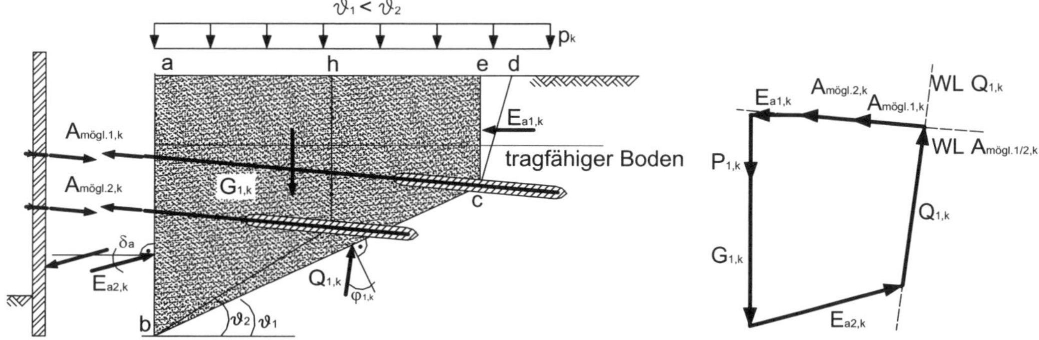

Abb. 28.48: *Kräfteansatz zu Fall 4 für die obere Ankerlänge – Gleitfläche (b c)*

ii) Für die untere Ankerlänge bzw. die Gleitfläche (b f) ist entsprechend Abb. 28.49 mit dem Widerstand $A_{mögl,2,d}$ der Nachweis der Tragfähigkeit zu führen:

$$A_{vorh,2,d} \leq A_{mögl,2,k} / \gamma_{R,e} \tag{28.44}$$

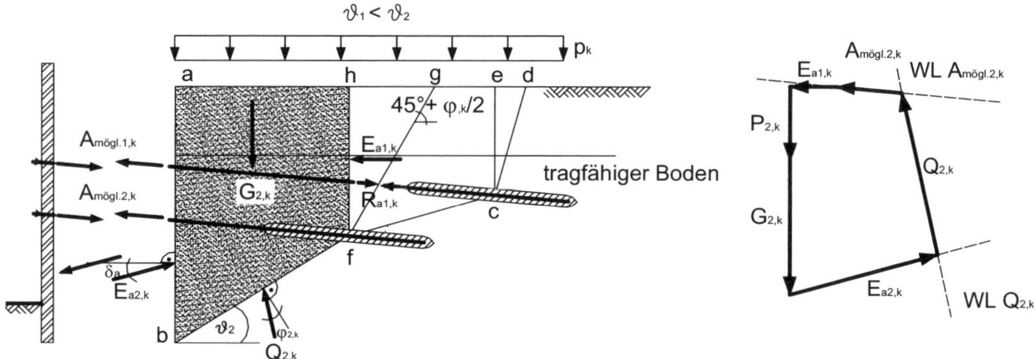

Abb. 28.49: *Kräfteansatz zu Fall 4 für die untere Ankerlänge – Gleitfläche (b f)*

28.11 Sicherheit gegen Aufbruch des Verankerungsbodens

Die Rückverankerung von Baugruben erfolgt meist durch Verpressanker. Der Nachweis gegen Versagen der Lastübertragung durch Ankerverpresskörper wurde bereits in Kapitel 27 behandelt.

Bei Ufereinfassungen ist die Krafteinleitung in den Boden auch über Ankerplatten und Ankerwände üblich, für die ein zusätzlicher Nachweis erforderlich wird, der den Aufbruch des Verankerungsbodens abdeckt und analog zum Nachweis gegen Versagen des Erdwiderlagers (GEO-2) zu führen ist. Näheres siehe *EAB (2012)* und *EAU (2012)*.

28.12 Baugruben im Wasser

28.12.1 Allgemeines

Die Berücksichtigung des Wassers in einer Baugrubenberechnung ist von großer Bedeutung für die Standsicherheit der Baugrubenwand, da Wasserdruck im Gegensatz zum Erddruck stets ohne Umlagerung in voller Größe auftritt.

Liegt der Grundwasserspiegel über der Baugrubensohle, können neben hydrostatischen Wasserdrücken auch Strömungskräfte im Bauwerk auftreten und es beanspruchen.

Kann durch Wasserhaltungsmaßnahmen das anstehende Grundwasser bis unter die Baugrubensohle abgesenkt werden, so ist die Baugrubenwand wie eine entsprechende Baugrube im Trockenen zu behandeln. Grundwasserabsenkungen sind jedoch nicht immer technisch möglich, erlaubt oder wirtschaftlich durchzuführen und können zu erheblichen Setzungen führen.

Empfehlungen für die Berechnung und Bemessung von Baugruben im Grundwasser oder offenem Gewässer können der *EAB (2012)* entnommen werden. Empfehlungen für Bauwerke zur Ufersicherung (z. B. bei Hafenanlagen oder Wasserverkehrsbauwerken) sind in der *EAU (2012)* zusammengestellt.

Im Zusammenhang mit Baugruben im Wasser werden folgende Fälle von Erscheinungsformen des Wassers unterschieden:

- offene Gewässer,
- freies Grundwasser,
- gespanntes Grundwasser.

Bei der Ermittlung der Belastung auf die Baugrubenwände werden die Wasserdrücke mit den Erddrücken überlagert.

Für die Standsicherheitsnachweise von Baugruben im Wasser bezüglich charakteristischer Wasserstände, Bemessungssituationen und Teilsicherheitsbeiwerten siehe Band 1, 12.10, 12.11 und 13.7.4.

28.12.2 Hydrostatischer Wasserdruck und Strömungsdruck

Bei Spund- und Ortbetonwänden im Grundwasserbereich oder im offenen Wasser wirkt der Wasserdruck. Dieser kann z. B. als Staudruck, Grundwasserdruck, Strömungsdruck oder Porenwasserdruck auftreten (DIN 19702).

Für die Bemessung dieser Wände kann sowohl der hydrostatische Wasserdruckansatz oder ein Wasserdruck unter Berücksichtigung der Strömung (siehe Band 1, 12.10 und 12.11) angesetzt werden.

Für die Berechnung der Standsicherheitsnachweise und Bemessung der Spund- und Ortbetonwände ist ein möglichst zutreffender Hochwasser-, Niedrig- und/oder Tidewasserspiegel mit einem sinnvollen Sicherheitsniveau in Abstimmung mit dem Bauherren und den weiteren an der Planung und Bau des Bauwerkes Beteiligten zu wählen, s. a. 28.3.4. Dabei kann es auch wirtschaftlicher sein, die Baugrube für einen geringeren Bemessungsfall auszubilden und ggf. bei Eintreten von höheren als den angesetzten Wasserständen zu fluten.

Nach *EAU (2012)* gelten die in Tab. 28.12 angegebenen Wasserstandszeichen.

Tab. 28.12: *Wasserstände, aus* EAU (2012)

Zeichen	Begriffsbestimmungen	Zeichen	Begriffsbestimmungen
	Wasserstände ohne Tide		**Wasserstände mit Tide**
GrW, GW	Grundwasserstand	HHThw	Höchster Tidehochwasserstand
HaW	Normaler Hafenwasserstand	MSpThw	Mittlerer Springtidehochwasserstand
NHaW	Niedrigster Hafenwasserstand	MThw	Mittlerer Tidehochwasserstand
HHW	Höchster Hochwasserstand	Tmw	Tidemittelwasserstand
HW	Hochwasserstand	T½w	Tidehalbwasser
MHW	Mittlerer Hochwasserstand	MTnw	Mittlerer Tideniedrigwasserstand
MW	Mittelwasserstand	MSpTnw	Mittlerer Springtideniedrigwasserstand
MNW	Mittlerer Niedrigwasserstand	NNTnw	Niedrigster Tideniedrigwasserstand
NW	Niedrigwasserstand	SKN	Seekartennull (entspricht etwa MSpTnw)
NNW	Niedrigster Niedrigwasserstand	KN	Kartennull (entspricht etwa MSpTnw)
HSW	Höchster Schifffahrtswasserstand		

Die Ausbildung eines Wasserdrucks ist abhängig von den Außenwasserspiegelschwankungen, der Lage des Bauwerkes, dem Grundwasserzustrom, der Durchlässigkeit des Bodens, der Durchlässigkeit des Bauwerkes und der Leistungsfähigkeit von ggf. vorhandenen Entwässerungsmaßnahmen.

Die Größe des hydrostatischen Wasserdrucks w ist abhängig von der Tiefe des Punktes unter dem freien Wasserspiegel und wird mit Gl. (28.45) ermittelt.

$$w = u = \gamma_w \cdot h_w \quad [\mathrm{kN/m^2}] \tag{28.45}$$

mit

γ_w :	Wichte des Wassers in [kN/m³]
h_w :	Tiefe des Punktes unter dem freien Wasserspiegel

Der hydrostatische Druck wirkt stets senkrecht auf die belastete Fläche.

Abb. 28.50 zeigt in Ergänzung zur Wasserdruckbelastung Wirkungen des Wassers auf Baugrubenkonstruktionen.

Wenn eine Wasserdruckdifferenz vorhanden ist, kann es zu einer Durchströmung von Bodenschichten kommen. Dabei wird ein Strömungsdruck wirksam.

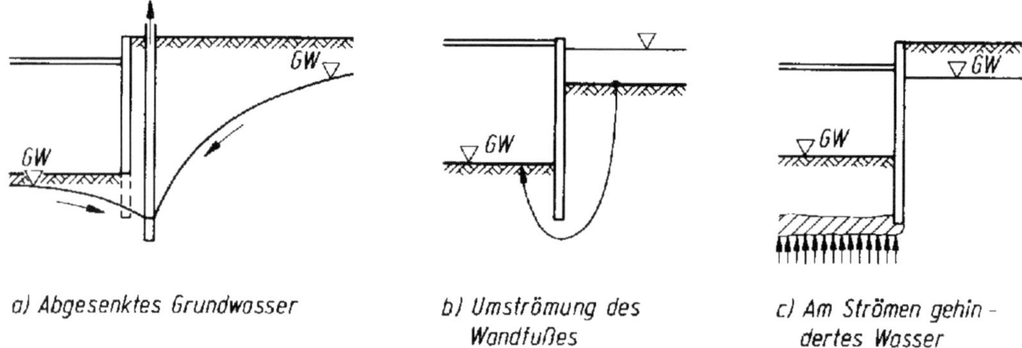

Abb. 28.50: *Wirkung des Wassers auf Baugrubenkonstruktionen, aus* EAB (2012)

Bei einer Durchströmung des Bodens übt das Wasser auf die Bodenteilchen eine Druckkraft aus. Die Wirkungsrichtung dieser Druckkraft entspricht der Fließrichtung des Wassers. Diese Kraft wird als Strömungsdruck f_s als Massenkraft bezeichnet, siehe auch Band 1 (3.3.2). Der Strömungsdruck wird berechnet zu

$$f_s = i \cdot \gamma_w = \Delta\gamma' \qquad (28.46)$$

mit

i : hydraulischer Gradient (hydraulisches Gefälle) des Grundwasserspiegels nach Band 1, 3.3.2

$$i = \frac{\Delta h}{\Delta l} \qquad (28.47)$$

mit

Δh :	hydraulische Druckdifferenz
Δl :	Länge des durchströmten Bodens

Bei der Umströmung einer Wand ist der hydraulische Gradient nicht konstant. Zur näherungsweisen Ermittlung des hydraulischen Gradienten i können folgende Berechnungsansätze verwendet werden:

1) Annahme einer parallelen zur Wand verlaufenden Grundwasserströmung.

   Vereinfacht wird eine parallele zur Wand verlaufende Grundwasserströmung angesetzt, siehe 28.12.3.

2) Näherungsformel für Spundwandberechnungen nach *EAU (2012)*.

   Das Berechnungsverfahren nach *EAU (2012)* verwendet den mittleren hydraulischen Gradienten i_a für die Seite des aktiven bzw. $-i_a$ für die Seite des passiven Erddrucks, siehe auch Abb. 28.51:

   – auf der Erddruckseite:

$$i_a = \frac{0,7 \cdot \Delta h}{h_{so} + \sqrt{h_{so} \cdot h_{su}}} \tag{28.48}$$

   – auf der Erdwiderstandsseite:

$$-i_a = \frac{0,7 \cdot \Delta h}{h_{su} + \sqrt{h_{so} \cdot h_{su}}} \tag{28.49}$$

   mit

   Δh : hydraulische Druckdifferenz [m]

   h_{so} : durchströmte Bodenhöhe hinter der Wand nach Abb. 28.51 in [m]

   h_{su} : durchströmte Bodenhöhe vor der Wand nach Abb. 28.51 in [m]

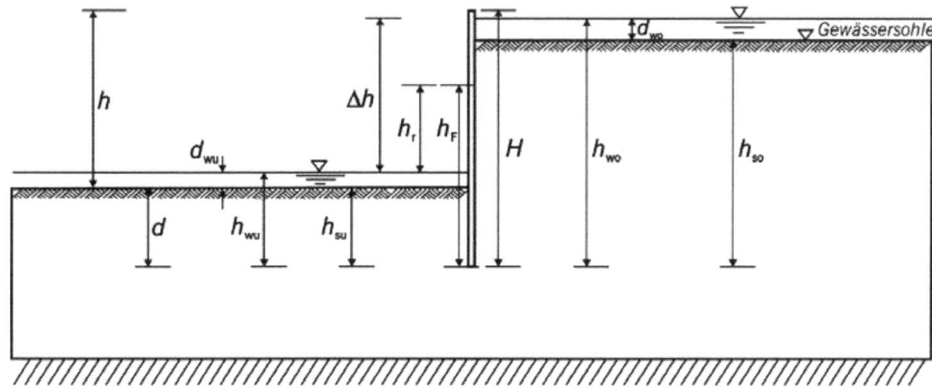

Abb. 28.51: *Geometrische Größen zur Ermittlung des hydraulischen Gradienten bei einer umströmten Spund- oder Ortbetonwand, aus* EAU (2012)

3) Ermittlung des Gradienten mithilfe eines Strömungsnetzes.

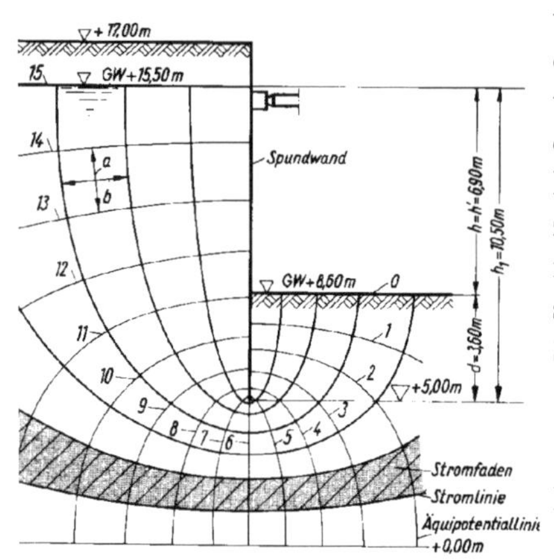

Abb. 28.52: *Beispiel eines Strömungsnetzes einer umströmten Spundwand nach der Potentialtheorie (hier $\Delta h = h$), aus* Simmer (1994)

Bei dieser genaueren Berechnungsmethode wird ein Strömungsnetz (Abb. 28.52) nach der Potentialtheorie gemäß Band 1, 3.6, entwickelt und für die jeweils betrachtete Höhe ein mittleres Gefälle angesetzt. Der jeweilige hydraulische Gradient ergibt sich aus der Anzahl der n^* Potentialdifferenzen (Netzfelder) im betrachteten Bereich und dem Standrohrspiegelunterschied der Äquipotentiallinien im Strömungsnetz dh zu

$$i = n^* \cdot dh \tag{28.50}$$

Hierbei ist

$$dh = \frac{\Delta h}{n} \tag{28.51}$$

mit

Δh : Druckdifferenz

n : Gesamtzahl der Potentialdifferenzen (Netzfelder)

28.12.3 Belastung für Standsicherheitsnachweise bei Baugrubenwänden im Wasser

Sofern anstehendes Grundwasser nicht abgesenkt und eine Umströmung des Wandfußes verhindert wird, ist gemäß *EAB (2012)* als Belastung der Baugrubenwände der volle hydrostatische Wasserdruck vom freien Wasser- bzw. Grundwasserspiegel von außen bis zum Wandfuß und auf der Innenseite der hydrostatische Wasserdruck vom abgesenkten Grundwasserspiegel bis zum Wandfuß anzusetzen, siehe Abb. 28.53.

Als Näherung darf dieser Ansatz i. d. R. auf der sicheren Seite liegend auch verwendet werden, wenn der Wandfuß in Wirklichkeit umströmt wird.

Bei einer senkrechten Strömung wirkt die Strömung wie eine Änderung der Wichte des durchströmten Bodens um den Betrag $\Delta\gamma'$ nach Gl. (28.46). Bei einer Strömung von oben nach unten erhöht sich die Wichte, bei einer Strömung von unten nach oben verringert sich die Wichte, siehe Abb. 28.54 und Band 1 (3.3.2) bzw. Gln. (28.54) und (28.55).

Gemäß *EAB (2012)* und *Hettler (2016)* ist bei einer genaueren Untersuchung einer umströmten Wand bei homogenem Baugrund wie folgt vorzugehen:

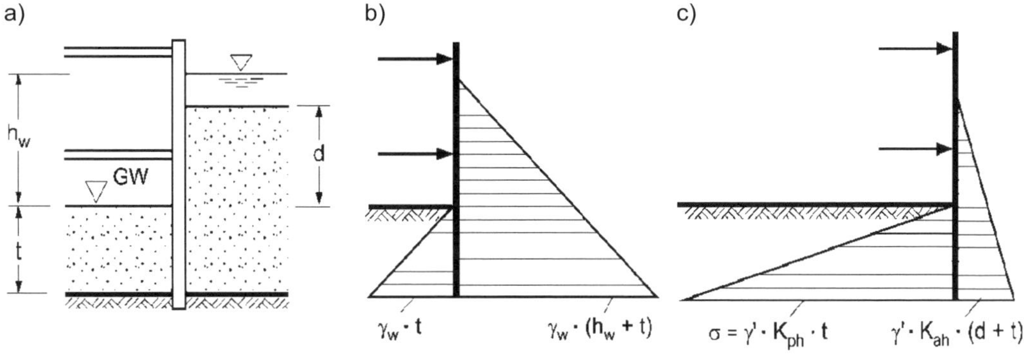

Abb. 28.53: *Lastbildermittlung bei einer nicht umströmten Baugrubenwand im Wasser, aus* EAB (2012); *a) Bezeichnungen, b) hydrostatischer Wasserdruck, c) Erddruck und Bodenreaktion (Erdwiderstand)*

a) Der Wasserdruck auf der Außenseite der Baugrubenwand nimmt um

$$\Delta w = i_a \cdot z_a \cdot \gamma_w \tag{28.52}$$

ab, siehe Abb. 28.54 b), und auf der Innenseite um

$$\Delta w = i_p \cdot z_p \cdot \gamma_w \tag{28.53}$$

zu.

b) Der Erddruck auf der Außenseite der Baugrubenwand nimmt infolge der Erhöhung der Wichte durch den Strömungsdruck, siehe Abb. 28.54 c), um

$$\Delta \gamma'_a = i_a \cdot \gamma_w \tag{28.54}$$

zu.

c) Der Erdwiderstand auf der Innenseite der Baugrubenwand nimmt infolge der Verringerung der Wichte durch den Strömungsdruck, siehe Abb. 28.54 c), um

$$\Delta \gamma'_p = -i_p \cdot \gamma_w \tag{28.55}$$

ab.

Näherungsweise darf i. d. R. auch der Erddruckanteil infolge Strömung mit in die zu wählende Erddruckumlagerungsfigur einbezogen werden.

Weitere Hinweise zur Schnittgrößenermittlung von Baugrubenwänden im Wasser und zur Abtragung von Vertikalkräften siehe *EAB (2012)*.

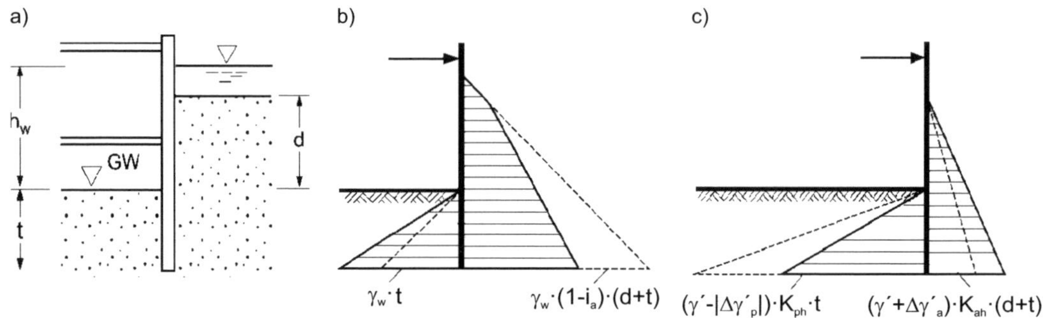

Abb. 28.54: *Lastbildermittlung bei einer umströmten Baugrubenwand im Wasser, aus* Hettler (2016)*; a) Bezeichnungen, b) Wasserdruck, c) Aktiver Erddruck und Erdwiderstand*

28.12.4 Hydraulischer Grundbruch

28.12.4.1 Allgemeines

Wird ein Boden durchströmt, so übt das strömende Wasser auf die Bodenkörner einen Druck aus. Bei einer aufwärts gerichteten Strömung kann der Strömungsdruck so groß werden, dass die Eigengewichtskraft des Bodens aufgehoben und der Boden aufgelockert wird. Der hydraulische Grundbruch tritt ein, wenn der Boden vor dem Fuß einer Baugrubenwand infolge des nach oben gerichteten Strömungsdruckes gewichtslos wird bzw. wenn die nach oben gerichteten Strömungskräfte ebenso groß werden wie die Summe aus Bodeneigenlast und zusätzlichen Rückhaltekräften.

28.12.4.2 Nachweis der Sicherheit gegen hydraulischen Grundbruch

Nach *Handbuch Eurocode 7-1 (2015)* ist der Grenzzustand des Versagens eines Bauwerkes oder einer Bodenschicht durch hydraulischen Grundbruch dem Grenzzustand HYD zugeordnet. Hierbei werden nur stabilisierende und destabilisierende Einwirkungen betrachtet. Es sind keine Widerstände wirksam.

Als durchströmter Bodenbereich wird in der Regel ein rechteckiger Bodenkörper entsprechend Abb. 28.55 angesetzt, dessen Breite gleich der halben Einbindetiefe angenommen wird. Die destabilisierende Einwirkung auf den Bodenkörper ist die Strömungskraft S'_k. Stabilisierend wirkt die Bodeneigenlast G'_k des Bodenprismas unter Auftrieb. Unter Berücksichtigung der Teilsicherheitsbeiwerte γ_H und $\gamma_{G,stb}$ nach *Handbuch Eurocode 7-1 (2015)* bzw. Anhang A-8 ergibt sich als Nachweisgleichung:

$$S'_k \cdot \gamma_H \leq G'_k \cdot \gamma_{G,stb} \tag{28.56}$$

Beim Teilsicherheitsbeiwert für die Strömungskraft γ_H wird unterschieden zwischen günstigem und ungünstigem Untergrund. Als günstiger Untergrund sind Kies, Kiessand und mindestens mitteldicht gelagerter Sand mit Korngrößen über 0,2 mm sowie mindestens steifer toniger bindiger Boden anzusehen. Als ungünstiger Untergrund gilt locker gelagerter Sand, Feinsand, Schluff und weicher bindiger Boden.

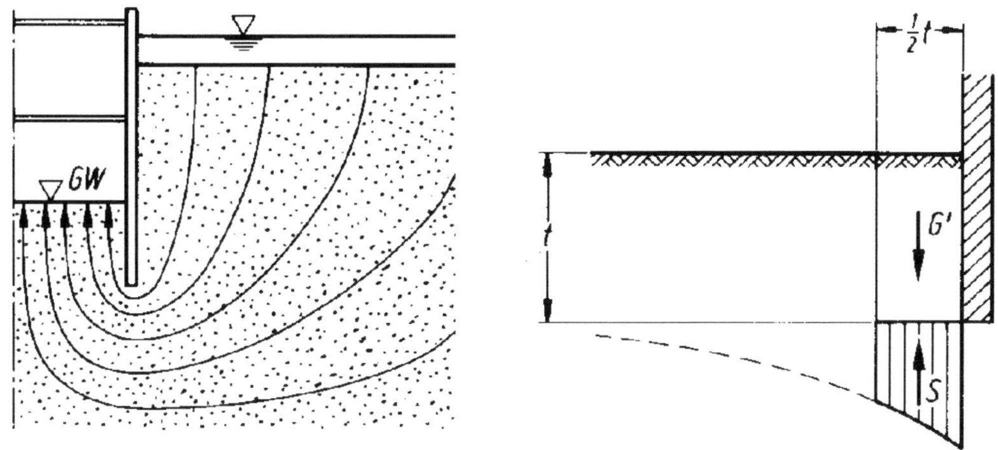

Abb. 28.55: *Strömung und Randbedingungen für den Nachweis gegen hydraulischen Grundbruch nach* Terzaghi/Peck (1961), *aus* EAB (2012)

28.12.4.3 Maßnahmen gegen hydraulischen Grundbruch

Ergibt die Untersuchung keine ausreichende Sicherheit gegen hydraulischen Grundbruch, so stehen im Wesentlichen folgende Maßnahmen zur Auswahl, um die Sicherheit zu erhöhen, siehe auch Abb. 28.56:

- Verlängerung der Wand,
- eine teilweise oder volle Grundwasserabsenkung oder Grundwasserentspannung,
- Aufbringung eines Belastungsfilters,
- Anordnung von Pumpbrunnen oder Überlaufbrunnen innerhalb der Baugrube,
- Herstellung einer undurchlässigen Schicht im Untergrund,
- Herstellung einer wasserdichten Baugrubensohle aus Unterwasserbeton,
- Anwendung von Druckluft.

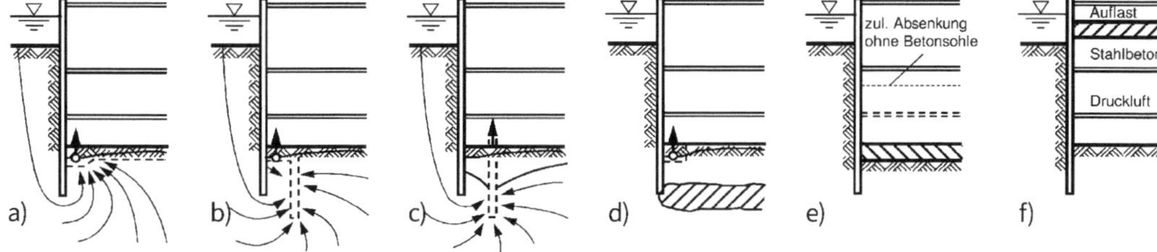

Abb. 28.56: *Maßnahmen gegen hydraulischen Grundbruch:*
a) Auflastfilter, b) Überlaufbrunnen, c) Pumpbrunnen, d) undurchlässige Schicht, e) Unterwasserbetonsohle, f) Druckluft, aus Weißenbach/Hettler (2001)

Belastungsfilter werden entweder unter Wasser oder in schmalen Streifen eingebracht. Das aufsteigende Wasser läuft in der Filterschicht zu den an der Seite der Baugrubensohle angeordneten Dränrohren, siehe Abb. 28.56 a). Bei der Berechnung des Nachweises gegen hydraulischen Grundbruch ist der Boden oberhalb des sich einstellenden Grundwasserspiegels mit der Wichte γ des erdfeuchten Bodens in die Berechnung einzuführen.

Bei der Anordnung von Überlaufbrunnen sammelt sich in diesen das nach oben strömende Wasser, wird in Pumpensümpfe geleitet und abgepumpt, siehe Abb. 28.56 b). Der Boden unterhalb der Baugrubensohle bleibt von der Strömung verschont und behält die Wichte unter Auftrieb γ'.

Bei einer Ausbildung der Brunnen als Pumpbrunnen oder Vakuumbrunnen ist der Boden unterhalb der Baugrubensohle grundwasserfrei und mit einer Wichte des erdfeuchten Bodens γ wirksam, siehe Abb. 28.56 c). Bei der Anordnung der Pump- oder Überlaufbrunnen innerhalb der Baugrube kann der Nachweis einer ausreichenden Sicherheit gegen hydraulischen Grundbruch entfallen, da auf den Boden unterhalb der Baugrubensohle keine aufwärts gerichteten Strömungskräfte einwirken.

Dichtet man den Untergrund z. B. mit Injektionen ab und erzeugt damit eine wasserdichte Schicht, so ist der Nachweis gegen hydraulischen Grundbruch nicht mehr erforderlich. Für diesen Zustand ist nun allerdings der Nachweis einer ausreichenden Sicherheit gegen Aufschwimmen zu führen, siehe B-17.6.

Bei der Einbringung einer Unterwasserbetonsohle wird das Wasser innerhalb der Baugrube zunächst nur so weit abgesenkt, wie es mit Rücksicht auf die hydraulische Grundbruchsicherheit und die Standsicherheit der Wände zulässig ist, siehe Abb. 28.56 e). Der weitere Aushub und der Einbau der Sohlaussteifung nach Erreichen der Solltiefe erfolgt unter Wasser. Die erforderlichen Aussteifungen werden im Allgemeinen sukzessive im Zuge des Lenzens der Baugrube eingebaut, in Ausnahmefällen auch bereits zuvor.

Unter besonderen Umständen kann die Baugrube nach oben hin druckdicht abgeschlossen werden. Die Arbeiten in der Baugrube sind dann unter Druckluft auszuführen, siehe Abb. 28.56 f). Hierbei ist nachzuweisen, dass die Eigenlast der Decke, einer darauf aufgebrachten Auflast und die Reibung der Baugrubenwände im Boden ausreichen, um dem aufgebrachten Luftdruck zu widerstehen. Bei Arbeiten unter Druckluft sind entsprechende Verordnungen zu Schleusungszeiten, Aufenthaltsdauer usw. zu berücksichtigen.

28.12.5 Nachweis der Sicherheit gegen Aufschwimmen

Wenn die Baugrubenwände zusammen mit einer in Höhe der Baugrubensohle oder darunterliegenden, den Wasserzutritt stark behindernden Schicht einen geschlossenen trogartigen Baukörper bilden, dann ist der Nachweis einer ausreichenden Sicherheit gegen Aufschwimmen zu erbringen, s. Abb. 28.57.

Nach *Handbuch Eurocode 7-1 (2015)* ist das Versagen eines Bauwerkes durch Aufschwimmen dem Grenzzustand UPL zugeordnet.

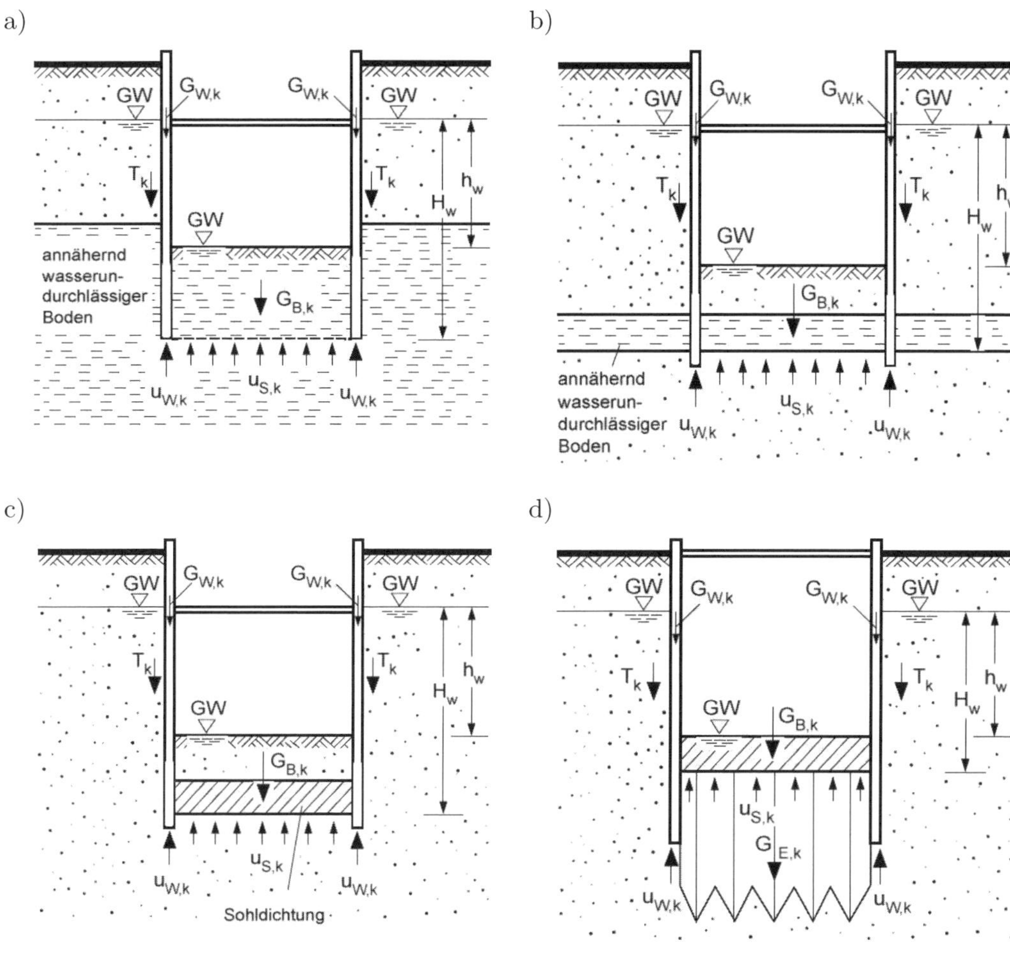

Abb. 28.57: *Ansatz der Kräfte beim Nachweis der Auftriebssicherheit, aus* EAB (2012)*:*
a) Sohldichtung mit annähernd wasserundurchlässiger dicker Bodenschicht,
b) Sohldichtung mit annähernd wasserunduchlässiger tiefliegender Bodenschicht,
c) künstliche tiefliegende Sohldichtung,
d) Sohldichtung mit einer verankerten Unterwasserbetonsohle,
e) Sohldichtung mit einer verankerten mittelhochliegenden Bodenverfestigung

Im Wesentlichen trifft das in folgenden Fällen zu:

a) Die Baugrubenwände sind so tief geführt, dass sie in eine annähernd wasserundurchlässige Bodenschicht einbinden, s. a. Abb. 28.57 a).

b) Unter der Baugrubensohle steht eine ausreichend dicke, annähernd wasserundurchlässige Bodenschicht an, s. a. Abb. 28.57 b).

c) In Höhe des Fußes der Baugrubenwände ist durch die Anwendung von Injektionen oder dem Düsenstrahlverfahren eine annähernd wasserundurchlässige, ausreichend dicke Dichtungsschicht entstanden (tiefliegende Sohle), s. a. Abb. 28.57 c).

d) Die Baugrube ist durch eine Beton- oder Düsenstrahlsohle abgeschlossen (hochliegende Sohle), s. a. Abb. 28.57 d).

e) Unter der Baugrubensohle wird eine mit Boden überdeckte mittelhochliegende verankerte Injektions- oder Düsenstrahlsohle vorgesehen, s. a. Abb. 28.57 e).

Als annähernd wasserundurchlässig gilt eine Bodenschicht, wenn sie eine Durchlässigkeit aufweist, die um mindestens zwei Zehnerpotenzen kleiner ist als die Durchlässigkeit des übrigen Bodens.

Gemäß *EAB (2012)* muss stets eine ausreichende Sicherheit gegen Aufschwimmen sichergestellt sein. Wird die dichtende Sohle nicht mit Zugpfählen, siehe Abb. 28.57 a), b) und c), gehalten, dann ist nachzuweisen, dass im Grenzzustand UPL folgende Bedingung erfüllt ist:

$$V_{dst,k} \cdot \gamma_{G,dst} \leq (G_{B,k} + G_{W,k} + T_k + P_{v,k}) \cdot \gamma_{G,stb} \tag{28.57}$$

mit

$V_{dst,k}$: an der Unterfläche der annähernd wasserundurchlässigen Bodenschicht oder der Dichtungsschicht angreifende lotrechte Komponente des charakteristischen hydrostatischen Wasserdruckes auf die Sohle ($u_{S.k}$) und die Wand ($u_{W.k}$)

$\gamma_{G,dst}$: Teilsicherheitsbeiwert für ungünstige ständige Einwirkungen im Grenzzustand UPL nach *Handbuch Eurocode 7-1 (2015)* bzw. Anhang A-8

$G_{B,k}$: unterer charakteristischer Wert aus dem Eigengewicht des überlagernden Bodens einschließlich der Dichtungsschicht nach Abb. 28.57

$G_{W,k}$: charakteristischer Wert aus dem Eigengewicht der Baugrubenwand einschl. der Aussteifung

$\gamma_{G,stb}$: Teilsicherheitsbeiwert für günstige ständige Einwirkungen im Grenzzustand UPL nach *Handbuch Eurocode 7-1 (2015)* bzw. Anhang A-8

T_k : charakteristischer Wert der Vertikalkomponente des auf die Baugrubenwände einwirkenden Erddruckes als ständige, abwärts gerichtete Einwirkung nach Abb. 28.57

$P_{v,k}$: charakteristischer Wert der Vertikalkomponente der Verankerungskraft zur Sicherung der Baugrubenwände, als ständige abwärts gerichtete Einwirkung

Die Kräfte T_k und $P_{v,k}$ werden als abwärts gerichtete Einwirkungen und nicht als Widerstände behandelt, da sie nicht als Folge des aufwärts gerichteten Wasserdruckes entstehen. Zu den Einschränkungen bei abwärts gerichteten Einwirkungen siehe nachfolgende Ausführungen.

Beim Ansatz der Einwirkungen aus dem Eigengewicht der Baugrubenwand $G_{W,k}$, des vertikalen Erddruckes T_k und eines möglichen vertikalen Ankerkraftanteiles $P_{v,k}$ muss die Übertragung der Kräfte in der Fuge Wand/Dichtsohle nachgewiesen werden. Dabei können die Kräfte $G_{W,k}$, T_k und $P_{v,k}$ am Gesamtsystem der Trogbaugrube nur angesetzt werden, wenn nachgewiesen werden kann, dass diese Auftriebskraft $V_{dst,k}$ infolge $u_{S,k}$ zu den Baugrubenwänden übertragen werden kann. In der Regel können die Kräfte nur bei schmalen Baugruben oder im Randfeld bis zur ersten Zugpfahlreihe gem. Abb. 28.57 c) angesetzt werden.

Wirkt beim Nachweis der Sicherheit gegen Aufschwimmen ein Widerstand aus der Verankerung einer Sohle mit Zugpfählen, dann sind analog zu 22.1.3 stets zwei Grenzfälle zu untersuchen: zum einen die Tragfähigkeit der einzelnen Zugpfähle nach Absatz a), zum anderen die Tragfähigkeit der Zugpfähle unter Berücksichtigung der Gruppenwirkung nach Absatz b). Gegenüber 22.1.3 sind hier die Nachweisformen für zugpfahlverankerte Baugrubensohlen in Anlehnung an *EAB (2012)* differenzierter dargestellt.

a) Mit der Annahme, dass die Tragfähigkeit der einzelnen Zugelemente maßgebend ist, ist für den Grenzzustand GEO-2 die ausreichende Sicherheit gegen Herausziehen nachzuweisen. Der für diesen Nachweis benötigte Bemessungswert $F_{t,d}$ der Zugbeanspruchung ist aus folgenden Ansätzen zu ermitteln:

   Für das Gesamtsystem

$$F_{t,d} = V_{dst,k} \cdot \gamma_G - (G_{B,k} + G_{W,k} + T_k + P_{v,k}) \cdot \gamma_{G,inf} \tag{28.58a}$$

   Für den Einzelpfahl in der Pfahlgruppe

$$F_{t,i,d} = V_{dst,i,k} \cdot \gamma_G - (G_{B,i,k} \cdot \gamma_{G,inf}) \tag{28.58b}$$

   mit

   $F_{t,d}$: Bemessungswert der Beanspruchung der Zugpfahlgruppe gem. Abb. 28.57 d) und e)

   $F_{t,i,d}$: Bemessungswert der Beanspruchung eines Zugpfahles

   $V_{dst,i,k}$: charakteristische hydrostatische Wasserdruckkraft ($u_{S,k}$) auf die Sohle für das Rasterfeld $l_a \cdot l_b$ nach Abb. 22.2

$G_{B,i,k}$: charakteristischer Wert aus dem Eigengewicht des überlagernden Bodens einschließlich der Dichtungsschicht für das Rasterfeld $l_a \cdot l_b$

γ_G : Teilsicherheitsbeiwert für ständige Beanspruchung nach *Handbuch Eurocode 7-1 (2015)* bzw. Anhang A-8

$\gamma_{G,inf}$: Teilsicherheitsbeiwert $\gamma_{G,inf} = 1,0$ für günstige ständige Auflasten

Der Nachweis einer ausreichenden Sicherheit gegen Versagen ist erbracht, wenn die folgenden Bedingungen erfüllt sind.

Für die Zugpfahlgruppe

$$F_{t,d} \leq R_{t,d} \tag{28.59a}$$

Für den einzelnen Zugpfahl

$$F_{t,i,d} \leq R_{t,i,d} \tag{28.59b}$$

mit

$R_{t,d}$: Bemessungswert des Zugpfahlwiderstandes der Pfahlgruppe

$R_{t,i,d}$: Bemessungswert des einzelnen Zugpfahlwiderstandes in der Gruppe

b) Für den Zugpfahl ist für den Grenzzustand UPL eine ausreichende Sicherheit gegen Aufschwimmen nachzuweisen. Der Nachweis ist erbracht, wenn die folgenden Bedingungen erfüllt sind:

Für die Pfahlgruppe

$$V_{dst,k} \cdot \gamma_{G,dst} \leq (G_{B,k} + G_{W,k} + T_k + P_{v,k} + G_{E,k}) \cdot \gamma_{G,stb} \tag{28.60a}$$

Für den einzelnen Zugpfahl

$$V_{dst,i,k} \cdot \gamma_{G,dst} \leq (G_{b,i,k} + G_{E,i,k}) \cdot \gamma_{G,stb} \tag{28.60b}$$

mit

$G_{E,k}$: charakteristische Gewichtskraft des an eine Zugpfahlgruppe angehängten Bodenkörpers unter Auftrieb

$G_{E,i,k}$: charakteristische Gewichtskraft des an einem Zugpfahl angehängten Bodenkörpers unter Auftrieb

Für die Ermittlung der charakteristischen Auftriebskraft $V_{dst,k}$ bzw. $V_{dst,i,k}$ ist der volle hydrostatische Wasserdruck $u_{S,k} = \gamma_w \cdot h_w$ auf die Sohlfläche anzusetzen, der sich aus dem Bemessungswasserstand ergibt. Die maßgebende Sohlfläche ist die Unterseite der annähernd wasserundurchlässigen Schicht. Die rechnerische Unterseite ist so hoch anzusetzen, dass alle möglichen Unebenheiten auf der sicheren Seite liegend berücksichtigt sind. Sofern das Gewicht $G_{W,k}$ angesetzt wird, ist auch der auf die Unterseite der Baugrubenwände einwirkende Wasserdruck $u_{W,k}$ bei der Ermittlung des charakteristischen Wertes der

Auftriebskraft $V_{dst,k}$ zu berücksichtigen. Dabei sind die unterschiedlichen Wandtiefen zu beachten.

Für die Ermittlung des charakteristischen Wertes der Eigenlast $G_{B,k}$ und $G_{W,k}$ nach Abb. 28.57 gilt:

a) Die Wichte von Beton darf höchstens mit 23 kN/m³ und von Stahlbeton höchstens mit 24 kN/m³ angenommen werden.

b) Der charakteristische Wert der Eigenlast des Bodens $G_{B,k}$ innerhalb der Baugrube ist oberhalb des Wasserspiegels mit der Wichte des erdfeuchten Bodens und unterhalb mit der Sättigungswichte zu ermitteln. Der Wasserstand in der Baugrube ist auf der sicheren Seite liegend niedrig anzunehmen.

c) Der charakteristische Wert der Eigenlast der Baugrubenwand $G_{W,k}$ ist wie folgt zu ermitteln:

   - bei einer Spundwand aus dem Stahlgewicht der Wand,
   - bei einer Schlitz- oder Bohrpfahlwand mit der Grundrissfläche und Wandhöhe,
   - bei Aussteifungen mit dem Gewicht der Steifen und der Gurtung.

d) Der charakteristische Wert der Wichte von Injektions- und Düsenstrahlkörpern ist gleich der Wichte des Bodens anzusetzen, wenn die Wichte nicht gesondert nachgewiesen wird.

   Die Kraft T_k ergibt sich zu

$$T_k = \eta_z \cdot E_{ah,k} \cdot \tan \delta_{a,k} \tag{28.61}$$

   mit dem Anpassungsfaktor

   $\eta_z = 0,80$ bei BS-T
   $\eta_z = 0,90$ bei BS-A

   Der aktive Erddruck $E_{ah,k}$ auf die Baugrubenwand darf nach *Handbuch Eurocode 7-1 (2015)* nur als unterer charakteristischer Wert angesetzt werden.

Bei der Ermittlung der Vertikalkomponente $P_{v,k}$ der Zugkraft von vorgespannten Ankern, welche die Baugrubenwand stützen, darf nur die Festlegekraft P_f angesetzt werden.

Die charakteristische Eigenlast $G_{E,k}$ für die Zugpfahlgruppe aus n Pfählen oder für $n = 1$ Pfahl $G_{E,i,k}$ des von einer Sohlverankerung erfassten Bodens darf unter Berücksichtigung von Abb. 28.57 mit den in 22.1.3, Abb. 22.2 dargestellten geometrischen Verhältnissen aus dem Ansatz nach 22.1.3, Gl. (22.3) ermittelt werden. In Gl. (22.3) ist bei Baugruben im Wasser die Bodenwichte γ immer als γ' des unter Auftrieb stehenden Bodens anzusetzen.

Bei der Bemessung der verankerten dichten Sohle ist der Ausfall eines Zugpfahles für den Grenzzustand STR mit der Bemessungssituation BS-A nachzuweisen.

Zusätzlich zum Nachweis der Sicherheit gegen Aufschwimmen ist auch der Nachweis der Sicherheit gegen hydraulischen Grundbruch nach 28.12.4 zu erbringen, wenn

a) die Baugrubenwände nur wenig tief in die annähernd wasserundurchlässige Schicht nach Abb. 28.57 a) einbinden,

b) die Baugrubenwände in eine Schicht einbinden, deren Durchlässigkeit weniger als zwei Zehnerpotenzen kleiner ist als die des darüberliegenden Bodens.

Besteht die annähernd wasserundurchlässige Sohle aus feinkörnigem und die darüberliegende Schicht aus grobkörnigem Boden, dann ist die Filterstabilität nachzuweisen.

28.13 Baugrubenberechnung mit dem Bettungsmodulverfahren und mit der FEM

28.13.1 Anwendung des Bettungsmodulverfahrens

Zum Nachweis der Einbindetiefe, bei der Ermittlung der Schnittgrößen und teilweise auch beim Nachweis der Gebrauchstauglichkeit darf nach *EAB (2012)* bei Baugrubenwänden das Bettungsmodulverfahren angewandt werden. Damit lassen sich die Interaktion von Wand und Boden, das tatsächliche Tragverhalten und die zu erwartenden Verschiebungen und Verformungen besser erfassen als bei der Annahme einer vorgegebenen Verteilung des Erdwiderstandes und einer vorgegebenen Verschiebung des Wandfußes.

Die Anwendung des Bettungsmodulverfahrens setzt eine strenge Trennung von Einwirkungen und Widerständen voraus. Hierbei muss differenziert werden, ob es sich bei der Baugrubenwand um eine gestützte oder nicht gestützte Wand handelt. Die gestützte Wand wird nach EB 102 der *EAB (2012)* berechnet, während für nicht gestützte Wände in *Hettler et al. (2019)* ein weiterentwickeltes Näherungsverfahren vorgeschlagen wird. Abb. 28.58 zeigt ein mögliches Lastbild für das Bettungsmodulverfahren für eine gestützte Wand.

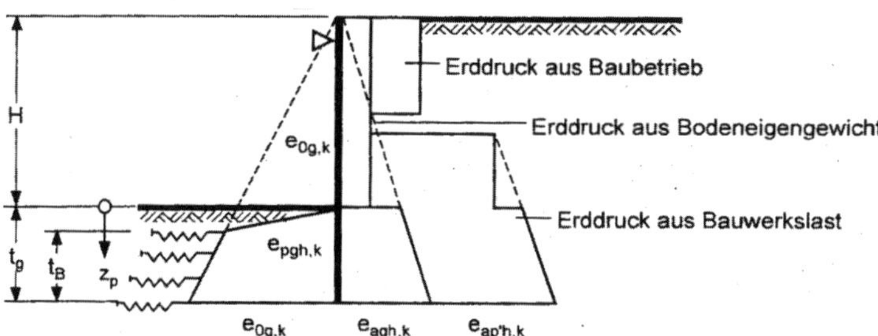

Abb. 28.58: *Lastbild für elastische Bettung einer gestützten Wand bei nichtbindigem Boden, aus* EAU (2012)

Der charakteristische aktive Erddruck wird bis zur Baugrubensohle umgelagert angesetzt. Unterhalb der Baugrubensohle bleibt er unverändert, d. h., es wird der geradlinig mit der Tiefe zunehmende klassische Erddruck beibehalten.

Auf der Baugrubenseite der Wand darf näherungsweise unterstellt werden, dass der ursprüngliche Erdruhedruck weitgehend erhalten geblieben ist. Es gilt der Ansatz:

$$e_{0g,k} = \gamma \cdot K_o \cdot (H + z_p) \qquad (28.62)$$

In unmittelbarer Nähe der Baugrubensohle muss auf der Baugrubenseite ferner der Grenzwert

$$e_{ph,k} = e_{pgh,k} + e_{pch,k} \tag{28.63}$$

angesetzt werden. In Abb. 28.58 ist der Fall für $e_{pch,k} = 0$ dargestellt.

Die unterhalb des Schnittpunktes von $e_{0g,k}$ und $e_{ph,k}$ über den Erdruhedruck hinausgehende Bodenreaktion darf in Abhängigkeit von der örtlichen Verschiebung s_h als Bettungsspannung

$$\sigma_{Bh,k} = k_{sh,k} \cdot s_h \tag{28.64}$$

angesetzt werden. Die Summe der Spannungen aus Erdruhedruck $e_{0g,k}$ und Bodenreaktion $\sigma_{Bh,k}$ darf die Erdwiderstandsspannungen $e_{ph,k}$ nicht überschreiten. Liegt der Schnittpunkt von $e_{0g,k}$ und $e_{ph,k}$ unterhalb der Wandunterkante, dann ist eine Berechnung mit dem Bettungsmodulverfahren nicht möglich, weil ohnehin die größtmögliche Bodenreaktion ohne nennenswerte Verschiebung zur Aufnahme von Auflagerkräften zur Verfügung steht.

Die zuverlässigsten Werte für den Bettungsmodul $k_{sh,k}$ erhält man auf der Grundlage einer Spannungs-Weg-Beziehung für den Erdwiderstand nach Abb. 28.59.

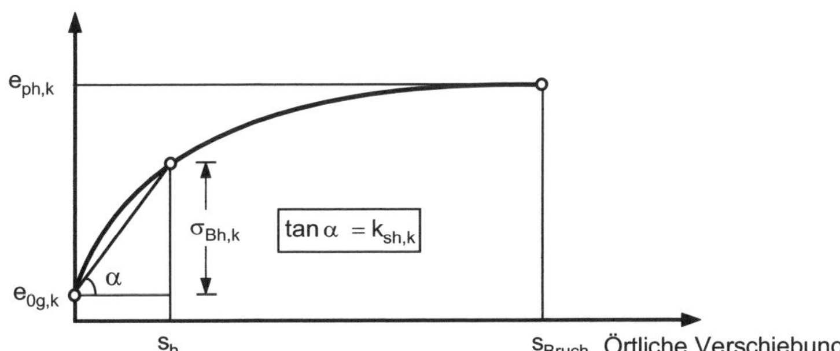

Abb. 28.59: *Ermittlung des Bettungsmoduls aus einer Mobilisierungsfunktion des Erdwiderstandes, aus* EAB (2012)

Aus programmtechnischen Gründen kann es sinnvoll sein, in den Bettungsansatz die Ausgangsspannung $e_{0g,k}$ mit einzubeziehen. Dann erhält man den Bettungsmodul

$$k^*{}_{sh,k} = \frac{\sigma_{Bh,k} + e_{0g,k}}{s_h} \tag{28.65}$$

Näherungsweise darf für Ortbetonwände und Spundwände der Bettungsmodul $k_{sh,k}$ aus dem Steifemodul $E_{sh,k}$ abgeleitet werden:

$$k_{sh,k} = \frac{E_{sh,k}}{t_B} \tag{28.66}$$

Für Bohlträger gilt in Anlehnung an 20.10, Gl. (20.35) die Gl. (28.67):

$$k_{sh,k} = \frac{E_{sh,k}}{b} \tag{28.67}$$

Bei Bohlträgern, die in vorgebohrte Löcher eingesetzt und im Fußbereich einbetoniert werden, tritt der Bohrlochdurchmesser D an die Stelle der Flanschbreite b.

Der Steifemodul $E_{sh,k}$ ist dem zu erwartenden Spannungsbereich zu entnehmen. Falls nur der Steifemodul E_s für die Vertikalbeanspruchung bekannt ist, dann ist dieser näherungsweise mit einem Faktor von $0,5 < f < 1,0$ auf Horizontalbeanspruchung umzurechnen.

Anhaltswerte für mittlere Bettungsmoduln für durchlaufende Wände in nichtbindigen Böden sind in Tab. 28.13 angegeben. Die Werte hängen von der Lagerungsdichte ab und wurden auf Erfahrungsgrundlage ermittelt. Sie enthalten näherungsweise den Einfluss der Vorbelastung aus dem Gewicht des Bodenaushubs und gelten unter Wasser ohne Strömungseinfluss. Über Wasser dürfen die Werte verdoppelt werden.

Tab. 28.13: *Erfahrungswerte der Spannen für den Bettungsmodul $k_{sh,k}$ unter Wasser bei einem Ausnutzungsgrad des Erdwiderstands $\mu_a \approx 1$ für die Bemessungssituation BS-T, aus* EAB (2012)

Lagerungsdichte nichtbindiger Böden			
locker	mitteldicht	dicht	sehr dicht
1 - 4 MN/m³	3 – 10 MN/m³	8 – 15 MN/m³	12 – 20 MN/m³

Für bindige Böden mit steifer bis halbfester Konsistenz dürfen Werte zwischen 3 und 9 MN/m³ angesetzt werden, wobei aufgrund regionaler Erfahrung auch höhere Werte möglich sind.

Weitere Hinweise und Anforderungen, z. B. auch bezüglich der Nachweise über eine ausreichende Sicherheit gegen Aufbruch des Bodens vor dem Fuß der Bohlträger bzw. der Wand, siehe *EAB (2012)* bzw. vergleichbar wie in 28.13.2 dargestellt zu führen.

28.13.2 Anwendung der Finite-Elemente-Methode

Die Grundlagen der Verwendung der Finite-Elemente-Methode (FEM) in der Geotechnik können dem Band 1, Kapitel 16, entnommen werden. Es folgen weitere Hinweise, die speziell für die Berechnung von Baugrubenkonstruktionen nach *EAB (2012)* gelten. Ergänzend wird auch auf die *EANG (2014)* verwiesen.

Die Anwendung der FEM eignet sich im Wesentlichen für die Ermittlung von Schnittgrößen in der Baugrubenkonstruktion, die Abschätzung von Setzungen und Verschiebungen der Baugrubenwand und des Bodens hinter der Wand und unterhalb der Baugrubensohle sowie für den Nachweis gegen Böschungs- und Geländebruch.

Numerische Berechnungen für Baugrubenkonstruktionen können insbesondere zweckmäßig sein, wenn aufgrund geometrischer Randbedingungen oder schwieriger Baugrundverhältnisse die Anwendung herkömmlicher Stabstatik in Verbindung mit vereinfachten Lastansätzen zu unzureichenden Ergebnissen führt oder wenn besondere Anforderungen an die Berechnungsergebnisse gestellt werden (z. B. die wirklichkeitsnahe Erfassung von Sickerströmungen).

Für die numerische Berechnung sollte wie folgt vorgegangen werden:

a) Wahl eines geeigneten Stoffgesetzes für den Baugrund, welches insbesondere auch Entlastungsvorgänge durch den Baugrubenaushub berücksichtigen kann.

b) Die für das Stoffgesetz erforderlichen Parameter sind den Ergebnissen von Labor- oder Feldversuchen zu entnehmen, ggf. können auch Erfahrungswerte verwendet werden.

c) Zur Überprüfung und Optimierung des Berechnungsausschnittes und der Netzunterteilung sowie der erforderlichen Modellierungsschritte für die untersuchte Baugrubensituation sind numerische Vorberechungen durchzuführen.

d) Nach Möglichkeit sind numerische Vorberechnungen zur Kalibrierung und Überprüfung der gewählten Parameter für das Stoffgesetz an Messergebnissen von Baugruben auszuführen, die bei vergleichbaren Baugrubenverhältnissen an anderer Stelle gewonnen worden sind.

e) Damit die Berechnungsansätze nachvollziehbar sind, sollte der numerischen Berechnung stets eine prüfbare Dokumentation der genannten Punkte a) bis d) vorangestellt werden.

f) Zur Berücksichtigung der Wechselwirkung zwischen Bauteil und Boden wird empfohlen, geeignete Kontaktelemente anzuordnen.

Nach *EAB (2012)* muss sichergestellt sein, dass eine ausreichende Sicherheit gegen Aufbruch des Bodens vor dem Fuß der Bohlträger bzw. der Wand vorhanden ist. Der Nachweis geschieht ähnlich wie beim Bettungsmodulverfahren.

Nachzuweisen ist, dass durch die resultierende Bettungsreaktion $B_{h,k}$ die sich durch die Integration der Horizontalspannungen $\sigma_{Bh,k}$ im Einbindebereich der Wand ergibt, der mögliche mit $\delta_p \neq 0$ ermittelte Grenzwert der Horizontalkomponente des Erdwiderstandes E_{ph} nicht zu stark ausgenutzt wird. Für die Bemessungswerte der Bodenreaktion $B_{h,d}$ und des Erdwiderstandes $E_{ph,d}$ ist der Nachweis zu führen:

$$B_{h,d} \leq E_{ph,d} \tag{28.68}$$

Dabei ist Folgendes zu beachten:

Bei der Ermittlung der Bemessungswerte der Bodenreaktion $B_{h,d}$ ist der charakteristische Wert $B_{h,k}$ aufzuspalten in einen Anteil aus ständigen und einen Anteil aus veränderlichen Einwirkungen. Näherungsweise darf der Anteil aus veränderlichen Einwirkungen $B_{Qh,d}$ durch Subtraktion des Anteils aus ständigen Einwirkungen $B_{Gh,d}$ von der Gesamtreaktion $B_{h,k}$ ermittelt werden:

$$B_{Qh,k} = B_{h,k} - B_{Gh,k} \tag{28.69}$$

Die Bemessungswerte ergeben sich im Anschluss an die Aufteilung durch Multiplikation mit den Teilsicherheitsbeiwerten γ_G und γ_Q. Die vorgestellte Vorgehensweise stellt wegen der üblichen geometrischen und physikalischen Nichtlinearität von FE-Berechnungen nur eine Näherung dar, die jedoch für praktische Zwecke ausreichend ist.

Der Nachweis der Sicherheit gegen Böschungs- und Geländebruch kann nur dann mithilfe der FEM durchgeführt werden, wenn als Grundlage dafür die Fellenius-Regel zugrunde gelegt wird und schrittweise die Scherfestigkeit im Boden und in den Kontaktbereichen Bauteil-Boden so lange reduziert wird, bis rechnerisch kein Gleichgewichtszustand mehr möglich ist, welches auch als $\varphi - c$ *Reduction* bezeichnet wird.

Der Nachweis der Sicherheit gegen Aufbruch der Baugrubensohle und der Nachweis der Standsicherheit in der tiefen Gleitfuge können i. d. R. nicht mit der FEM geführt werden.

Weitere Hinweise zur Anwendung der FEM bei Baugruben sind der *EAB (2012)* und der *EANG (2014)* zu entnehmen.

28.14 Hinweise zur Gebrauchstauglichkeit bei Baugruben

Der Nachweis der Gebrauchstauglichkeit kann nach *EAB (2012)* z. B. insbesondere erforderlich sein

- bei Baugruben neben sehr hohen, schlecht gegründeten oder in schlechtem baulichen Zustand befindlichen Bauwerken;
- bei Baugruben mit sehr geringem oder ohne Abstand zu einem vorhandenen Gebäude;
- bei Baugruben neben Bauwerken bei gleichzeitig hohem Grundwasserstand;
- bei Baugruben neben Bauwerken, die einen besonders großen Anspruch an die Beibehaltung der Ruhelage stellen (z. B. wegen der Empfindlichkeit von Maschinen);
- bei Baugruben neben (setzungs-)empfindlichen Bauwerken;
- bei Baugruben mit einer steiler als 35° geneigten Verankerung.

Beim Nachweis können zwei Fälle unterschieden werden:

a) Sofern die Verformungen der Wand genauer erfasst werden sollen, die Auswirkungen auf die Umgebung dagegen eher untergeordnet sind, kann dann durch Verbesserungen des statischen Systems z. B. durch Erfassung der Nachgiebigkeit der Anker, Berücksichtigung von Vorverformungen in verschiedenen Bauzuständen und Ansatz der Bettungsreaktion im Boden die Genauigkeit der Verformungsprognose erhöht werden.

b) Sofern sowohl die Verformungen der Wand als auch die des umgebenden Bodens bestimmt werden sollen, sind numerische Untersuchungen, z. B. mithilfe der FEM unter Berücksichtigung des Ausgangsspannungszustandes zweckmäßig. Ggf. reichen auch Berechnungen der Baugrubenwand mit dem Bettungsmodulverfahren.

Der Nachweis der Gebrauchstauglichkeit wird mit charakteristischen Einwirkungen geführt. Aus den statischen Systemen können die zugehörigen Verschiebungen ermittelt werden, wobei Vorverformungen in Höhe der Stützungen und Dehnungen der Anker infolge der Kräfte, die über die Festlegekraft hinausgehen, zu berücksichtigen sind. Bewegungen durch Auflockerung oder Verdichtung des Bodens bei Herstellung der Baugrubenwand müssen dabei abgeschätzt werden.

Neben den waagerechten Verformungen bzw. Verschiebungen der Wand sind auch die Setzungen der Wand zu untersuchen.

Ergibt die Untersuchung, dass die ermittelten Verformungen bzw. Verschiebungen der Wand die Bedingung für die Gebrauchstauglichkeit nicht erfüllen, dann kommen im Wesentlichen folgende Maßnahmen infrage:

- die Veränderung der Anordnung der Stützungen;
- die Vergrößerung der Einbindetiefe;
- das Einbringen einer Fußstützung in Höhe der Baugrubensohle vor dem Aushub der Baugrube;
- die Wahl stärkerer Profile bzw. größerer Wanddicken.

28.15 Verformungen rückverankerter tiefer Baugruben

28.15.1 Allgemeines

Nach *EAB (2012)* sind bei tiefen, insbesondere rückverankerten Baugruben Verformungen zu erwarten, die zu Schäden führen können und mit den üblichen Berechnungsansätzen nicht erfasst werden. Als tiefe Baugruben werden hier Baugruben mit Aushubtiefen ab etwa 10 m verstanden.

28.15.2 Verformungseinflüsse

Nachfolgend sind die maßgeblichen Verformungseinflüsse auf das System Wand-Anker-Boden (Fangedammprinzip) zusammengestellt.

Die horizontalen Wandverschiebungen des verankerten Bodenblocks (System Wand-Anker-Boden) setzen sich vereinfachend aus den folgenden Anteilen zusammen, siehe auch Abb. 28.60 und Abb. 28.61.

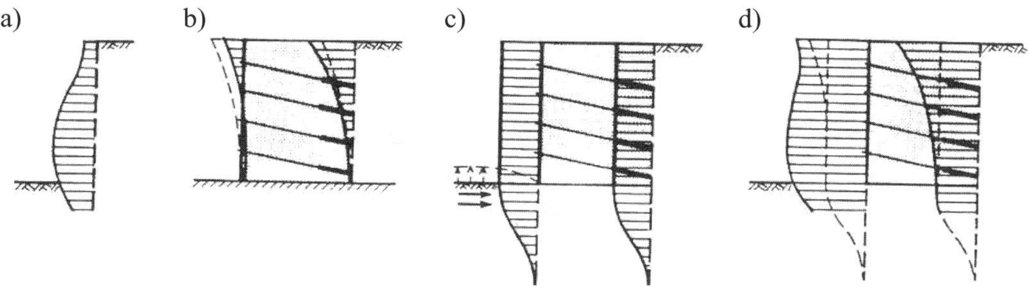

Abb. 28.60: *Horizontale Wandverschiebungen bei kurzen Ankern infolge: a) Verformung der Auflagerpunkte und der Wand, b) Schub und Biegung des Fangedamms, c) Schub unter Fangedamm, d) Gesamtverformung*

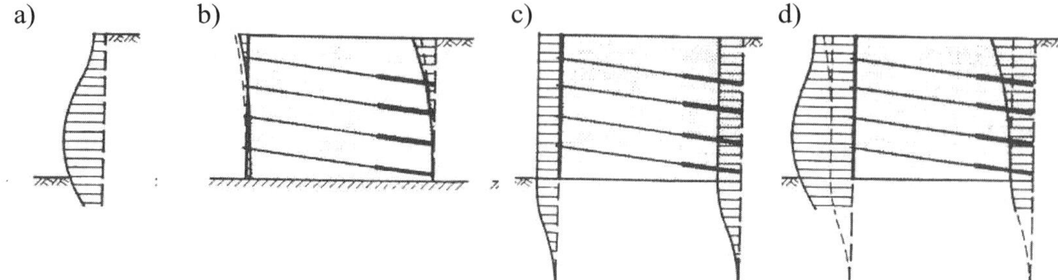

Abb. 28.61: *Horizontale Wandverschiebungen bei langen Ankern infolge: a) Verformung der Auflagerpunkte und der Wand, b) Schub und Biegung des Fangedamms, c) Schub unter Fangedamm, d) Gesamtverformung*

1. Verformung der Auflagerpunkte und der Wand:
   Aufgrund der elastischen Verformung der Wand sowie der Nachgiebigkeit der Ankerstähle (Dehnung) treten Verformungen auf, die durch geeignete Verbaumaßnahmen und hochwertige Ankerstähle gering gehalten werden können. Hierbei haben die Neigung und die Anzahl der Anker wesentlichen Einfluss auf diese Verformungsanteile. Je stärker die Anker geneigt sind, umso größer stellt sich i. d. R. die Durchbiegung der Wand ein, umso geringer wird aber andererseits die Kopfauslenkung. Durch die Anzahl der Ankerlagen kann die elastische Verformung der Wand günstig beeinflusst werden.

2. Schub und Biegung des Fangedamms sowie Ankervorspannung:
   Die Verformungsanteile aus Schub- und Biegebeanspruchung des Fangedamms entstehen durch die horizontale Belastung aus Erd- und Wasserdruck auf den Fangedamm. Die Schubverformung des Fangedamms ist dabei abhängig von der Breite des Wand-Anker-Boden-Systems. Zur Ermittlung der Biegeverformung im Bodenblock wird der Fangedamm als Kragträger idealisiert, mit der Einspannstelle in Höhe der Baugrubensohle. Werden die Ankerkräfte der untersten Ankerlage unterhalb der Baugrubensohle in den Verpresskörper eingeleitet, so ist diese Ankerlage als äußere Belastung in Rechnung zu stellen. Eine Ankervorspannung vermindert die Wandverschiebung um das Maß der elastischen Ankerstahldehnung. Geringe Ankervorspannungen führen zu erhöhten Stahldehnungen der Anker, größeren Wandbewegungen in horizontaler Richtung und Setzungen hinter der Wand. Eine durch Ankervorspannung einmal erzielte Verspannung des Bodens bleibt i. d. R. beim weiteren Aushub erhalten. Bei hoher Vorspannung der Anker können Bewegungen des Bodenblockes in Richtung der Baugrube auftreten, die zu Auflockerungen und Setzungen hinter der Verpressstrecke führen.

3. Parallele Verschiebung des Fangedamms:
   Parallele Verschiebungen des Fangedamms entstehen durch Schubbeanspruchungen unterhalb des Fangedamms infolge einer Belastung aus Erd- und Wasserdruck auf den Bodenblock und darüber hinaus durch horizontale Spannungsänderungen infolge der Entlastung durch den Bodenaushub. Zur Vermeidung von zu großen Verformungen können z. B. die Anker verlängert, wenigstens eine Ankerlage durch eine

Aussteifung ersetzt, Aussteifungen in Baugrubenlängsrichtung angeordnet oder auch Baugrube und Bauwerk abschnittsweise hergestellt werden.

28.15.3 Berechnungsverfahren zur Berücksichtigung der Verformungseinflüsse

Zur Berücksichtigung der zu erwartenden horizontalen Verformungen von rückverankerten Baugrubenwänden gibt es analytische und empirische Verfahren zum Beispiel nach *Nendza/Klein (1973)*, *Stroh (1974)*, *Ulrichs (1980)* und *Ulrichs (1981)*. Eine Formelzusammenstellung findet sich in *Kempfert/Raithel (2015)*.

In der Regel werden heutzutage jedoch numerische Verfahren zur Verformungsprognose angewandt (siehe Band 1, Kapitel 16).

28.16 Bemessung der Einzelteile der Baugrubenkonstruktion

28.16.1 Allgemeines

Beim Nachweis der Tragfähigkeit der Einzelteile für Baugrubenkonstruktionen finden sich Hinweise in DIN 4124. Detailliertere Vorgaben mit Bezug auf die einzelnen Materialnormen (z. B. Normenhandbücher EC 2 und 3, Handbuch Eurocode 2-1, Handbuch Eurocode 3-1) zur Ermittlung der Bauteilwiderstände von Baugruben finden sich auch in *EAB (2012)*.

Im Folgenden sind nur die wichtigsten Angaben für die Ermittlung der Bauteilwiderstände aufgeführt. Damit kann eine Bemessung (Materialnachweise) folgender Einzelteile von Baugruben vorgenommen werden:

- Bohlträger,
- Spundwandprofile,
- Pfähle und Schlitzwände,
- Holzausfachung,
- Steifenbemessung.

28.16.2 Bemessung der Tragfähigkeit der Einzelteile

28.16.2.1 Allgemeines

Die Materialkenngrößen und Teilsicherheitsbeiwerte für Bauteilwiderstände beziehen sich auf folgende Normen:

- Eurocode 2: DIN EN 1992-1-1 zusammen mit den jeweiligen Nationalen Anhängen bzw. *Handbuch Eurocode 2-1 (2012)* und *Handbuch Eurocode 2-2 (2013)* bei Bauteilen aus Beton oder Stahlbeton,

- Eurocode 3: DIN EN 1993-1-1 zusammen mit den jeweiligen Nationalen Anhängen bzw. *Handbuch Eurocode 3-1 (2017)*, *Handbuch Eurocode 3-2 (2012)* und *Handbuch Eurocode 3-6 (2011)* bei Bauteilen aus Stahl,

- Eurocode 5: DIN EN 1995-1-1 Teile 1 zusammen mit den jeweiligen Nationalen Anhängen bzw. *Handbuch Eurocode 5 (2016)*.

Voranstehende Regelwerke unterscheiden weder zwischen Dauerbauwerken und Bauwerken für vorübergehende Zwecke noch zwischen ständigen und vorübergehenden Situationen. Die Nachweise werden i. d. R. somit mit den für den Normalfall angegebenen Teilsicherheitsbeiwerten ermittelt. Teilsicherheitsbeiwerte für die Bemessungssituation BS-P sind in den nachfolgenden Tabellen zwar auch dargestellt, diese werden i. d. R. aber nur bei der Steifenbemessung maßgebend.

28.16.2.2 Bemessung der Tragfähigkeit der Bohlträger

Für die Bemessung der Bohlträger ist nachzuweisen, dass die Grenzzustandsbedingung der Tragfähigkeit

$$E_d \leq E_{M,d} \tag{28.70}$$

mit den ermittelten Bemessungsschnittgrößen erfüllt ist. Der Bemessungswert E_d beinhaltet die ungünstigste Kombination von Schnittgrößen aus Einwirkungen, der Bemessungswert $R_{M,d}$ die Summe der möglichen Bauteilwiderstände.

Die Stahlprofile werden entsprechend dem Verhältnis Breite zu Dicke (c/t) der druckbeanspruchten Querschnittsteile sowie in Abhängigkeit von der Streckgrenze in 4 Klassen eingeteilt, siehe hierzu DIN EN 1993-1-1, Abschnitt 5.5. Diese Klassen bestimmen analog zur Bemessung von Spundwänden in 25.11 die Anwendbarkeit der verschiedenen Berechnungsmethoden zur Ermittlung der Schnittgrößen bzw. Beanspruchungen und den Ansatz der Querschnittstragfähigkeiten.

- Klasse 1 - Querschnitte: Verfahren Plastisch-Plastisch
  Plastische Berechnung und Bemessung sind zulässig. Es ist jedoch zusätzlich zur Einhaltung des Grenzwertes c/t auch eine ausreichende Rotationskapazität nachzuweisen. Der Fall Plastisch-Plastisch sollte aber bei der Bemessung von Baugrubenkonstruktionen i. d. R. keine Anwendung finden.

- Klasse 2 - Querschnitte: Verfahren Elastisch-Plastisch
  Elastische Berechnung ist erforderlich. Die Ausnutzung der plastischen Querschnittswerte ist zulässig.

- Klasse 3 - Querschnitte: Verfahren Elastisch-Elastisch
  Elastische Berechnung ist erforderlich. Nur Ansatz der elastischen Querschnittswerte ist zulässig.

- Klasse 4 - Querschnitte: Verfahren Elastisch-Elastisch mit lokalem Beulversagen
  Eine elastische Berechnung ist erforderlich und eine Verminderung des elastischen Querschnittswiderstandes durch lokales Beulen im elastischen Bereich ist zu berücksichtigen.

Im einfachsten Fall eines doppeltsymmetrischen Bohlträgers aus Stahl mit einachsiger Biegung ergibt sich beispielsweise im Nachweisverfahren Elastisch-Elastisch (Stahlprofil ≤ Klasse 3) für den Nachweis der Beanspruchbarkeit des Querschnittes folgende allgemeine Bemessungsgleichung:

$$\frac{N_{Ed}}{N_{Rd}} \pm \frac{M_{y,Ed}}{M_{y,Rd}} \leq 1 \tag{28.71}$$

mit

N_{Ed} :	Bemessungswert der einwirkenden Normalkraft
N_{Rd} :	Bemessungswert der Normalkrafttragfähigkeit
$M_{y,Ed}$:	Bemessungswert des einwirkenden Momentes um die y-Achse
$M_{y,Rd}$:	Bemessungswert der Momententragfähigkeit um die y-Achse

Wobei die Widerstände bzw. Tragfähigkeiten wie folgt berechnet werden:

$$N_{Rd} = A \cdot f_y / \gamma_M \tag{28.72}$$

$$M_{y,Rd} = W_{el,min} \cdot f_y / \gamma_M \tag{28.73}$$

mit

A :	Nettoquerschnittsfläche
$W_{el,min}$:	kleinstes elastisches Widerstandsmoment
f_y :	Nennwert der Streckgrenze nach Tab. 28.15
γ_M :	Teilsicherheitsbeiwert nach Tab. 28.14

Tab. 28.14: *Teilsicherheitsbeiwerte für Bauteile aus Stahl nach DIN EN 1993-1-1 und NA, aus Anhang A 8 der* EAB (2012)

Einwirkungskombination	-	Regelfall	Sonderfall	Ausnahmefall
Bemessungssituation	BS-P	BS-T	BS-T/A	BS-A
a) zur Berechnung der Widerstände	(1,00)	1,00	1,00	1,00
b) bei Stabilitätsversagen	(1,10)	1,10	1,10	1,10
c) zur Berechnung der Steifigkeiten	(1,00)	1,00	1,00	1,00

Bei der Bemessung von Bohlträgern darf die Eigenlast der Baugrubenkonstruktion vernachlässigt werden. Neben der Normalkraft- und Momentenbeanspruchbarkeit sind jedoch in allen Fällen auch die Querkraftbeanspruchbarkeit und die Interaktion der verschiedenen Beanspruchungen (siehe hierzu DIN EN 1993-1-1, Abschnitt 6.2) nachzuweisen.

Sofern außer der Eigenlast der Baugrubenkonstruktion und der Vertikalkomponente des Erddruckes keine weiteren Vertikalkräfte abzutragen sind, genügen diese Nachweise. Kommen weitere Vertikalkräfte hinzu, z. B. aus Baugrubenabdeckungen, Hilfsbrücken oder ge-

Tab. 28.15: *Charakteristische Materialkenngrößen für Bauteile aus Stahl nach DIN EN 1993-1-1 und NA, aus Anhang A 8 der* EAB (2012)

Werkstoffnorm und Stahlsorte	Streckgrenze f_y [N/mm²]	Zugfestigkeit f_u [N/mm²]	Schubfestigkeit τ_R [N/mm²]	E-Modul E [N/mm²]	Schubmodul G [N/mm²]
DIN EN 10025-2					
S235	235	360	136		
S275	275	430	159		
S355	355	490	205		
S450	440	550	254		
DIN EN 10027-1				210 000	81 000
S240GP	240	340	139		
S270GP	270	410	156		
S320GP	320	440	185		
S355GP	355	480	205		
S390GP	390	490	225		
S430GP	430	510	248		

neigten Verankerungen, so ist insbesondere für einmal gestützte Baugrubenwände und für die Rückbauzustände von mehrmals gestützten Baugrubenwänden der Stabilitätsnachweis nach DIN EN 1993-1-1, Abschnitt 6.3 zu erbringen.

Die Bohlträger sind möglichst in einem gleichen Abstand auszuführen, um ein Verdrehen infolge unterschiedlicher Belastung zu verhindern. Ansonsten sind geeignete Maßnahmen gegen Verdrehen der Träger zu treffen.

28.16.2.3 Bemessung der Tragfähigkeit von Spundwänden

Die Bemessung von Spundwänden ist in 25.11 dargestellt.

28.16.2.4 Bemessung der Tragfähigkeit von Ortbetonpfählen und Schlitzwänden

Die Bemessung von Ortbetonwänden erfolgt durch den Nachweis, dass die Grenzzustandsbedingung

$$E_d \leq R_{M,d}$$

im Grenzzustand der Tragfähigkeit GEO-2 für die ermittelten Bemessungsschnittgrößen erfüllt ist, mit dem Bemessungswert E_d der ungünstigsten Kombination von Schnittgrößen aus Einwirkungen und dem Bemessungswert $R_{M,d}$ der Summe der möglichen Bauteilwiderstände, die wie folgt unterschieden werden:

a) Beton: $\sigma_{c,d} \leq f_{c,d}$ mit $f_{c,d} = \alpha_{cc} \cdot \dfrac{f_{c,k}}{\gamma_c}$ und γ_c nach Tab. 28.17

b) Betonstahl: $\sigma_{s,d} \leq f_{s,d}$ mit $f_{s,d} = \dfrac{f_{y,k}}{\gamma_s}$ und γ_s nach Tab. 28.17

mit

$\sigma_{c,d}$: Bemessungswert der Betondruckspannung der Einwirkungen
$f_{c,d}$: Bemessungswert der Betondruckfestigkeit
α_{cc} : der Abminderungsbeiwert nach DIN EN 1992-1-1/NA ($\alpha_{cc} = 0,85$ für bewehrten Normalbeton und $\alpha_{cc} = 0,70$ für unbewehrten Beton)
$\sigma_{s,d}$: Bemessungswert der Betonstahlspannung der Einwirkungen
$f_{s,d}$: Bemessungswert der Streckgrenze des Betonstahls
$f_{c,k}$: charakteristische Größe der Druckfestigkeit nach Tab. 28.16
$f_{y,k}$: charakteristische Spannung an der Streckgrenze nach Tab. 28.15

Tab. 28.16: *Charakteristische Materialkenngrößen für Beton und Stahlbeton nach DIN EN 1992-1-1, aus Anhang A 7 der* EAB (2012)

Betonfestigkeitsklasse C $f_{c,k}/f_{c,k,cube}$	C12/15	C16/20	C20/25	C25/30	C30/37	C35/45	C40/50	C45/55	C50/60
Für den Nachweis der Tragfähigkeit									
$f_{c,k} = f_{c,k,cyl}$ [N/mm²]	12	16	20	25	30	35	40	45	50

$f_{c,k,cube}$: charakteristische Würfeldruckfestigkeit des Betons nach 28 Tagen
$f_{c,k}$ [$f_{c,k,cyl}$]: charakteristische Zylinderdruckfestigkeit des Betons nach 28 Tagen

Tab. 28.17: *Teilsicherheitsbeiwerte für Beton und Stahlbeton nach DIN EN 1992-1-1, aus Anhang A 7 der* EAB (2012)

Einwirkungskombination		-	Regelfall	Sonderfall	Ausnahmefall
Bemessungssituation		BS-P	BS-T	BS-T/A	BS-A
γ_C	für die Bestimmungen des Tragwiderstandes von bewehrtem Beton	(1,50)	1,50	1,50	1,30
γ_S	für die Bestimmungen des Tragwiderstandes von Betonstahl	(1,15)	1,15	1,15	1,00

Bei der Bemessung von Ortbetonwänden ist die DIN EN 1992-1-1 maßgebend, wobei für die Bewehrungsanordnung und Betondeckung bei Schlitzwänden die Angaben der DIN EN 1538 und bei Pfahlwänden DIN EN 1536 zu beachten sind.

An allen Stützpunkten des rechnerisch größten Stützmomentes darf eine Ausrundung der Momentenlinie nach *EAB (2012)* vorgenommen werden, sofern versteckte Balken oder Gurte aus Stahlbeton angeordnet werden. Bei Gurten aus Walzprofilen darf nur dann die volle Breite des Flansches als Unterstützung angesetzt werden, wenn die Flansche durch Stegaussteifungen in ausreichendem Maße gegen Ausweichen gesichert sind und der Abstand zwischen Gurt und Baugrubenwand ausbetoniert wird. Die charakteristischen

Materialkenngrößen und Teilsicherheitsbeiwerte richten sich nach DIN EN 1992-1-1 und NA, siehe Tab. 28.16 und Tab. 28.17.

Bei der Ermittlung der Schubbewehrung sind Schlitzwandelemente, deren Dicke größer ist als ein Fünftel der Breite, als Balken zu behandeln, sofern die einzelnen Elemente nicht kraftschlüssig miteinander verdübelt sind. Schlitzwandelemente, die mehrere Bewehrungskörbe innerhalb einer Elementlänge umfassen und in einem Arbeitsgang fugenlos betoniert werden, gelten als kraftschlüssig verdübelt. Bei getrennt hergestellten Schlitzwandelementen kann eine ausreichende Verdübelung beispielsweise durch geeignete Profilierung der Abstellfugen erreicht werden.

In der Regel ist ein Nachweis zur Beschränkung der Rissbreite bei Ortbetonwänden nicht erforderlich, wenn bei der baulichen Durchbildung die erforderliche Mindestbewehrung nach DIN EN 1992-1-1, Abschnitt 9.2.11 eingehalten wird. Ein Nachweis ist erforderlich, wenn

a) die Umgebungsbedingungen der Expositionsklasse XA 3 nach DIN EN 1992-1-1, Tab. 4.1 berücksichtigt werden müssen,

b) die Umgebungsbedingungen der Expositionsklassen XS und XA nach DIN EN 1992-1-1, Tab. 4.1 berücksichtigt werden müssen und der für die Bewehrung maßgebende Bauzustand planmäßig länger als 2 Jahre dauert,

c) die Ortbetonwände Bestandteile eines Dauerbauwerkes werden.

28.16.2.5 Bemessung der Tragfähigkeit von Gurten

Die Bemessung von Gurten erfolgt entsprechend:

$$E_d \leq R_{M,d}$$

Der Bemessungswert E_d beinhaltet die ungünstigste Kombination von Schnittgrößen aus Einwirkungen, der Bemessungswert $R_{M,d}$ die Summe der möglichen Bauteilwiderstände. Die Nachweisführung erfolgt analog zu 28.3.1.

Sofern Stahlgurte, die auf Biegung beansprucht werden, zur Abtragung von Längskräften herangezogen werden, ist ggf. auch ein Stabilitätsnachweis nach DIN EN 1993-1-1, Abschnitt 6.3 zu führen. Bei der Festlegung der Knicklänge braucht ein Ausweichen nur zur Baugrubenseite hin berücksichtigt zu werden.

Bei Gurten aus Stahlprofilen, die auf Biegung beansprucht werden, ist stets die Querkraftbeanspruchbarkeit und ggf. die Interaktion Biegung/Querkraft/Normalkraft nachzuweisen. Bei Gurten aus Stahlbeton sind die charakteristischen Materialkenngrößen und die Teilsicherheitsbeiwerte nach DIN EN 1992-1-1 (siehe Tab. 28.16 und Tab. 28.17) maßgebend.

28.16.2.6 Bemessung der Tragfähigkeit der Steifen

Steifen sind im Hinblick auf Beanspruchung und Gefährdung die empfindlichsten Teile einer Baugrubenkonstruktion. Bei ihrer Bemessung sollten daher stets auf der sicheren Seite liegende Annahmen zugrunde gelegt werden. Bestehen Zweifel, ob eine gewählte

Lastfigur für einzelne Steifenlagen ausreichend sichere Auflagerkräfte ergibt, so sind diese angemessen zu erhöhen.

Bei der Bemessung von Steifen entsprechend Gl. (28.70) ist neben der Normalkraft und dem Biegemoment in der Regel eine außermittige Krafteinleitung zu berücksichtigen, bei Steifen aus Stahl und Stahlbeton darüber hinaus auch die Durchbiegung infolge von Eigen- und Nutzlast. Bei Steifen aus Walzprofil sind außerdem die Nachweise gegen Beulen und ggf. Biegedrillknicken DIN EN 1993-1-1, Absatz 6.3 zu erfüllen.

Abweichend von den zuvor genannten Normen sind bei der Ermittlung der Bemessungsschnittgrößen die Teilsicherheitsbeiwerte stets für die Beanspruchungssituation BS-P aufgrund der ungünstigen Beanspruchung zugrunde zu legen, auch wenn die Bemessung der übrigen Teile mit den Teilsicherheitsbeiwerten für die Bemessungssituation BS-T durchgeführt wird.

Sofern nicht gezielt eine bestimmte Ausmittigkeit der Krafteinleitung vorgegeben und durch entsprechende Maßnahmen sichergestellt wird, ist bei Stahlsteifen beim Stabilitätsnachweis nach DIN EN 1993-1-1, Absatz 6.3 mit folgenden zusätzlichen Ausmittigkeiten in der Lotrechten zu rechnen:

a) mit einer Ausmittigkeit von 1/6 der Trägerhöhe bei Walzprofilen bzw. des Rohrdurchmessers bei Rohren ohne Endzentrierung,

b) mit einer Ausmittigkeit von einem Sechstel der Höhe der Kontaktfläche bei Rohren mit Endzentrierung.

Die Ausmittigkeit ist zur Durchbiegung infolge Eigen- und Nutzlast hinzuzuaddieren. Als Knicklänge von Steifen gilt die Länge ohne Keile, Futterstücke und Gurte. Sofern sie an den Enden nicht eingespannt sind, ist eine freie Drehbarkeit anzunehmen. Steifen aus Holz dürfen nicht auf „Stoß“ ausgebildet werden. Rundholzsteifen müssen geradwüchsig und ohne Drehwuchs sein. Durch konstruktive Maßnahmen ist sicherzustellen, dass der Ausfall einer Steife nicht zum Versagen des durch die Steife gesicherten Bauteils führen kann.

28.16.2.7 Bemessung der Tragfähigkeit der Holzausfachung

Für die Bemessung der Holzausfachung gilt für den Nachweis der Tragfähigkeit ebenfalls:

$$E_d \leq R_{M,d}$$

Für den einfachsten Fall einer Biegebemessung ergibt sich

$$E_d = \sigma_{m,d} = \frac{M_d}{W_{y,n}} \qquad \text{und} \qquad R_d = f_{m,d} = \frac{k_{mod} \cdot f_{m,k}}{\gamma_M} \tag{28.74}$$

und die allgemeine Bemessungsgleichung zu

$$\sigma_{m,d} \leq f_{m,d} \tag{28.75}$$

mit

$f_{m,k}$: charakteristische Bruchspannung nach Tab. 28.18
k_{mod} : Modifikationsbeiwert, hier $k_{mod} = 1,0$ für Vollholz
γ_M : Teilsicherheitsbeiwert nach Tab. 28.19
M_d : Bemessungsmoment
$W_{y,n}$: Nettowiderstandsmoment

Zur Ermittlung der Widerstände $R_{M,d}$ sind die Festigkeitseigenschaften f_m nach Tab. 28.18 mit dem Teilsicherheitsbeiwert $\gamma_M = 1,3$ nach Tab. 28.19 zu dividieren.

Tab. 28.18: *Charakteristische Rechenwerte für Festigkeits-, Steifigkeits- und Rohdichtekennwerte für Bauteile aus neuem bzw. neuwertigem Nadelholz nach DIN EN 338, aus Anhang A 9 der* EAB (2012)

Festigkeitsklasse nach DIN 1052 bzw. DIN EN 338			C 16	C 24	C 30	C 35	C 40
Sortierklasse nach DIN 4074 Teil 1			S 7 MS 7	S 10 MS 10	S 13	MS 13	MS 17
Festigkeitskennwerte in N/mm²							
Biegung		$f_{m,k}$	16	24	30	35	40
Zug	parallel	$f_{t,0,k}$	10	14	18	21	24
	rechtwinklig	$f_{t,90,k}$	0,4	0,4	0,4	0,4	0,4
Druck	parallel	$f_{c,0,k}$	17	21	23	25	26
	rechtwinklig	$f_{c,90,k}$	2,2	2,5	2,7	2,8	2,9
Schub		$f_{v,k}^{1)}$	3,2	4,0	4,0	4,0	3,8
Steifigkeitskennwerte in N/mm²							
Elastizitäts-modul	parallel	$E_{0,mean}^{2)}$	8000	11000	12000	13000	14000
	rechtwinklig	$E_{90,mean}^{2)}$	270	370	400	430	470
Schubmodul[2)]		$G_{mean}^{2)}$	500	690	750	810	880
Rohdichtekennwerte in kg/m³							
Rohdichte		ρ_k	310	380	380	400	420

[1)] Die charakteristischen Werte für die Schubfestigkeit gelten für Holz ohne Risse. Zur Berücksichtigung der Risse siehe Angaben in DIN EN 1995-1-1, Abschnitt 6.1.7.

[2)] Mittelwerte; für die charakteristischen Steifigkeitskennwerte gelten folgende Rechenwerte:
$E_{0,05} = 2/3 \cdot E_{0,mean}$ $E_{90,05} = 2/3 \cdot E_{90,mean}$ $G_{05} = 2/3 \cdot G_{mean}$

Tab. 28.19: *Teilsicherheitsbeiwerte für Bauteile aus Holz nach DIN EN 1995-1-1, aus Anhang A 9 der* EAB (2012)

Einwirkungskombination	-	Regelfall	Sonderfall	Ausnahmefall
Bemessungssituation	BS-P	BS-T	BS-T/A	BS-A
γ_M für den Nachweis der Tragfähigkeit	1,30	1,30	1,30	1,00

28.17 Zahlenbeispiele siehe Anhang B-28.

29 Unterfangungen und Unterfahrungen

29.1 Einleitung und Begriffe

Bei einer Unterfangung werden die Fundamentlasten eines flach gegründeten Bauwerks auf eine tiefere Ebene eingeleitet, wozu eine neue tieferliegende Gründung erstellt werden muss (Abb. 29.1).

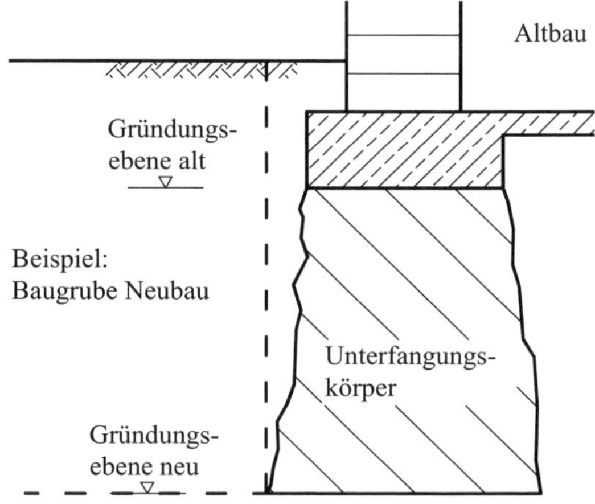

Abb. 29.1: *Grundprinzip der Unterfangung*

Die Gründe für Unterfangungsmaßnahmen können sein:

- *Lasterhöhung*: z. B. wenn bei einem bestehenden Gebäude nachträglich zusätzliche Geschosse aufgebracht werden und deren Zusatzlast durch die vorhandene Gründung nicht mehr sicher aufgenommen werden kann.
- *Fehlerhafte Gründung*: z. B. wenn eine setzungsempfindliche Schicht nicht erkannt wurde und darüber die Gründung angeordnet ist oder bei historischen Bauten, wenn im Laufe der Jahrhunderte das Material oder die Randbedingungen der Gründung sich verändern und eine Sanierung notwendig wird.
- *Neugründung*: z. B. wenn ein angrenzender Neubau eine tiefere Gründungsebene erhalten soll als das vorhandene Gebäude sowie neben Baugruben sind häufig Giebelfundamente zu unterfangen.

Unter Unterfahrung wird eine vollständige oder teilweise Hindurchführung einer Baumaßnahme durch oder unter die Gründung eines bestehenden Bauwerkes verstanden. Dabei ist in der Regel eine Neugründung der Fundamente des zu unterfahrenden Bauwerkes erforderlich.

Insbesondere im Zusammenhang mit einer Unterfahrung ist die Unterfangung eine insgesamt sehr schwierige Bauaufgabe, bei der das Zusammenwirken zwischen Bauwerk und Baugrund während der Phase der Lastumlagerung eine besondere Bedeutung zukommt und der Begrenzung der damit verbundenen Verformungen ein vertieftes Verständnis der möglichen Beanspruchung des Baugrunds während der Umlagerungsphasen voraussetzt.

Bei einfachen konventionellen Unterfangungsarbeiten kommt es auf eine besonders sorgfältige Herstellung an, siehe 29.4.2.

29.2 Voruntersuchungen

Ein ganz wesentlicher Punkt für das Gelingen einer Unterfangungsmaßnahme sind sorgfältig und vollständig durchgeführte Voruntersuchungen. Folgende Punkte sollten untersucht werden bzw. es sollten dazu Unterlagen vorliegen.

a) Zum Bauwerk:

- Planunterlagen,
- baulicher Zustand,
- statische Ausbildung, Baustoffe und Gründung (evtl. Neuerstellung der Statik oder Aufgrabung der Gründung erforderlich),
- Denkmalschutzanforderungen,
- zulässige und zumutbare Lärm- und Erschütterungsbelastung.

b) Zum Baugrund:

- Baugrunduntersuchung: genauer Schichtenverlauf, bodenmechanische Eigenschaften, Durchlässigkeit, freie Standhöhen, örtliche Störungen durch alte Bauteile,
- Grundwasserverhältnisse, notwendige Grundwasserabsenkung oder Abschirmung.

c) Bei Unterfahrungsmaßnahmen:

- prüfen, ob ein Abriss und Neubau des Gebäudes wirtschaftlicher und möglich ist,
- den Abstand zwischen Gebäudefundament und Tunnelprofil,
- Größe der zu unterfahrenden Gebäudeflächen.

29.3 Unterfangungsverfahren

Die Grundlagen von Unterfangungsmaßnahmen sind in

- DIN 4123: Ausschachtungen, Gründungen und Unterfangungen im Bereich bestehender Gebäude und
- *EAB (2012)* mit *Hettler et al. (2019)* als Technischer Jahresbericht

geregelt. Danach darf kein Bauwerk bis zu seiner Fundamentunterkante oder tiefer, auch in einem vorübergehenden Bauzustand, ohne ausreichende Sicherungsmaßnahme freigeschachtet werden. Bei einer Freischachtung sind darum die konstruktiven und grundbautechnischen Unterfangungsmöglichkeiten und Ausführungsrandbedingungen im Einzelnen zu prüfen und an die Bauaufgabe anzupassen, die Bauausführung ist mit größter Sorgfalt zu planen und durchzuführen. Nachfolgend ist eine Auswahl möglicher Unterfangungsverfahren behandelt. Es wird dabei unterschieden zwischen

a) Unterfangungswänden nach DIN 4123 und

b) Unterfangungsverfahren des Spezialtiefbaus wie z. B.

- Unterfangung durch Injektion und Düsenstrahlverfahren,
- Vereisungen,
- Unterfangung mit Mikropfählen,
- Unterfangung mit Bohr- und Presspfählen oder Schlitzwänden.

Zu den Spezialtiefbauverfahren siehe z. B. *Katzenbach et al. (2015)*.

29.4 Unterfangungswände nach DIN 4123

29.4.1 Anwendungsbedingungen und Grenzen

Bei der konventionellen Unterfangung von Gebäudeteilen mit Unterfangungswänden wird abschnittsweise der Boden unter einem Fundament ausgeräumt. Das Verfahren wird auch als „abschnittsweise Unterfangung" bezeichnet.

Dabei geht man davon aus, dass die Lasten eines Wandabschnittes vorübergehend über Schub von den benachbarten Abschnitten und/oder dem Fundamentbalken aufgenommen werden können. Zur Tiefergründung wird anschließend eine Wandscheibe aus Mauerwerk, Beton oder Stahlbeton zwischen Fundamentunterkante und dem neuen Gründungsniveau hergestellt. Die Randbedingungen und die Herstellungstechniken von solchen Unterfangungsmaßnahmen werden in DIN 4123 behandelt.

Die Anwendung ist auf einfache Fälle, d. h. überwiegend lotrecht belastete Streifenfundamente und auf Wände begrenzt, die auf Gründungsplatten abgesetzt sind. Die zu unterfangenden Gebäudeteile sollen nicht mehr als 5 Vollgeschosse zuzüglich Keller- und ggf. Dachgeschoss bzw. Fundamentlasten auf Streifenfundamenten von höchstens 250 kN/m haben. Der Grundwasserstand muss während der Bauausführung mindestens 0,5 m unter der neuen Gründungsebene liegen oder es muss eine Grundwasserabsenkung bis auf diese Tiefe vorgenommen werden.

Unterhalb der neuen Gründungsebene müssen mindestens mitteldicht gelagerte nichtbindige oder mindestens steife bindige Böden anstehen.

Weitere Anwendungsgrenzen siehe DIN 4123.

Bei Ausschachtungen für Unterfangungen können vor Beginn der Bauarbeiten Sicherungsmaßnahmen am bestehenden Gebäude erforderlich werden wie z. B.

- Instandsetzung von Mauerwerk oder Beton, z. B. kraftschlüssiges Schließen von Rissen, welche die Standsicherheit beeinträchtigen;

- Rückverankerung gefährdeter Gebäudeteile gegen Gebäudeteile, die nicht im Einflussbereich der geplanten Baumaßnahme liegen;
- Versteifen von Wänden, deren Scheibenwirkung infrage gestellt ist, z. B. durch Ausmauern von Öffnungen oder Anbringen von Zangen;
- Verbesserung oder Sicherung des Verbunds zwischen der zu unterfangenden Wand und deren Querwänden, Decken und gegebenenfalls der Kellersohle;
- Abstützen gefährdeter Gebäudeteile durch Aussteifungen gegen benachbarte Gebäude oder andere Widerlager, wobei die auftretenden waagerechten und senkrechten Kräfte nur in Höhe von Massivdecken bzw. in aussteifende Querwände oder in Fundamentbalken bzw. -platten eingeleitet werden dürfen;
- Aussteifen oder Verankern des bestehenden Gebäudes gegen bereits fertiggestellte Teile des neuen Gebäudes.

29.4.2 Ausschachtungen vor der Unterfangung

Für das Verfahren wird vorausgesetzt, dass im Einflussbereich der vorhandenen Fundamente und im stehenbleibenden Erdblock mindestens mitteldicht gelagerte nichtbindige oder mindestens steife bindige Böden vorhanden sind. Ein Gebäude darf nicht ohne ausreichende Sicherungsmaßnahmen bis zu seiner Fundamentunterkante oder tiefer freigeschachtet werden. Wenn seine Standsicherheit nicht durch andere Maßnahmen sichergestellt wird, kann die Geländebruchsicherheit der bestehenden Fundamente durch einen Erdblock mit Berme nach Abb. 29.2 sichergestellt werden.

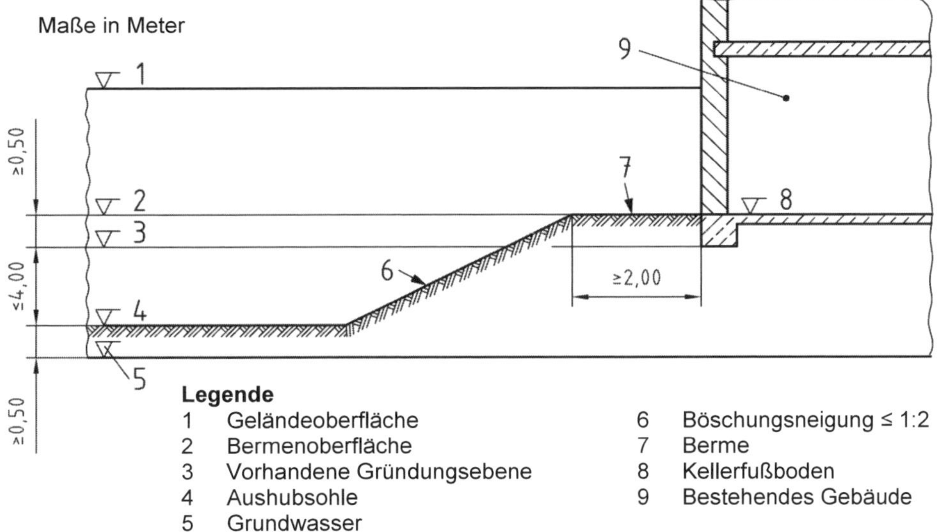

Abb. 29.2: *Bodenaushubgrenzen mit Erdblock und Berme, nach DIN 4123*

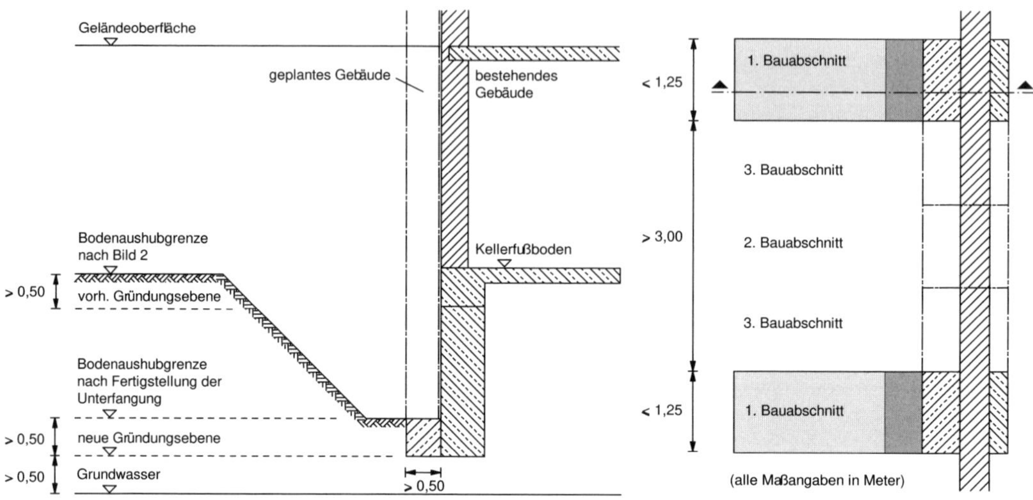

Abb. 29.3: *Abmessungen und Unterfangungsschritte nach DIN 4123, aus* Smoltczyk et al. (2001)

Muss der Erdblock nach Abb. 29.3 wegen der geplanten Gründung oder Unterfangung abgetragen werden, so darf dies zur Vermeidung eines Grundbruchs nur abschnittsweise durch Stichgräben oder Schächte von höchstens 1,25 m Breite geschehen. Zwischen gleichzeitig hergestellten Stichgräben bzw. Schächten ist ein Abstand von mindestens der dreifachen Breite eines Stichgrabens bzw. Schachtes einzuhalten (Abb. 29.3).

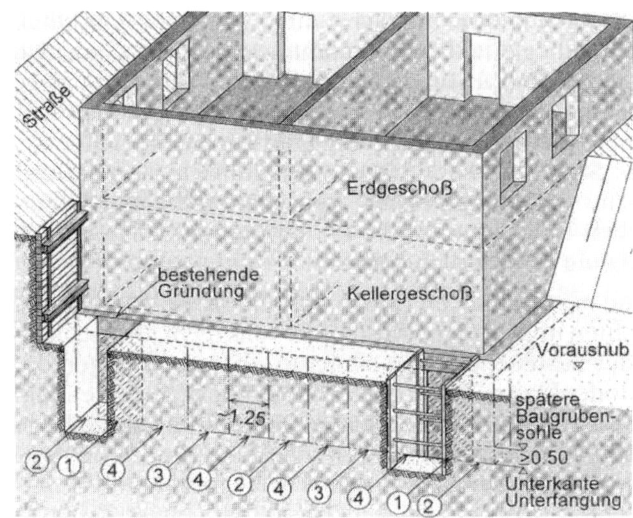

Abb. 29.4: *Ansicht einer Unterfangungsmaßnahme und Reihenfolge der Abschnitte, aus* Smoltczyk et al. (2001)

Weitere Stichgräben bzw. Schächte dürfen jeweils erst dann hergestellt werden, wenn die vorangegangenen neuen Fundamentabschnitte oder Unterfangungen eine ausreichende Festigkeit haben. Die Graben- bzw. Schachtwände müssen annähernd senkrecht sein.

Abb. 29.3 und 29.4 zeigen die einzuhaltenden Abmessungen und die Reihenfolge der Unterfangungsschritte. Die Sicherung der Schächte bzw. Stichgräben erfolgt in der Regel durch einen waagerechten Verbau nach DIN 4124, s. a. 23.4.

29.4.3 Gründungen und Unterfangungsarbeiten

Neue Fundamente unmittelbar neben bestehenden sind in der Regel ebenso tief wie diese zu gründen. Liegt die neue Gründungsebene tiefer als die bestehende, so ist das vorhandene Fundament zu unterfangen. Liegt die Gründungsebene des neuen Gebäudes höher als die Gründungsebene des bestehenden Gebäudes, dann muss nachgewiesen werden, dass die aus der neuen Gründung sich ergebenden Lasten von dem bestehenden Gebäude aufgenommen werden können.

Fundamente für das neue Bauwerk, die keine oder nur konstruktive Längsbewehrung haben, müssen mindestens eine Höhe und Breite von 0,50 m aufweisen. Für neue Fundamente mit statisch erforderlicher Längsbewehrung ist, damit sie durchgehend bewehrt und sauber betoniert werden können, wegen der Grundbruchgefahr zunächst ein unbewehrtes Fundament von mindestens 0,50 m Höhe und Breite unterkantengleich mit dem vorhandenen Fundament abschnittsweise einzubringen. Nach ausreichendem Erhärten des Betons darf auf ganzer Länge das Stahlbetonfundament betoniert werden.

Sofern die örtlichen Verhältnisse es erlauben, dürfen die Stahlbetonfundamente in Abschnitten, deren Länge durch die Breite der Stichgräben bestimmt wird, auf einem mindestens 5 cm dicken Unterbeton eingebracht werden, dessen Sohle höhengleich mit der des vorhandenen Fundaments ist. Sie müssen eine Höhe und Breite von jeweils mindestens 0,50 m aufweisen. Die Längsbewehrung der einzelnen Abschnitte ist durch Bewehrungsstöße, z. B. Muffenstöße, zu verbinden.

Nach DIN 4123 ist mit den Unterfangungsarbeiten i. d. R. an dem am höchsten belasteten Abschnitt des bestehenden Gebäudes zu beginnen, z. B. an der Einbindung von belasteten Querwänden.

Unabhängig von der Tiefe der Stichgräben bzw. der Schächte sind die Erdwände stets kraftschlüssig gegeneinander abzustützen. Es darf dafür nur ein Verbau eingesetzt werden, der ohne nennenswerte Erschütterungen, Auflockerungen und Bewegungen im Boden eingebracht werden kann.

Bei mindestens steifem bindigem Boden genügt es, die Stichgräben bzw. Schächte nur bis unmittelbar vor das zu unterfangende Fundament zu verbauen, sofern die freie Höhe nicht mehr als 2,00 m beträgt und nicht damit zu rechnen ist, dass örtlich lose Teile des Fundaments oder des Bodens herausbrechen können. Steht unterhalb der vorhandenen Gründungsebene ein nichtbindiger Boden an, so darf auf einen seitlichen Verbau unterhalb des Fundaments und auf einen Stirnverbau nur dann verzichtet werden, wenn die ausreichende Standsicherheit der freigelegten Erdwand nachgewiesen worden ist.

Nach dem Herstellen eines Stichgrabens bzw. Schachts ist unverzüglich mit dem Einbau der Unterfangungslamelle zu beginnen. Kann die Lamelle nicht noch am gleichen Tag fertiggestellt werden, dann ist unterhalb des vorhandenen Fundaments stets ein seitlicher Verbau und ein Stirnverbau einzubringen.

Sofern zur Sicherung des Stichgrabens ein Brustverbau angeordnet worden ist, der verrotten kann, ist er Zug um Zug mit dem Herstellen der Unterfangungswand auszubauen. Wird die Unterfangungswand aus Beton hergestellt, so ist dieser unmittelbar gegen den anstehenden Boden einzubringen. Bei Unterfangungswänden aus Mauerwerk sind etwa verbleibende Hohlräume zwischen Wand und anstehendem Boden mit Magerbeton aufzufüllen.

Soweit sich dies aus dem Standsicherheitsnachweis für den Endzustand oder für einen Zwischenbauzustand nach 29.4.4 ergibt, ist im Rahmen der Ausführung eines Unterfangungsabschnittes ggf. z. B. eine Verankerung einzubauen.

Die notwendige einwandfreie Kraftübertragung vom Bauwerk in die Unterfangungswand kann durch Auspressen der Fuge mit Zementmörtel, durch großflächige Stahlkeile oder hydraulische Pressen bzw. einer Überbetonierung sichergestellt werden.

Die Vorteile von konventionellen Unterfangungswänden im Schachtverfahren nach DIN 4123 liegen in den geringen Kosten für die Baustelleneinrichtung, was bei kleinen Unterfangungsmaßnahmen wichtig ist, sowie dem Umstand, dass die Unterfangungsarbeiten bei diesem Verfahren in der Regel nur von außen durchgeführt werden, sodass das Gebäude dabei voll nutzbar bleibt. Nachteilig ist der hohe Zeitaufwand und das Versagen des Verfahrens bei Wasserandrang und fließgefährdeten Böden. Darüber hinaus sind Setzungen in einer Größenordnung von 1 bis 2 cm am zu unterfangenen Bauwerk selbst bei sehr sorgfältiger Arbeitsweise nicht ganz vermeidbar.

29.4.4 Standsicherheitsnachweise des bestehenden Gebäudes

Es muss nachgewiesen sein, dass die Standsicherheit des bestehenden Gebäudes sichergestellt ist.

Für den Bauzustand, in dem der Boden bis zur vorgesehenen Bermenoberfläche nach Abb. 29.2 ausgehoben wird, ist dabei nachzuweisen, dass bei Beanspruchung durch ständige Lasten und regelmäßig auftretende Verkehrslasten der Bemessungswert der Sohldruckbeanspruchung den Bemessungswert des Sohlwiderstands nach *Handbuch Eurocode 7-1 (2015)* nicht überschreitet bzw. die für ein Dauerbauwerk geforderte Grundbruchsicherheit vorhanden ist. Gegebenenfalls sind dabei geplante Veränderungen am bestehenden Fundament zu berücksichtigen. Eine Erhöhung der Bemessungswerte des Sohlwiderstands bzw. eine Herabsetzung der Sicherheit gegen Grundbruch im Sinne der Bemessungssituation BS-T mit Hinweis auf den Bauzustand ist hierbei nicht zulässig.

Für Bauzustände kann auf weitere Standsicherheitsnachweise verzichtet werden, sofern die Angaben der DIN 4123 zu den Bodenaushubgrenzen im Hinblick auf die Sicherheit gegen Geländebruch zu den Stichgräben und zur abschnittsweisen Herstellung von Fundamenten vollständig eingehalten werden.

Sofern allerdings aufgrund der vorliegenden Randbedingungen ein Zustand nachgewiesen werden muss, in dem die Standsicherheit des Gebäudes vorübergehend verringert ist, weil Stichgräben oder Schächte für die Herstellung einer Gründung bis an das bestehende Gebäude herangeführt oder für eine Unterfangung unter das bestehende Gebäude getrieben werden, ist im Sinne der Bemessungssituation BS-T nach *Handbuch Eurocode 7-1 (2015)* eine Herabsetzung der Sicherheit gegen Grundbruch und Gleiten zulässig. Sinngemäß dürfen die im *Handbuch Eurocode 7-1 (2015)* angegebenen Bemessungswerte des Sohlwiderstands um 15 % vergrößert werden.

29.4.5 Nachweis der Standsicherheit der Unterfangungswand

Bei jeder Unterfangungswand ist im Bau- und Endzustand der Standsicherheitsnachweis unter Berücksichtigung der Auflasten, der Erddruckkräfte sowie gegebenenfalls unter Berücksichtigung von waagerechten, auf die Unterfangung wirkenden Lasten zu führen, siehe Abb. 29.5.

Analog zu Kapitel 18 sind für Unterfangungswände wie bei flach gegründeten Stützwänden folgende Nachweise zu führen.

- Nachweis für den Grenzzustand der Tragfähigkeit (ULS)
  - Nachweis der Sicherheit gegen Kippen,
  - Nachweis der Sicherheit gegen Grundbruch,
  - Nachweis der Sicherheit gegen Gleiten,
  - ggf. Nachweis der Gesamtstandsicherheit/Geländebruch,
  - Nachweis der tiefen Gleitfuge (falls rückverankert).

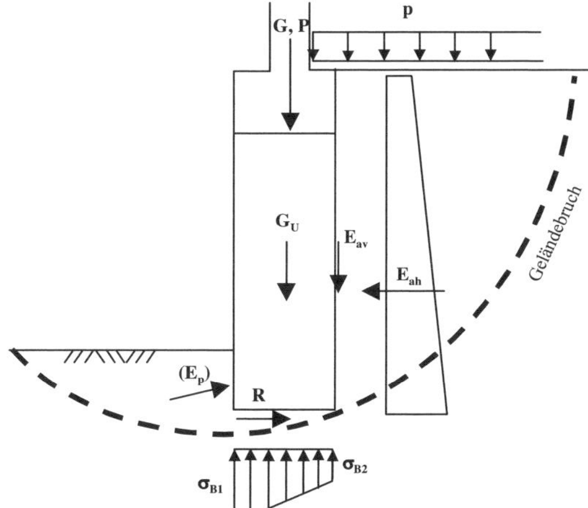

Abb. 29.5: *Randbedingungen für Standsicherheitsnachweise bei Unterfangungswänden*

- Nachweis für den Grenzzustand der Gebrauchstauglichkeit (SLS)
  - Fundamentverdrehung und Begrenzung einer klaffenden Fuge,
  - Setzungen,
  - Verschiebungen in der Sohlfläche.
- Innere Standsicherheit: Nachweis gegen Materialversagen
  - Stahlbeton: Bemessung Schub und Biegung mit Normalkraft,
  - unbewehrter Beton wie Injektionsunterfangung.

Maßgebend ist jeweils diejenige Kombination von senkrechten und waagerechten Einwirkungen, die zur kleinsten Sicherheit gegen Grundbruch, zur kleinsten Sicherheit gegen Gleiten bzw. zur größten Ausmittigkeit der Resultierenden in der Gründungsebene führt.

Bei einfachen Fällen kann analog zu Kapitel 17 der Standsicherheitsnachweis mithilfe der Bemessungswerte des Sohlwiderstands nach *Handbuch Eurocode 7-1 (2015)* geführt werden. Dann muss nach DIN 4123 die Einbindetiefe der Unterfangungswand aber mindestens 0,50 m unter die Bodenaushubgrenze für das neue Gebäude bzw. unter die

Bodenaushubgrenze des Unterfangungsabschnitts im Zwischenbauzustand reichen. Ergänzende Hinweise sind *Hettler et al. (2019)* zu entnehmen.

Der Erddruck auf die Unterfangungswand ist nach DIN 4123 unter Berücksichtigung von Bodeneigengewicht und Auflasten, z. B. der Nutzlasten auf dem Kellerfußboden und gegebenenfalls der Lasten aus Querwänden, zu ermitteln. Sofern keine Maßnahmen zur Beschränkung von Wandbewegungen vorgesehen sind, darf mit dem aktiven Erddruck nach DIN 4085 gerechnet werden. Ist dagegen zur Stützung der Unterfangungswand der Einbau von Ankern erforderlich, dann sollte der Mittelwert zwischen Erdruhedruck und aktivem Erddruck angesetzt werden. Die Anker sind auf die charakteristische Beanspruchung E_k vorzuspannen, sofern nicht während des Vorspannvorgangs Verschiebungen des Fundamentes oder der Unterfangungswand beobachtet werden, die eine Begrenzung der Vorspannkraft nahelegen.

Nach DIN 4123 sind sowohl die Bauzustände als auch der Endzustand der Unterfangung für ständige Lasten und regelmäßig auftretende Verkehrslasten der Bemessungssituation BS-T nach *Handbuch Eurocode 7-1 (2015)* zuzuordnen.

29.5 Unterfangung mit Bodenverfestigungsverfahren

29.5.1 Injektionen

Im Gegensatz zur konventionellen Unterfangung wird bei den Injektionsverfahren der Baugrund unter einem Fundament vorlaufend stabilisiert oder verfestigt. Eine Besonderheit dieses Verfahrens ist, dass eine Unterfangung gleichzeitig als wasserdichte Baugrubenwand ausgeführt werden kann.

Insbesondere wenn sich das zu unterfangende Gebäude

- in einem schlechten baulichen Zustand befindet oder
- zum Fließen neigende Böden oder Grundwasser ansteht oder
- insgesamt große Unterfangungsmaßnahmen mit Termindruck vorhanden sind,

kann eine Unterfangung mit Injektionen günstiger sein.

Dabei können z. B. in nichtbindigen Böden zur Unterfangung von Fundamenten die gängigen Verfahren der Poreninjektion eingesetzt werden. Man bohrt dabei in der Regel mit Stützflüssigkeit unter oder durch das Fundament und bringt in das Bohrloch Verpressrohre ein (Abb. 29.6). Ziel ist unter dem Fundament die Herstellung eines durchgehenden Verfestigungskörpers meist mit trapezförmigem Querschnitt. Die Verpressdrücke liegen in der Größenordnung zwischen 5 und 10 bar (Niederdruckinjektionen). Ziel der Injektionsarbeiten ist, die Poren des unter dem Fundament anstehenden Bodens mit dem Verpressgut auszufüllen, sodass ein zusammenhängender verfestigter Körper entsteht. Für bindige Böden sind Poreninjektionen nicht geeignet. Abb. 29.7 zeigt ein Injektionsrohrdetail mit Doppelpacker.

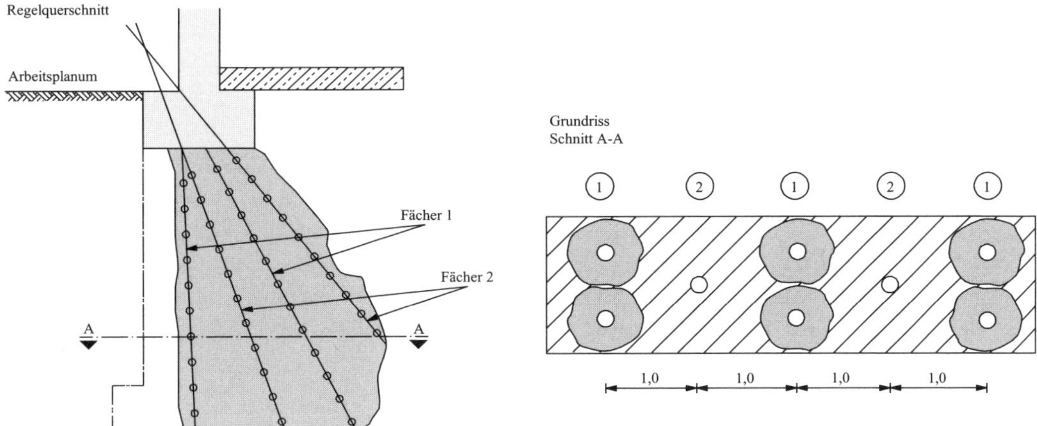

Abb. 29.6: *Fächerinjektion mit Ventilanordnung für eine Unterfangungsinjektion, nach* Kutzner (1991)

Man unterscheidet:

- Mörtel- und Pasteninjektionen für große Hohlräume,
- Injektionen mit Zementsuspensionen für Kiesböden, ein kostengünstiges und umweltfreundliches Verfahren, bei dem Druckfestigkeiten um 1,0 MN/m^2 erreicht werden,
- Silikatgelinjektionen auf Wasserglasbasis für Sande, Druckfestigkeiten etwa 0,3 bis 0,6 MN/m^2,
- Kunstharzinjektionen haben für Unterfangungen keine Bedeutung.

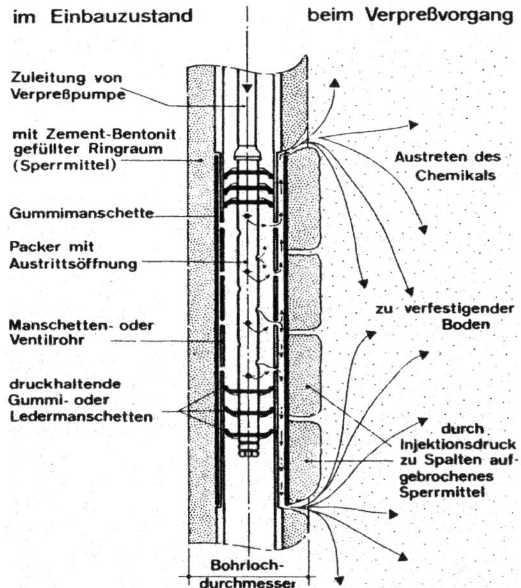

Abb. 29.7: *Injektionsrohr als Manschettenrohr mit Funktionsschema eines Doppelpackers, aus Prospekt Keller Grundbau*

Die erreichbaren Injektionsradien liegen je nach der Durchlässigkeit des Bodens zwischen 0,5 und 2 m. Im Grundwasserbereich gibt es mit Silikatinjektionen aus umwelttechnischen Gründen häufig Schwierigkeiten bei der Genehmigung. Besonders zu beachten ist bei dieser Injektionsart auch das stark zeitabhängige Verformungsverhalten des verfestigten Körpers (Kriechen), was bei der Bemessung zu berücksichtigen ist. Die Ausführung ist in DIN EN 12715:2000-10 bzw. DIN EN 12715:2019-06 (Entwurf) geregelt. Zur Bemessung siehe DIN 4093.

29.5.2 Düsenstrahlverfahren

Heute werden Bodenverfestigungen in bindigen wie auch in nichtbindigen Böden überwiegend mit dem Düsenstrahlverfahren (Hochdruckinjektionsverfahren, Soilcrete-Verfahren) als Vermörtelung hergestellt. Hierbei wird der Boden unter hohen Drücken aufgefräst und bei nichtbindigen Böden während dieses Vorgangs gleichzeitig mit Zementsuspension verfüllt. Bei bindigen Böden wird dagegen i. d. R. zunächst mit Wasser vorgeschnitten und dann in einem zweiten Arbeitsgang der Boden mit Zementsuspension verfüllt. Die erreichbaren Durchmesser liegen bei 0,6 bis 2,5 m. Abb. 29.8 zeigt den Arbeitsverlauf. Das Düsenstrahlverfahren hat sich gegenüber den Poreninjektionen als kostengünstiger erwiesen und besitzt gegenüber Silikatinjektionen Vorteile hinsichtlich der Umweltverträglichkeit.

Zunächst wird eine Bohrung, üblicherweise mit einem Bohrdurchmesser von 100 bis 150 mm, auf die geforderte Tiefe niedergebracht. Nach Erreichen der Endtiefe wird die Schneidflüssigkeit, eine Wasser- oder Bindemittelsuspension, durch eine oder mehrere Düsen mit hohem Druck von 300 bis 600 bar in den Boden gepumpt. Der hohe statische Druck im Düsenträger vor den Düsen wandelt sich nach der Düse in einen energiereichen Strahl mit hoher Geschwindigkeit um, der die Struktur des Bodens auflöst, ihn gleichsam zerschneidet und mit der Schneidflüssigkeit vermischt. Die Mischung, bestehend aus Bodenpartikeln, Bindemittel und Wasser, bildet den selbsterhärtenden Düsenstrahlkörper. Das Überschussmaterial mit der gleichen Zusammensetzung wird über den Bohrlochringraum zur Geländeoberkante gespült. Dabei muss das Überschussmaterial immer frei zurückfließen können, da bei einer Blockade der Fließwege sich im Untergrund sofort ein Überdruck aufbaut, der zu Baugrundhebungen führt.

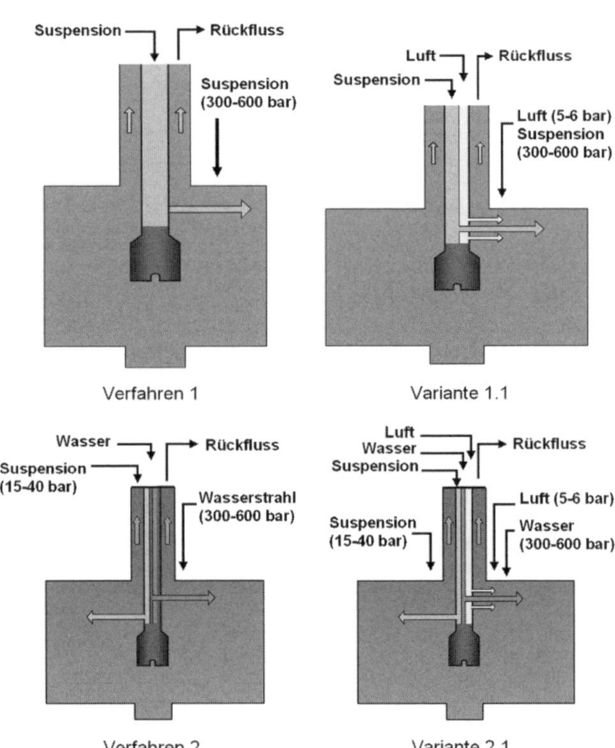

Abb. 29.8: *Herstellungsschema zum Düsenstrahlverfahren mit Varianten, aus* Sondermann/Kirsch (2018)

Wird das Gestänge während dieses Vorganges nur gezogen, entsteht eine Düsenstrahllamelle; rotiert das Gestänge beim Ziehen gleichzeitig, entsteht eine Düsenstrahlsäule. Das Düsenstrahlverfahren wird in zwei Verfahren mit je einer Variante wie folgt eingesetzt (Abb. 29.8).

- Hochdruckschneiden mit Zementsuspension (Verfahren 1),

- Hochdruckschneiden mit Zementsuspension und Luftummantelung des Schneidstrahls (Variante 1.1),
- Hochdruckschneiden mit Wasser, Niederdruck-Verfüllen mit Zementsuspension (Verfahren 2),
- Hochdruckschneiden mit Wasser und Luftummantelung des Schneidstrahls, Niederdruck-Verfüllen mit Zementsuspension (Variante 2.1).

Folgende Ausführungsparameter haben einen Einfluss auf die Abmessung und die Festigkeit des Düsenstrahlkörpers:

- Druck der Flüssigkeiten,
- Menge der verpumpten Flüssigkeiten,
- Dreh- und Ziehgeschwindigkeit des Gestänges,
- Zusammensetzung und Dosierung der Bindemittelsuspension,
- Eigenschaften des zu verbessernden Baugrundes.

Im Vorhinein können die tatsächlich erreichbaren Abmessungen der Düsenstrahlsäulen nur bedingt abgeschätzt werden. Somit ist bei der Planung die Herstellung von Probesäulen vorzusehen, an denen der erreichte Durchmesser entweder durch Freilegen des erhärteten Körpers oder durch spezielle messtechnische Verfahren bestimmt wird.

Bei einer Verwendung von Zement als Bindemittel und einer verwendeten Zementmenge von 150 bis 400 kg/m^3 können für einen verfestigten Boden als Richtwert folgende Druckfestigkeiten erreicht werden:

- in Sand und Kies: q_u = 1,0 bis 15 MN/m^2,
- in Schluff und Ton: q_u = 0,5 bis 3 MN/m^2.

Die Ausführung des Düsenstrahlverfahrens ist in DIN EN 12716 geregelt. Bei der Bemessung ist DIN 4093 zu beachten.

In Abb. 29.9 ist ein Beispiel aus *Witt (2018)* dargestellt, bei dem die Unterfangung eines Wohngebäudes mit dem Düsenstrahlverfahren erfolgte. Die Unterfangungswand hatte eine Höhe von bis zu 9,3 m. Beim Aushub wurde sie 3-fach verankert. Der Querschnitt wurde zur Optimierung des Profils mit Einzel-, Doppel- und Halbsäulen realisiert. Zur Herstellung der Halbsäulen wurde lediglich ein Ausschnitt von 180° gedüst.

Erfahrungsgemäß werden nach *Witt (2018)* ab einer Fläche von ca. 100 m^2 heute fast nur noch Düsenstrahlkörper ausgeführt, wenn der Platzbedarf für die Herstellung und für das Management des Rücklaufs vorhanden sind. Der Erfolg ist auf die enorme Flexibilität und auf die kurze Ausführungsdauer zurückzuführen, was gerade beim Bauen im Bestand zu wirtschaftlichen Vorteilen führt.

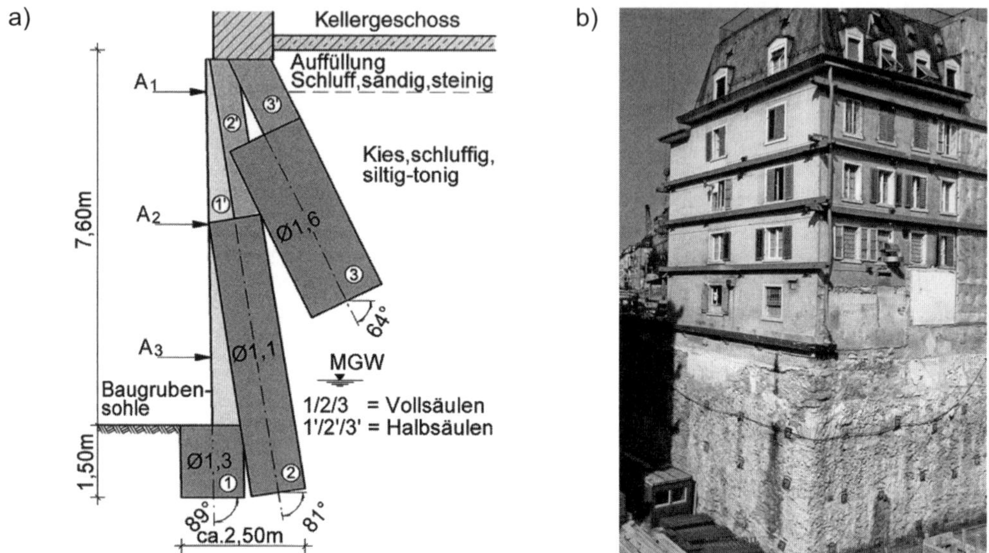

Abb. 29.9: *a) Beispiel einer Anordnung von Voll- und Halbsäulen zur Unterfangung eines Wohngebäudes; b) Unterfangenes Wohngebäude mit dem Düsenstrahlverfahren und dreifacher Rückverankerung, aus* Witt (2018)

29.5.3 Ausführungsformen

Abb. 29.10 zeigt nochmals beispielhaft, dass sich der Unterfangungskörper als Schwergewichtskörper oder als schlanke, rückverankerte Wand ausbilden lässt. Die Verankerung kann dabei mit Verpressankern (Kapitel 27) vorgenommen werden.

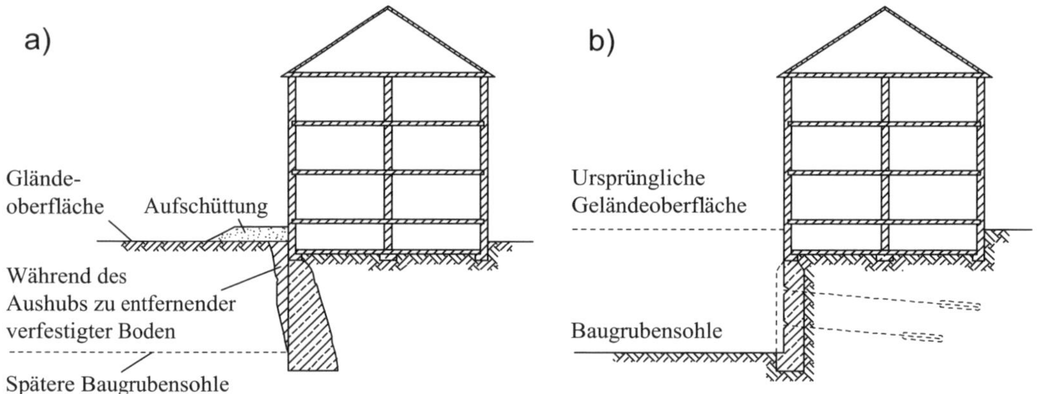

Abb. 29.10: *Ausbildung eines Gebäudeunterfangungskörpers mit Injektionen oder Düsenstrahlverfahren: a) als Schwergewichtswand, b) als verankerte schlanke Wand*

Zusammenfassend lassen sich für Injektions- oder Düsenstrahlverfahren als Vorteile nennen:

- Unterfangungskörper wird vor dem Aushub hergestellt,

- geringe Gebäudesetzungen, da kaum Bodenauflockerungen erfolgen,
- auch unter Grundwasser anwendbar; kann als wasserdichte Baugrubenwand ausgeführt werden.

Nachteilig ist der gerätetechnische Aufwand und dass die anfallenden Arbeiten nur von erfahrenen Spezialtiefbaufirmen mit Erfolg ausgeführt werden können.

29.5.4 Ergänzende Standsicherheitsnachweise bei Verfahren mit Bodenverfestigung

Für die Nachweise der Tragfähigkeit und Gebrauchstauglichkeit wird der Bodenverfestigungskörper (Unterfangungskörper) analog zur konventionellen Unterfangungswand nach 29.4.4 als Fundament oder als Gewichtswand betrachtet.

Wie bei der konventionellen Unterfangung wirken auf den Unterfangungskörper die Wand- und Verkehrslasten des Gebäudes und der Erddruck. Da die Injektionsverfahren auch unter Grundwasser anwendbar sind, kann hier zusätzlich Wasserdruck auftreten. Auch hier ist wieder die äußere und innere Standsicherheit zu überprüfen, siehe Abb. 29.11.

Für die äußere Standsicherheit darf nach *Hettler et al. (2019)* vereinfacht der Erddruck auf eine senkrechte Ersatzwand mit einem Erddruckneigungswinkel $\delta_k = 0°$ berücksichtigt werden. Bei gedüsten oder injizierten Unterfangungskörpern darf aufgrund der unebenen Oberfläche der Erddruckneigungswinkel für eine verzahnte Wand angesetzt werden.

I. d. R. ist hierbei ein erhöhter aktiver Erddruck mit $E = 0,5 \cdot (E_a + E_0)$ für das Bodeneigengewicht anzusetzen, in Ausnahmefällen der Erdruhedruck. Vor dem Wandfuß dürfen für die Bodenreaktionen dabei höchstens 50 % des Erdwiderstands berücksichtigt werden. Bei hohen Anforderungen an die Begrenzung der Verformungen darf nur der Erdruhedruck berücksichtigt werden.

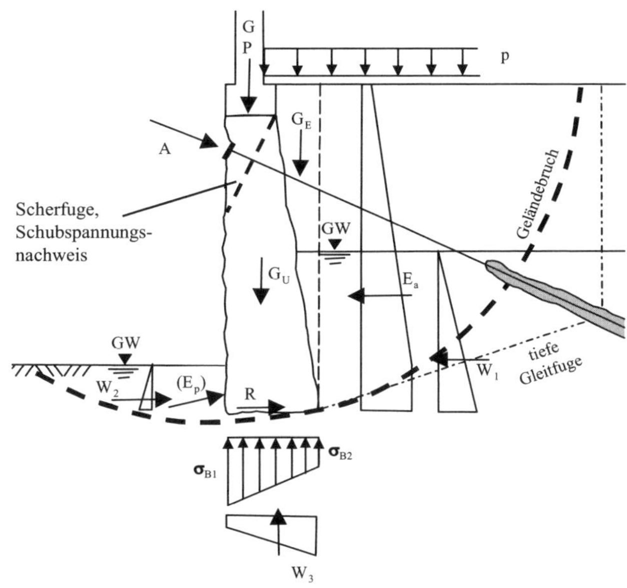

Abb. 29.11: *Beanspruchungen einer Injektionsunterfangung*

Der Erddruck aus Querwänden E_Q darf abweichend von DIN 4085 vereinfacht nach Abb. 29.12 berechnet werden. In der Regel ist es bei konstanter Belastung der Querwand ausreichend, diese bis zu einem Neigungswinkel $90° - \varphi'$ zu berücksichtigen. Überschneiden sich die Lastbereiche aus Quer- und Längswänden, darf der Erddruck vereinfacht aus einer gleichmäßigen Flächenlast ermittelt werden.

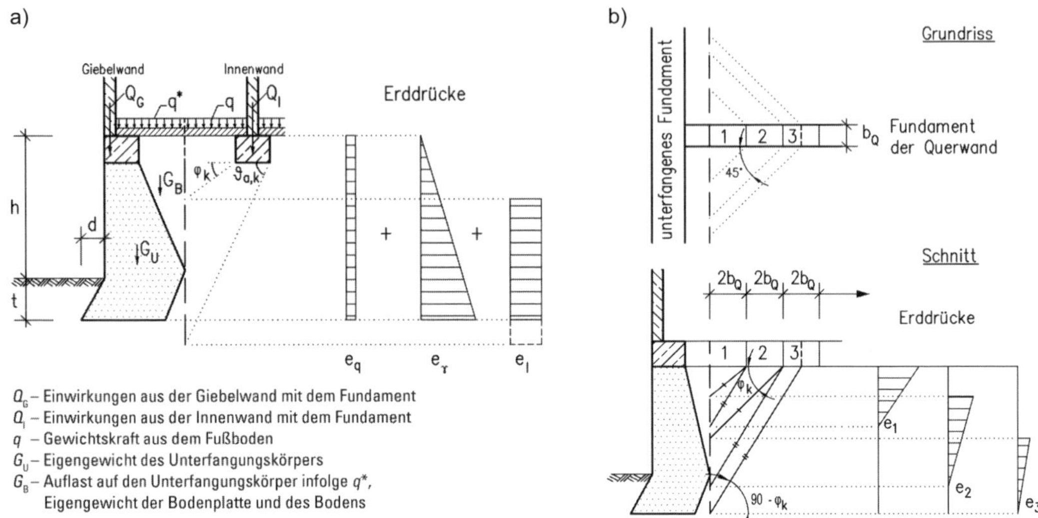

Abb. 29.12: *a) Einwirkungen und Erddrücke auf einen Unterfangungskörper; b) Erddruck aus einer Querwand, aus* Hettler et al. (2019)

Bei Unterfangungen durch Injektionen und Vermörtelung ist erfahrungsgemäß ab einer Tiefe von 2 m eine Stützung erforderlich, die meist mit Verpressankern hergestellt wird. Im Unterfangungskörper sind dann auch die Schnittkräfte und die Einleitung der Stützkraft nachzuweisen.

Die Bemessung im Hinblick auf die innere Standsicherheit ist in DIN 4093 geregelt. Die DIN 4093 gilt allgemein für die Bemessung von verfestigten Bodenkörpern, unabhängig davon, ob diese mit Düsenstrahl-, Deep-Mixing- oder Injektionsverfahren hergestellt werden. Neben der Bemessung von Unterfangungen ist die DIN 4093 insofern auch bei der Bemessung von bindemittelgebundenen Stabilisierungssäulen und Traggliedern, wie Kalk-Zement-Säulen oder FMI-Körpern, anzuwenden, vgl. Band 1, Kapitel 15.

Die Festigkeit von Bodenverfestigungen ist vom in situ vorhandenen Boden, vom Bindemittel und vom Mischprozess abhängig und lässt sich im Vorwege analytisch nicht genau festlegen. Nach DIN 4093 ist die einem Entwurf zugrunde gelegte charakteristische Zylinderdruckfestigkeit $f_{m,k}$ vor Beginn der Ausführung durch Eignungsprüfungen nachzuweisen und während der Ausführung durch Kontrollprüfungen zu bestätigen. Statt mit Eignungsprüfungen können die Festigkeiten aufgrund von Erfahrungen bei übertragbaren Bodenverhältnissen und Herstellparametern festgelegt werden. Für den Nachweis der charakteristischen Zylinderdruckfestigkeit $f_{m,k}$ ist in Abhängigkeit des Mittelwertes $f_{m,mittel}$ sowie des Mindestwertes $f_{m,min}$ der Zylinderdruckfestigkeit der Proben einer Serie einzuhalten:

$$\text{Mindestwert: } f_{m,min} \geq f_{m,k} \tag{29.1}$$

$$\text{Mittelwert: } f_{m,mittel} \geq f_{m,k}/\alpha \tag{29.2}$$

mit

$\alpha = 0,6$ bei $f_{m,mittel} \leq 4$ N/mm²

$\alpha = 0,75$ bei $f_{m,mittel} = 12$ N/mm²

Zwischenwerte sind geradlinig zu interpolieren.

Aus der charakteristischen Zylinderdruckfestigkeit $f_{m,k}$ wird der Bemessungswert $f_{m,d}$ unter Berücksichtigung der tatsächlichen Einwirkungsdauer gegenüber derjenigen im Versuch zur Ermittlung der Zylinderdruckfestigkeit wie folgt abgeleitet.

$$f_{m,d} = 0,85 \cdot f_{m,k}/\gamma_m \tag{29.3}$$

Der Teilsicherheitsbeiwert γ_m beträgt dabei 1,5 für beide Bemessungssituationen BS-P und BS-T. Für die Bemessungssituation BS-A ist γ_m = 1,3. Der Faktor 0,85 berücksichtigt mögliche Langzeiteinwirkungen auf die Druckfestigkeit.

Die Druckfestigkeitsuntersuchungen zur Ermittlung der charakteristischen Festigkeit sind an Probekörpern vorzunehmen, die aus dem hergestellten Verfestigungskörper (z. B. Bohrkerne) entnommen wurden. Nach DIN 4093 sind zur Bestimmung der Druckfestigkeit des Verfestigungskörpers je 500 m³ eine Serie von Probekörpern (4 Einzelproben) zu entnehmen. Wird die Verfestigung in Tonen, Sand-Ton-Gemischen, Kies-Ton-Gemischen oder schwach organischen Böden durchgeführt, ist die Anzahl der zu untersuchenden Probekörper zu verdoppeln. Die Probekörper sind dort zu entnehmen, wo eine Aussage über die Festigkeit der Verfestigungskörper an ihrer schwächsten Stelle gewonnen wird. Dies ist i. Allg. in der Höhe von Schichtwechseln des Bodens bzw. im Bereich feinkörniger bzw. schwach organischer Böden zu erwarten.

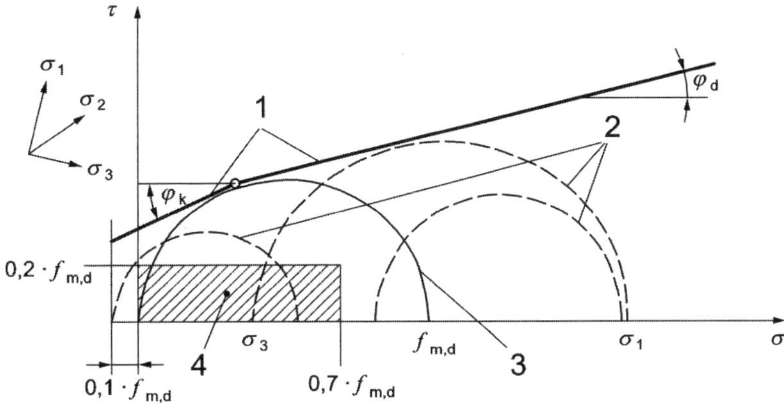

Legende

φ_d (verfestigter Boden) = φ'_d (unverfestigter Boden)

tan φ_d = tan φ_k/γ_φ

γ_φ nach DIN 1054:2010-12, Tabelle A.2.2

1 Einhüllende für zulässige Spannungszustände

2 Beispiele für Spannungszustände σ_1, σ_3, die als Bemessungswerte der Beanspruchung auftreten dürfen

3 Spannungszustand im einaxialen Druckversuch: $\sigma_3 = 0$, $\sigma_1 = f_{m,d}$

4 Zulässiger Bereich bei getrennten Nachweisen für Normal- und Schubspannungen

Abb. 29.13: *Zulässiger Spannungsbereich bei der Bemessung, aus DIN 4093*

Bei chemischen Injektionsmaterialien wird die Bruchfestigkeit nach DIN 4093 durch Kriechversuche an Probekörpern geprüft. Auch bei der Anwendung des Düsenstrahlverfahrens in bindigen Böden sind bei Zylinderdruckfestigkeiten von $f_{m,mittel} < 4$ N/mm^2 Kriechversuche erforderlich.

Bei der Bemessung einer Bodenverfestigung dürfen näherungsweise getrennte Nachweise für Druck- und Schubspannungen geführt werden. Dann ist nach DIN 4093 nachzuweisen, dass die Bemessungswerte der Normalspannungen den Wert von 70 % und die Bemessungswerte der Schubspannungen 20 % des Bemessungswerts der Zylinderdruckfestigkeit $f_{m,d}$ nicht überschreiten. Bei differenzierten Nachweisen mit Hauptspannungen sind die Bemessungswerte der Beanspruchung nach DIN 4093 so zu begrenzen, dass die in Abb. 29.13 als zulässig definierten Spannungszustände eingehalten werden.

29.6 Unterfangung mit Mikropfählen

Mikropfähle sind in DIN EN 14199 geregelt, siehe auch Kapitel 20. Dieser Pfahltyp mit Durchmessern zwischen 10 und 30 cm hat sich bei Unterfangungen und Unterfahrungen bewährt, weil dafür nur kleine Geräte verwendet werden, sodass sogar aus Kellerräumen heraus die Pfähle hergestellt werden können. Die charakteristische Tragfähigkeit des Einzelpfahles (Pfahlwiderstand $R_{c,k}$) liegt je nach Pfahllänge und Baugrundverhältnissen bei etwa

- 400 bis 500 kN im Kies,
- 300 kN im Sand und
- 200 kN in bindigen Böden.

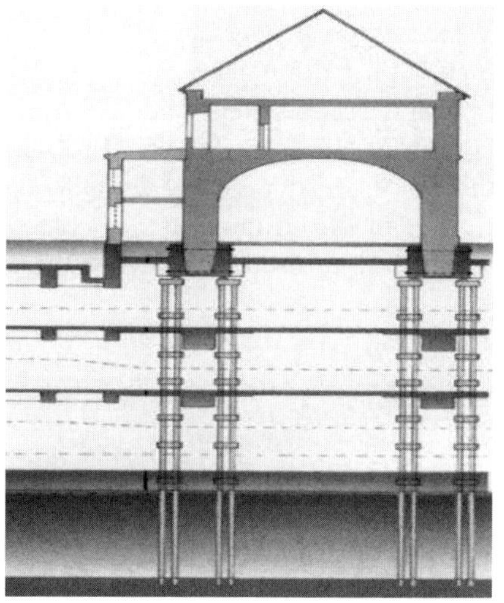

Abb. 29.14: *Beispiel für eine Pfahlunterfangung*

29.7 Unterfangungen mit Bohr- und Presspfählen oder Schlitzwänden

Speziell für Unterfangungen werden oftmals Pressbohrverfahren angewandt, wobei jeweils kurze Pfahlsegmente aufeinandergesetzt oder unter Fundamentnischen aufeinander eingepresst werden. Abb. 29.15 zeigt Anwendungsbeispiele.

Es gibt eine große Anzahl verschiedener Lösungs- und Konstruktionsmöglichkeiten für die Lastabtragung der Pressenkräfte. Die üblichen charakteristischen Pfahlwiderstände liegen je nach Baugrundrandbedingung zwischen 250 und 500 kN. Die Länge der einzelnen Pfahlsegmente, die aus Stahl oder Stahlbeton gefertigt sein können, wird der vorhandenen Arbeitsraumhöhe angepasst.

Bei sehr großen Unterfangungstiefen kann eine Schlitzwand oder eine Bohrpfahlwand wirtschaftlich sein. Schlitzwände (Kapitel 26) werden elementweise mit Greifern und Stützflüssigkeit ausgehoben und betoniert. Bohrpfähle (Kapitel 20) werden bei Unterfangung in der Regel nur verrohrt hergestellt.

Eine direkte Abfangung der Fundamente kann durch schräge Bohrpfähle erfolgen. Herstellungsbedingt sind Schrägstellungen der Pfähle bis 4:1 möglich.

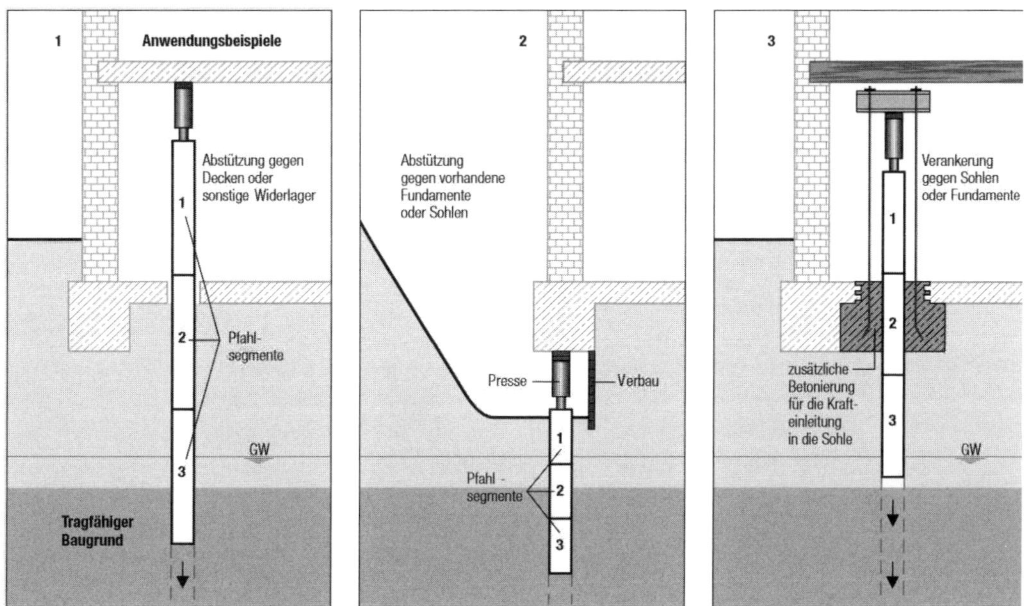

Abb. 29.15: *Anwendungsbeispiele für Presspfähle, aus Franki-Grundbau Firmenprospekt*

29.8 Konstruktive Fragen bei der Anwendung der Unterfangungsverfahren

Entscheidend für das Gelingen einer Unterfangung ist die verformungsarme Umlagerung der Gebäudelast auf den Unterfangungskörper. Für das konventionelle Unterfangungswandverfahren nach DIN 4123 wurden bereits Keile, Mörtelbett, Überbetonieren oder Pressen genannt.

Bei Injektionen ist eine direkte Kraftübertragung gegeben, wenn der verfestigte Körper insgesamt gelungen ist. In DIN 4123 wird verlangt, dass die am höchsten belasteten Wandabschnitte zuerst unterfangen werden sollen. Zum Beispiel sind somit zuerst die Ecken eines Altbaus zu unterfangen, weil damit außen festere Auflagerungspunkte geschaffen werden und dann durch die weiteren Lastumlagerungen eine günstigere Setzungsmulde und keine Sattellage unter dem Gebäude erreicht wird.

Bei der Lastumlagerung auf neben den Wand- oder Stützenfundamenten angeordneten Pfählen sind entsprechende konstruktive Elemente vorzusehen. Dies sind z. B. einzelne Sprengwerke, Streichbalken oder Streichbalken mit Stichträgern oder Kombinationen daraus, wobei die konstruktiven Möglichkeiten je nach vorhandenem Bauwerk sehr vielfältig sind, siehe Beispiel Abb. 29.16.

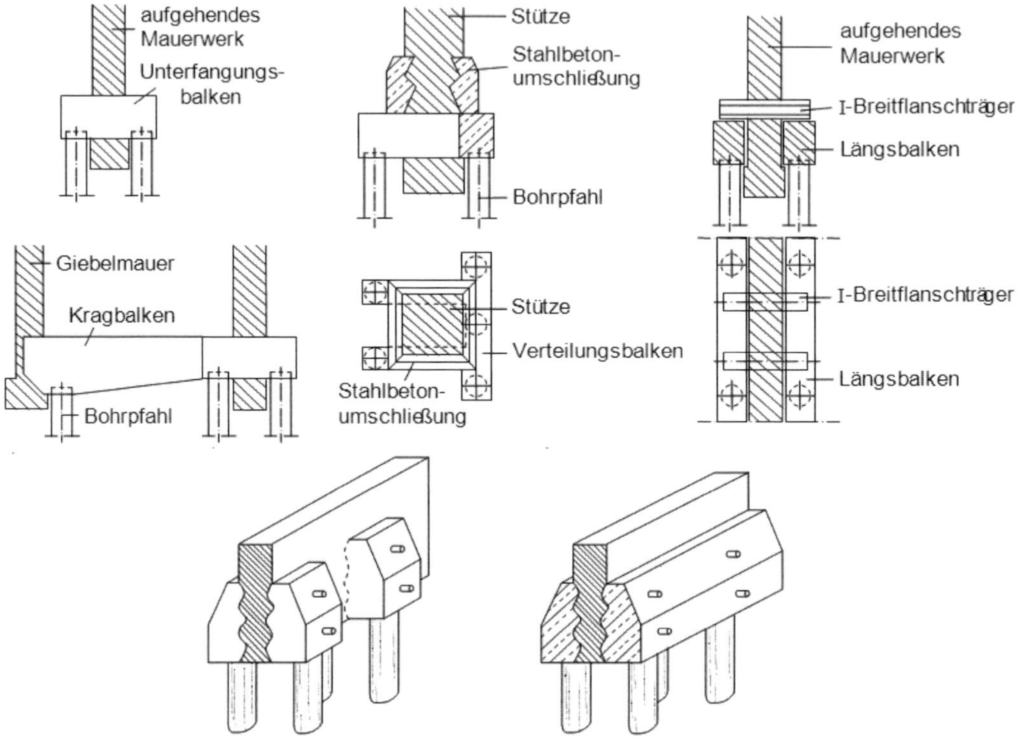

Abb. 29.16: *Beispiele konstruktiver Möglichkeiten der Lastübertragung*

Da bei Pfählen und Schlitzwänden zur Mobilisierung der Baugrundreaktion Setzungen unumgänglich sind, können die Verformungen durch Presseneinsatz vorweggenommen werden, wenn die Setzungen vom Gebäude nicht schadensfrei aufgenommen werden können. Es kann in Einzelfällen auch gelingen, Gebäude gezielt anzuheben.

29.9 Zulässige Gebäudeverformungen und Überwachung

Im Zusammenhang mit Unterfangungsmaßnahmen aber auch Unterfahrungen sind noch zwei Punkte von Bedeutung: die zulässigen Gebäudeverformungen und die notwendige Überwachung. Es muss akzeptiert werden, dass Unterfangungsmaßnahmen in der Regel immer mit Setzungen verbunden sind. In Kapitel 8 (Band 1) sind Angaben über zulässige Verformungen (Setzungen) für Bauwerke aus Mauerwerk mit Stahlbetondecken bei Muldenlage enthalten, bei denen keine Schäden zu erwarten sind. Daraus ist zu entnehmen, dass die zulässigen Werte von den verschiedenen Autoren unterschiedlich beurteilt werden.

Ein wichtiges Kriterium ist das von *Skempton/McDonald (1957)* mit 1/300 für leichte Schäden und 1/500 für Schadensfreiheit. Ausführliche Literaturzusammenstellungen über zulässige Setzungen, Winkelverdrehungen und Krümmungen unter Bauwerken unterschiedlicher Beanspruchungs- und Konstruktionsformen finden sich in *Kempfert/Gebreselassie (2006)*, *Kempfert/Fischer (2009)* und *Fischer (2009)*.

Weiterhin ist von Bedeutung bei Unterfangungs- und Unterfahrungsmaßnahmen eine Überwachung der betroffenen Gebäude vorzunehmen.

Vor Baubeginn sollte eine Beweissicherung durchgeführt werden. Der Zustand der aufgehenden Bauteile ist durch genaue Aufnahme der Risse und Mauerwerksschäden durch Zeichnungen oder Fotos festzuhalten. An größeren Rissen und Fugen sind Gipsbänder oder Rissmonitore zur Beobachtung anzubringen. Des Weiteren sollten je nach Bedeutung der Unterfangungsmaßnahme fortlaufende Setzungsmessungen durchgeführt werden.

Die Überwachungsmaßnahmen dienen einerseits der sicheren Baudurchführung und sind andererseits Grundlage für eine Schadensregulierung nach Beendigung der Unterfangungsmaßnahme, soweit dies erforderlich ist.

29.10 Unterfahrung

Im innerstädtischen Bereich sind für den Bau von Tunneln für Verkehrsanlagen (z. B. U-Bahn) häufig teilweise oder völlige Unterfahrungen von bestehenden Bauwerken erforderlich.

Bevor der Tunnel gebaut werden kann, sind Unterfangungen der bestehenden Fundamente häufig mit Mikropfählen notwendig.

Die Frage, ob man dabei einen Altbau auf einzelne Balken oder eine durchgehende Platte setzt, hängt wie bei der Unterfangung einerseits davon ab, ob der Keller des Altbaus zugänglich ist. Sehr viel entscheidender ist aber die Eigensteifigkeit des Altbaus bzw. seine Setzungsempfindlichkeit.

Unübersichtliches statisches Verhalten älterer Gebäude lässt eine Scheibenwirkung der Wände über mehrere Meter Spannweite meist nicht zu, sodass die Gebäude auf eine geschlossene Stahlbeton- oder Spannbetonplatte gesetzt werden müssen. Unterfahrungsplatten müssen lamellenweise hergestellt werden und sind deswegen in einer Richtung gespannt.

Abb. 29.17 zeigt mögliche Ausführungsformen für eine Teilunterfahrung sowie Abb. 29.18 eine Vollunterfahrung von Gebäuden.

Das Schema einer Vollunterfahrung in zwei Varianten (Schiefwinkligkeit von Bauwerksachse und Tunnelachse ist der Regelfall) ist in Abb. 29.19 a) und b) dargestellt.

Von einer parallel zur Hauswand ausgehobenen Baugrube werden Rohre durch Bohren und Pressen waagerecht unter dem Bauwerk vorgetrieben, bewehrt und ausbetoniert. Dieser „Rohrschirm“ wird durch Streichbalken zu einer Platte (Rohrschirmdecke) verbunden.

Bei Gebäudeunterfahrungen werden Rohrschirmdecken als Abfangung gewählt, besonders wenn der eigentliche Tunnel wesentlich tiefer liegt als die vorhandenen Fundamente.

Entweder werden die Rohre in Längsrichtung des zu bauenden Tunnels vorgetrieben – und zwar eine horizontal liegende Reihe von Rohren als Schutz gegen vertikale Belastung und links und rechts vom Bauwerk je eine Reihe übereinanderliegender Rohre zur Abschirmung gegen horizontale Erddrücke – oder aber quergespannt.

Ein Rohrschirm in Längsrichtung hat den wirtschaftlichen Nachteil, dass die Tragfähigkeit der Rohre nur während des Bauzustandes ausgenutzt wird, der eigentliche Tunnel erfährt im Endzustand keine Entlastung durch den Rohrschirm.

Die Art der Abfangung ist mit hohem Lohnaufwand beim Herstellen derartiger Platten verbunden. Demgegenüber werden bei Verkehrsdämmen ganze Stahlbetonkästen unter einem Gebäude im Vorschubverfahren durchgedrückt.

Abb. 29.18 zeigt eine Vollunterfahrung. Der S-Bahn-Tunnel unterfährt ein Wohnhaus auf voller Tunnelbreite.

Wegen der schrägen Grundrisslage des Gebäudes zur S-Bahn-Baugrube war es hier vorteilhaft, die Fundamente mit einer Spannbetonplatte abzufangen.

Die Abfangplatte (Schlitzwand außerhalb und die verankerte, dreifache Mikropfahlwand unterhalb des Gebäudes) wurden aus Schallschutzgründen im Abstand zum Tunnel angeordnet. Die Mikropfähle für die Baugrubenwand wurden aus einem vorher aufgefahrenen Stollen abgeteuft.

Der zum abschnittsweisen Einbau der Platte benötigte Freiraum wurde durch vorübergehende Abfangung und Tiefgründung der Gebäudefundamente mit Verpresspfählen bewerkstelligt. Bei

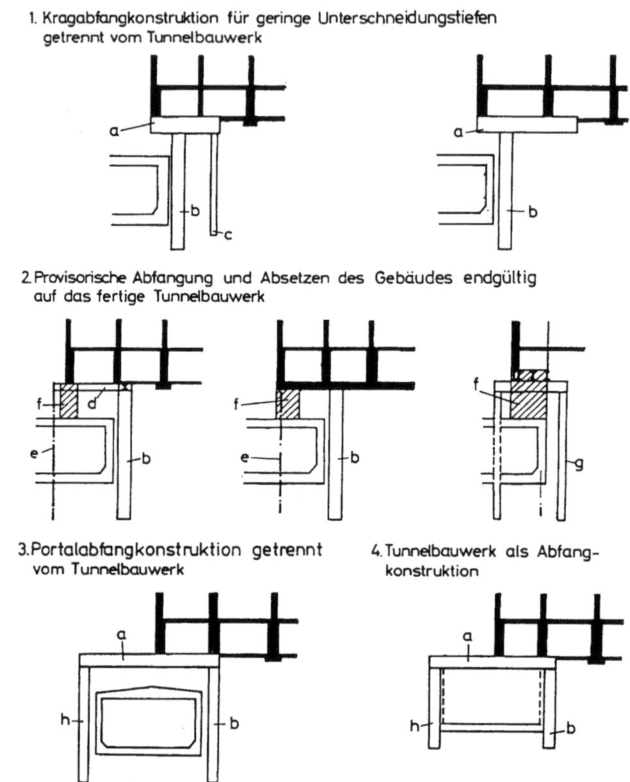

Abb. 29.17: *Prinzipien bei der Eck- und Teilunterfahrung von Gebäuden*

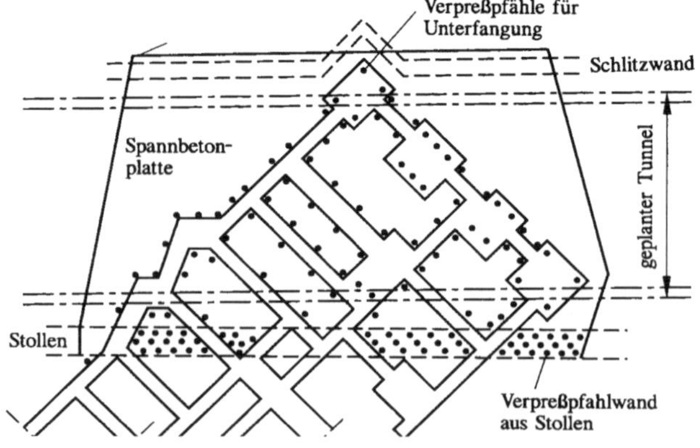

Abb. 29.18: *Vollunterfahrung eines Gebäudes: Grundriss der Unterfahrung, aus* Schmidt (1996)

diesem Abfangungssystem blieben die Verformungen und Setzungen so gering, dass in dem während der Bauzeit uneingeschränkt bewohnten Gebäude keinerlei Schäden auftraten.

Abb. 29.19 c) zeigt eine beispielhafte Teilunterfahrung. Das Haus musste an einem Giebel unterfangen werden, da die Baugrube für den Tunnel bis unter das Haus reichte.

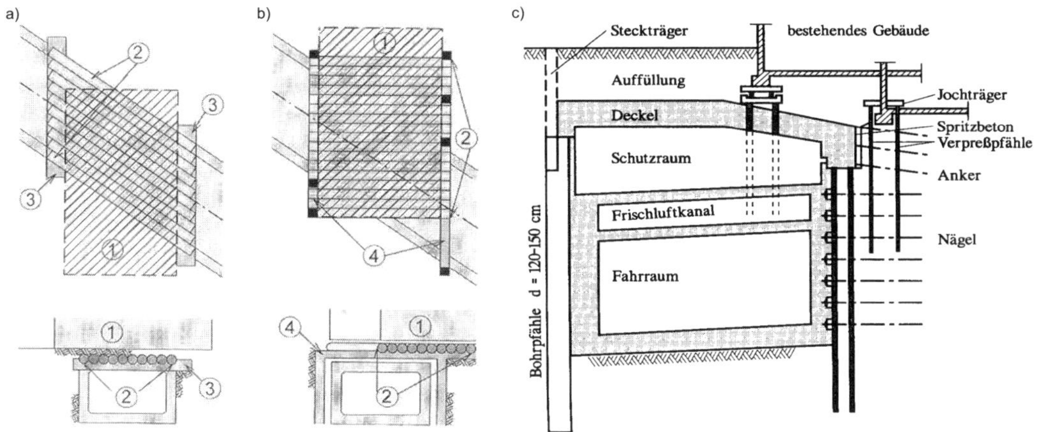

Abb. 29.19: *Beispiel einer Vollunterfangung im Schutze einer Rohrschirmdecke: a) mit Lagerung auf den späteren Tunnelwänden, b) separates Auflager der Abfangkonstruktion (1) Gebäude, (2) Rohrschirmdecke, (3) Tunneldecke, (4) Portal, aus* Smoltczyk et al. (2001)*; c) Teilunterfahrung mit Unterfangung und Deckelbauweise, aus* Schmidt (1996)

Beim Vortrieb von Tunneln und Stollen in geschlossener Bauweise können folgende Maßnahmen zur Setzungsminimierung unterschieden werden: Abschirmung von Lasten sowie Maßnahmen zur Vorspannung des Baugrundes, siehe Abb. 29.20.

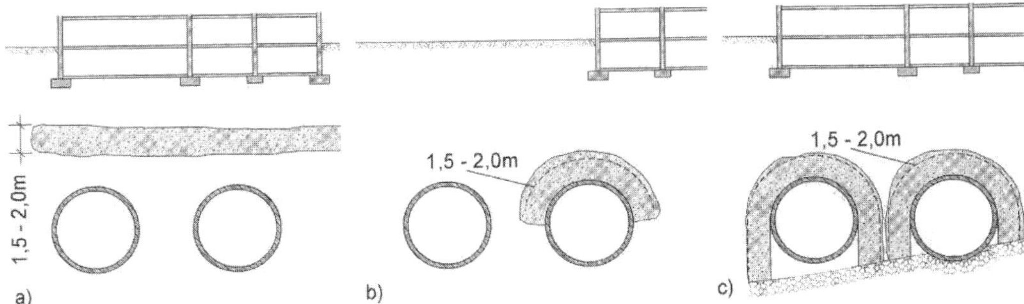

Abb. 29.20: *Verfestigung oder Abschirmung von Bauwerkslasten bei Unterfahrung in geschlossener Bauweise: a) schwimmende Platte, b) schwimmendes Gewölbe, c) Gewölbe auf setzungsarmer Schicht; aus* Smoltczyk et al. (2001)

Für Abschirmungsmaßnahmen werden z. B.

- Düsenstrahlverfahren,

- Bodenvereisungen und bei Vorspannungen
- Injektionen

verwendet.

Anschließend wird der Tunnel in den vorgespannten Bereich gefahren, die hierbei entstehenden Setzungen machen die Hebungen wieder rückgängig.

29.11 Zahlenbeispiele siehe Anhang B-29.

A Tabellen

A-7 Abkürzungen und Formelzeichen

Nr.	Formel-zeichen	Benennung	Einheit
1	A	Fläche	m^2
2	A'	reduzierte Fundamentfläche	m^2
3	A	Auftriebskraft	kN
4	A_b	Pfahlfußfläche	m^2
5	A_s	Pfahlmantelfläche	m^2
6	a	Länge	m
7	a	Pfahlachsabstand	m
8	a'	reduzierte Fundamentlänge	m
9	a_S	Pfahlkantenlänge bei quadratischem Querschnitt	m
10	a_t	Trägerbohlabstand	m
11	B_h	horizontale Bodenreaktionskraft	kN/m
12	b	Breite	m
13	b'	reduzierte Fundamentbreite	m
14	C_h	Ersatzkraft bei eingespannten Wänden	kN/m
15	c	Ausbreitungsgeschwindigkeit der Welle	m/s
16	c'	Kohäsion des dränierten Bodens (effektive Kohäsion)	kN/m^2
17	c_u	Scherfestigkeit (Kohäsion) des undränierten Bodens	kN/m^2
18	D	Lagerungsdichte	-
19	D_b	Pfahlfußdurchmesser	m
20	D_{Pr}	Verdichtungsgrad	-
21	D_s	Pfahlschaftdurchmesser	m
22	D_{eq}	äquivalenter Pfahlersatzdurchmesser	m
23	d_e	Einbindetiefe des Pfahles in den Baugrund	m
24	d	Schichtdicke	m
25	d	Korndurchmesser	mm
26	d_{85}	Korndurchmesser bei 85 % Siebdurchgang	mm

Nr.	Formelzeichen	Benennung	Einheit
27	d_{15}	Korndurchmesser bei 15 % Siebdurchgang	mm
28	d_{10}	Korndurchmesser bei 10 % Siebdurchgang	mm
29	$\Delta h, d_h$	Standrohrspiegelunterschied der Äquipotentiallinien	m
30	E	Elastizitätsmodul	MN/m^2
31	E	Erddruckkraft	kN
32	E_a	aktive Erddruckkraft	kN
33	E_b	dynamischer Elastizitätsmodul	MN/m^2
34	E_p	Erdwiderstand (passive Erddruckkraft)	kN
35	E_0	Erdruhedruckkraft	kN
36	E_k	charakteristische Einwirkungen bzw. Beanspruchungen	kN
37	E_d	Bemessungswert der Einwirkungen bzw. Beanspruchungen	kN
38	e	Exzentrizität	m
39	e_a	aktiver Erddruck	kN/m^2
40	e'_a	erhöhter aktiver Erddruck	kN/m^2
41	e_p	passiver Erddruck	kN/m^2
42	e'_p	verminderter passiver Erddruck	kN/m^2
43	e_0	Erdruhedruck	kN/m^2
44	e_1	lichte Durchflussweite	m
45	e_2	Stababstände	m
46	F	Kraft (allgemein)	kN
47	F_A	Zugkraft eines Ankers	kN
48	F_{A0}	Festlegekraft eines Ankers	kN
49	F_S	Scherkraft	kN
50	f	empirischer Faktor	-
51	f_s	Strömungskraft	kN/m^3
52	f_t	Zugfestigkeit des Stahlzuggliedes	N/mm^2
53	$f_{t,0.1}$	Zugfestigkeit des Stahlzuggliedes bei 0,1 % bleibender Dehnung	N/mm^2
54	$f_{t,0.2}$	Zugfestigkeit des Stahlzuggliedes bei 0,2 % bleibender Dehnung	N/mm^2
55	G	Schubmodul	MN/m^2
56	G	Gewichtskraft	kN
57	G	günstige ständige Einwirkung	kN
58	H	ruhende Grundwasserspiegelhöhe in Bezug auf die Brunnensohle	m
59	H	Horizontalkraft	kN

Nr.	Formel-zeichen	Benennung	Einheit
60	H	Höhe	m
61	H	Baugrubentiefe	m
62	h	Tiefe, Höhe allgemein	m
63	Δh	Druck- bzw. Höhendifferenz	m
64	h_w	Wasserspiegelhöhe	m
65	I	Flächenmoment 2. Grades	m^4
66	I_C	Konsistenzzahl	-
67	i	hydraulischer Gradient	-
68	i	Lastneigungsbeiwert	-
69	J_c	Dämpfungsbeiwert	-
70	K	Kohäsionskraft	kN/m
71	K_0	Erdruhedruckbeiwert	-
72	K_a	aktiver Erddruckbeiwert	-
73	K_p	passiver Erddruckbeiwert	-
74	K^*	Mindesterddruckbeiwert	-
75	k_h	Durchlässigkeitsbeiwert in horizontaler Richtung	m/s
76	k_v	Durchlässigkeitsbeiwert in vertikaler Richtung	m/s
77	k_S	Bettungsmodul	MN/m^3
78	L_0	elastische Länge	m
79	L_{app}	freie Stahllänge	m
80	l	Länge	m
81	Δl	Längendifferenz bzw. durchströmte Länge	m
82	M	Moment	kNm
83	m	Beiwert zur Lastneigung	-
84	N	Tragfähigkeitsbeiwert	-
85	n	Anzahl der Pfahlprobebelastungen	-
86	N	Normalkraft	kN
87	N_{10}	Schlagzahl je 10 cm Eindringung der Rammsonde	-
88	N_{30}	Schlagzahl je 30 cm Eindringung der Bohrlochrammsonde	-
89	n	Anzahl der Äquipotentialfelder	-
90	P_p	Prüflast	kN
91	p, P	Auflast auf der Geländeoberfläche	kN/m^2 bzw. kN
92	p_f	Fließdruck	kN/m^2
93	p_F	hydrostatischer Druck der stützenden Flüssigkeit	kN/m^2
94	P_k	charakteristischer Wert der Ankerbeanspruchung	kN

Nr.	Formel-zeichen	Benennung	Einheit
95	p_v	Unterdruck im Brunnen	kN/m²
96	p_w, w, u	hydrostatischer Druck des Grundwassers	kN/m²
97	Q	Wassermenge	m³/s
98	Q	ungünstige veränderliche Einwirkung	kN
99	q	veränderliche Einwirkung (nichtruhende Nutzlast)	kN/m²
100	q	Ergiebigkeit eines Brunnens	m³/s
101	q_b	Pfahlmantelreibung	kN/m²
102	q_c	Spitzenwiderstand der Drucksonde	kN/m²
103	q_s	Pfahlspitzendruck	kN/m²
104	q_u	einaxiale Druckfestigkeit	kN/m²
105	R	Reichweite	m
106	R_a	Herausziehwiderstand	kN
107	R_b	Pfahlfußwiderstand	kN
108	R_c	Druckpfahlwiderstand	kN
109	R_k	charakteristischer Widerstand	kN
110	R_d	Bemessungswert der Widerstände	kN
111	R_n	Grundbruchwiderstand	kN
112	R_s	Pfahlmantelwiderstand	kN
113	R_t	Zugpfahlwiderstand	kN
114	r	Radius eines kreisförmigen Körpers	m
115	r_w	Dränradius	m
116	S	Stützkraft	kN/m
117	S'	Strömungskraft	kN/m
118	s	Verschiebung	m
119	s	Eindringtiefe	m
120	s	Bermenbreite	m
121	s	Setzung	mm
122	s_{sg}	Grenzsetzung für setzungsabhängige Pfahlmantelreibung	cm
123	s_g, s_{ult}	Pfahlgrenz- bzw. -bruchsetzung	cm
124	T	Scherkraft	kN
125	t	Zeit	d, sec
126	t	Mächtigkeit der wasserführenden Schicht unter der Brunnensohle	m
127	$U = C_U$	Ungleichförmigkeitszahl $U = C_U = d_{60}/d_{10}$	-
128	U_c	Verfestigungsgrad (Konsolidierungsgrad)	-
129	V	Vertikalkraft	kN

Nr.	Formel-zeichen	Benennung	Einheit
130	V_{gl}	Glühverlust	%
131	v	Geschwindigkeit	m/s
132	W	Widerstandsmoment	m^3
133	w	Wassergehalt	%
134	x_e	halbe Ausdehnung der Fundamentkernweite in x-Richtung	m
135	y_e	halbe Ausdehnung der Fundamentkernweite in y-Richtung	m
136	Z	Impedanz	kN/(m/s)
137	z	Laufordinate über die Tiefe	m
138	α	Faktor zur Festlegung der charakteristischen Größe der negativen Mantelreibung für bindige Böden	-
139	α	Sohlneigungswinkel	°
140	α	Wandneigungswinkel	°
141	α_{KPP}	Pfahl-Platten-Koeffizient	-
142	α_A	Neigungswinkel eines Zuggliedes (Anker) gegen die Horizontale	°
143	β	Faktor zur Festlegung der charakteristischen Größe der negativen Mantelreibung für nichtbindige und bindige Böden	-
144	β	Geländeneigung, Böschungswinkel	°
145	γ	Wichte des Baustoffs	kN/m^3
146	$\Delta\gamma'$	Strömungsdruck	kN/m^3
147	γ'	Wichte unter Auftrieb	kN/m^3
148	γ''	Wichte unter Auftrieb der stützenden Flüssigkeit	kN/m^3
149	γ_F	Teilsicherheitsbeiwert für Einwirkungen allgemein	-
150	γ_w	Wichte des Wassers	kN/m^3
151	γ_R	Teilsicherheitsbeiwert für Widerstände allgemein	-
152	γ_r	Wichte des wassergesättigten Bodens	kN/m^3
153	δ_a	Winkel zwischen der Erddrucklast und der Normalen zur Wand	°
154	δ_p	Winkel zwischen der Erdwiderstandslast und der Normalen zur Wand	°
155	ε	Dehnung bzw. Stauchung	-
156	η	Viskosität	cP
157	η_A	Anpassungsfaktor für Verbauverhältnis	-
158	ϑ_a	aktiver Gleitflächenwinkel	°
159	ϑ_p	passiver Gleitflächenwinkel	°

Nr.	Formel-zeichen	Benennung	Einheit
160	λ	Geländeneigungsbeiwert	°
161	μ	Ausnutzungsgrad allgemein	-
162	ν	Poissonzahl (Querdehnzahl)	-
163	ν	Formbeiwert	-
164	ζ	Sohlneigungsbeiwert	-
165	ζ	Streuungsfaktor allgemein bei Pfahlgründungen	-
166	ρ	Dichte	g/cm^3
167	σ	Spannung allgemein	kN/m^2
168	σ_h	Horizontalspannung	kN/m^2
169	σ_v	Vertikalspannung im Boden (auch als σ_z bezeichnet)	kN/m^2
170	τ	Schub- bzw. Scherspannung	kN/m^2
171	τ_f	Fließgrenze	kN/m^2
172	φ	Reibungswinkel	°
173	φ'	Reibungswinkel des dränierten Bodens (effektiver Reibungswinkel)	°
174	φ_u	Reibungswinkel des undränierten Bodens allgemein	°
175	ω	Winkel der Tangentialkomponente zur Längenachse	°
176	ω_{ph}	ideeller Widerstandsbeiwert bei Trägerbohlwänden	-

A-8 Teilsicherheitsbeiwerte für Einwirkungen und Beanspruchungen nach *Handbuch Eurocode 7-1 (2015)*, Tabelle A 2.1

Einwirkung bzw. Beanspruchung	Formelzeichen	Bemessungssituation		
		BS-P	BS-T	BS-A
HYD und UPL: Grenzzustand des Versagens durch hydraulischen Grundbruch und Aufschwimmen				
Destabilisierende ständige Einwirkungen[a]	$\gamma_{G,dst}$	1,05	1,05	1,00
Stabilisierende ständige Einwirkungen	$\gamma_{G,stb}$	0,95	0,95	0,95
Destabilisierende veränderliche Einwirkungen	$\gamma_{Q,dst}$	1,50	1,30	1,00
Stabilisierende veränderliche Einwirkungen	$\gamma_{Q,stb}$	0	0	0
Strömungskraft bei günstigem Untergrund	γ_H	1,45	1,45	1,25
Strömungskraft bei ungünstigem Untergrund	γ_H	1,90	1,90	1,45
EQU: Grenzzustand des Verlusts der Lagesicherheit				
Ungünstige ständige Einwirkungen	$\gamma_{G,dst}$	1,10	1,05	1,00
Günstige ständige Einwirkungen	$\gamma_{G,stb}$	0,90	0,90	0,95
Ungünstige veränderliche Einwirkungen	γ_Q	1,50	1,25	1,00
STR und GEO-2: Grenzzustand des Versagens von Bauwerken, Bauteilen und Baugrund				
Beanspruchungen aus ständigen Einwirkungen allgemein[a]	γ_G	1,35	1,20	1,10
Beanspruchungen aus günstigen ständigen Einwirkungen[b]	$\gamma_{G,inf}$	1,00	1,00	1,00
Beanspruchungen aus ständigen Einwirkungen aus Erdruhedruck	$\gamma_{G,E0}$	1,20	1,10	1,00
Beanspruchungen aus ungünstigen veränderlichen Einwirkungen	γ_Q	1,50	1,30	1,10
Beanspruchungen aus günstigen veränderlichen Einwirkungen	γ_Q	0	0	0
GEO-3: Grenzzustand des Versagens durch Verlust der Gesamtstandsicherheit				
Ständige Einwirkungen[a]	γ_G	1,00	1,00	1,00
Ungünstige veränderliche Einwirkungen	γ_Q	1,30	1,20	1,00
SLS: Grenzzustand der Gebrauchstauglichkeit				
$\gamma_G = 1,00$ für ständige Einwirkungen bzw. Beanspruchungen				
$\gamma_Q = 1,00$ für veränderliche Einwirkungen bzw. Beanspruchungen				

[a] einschließlich ständigem und veränderlichem Wasserdruck.

[b] nur im Sonderfall nach *Handbuch Eurocode 7-1 (2015)*, 7.6.3.1 A(2).

A-9 Teilsicherheitsbeiwerte für geotechnische Kenngrößen nach *Handbuch Eurocode 7-1 (2015)*, Tabelle A 2.2

Bodenkenngröße	Formelzeichen	Bemessungssituation		
		BS-P	BS-T	BS-A
HYD und UPL: Grenzzustand des Versagens durch hydraulischen Grundbruch und Aufschwimmen				
Reibungsbeiwert $\tan\varphi'$ des dränierten Bodens und Reibungsbeiwert $\tan\varphi_u$ des undränierten Bodens	$\gamma_{\varphi'}, \gamma_{\varphi_u}$	1,00	1,00	1,00
Kohäsion c' des dränierten Bodens und Scherfestigkeit c_u des undränierten Bodens	$\gamma_{c'}, \gamma_{c_u}$	1,00	1,00	1,00
GEO-2: Grenzzustand des Versagens von Bauwerken, Bauteilen und Baugrund				
Reibungsbeiwert $\tan\varphi'$ des dränierten Bodens und Reibungsbeiwert $\tan\varphi_u$ des undränierten Bodens	$\gamma_{\varphi'}, \gamma_{\varphi_u}$	1,00	1,00	1,00
Kohäsion c' des dränierten Bodens und Scherfestigkeit c_u des undränierten Bodens	$\gamma_{c'}, \gamma_{c_u}$	1,00	1,00	1,00
GEO-3: Grenzzustand des Versagens durch Verlust der Gesamtstandsicherheit				
Reibungsbeiwert $\tan\varphi'$ des dränierten Bodens und Reibungsbeiwert $\tan\varphi_u$ des undränierten Bodens	$\gamma_{\varphi'}, \gamma_{\varphi_u}$	1,25	1,15	1,10
Kohäsion c' des dränierten Bodens und Scherfestigkeit c_u des undränierten Bodens	$\gamma_{c'}, \gamma_{c_u}$	1,25	1,15	1,10

A-10 Teilsicherheitsbeiwerte für Widerstände nach *Handbuch Eurocode 7-1 (2015)*, Tabelle A 2.3

Widerstand	Formel-zeichen	Bemessungssituation		
		BS-P	BS-T	BS-A
STR und GEO-2: Grenzzustand des Versagens von Bauwerken, Bauteilen und Baugrund				
Bodenwiderstände				
Erdwiderstand und Grundbruchwiderstand	$\gamma_{R,e}, \gamma_{R,v}$	1,40	1,30	1,20
Gleitwiderstand	$\gamma_{R,h}$	1,10	1,10	1,10
Pfahlwiderstände aus statischen und dynamischen Pfahlprobebelastungen				
- Fußwiderstand	γ_b	1,10	1,10	1,10
- Mantelwiderstand (Druck)	γ_s	1,10	1,10	1,10
- Gesamtwiderstand (Druck)	γ_t	1,10	1,10	1,10
- Mantelwiderstand (Zug)	$\gamma_{s,t}$	1,15	1,15	1,15
Pfahlwiderstände auf der Grundlage von Erfahrungswerten				
- Druckpfähle	$\gamma_b, \gamma_s, \gamma_t$	1,40	1,40	1,40
- Zugpfähle (nur in Ausnahmefällen)	$\gamma_{s,t}$	1,50	1,50	1,50
Herausziehwiderstände				
- Boden- bzw. Felsnägel	γ_a	1,40	1,30	1,20
- Verpresskörper von Verpressankern	γ_a	1,10	1,10	1,10
- Flexible Bewehrungselemente	γ_a	1,40	1,30	1,20
GEO-3: Grenzzustand des Versagens durch Verlust der Gesamtstandsicherheit				
Scherfestigkeit siehe A-9				
Herausziehwiderstände siehe STR und GEO-2				

Anmerkungen:

Der Teilsicherheitsbeiwert für den Materialwiderstand des Stahlzugglieds aus Spannstahl und Betonstahl ist für die Grenzzustände GEO-2 und GEO-3 in DIN EN 1992-1-1 mit $\gamma_M = 1,15$ angegeben.

Der Teilsicherheitsbeiwert für den Materialwiderstand von flexiblen Bewehrungselementen ist für die Grenzzustände GEO-2 und GEO-3 in *EBGEO (2010)* angegeben.

In der Bemessungssituation BS-E werden nach DIN EN 1990 keine Teilsicherheitsbeiwerte angesetzt.

A-11 Erdwiderstandsbeiwerte für gekrümmte Gleitflächen nach *Caquot-Kerisel*

$\varphi°$	$\alpha°$	$\beta°$	K_{pgh} nach Caquot-Kerisel					
			$\delta = 0°$	$\delta = -\varphi/3°$	$\delta = -\varphi/2°$	$\delta = -2/3\varphi°$	$\delta = -27{,}5°$	$\delta = -\varphi°$
		−30	0,243	0,352	0,411	0,474	0,543	0,545
		−20	0,641	0,929	1,08	1,25	1,43	1,44
		−10	1,19	1,72	2,01	2,31	2,65	2,66
	−20	0	1,88	2,72	3,18	3,66	4,19	4,21
		10	2,75	3,99	4,66	5,37	6,15	6,18
		20	3,90	5,65	6,60	7,60	8,71	8,75
		30	4,86	7,04	8,23	9,48	10,9	10,9
		−30	0,313	0,439	0,505	0,573	0,641	0,639
		−20	0,857	1,20	1,38	1,57	1,76	1,75
		−10	1,54	2,16	2,48	2,82	3,15	3,14
	−10	0	2,36	3,32	3,82	4,33	4,84	4,83
		10	3,40	4,78	5,50	6,24	6,98	6,95
		20	4,77	6,71	7,71	8,75	9,79	9,75
		30	5,97	8,38	9,64	10,9	12,2	12,2
		−30	0,404	0,551	0,624	0,697	0,760	0,750
		−20	1,14	1,56	1,77	1,97	2,15	2,12
		−10	2,00	2,73	3,09	3,45	3,76	3,71
30	0	0	3,00	4,09	4,63	5,17	5,63	5,56
		10	4,25	5,80	6,57	7,33	7,99	7,89
		20	5,93	8,07	9,15	10,2	11,1	11,0
		30	7,42	10,1	11,5	12,8	13,9	13,8
		−30	0,530	0,699	0,779	0,854	0,904	0,883
		−20	1,54	2,03	2,26	2,47	2,62	2,56
		−10	2,63	3,48	3,87	4,25	4,49	4,39
	10	0	3,88	5,12	5,70	6,25	6,61	6,46
		10	5,44	7,17	7,99	8,76	9,27	9,05
		20	7,53	9,94	11,1	12,1	12,8	12,5
		30	9,45	12,5	13,9	15,2	16,1	15,7
		−30	0,710	0,906	0,989	1,06	1,08	1,04
		−20	2,09	2,66	2,91	3,12	3,18	3,06
		−10	3,54	4,52	4,93	5,29	5,39	5,19
	20	0	5,15	6,57	7,17	7,70	7,84	7,54
		10	7,17	9,14	9,98	10,7	10,9	10,5
		20	9,90	12,6	13,8	14,8	15,1	14,5
		30	12,4	15,8	17,3	18,6	18,9	18,2
		−32,5	0,201	0,308	0,367	0,431	0,490	0,505
		−30	0,275	0,420	0,501	0,589	0,669	0,689
		−20	0,672	1,03	1,23	1,44	1,64	1,69
		−10	1,23	1,88	2,24	2,63	2,99	3,08
	−20	0	1,97	3,01	3,59	4,22	4,80	4,94
		10	2,95	4,52	5,39	6,33	7,19	7,41
		20	4,28	6,54	7,80	9,16	10,4	10,7
		30	5,81	8,89	10,6	12,4	14,1	14,6
		32,5	5,92	9,06	10,8	12,7	14,4	14,9
32,5		−32,5	0,264	0,391	0,458	0,529	0,59	0,598
		−30	0,369	0,546	0,640	0,740	0,83	0,837
		−20	0,916	1,35	1,59	1,84	2,05	2,08
		−10	1,63	2,41	2,82	3,26	3,64	3,69
	−10	0	2,54	3,76	4,41	5,10	5,69	5,77
		10	3,75	5,55	6,51	7,52	8,39	8,51
		20	5,39	7,97	9,34	10,8	12,0	12,2
		30	7,32	10,8	12,7	14,7	16,4	16,6
		32,5	7,48	11,1	13,0	15,0	16,7	17,0

$\varphi°$	$\alpha°$	$\beta°$	K_{pgh} nach Caquot-Kerisel					
			$\delta = 0°$	$\delta = -\varphi/3°$	$\delta = -\varphi/2°$	$\delta = -2/3\varphi°$	$\delta = -27{,}5°$	$\delta = -\varphi°$
		−32,5	0,349	0,499	0,576	0,654	0,715	0,711
		−30	0,498	0,712	0,821	0,932	1,02	1,01
		−20	1,25	1,79	2,06	2,34	2,56	2,55
		−10	2,17	3,11	3,58	4,07	4,45	4,42
	0	0	3,32	4,75	5,48	6,22	6,81	6,77
		10	4,83	6,92	7,97	9,05	9,90	9,85
		20	6,89	9,86	11,4	12,9	14,1	14,0
		30	9,37	13,4	15,4	17,5	19,2	19,1
		32,5	9,59	13,7	15,8	17,9	19,6	19,5
		−32,5	0,469	0,649	0,734	0,817	0,873	0,849
		−30	0,679	0,938	1,06	1,18	1,26	1,23
		−20	1,72	2,38	2,69	2,99	3,20	3,11
		−10	2,94	4,06	4,59	5,11	5,46	5,31
32,5	10	0	4,42	6,12	6,92	7,70	8,23	8,00
		10	6,37	8,81	9,97	11,1	11,9	11,5
		20	9,04	12,5	14,1	15,7	16,8	16,3
		30	12,3	17,0	19,2	21,4	22,8	22,2
		32,5	12,6	17,4	19,7	21,9	23,4	22,8
		−32,5	0,648	0,862	0,955	1,04	1,08	1,01
		−30	0,946	1,26	1,39	1,51	1,57	1,48
		−20	2,41	3,21	3,55	3,86	4,00	3,77
		−10	4,07	5,42	6,00	6,52	6,76	6,37
	20	0	6,07	8,08	8,95	9,72	10,1	9,50
		10	8,69	11,6	12,8	13,9	14,4	13,6
		20	12,3	16,3	18,1	19,7	20,4	19,2
		30	16,7	22,2	24,6	26,7	27,7	26,1
		32,5	17,1	22,8	25,2	27,4	28,4	26,8
		−35	0,163	0,265	0,323	0,388	0,430	0,464
		−30	0,299	0,485	0,591	0,710	0,787	0,848
		−20	0,695	1,13	1,38	1,65	1,83	1,97
		−10	1,27	2,05	2,51	3,01	3,34	3,60
	−20	0	2,06	3,35	4,09	4,91	5,44	5,86
		10	3,17	5,14	6,27	7,53	8,35	9,00
		20	4,70	7,63	9,30	11,2	12,4	13,3
		30	6,72	10,9	13,3	16,0	17,7	19,1
		35	7,33	11,9	14,5	17,4	19,3	20,8
		−35	0,219	0,342	0,410	0,484	0,529	0,557
		−30	0,415	0,650	0,778	0,918	1,00	1,06
		−20	0,968	1,51	1,81	2,14	2,34	2,46
		−10	1,72	2,69	3,23	3,81	4,16	4,38
35	−10	0	2,75	4,29	5,15	6,07	6,64	6,98
		10	4,15	6,50	7,79	9,18	10,0	10,6
		20	6,11	9,55	11,4	13,5	14,8	15,5
		30	8,73	13,7	16,4	19,3	21,1	22,2
		35	9,54	14,9	17,9	21,1	23,1	24,3
		−35	0,296	0,448	0,526	0,609	0,657	0,671
		−30	0,580	0,875	1,03	1,19	1,28	1,31
		−20	1,35	2,04	2,40	2,78	3,00	3,06
		−10	2,36	3,56	4,19	4,84	5,22	5,34
	0	0	3,69	5,58	6,56	7,59	8,18	8,36
		10	5,52	8,33	9,80	11,3	12,2	12,5
		20	8,06	12,2	14,3	16,6	17,9	18,2
		30	11,5	17,4	20,5	23,7	25,5	26,1
		35	12,6	19,1	22,4	25,9	28,0	28,6

φ°	α°	β°	K_{pgh} nach Caquot-Kerisel					
			δ = 0°	δ = −φ/3°	δ = −φ/2°	δ = −⅔φ°	δ = −27,5°	δ = −φ°
35	10	−35	0,410	0,596	0,687	0,778	0,824	0,812
		−30	0,819	1,19	1,37	1,55	1,65	1,62
		−20	1,92	2,79	3,21	3,64	3,85	3,80
		−10	3,29	4,78	5,51	6,24	6,61	6,52
		0	5,08	7,38	8,51	9,64	10,2	10,1
		10	7,52	10,9	12,6	14,3	15,1	14,9
		20	10,9	15,9	18,3	20,7	22,0	21,7
		30	15,6	22,7	26,2	29,6	31,4	30,9
		35	17,1	24,9	28,7	32,5	34,4	34,0
	20	−35	0,583	0,814	0,917	1,01	1,05	0,984
		−30	1,18	1,65	1,86	2,05	2,12	2,00
		−20	2,77	3,87	4,36	4,80	4,98	4,67
		−10	4,71	6,57	7,40	8,15	8,45	7,93
		0	7,21	10,1	11,3	12,5	12,9	12,2
		10	10,6	14,8	16,7	18,4	19,1	17,9
		20	15,4	21,5	24,2	26,6	27,6	25,9
		30	21,9	30,6	34,5	38,0	39,4	37,0
		35	24,1	33,6	37,9	41,7	43,3	40,6
37,5	−20	−37,5	0,129	0,224	0,280	0,344	0,368	0,421
		−30	0,315	0,546	0,683	0,838	0,898	1,03
		−20	0,709	1,23	1,54	1,89	2,02	2,31
		−10	1,30	2,25	2,81	3,45	3,70	4,23
		0	2,16	3,74	4,68	5,75	6,16	7,04
		10	3,40	5,89	7,38	9,05	9,70	11,1
		20	5,17	8,96	11,2	13,8	14,7	16,9
		30	7,68	13,3	16,7	20,5	21,9	25,1
		37,5	9,21	16,0	20,0	24,5	26,3	30,1
	−10	−37,5	0,177	0,296	0,363	0,437	0,464	0,514
		−30	0,452	0,753	0,924	1,11	1,18	1,31
		−20	1,01	1,69	2,07	2,49	2,65	2,93
		−10	1,81	3,02	3,71	4,47	4,75	5,25
		0	2,96	4,93	6,06	7,29	7,75	8,57
		10	4,60	7,67	9,42	11,3	12,1	13,3
		20	6,94	11,6	14,2	17,1	18,2	20,1
		30	10,3	17,2	21,1	25,4	27,0	29,8
		37,5	12,4	20,6	25,3	30,5	32,4	35,9
	0	−37,5	0,247	0,396	0,476	0,561	0,592	0,629
		−30	0,651	1,04	1,26	1,48	1,56	1,66
		−20	1,46	2,34	2,81	3,31	3,49	3,71
		−10	2,56	4,11	4,94	5,83	6,14	6,53
		0	4,11	6,60	7,94	9,36	9,87	10,5
		10	6,33	10,2	12,2	14,4	15,2	16,1
		20	9,49	15,2	18,3	21,6	22,8	24,2
		30	14,0	22,5	27,1	32,0	33,7	35,8
		37,5	16,9	27,2	32,7	38,6	40,6	43,2
	10	−37,5	0,351	0,541	0,637	0,733	0,765	0,774
		−30	0,952	1,47	1,73	1,99	2,07	2,10
		−20	2,12	3,27	3,85	4,43	4,63	4,68
		−10	3,68	5,68	6,68	7,69	8,02	8,12
		0	5,85	9,02	10,6	12,2	12,7	12,9
		10	8,93	13,8	16,2	18,6	19,4	19,7
		20	13,3	20,5	24,2	27,8	29,0	29,4
		30	19,7	30,4	35,8	41,1	42,9	43,5
		37,5	23,8	36,7	43,2	49,7	51,8	52,5

$\varphi°$	$\alpha°$	$\beta°$	K_{pgh} nach Caquot-Kerisel					
			$\delta = 0°$	$\delta = -\varphi/3°$	$\delta = -\varphi/2°$	$\delta = -2/3\varphi°$	$\delta = -27{,}5°$	$\delta = -\varphi°$
		−37,5	0,517	0,762	0,875	0,977	1,00	0,950
		−30	1,43	2,10	2,41	2,70	2,77	2,62
		−20	3,18	4,68	5,37	6,00	6,17	5,84
		−10	5,46	8,05	9,24	10,3	10,6	10,0
37,5	20	0	8,61	12,7	14,6	16,3	16,7	15,8
		10	13,1	19,3	22,1	24,7	25,4	24,0
		20	19,4	28,7	32,9	36,7	37,8	35,7
		30	28,7	42,4	48,6	54,3	55,8	52,8
		37,5	34,7	51,2	58,8	65,7	67,6	63,9
		−40	0,099	0,185	0,239	0,300	0,308	0,379
		−30	0,323	0,602	0,777	0,977	1,00	1,23
		−20	0,714	1,33	1,72	2,16	2,22	2,73
		−10	1,32	2,46	3,18	3,99	4,10	5,04
	−20	0	2,25	4,20	5,41	6,80	6,99	8,59
		10	3,65	6,80	8,77	11,0	11,3	13,9
		20	5,70	10,6	13,7	17,2	17,7	21,8
		30	8,75	16,3	21,0	26,4	27,2	33,4
		40	11,8	21,9	28,3	35,6	36,5	44,9
		−40	0,140	0,250	0,316	0,389	0,399	0,470
		−30	0,479	0,855	1,08	1,33	1,36	1,61
		−20	1,05	1,88	2,37	2,92	2,99	3,52
		−10	1,90	3,40	4,30	5,30	5,43	6,39
	−10	0	3,19	5,71	7,21	8,88	9,10	10,7
		10	5,12	9,14	11,6	14,2	14,6	17,2
		20	7,94	14,2	17,9	22,1	22,6	26,6
		30	12,1	21,7	27,4	33,8	34,6	40,8
		40	16,4	29,3	37,1	45,6	46,7	55,0
		−40	0,201	0,344	0,426	0,513	0,524	0,587
		−30	0,714	1,22	1,52	1,82	1,86	2,09
		−20	1,56	2,67	3,30	3,98	4,06	4,55
		−10	2,78	4,77	5,90	7,10	7,25	8,13
40	0	0	4,60	7,89	9,76	11,7	12,0	13,4
		10	7,29	12,5	15,5	18,6	19,0	21,3
		20	11,3	19,3	23,9	28,7	29,4	32,9
		30	17,2	29,5	36,5	43,9	44,8	50,2
		40	23,3	39,9	49,4	59,4	60,7	68,0
		−40	0,295	0,485	0,586	0,687	0,699	0,735
		−30	1,08	1,78	2,15	2,52	2,56	2,69
		−20	2,35	3,86	4,66	5,46	5,56	5,84
		−10	4,14	6,81	8,23	9,64	9,82	10,3
	10	0	6,78	11,1	13,5	15,8	16,1	16,9
		10	10,7	17,6	21,2	24,9	25,3	26,6
		20	16,4	27,0	32,6	38,2	38,9	40,9
		30	25,0	41,1	49,7	58,2	59,3	62,3
		40	33,9	55,8	67,4	79,0	80,4	84,5
		−40	0,450	0,706	0,829	0,940	0,952	0,914
		−30	1,68	2,63	3,10	3,51	3,55	3,41
		−20	3,64	5,70	6,70	7,59	7,70	7,39
		−10	6,37	9,99	11,7	13,3	13,5	12,9
	20	0	10,4	16,2	19,1	21,6	21,9	21,0
		10	16,3	25,5	29,9	33,9	34,4	33,0
		20	24,9	39,0	45,9	52,0	52,7	50,6
		30	37,9	59,4	69,8	79,1	80,2	77,0
		40	51,5	80,7	94,9	108	109	105

$\varphi°$	$\alpha°$	$\beta°$	K_{pgh} nach Caquot-Kerisel					
			$\delta = 0°$	$\delta = -\varphi/_3°$	$\delta = -\varphi/_2°$	$\delta = -27{,}5°$	$\delta = -⅔\varphi°$	$\delta = -\varphi°$
42,5	−20	−42,5	0,074	0,150	0,199	0,251	0,258	0,366
		−40	0,107	0,217	0,288	0,364	0,373	0,487
		−30	0,352	0,657	0,874	1,10	1,13	1,48
		−20	0,711	1,44	1,92	2,42	2,48	3,24
		−10	1,34	2,71	3,60	4,55	4,66	6,09
		0	2,34	4,74	6,31	7,97	8,17	10,7
		10	3,92	7,93	10,6	13,3	13,7	17,8
		20	6,31	12,8	17,0	21,5	22,0	28,7
		30	9,98	20,2	26,9	33,9	34,8	45,4
		40	14,7	29,7	39,6	49,9	51,2	66,9
		42,5	15,4	31,1	41,4	52,2	53,5	69,9
	−10	−42,5	0,107	0,208	0,271	0,335	0,343	0,426
		−40	0,159	0,308	0,401	0,496	0,507	0,630
		−30	0,497	0,962	1,25	1,55	1,59	1,97
		−20	1,08	2,09	2,72	3,37	3,45	4,28
		−10	2,00	3,87	5,04	6,23	6,37	7,92
		0	3,45	6,68	8,70	10,8	11,0	13,7
		10	5,71	11,1	14,4	17,8	18,2	22,6
		20	9,14	17,7	23,0	28,5	29,1	36,2
		30	14,4	27,9	36,3	45,0	46,0	57,1
		40	21,2	41,1	53,6	66,3	67,8	84,2
		42,5	22,2	43,1	56,1	69,4	71,0	88,2
	0	−42,5	0,159	0,295	0,376	0,455	0,464	0,544
		−40	0,239	0,444	0,565	0,684	0,697	0,817
		−30	0,768	1,42	1,81	2,19	2,24	2,62
		−20	1,66	3,07	3,91	4,73	4,83	5,65
		−10	3,02	5,60	7,13	8,64	8,80	10,3
		0	5,16	9,56	12,2	14,7	15,0	17,6
		10	8,47	15,7	20,0	24,2	24,7	28,9
		20	13,5	25,0	31,8	38,5	39,3	46,0
		30	21,2	39,3	50,1	60,6	61,8	72,4
		40	31,3	58,0	73,9	89,5	91,2	107
		42,5	32,8	60,8	77,5	93,8	95,6	112
	10	−42,5	0,243	0,430	0,533	0,630	0,640	0,694
		−40	0,369	0,654	0,812	0,959	0,974	1,06
		−30	1,21	2,14	2,65	3,13	3,18	3,45
		−20	2,59	4,59	5,70	6,73	6,83	7,41
		−10	4,68	8,29	10,3	12,1	12,3	13,4
		0	7,92	14,0	17,4	20,5	20,9	22,7
		10	12,9	22,9	28,4	33,5	34,1	37,0
		20	20,5	36,3	45,0	53,1	54,0	58,6
		30	32,2	57,0	70,7	83,5	84,8	92,0
		40	47,5	84,2	104	123	125	136
		42,5	49,9	88,3	110	129	131	143
	20	−42,5	0,385	0,647	0,779	0,891	0,900	0,875
		−40	0,590	0,933	1,20	1,37	1,38	1,34
		−30	1,95	3,29	3,96	4,52	4,57	4,44
		−20	4,18	7,03	8,46	9,68	9,78	9,50
		−10	7,49	12,6	15,2	17,4	17,5	17,0
		0	12,6	21,2	25,5	29,2	29,5	28,7
		10	20,5	34,5	41,5	47,5	48,0	46,6
		20	32,4	54,5	65,6	75,0	75,8	73,7
		30	50,8	85,5	103	118	119	116
		40	75,2	127	152	174	176	171
		42,5	78,9	138	160	183	185	179

$\varphi°$	$\alpha°$	$\beta°$	K_{pgh} nach Caquot-Kerisel					
			$\delta = 0°$	$\delta = -\varphi/3°$	$\delta = -\varphi/2°$	$\delta = -27{,}5°$	$\delta = -2/3\varphi°$	$\delta = -\varphi°$
		−45	0,053	0,118	0,162	0,198	0,217	0,295
		−40	0,110	0,244	0,336	0,410	0,449	0,610
		−30	0,319	0,707	0,976	1,19	1,30	1,77
		−20	0,701	1,55	2,14	2,61	2,86	3,89
		−10	1,35	2,98	4,12	5,02	5,50	7,48
	−20	0	2,44	5,40	7,45	9,08	9,95	13,5
		10	4,23	9,35	12,9	15,7	17,2	23,4
		20	7,04	15,6	21,5	26,2	28,7	39,0
		30	11,5	25,4	35,1	42,8	46,9	63,7
		40	18,0	39,8	55,0	67,0	73,4	99,8
		45	20,6	45,5	62,9	76,7	84,0	114
		−45	0,080	0,169	0,228	0,274	0,297	0,383
		−40	0,172	0,362	0,489	0,586	0,637	0,820
		−30	0,507	1,07	1,45	1,73	1,88	2,43
		−20	1,10	2,33	3,15	3,77	4,10	5,28
		−10	2,09	4,42	5,96	7,15	7,77	10,0
	−10	0	3,74	7,89	10,7	12,8	13,9	17,9
		10	6,42	13,6	18,3	21,9	23,8	30,7
		20	10,6	22,4	30,3	36,3	39,5	50,8
		30	17,3	36,5	49,3	59,1	64,2	82,7
		40	27,1	57,3	77,3	92,7	101	130
		45	31,1	65,6	88,6	106	115	149
		−45	0,123	0,248	0,327	0,385	0,415	0,500
		−40	0,271	0,546	0,720	0,849	0,914	1,10
		−30	0,815	1,64	2,16	2,55	2,75	3,31
		−20	1,76	3,55	4,67	5,51	5,93	7,16
		−10	3,30	6,65	8,76	10,3	11,1	13,4
45	0	0	5,84	11,8	15,5	18,3	19,7	23,7
		10	9,94	20,0	26,4	31,1	33,5	40,4
		20	16,4	33,0	43,5	51,3	55,2	66,6
		30	26,6	53,6	70,6	83,3	89,6	108
		40	41,8	84,1	111	131	141	170
		45	47,9	96,6	127	150	162	195
		−45	0,195	0,374	0,480	0,554	0,590	0,653
		−40	0,439	0,842	1,08	1,25	1,33	1,47
		−30	1,33	2,56	3,29	3,80	4,04	4,47
		−20	2,87	5,51	7,06	8,15	8,68	9,60
		−10	5,33	10,2	13,1	15,1	16,1	17,8
	10	0	9,35	18,0	23,0	26,6	28,3	31,3
		10	15,8	30,4	39,0	45,0	48,0	53,0
		20	26,0	49,9	64,0	74,0	78,7	87,1
		30	42,2	80,9	104	120	128	141
		40	66,2	127	163	188	200	222
		45	76,1	146	187	216	230	255
		−45	0,322	0,586	0,726	0,817	0,857	0,833
		−40	0,735	1,34	1,66	1,86	1,96	1,90
		−30	2,25	4,10	5,08	5,72	6,00	5,82
		−20	4,82	8,77	10,9	12,2	12,8	12,5
		−10	8,91	16,2	20,1	22,6	23,7	23,0
	20	0	15,6	28,3	35,1	39,5	41,4	40,2
		10	26,3	47,8	59,2	66,7	69,9	67,9
		20	43,0	78,3	97,0	109	115	111
		30	69,7	127	157	177	185	180
		40	109	199	247	278	291	283
		45	126	229	284	319	335	325

A-12 Erdwiderstandsbeiwerte für gebrochene Gleitflächen nach *Streck*

bei $\varphi \leq 30°$: $\delta_p = -\delta_p^* = -(\varphi - 2,5°)$

bei $\varphi > 30°$: $\delta_p = -\delta_p^* = -27,5°$

δ_p	$\varphi =$														
	10°	12,5°	15°	17,5°	20°	22,5°	25°	27,5°	30°	32,5°	35°	37,5°	40°	42,5°	45°
$-\delta_p^*$	1,59	1,81	2,11	2,38	2,77	3,23	3,81	4,51	5,46	6,15	7,12	8,27	9,64	11,4	13,6
-45°															53,1
-42,5°														31,9	25,5
-40°													21,20	18,30	21,00
-37,5°												15,30	13,60	15,70	18,50
-35°											11,20	10,50	12,00	14,10	16,90
-32,5°										8,55	8,25	9,46	11,00	13,00	15,60
-30°									6,60	6,65	7,57	8,77	10,20	12,10	14,50
-27,5°								5,24	5,46	6,15	7,12	8,27	9,64	11,40	13,60
-25°							4,35	4,51	5,11	5,84	6,72	7,82	9,12	10,70	12,80
-22,5°						3,70	3,81	4,27	4,86	5,56	6,41	7,41	8,62	10,10	12,00
-20°					3,11	3,23	3,62	4,08	4,66	5,31	6,10	7,03	8,15	9,53	11,20
-17,5°				2,63	2,77	3,09	3,48	3,92	4,46	5,07	5,80	6,67	7,69	8,95	10,50
-15°			2,25	2,38	2,67	2,98	3,35	3,76	4,27	4,83	5,50	6,31	7,24	8,38	9,77
-12,5°		1,95	2,11	2,30	2,58	2,87	3,22	3,60	4,07	4,59	5,21	5,95	6,80	7,82	9,08
-10°	1,69	1,81	2,01	2,22	2,48	2,75	3,08	3,43	3,87	4,35	4,91	5,59	6,36	7,28	8,40
-7,5°	1,59	1,76	1,94	2,14	2,38	2,64	2,94	3,26	3,66	4,11	4,61	5,22	5,92	6,75	7,74
-5°	1,54	1,70	1,87	2,05	2,28	2,51	2,79	3,08	3,45	3,86	4,31	4,85	5,48	6,22	7,09
-2,5°	1,49	1,63	1,79	1,95	2,17	2,39	2,63	2,90	3,23	3,60	4,00	4,48	5,04	5,69	6,45
0°	1,42	1,55	1,70	1,86	2,04	2,24	2,46	2,72	3,00	3,32	3,69	4,11	4,60	5,16	5,83
+2,5°	1,34	1,46	4,60	1,74	1,91	2,09	2,29	2,52	2,77	3,06	3,38	3,75	4,17	4,67	5,23
+5°	1,24	1,36	1,48	1,61	1,77	1,93	2,11	2,23	2,54	2,79	3,07	3,39	3,75	4,17	4,64
+7,5°	1,11	1,23	1,35	1,47	1,62	1,77	1,93	2,11	2,30	2,52	2,77	3,04	3,34	3,69	4,07
+10°		1,09	1,21	1,33	1,46	1,60	1,74	1,90	2,07	2,26	2,47	2,70	2,95	3,22	3,53
+12,5°			1,05	1,16	1,30	1,43	1,56	1,70	1,84	2,00	2,18	2,37	2,57	2,78	3,02
+15°				1,00	1,12	1,24	1,36	1,48	1,61	1,75	1,89	2,04	2,20	2,37	2,53
+17,5°					0,95	1,06	1,17	1,28	1,39	1,50	1,62	1,74	1,85	1,97	2,08
+20°						0,88	0,98	1,08	1,17	1,27	1,36	1,45	1,53	1,60	1,67
+22,5°							0,81	0,89	0,97	1,05	1,12	1,18	1,23	1,27	1,28
+25°								0,73	0,79	0,85	0,90	0,93	0,96	0,97	0,94
+27,5°									0,64	0,67	0,70	0,72	0,72	0,69	0,64
+30°										0,54	0,54	0,54	0,52	0,46	0,38
+32,5°											0,44	0,40	0,35	0,28	0,17
+35°												0,33	0,24	0,14	0,01
+37,5°												-	-	-	-
+40°													-	-	-
+42,5°														-	-
+45°															-
$+\delta_p^* =$	1,11	1,09	1,05	1,00	0,95	0,88	0,81	0,73	0,64	0,67	0,70	0,72	0,72	0,69	0,64

B Zahlenbeispiele

B-17 Flachgründungen

B-17.1 Nachweis für den Grenzzustand der Tragfähigkeit – Grundbruch bei zentrischer Belastung

AUFGABENSTELLUNG

Für das dargestellte Streifenfundament ist der Nachweis für den Grenzzustand der Tragfähigkeit (ULS) für die Bemessungssituation BS-T im Anfangszustand und die Bemessungssituation BS-P im Endzustand zu führen.

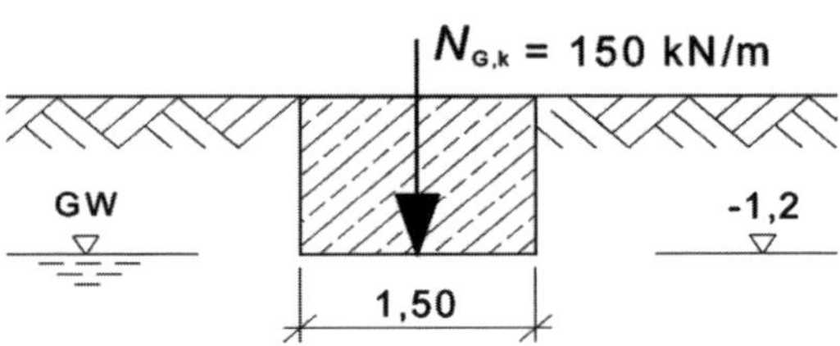

Bodenart: U, t:

$\gamma_k = 19$ kN/m³
$\gamma'_k = 9$ kN/m³
$\varphi_{u,k} = 0°$, $c_{u,k} = 25$ kN/m²
$\varphi'_k = 17,5°$, $c'_k = 10$ kN/m²

LÖSUNG

Streifenfundament: $a >> b$; da im vorliegenden Fall nur eine vertikale Last vorliegt, besteht der Nachweis der Tragfähigkeit nur aus dem Grundbruchnachweis (Grenzzustand GEO-2).

Charakteristischer Grundbruchwiderstand $R_{n,k}$

$$R_{n,k} = A' \cdot \sigma_{g,k}$$

mit

$$R_{n,k} = a' \cdot b' \cdot (c_k \cdot N_{c0} \cdot \nu_c \cdot i_c \cdot \lambda_c \cdot \zeta_c + \gamma_{1,k} \cdot d \cdot N_{d0} \cdot \nu_d \cdot i_d \cdot \lambda_d \cdot \zeta_d + \gamma_{2,k} \cdot b' \cdot N_{b0} \cdot \nu_b \cdot i_b \cdot \lambda_b \cdot \zeta_b)$$

mittige Last: $b' = b = 1,5$ m, und $a \to 1,0$ m (lfdm)

ν_c , ν_d , $\nu_b = 1$; ebenso i, λ, ζ

a) Anfangszustand: $\varphi_{u,k} = 0$; $c_{u,k} = 25$ kN/m²

Ermittlung der Tragfähigkeitsbeiwerte

$N_{c0} = 5,1$; $N_{d0} = 1,0$; $N_{b0} = 0$ (Tab. 17.2)

$R_{n,k} = 1,0 \cdot 1,5 \cdot (25 \cdot 5,1 + 19 \cdot 1,2 \cdot 1,0) = 225,5$ kN/m

b) Endzustand: $\varphi'_k = 17,5°$; $c'_k = 10$ kN/m²

Ermittlung der Tragfähigkeitsbeiwerte

$N_{c0} = 12,9$; $N_{d0} = 5,2$; $N_{b0} = 1,4$ (interpoliert aus Tab. 17.2)

$R_{n,k} = 1,0 \cdot 1,5 \cdot (10 \cdot 12,9 + 19 \cdot 1,2 \cdot 5,2 + 9 \cdot 1,5 \cdot 1,4) = 399,7$ kN/m

Bemessungswert der Einwirkung

a) Anfangszustand (BS-T):

$$N_D = N_{G,k} \cdot \gamma_G = 150 \cdot 1,20 = 180,0 \text{ kN/m}$$

b) Endzustand (BS-P):

$$N_d = N_{G,k} \cdot \gamma_G = 150 \cdot 1,35 = 202,5 \text{ kN/m}$$

Bemessungswert der Widerstände

a) Anfangszustand (BS-T):

$$R_{n,d} = R_{n,k}/\gamma_{R,v} = 225,5/1,30 = 173,5 \text{ kN/m}$$

b) Endzustand (BS-P):

$$R_{n,d} = R_{n,k}/\gamma_{R,v} = 399,7/1,40 = 285,5 \text{ kN/m}$$

Grenzzustandsgleichung und Sicherheitsnachweis Grundbruch

a) Anfangszustand (BS-T):

$N_d = 180,0 \text{ kN/m} > R_{n,d} = 173,5 \text{ kN/m}$
$\rightarrow$ Nachweis der Grundbruchsicherheit nicht erfüllt.

b) Endzustand (BS-P):

$N_d = 202,5 \text{ kN/m} < R_{n,d} = 285,5 \text{ kN/m}$
$\rightarrow$ Nachweis der Grundbruchsicherheit erfüllt.

B-17.2 Nachweis für den Grenzzustand der Tragfähigkeit – Grundbruch bei exzentrischer Belastung

AUFGABENSTELLUNG

Für die dargestellte Belastung und Gründungstiefe ist die Fundamentabmessung auf der Grundlage des Nachweises der Tragfähigkeit (ULS) für die Bemessungssituation BS-P zu bestimmen (quadratisches Fundament), $N_{Q,k} = N_{Q,rep}$.

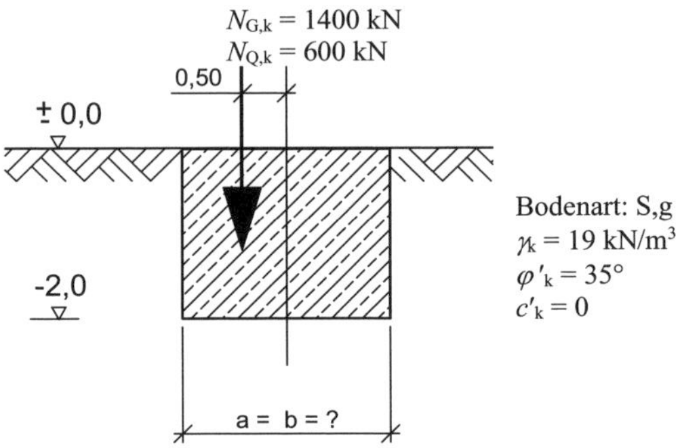

$N_{G,k}$ = 1400 kN
$N_{Q,k}$ = 600 kN
0,50
± 0,0
-2,0
a = b = ?
Bodenart: S,g
γ_k = 19 kN/m³
φ'_k = 35°
c'_k = 0

LÖSUNG

Da nur vertikale Lasten vorliegen, besteht der Nachweis nur aus dem Grundbruchnachweis (Grenzzustand GEO-2).

Vorschätzung der Seitenlängen der quadratischen Fundamentabmessungen:

1. Annahme:

$a = b = 2,0$ m

$a' = a = 2,0$ m

$b' = b - 2 \cdot e_b = 2,0 - 2 \cdot 0,5 = 1,0$ m

Charakteristischer Grundbruchwiderstand $R_{n,k}$

$$R_{n,k} = a' \cdot b' \cdot (c_k \cdot N_{c0} \cdot \nu_c \cdot i_c \cdot \lambda_c \cdot \zeta_c + \gamma_{1,k} \cdot d \cdot N_{d0} \cdot \nu_d \cdot i_d \cdot \lambda_d \cdot \zeta_d + \gamma_{2,k} \cdot b' \cdot N_{b0} \cdot \nu_b \cdot i_b \cdot \lambda_b \cdot \zeta_b)$$

Ermittlung der Tragfähigkeitsbeiwerte:

$N_{d0} = 33$; $N_{b0} = 23$ (s. Tab. 17.2 oder Abb. 17.14)

Formbeiwerte (Rechteck) ν:

$$\nu_b = 1 - 0,3 \cdot (b'/a') = 1 - 0,3 \cdot (1,0/2,0) = 0,85$$
$$\nu_d = 1 + (b'/a') \cdot \sin\varphi'_k = 1 + (1,0/2,0) \cdot \sin 35° = 1,29$$

Weitere Beiwerte:

i_c, i_d, $i_b = 1,0$ ebenso λ, ζ

somit

$$R_{n,k} = 2,0 \cdot 1,0 \cdot (19 \cdot 2,0 \cdot 33 \cdot 1,29 + 19 \cdot 1,0 \cdot 23 \cdot 0,85) = 3978,2 \text{ kN}$$

Bemessungswert der Einwirkungen

$$N_d = N_{G,k} \cdot \gamma_G + N_{Q,k} \cdot \gamma_Q = 1400 \cdot 1,35 + 600 \cdot 1,50 = 2790,0 \text{ kN}$$

Bemessungswert der Widerstände

$$R_{n,d} = R_{n,k}/\gamma_{R,v} = 3978,2/1,40 = 2841,6 \text{ kN}$$

Grenzzustandsgleichung und Sicherheitsnachweis Grundbruch

$N_d = 2790,0 \text{ kN} < R_{n,d} = 2841,6 \text{ kN}$
$\rightarrow$ Nachweis der Grundbruchsicherheit erfüllt (Tragfähigkeitsreserve).

Weitere Annahme für die Fundamentabmessungen

2. Annahme:
$a = b = 1,9$ m
$a' = a = 1,9$ m
$b' = b - 2 \cdot e_b = 1,9 - 2 \cdot 0,5 = 0,9$ m

Die weitere Vorgehensweise entspricht der Vorgehensweise wie bei der 1. Annahme.

$\nu_b = 1 - 0,3 \cdot (b'/a') = 1 - 0,3 \cdot (0,9/1,9) = 0,86$
$\nu_d = 1 + (b'/a') \cdot \sin\varphi'_k = 1 + (0,9/1,9) \cdot \sin 35,0° = 1,27$
$i_c, i_d, i_b = 1,0$ ebenso λ, ζ

somit

$R_{n,k} = 1,9 \cdot 0,9 \cdot (19 \cdot 2,0 \cdot 33 \cdot 1,27 + 19 \cdot 0,9 \cdot 23 \cdot 0,86) = 3301,7$ kN
$N_d = N_{G,k} \cdot \gamma_G + N_{Q,k} \cdot \gamma_Q = 1400 \cdot 1,35 + 600 \cdot 1,50 = 2790,0$ kN
$R_{n,d} = R_{n,k}/\gamma_{R,v} = 3301,7/1,40 = 2358,4$ kN
$N_d = 2790,0 \text{ kN} > R_{n,d} = 2358,4$ kN
$\rightarrow$ Nachweis der Grundbruchsicherheit nicht erfüllt.

Somit sind für die Fundamentabmessungen die Werte der 1. Annahme zu übernehmen oder eine weitere Iteration z. B. mit $a = b = 1,95$ m durchzuführen.

B-17.3 Alle äußeren Standsicherheitsnachweise – exzentrisch, horizontal belastetes Fundament

AUFGABENSTELLUNG

Für das gegebene Einzelfundament (Ortbeton) sind alle äußeren Standsicherheitsnachweise (außer Setzungen) zu führen ($a = b$); es ist keine Abgrabung vorm Fundament geplant. Die veränderlichen charakteristischen Einwirkungen entsprechen den repräsentativen Einwirkungen.

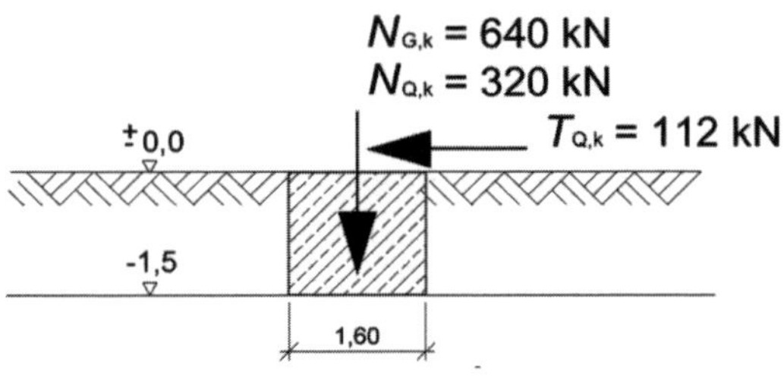

Obere Schicht: $\gamma_k = 20$ kN/m³ (G,s)
$\varphi'_k = 35°$
$c'_k = 0$ kN/m²
Untere Schicht: $\gamma_k = 19$ kN/m³ (U,t)
$\varphi'_k = 25°$
$c'_k = 10$ kN/m²

LÖSUNG

Das quadratische Einzelfundament mit einer Seitenlänge von $a = b = 1,60$ m ist in Ortbeton hergestellt.

Die erforderlichen Nachweise sind:

a) Nachweise für den Grenzzustand der Tragfähigkeit (ULS)

- Nachweis der Kippsicherheit
- Nachweis der Grundbruchsicherheit
- Nachweis der Gleitsicherheit

b) Nachweise für den Grenzzustand der Gebrauchstauglichkeit (SLS)

- Fundamentverdrehung und Begrenzung einer klaffenden Fuge
- Horizontale Verschiebung in der Sohlfläche
- Setzungen (hier nicht gefordert)

Nachweis der Tragfähigkeit (ULS)

Nachweis der Kippsicherheit (EQU)
Der Nachweis der Kippsicherheit ist als Lagesicherheitsnachweis EQU näherungsweise bezogen auf eine Kippkante am Fundamentrand zu führen:

$$E_{dst,d} \leq E_{stb,d}$$
$$M_{dst,d} \leq M_{stb,d}$$
$$M_{dst,d} = T_{Q,k} \cdot 1,5 \cdot \gamma_Q = 112 \cdot 1,5 \cdot 1,50 = 252,0 \text{ kNm}$$
$$M_{stb,d} = N_{G,k} \cdot 0,8 \cdot \gamma_{G,stb} = 640 \cdot 0,8 \cdot 0,9 = 460,8 \text{ kNm}$$
$$M_{dst,d} = 252,0 \text{ kNm} < M_{stb,d} = 460,8 \text{ kNm}$$

Nachweis erfüllt.

Nachweis der Grundbruchsicherheit (GEO-2)
a) Charakteristische Einwirkungen und Exzentrizität
Bodenreaktion an der Fundamentstirnseite:
$B_k \leq 0,5 \cdot E_{p,k} \qquad (B_k \leq T_{G,k} + T_{Q,k})$

Charakteristischer Erdwiderstand ($\delta_p = 0$):

$$E_{p,h} = 0,5 \cdot d^2 \cdot \gamma_k \cdot K_{pgh} = 0,5 \cdot 1,5^2 \cdot 20 \cdot 3,69 \cdot 1,6 = 132,8 \text{ kN}$$
$$B_k = 0,5 \cdot 132,8 = 66,4 \text{ kN} \rightarrow 66,4 \text{ kN} < 112,0 \text{ kN} = T_{Q,k}$$
$$T_k = T_{G,k} + T_{Q,k} - B_k = 112 - 66,4 = 45,6 \text{ kN}$$
$$M_k = T_{Q,k} \cdot d - B_k \cdot 1/3 \cdot d = 112 \cdot 1,5 - 66,4 \cdot 1/3 \cdot 1,5 = 134,8 \text{ kNm}$$
$$e = M_k/N_k = 134,8/960,0 = 0,14 \text{ m}$$
$$b' = 1,6 - 2 \cdot 0,14 = 1,32 \text{ m}$$
$$a' = a = 1,6 \text{ m}$$

Anmerkung: Hier wird nur der Nachweis für die Gesamtbelastung $N_{G,k} + N_{Q,k}$ geführt; ggf. wäre zusätzlich der Nachweis nur für $N_{G,k}$ zu prüfen.

b) Charakteristischer Grundbruchwiderstand $R_{n,k}$

$$R_{n,k} = A' \cdot \sigma_{g,k}$$
mit

$$R_{n,k} = a' \cdot b' \cdot (c_k \cdot N_{c0} \cdot \nu_c \cdot i_c \cdot \lambda_c \cdot \zeta_c + \gamma_{1,k} \cdot d \cdot N_{d0} \cdot \nu_d \cdot i_d \cdot \lambda_d \cdot \zeta_d + \gamma_{2,k} \cdot b' \cdot N_{b0} \cdot \nu_b \cdot i_b \cdot \lambda_b \cdot \zeta_b)$$

Ermittlung der Tragfähigkeitsbeiwerte:

$$N_{c0} = 20,7;\ N_{d0} = 10,7;\ N_{b0} = 4,5$$

Formbeiwerte (Rechteck) ν:

$$\nu_b = 1 - 0,3 \cdot (b'/a') = 1 - 0,3 \cdot (1,32/1,6) = 0,75$$
$$\nu_d = 1 + (b'/a') \cdot \sin\varphi'_k = 1 + (1,32/1,6) \cdot \sin 25° = 1,34$$
$$\nu_c = \frac{\nu_d \cdot N_{d0} - 1}{N_{d0} - 1} = \frac{1,34 \cdot 10,7 - 1}{10,7 - 1} = 1,38$$

Lastneigungsbeiwerte i:

$$\tan\delta = T_k/N_k = 45,6/960 \rightarrow \delta = 2,7°$$
$\rightarrow$ Gleitkörper verschiebt sich in Richtung Tangentialkomponente.
$$m_a = \frac{2 + \frac{a'}{b'}}{1 + \frac{a'}{b'}} = \frac{2 + \frac{1,6}{1,32}}{1 + \frac{1,6}{1,32}} = 1,45 \quad ; \quad m_b = \frac{2 + \frac{b'}{a'}}{1 + \frac{b'}{a'}} = \frac{2 + \frac{1,32}{1,6}}{1 + \frac{1,32}{1,6}} = 1,55$$
$$m = m_a \cdot \cos^2\omega + m_b \cdot \sin^2\omega = 1,45 \cdot \cos^2 90° + 1,55 \cdot \sin^2 90° = 1,55$$

$\delta > 0$ und mit $\delta = 2,7°$

$$i_b = (1 - \tan\delta)^{m+1} = (1 - \tan 2,7)^{1,55+1} = 0,88$$
$$i_d = (1 - \tan\delta)^{m} = (1 - \tan 2,7)^{1,55} = 0,93$$
$$i_c = \frac{i_d \cdot N_{d0} - 1}{N_{d0} - 1} = \frac{0,93 \cdot 10,7 - 1}{10,7 - 1} = 0,92$$

$$\begin{aligned} R_{n,k} =& 1,6 \cdot 1,32 \cdot (10 \cdot 20,7 \cdot 1,38 \cdot 0,92 + 20 \cdot 1,5 \cdot 10,7 \cdot 1,34 \cdot 0,93 + \\ & 19 \cdot 1,32 \cdot 4,5 \cdot 0,75 \cdot 0,88) \\ =& 1557,2 \text{ kN} \end{aligned}$$

c) Bemessungswert der Einwirkungen

$$N_d = N_{G,k} \cdot \gamma_G + N_{Q,k} \cdot \gamma_Q = 640 \cdot 1,35 + 320 \cdot 1,50 = 1344,0 \text{ kN}$$

d) Bemessungswert der Widerstände

$$R_{n,d} = R_{n,k}/\gamma_{R,v} = 1557,2/1,40 = 1112,3 \text{ kN}$$

e) Grenzzustandsgleichung und Sicherheitsnachweis Grundbruch

$N_d = 1344,0 \text{ kN} > R_{n,d} = 1112,3 \text{ kN}$
$\rightarrow$ Nachweis der Grundbruchsicherheit nicht erfüllt.

Anmerkung: Das hätte zur Folge, dass die Fundamentabmessungen zu vergrößern sind. Unabhängig davon werden die nachfolgenden Nachweise aber beispielhaft mit den zunächst festgelegten Abmessungen geführt.

Gleitsicherheit (GEO-2)
a) Gleitwiderstand
$R_{t,k} = N_k \cdot \tan\delta_{s,k}$ mit $\delta_{s,k} = 25°$ (Ortbetonfundament)
N_k: ungünstige Kombination senkrechter und waagerechter Einwirkungen; $N_k = 640$ kN

$$R_{t,k} = 640 \cdot \tan 25° = 298,4 \text{ kN}$$
$$R_{t,d} = R_{t,k}/\gamma_{R,h} = 298,4/1,10 = 271,3 \text{ kN}$$

b) Bodenreaktion an der Stirnseite des Fundamentkörpers
$E_{p,k} = 132,8$ kN mit $(\delta_p = 0°)$

$$E_{p,d} = E_{p,k}/\gamma_{Ep} = 132,8/1,40 = 94,9 \text{ kN}$$

c) Bemessungswert der Einwirkung

$$T_d = T_{Q,k} \cdot \gamma_Q = 112 \cdot 1,50 = 168 \text{ kN}$$

d) Grenzzustandsgleichung

$$T_d \leq R_{t,d} + E_{p,d}$$
$$168 \text{ kN } \leq 271,3 + 94,89 = 366,19 \text{ kN}$$
$\rightarrow$ Nachweis der Gleitsicherheit erfüllt.

Nachweis der Gebrauchstauglichkeit (SLS)

Fundamentverdrehung und Begrenzung einer klaffenden Fuge
Ständige Lasten müssen innerhalb der 1. Kernfläche liegen (keine klaffende Fuge).

$$e \leq b/6$$

Die Exzentrizität infolge ständiger Einwirkung ist null. Damit kann keine klaffende Fuge auftreten.
Ungünstige Kombinationen der charakteristischen Werte der ständigen und veränderlichen Lasten müssen innerhalb der 2. Kernfläche liegen.

$$e \leq b/3$$

$$N_k = N_{G,k} + N_{Q,k} = 640 + 320 = 960 \text{ kN}$$
$$T_k = T_{Q,k} = 112 \text{ kN}$$
$$M_k = T_k \cdot d = 112 \cdot 1,5 = 168 \text{ kNm}$$
$$e_x = M_k/N_k = 168/960 = 0,175 \text{ m } \leq 1,6/3 = 0,53 \text{ m } = b/3$$
$\rightarrow$ Der Nachweis ist erfüllt.
$$b' = b - 2 \cdot e_x = 1,6 - 2 \cdot 0,175 = 1,25 \text{ m}$$
$$a' = a = 1,6 \text{ m}$$

Anmerkung: Da im vorliegenden Fall keine Abgrabungen vor dem Fundament geplant sind, könnte zusätzlich als Einwirkung der charakteristische Erdruhedruck auf die Stirnseite angesetzt werden (hier vernachlässigt).
Damit sind keine unverträglichen Fundamentverdrehungen zu erwarten.

Verschiebung in der Sohlfläche
Der Nachweis gegen Verschieben in der Sohlfläche gilt als erfüllt, wenn beim Nachweis der Gleitsicherheit auf der Stirnseite des Fundamentes keine Bodenreaktion angesetzt wird. Überprüfung des Gleitsicherheitsnachweises ohne Ansatz einer Bodenreaktion:

$$T_d = 168 \text{ kN } \leq R_{t,d} = 271,3 \text{ kN}$$
$\rightarrow$ Nachweis gegen Verschieben in der Sohlfläche erfüllt.

B-17.4 Aufnehmbarer Sohldruck mit Tabellenwerten (Regelfälle)

AUFGABENSTELLUNG

Es ist die aufnehmbare Sohldruckbeanspruchung für die folgenden einfachen Fälle mithilfe der Tabellenwerte des *Handbuch Eurocode 7-1 (2015)* für die dargestellten Fundamente nachzuweisen (vereinfachte Nachweise in Regelfällen).

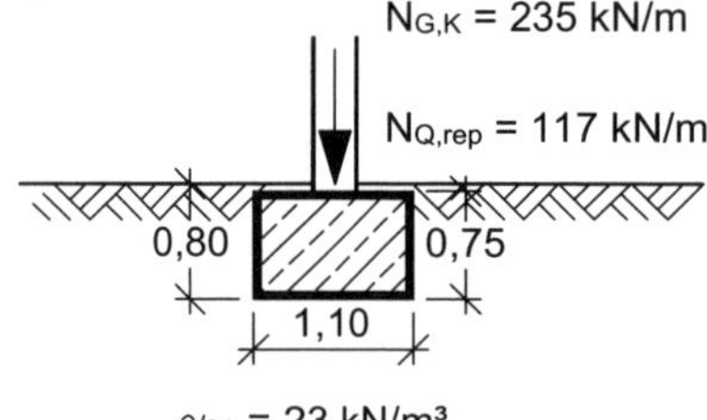

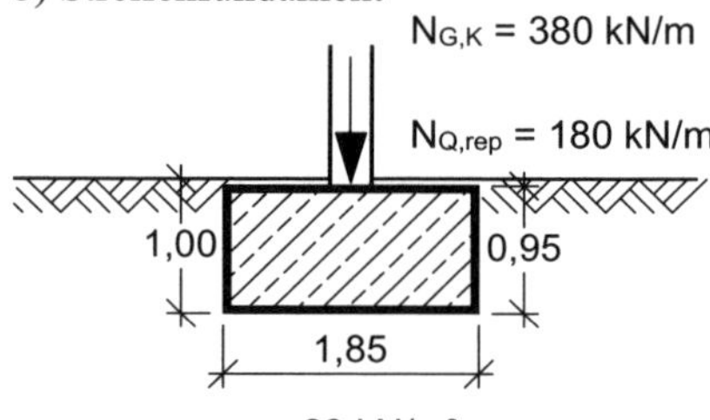

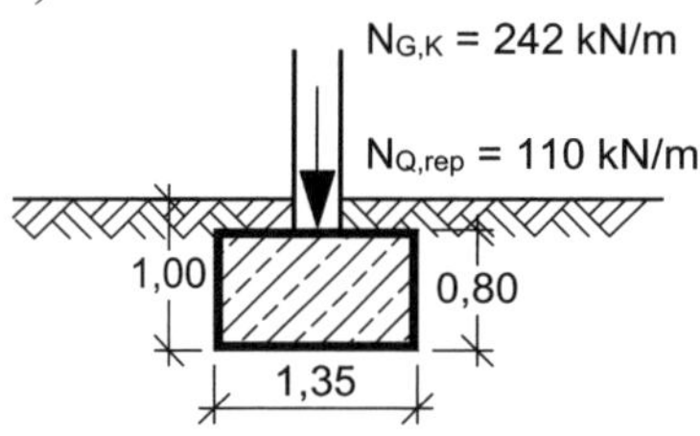

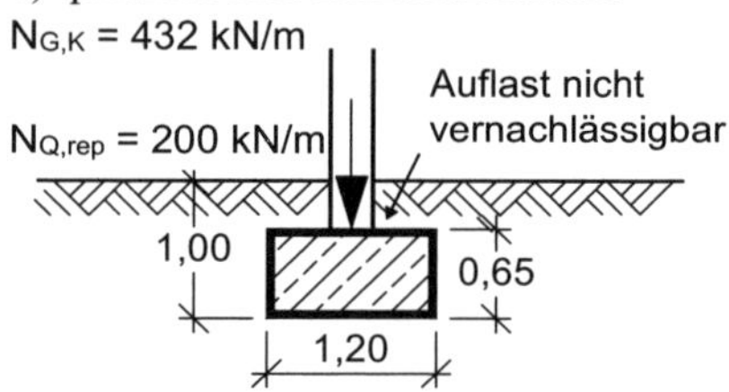

LÖSUNG

a) Streifenfundament

Fundamenteigengewicht: $N_{FG,k} = 0,75 \cdot 1,1 \cdot 23 = 19,0$ kN/m

$$N_d = (N_{G,k} + N_{FG,k}) \cdot \gamma_G + N_{Q,rep} \cdot \gamma_Q = (235 + 19) \cdot 1,35 + 117 \cdot 1,50$$
$$= 518,4 \text{ kN/m}$$

$\sigma_{E,d} = 518,4/1,1 = 471,3$ kN/m²

$\sigma_{R,d}$ aus Tab. 17.8: setzungsempfindlich (statisch unbest. Konstruktion), nichtbindiger Baugrund

Interpolation zwischen: $b = 1,0$ m und 1,5 m sowie $d = 0,5$ m und 1,0 m

$$b = 1,0 \text{ m}: \quad 420 + [(520 - 420)/(1,0 - 0,5)] \cdot (0,8 - 0,5) = 480 \text{ kN/m}^2$$
$$b = 1,5 \text{ m}: \quad 460 + [(500 - 460)/(1,0 - 0,5)] \cdot (0,8 - 0,5) = 484 \text{ kN/m}^2$$

$$\sigma_{R,d} = 480 + [(484 - 480)/(1,5 - 1,0)] \cdot (1,1 - 1,0) = 480,8 \text{ kN/m}^2$$
$$\sigma_{E,d} = 471,3 \text{ kN/m}^2 < \sigma_{R,d} = 480,8 \text{ kN/m}^2$$

b) Streifenfundament

Fundamenteigengewicht: $N_{FG,k} = 0,95 \cdot 1,85 \cdot 23 = 40,4$ kN/m

$$N_d = (N_{G,k} + N_{FG,k}) \cdot \gamma_G + N_{Q,rep} \cdot \gamma_Q = (380 + 40,4) \cdot 1,35 + 180 \cdot 1,50$$
$$= 837,5 \text{ kN/m}$$

$\sigma_{E,d} = 837,5/1,85 = 452,7$ kN/m²

$\sigma_{R,d}$ aus Tab. 17.8: setzungsempfindlich (statisch unbest. Konstruktion), nichtbindiger Baugrund

$b = 1,5$ m : 500 kN/m²
$b = 2,0$ m : 430 kN/m²

$$\sigma_{R,d} = 430 + [(500 - 430)/(1,5 - 2,0)] \cdot (1,85 - 2,0)$$
$$= 451,0 \text{ kN/m}^2$$
$$\sigma_{E,d} = 452,7 \text{ kN/m}^2 \approx \sigma_{R,d} = 451,0 \text{ kN/m}^2$$

c) Streifenfundament

Fundamenteigengewicht: $N_{FG,k} = 0,8 \cdot 1,35 \cdot 23 = 24,8$ kN/m

$$N_d = (N_{G,k} + N_{FG,k}) \cdot \gamma_G + N_{Q,rep} \cdot \gamma_Q = (242 + 24,8) \cdot 1,35 + 110 \cdot 1,50$$
$$= 525,2 \text{ kN/m}$$

$\sigma_{E,d} = 525,2/1,35 = 389,0$ kN/m²

$\sigma_{R,d}$ aus Tab. 17.12 (gemischtkörniger Baugrund)

$\sigma_{E,d} = 389,0 \text{ kN/m}^2 < \sigma_{R,d} = 390 \text{ kN/m}^2$

d) Einzelfundament (quadratisch)

Fundamenteigengewicht und Auflast:
$N_{FG,k} = 1,2 \cdot 1,2 \cdot 0,65 \cdot 23 + 1,2 \cdot 1,2 \cdot 0,35 \cdot 19 = 31,1$ kN

(Stützenfläche bei Auflast näherungsweise mit eingerechnet)

$$N_d = (N_{G,k} + N_{FG,k}) \cdot \gamma_G + N_{Q,rep} \cdot \gamma_Q = (432 + 31,1) \cdot 1,35 + 200 \cdot 1,50$$
$$= 925,2 \text{ kN}$$

$\sigma_{E,d} = 925,2/(1,2 \cdot 1,2) = 642,5 \text{ kN/m}^2$

$\sigma_{R,d}$ aus Tab. 17.7: setzungsunempfindlich (statisch best. Konstruktion), nichtbindiger Baugrund

$b = 1,0$ m; $\sigma_{zul} = 520 \text{ kN/m}^2$
$b = 1,5$ m; $\sigma_{zul} = 660 \text{ kN/m}^2$

$\sigma_{R,d} = 520 + [(660 - 520)/(1,5 - 1,0)] \cdot (1,2 - 1,0) = 576 \text{ kN/m}^2$
Bei Rechteckfundamenten mit $b_x/b_y < 2$ darf $\sigma_{R,d}$ um 20 % erhöht werden!
$\sigma_{R,d} = 576 \cdot 1,2 = 691,2 \text{ kN/m}^2 > \sigma_{E,d} = 642,5 \text{ kN/m}^2$
Nachweis erfüllt.

B-17.5 Spannungstrapezverfahren und aufnehmbarer Sohldruck

AUFGABENSTELLUNG

Für das dargestellte Fundament sind folgende Punkte zu bearbeiten:

a) Ermittlung der charakteristischen Sohldruckverteilung nach dem Spannungstrapezverfahren.

b) Nachweis der aufnehmbaren Sohldruckbeanspruchung nach Tabellenwerten aus *Handbuch Eurocode 7-1 (2015)* (vereinfachter Nachweis in Regelfällen).

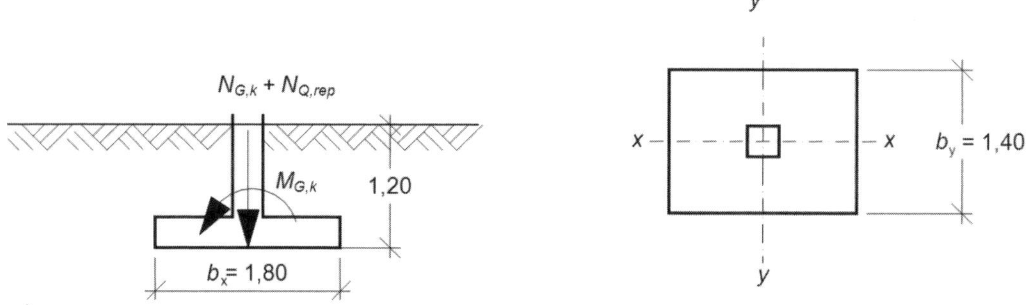

Abb. B-17.1: *Schnitt und Draufsicht des Einzelfundaments*

$N_{G,k} = 510$ kN ständige Last (mit Fundamenteigengewicht);
$N_{Q,rep} = 100$ kN; $M_{G,k} = \pm 170$ kNm
Baugrund: GU Gemischtkörniger Boden (halbfest)

LÖSUNG

a) Ermittlung der charakteristischen Sohldruckverteilung nach dem Spannungstrapezverfahren

Infolge $N_{G,k}$ (ständige Last)

$$e_x = M_{G,k}/N_{G,k} = 170/510 = 0,33 \text{ m}$$
$$e_x > b/6 = 1,8/6 = 0,3 \text{ m}$$
$$b/3 = 1,8/3 = 0,6 \text{ m}$$
$$\sigma_0 = \frac{2 \cdot N}{3 \cdot \left(\frac{b_x}{2} - e_x\right) \cdot b_y} = \frac{2 \cdot 510}{3 \cdot \left(\frac{1,8}{2} - 0,33\right) \cdot 1,4}$$
$$\sigma_0 = 426,1 \text{ kN/m}^2$$

Lage der Resultierenden:
$c = (b_x/2) - e_x = 0,57$ m $\quad 3 \cdot c = 1,71$ m

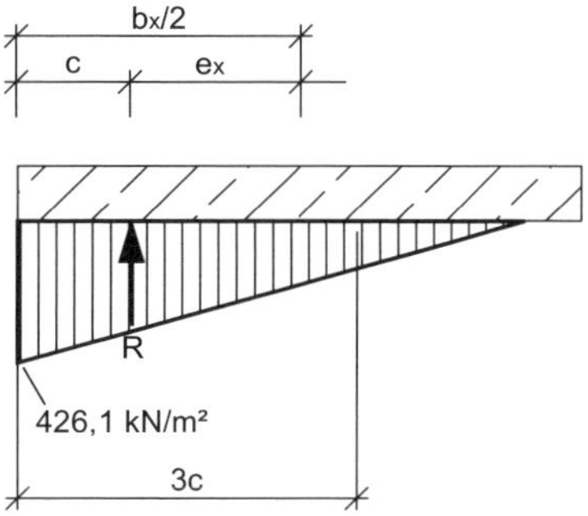

Abb. B-17.2: *Sohldruckverteilung infolge ständiger Last*

Infolge $N_{G,k} + N_{Q,k}$ (Gesamtlast)

$$e_x = M_{G,k}/(N_{G,k} + N_{Q,rep}) = 170/610 = 0,28 \text{ m}$$
$$e_x < b/6 = 1,8/6 = 0,3 \text{ m}$$
$$\sigma_0 = \frac{N}{a \cdot b}\left(1 \pm \frac{6 \cdot e_x}{b_x}\right) = \frac{610}{1,8 \cdot 1,4}\left(1 \pm \frac{6 \cdot 0,28}{1,8}\right)$$
$$\sigma_0 = 468 \text{ kN/m}^2$$
$$\sigma_0 = 16,1 \text{ kN/m}^2$$

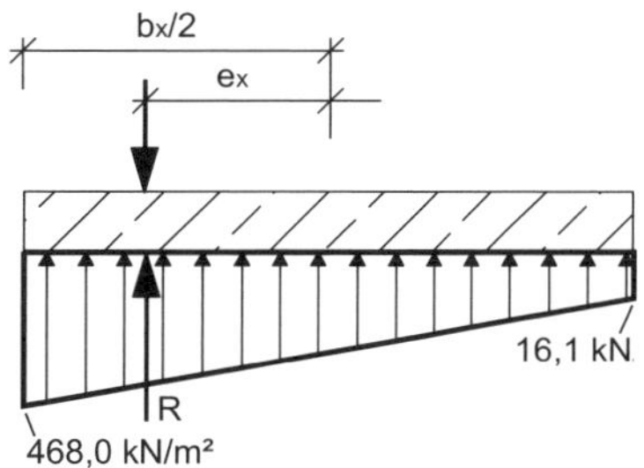

Abb. B-17.3: *Sohldruckverteilung infolge Gesamtlast*

b) Nachweis des aufnehmbaren Sohldrucks

Infolge $N_{G,k}$:
Ersatzbreiten b'

$$b'_x = b_x - 2 \cdot e_x = 1,8 - 2 \cdot 0,33 = 1,14 \text{ m};$$
$$b'_y = b_y = 1,40 \text{ m}$$

Bemessungswerte Sohldruckbeanspruchung und Sohlwiderstand

$$\sigma_{E,d} = (N_{G,k} \cdot \gamma_G/(b' \cdot a')) = 510 \cdot 1,35/(1,14 \cdot 1,40) = 431,4 \text{ kN/m}^2$$

$\sigma_{R,d}$ aus Tab. 17.12: gemischtkörniger Boden, halbfest
(b bzw. b' von 0,5 m bis 2,0 m)

$$\sigma_{R,d} = 390 + ([460 - 390)/(1,5 - 1,0)] \cdot (1,2 - 1,0) = 418 \text{ kN/m}^2$$

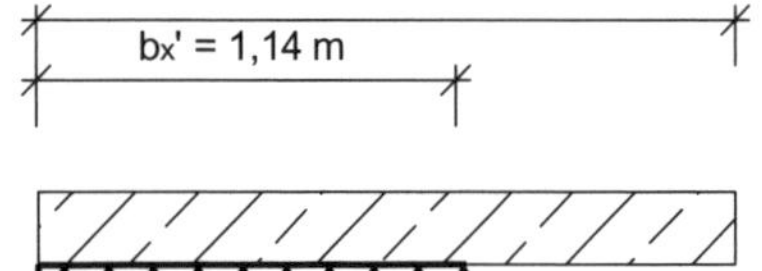

Erhöhung um 20 %, wenn $a/b < 2$, $\rightarrow b'_y/b'_x = 1,4/1,14 = 1,23 < 2$

$$\sigma_{R,d} = 418 \cdot 1,2 = 501,6 \text{ kN/m}^2$$
$$> \sigma_{E,d} = 431,4 \text{ kN/m}^2$$

Infolge $N_{G,k} + N_{Q,rep}$:
Ersatzbreiten b'

$$e_x = 0,28 \text{ m}$$
$$b'_x = b_x - 2 \cdot e_x = 1,8 - 2 \cdot 0,28 = 1,24 \text{ m}$$
$$b'_y = b_y = 1,40 \text{ m}$$

Bemessungswerte Sohldruckbeanspruchung und Sohlwiderstand

$$\sigma_{E,d} = (N_{G,k} \cdot \gamma_G + N_{Q,rep} \cdot \gamma_G)/(b' \cdot a'))$$
$$= (510 \cdot 1,35 + 100 \cdot 1,5)/(1,24 \cdot 1,40) = 483,0 \text{ kN/m}^2$$
$$\sigma_{R,d} = 501,6 \text{ kN/m}^2 > \sigma_{E,d} = 483,0 \text{ kN/m}^2$$

B-17.6 Nachweis der Sicherheit gegen Aufschwimmen

AUFGABENSTELLUNG

Für den dargestellten Tunnelquerschnitt ist der Nachweis der Sicherheit gegen Aufschwimmen (Auftrieb) für die Bemessungssituation BS-P zu führen.

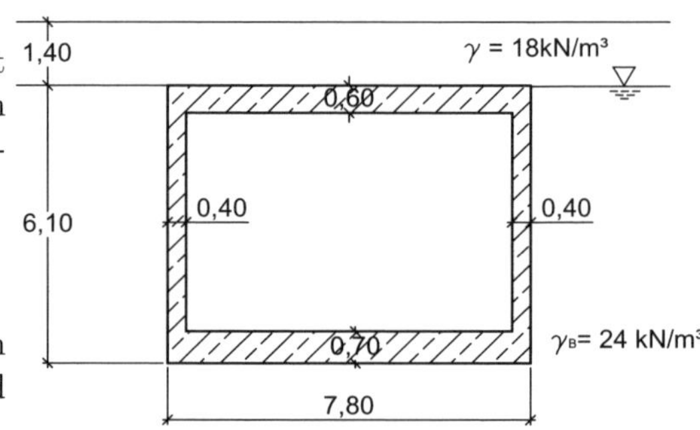

Abb. B-17.4: *Schnitt durch den Tunnelquerschnitt*

LÖSUNG

Der Nachweis der Sicherheit gegen Versagen durch Aufschwimmen ist ein Grenzzustand für den Gleichgewichtsverlust UPL.

Charakteristische destabilisierende Einwirkungen

$$G_{dst,k} = A_{dst,k} = h \cdot \gamma_W \cdot b = 6,1 \cdot 10,0 \cdot 7,8 = 475,8 \text{ kN/m}$$

Charakteristische stabilisierende Einwirkungen

$$G_{stb,k} = [2 \cdot 0,4 \cdot 4,8 + (0,6 + 0,7) \cdot 7,8)] \cdot 24 + 1,4 \cdot 7,8 \cdot 18$$
$$= 532,1 \text{ kN/m}$$

Grenzzustandsgleichung und Sicherheitsnachweis Aufschwimmen

$$G_{dst,k} \cdot \gamma_{G,dst} + Q_{dst,k} \cdot \gamma_{Q,dst} \leq G_{stb,k} \cdot \gamma_{G,stb}$$
$$475,8 \cdot 1,05 = 499,6 \text{ kN/m} \leq 532,1 \cdot 0,95 = 505,5 \text{ kN/m}$$
$\rightarrow$ Nachweis der Sicherheit gegen Aufschwimmen erfüllt.

B-18 Gewichts- und Winkelstützwände

B-18.1 Standsicherheitsnachweise Gewichtsstützwand

AUFGABENSTELLUNG

Der dargestellte vorhandene Geländesprung ist durch eine Gewichtsstützwand aus Ortbeton zu sichern. Am Wandfuß soll ggf. zu einem späteren Zeitpunkt eine Tiefenentwässerung verlegt werden, deswegen darf keine Bodenreaktion an der Wandfußfläche angesetzt werden. Es sind alle Standsicherheitsnachweise für die Bemessungssituation BS-P zu führen.

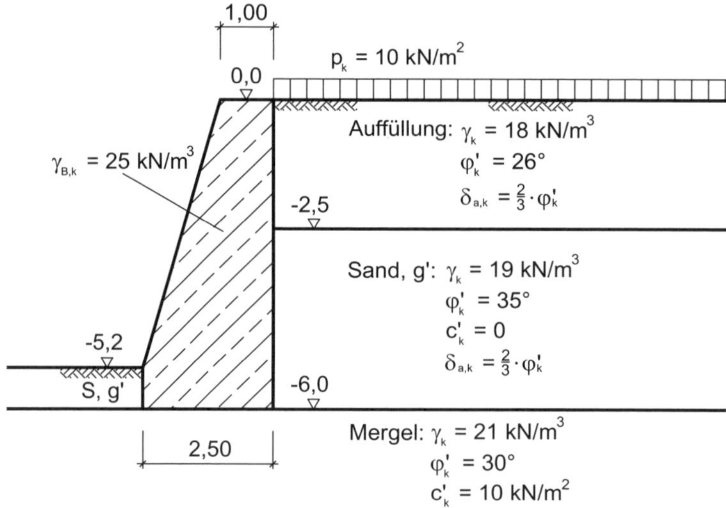

Abb. B-18.1: *Schnitt durch die Gewichtsstützwand und Darstellung der Bodenschichtung mit den Bodenkenngrößen*

LÖSUNG

Allgemeines

Die erforderlichen Nachweise sind:
Nachweis für den Grenzzustand der Tragfähigkeit (ULS):

- Nachweis der Kippsicherheit
- Nachweis der Grundbruchsicherheit
- Nachweis der Gleitsicherheit

Nachweis für den Grenzzustand der Gebrauchstauglichkeit (SLS):

- Fundamentverdrehung und Begrenzung der klaffenden Fuge
- Horizontale Verschiebung in der Sohlfläche

- Setzungen (hier nicht durchgeführt)

Erddruckbeiwerte

Auffüllung:

$$K_{agh} = \frac{\cos^2(\varphi' - \alpha)}{\cos^2 \alpha \cdot \left[1 + \sqrt{\frac{\sin(\varphi'+\delta_a)\cdot\sin(\varphi'-\beta)}{\cos(\alpha-\beta)\cdot\cos(\alpha+\delta_a)}}\right]^2}$$

$$K_{agh} = \frac{\cos^2(26^\circ - 0)}{\cos^2 0 \cdot \left[1 + \sqrt{\frac{\sin\left(26^\circ+\frac{2}{3}\cdot 26^\circ\right)\cdot\sin(26^\circ-0)}{\cos\left(0-\frac{2}{3}\cdot 26^\circ\right)\cdot\cos(0+0)}}\right]^2}$$

$$K_{agh} = 0,331$$

oder aus Tabellen für Erddruckbeiwerte bzw. Diagrammen (siehe z. B. Kapitel 12) interpolieren:

Sand: $K_{agh} = 0,224$ (entnommen aus Abb. 12.12, Kapitel 12 in Bd. 1)

Tiefe [m]	Horizontale Erddruckspannung aus Bodeneigengewicht e_{agh} [kN/m²]	Horizontale Erddruckspannung aus Auflast e_{aph} [kN/m²]
± 0 m	0	$10,0 \cdot 0,331 = 3,31$
$-2,5$ m	$2,5 \cdot 18,0 \cdot 0,331 = 14,91$	3,31
$-2,5$ m	$2,5 \cdot 18,0 \cdot 0,224 = 10,10$	$10,0 \cdot 0,224 = 2,24$
$-6,0$ m	$10,10 + 3,5 \cdot 19 \cdot 0,224 = 25,02$	2,24

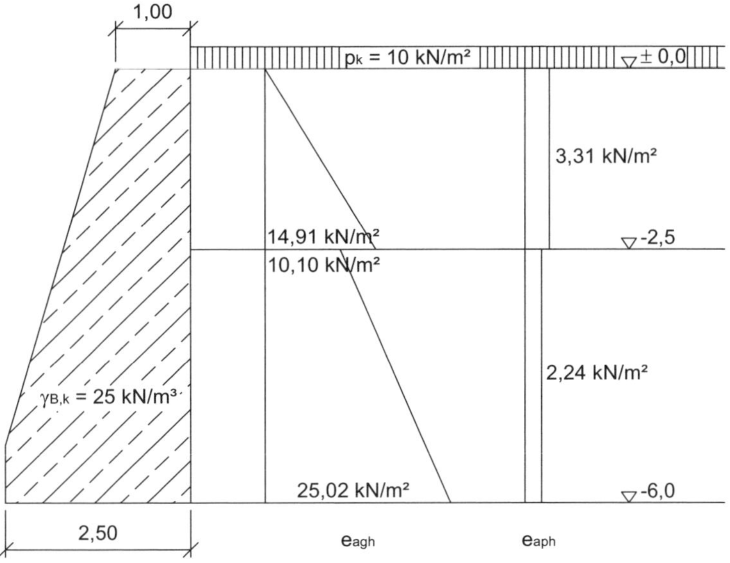

Abb. B-18.2: *Horizontale Erddruckverteilung auf die Gewichtsstützwand*

Erddruckkräfte

$$E_{agh1} = \frac{1}{2} \cdot 2,5 \cdot 14,91 = 18,64 \text{ kN/m}$$

$$E_{agv1} = E_{agh1} \cdot \tan(\delta_a + \alpha) = 18,64 \cdot \tan\left(\frac{2}{3} \cdot 26°\right) = 5,82 \text{ kN/m}$$

$$E_{agh2} = \frac{10,10 + 25,02}{2} \cdot 3,5 = 61,46 \text{ kN/m}$$

$$E_{agv2} = 61,46 \cdot \tan\left(\frac{2}{3} \cdot 35°\right) = 26,51 \text{ kN/m}$$

$$E_{aph1} = 2,5 \cdot 3,31 = 8,28 \text{ kN/m}$$

$$E_{apv1} = 8,28 \cdot \tan\left(\frac{2}{3} \cdot 26°\right) = 2,58 \text{ kN/m}$$

$$E_{aph2} = 3,5 \cdot 2,24 = 7,84 \text{ kN/m}$$

$$E_{apv2} = 7,84 \cdot \tan\left(\frac{2}{3} \cdot 35°\right) = 3,38 \text{ kN/m}$$

Gewicht Stützmauer

$$G_1 = 2,5 \cdot 0,8 \cdot 25 = 50,0 \text{ kN/m}$$

$$G_3 = \frac{1}{2} \cdot 1,5 \cdot 5,2 \cdot 25 = 97,5 \text{ kN/m}$$

$$G_3 = 1,0 \cdot 5,2 \cdot 25 = 130,0 \text{ kN/m}$$

Hebelarme bezogen auf Mittelpunkt der Stützwandsohle M

$$G_1 : x_{G1} = 0$$

$$G_2 : x_{G2} = -1,25 + 2/3 \cdot 1,5 = -0,25 \text{ m}$$

$$G_3 : x_{G3} = 0,25 + 1/2 \cdot 1,0 = 0,75 \text{ m}$$

$$x_{E_{agv1}} = x_{E_{agv2}} = x_{E_{apv1}} = x_{E_{apv2}} = 1,25 \text{ m}$$

$$E_{agh1} : y_{Eagh1} = 3,5 + \frac{1}{3} \cdot 2,5 = 4,33 \text{ m}$$

$$E_{agh2} : y_{Eagh2} = \frac{3,5}{3} + \left(\frac{25,02 + 2 \cdot 10,10}{25,02 + 10,10}\right) = 1,50 \text{ m}$$

$$E_{aph1} : y_{Eaph1} = 3,5 + \frac{1}{2} \cdot 2,5 = 4,75 \text{ m}$$

$$E_{aph2} : y_{Eaph2} = \frac{1}{2} \cdot 3,5 = 1,75 \text{ m}$$

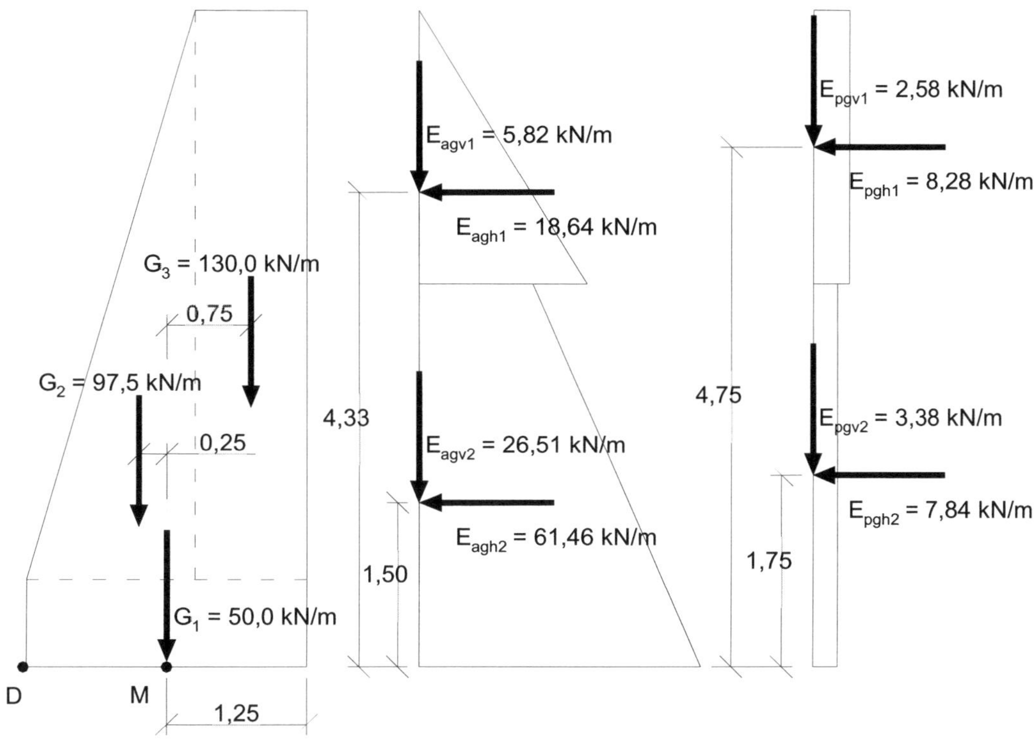

Abb. B-18.3: *Ermittlung der Gewichts- und Erddruckkräfte mit den jeweiligen Hebelarmen*

Nachweise für den Grenzzustand der Tragfähigkeit (ULS)

a) Nachweis der Kippsicherheit (EQU)

$$E_{dst,d} = M_{dst,d} \leq E_{stb,d} = M_{stb,d}$$

Bemessungswerte der Momentenbeanspruchung näherungsweise bezogen auf eine fiktive Drehachse am Fundamentrand D

$$M_{dst,k} = 18,64 \cdot 4,33 + 61,46 \cdot 1,5 + 8,28 \cdot 4,75 + 7,84 \cdot 1,75 = 225,95 \text{ kNm/m}$$
$$M_{dst,d} = M_{dst,k} \cdot \gamma_{g,dst} = 225,95 \cdot 1,10 = 248,6 \text{ kNm/m}$$
$$M_{stb,k} = 97,5 \cdot 1,0 + 50 \cdot 1,25 + 130,0 \cdot 2,0 + (5,82 + 26,51 + 2,58 + 3,38) \cdot 2,5$$
$$= 515,73 \text{ kNm/m}$$
$$M_{stb,d} = M_{stb,k} \cdot \gamma_{g,stb} = 515,73 \cdot 0,90 = 464,2 \text{ kNm/m}$$
$$M_{dst,d} = 248,6 \text{ kNm/m} \leq M_{stb,d} = 464,2 \text{ kNm/m}$$

Kippsicherheitsnachweis erfüllt.

Anmerkung: Nach DIN 1054 darf die veränderliche Geländeauflast $p_k \leq 10$ kN/m² mit dem Teilsicherheitsbeiwert für ständige Einwirkungen berücksichtigt werden, auch wenn sie nicht dauerhaft vorhanden ist.

b) Nachweis der Grundbruchsicherheit (GEO-2)

Charakteristische Einwirkungen:
Bodenreaktion an der Fundamentstirnseite $B_k = 0$ (siehe Aufgabenstellung)
Charakteristischer Grundbruchwiderstand $R_{n,k}$:
$R_{n,k} = A' \cdot \sigma_{b,k}$ mit

$$\begin{aligned} R_{n,k} = a' \cdot b' \cdot (&c_k \cdot N_{c0} \cdot \nu_c \cdot i_c \cdot \lambda_c \cdot \zeta_c + \gamma_{1,k} \cdot d \cdot N_{d0} \cdot \nu_d \cdot i_d \cdot \lambda_d \cdot \zeta_d \\ &+ \gamma_{2,k} \cdot b' \cdot N_{b0} \cdot \nu_b \cdot i_b \cdot \lambda_b \cdot \zeta_b) \end{aligned}$$

Ermittlung der Tragfähigkeitsbeiwerte:

$N_{c0} = 30 \qquad N_{d0} = 18 \qquad N_{b0} = 10 \qquad$ (s. Tab. 17.2)

Formbeiwerte (Rechteck) ν:
$\nu_b = \nu_d = \nu_c = 1,0 \rightarrow$ Streifenfundament

Lastneigungsbeiwerte i:

$$\tan\delta = \frac{T_k}{N_k} < \varphi$$
$$\delta = \arctan\left(\frac{18,64 + 61,46 + 8,28 + 7,84}{50,0 + 97,5 + 130,0 + 5,82 + 26,51 + 2,58 + 3,38}\right) = 16,95°$$
$$\delta = 16,95° < 30° = \varphi$$

T_k in Richtung b'

$$b' = 2,5 \text{ m } - 2 \cdot e$$
$$b' = 2,5 - 2 \cdot 0,33$$
$$b' = 1,84 \text{ m}$$

Bei Streifenfundamenten ist $\omega = 90°$ und $a' = \infty$ zu setzen.

$$m = m_b = \frac{2 + \frac{b'}{a'}}{1 + \frac{b'}{a'}} = \frac{2 + \frac{1,84}{\infty}}{1 + \frac{1,84}{\infty}} = 2,0 \text{ (bei Streifenfundamenten immer } m = 2,0)$$

$$i_b = (1 - \tan\delta)^{m+1} = (1 - \tan 16,95)^{2+1} = 0,336$$
$$i_d = (1 - \tan\delta)^{m} = (1 - \tan 16,95)^{2} = 0,483$$
$$i_c = \frac{i_d \cdot N_{d0} - 1}{N_{d0} - 1} = \frac{0,483 \cdot 18 - 1}{18 - 1} = 0,453$$

$$\begin{aligned} R_{n,k} = 1,0 \cdot 1,84 \cdot (&10 \cdot 30 \cdot 1,0 \cdot 0,453 + 19 \cdot 0,8 \cdot 18 \cdot 1,0 \cdot 0,483 \\ &+ 21 \cdot 1,84 \cdot 10 \cdot 1,0 \cdot 0,336) = 732,1 \text{ kN/m} \end{aligned}$$

Bemessungswert der Einwirkungen

$$N_d = N_{G,k} \cdot \gamma_G + N_{Q,k} \cdot \gamma_G$$
$$N_d = (50,0 + 97,5 + 130,0 + 5,82 + 26,51) \cdot 1,35 + (2,58 + 3,38) \cdot 1,35$$
$$= 426,3 \text{ kN/m}$$

Bemessungswert des Grundbruchwiderstandes

$$R_{n,d} = \frac{R_{n,k}}{\gamma_{R,v}} = \frac{732,1}{1,40} = 522,9 \text{ kN/m}$$

Grenzzustandsgleichung und Sicherheitsnachweis Grundbruch

$$N_d = 426,3 \text{ kN/m} < R_{n,d} = 522,9 \text{ kN/m}$$
$\rightarrow$ Nachweis der Grundbruchsicherheit erfüllt.

c) Nachweis der Gleitsicherheit (GEO-2)

Charakteristischer Gleitwiderstand

$$R_{t,k} = N_k \cdot \tan \delta_{s,k} \text{ mit } \delta_{s,k} = \varphi'_k \leq 35° \text{ für Ortbetonfundamente}$$
$$R_{t,k} = (50,0 + 97,5 + 130,0 + 5,82 + 26,51 + 2,58 + 3,38) \cdot \tan 30°$$
$$R_{t,k} = 182,32 \text{ kN/m}$$

Bemessungswert des Gleitwiderstandes

$$R_{t,d} = \frac{R_{t,k}}{\gamma_{R,h}} = \frac{182,32}{1,10} = 165,75 \text{ kN/m}$$

Bodenreaktion an der Stirnseite des Fundamentkörpers

$B_k = 0 \rightarrow$ ggfs. spätere Entwässerung.

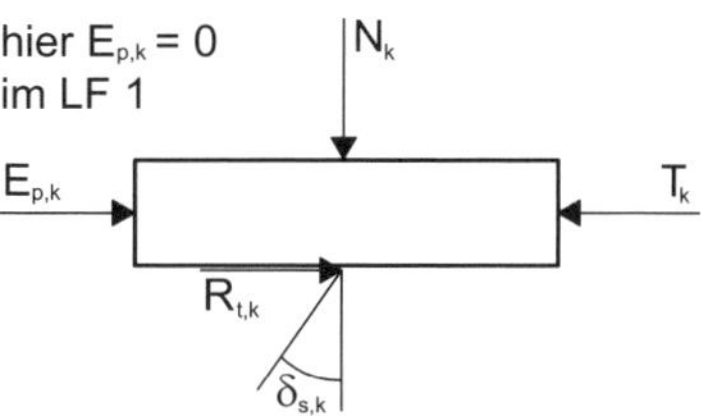

Abb. B-18.4: *Einwirkungen und Widerstände beim Gleitnachweis*

Bemessungswert der Einwirkungen

$$T_d = T_{G,k} \cdot \gamma_G + T_{Q,k} \cdot \gamma_Q$$
$$\gamma_G = 1,35$$
$$T_d = (18,64 + 61,46) \cdot 1,35 + (8,28 + 7,84) \cdot 1,35 = 129,9 \text{ kN/m}$$
(s. a. Anmerkungen zu a))

Grenzzustandsgleichung Gleitsicherheit

$$129,90 = T_d < R_{t,d} = 165,75$$
$\rightarrow$ Nachweis der Gleitsicherheit erfüllt.

Nachweis für den Grenzzustand der Gebrauchstauglichkeit (SLS)

a) Fundamentverdrehung und Begrenzung einer klaffenden Fuge

Die charakteristischen ständigen resultierenden Einwirkungen müssen innerhalb der 1. Kernfläche der Sohlfuge liegen (keine klaffende Fuge), d. h. hier $e \leq b/6$.

$$\begin{aligned}\sum M_{k,M} = \; & 50,0 \cdot 0 + 97,5 \cdot 0,25 - 130,0 \cdot 0,75 + 18,64 \cdot 4,33 - 5,82 \cdot 1,25 \\ & + 61,46 \cdot 1,5 - 26,51 \cdot 1,25 \\ \sum M_{k,M} = \; & 59,36 \text{ kNm/m}\end{aligned}$$

$$\sum N_k = 50,0 + 97,5 + 130,0 + 5,82 + 26,51 = 309,83 \text{ kN/m}$$

$$e = \frac{\sum M_{k,M}}{\sum N_k} = \frac{59,36}{309,83} = 0,19 \text{ m} < \frac{2,5}{6} = 0,42 \text{ m}$$

Anmerkung: Auch wenn die Nutzlast $p_k \leq 10$ kN/m^2 nach *Handbuch Eurocode 7-1 (2015)* vereinfachend mit dem Teilsicherheitsnachweis für ständige Einwirkungen berücksichtigt werden darf, bleibt es eine veränderliche Einwirkung, sodass hier die Nachweise für ständige Einwirkungen und Gesamteinwirkungen jeweils getrennt zu führen sind.

Die charakteristische Gesamtlast darf maximal eine klaffende Fuge bewirken, bei der die Resultierende noch innerhalb der 2. Kernweite der Sohlfuge liegt, d. h. hier $e \leq b/3$.

$$\begin{aligned}\sum M_{k,M} = \; & 50,0 \cdot 0 + 97,5 \cdot 0,25 - 130,0 \cdot 0,75 + 18,64 \cdot 4,33 - 5,82 \cdot 1,25 \\ & + 61,46 \cdot 1,5 - 26,51 \cdot 1,25 + 8,28 \cdot 4,75 - 2,58 \cdot 1,25 + 7,84 \cdot 1,75 \\ & - 3,38 \cdot 1,25 \\ \sum M_{k,M} = \; & 104,96 \text{ kNm/m}\end{aligned}$$

$$\sum N_k = 50,0 + 97,5 + 130,0 + 5,82 + 26,51 + 2,58 + 3,38 = 315,79 \text{ kN/m}$$

$$e = \frac{\sum M_{k,M}}{\sum N_k} = \frac{104,96}{315,79} = 0,33 \text{ m} < \frac{2,5}{3} = 0,83 \text{ m}$$

Anmerkung: Da im vorliegenden Fall zu einem späteren Zeitpunkt eine Tiefentwässerung verlegt werden soll, kann der charakteristische Erdruhedruck auf der Stirnseite nicht als zusätzliche Einwirkung angesetzt werden.

b) Verschiebung in der Sohlfläche

Der Nachweis gegen Verschieben in der Sohlfläche gilt als erfüllt, wenn beim Nachweis der Gleitsicherheit auf der Stirnseite des Fundamentes keine Bodenreaktion angesetzt wird.

B-18.2 Winkelstützwand

AUFGABENSTELLUNG

Für die dargestellte Winkelstützwand sind folgende Punkte zu bearbeiten:

a) Alle Erddruckkomponenten für die „äußeren“ (geotechnischen) und „inneren“ (Materialnachweise) Standsicherheitsnachweise, wobei für letztere der Erdruhedruck E_0 anzusetzen ist,

b) Sohldruckbeanspruchung nach dem Spannungstrapezverfahren für die Gesamtbelastung,

c) Nachweis der Kippsicherheit,

d) Nachweis der Gleitsicherheit,

e) Fundamentverdrehung und Begrenzung einer klaffenden Fuge,

f) Charakteristische Momente in den Schnitten a-a, b-b, c-c für die „inneren“ Standsicherheitsnachweise (Stahlbeton-Bemessung).

Die Bodenreaktion an der Stirnfläche im Wandfußbereich ist zu vernachlässigen, da eine spätere Aufgrabung nicht ausgeschlossen werden kann. Alle Nachweise sind für die Bemessungssituation BS-P zu führen.

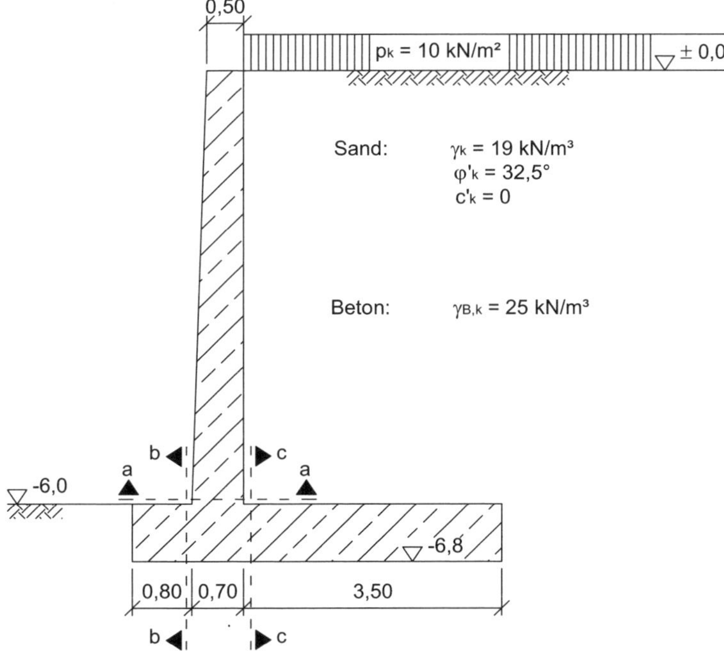

Abb. B-18.5: *Schnitt durch die Winkelstützwand*

Hinweis: Zu den äußeren Standsicherheitsnachweisen gehört auch bei Winkelstützwänden der Grundbruchnachweis, der hier zunächst in a) bis f) nicht gefordert ist. Er wäre analog zu Beispiel B-18.1 zu führen.

LÖSUNG

a) Erddruckermittlung

„Äußere" Standsicherheit

Erddruckbeiwerte:
$\gamma = 19$ kN/m³ $\varphi'_k = 32,5°$ $c'_k = 0$ $\delta_{a,k} = 0$ $\delta_{p,k} = 0$
Aus Formeln: Erdruckbeiwert, Erddrucktabellen oder Nomogramme:
$\rightarrow K_{agh} = 0,3010$; $K_{pgh} = 3,3225$ (mit ebenen Gleitflächen)

Tiefe [m]	Horizontale Erddruckspannung aus Bodeneigengewicht e_{agh} [kN/m²]	Horizontale Erddruckspannung aus Auflast e_{aph} [kN/m²]
±0 m	0	$10,0 \cdot 0,301 = 3,0$
−6,8 m	$19,0 \cdot 6,8 \cdot 0,301 = 38,9$	3,0

Tab. *Erddruckspannung: „äußere" Standsicherheit*

$$E_{agh} = \frac{1}{2} \cdot 6,8 \cdot 38,9 = 132,2 \text{ kN/m}$$
$$y_{E_{agh}} = \frac{6,8}{3} = 2,27 \text{ m}$$
$$E_{aph} = 3,8 \cdot 3,0 = 20,5 \text{ kN/m}$$
$$y_{E_{aph}} = \frac{6,8}{2} = 3,4 \text{ m}$$

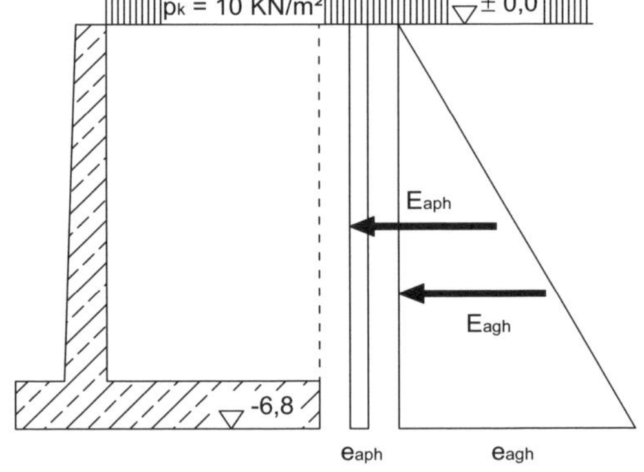

„Innere" Standsicherheit

Erdruhedruckbeiwert:
$K_{0g} = 1 - \sin \varphi'_k = 1 - \sin 32,5° = 0,463$

Tiefe [m]	Erdruhedruck [kN/m²]
±0 m	0
−6,0 m	$19,0 \cdot 6,0 \cdot 0,463 = 52,8$

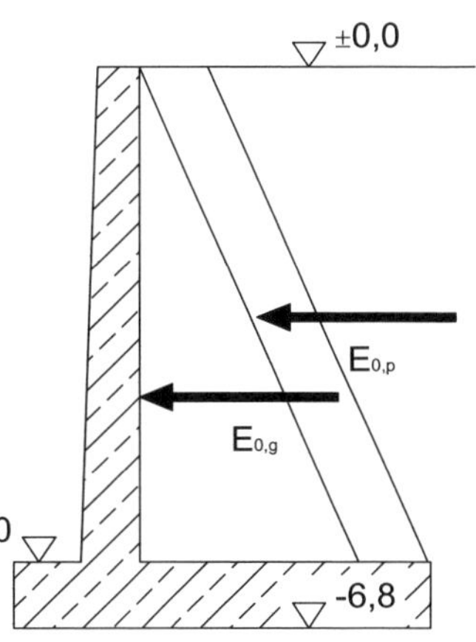

$$E_{0,g} = 0,5 \cdot 6,0 \cdot 52,8 = 158,4 \text{ kN}$$
$$E_{0,p} = 10 \cdot 6,0 \cdot 0,463 = 27,8 \text{ kN}$$

Anmerkung: Im vorliegenden Fall wird als Beispiel im Hinterfüllbereich vereinfacht Erdruhedruck angesetzt. Damit sollen alle maximal möglichen Beanspruchungen des vertikalen Wandschenkels mit abgedeckt sein, einschließlich hier näherungsweise der Verdichtungserddruck bei Einbau der Hinterfüllung.

b) Sohldruckbeanspruchung nach dem Spannungstrapezverfahren

$$G_1 = 19 \cdot 3,5 \cdot 6,0 = 399,0 \text{ kN/m}$$
$$G_2 = \frac{(0,5+0,7)}{2} \cdot 6,0 \cdot 25 = 90,0 \text{ kN/m}$$
$$G_3 = 5 \cdot 0,8 \cdot 25 = 100,0 \text{ kN/m}$$
$$P = 3,5 \cdot 10 = 35,0 \text{ kN/m}$$

Hebelarme:

$$x_{G1} = 2,5 - 1,75 = 0,75 \text{ m}$$
$$x_{G2} = \frac{1}{3} \cdot \left[0,7+0,5+0,2-0,5 \cdot \frac{0,7-0,2}{0,7+0,5}\right] - 2,5 + 0,8 = -1,30 \text{ m}$$
$$x_{G3} = 0$$
$$x_p = 0,75 \text{ m}$$

Ermittlung der Ausmittigkeit (Gesamtlast):

$$\begin{aligned}\sum M_{k,M} &= -399,0 \cdot 0,75 - 35,0 \cdot 0,75 \\ &+ 90,0 \cdot 1,30 + 132,2 \cdot 2,27 \\ &+ 20,5 \cdot 3,4 \\ &= 160,9 \text{ kNm/m}\end{aligned}$$

$$\begin{aligned}\sum N_k &= 399,0 + 90,0 + 100,0 + 35,0 \\ &= 624 \text{ kN/m}\end{aligned}$$

$$e = \frac{\sum M_{k,M}}{\sum N_k} = \frac{160,9}{624,0} = 0,26 \text{ m}$$
$$< \frac{b}{6} = \frac{5}{6} = 0,83 \text{ m}$$

$$\sigma_{0,1,2} = \frac{N}{b \cdot a} \pm \frac{M}{W} = \frac{N}{b \cdot a} \cdot \left(1 \pm \frac{6 \cdot e}{b}\right)$$
$$= \frac{624,0}{5,0 \cdot 1,0} \cdot \left(1 \pm \frac{6,0 \cdot 0,26}{5,0}\right)$$

$$\sigma_{0,1} = 163,7 \text{ kN/m}^2$$
$$\sigma_{0,2} = 85,9 \text{ kN/m}^2$$

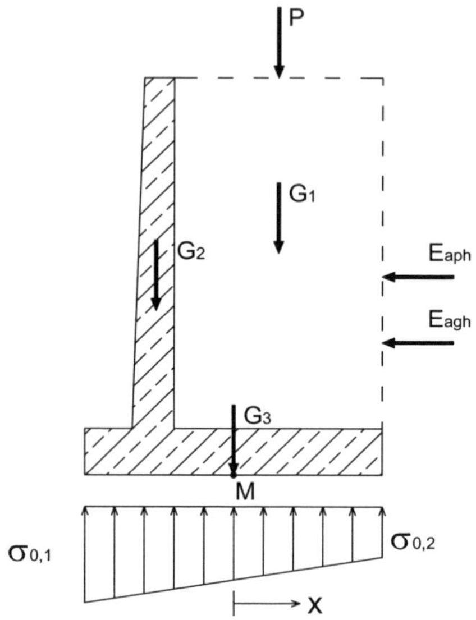

Abb. B-18.6: *Sohldruckverteilung*

c) Nachweis der Kippsicherheit (EQU)

$$E_{dst,d} = M_{dst,d} \leq E_{stb,d} = M_{stb,d}$$

Näherungsweise bezogen auf eine fiktive Drehachse am Fundamentrand. Ungünstigste Beanspruchung ist hier Laststellung P_k nur bis fiktive Wandrückseite (gestrichelte Linie).

$$M_{dst,k} = 132,2 \cdot 2,27 + 20,5 \cdot 3,4 = 369,9 \text{ kNm/m}$$
$$M_{dst,d} = 369,9 \cdot 1,10 = 406,9 \text{ kNm/m}$$
$$M_{stb,k} = 399,0 \cdot 3,25 + 90,0 \cdot 1,20 + 100,0 \cdot 2,50 = 1654,8 \text{ kNm/m}$$
$$M_{stb,d} = 1654,8 \cdot 0,90 = 1489,3 \text{ kNm/m}$$
$$M_{dst,d} = 406,9 \text{ kNm/m} \leq M_{stb,d} = 1489,3 \text{ kNm/m}$$

Kippsicherheitsnachweis erfüllt.

d) Nachweis der Gleitsicherheit (GEO-2)

Gleitwiderstand

$$R_{t,k} = N_k \cdot \tan \delta_{s,k} \text{ mit } \delta_{s,k} = \varphi'_k \leq 32,5° \text{ für Ortbetonfundamente}$$
$$R_{t,k} = (399,0 + 90,0 + 100,0) \cdot \tan 32,5° = 375,2 \text{ kN/m}$$
$$R_{t,d} = \frac{R_{t,k}}{\gamma_{R,h}} = \frac{375,2}{1,10} = 341,1 \text{ kN/m}$$

Bodenreaktion an der Stirnseite des Fundamentkörpers

$B_k = 0 \rightarrow$ evtl. Entwässerung zu einem späteren Zeitpunkt.

Bemessungswert der Einwirkungen

$$T_d = T_{G,k} \cdot \gamma_G + T_{Q,k} \cdot \gamma_Q \text{ (nur ständige Einwirkungen)}$$
$$\gamma_G = 1,35$$
$$T_d = (132,2 + 20,5) \cdot 1,35 = 206,2 \text{ kN/m}$$

Grenzzustandsgleichung

$$T_d \leq R_{t,d} + E_{p,d}$$
$$206,2 \text{ kN/m } = T_d < R_{t,d} = 341,1 \text{ kN/m}$$
$\rightarrow$ Nachweis der Gleitsicherheit erfüllt.

e) Fundamentverdrehung und Begrenzung einer klaffenden Fuge

Die charakteristischen ständigen resultierenden Einwirkungen müssen innerhalb der 1. Kernfläche der Sohlfuge liegen (keine klaffende Fuge), d. h. hier $e \leq b/6$.

$$e = \frac{\sum M_{k,M}}{\sum N_k} = \frac{132,2 \cdot 2,27 + 90,0 \cdot 1,30 - 399,0 \cdot 0,75}{100,0 + 90,0 + 399,0}$$
$$e = 0,20 \text{ m } < \frac{b}{6} = \frac{5}{6} = 0,83 \text{ m}$$

Die charakteristische Gesamtlast darf maximal eine klaffende Fuge bewirken, bei der die Resultierende noch innerhalb der 2. Kernweite der Sohlfuge liegt, d. h. hier $e \leq b/3$.

$$e = \frac{\sum M_{k,M}}{\sum N_k} = \frac{132,2 \cdot 2,27 + 20,5 \cdot 3,4 + 90,0 \cdot 1,30 - 399,0 \cdot 0,75 - 35,0 \cdot 0,75}{100,0 + 90,0 + 399,0 + 35,0}$$
$$e = 0,26 \text{ m } < \frac{b}{3} = \frac{5}{3} = 1,67 \text{ m}$$

f) Charakteristische Momente in den Schnitten a-a, b-b, c-c für die „inneren“ Standsicherheitsnachweise (Stahlbeton-Bemessung)

Schnitt a-a:

$$M_a = 158,4 \cdot 2,0 + 27,8 \cdot 3,0$$
$$= 400,2 \text{ kNm/m}$$

Schnitt b-b:

$$G_B = 0,8 \cdot 0,8 \cdot 25 = 16,0 \text{ kN/m}$$
$$R_N = \frac{163,7 + 151,3}{2,0} \cdot 0,8 = 126,0 \text{ kN/m}$$

$$x_{R,B} = 0,8 - \frac{0,8}{3,0} \cdot \left(\frac{163,7 + 2 \cdot 151,3}{163,7 + 151,3} \right)$$
$$= 0,41 \text{ m}$$

$$M_b = 126,0 \cdot 0,41 - 16,0 \cdot 0,4$$
$$= 45,3 \text{ kNm/m}$$

Schnitt c-c:

$$G_1 + P = 3,5 \cdot 6,0 \cdot 19,0 + 3,5 \cdot 10,0$$
$$= 434,0 \text{ kN/m}$$

$$G_c = 3,5 \cdot 0,8 \cdot 25 = 70,0 \text{ kN/m}$$
$$R_c = \frac{140,4 + 85,9}{2,0} \cdot 3,5 = 396,0 \text{ kN/m}$$
$$x_{Rc} = \frac{3,5}{3,0} \cdot \left(\frac{140,4 + 2,0 \cdot 85,9}{140,4 + 85,9} \right) = 1,61 \text{ m}$$

$$M_c = 504,0 \cdot \frac{3,5}{2,0} - 396,0 \cdot 1,61$$
$$= 244,5 \text{ kNm/m}$$

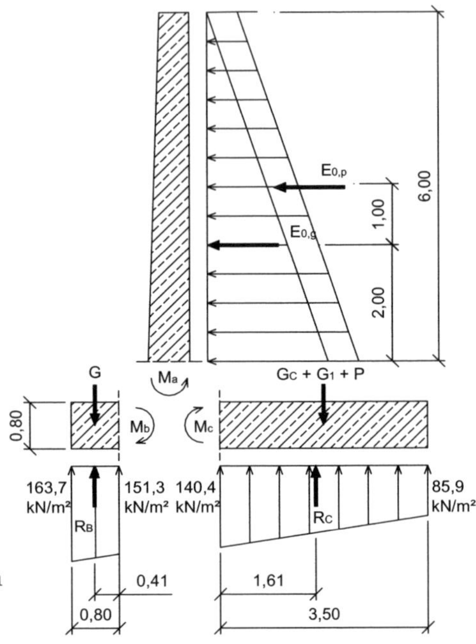

Abb. B-18.7: *Schnittdarstellung für die inneren Standsicherheitsnachweise*

B-19 Berechnung von Flächengründungen und gebetteten Systemen

B-19.1 Biegemomente in einer Gründungsplatte nach Bettungsmodul- und Steifemodulverfahren

AUFGABENSTELLUNG

Für die abgebildete Gründungsplatte soll unter Variation der Bettungsmodulverteilung nach 19.1.3 die charakteristische Biegemomentenbeanspruchung bestimmt werden.

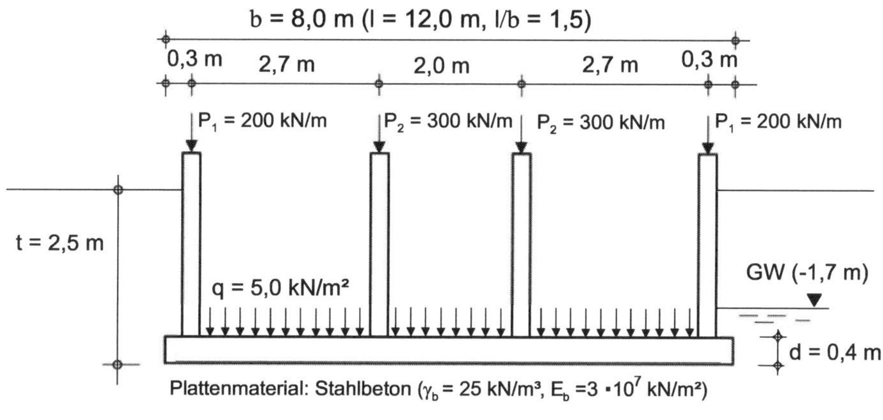

Abb. B-19.1: *Ausgewähltes System für die Parameterstudie*

Anmerkung: alle Lasten charakteristisch.

LÖSUNG

Aus der EDV ergibt sich die charakteristische Biegemomentengröße und -verteilung nach Bettungsmodul- sowie Steifemodulverfahren wie dargestellt. Details zu dieser Vergleichsberechnung sind *Soumaya (2005)* zu entnehmen.

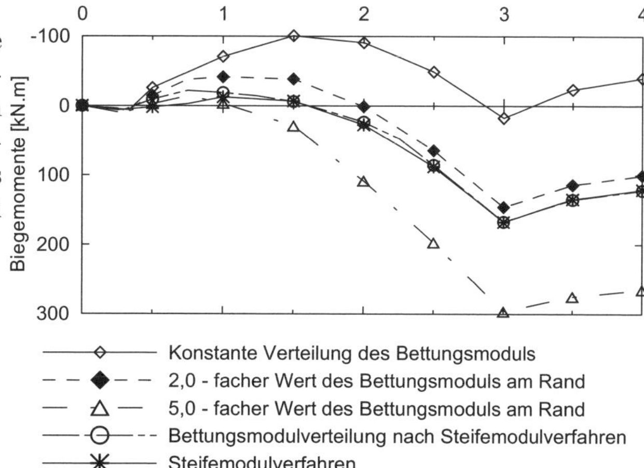

Abb. B-19.2: *Biegemomentenverlauf bei verschiedenen Bettungsmodulansätzen*

B-20 Pfahlgründungen

B-20.1 Ermittlung der axialen charakteristischen Pfahlwiderstände aus Erfahrungswerten auf Grundlage eines Drucksondierergebnisses

AUFGABENSTELLUNG

Es ist die charakteristische Widerstands-Setzungs-Linie für einen Bohrpfahl mit den Tabellenwerten nach *EA-Pfähle (2012)*, siehe 20.6.2, Tab. 20.2 bis 20.4 zu ermitteln. Die erforderlichen Informationen über Bodenart, Baugrundfestigkeit und Pfahlgeometrie zur Bestimmung des axialen Pfahlwiderstandes $R_{c,k}$(s) anhand von Erfahrungswerten sind in der Abb. B-20.1 zusammengestellt. Es sind die Widerstände sowohl für die unteren Tabellenwerte (10 % Quantil, Kleinstwerte) als auch für die oberen Tabellenwerte (50 % Quantil, Mittelwerte) anzusetzen.

Die Aufgabenstellung ist der früheren DIN 4014 entnommen.

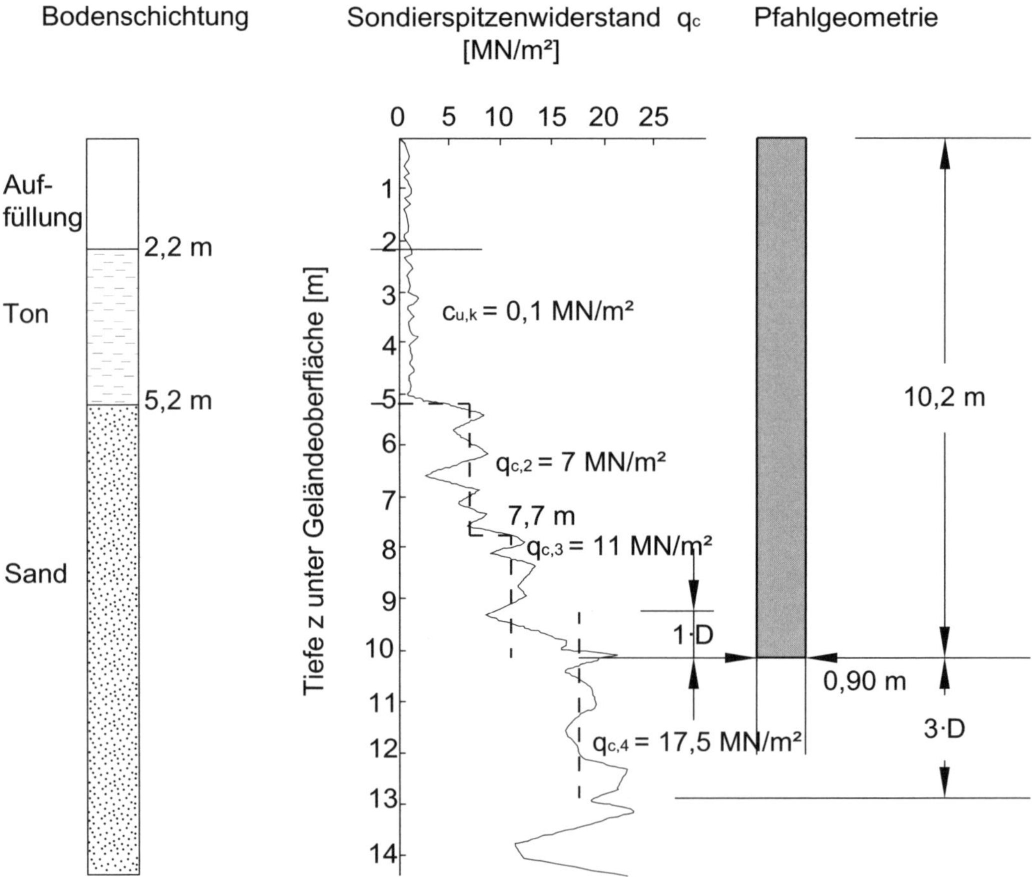

Abb. B-20.1: *Pfahlgeometrie, Bodenprofil, Sondierdiagramm und Maße für ein Anwendungsbeispiel zur Ermittlung der Widerstands-Setzungs-Linie;* $D = 0,9\ m$, $U = 2,83\,m$, $A = 0,64\ m^2$

LÖSUNG

Anmerkung: Auf die Anwendungsgrundlagen und Einschränkungen nach *EA-Pfähle (2012)*, insbesondere der oberen Tabellenwerte, wird hingewiesen. Im vorliegenden Beispiel werden vergleichend sowohl die unteren Tabellenwerte als auch die oberen Tabellenwerte beispielhaft (nicht als Regelfall) verwendet. Die Freigabe zur Anwendung der oberen Tabellenwerte erfolgt i. d. R. durch den Sachverständigen für Geotechnik.

a) Bestimmung des Pfahlmantelwiderstandes $R_{s,k}$

Aus 20.6.2, Tab. 20.2 bzw. 20.4 ergeben sich die Bruchwerte der Mantelreibung im Bereich des Sandes bzw. des Tones und mit den zugehörigen Pfahlumfangsflächen die Bruchwerte für die Pfahlmantelwiderstände $R_{s,k,i}$ nach Tab. B-20.1.

Aus dem Bruchwert für den Pfahlmantelwiderstand $R_{s,k}$ wird die Setzung für die Mantelreibung s_{sg} in [cm] mit $R_{s,k}$ in [MN] nach folgender Gleichung ermittelt.

$$s_{sg} = 0,50 \cdot R_{s,k} + 0,50$$

Mit den Zahlenwerten des Berechnungsbeispiels ergibt sich dann für die Pfahlkopfsetzung

$s_{sg} = 0,50 \cdot 1,243 + 0,50 = 1,1$ cm für die unteren Tabellenwerte und

$s_{sg} = 0,50 \cdot 1,726 + 0,50 = 1,4$ cm für die oberen Tabellenwerte

Tab. B-20.1: *Bruchwert für den Pfahlmantelwiderstand für die unteren und oberen Tabellenwerte*

Schicht i [m]	$A_{s,i}$ [m²]	$c_{u,k,i}$ bzw. $q_{c,i}$ [MN/m²]	$q_{s,k,i}$ [MN/m²]	$R_{s,k,i}$ [MN]
2,20 bis 5,20	8,48	0,10	0,039 - 0,051	0,331 - 0,432
5,20 bis 7,70	7,07	7,00	0,051 - $0,075^{a)}$	0,361 - 0,530
7,70 bis 10,20	7,07	11,00	0,078 - 0,108	0,551 - 0,764
a) Werte extrapoliert				$R_{s,k}$ = 1,243 - 1,726 MN

b) Bestimmung des Pfahlfußwiderstandes $R_{b,k}$

Zur Ermittlung von $R_{b,k}$ wird in einem Bereich von $1 \cdot D$ (0,9 m) über und $3 \cdot D$ ($3 \cdot D = 2,70$ m) unter dem Pfahlfuß eine mittlere Bodenfestigkeit angesetzt. Aus dem Sondierdiagramm in Abb. B-20.1 erhält man für diesen Bereich einen mittleren Sondierspitzenwiderstand von $q_{c,m} = 17,5$ MN/m².

Unter Verwendung der in Tab. 20.1 angegebenen Zahlenwerte und unter Berücksichtigung des zuvor ermittelten Wertes von $q_{c,m}$ kann der Pfahlspitzendruck errechnet werden. Die Tab. B-20.2 enthält die so ermittelten Zahlenwerte.

Tab. B-20.2: Pfahlfußwiderstand für die unteren und oberen Tabellenwerte

Bezogene Setzung s/D	$q_{b,k}$ [MN/m²]	$R_{b,k}(s)$ [MN]
0,02	1,225 – 1,625	0,784 – 1,040
0,03	1,575 – 2,088	1,008 – 1,336
0,10	3,250 – 4,325	2,080 – 2,768

c) Charakteristische Widerstands-Setzungs-Linie

In Tab. B-20.3 und Tab. B-20.4 ist der aus Pfahlfuß- und Pfahlmantelwiderstand errechnete Pfahlwiderstand in Abhängigkeit von der Pfahlkopfsetzung für beide Quantilbereiche angegeben. Aus der charakteristischen Widerstands-Setzungs-Linie nach Abb. B-20.2 ergibt sich zu jedem Pfahlwiderstand $R_{c,k}$ die zugehörige Setzung des Pfahlkopfs.

Tab. B-20.3: Pfahlwiderstand in Abhängigkeit von der Pfahlkopfsetzung (10 % Quantil)

Bezogene Setzung s/D	Pfahlkopfsetzung [cm]	$R_{s,k}(s)$ [MN]	$R_{b,k}(s)$ [MN]	$R_{c,k}(s)$ [MN]
s_{sg}	1,1	1,243	0,479	1,722
0,02	1,8	1,243	0,784	2,027
0,03	2,7	1,243	1,008	2,251
0,10	9,0	1,243	2,080	3,323

Tab. B-20.4: Pfahlwiderstand in Abhängigkeit von der Pfahlkopfsetzung (50 % Quantil)

Bezogene Setzung s/D	Pfahlkopfsetzung [cm]	$R_{s,k}(s)$ [MN]	$R_{b,k}(s)$ [MN]	$R_{c,k}(s)$ [MN]
s_{sg}	1,4	1,726	0,809	2,535
0,02	1,8	1,726	1,040	2,766
0,03	2,7	1,726	1,336	3,062
0,10	9,0	1,726	2,768	4,494

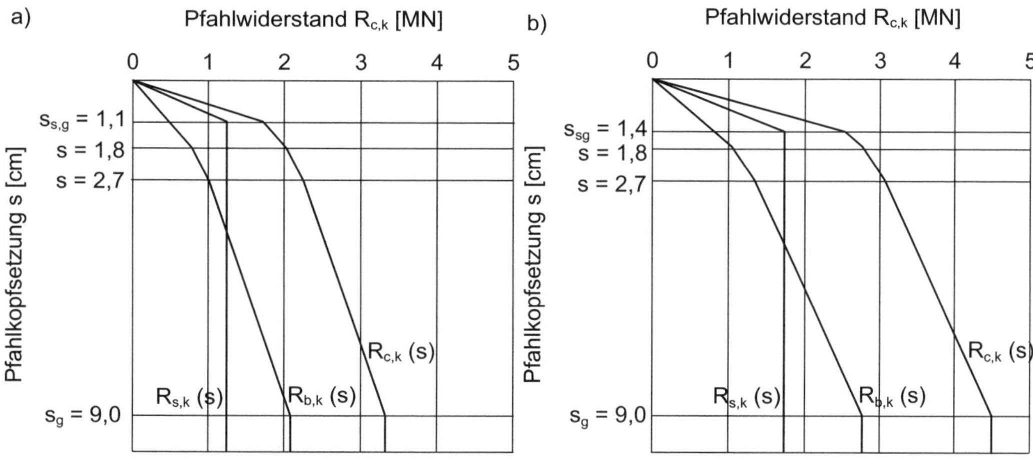

Abb. B-20.2: *Widerstands-Setzungs-Linie; a) 10 % Quantil, b) 50 % Quantil*

B-20.2 Ermittlung der axialen charakteristischen Pfahlwiderstände aus Erfahrungswerten auf Grundlage eines Rammsondierergebnisses

AUFGABENSTELLUNG

Es sollen vergleichend die Bohrpfahlwiderstände in einem nichtbindigen Boden gemäß den in Abb. B-20.3 skizzierten Randbedingungen berechnet werden für

a) Bohrpfahl: $D_s = 1,20$ m
b) Bohrpfahl mit Fuß:
$D_s = 1,20$ m, $D_b = 1,50$ m
c) Bohrpfahl: $D_s = 0,40$ m

Die zulässigen Setzungen des Einzelpfahls im Gebrauchszustand SLS betragen $s = 1,5$ cm.

Vereinfachend darf von dem Verhältnis $N_{10} \sim q_c$ ausgegangen werden.

Es sind die unteren Tabellenwerte (10 % Quantil) als Regellösung zugrunde zu legen.

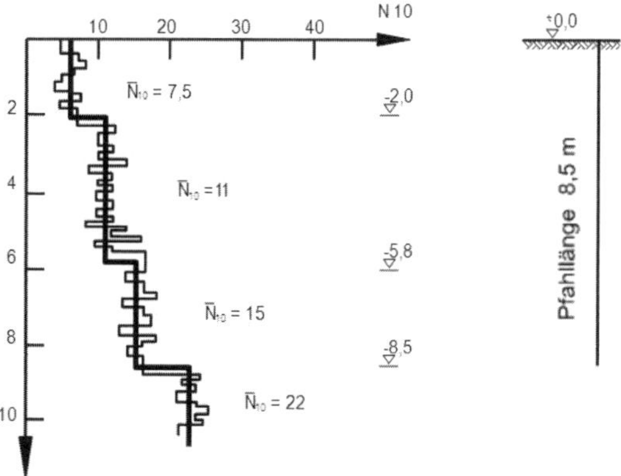

Abb. B-20.3: *Sondierergebnis einer schweren Rammsondierung (DPH)*

LÖSUNG

Es darf näherungsweise für alle Teilaufgaben angesetzt werden: $N_{10} \sim q_c$

N_{10} : Schläge je 10 cm Eindringung der Rammsonde
q_c : Sondierspitzenwiderstand [MN/m²]

a) Bohrpfahl: $D_s = 1,20$ m

Tab. B-20.5: *Pfahlmantelwiderstand ($q_{s,k}$ nach Tab. 20.2)*

Schicht	A_s [m²]	q_c [MN/m²]	$q_{s,k}$ [MN/m²]	$R_{s,k}$ [MN]
0,0 - 2,0	7,54	7,5	0,055	0,415
2,0 - 5,8	14,33	11,0	0,078	1,118
5,8 - 8,5	10,18	15,0	0,105	1,069
				$\sum$ 2,664

Grenzsetzung für die Mantelreibung nach Gl. (20.8):

$$s_{sg} = 0,5 \cdot R_{s,k} + 0,5 \leq 3 \text{ cm}$$
$$= 0,5 \cdot 2,664 + 0,5 = 1,83 \text{ cm} \ < 3 \text{ cm}$$

Tab. B-20.6: *Pfahlfußwiderstand ($q_{b,k}$ nach Tab. 20.1)*

s/D [-]	A_b [m²]	q_c [MN/m²]	$q_{b,k}$ [MN/m²]	$R_{b,k}$ [MN]
0,02	1,131	22,0	1,540	1,740
0,03	1,131	22,0	1,980	2,237
0,10	1,131	22,0	3,700	4,181

$$\frac{s}{D} = \frac{1,83}{120,0} = 0,015 \text{ mm}$$

$$R_{b,k}(s = 1,83) = \frac{1,740}{0,02} \cdot 0,015$$
$$= 1,305 \text{ MN}$$

s/D [-]	$R_k(s)$ [MN]
0,016	3,969
0,02	4,585
0,03	5,082
0,10	7,026

$$R_k(s = 1,5 \text{ cm}) = \frac{3,969}{1,83} \cdot 1,5$$
$$= 3,253 \text{ MN (SLS)}$$

b) Bohrpfahl $D_s = 1,20$ m, $D_b = 1,50$ m

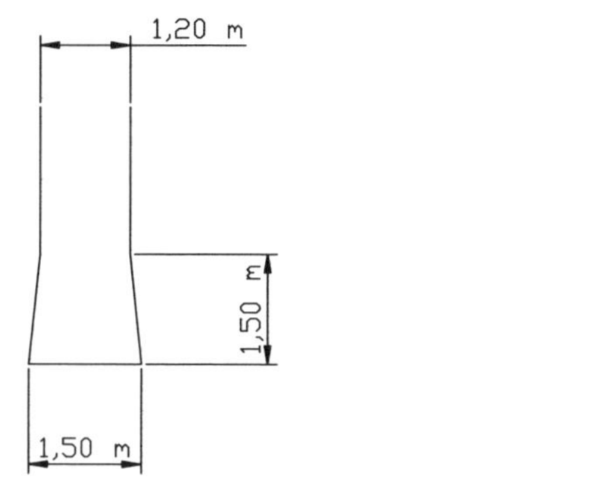

Abb. B-20.4: *Bohrpfahl mit Fußaufweitung*

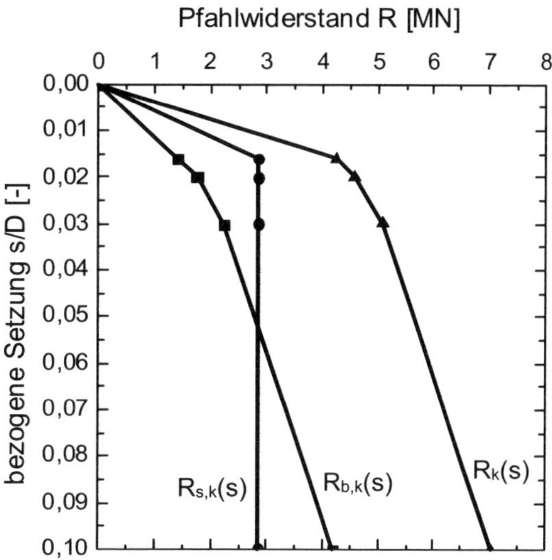

Abb. B-20.5: *Widerstands-Setzungs-Linien*

Tab. B-20.7: *Pfahlmantelwiderstand ($q_{s,k}$ nach Tab. 20.1)*

Schicht	A_s [m²]	q_c [MN/m²]	$q_{s,k}$ [MN/m²]	$R_{s,k}$ [MN]
0,0 - 2,0	7,54	7,5	0,055	0,415
2,0 - 5,8	14,33	11,0	0,078	1,118
5,8 - 7,0	4,52	15,0	0,105	0,475
			$\sum$	2,008

Im Bereich der Fußaufweitung wird keine Mantelreibung angesetzt.
Grenzsetzung für die Mantelreibung nach Gl. (20.8):

$$s_{sg} = 0,5 \cdot R_{s,k} + 0,5 \leq 3 \text{ cm}$$
$$= 0,5 \cdot 2,008 + 0,5 = 1,5 \text{ cm} < 3 \text{ cm}$$

Tab. B-20.8: *Pfahlfußwiderstand ($q_{b,k}$ nach Tab. 20.1)*

s/D [–]	s [cm]	A_b [MN/m²]	$q_{b,k}$ [MN/m²]	$R_{b,k}$ [MN]
0,02	3,0	1,77	1,155	2,044
0,03	4,5	1,77	1,485	2,628
0,10	15,0	1,77	2,775	4,912

Bei Fußaufweitung sind die Tabellenwerte für $q_{b,k}$ auf 75 % zu reduzieren.

s [cm]	$R_{s,k}$ [MN]	$R_{b,k}$ [MN]	R_k [MN]
1,5	2,008	1,022	3,030
3,0	2,008	2,044	4,052
4,5	2,008	2,628	4,636
15,0	2,008	4,912	6,920

$$s \text{ (SLS)} = 1,5 \text{ cm}$$
$$R_k(s = 1,5 \text{ cm}) = 3,030 \text{ MN (SLS)}$$

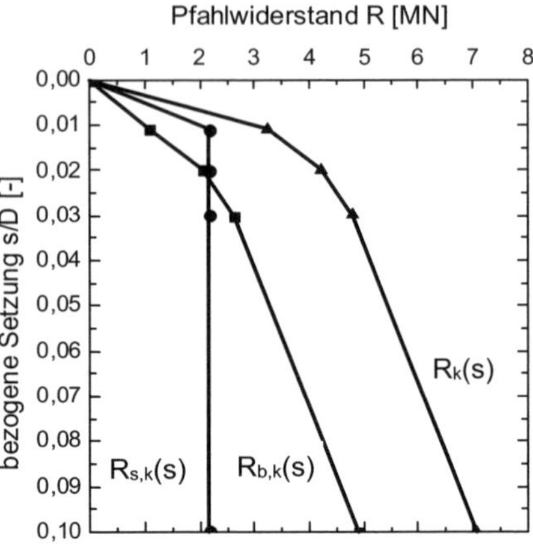

Abb. B-20.6: *Widerstands-Setzungs-Linie*

c) Bohrpfahl: $D_s = 0,40$ m

Tab. B-20.9: *Pfahlmantelwiderstand ($q_{s,k}$ nach Tab. 20.2)*

Schicht	A_s [m²]	q_c [MN/m²]	$q_{s,k}$ [MN/m²]	$R_{s,k}$ [MN]
0,0 - 2,0	2,51	7,5	0,055	0,138
2,0 - 5,8	4,78	11,0	0,078	0,373
5,8 - 8,5	3,39	15,0	0,105	0,356
			$\sum$	0,867

Grenzsetzung für die Mantelreibung nach Gl. (20.8):

$$\begin{aligned} s_{sg} &= 0,5 \cdot R_{s,k} + 0,5 \leq 3 \text{ cm} \\ &= 0,5 \cdot 0,867 + 0,5 = 0,93 \text{ cm} < 3 \text{ cm} \end{aligned}$$

Tab. B-20.10: *Pfahlfußwiderstand ($q_{b,k}$ nach Tab. 20.1)*

s/D [–]	s [cm]	A_b [m²]	$q_{b,k}$ [MN/m²]	$R_{b,k}$ [MN]
0,02	0,8	0,126	1,540	0,194
0,03	1,2	0,126	1,980	0,249
0,10	4,0	0,126	3,700	0,466

s [cm]	$R_{s,k}$ [MN]	$R_{b,k}$ [MN]	R_k [MN]
0,80	0,746	0,194	0,940
0,93	0,867	0,212	1,079
1,20	0,867	0,249	1,116
4,00	0,867	0,466	1,333

s (SLS) $= 1,5$ cm

$R_k(s = 1,5 \text{ cm}) = 1,139$ MN (SLS)

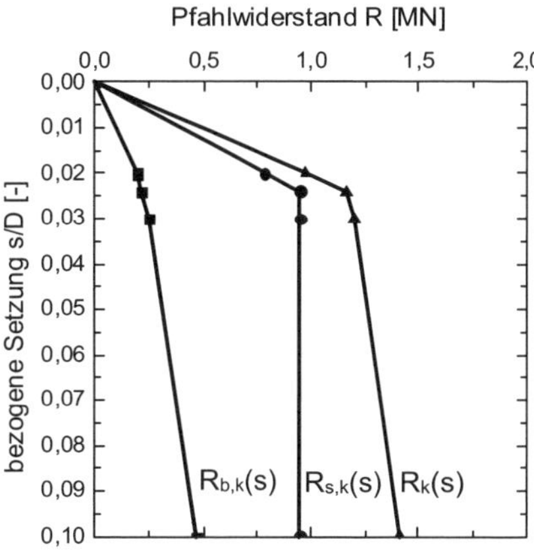

Abb. B-20.7: *Widerstands-Setzungs-Linie*

B-20.3 Ermittlung der axialen charakteristischen Pfahlwiderstände aus Erfahrungswerten in bindigen Böden

AUFGABENSTELLUNG

Der dargestellte Bohrpfahl darf als Einzelpfahl maximal 1,8 cm Setzungen im Gebrauchszustand aufweisen. Es ist der Pfahlwiderstand im Grenzzustand der Gebrauchstauglichkeit und im Grenzzustand der Tragfähigkeit zu ermitteln. Zusätzlich sind die charakteristischen Widerstands-Setzungs-Linien zu erstellen.

Die Pfahlwiderstände sind auf der Grundlage von Erfahrungswerten nach *EA-Pfähle (2012)* für das 10 % Quantil zu bestimmen.

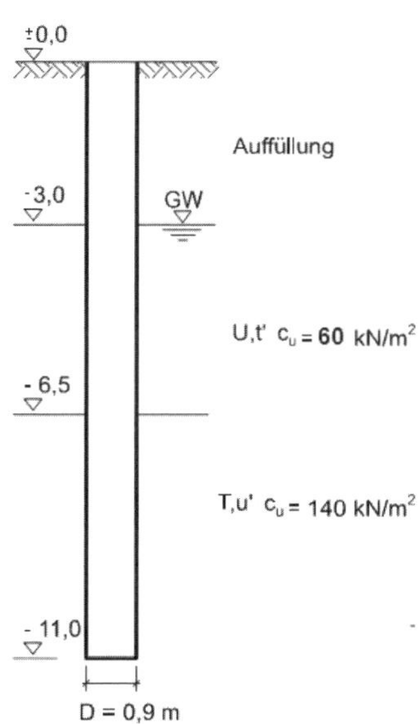

Abb. B-20.8: *System- und Baugrundbedingungen*

LÖSUNG

Bohrpfahl:
$D_s = 0,90$ m
bindiger Boden

Tab. B-20.11: *Pfahlmantelwiderstand ($q_{s,k}$ nach Tab. 20.4)*

Schicht	A_s [m²]	$c_{u,k}$ [kN/m²]	$q_{s,k}$ [MN/m²]	$R_{s,k}$ [MN]
3,0 - 6,5	9,90	60,0	0,030	0,297
6,5 - 11,0	12,72	140,0	0,048	0,611
			$\sum$	0,908

Grenzsetzung für die Mantelreibung nach Gl. (20.8):

$$s_{sg} = 0,5 \cdot R_{s,k} + 0,5 \leq 3 \text{ cm}$$
$$= 0,5 \cdot 0,908 + 0,5 = 0,95 \text{ cm} < 3 \text{ cm}$$

Tab. B-20.12: *Pfahlfußwiderstand ($q_{b,k}$ nach Tab. 20.3)*

s/D [−]	s [cm]	A_b [m²]	$q_{b,k}$ [MN/m²]	$R_{b,k}$ [MN]
0,02	1,8	0,636	0,550	0,350
0,03	2,7	0,636	0,650	0,413
0,10	9,0	0,636	1,120	0,712

s [cm]	$R_{s,k}$ [MN]	$R_{b,k}$ [MN]	$R_{c,k}$ [MN]
0,95	0,908	0,185	1,093
1,8	0,908	0,350	1,258
2,7	0,908	0,413	1,321
9,0	0,908	0,712	1,620

Pfahlwiderstand im Grenzzustand der Gebrauchstauglichkeit (SLS):

$$s \text{ (SLS)} = 1,8 \text{ cm}$$
$$R_{c,k}(s = 1,8 \text{ cm}) = 1,258 \text{ MN (SLS)}$$

Grenzzustand der Tragfähigkeit (ULS):

$$R_{c,k} = R_{b,k} + R_{s,k}$$
$$R_{c,k} = 1,620 \text{ MN}$$

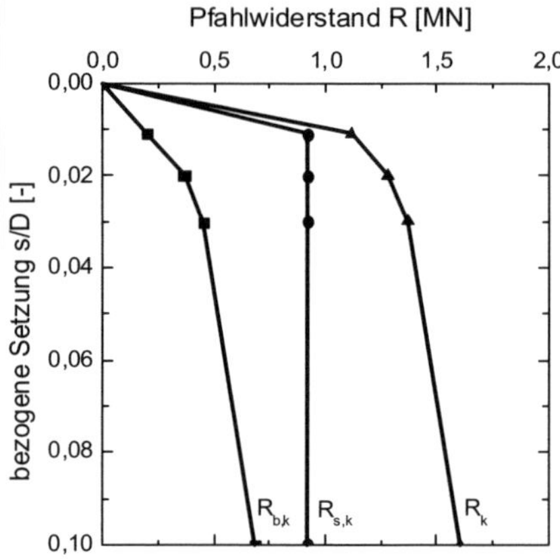

Abb. B-20.9: *Widerstands-Setzungs-Linie*

B-20.4 Ermittlung der axialen charakteristischen Pfahlwiderstände aus Erfahrungswerten für Fertigrammpfähle aus Stahlbeton

AUFGABENSTELLUNG

Eine tragfähige Sandschicht wird von einer ca. 2,0 m starken Weichschicht überlagert.

Es soll eine Gründung auf Stahlbetonrammpfählen (Kantenlänge: $a_s = 35$ cm) vorgenommen werden, welche 4,0 m in die Sandschicht einbinden. Eine durchgeführte Drucksondierung ergab einen mittleren Spitzenwiderstand von $q_c = 18$ MN/m^2 für die Sandschicht.

Ermitteln Sie den charakteristischen Pfahlwiderstand $R_{c,k}$ im Grenzzustand der Tragfähigkeit auf der Grundlage von Erfahrungswerten nach *EA-Pfähle (2012)* für beide Quantilbereiche.

LÖSUNG

Gegeben ist der mittlere Sondierspitzenwiderstand: $q_c = 18,0$ MN/m^2.

a) 10 % Quantil nach Tab. 20.5 und 20.6

Pfahlspitzendruck: $q_{b,k} = 7,945$ MN/m^2

Pfahlmantelreibung: $q_{s,k} = 104$ kN/m^2

$A_b = 0,35^2 = 0,123$ m^2

$A_s = 4,0 \cdot 0,35 \cdot 4,0 = 5,60$ m^2

$$R_{c,k} = 0,123 \cdot 7,945 + 5,60 \cdot 0,104 = 1,560 \text{ MN}$$

b) 50 % Quantil nach Tab. 20.5 und 20.6

Pfahlspitzendruck: $q_{b,k} = 10,590$ MN/m^2

Pfahlmantelreibung: $q_{s,k} = 135,5$ kN/m^2

$$R_{c,k} = 0,123 \cdot 10,950 + 5,60 \cdot 0,1355 = 2,106 \text{ MN}$$

B-20.5 Ermittlung der axialen Pfahlwiderstände aus statischen Pfahlprobebelastungen sowie Nachweise der Tragfähigkeit und Gebrauchstauglichkeit

AUFGABENSTELLUNG

Abb. B-20.10 a) zeigt eine Gründungssituation mit einem Pfahldurchmesser $D = 1,2$ m und einer ständigen Last $F_{G,k} = 1,5$ MN sowie der veränderlichen Last $F_{Q,rep,k} = 1,0$ MN.

Ausgeführt wurden zwei statische Pfahlprobebelastungen, deren Ergebnisse als Messwerte R_{m1} und R_{m2} in Abb. B-20.10 b) und Tab. B-20.13 enthalten sind.

Die Grenzsetzung wird zu $s_g = s_{ult} = 0,1 \cdot 120$ cm $= 12$ cm festgelegt. Da die statischen Pfahlprobebelastungen nur bis zu einer Setzung von knapp $s = 10$ cm ausgeführt worden sind, wurde die Grenzsetzung extrapoliert, siehe Abb. 20.26 oder *Rollberg (1985)*.

Es sind die charakteristischen Pfahlwiderstände im Grenzzustand der Tragfähigkeit (ULS) für „weiche" und „steife" Pfähle sowie charakteristische Grenzlinien im Grenzzustand der Gebrauchstauglichkeit (SLS) zu ermitteln sowie die Nachweise der äußeren Tragfähigkeit und Gebrauchstauglichkeit für die vorgegebene Pfahlbelastung zu führen.

Aus der Tragwerksplanung wird für den Gebrauchszustand (SLS) eine zulässige Pfahlsetzung von zul. $s_k = 2,0$ cm vorgegeben. Die dargestellten statischen Pfahlprobebelastungen sind *Weiss/Hanack (1983)* entnommen.

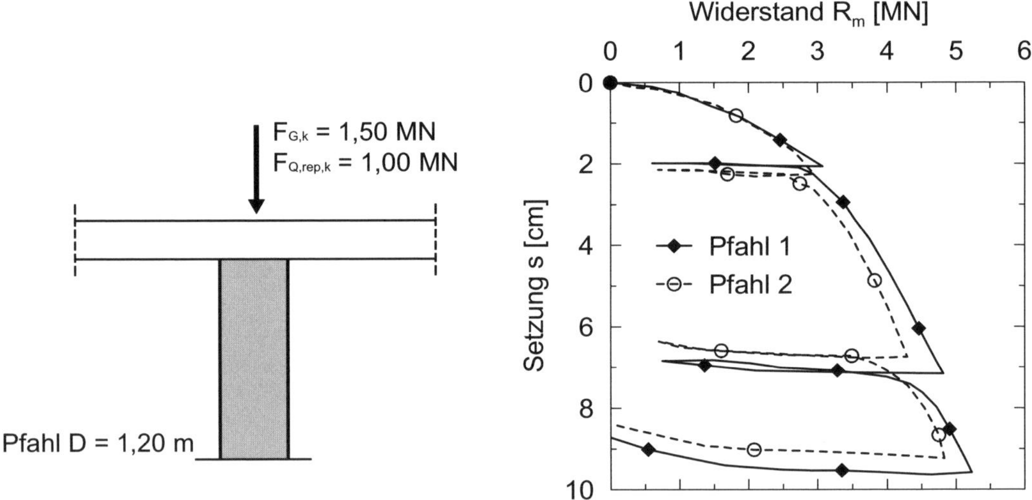

Abb. B-20.10: *a) System und Beanspruchung;*
b) Messwerte R_m der beiden statischen Pfahlprobebelastungen

LÖSUNG

a) Ableitung der charakteristischen Pfahlwiderstände im Grenzzustand der Tragfähigkeit und Gebrauchstauglichkeit

Der charakteristische Pfahlwiderstand im Grenzzustand $R_{c,k}$ ergibt sich aus dem Minimum des Mittelwertes $(R_{c,m})_{mitt}$ oder des Kleinstwertes $(R_{c,m})_{min}$ der Probebelastungsergebnisse nach 20.7.2 zu

$$R_{c,k} = \text{MIN}\left\{\frac{(R_{c,m})_{mitt}}{\xi_1}; \frac{(R_{c,m})_{min}}{\xi_2}\right\}$$

Die Streuungsfaktoren ξ_1 und ξ_2 werden in Abhängigkeit der Anzahl der durchgeführten statischen Pfahlprobebelastungen nach 20.7.2 gewählt. Die darin angegebenen Streuungsfaktoren sind für „weiche“ Druckpfähle gültig. Wenn „steife“ Druckpfähle verwendet werden, dürfen die Streuungsfaktoren durch 1,1 dividiert werden, vorausgesetzt, dass ξ_1 nicht kleiner 1,0 wird.

Im Bereich kleiner Pfahlsetzungen wurden nach 20.5.2, Gl. (20.6), als Grundlage für den Gebrauchstauglichkeitsnachweis, charakteristische Grenzlinien mit einem κ-Wert in Anlehnung an *Kempfert/Moormann (2018)* von $\kappa = 0,15$ bezogen auf den Mittelwert der Messwerte abgeleitet.

Anmerkung: Das hier gewählte Verfahren der charakteristischen Grenzlinien im Gebrauchslastbereich stellt nur eine Möglichkeit dar. Andere begründete Vorgehensweisen sind ebenfalls möglich.

Abb. B-20.11 und Tab. B-20.13 zeigen die Ergebnisse zur Ermittlung von $R_{c,k}$ (SLS) und $R_{c,k} = R_{c,k}$ (ULS).

Tab. B-20.13: *Ergebnisse von zwei statischen Pfahlprobebelastungen und Ableitung der char. Widerstands-Setzungs-Linien für „weiche“ und „steife“ Pfähle*

Setzung s [cm]	R_{m1} [MN]	R_{m2} [MN]	$(R_{c,m})_{mitt}$ [MN]	$(R_{c,m})_{min}$ [MN]	$\Delta s_k = \kappa \cdot s_k$ $s_{k,min}$ [cm]		$\Delta s_k = \kappa \cdot s_k$ $s_{k,max}$ [cm]	
0	0	0	0	0	0		0	
0,51	1,483	1,424	1,454	1,424	0,4		0,6	
0,83	1,891	1,831	1,861	1,831	0,7		1,0	
1,28	2,458	2,321	2,390	2,321	1,1		1,5	
2,06	3,015	2,830	2,922	2,830	1,8		2,4	
3,05	3,427	3,230	3,329	3,230	2,6		3,5	
3,83	3,750	3,469	3,610	3,469				
5,42	4,301	3,924	4,112	3,924				
7,26	4,803	4,354	4,579	4,354	weich		steif	
9,71	5,222	4,881	5,051	4,881	ξ_1	ξ_2	ξ_1	ξ_2
12,0	5,347	5,060	5,204	5,060	1,25	1,15	1,14	1,05

Mit den Ergebnissen aus Tab. B-20.13 lässt sich in Tab. B-20.14 der charakteristische Pfahlwiderstand $R_{c,k}$ im Grenzzustand der Tragfähigkeit (ULS) für „weiche“ und „steife“ Pfähle bestimmen.

Tab. B-20.14: *Ableitung des charakteristischen Pfahlwiderstandes $R_{c,k}$ im Grenzzustand der Tragfähigkeit für „weiche“ und „steife“ Pfähle*

	$(R_{c,m})_{mitt}/\xi_1$ [MN]	$(R_{c,m})_{min}/\xi_2$ [MN]	$R_{c,k}$ [MN]
„weiche“ Pfähle	4,163	4,400	4,163
„steife“ Pfähle	4,565	4,819	4,565

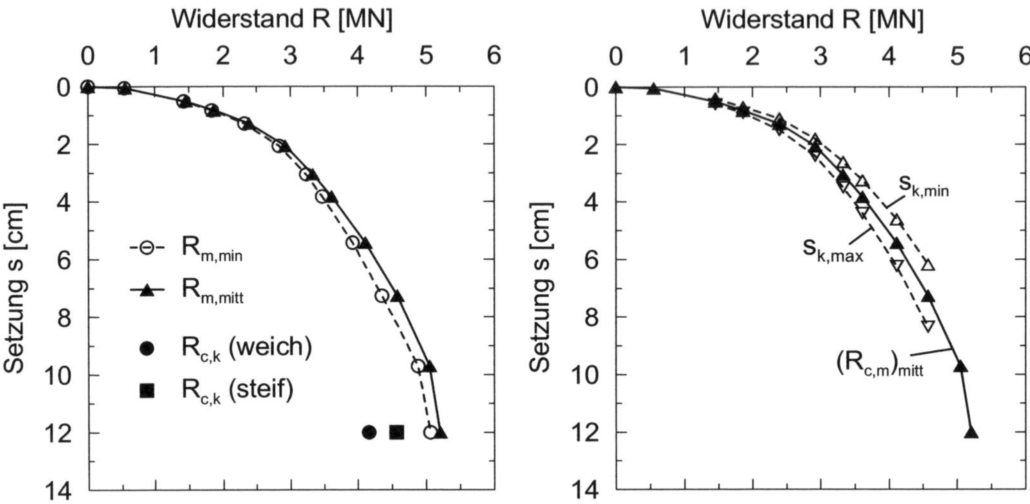

Abb. B-20.11: *a) Aus den Messwerten $R_{m,i}$ der statischen Pfahlprobebelastungen abgeleiteten charakteristischen Pfahlwiderstände im Grenzzustand der Tragfähigkeit (ULS) für „weiche" und „steife" Pfähle; b) Ausschnitt der Widerstands-Setzungs-Linien im Gebrauchszustand (SLS) und Ableitung von charakteristischen Grenzkurven*

b) Nachweis der Tragfähigkeit

Für den Nachweis der Tragfähigkeit (ULS) muss die Grenzzustandsbedingung

$$F_{c,d} \leq R_{c,d}$$

eingehalten werden.

Bei unabhängig voneinander wirkenden Einzelpfählen („weiche" Pfähle):

$$F_{c,d} = F_{G,k} \cdot \gamma_G + F_{Q,rep,k} \cdot \gamma_Q = 1,500 \cdot 1,35 + 1,000 \cdot 1,50 = 3,525 \text{ MN}$$
$$R_{c,d} = R_{c,k}/\gamma_t = 4,163/1,10 = 3,785 \text{ MN}$$
$$F_{c,d} = 3,525 \text{ MN } < R_{c,d} = 3,785 \text{ MN}$$

Bei Lastverteilung durch eine starre Kopfplatte („steife" Pfähle):

$$F_{c,d} = 3,525 \text{ MN}$$
$$R_{c,d} = R_{c,k}/\gamma_t = 4,565/1,10 = 4,150 \text{ MN}$$
$$F_{c,d} = 3,525 \text{ MN} < R_{c,d} = 4,150 \text{ MN}$$

c) Nachweis der Gebrauchstauglichkeit

Bei der Ermittlung der Pfahlwiderstände R (SLS) im Grenzzustand der Gebrauchstauglichkeit muss nach 20.5.2 differenziert werden, ob geringe oder erhebliche (hier gewählt) Setzungsdifferenzen der Pfähle zu erwarten sind. In Tab. B-20.13 und Abb. B-20.11 b) wurden dazu die charakteristischen Grenzkurven im Gebrauchslastbereich aus den Messwerten der Pfahlprobebelastungen abgeleitet.

Die Vorgabe der zulässigen Setzung (z. B. aus der Tragwerksplanung) im Beispiel beträgt zul. $s_k = 2$ cm. Aus Abb. B-20.12 a) ergibt sich der Gebrauchstauglichkeitsnachweis über die Pfahlkräfte zu

$$F_d \text{ (SLS)} = F_k = 2,500 \text{ MN} < R_d \text{ (SLS)} = R_k \text{ (SLS)} = 2,7 \text{ MN}$$

Der Nachweis über den Setzungsvergleich gemäß Abb. B-20.12 b) ergibt sich zu

$$\text{vorh. } s_{k,max} = 1,8 \text{ cm} < zul.s_k = 2,0 \text{ cm}$$

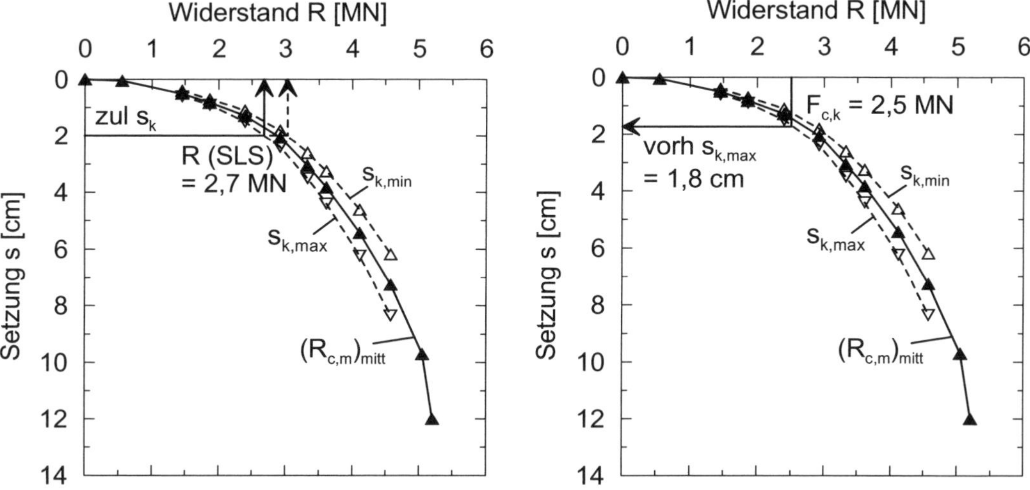

Abb. B-20.12: *a) Nachweis der Gebrauchstauglichkeit über die charakteristischen Pfahlkräfte; b) Nachweis der Gebrauchstauglichkeit über vorh. und zul. Setzungen*

B-20.6 Axiale Pfahlwiderstände aus dynamischen Probebelastungen

AUFGABENSTELLUNG

Für eine Gründung auf Stahlbetonverdrängungspfählen mit einem quadratischen Querschnitt $a_s = 0,30$ m wurden zur Bestimmung der Grenztragfähigkeit dynamische Pfahlprobebelastungen durchgeführt und an einer statischen Probebelastung von einem anderen, vergleichbaren Baufeld kalibriert. Die Auswertung nach der CASE-Formel ergab folgende Messwerte für die Pfahlwiderstände im Grenzzustand der Tragfähigkeit:

$R_{c,m,1} = 0,875$ MN; $R_{c,m,2} = 0,950$ MN; $R_{c,m,3} = 1,050$ MN; $R_{c,m,4} = 1,100$ MN; $R_{c,m,5} = 1,225$ MN

Aus den Messwerten der dynamischen Pfahlprobebelastungen sind die charakteristischen Pfahlwiderstände jeweils für „weiche“ und „starre“ Druckpfähle im Grenzzustand der Tragfähigkeit (ULS) abzuleiten.

LÖSUNG

Der charakteristische Pfahlwiderstand im Grenzzustand der Tragfähigkeit $R_{c,k}$ (ULS) ergibt sich aus dem Minimum des Mittelwertes $(R_{c,m})_{mitt}$ oder des Kleinstwertes $(R_{c,m})_{min}$ der Probebelastungsergebnisse nach 20.8.5 wie folgt.

$$R_{c,k} = \text{MIN}\left\{\frac{(R_{c,m})_{mitt}}{\xi_5}; \frac{(R_{c,m})_{min}}{\xi_6}\right\}$$

Die anzusetzenden Streuungsfaktoren ξ_5 und ξ_6 ergeben sich nach 20.8.5 aus den Grundwerten der Streuungsfaktoren $\xi_{0,5}$ und $\xi_{0,6}$, dem Erhöhungswert $\Delta\xi$ und dem Modellfaktor η_D. Bei „steifen“ Druckpfählen dürfen die Streuungsfaktoren ξ_5 und ξ_6 durch 1,1 dividiert werden.
Die Ableitung der Streuungsfaktoren ξ_5 und ξ_6 enthält Tab. B-20.15 und die Ermittlung der charakteristischen Druckpfahlwiderstände $R_{c,k}$ Tab. B-20.16.

Tab. B-20.15: *Ableitung der Streuungsfaktoren ξ_5 und ξ_6 aus den fünf dynamischen Pfahlprobebelastungen für „weiche“ bzw. „steife“ Druckpfähle*

$(R_{c,m})_{min}$	$(R_{c,m})_{mitt}$	$\xi_{0,5}$	$\xi_{0,6}$	$\Delta\xi$	η_D	weich		steif	
						ξ_5	ξ_6	ξ_5	ξ_6
[MN]	[MN]	[-]	[-]	[-]	[-]	[-]	[-]	[-]	[-]
0,875	1,040	1,50	1,35	0,10	1,00	1,60	1,45	1,45	1,32

Tab. B-20.16: *Ableitung der charakteristischen Pfahlwiderstände $R_{c,k}$ im Grenzzustand der Tragfähigkeit für „weiche“ bzw. „steife“ Druckpfähle*

weich			steif		
$(R_{c,m})_{mitt}/\xi_5$ [MN]	$(R_{c,m})_{min}/\xi_6$ [MN]	$R_{c,k}$ [MN]	$(R_{c,m})_{mitt}/\xi_5$ [MN]	$(R_{c,m})_{min}/\xi_6$ [MN]	$R_{c,k}$ [MN]
0,650	0,603	0,603	0,717	0,663	0,663

B-20.7 Ermittlung der Beanspruchung eines quer zur Pfahlachse belasteten Pfahls

AUFGABENSTELLUNG

Für den in Abb. B-20.13 dargestellten Pfahl sollen der anzusetzende Bodenwiderstand und die Bemessungswerte der Beanspruchung des Pfahles ermittelt werden. Im Einzelnen sind folgende Randbedingungen zu berücksichtigen:

Charakteristische Einwirkungen:
Ständige vertikale Einwirkung:
$F_{G,k} = 3333$ kN
Veränderliche vertikale Einwirkung:
$F_{Q,rep} = 2,000$ kN
Ständige horizontale Einwirkung:
$H_{G,k} = 600$ kN
Veränderliche horizontale Einwirkung:
$H_{Q,rep} = 400$ kN

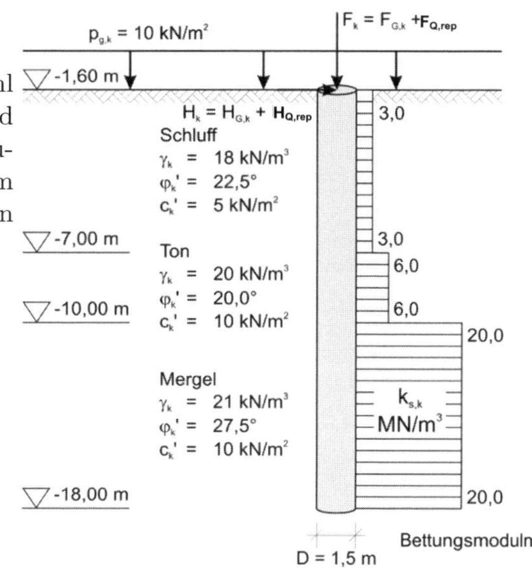

Abb. B-20.13: *System und Randbedingungen*

LÖSUNG

Die charakteristische Normalspannung $\sigma_{h,k}$ zwischen Pfahl und Boden darf nach Gl. (20.49) den im ebenen Fall berechneten Wert der charakteristischen passiven Erdwiderstandsspannung $e_{ph,k}$ nicht überschreiten.

$$\sigma_{h,k} \leq e_{ph,k}$$

Der seitliche Bodenwiderstand $B_{h,d}$ darf ebenfalls nach Gl. (20.50) nicht größer angesetzt werden, als es der Bemessungswert des räumlichen Erdwiderstandes $E^r_{ph,d}$ für den entsprechenden Teil der Einbindetiefe bis zum Drehpunkt (Verschiebungsnullpunkt) des Pfahls zulässt.

$$B_{h,d} \leq E^r_{ph,d}$$

Ermittlung der charakteristischen Schnittgrößen und Spannungen

Abb. B-20.14 b) zeigt die charakteristische mobilisierte Bettungsspannung des Pfahls aus der statischen Berechnung eines elastisch gebetteten Balkens unter Ansatz der Bettungsmoduln nach Abb. B-20.13. Die Verteilung der charakteristischen Erdwiderstandsspannung ist in Abb. B-20.14 c) dargestellt. Die charakteristischen Erdwiderstandsspannungen ergeben sich mit

$$K_{pgh} = \tan^2(45 + 22,5/2) = 2,24$$

in der oberen Bodenschicht zu:

$$\text{Kote –1,60 m: } e_{ph,k} = 10,0 \cdot 2,24 + 2 \cdot 5 \cdot \sqrt{2,24} = 37,4 \text{ kN/m}^2$$
$$\text{Kote –7,00 m: } e_{ph,k} = 18,0 \cdot 5,4 \cdot 2,24 + 37,4 = 255,1 \text{ kN/m}^2$$

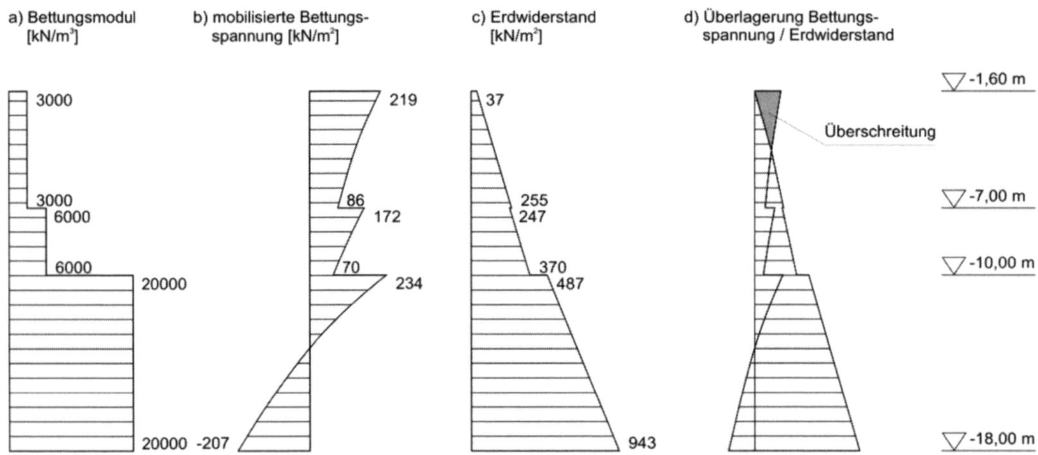

Abb. B-20.14: *a) Verteilung der Bettungsmoduln; b) charakteristische mobilisierte Bettungsspannung aus statischer Berechnung; c) charakteristischer ebener Erdwiderstand; d) Überlagerung von Bettungsspannung und Erdwiderstand*

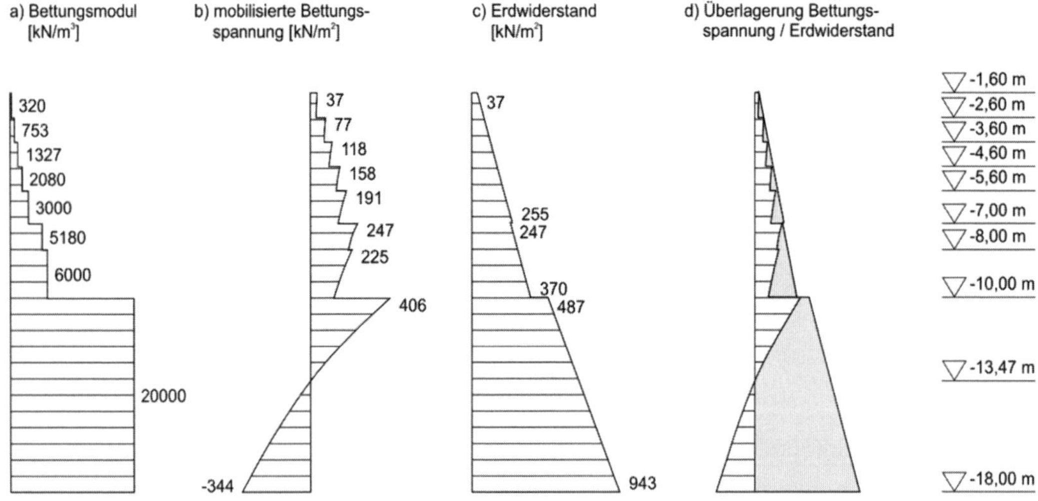

Abb. B-20.15: *a) Angepasste Verteilung der Bettungsmoduln; b) charakteristische mobilisierte Bettungsspannung aus statischer Berechnung; c) charakteristischer ebener Erdwiderstand; d) Überlagerung von Bettungsspannung und Erdwiderstand*

Die Verteilung der gesamten charakteristischen ebenen Erdwiderstandsspannung ist in Abb. B-20.14 c) gerundet dargestellt. Da die charakteristischen Normalspannungen $\sigma_{h,k}$ aus Abb. B-20.14 b) größer als die charakteristischen Erdwiderstandsspannungen $e_{ph,k}$ aus Abb. B-20.14 c) sind, ist der Ansatz für die Verteilung der Bettungsmoduln zu modifizieren. Dies geschieht iterativ. Abb. B-20.15 a) zeigt die neu gewählten, im oberen Pfahlbereich abgeminderten Bettungsmoduln, die für die weitere Bemessung angesetzt werden.

In Abb. B-20.15 b) ist die charakteristische Normalspannung $\sigma_{h,k}$ vor dem Pfahl unter Ansatz der modifizierten Bettungsmoduln nach Abb. B-20.15 a) dargestellt. Die Werte der charakteristischen Normalspannungen $\sigma_{h,k}$ liegen jetzt unter den Werten der charakteristischen Erdwiderstandsspannungen $e_{ph,k}$, siehe Abb. B-20.15 d).

Bei der Ermittlung der Schnittgrößen und Spannungen ist nachzuweisen, dass der seitliche Bodenwiderstand nicht größer angesetzt worden ist, als es der Bemessungswert des Erdwiderstandes bis zum Drehpunkt (Verschiebungsnullpunkt) zulässt. Im Zuge der Ermittlung der Schnittgrößen und Spannungen ist daher nachzuweisen, dass der Bemessungswert des resultierenden seitlichen Bodenwiderstands $B_{h,d}$ kleiner als der Bemessungswert der räumlichen Erdwiderstandskraft $E^r_{ph,d}$ bis zum charakteristischen Drehpunkt (Verschiebungsnullpunkt) ist.

Der seitliche Bodenwiderstand ergibt sich durch Integration der mobilisierten Bettungsspannung vom Pfahlkopf bis zum Drehpunkt (Verschiebungsnullpunkt), der nach Balkenberechnung in einer Tiefe bei Kote –13,47 m bestimmt wird. Aus der Integration der Spannungsflächen nach Abb. B-20.15 b) ergeben sich die charakteristischen Bodenwiderstandskräfte zu:

$$B_{hg,k} = 1091 \text{ kN}$$
$$B_{hq,rep} = 727 \text{ kN}$$

Der Bemessungswert des Bodenwiderstandes beträgt somit

$$B_{h,d} = \gamma_G \cdot B_{hg,k} + \gamma_Q \cdot B_{hq,rep} = 1,35 \cdot 1091 + 1,5 \cdot 727 = 2563 \text{ kN}$$

Der räumliche Erdwiderstand E^r_{pgh} infolge des Bodeneigengewichtes berechnet sich nach DIN 4085. Hierbei ist zu beachten, dass sich der gekrümmte Verlauf des Erdwiderstandes aus der Ableitung der räumlichen Erddruckspannung ergibt. Dafür ist der Formbeiwert μ^{res}_{pgh} mit abzuleiten, welches im Folgenden nicht dargestellt ist.

1. Schicht mit $h = 5,4$ m

$$D = 1,5\,\text{m} \leq 0,3 \cdot h = 0,3 \cdot 5,4 = 1,62\,\text{m}$$

aus Bodeneigengewicht

$$\begin{aligned} E^r_{pgh,1} &= \frac{1}{2} \cdot \gamma \cdot K_{pgh} \cdot h^2 \cdot \mu^{res}_{pgh} \\ &= \frac{1}{2} \cdot 18 \cdot 2,2398 \cdot 5,4^2 \cdot 0,55 \cdot (1 + 2 \cdot \tan 22,5) \cdot \sqrt{\frac{5,4}{1,5}} \\ &= 1121,58\,\text{kN/m} \end{aligned}$$

aus Auflast

$$\begin{aligned}E^r_{pph,1} &= p \cdot K_{pph} \cdot h \cdot \mu^{res}_{pph} \\ &= 10 \cdot 2,2398 \cdot 5,4 \cdot 0,55 \cdot (1 + 2 \cdot \tan 22,5) \cdot \sqrt{\frac{5,4}{1,5}} \\ &= 230,78\,\text{kN/m}\end{aligned}$$

aus Kohäsion

$$\begin{aligned}E^r_{pch,1} &= c \cdot K_{pch} \cdot h \cdot \mu^{res}_{pch} \\ &= 5 \cdot 2,9932 \cdot 5,4 \cdot 1,1 \cdot (1 + 0,75 \cdot \tan 22,5) \cdot \sqrt{\frac{5,4}{1,5}} \\ &= 221,07\,\text{kN/m}\end{aligned}$$

2. Schicht mit $h_u = 8,4$ m und $h_o = 5,4$ m
Berücksichtigung des Bodeneigengewichtes der oberen Schluffschicht (1. Schicht) geschieht wie folgt:

$$h_z = \frac{\sum \gamma \cdot h}{\gamma} - \sum h_o = \frac{18 \cdot 5,4}{20} - 5,4 = -0,54\,\text{m}$$

Die wirksame Erdwiderstandskraft infolge Bodeneigenlast in der 2. Schicht wird wie folgt gebildet:

$$\begin{aligned}E^r_{pgh,2} &= E^r_{pgh,2,u} - E^r_{pgh,2,o} \\ &= \frac{1}{2} \cdot \gamma \cdot K_{pgh} \cdot \left(h_u^2 \cdot \mu^{res}_{pgh,u} - h_o^2 \cdot \mu^{res}_{pgh,o}\right) \\ &= \frac{1}{2} \cdot 20 \cdot 2,0396 \cdot \left[8,4^2 \cdot \sqrt{\frac{8,4}{1,5}} \cdot (1 + 2 \cdot \tan 20) \cdot \left(0,55 + \frac{11}{12} \cdot \frac{-0,54}{8,4}\right)\right. \\ &\quad \left. - 5,4^2 \cdot \sqrt{\frac{5,4}{1,5}} \cdot (1 + 2 \cdot \tan 20) \cdot \left(0,55 + \frac{11}{12} \cdot \frac{-0,54}{5,4}\right)\right] \\ &= 1996,11\,\text{kN/m}\end{aligned}$$

aus Auflast

$$\begin{aligned}E^r_{pph,2} &= p \cdot K_{pph} \cdot \left(h_u \cdot \mu^{res}_{pph,u} - h_o \cdot \mu^{res}_{pph,o}\right) \\ &= 10 \cdot 2,0396 \cdot \left[8,4 \cdot 0,55 \cdot (1 + 2 \cdot \tan 20) \cdot \sqrt{\frac{8,4}{1,5}}\right. \\ &\quad \left. - 5,4 \cdot 0,55 \cdot (1 + 2 \cdot \tan 20) \cdot \sqrt{\frac{5,4}{1,5}}\right] \\ &= 186,71\,\text{kN/m}\end{aligned}$$

aus Kohäsion

$$\begin{aligned}E^r_{pch,2} &= c \cdot K_{pch} \cdot \left(h_u \cdot \mu^{res}_{pch,u} - h_o \cdot \mu^{res}_{pch,o}\right)\\ &= 10 \cdot 2,8563 \cdot \left[8,4 \cdot 1,1 \cdot (1 + 0,75 \cdot \tan 20) \cdot \sqrt{\frac{8,4}{1,5}}\right.\\ &\quad \left. - 5,4 \cdot 1,1 \cdot (1 + 0,75 \cdot \tan 20) \cdot \sqrt{\frac{5,4}{1,5}}\right]\\ &= 385,25\,\mathrm{kN/m}\end{aligned}$$

Für die 3. Schicht wird verfahren wie für die 2. Bodenschicht.

Die zusätzliche Höhe h_z wird berechnet zu

$$h_z = \frac{18 \cdot 5,4 + 3 \cdot 20}{21} - 8,4 = -0,914\,\mathrm{m}$$

Die räumliche Erdwiderstandskraft für die 3. Bodenschicht ergibt sich zu

$$\begin{aligned}E^r_{pgh,3} &= 6683,73\,\mathrm{kN/m}\\ E^r_{pph,3} &= 411,97\,\mathrm{kN/m}\\ E^r_{pch,3} &= 681,19\,\mathrm{kN/m}\end{aligned}$$

Die gesamte Erdwiderstandskraft aller drei Bodenschichten wird aufsummiert zu

$$E^r_{ph} = 11918,39\,\mathrm{kN/m}$$

Bezogen auf den Pfahldurchmesser $D = 1,5\,\mathrm{m}$ ergibt sich die passive räumliche Erdwiderstandskraft zu

$$E^r_{ph,k} = 11918,39 \cdot 1,5 = 17877,59\,\mathrm{kN}$$

Anschließend erfolgt die Ermittlung des Bemessungswertes

$$E^r_{ph,d} = \frac{E^r_{ph,k}}{\gamma_{R,e}} = \frac{17877,59}{1,4} = 12769,70\,\mathrm{kN}$$

und der Nachweis, dass der räumliche Erdwiderstand nicht überschritten wird.

$$\frac{B_{h,d}}{E^r_{ph,d}} = \frac{2563}{12770} = 0,20 \leq 1,0$$

Bemessungswerte der Schnittgrößen

Die Bemessungswerte der Schnittgrößen ergeben sich mit den Teilsicherheitsbeiwerten für den Grenzzustand im Tragwerk und im Baugrund (STR und GEO-2) nach *Handbuch Eurocode 7-1 (2015)*, siehe auch Anhang A-10. Die Einwirkungen werden der ständigen Bemessungssituation BS-P zugeordnet.

Der Bemessungswert der Normalkraft ergibt sich zu

$$N_{Ed} = \gamma_G \cdot N_{Ek,G} + \gamma_Q \cdot N_{Ek,Q,rep} = 1,35 \cdot 3333 + 1,5 \cdot 2000 = 7500 \text{ kN}$$

Wirkt die veränderliche Last günstig, so beträgt der Bemessungswert

$$N_{Ed,fav} = \gamma_G \cdot N_{Ek,G} + \gamma_Q \cdot N_{Ek,Q,rep} = 1,35 \cdot 3333 + 0 \cdot 2000 = 4500 \text{ kN}$$

Der Bemessungswert der Querkraft beträgt

$$V_{Ed} = \gamma_G \cdot V_{Ek,G} + \gamma_Q \cdot V_{Ek,Q,rep} = 1,35 \cdot 600 + 1,5 \cdot 400 = 1410 \text{ kN}$$

Der Bemessungswert des Biegemomentes beträgt

$$M_{Ed} = \gamma_G \cdot M_{Ek,G} + \gamma_Q \cdot M_{Ek,Q,rep} = 1,35 \cdot 2728 + 1,5 \cdot 1819 = 6411 \text{ kNm}$$

Abb. B-20.16 und Abb. B-20.17 zeigen die Verteilung der Bemessungswerte der Schnittgrößen mit abgemindertem Bettungsmodul, die anschließend für die Materialnachweise anzusetzen sind.

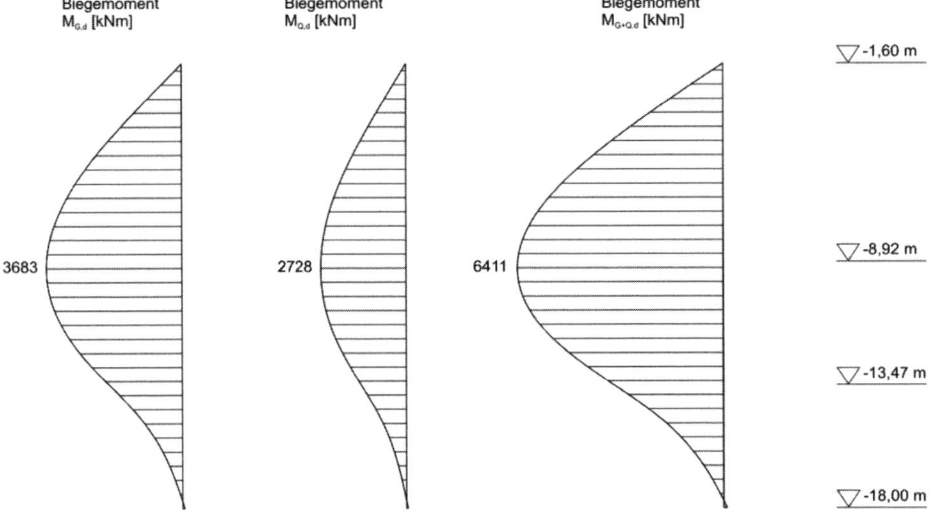

Abb. B-20.16: *Bemessungswerte der Biegemomente für die Pfahlbemessung (Materialnachweise)*

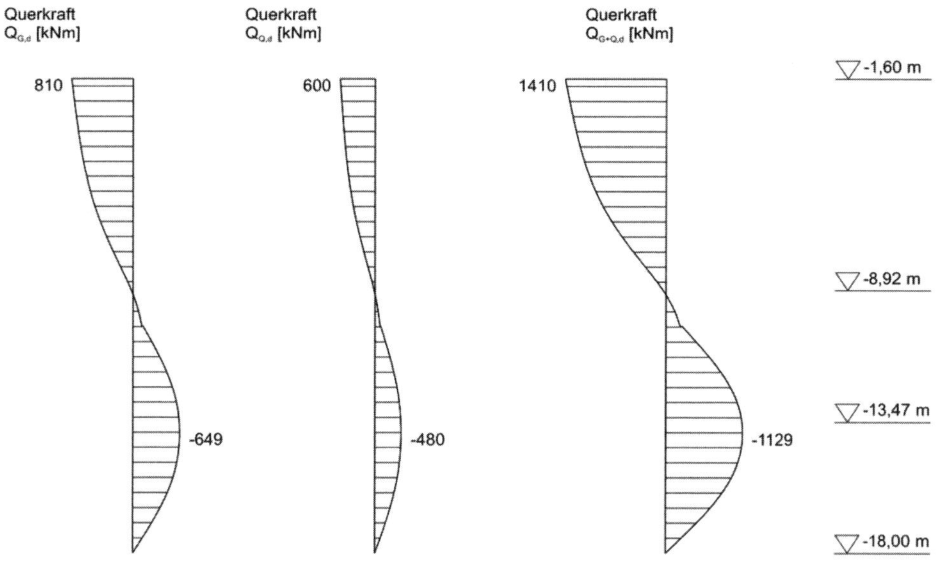

Abb. B-20.17: *Bemessungswerte der Querkräfte für die Pfahlbemessung (Materialnachweise)*

B-20.8 Negative Mantelreibung bei einem Verdrängungspfahl infolge Geländeaufschüttung

AUFGABENSTELLUNG

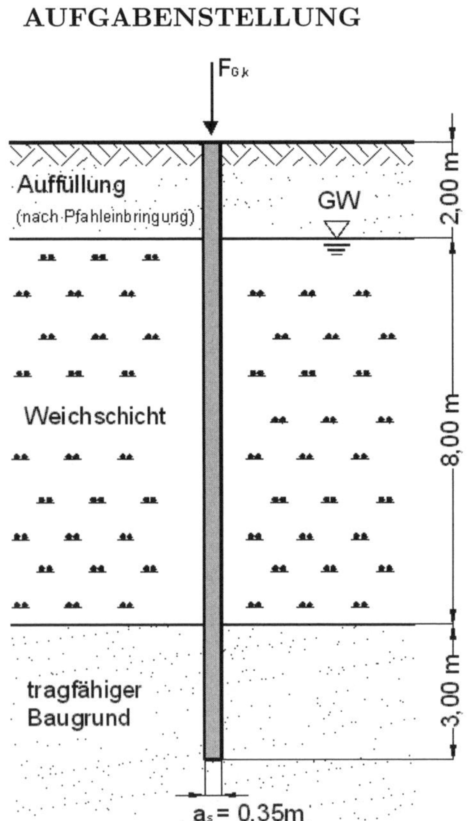

Abb. B-20.18: *System- und Baugrundbedingungen*

Für einen quadratischen Fertigteilverdrängungspfahl aus Stahlbeton mit einer Kantenlänge $a_s = 0,35$ m und einer ständigen Einwirkung $F_{G,k} = 450$ kN aus Bauwerkslast ist der Nachweis der Tragfähigkeit und Gebrauchstauglichkeit zu führen. Die Ergebnisse einer statischen Pfahlprobebelastung liegen entsprechend Abb. B-20.19 und Tab. B-20.18 vor. Aus einer Setzungsberechnung ist bekannt, dass sich die Weichschicht unter der als unendlich ausgedehnt angenommenen Aufschüttung um 5 cm setzen wird. Die Setzungen im tragfähigen Baugrund aus der Aufschüttung können vernachlässigt werden. Im Grenzzustand der Gebrauchstauglichkeit SLS ist eine maximale Pfahlkopfsetzung von zul. $s_2 = 0,5$ cm zulässig, die im vorliegenden Fall mit einem unteren Grenzwert (10 % Quantil) der charakteristischen WSL im Gebrauchszustand zu vergleichen ist. Der Pfahl wird als starr angenommen.

Tab. B-20.17: *Charakteristische Bodenkenngrößen*

Schicht	Bodenkenngrößen
Aufschüttung (Sand)	$\varphi'_k = 30°$ $\gamma_k = 16$ kN/m³
Weichschicht	$c_{u,k} = 35$ kN/m²

LÖSUNG

Bestimmung der charakteristischen Widerstands-Setzungs-Linie

Der charakteristische Pfahlwiderstand im Grenzzustand der Tragfähigkeit $R_{c,k}$ (ULS) ergibt sich aus dem Messwert $R_{c,m}$ der Pfahlprobebelastung nach 20.7.2 wie folgt

$$R_{c,k} = \frac{R_{c,m}}{\xi_1}$$

mit dem Streuungsfaktor $\xi_1 = 1,35$. Die darin angegebenen Streuungsfaktoren sind für „weiche“ Druckpfähle gültig, was bei einem Einzelpfahltragverhalten, wie hier vorausgesetzt, anzuwenden ist.

Im Bereich kleiner Pfahlsetzungen wurden nach 20.5.2, Gl. (20.6), als Grundlage für den Gebrauchstauglichkeitsnachweis charakteristische Grenzlinien mit einem κ-Wert in Anlehnung an *Kempfert/Moormann (2018)* von $\kappa = 0,15$ näherungsweise angewandt auf die Messwerte im Gebrauchszustand abgeleitet.

Anmerkung: Das hier gewählte Verfahren der charakteristischen Grenzlinien im Gebrauchslastbereich stellt nur eine Möglichkeit dar. Andere begründete Vorgehensweisen sind ebenfalls möglich.

Tab. B-20.18 und Abb. B-20.19 zeigen die Ergebnisse zur Ermittlung von $R_{c,k}$ (SLS) und $R_{c,k} = R_{c,k}$ (ULS). Im Grenzzustand der Tragfähigkeit (ULS) ist für die Pfahlkopfsetzung $s_{ult} = s_g = 0,10 \cdot D_b$ anzusetzen, sofern keine anderen Kriterien gewählt werden. Für den quadratischen Pfahl ergibt sich ein äquivalenter Ersatzpfahldurchmesser von $D_{eq} = 39,5\,\text{cm}$ = 0,395 m.

$$s_{ult} = s_g = 0,10 \cdot 39,5 = 3,95 \text{ cm} \approx 4 \text{ cm}$$

Der charakteristische Pfahlwiderstand im Grenzzustand der Tragfähigkeit (ULS) beträgt damit nach Tab. B-20.18

$$R_{c,k} = 1176 \text{ kN}$$

Im Grenzzustand der Gebrauchstauglichkeit ergibt sich der charakteristische Pfahlwiderstand $R_{c,k}$ (SLS) für zul. $s = 0,5$ cm nach Abb. B-20.19 und Tab. B-20.18 zu

$$R_{c,k} \text{ (SLS)} = 850 \text{ kN}$$

Tab. B-20.18: *Pfahlprobebelastungsergebnis und Ableitung der charakteristischen Pfahlwiderstände*

s [cm]	$R_{c,m}$ [kN]	κ [-]	$R_{c,k}$ [kN]
0,0	0	-	0
0,5	978	0,15	$R_{c,k}$ (SLS) = 850
1,0	1198	0,15	1042
1,5	1320		
2,0	1410		
3,0	1532	ξ_1	-
$s_g \approx 4,0$	1587	1,35	$R_{c,k} = 1176$

Für die vorhandene charakteristische Einwirkung auf den Pfahl aus Bauwerkslast im Grenzzustand der Gebrauchstauglichkeit (SLS) von $F_{G,k} = 450$ kN ergibt sich aus der charakteristischen WSL eine Setzung von vorh. $s_k \approx 0,3$ cm.

Anmerkung: Es wird näherungsweise vorausgesetzt, dass die Pfahlwiderstände aus der Pfahlprobebelastung nur aus dem tragfähigen Baugrund resultieren und die darüberliegenden Schichten keinen Beitrag liefern.

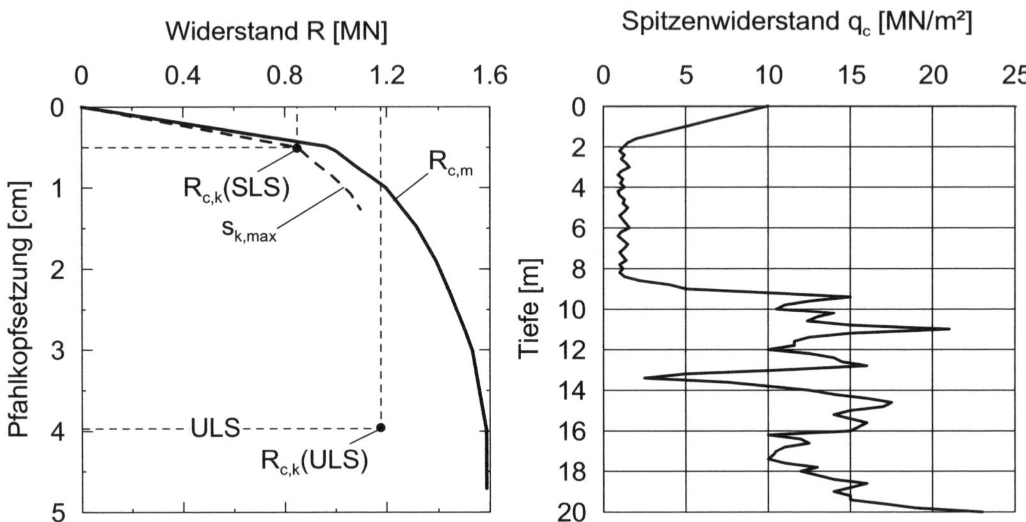

Abb. B-20.19: *Ergebnisse einer Pfahlprobebelastung und einer Drucksondierung sowie die abgeleitete charakteristische Widerstands-Setzungs-Linie*

Bestimmung der charakteristischen Einwirkungen $F_{n,k}$ aus negativer Mantelreibung

In Abb. B-20.20 sind die Setzungen des Pfahls unter der Beanspruchung $F_{G,k}$ für den Grenzzustand der Tragfähigkeit und der Gebrauchstauglichkeit den Setzungen der Weichschicht gegenübergestellt.

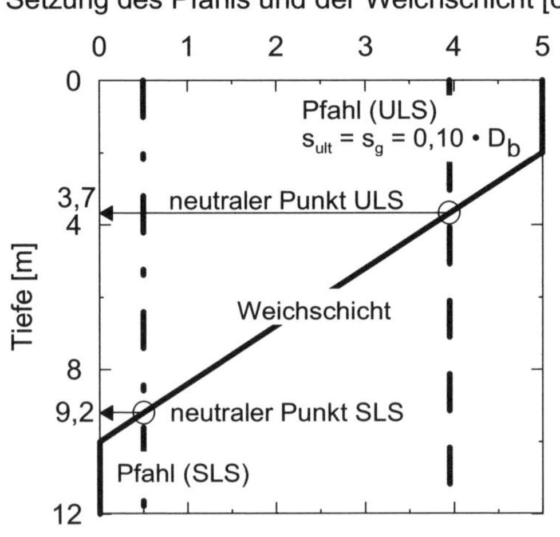

Abb. B-20.20: *Ermittlung der neutralen Punkte aus den Setzungen des Pfahls und der Weichschicht für die Grenzzustände ULS und SLS*

Im Grenzzustand der Tragfähigkeit (ULS) befindet sich der neutrale Punkt 3,7 m unter der Geländeoberfläche innerhalb der Weichschicht. Für die Weichschicht bzw. für die

Aufschüttung werden die charakteristischen Einwirkungen aus negativer Mantelreibung in Tab. B-20.20 ermittelt.

Tab. B-20.19: *Einwirkungen aus negativer Mantelreibung im Grenzzustand ULS*

Tiefe [m]	d_i [m]	$A_{s,i}$ [m²]	$\tau_{n,k,i}$ [kN/m²]	$F_{n,k,i}$ [kN]
0,00	2,00	2,80	0,0	12,9
2,00			9,2	
2,00	1,70	2,38	35,0	83,3
3,70				
				$F_{n,k,ULS} = 96,2$ kN

Für den Grenzzustand der Gebrauchstauglichkeit liegt der neutrale Punkt nach Bestimmung der vorhandenen Setzung von $s \approx 0,3$ cm abweichend von Abb. B-20.20 (dort neutraler Punkt für $s \approx 0,5$ cm bestimmt; Differenz wird hier vernachlässigt) in einer Tiefe von 9,5 m unter der Geländeoberfläche. Die charakteristischen Einwirkungen aus negativer Mantelreibung werden in Tab. B-20.20 für den Grenzzustand SLS ermittelt.

Tab. B-20.20: *Einwirkungen aus negativer Mantelreibung im Grenzzustand SLS*

Tiefe [m]	d_i [m]	$A_{s,i}$ [m²]	$\tau_{n,k,i}$ [kN/m²]	$F_{n,k,i}$ [kN]
0,00	2,00	2,80	0,0	12,9
2,00			9,2	
2,00	7,50	10,50	35,0	367,5
9,50				
				$F_{n,k,ULS} = 380,4$ kN

Nachweis der Tragfähigkeit

Für den Nachweis der Tragfähigkeit im Grenzzustand ULS muss die Grenzzustandsbedingung

$$F_{c,d} \leq R_{c,d}$$

eingehalten sein. Die negative Mantelreibung wird hier als ständige Einwirkung in der Bemessungssituation BS-P angesetzt.

$$F_{c,d} = (F_{G,k} + F_{n,k,ULS}) \cdot \gamma_G = 450,0 \cdot 1,35 + 96,2 \cdot 1,35 = 737,4 \text{ kN}$$
$$R_{c,d} = R_{c,k}/\gamma_t = 1176,0/1,10 = 1069,1 \text{ kN}$$
$$F_{c,d} = 737,4 \text{ kN } < R_{c,d} = 1069,1 \text{ kN}$$

Nachweis der Gebrauchstauglichkeit

Im Grenzzustand der Gebrauchstauglichkeit (SLS) muss die Grenzzustandsbedingung

$$F_{c,d}\ (\text{SLS}) \leq R_{c,d}\ (\text{SLS})$$

eingehalten sein.

$$F_{c,d}\ (\text{SLS}) = F_{c,k} = F_{G,k} + F_{n,k,SLS} = 450,0 + 380,4 = 830,4\ \text{kN}$$
$$R_{c,d}\ (\text{SLS}) = R_{c,k}\ (\text{SLS}) = 850,0\ \text{kN}$$
$$F_{c,d}\ (\text{SLS}) = 830,4\ \text{kN}\ < R_{c,d}\ (\text{SLS}) = 850,0\ \text{kN}$$

Anmerkung: Die zugrunde gelegten Pfahlsetzungen s (SLS) und $s_{ult} = s_g$ infolge Bauwerkslasten werden besonders bezüglich s (SLS) durch die charakteristische Pfahlbeanspruchung aus negativer Mantelreibung noch etwas erhöht. Auf eine Iteration kann i. d. R. verzichtet werden, da die hier gezeigte Vorgehensweise unter Ansatz von s (SLS) $\approx 0,3$ cm (ohne negative Mantelreibung) auf der sicheren Seite liegt und i. d. R. zur ungünstigsten charakteristischen Pfahlbeanspruchung $F_{c,k}$ infolge der größten Tiefenlage des neutralen Punktes im Grenzzustand SLS führt.

Nachweis der inneren Pfahltragfähigkeit (Materialversagen)

Für den Nachweis der inneren Pfahltragfähigkeit (Materialversagen) ergibt sich die größte Beanspruchung in der Tiefe des neutralen Punktes im Grenzzustand SLS mit

vorh. $F_{c,k}$ (SLS) $= F_{G,k} + F_{n,k,SLS} = F_k$
(für den Nachweis innere Pfahlbemessung).

Mit dieser Beanspruchung $F_k = F_{G,k} + F_{n,k,SLS}$ ist dann die innere Pfahlbemessung (Materialversagen des Pfahlbaustoffs) im Grenzzustand der Tragfähigkeit zu führen.

B-20.9 Negative Mantelreibung bei einem Bohrpfahl mit Grundwasserabsenkung

AUFGABENSTELLUNG

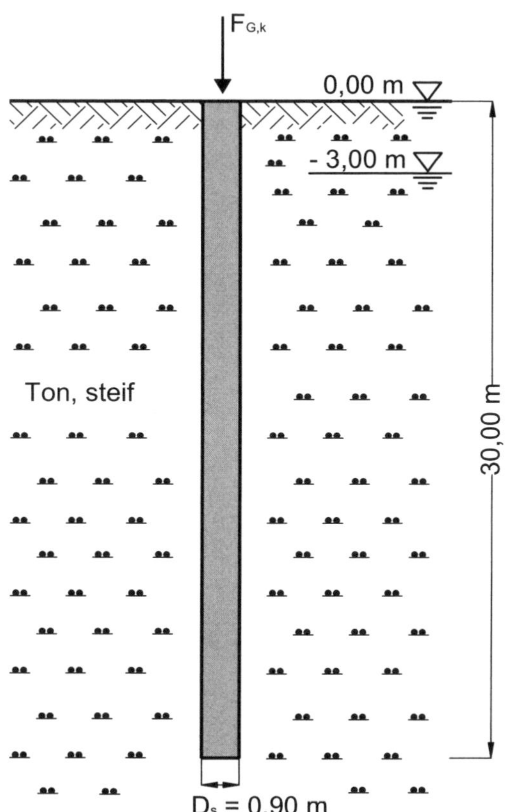

Abb. B-20.21: *System- und Baugrundbedingungen*

Tab. B-20.21: *Charakteristische Bodenkenngrößen*

Schicht	Bodenkenngrößen
Ton, steif	$\gamma_k/\gamma'_k = 19/9$ kN/m³ $c_{u,k} = 120$ kN/m² $E_{s,k} = 15$ MN/m²

Für einen Bohrpfahl ohne Fußaufweitung mit einem Pfahlschaftdurchmesser $D_s = 0,90$ m und einer ständigen Einwirkung $F_{G,k} = 1$ MN sind die Nachweise im Grenzzustand ULS und SLS zu führen. In Folge einer späteren Grundwasserabsenkung sinkt der Grundwasserspiegel um 3,00 m.

Die Pfahlwiderstände dürfen auf Grundlage von Erfahrungswerten (10 % Quantil) ermittelt werden.

LÖSUNG

Setzungsberechnung

Die Setzung des Bodens für eine Grundwasserabsenkung um 3,00 m wird über den Ansatz

$$\sum s_i = (d_i \cdot \sigma_{z,m,i})/E_{s,k,i}$$

unter Berücksichtigung einer Grenztiefe t_{grenz} bei 0,2 der Überlagerungsspannung $\sigma_{ü}$ in Tab. B-20.22 bestimmt.

Tab. B-20.22: *Setzung infolge Grundwasserabsenkung um 3,00 m*

Kote [m]	$\sigma_{ü}$ [kN/m²]	$0,2 \cdot \sigma_{ü}$ [kN/m²]	σ_z [kN/m²]	$\sigma_{z,m,i}$ [kN/m²]	$E_{s,k,i}$ [MN/m²]	s_i [mm]
0,00	0,0	0,0	0,0			
				15,0	15	3,0
3,00	57,0	11,4	30,0			
				30,0	15	4,0
5,00	75,0	15,0	30,0			
				30,0	15	4,0
7,00	93,0	18,6	30,0			
				30,0	15	4,0
9,00	111,0	22,2	30,0			
				30,0	15	4,0
11,00	129,0	25,8	30,0			
				30,0	15	4,0
13,00	147,0	29,4	30,0			
$t_{grenz} \approx 13,0$ m						$\sum s_i = 23,0$ mm

Ermittlung der charakteristischen Widerstands-Setzungs-Linie und Bestimmung der Tiefenlage des neutralen Punktes

In der Tab. B-20.23 ist die charakteristische Widerstands-Setzungs-Linie aus den Erfahrungswerten der Tab. 20.3 und 20.4 abgeleitet worden und in Abb. B-20.22 dargestellt.

Tab. B-20.23: *Charakteristische Pfahlwiderstände in Abhängigkeit von der Pfahlkopfsetzung*

s/D [-]	s [cm]	$q_{s,k}$ [MN/m²]	$R_{s,k}$ [MN]	$q_{b,k}$ [MN/m²]	$R_{b,k}$ [MN]	R_k [MN]
0,02	1,80		2,770	0,45	0,286	3,056
s_{sg}	2,32	0,043	3,647		0,327	3,974
0,03	2,70	0,043	3,647	0,55	0,350	3,997
0,10	9,00	0,043	3,647	0,96	0,611	4,258

Aus dem Bruchwert für den Pfahlmantelwiderstand $R_{s,k}$ wird die Setzung für die Mantelreibung s_{sg} in [cm] mit $R_{s,k}$ in [MN] nach Gl. (20.8) ermittelt:

$$s_{sg} = 0,50 \cdot R_{s,k} + 0,50$$

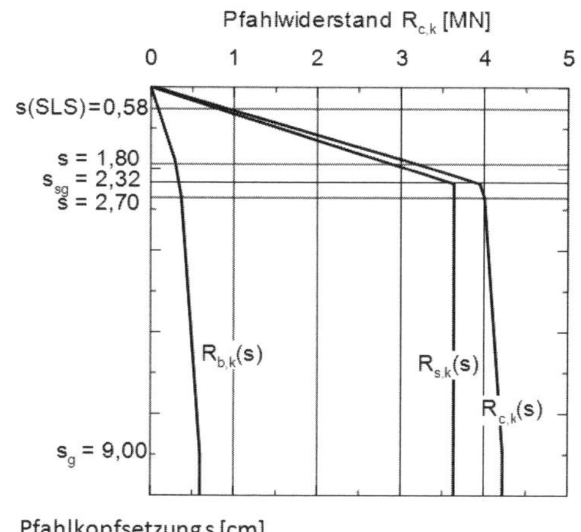

Abb. B-20.22: *Charakteristische Widerstands-Setzungs-Linie; Setzung unter $F_{G,k} = 1,0$ MN*

Mit den Zahlenwerten des Berechnungsbeispiels ergibt sich dann für die Pfahlkopfsetzung

$$s_{sg} = 0,50 \cdot 3,647 + 0,50 = 2,32 \text{ cm}$$

Die maximale Setzung des Pfahls im Grenzzustand SLS ergibt sich aus der Konstruktion der charakteristischen Widerstands-Setzungs-Linie in Tab. B-20.23 bzw. Abb. B-20.22 zu 0,58 cm. Im Grenzzustand ULS wird für die Setzung $s_g = s_{ult}$ der Ansatz $0,1 \cdot D_b$ gewählt.

$$s_g = 0,1 \cdot 90 = 9,0 \text{ cm}$$

Aus der Gegenüberstellung der Setzungen des Pfahls und des Bodens ergibt sich nach Abb. B-20.23 die jeweilige Lage des neutralen Punktes im Grenzzustand ULS und SLS.

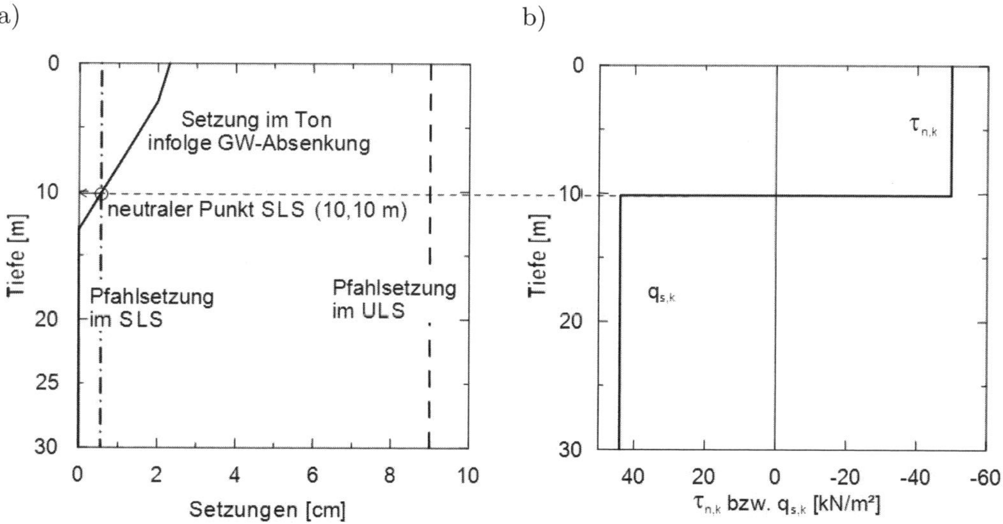

Abb. B-20.23: *a) Ermittlung des neutralen Punktes aus den Setzungen des Pfahls und der Tonschicht für die Grenzzustände ULS und SLS;*
b) vereinfachter Ansatz der positiven und negativen Mantelreibung im SLS

Bestimmung der charakteristischen Pfahlwiderstände

Es folgt $R_{b,k}$ aus Interpolation in Tab. B-20.24.

Die positive Mantelreibung errechnet sich in Tab. B-20.25. Im Grenzzustand ULS wirkt nach Abb. B-20.23 entlang des gesamten Pfahlschaftes volle positive Mantelreibung, sofern die Setzungsdifferenz zwischen Pfahlsetzung und Setzungen aus der Grundwasserabsenkung $\geq s_{sg} = 0,50 \cdot R_{s,k} + 0,50 \leq 3$ cm ist, was hier vorliegt.

Tab. B-20.24: *Pfahlfußwiderstand* $R_{b,k}$

Grenzzustand	s/D_s [-]	$R_{b,k}$ [MN]
ULS	9,00 / 90 = 0,100	0,611
SLS	0,58 / 90 = 0,006	0,086

Im Grenzzustand SLS wirkt nur unterhalb des neutralen Punktes ab einer Tiefe von 10,10 m positive Mantelreibung. Vereinfachend wird angenommen, dass die positive Mantelreibung unterhalb und oberhalb des neutralen Punktes die negative Mantelreibung voll aktiviert, da diese Vereinfachung sich weitgehend gegenseitig kompensiert.

Die Vereinfachung liegt auf der sicheren Seite, da bei der Betrachtung nicht berücksichtigt wird, dass sich der Pfahl unter der Einwirkung der negativen Mantelreibung weiter setzt, sich somit der neutrale Punkt nach oben verlagert und die Einwirkung aus negativer Mantelreibung damit verringert wird. Weiterhin nimmt der Pfahlfußwiderstand infolge der größeren Setzungen im Grenzzustand SLS zu. Eine genauere Betrachtung kann erfolgen, indem die Tiefe des neutralen Punktes und die tatsächliche Reibungsaktivierung iterativ bestimmt werden.

Tab. B-20.25: *Pfahlwiderstand aus positiver Mantelreibung* $R_{s,k}$ *im Grenzzustand ULS*

Kote [m]	d [m]	A_s [m²]	$q_{s,k}$ [MN/m²]	$R_{s,k}$ [MN]
0,0 bis 30,0	30,0	84,82	0,043	3,647

Im Grenzzustand ULS beträgt die minimale Setzungsdifferenz $9,0 - 2,3 = 6,7$ cm, sodass die positive Mantelreibung voll aktiviert ist, vgl. Abb. B-20.23.

Im Grenzzustand SLS wird, wie erläutert, vereinfacht von einer vollen Aktivierung der positiven Mantelreibung $R_{s,k}$ unterhalb des neutralen Punktes ausgegangen.

Tab. B-20.26: *Pfahlwiderstand aus positiver Mantelreibung* $R_{s,k}$ *im Grenzzustand SLS*

Kote [m]	d [m]	A_s [m²]	$q_{s,k}$ [MN/m²]	$R_{s,k}$ [MN]
10,10	19,90	56,27	0,043	2,420
30,00				

Der charakteristische Pfahlwiderstand beträgt somit im Grenzzustand ULS

$$R_{c,k}\ (\text{ULS}) = 0,611 + 3,647 = 4,258\ \text{MN}$$

und im Grenzzustand SLS

$$R_{c,k}\ (\text{SLS}) = 0,086 + 2,420 = 2,506\ \text{MN}$$

Einwirkungen aus negativer Mantelreibung $F_{n,k}$

Im Grenzzustand ULS ist die Setzung des Pfahls nach Abb. B-20.23 größer als die Setzung des Geländes. Somit treten Einwirkungen aus negativer Mantelreibung $F_{n,k}$ nur im Grenzzustand SLS auf.

Der Sachverständige für Geotechnik möge im Bodengutachten festgelegt haben, dass eine negative Mantelreibung von $\tau_{n,k} = 50,0$ kN/m^2 vorliegt. Damit ergibt sich die charakteristische Einwirkung $F_{n,k}$ nach Tab. B-20.27, wobei von einer vollständigen Aktivierung der negativen Mantelreibung oberhalb des neutralen Punktes ausgegangen wird.

Tab. B-20.27: *Einwirkung aus negativer Mantelreibung $F_{n,k}$ im Grenzzustand SLS*

Kote [m]	d [m]	A_s [m^2]	$\tau_{n,k}$ [MN/m^2]	$F_{n,k}$ [MN]
0,00	10,10	28,56	0,050	1,428
10,10				

Nachweis der Tragfähigkeit

Für den Nachweis im Grenzzustand ULS muss die Grenzzustandsbedingung

$$F_{c,d} \leq R_{c,d} \text{ (ULS)}$$

eingehalten sein.

$$F_{c,d} = F_{G,k} \cdot \gamma_G = 1,000 \cdot 1,35 = 1,350 \text{ MN}$$
$$R_{c,d} \text{ (ULS)} = R_{c,k}/\gamma_P = 4,258/1,40 = 3,041 \text{ MN}$$
$$F_{c,d} = 1,350 \text{ MN} \leq R_{c,d} = 3,041 \text{ MN}$$

Nachweis der Gebrauchstauglichkeit

Im Grenzzustand der Gebrauchstauglichkeit SLS muss die Grenzzustandsbedingung

$$F_{c,d} \text{ (SLS)} \leq R_{c,d} \text{ (SLS)}$$

eingehalten sein.

$$F_{c,d} \text{ (SLS)} = F_{G,k} + F_{n,k} = 1,000 + 1,428 = 2,428 \text{ MN}$$
$$R_{c,d} \text{ (SLS)} = R_{c,k} \text{ (SLS)} = 2,506 \text{ MN}$$
$$F_{c,d} \text{ (SLS)} = 2,428 \text{ kN} \leq R_{c,d} \text{ (SLS)} = 2,506 \text{ MN}$$

B-20.10 Auf Seitendruck beanspruchte Pfähle

AUFGABENSTELLUNG

In Abb. B-20.24 ist ein Brückenwiderlager gegründet auf 8 Stahlrohrpfählen dargestellt. Zu bestimmen ist der aus der Hinterfüllung resultierende Seitendruck auf die Pfähle in Anlehnung an *Bauer (2016)*.

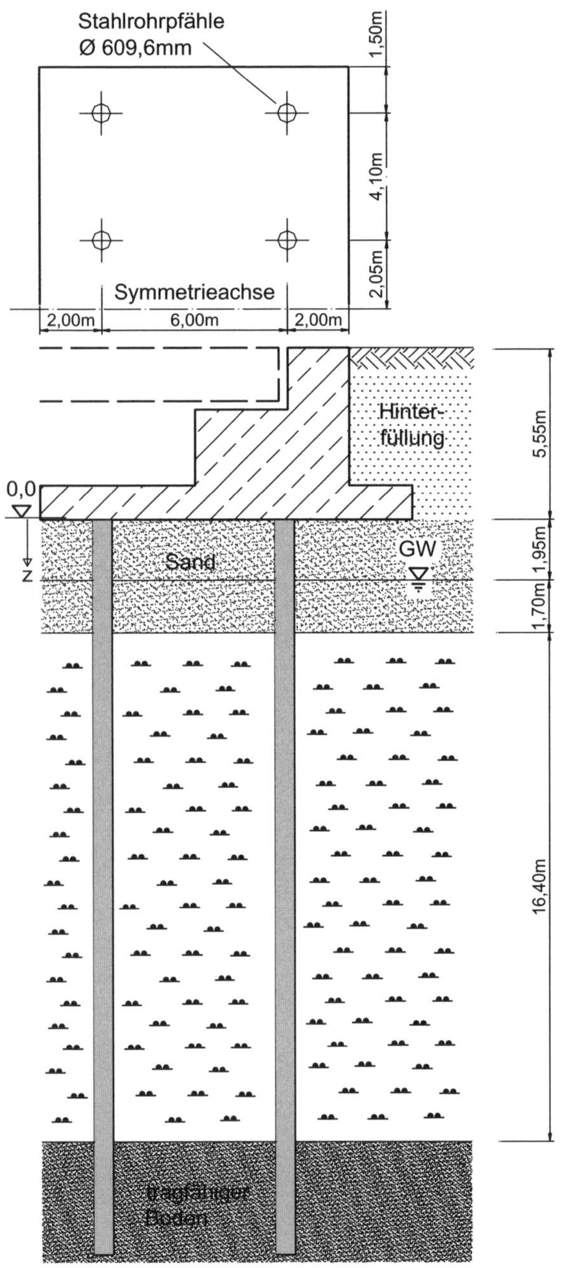

Stahlrohrpfähle:
$A = 0,018837 \text{ m}^2$
$I = 8,47 \cdot 10^{-4} \text{ m}^4$
$E = 210000 \text{ N/mm}^2$

Bodenkenngrößen:
Hinterfüllung:
$\varphi'_k = 30°$
$c'_k = 0 \text{ kN/m}^2$
$\gamma_k = 19 \text{ kN/m}^3$

Sand:
$\varphi'_k = 30° \rightarrow K_{agh} = 0,33$
$c'_k = 0 \text{ kN/m}^2$
$\gamma_k/\gamma'_k = 19/11 \text{ kN/m}^3$

Klei:
$\varphi'_k = 15° \rightarrow K_{agh} = 0,59$
$c'_k = 10 \text{ kN/m}^2$
$c_{u,k} = 25 \text{ kN/m}^2$
$\gamma'_k = 6,5 \text{ kN/m}^3$

Randbedingungen:

- Die Auflast der Sandschicht ist im Klei auskonsolidiert.
- Die Auflast der Hinterfüllung ist im Klei nicht auskonsolidiert (Anfangszustand), $U_m = 0$.

Abb. B-20.24: *System- und Baugrundbedingungen*

LÖSUNG

Geländebruchberechnung am „entkleideten System“ gem. Abb. 20.39

Zunächst ist eine Geländebruchberechnung am „entkleideten System“ (hier nicht im Detail berechnet) durchzuführen. Die Berechnung der Stützkraft E_d liefert

$$E_d = E_a = E_k = \frac{1}{2} \cdot \gamma_{Hinterfüllung} \cdot K_{agh}$$
$$K_{agh} = 0,28 \ (\delta_k = 2/3 \cdot \varphi' = 20,0°)$$
$$E_d = E_a = E_k = \frac{1}{2} \cdot 19,0 \cdot 5,55^2 \cdot 0,28 = 81,9 \text{ kN/m}$$

Die berechnete Ausnutzung beträgt μ = 0,82. Nach Tab. 20.23 ist somit eine Seitendruckberechnung erforderlich.

Ermittlung mittlere charakteristische Einwirkung aus Seitendruck gem. Gl. (20.55)

$$P_k = (6 \cdot c_{u,k} \cdot \chi \cdot \mu + \Delta p_{t,k}) \cdot D_s$$
$$\text{mit } \chi = \chi_{cu} \cdot \chi_{hw} \cdot \chi_d \cdot \chi_{SE} \cdot \chi_{yq} \cdot \chi_{GP}$$

Ermittlung der einzelnen Modellfaktoren:

- für die undrainierte Kohäsion c_u = 25 kN/m² & h_w > 6 m nach Tab. 20.24

  $$\chi_{cu} = 1,23$$

- für die Mächtigkeit der bindigen Schicht h_w = 16,4 m nach Tab. 20.25

  $$\chi_{h_w} = 0,8$$

- für die Pfahlform und -abmessung $D_s = 0,61$ m nach Tab. 20.26

  $$\chi_d = 0,98$$

- Sandeinlagerungen im bindigen Boden nach Tab. 20.27 entfallen
- Entfernungseinfluss nach Tab. 20.28 entfällt
- für das Pfahlgruppenverhalten → Pfähle nicht versetzt nach Tab. 20.29 und Abb. 20.43

  $$\chi_{GP} = 1,0 \text{ (QR1 „vorn“)}; \ \chi_{GP} = 0,73 \text{ (QR2 „hinten“)}$$
  $$\text{mit: } \chi = 1,23 \cdot 0,8 \cdot 0,98 \cdot 1,0 = 0,96 \text{ (QR 1 „vorn“)}$$
  $$\text{mit: } \chi = 1,23 \cdot 0,8 \cdot 0,98 \cdot 0,73 = 0,70 \text{ (QR 2 „hinten“)}$$

Hieraus ergibt sich die mittlere charakteristische Einwirkung aus Seitendruck für die Pfähle der jeweiligen Pfahlquerreihen zu:

$$P_k = (6 \cdot c_{u,k} \cdot \chi \cdot \mu + \Delta p_{t,k}) \cdot D_s$$
$$P_k = (6 \cdot 25 \text{ kN/m}^2 \cdot 0,96 \cdot 0,82) \cdot 0,61 \text{ m} = 72 \text{ kN/m (QR 1 „vorn")}$$
$$P_k = (6 \cdot 25 \text{ kN/m}^2 \cdot 0,70 \cdot 0,82) \cdot 0,61 \text{ m} = 53 \text{ kN/m (QR 2 „hinten")}$$

Nach Tab. 20.30 und Abb. 20.44 lässt sich anschließend die Verteilung der charakteristischen Einwirkung auf die Pfähle der jeweiligen Pfahlquerreihen ermitteln. Die vorhandene Weichschicht ist als Bodentyp II einzuordnen, da $c_{u,k} \geq 10$ kN/m² beträgt.

Die Verteilungsfaktoren ergeben sich zu:

$$f_{p,o} = 0,9 + 0,04 \cdot (h_w - 12) = 0,9 + 0,04 \cdot (16,4 - 12) = 1,08$$
$$f_{p,max} = 1,9 + 0,08 \cdot (h_w - 12) = 1,9 + 0,08 \cdot (16,4 - 12) = 2,25$$
$$z_{p,max} = 3,0 \text{ m}$$
$$f_{p,u} = 0$$

Hieraus ergibt sich die folgende Verteilung der charakteristischen Einwirkung aus Seitendruck auf die Pfähle der jeweiligen Pfahlquerreihe, siehe auch Abb. B-20.25.

	QR 1 („vorn")	QR 2 („hinten")		
p_k	72 kN/m	53 kN/m		
$p_{k,o}$	78	57	z_o	0,5 m
$p_{k,max}$	162	119	$z_{fp,max}$	3,0 m
$p_{k,u}$	0	0	z_u	12,0 m

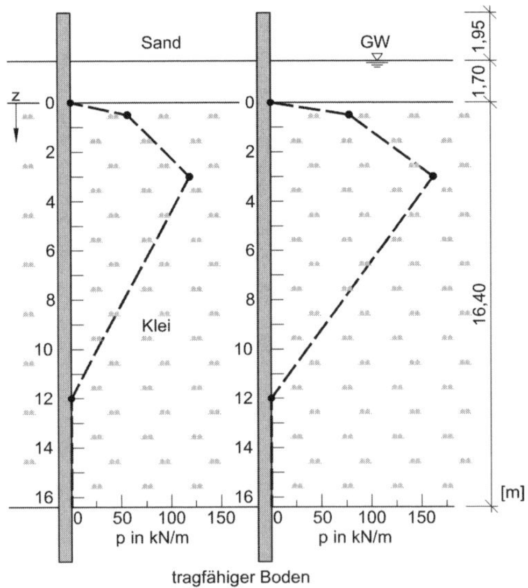

Abb. B-20.25: *Verteilung der charakteristischen Einwirkung aus Seitendruck auf die Pfähle der jeweiligen Pfahlquerreihen*

B-21 Berechnung von Pfahlrosten

B-21.1 Statisch unbestimmter Pfahlrost

AUFGABENSTELLUNG

Die dargestellte Kaimauer soll auf quadratischen Stahlbetonverdrängungspfählen mit einer Kantenlänge von $a_s = 0{,}30$ m gegründet werden. Der Pfahlabstand senkrecht zur Zeichenebene beträgt 3,0 m.

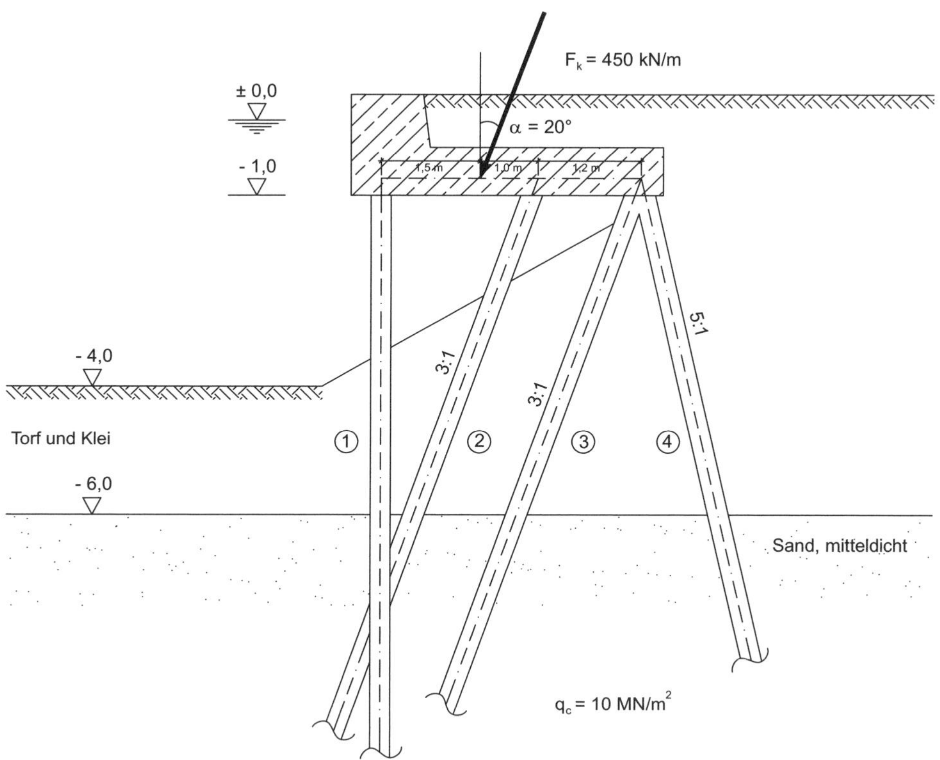

Abb. B-21.1: *Systemskizze und Bodenkenngrößen*

Folgende Punkte sind zu bearbeiten:

a) Bestimmung der charakteristischen Pfahlkräfte nach dem *Culmann*-Verfahren für die in Abb. B-21.1 angegebene Pfahlneigung und Anzahl.

b) Ermittlung der Einbindetiefe der Pfähle in den mitteldicht gelagerten Sand auf der Grundlage von unteren Erfahrungswerten nach 20.6.3, s. a. *EA-Pfähle (2012)*. Als Grenzwert für Zugpfähle wurde vom Sachverständigen für Geotechnik eine Pfahlmantelreibung von $q_{s,k} = 50$ kN/m² vorgegeben.

c) Ist die Pfahlanordnung nach Abb. B-21.1 mit den Ergebnissen nach a) und b) sinnvoll?

LÖSUNG

a) Bestimmung der Pfahlkräfte bezogen auf eine Breite von 3 m (Pfahlabstand)

$$E_{k,P1} = 3 \cdot 188 = 564 \text{ kN}$$
$$E_{k,P2} = E_{k,P3} = 3 \cdot 194 = 582 \text{ kN}$$
$$E_{k,P4} = 3 \cdot (-144) = -432 \text{ kN (Zug)}$$

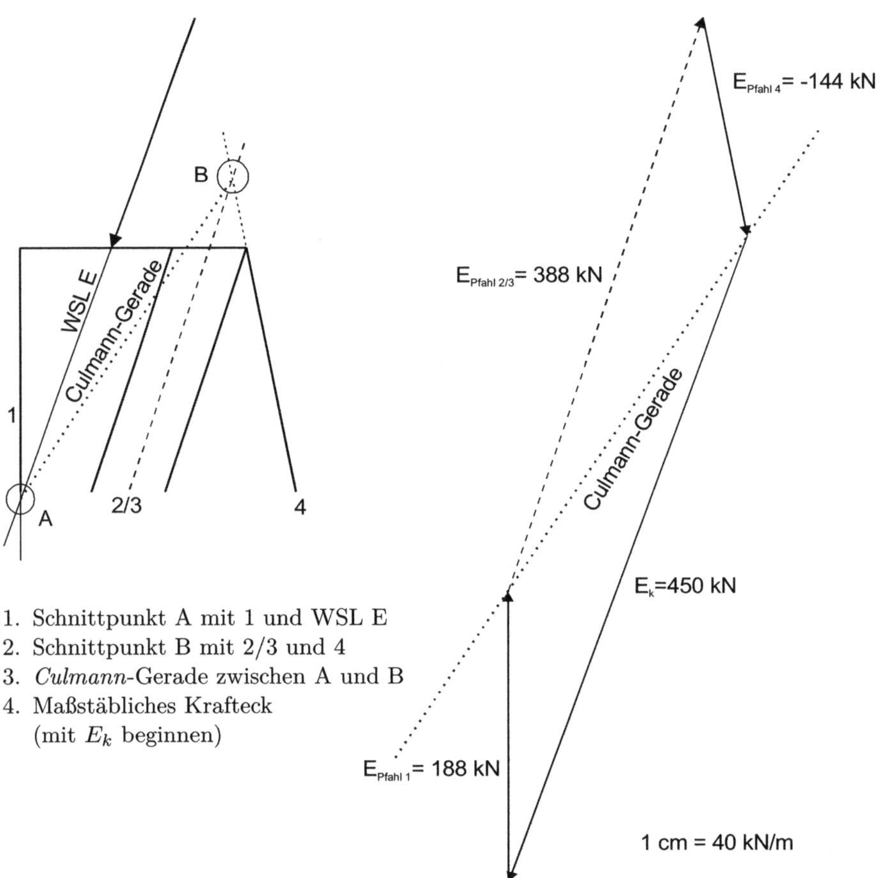

1. Schnittpunkt A mit 1 und WSL E
2. Schnittpunkt B mit 2/3 und 4
3. *Culmann*-Gerade zwischen A und B
4. Maßstäbliches Krafteck (mit E_k beginnen)

Abb. B-21.2: *Graphische Lösung der Pfahlkräfte mithilfe der Culmann-Geraden*

Es soll davon ausgegangen werden, dass sich die Einwirkung je zur Hälfte aus ständigen und veränderlichen Lasten zusammensetzt. Mit den Teilsicherheitsbeiwerten nach Anhang A-8 ergeben sich folgende Bemessungswerte der Beanspruchungen:

$$E_d = E_k \cdot \gamma_F$$
$$E_{d,P1} = E_{k,P1} \cdot 0,5 \cdot (\gamma_G + \gamma_Q) = 564 \cdot 0,5 \cdot (1,35 + 1,50) = 804 \text{ kN}$$
$$E_{d,P2} = E_{d,P3} = E_{k,P2} \cdot 0,5 \cdot (\gamma_G + \gamma_Q) = 582 \cdot 0,5 \cdot (1,35 + 1,50) = 829 \text{ kN}$$
$$E_{d,P4} = E_{k,P4} \cdot 0,5 \cdot (\gamma_G + \gamma_Q) = -432 \cdot 0,5 \cdot (1,35 + 1,50) = -616 \text{ kN}$$

b) Ermittlung der Einbindetiefe

Für den Grenzzustand der Tragfähigkeit ULS (GEO-2) muss die Bedingung eingehalten sein

$$E_d \leq R_d$$

Für den charakteristischen Pfahlwiderstand gilt:

$$R_k = A_b \cdot q_{b,k} + A_s \cdot q_{s,k}$$
$$A_b = 0,3^2 = 0,09 \text{ m}^2$$
$$A_s = 4 \cdot 0,3 \cdot d = 1,2 \cdot d \quad \text{(mit } d\text{: Pfahleinbindelänge in die Sandschicht)}$$

Aus dem Sondierspitzenwiderstand von $q_c = 10$ MN/m² ergibt sich für den Pfahlspitzendruck und die Pfahlmantelreibung im Bruchzustand (ULS) nach Tab. 20.5 und 20.6:
$q_{b,k} = 5,333 \text{ MN/m}^2 \quad q_{s,k} = 0,058 \text{ MN/m}^2$

Daraus ergibt sich:

$$E_d = \frac{A_b \cdot q_{b,k} + A_s \cdot q_{s,k}}{\gamma_t}$$
$$E_d \cdot \gamma_t = R_k = A_b \cdot q_{b,k} + A_s \cdot q_{s,k}$$

Pfahl 1: $0,804 \cdot 1,40 = 0,09 \cdot 5,333 + 0,058 \cdot 1,2 \cdot d \rightarrow d = 2,05 \text{ m} \Rightarrow d_{min} = 2,5 \text{ m}$

Pfahl 2/3: $0,829 \cdot 1,40 = 0,09 \cdot 5,333 + 0,058 \cdot 1,2 \cdot d \rightarrow d = 2,11 \text{ m} \Rightarrow d_{min} = 2,5 \text{ m}$

Die Mindesteinbindetiefe d_{min} ergibt sich aus den Vorgaben der *EA-Pfähle (2012)*, nach der Pfähle immer 2,5 m in tragfähige Schichten einzubinden sind.

Für auf Zug beanspruchte Pfähle ist eine Mantelreibung von $q_{s,k} = 0,05$ MN/m² vorgegeben. Ein Pfahlspitzendruck wird nicht aktiviert.

Pfahl 4: $0,616 \cdot 1,40 = 0,05 \cdot 1,2 \cdot d \rightarrow d = 14,4 \text{ m}$

c) Bewertung der Pfahlanordnung

Ziel sollte eine gleichmäßige Pfahllänge und Auslastung der Pfähle sein.

Die Pfähle 1 bis 3 sind für die notwendige Mindesteinbindetiefe von 2,5 m nicht voll ausgelastet, Pfahl 4 ist zu lang und es sollten besser 2 Zugpfähle angeordnet werden.

B-22 Pfahlgruppen

B-22.1 Druckpfahlgruppen

Umfangreiche Beispiele zu Druckpfahlgruppen finden sich in *Rudolf (2005)* und *Rudolf/Kempfert (2006)*. Siehe auch *EA-Pfähle (2012)*.

B-22.2 Nachweise im Grenzzustand der Tragfähigkeit einer Zugpfahlgruppe

AUFGABENSTELLUNG

Eine quadratische Pfahlgruppe mit vier Pfählen dient als Verankerung des Zugseiles einer Hängebrücke. Der Pfahldurchmesser beträgt $D = 0{,}90$ m. Es soll die erforderliche Pfahllänge bestimmt werden, damit die Nachweise im Grenzzustand der Tragfähigkeit der Pfahlgründung bezüglich der vertikalen Komponente der Zugseilverankerung erfüllt sind. Die Horizontalkomponente ist über Pfahlbettung bzw. Erdwiderstand aufzunehmen und hier nicht Gegenstand des Nachweises.

Aus einer vergleichbaren Zugpfahlprobebelastung konnte eine mittlere charakteristische Pfahlmantelreibung $q_{s,k} = 60$ kN/m^2 abgeleitet werden, die hier vom Sachverständigen für Geotechnik als Erfahrungswert bestätigt wird.

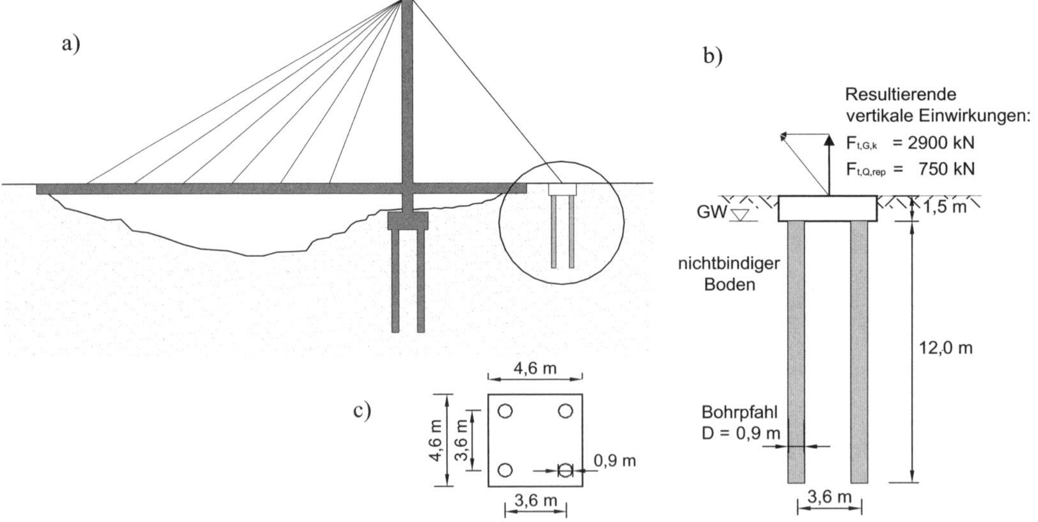

Abb. B-22.1: *a) Seilbrücke, b) Verankerung des Zugseiles an einer Pfahlgründung,* $\gamma_{Beton} = 24$ *kN/m*^{3}*, c) Grundriss*

Für den anstehenden nichtbindigen Boden ergaben Drucksondierungen einen Spitzenwiderstand von im Mittel $q_c = 7{,}5$ MN/m^2. Daraus wurden folgende Bodenkenngrößen

ermittelt:
$\varphi'_k = 32,5°$; $c'_k = 0$; $\gamma_k = 18$ kN/m³; $\gamma'_k = 10,5$ kN/m³

LÖSUNG

a) Nachweis des Einzelpfahles

Um eine ausreichende Sicherheit eines mit Zugpfählen verankerten Gründungskörpers gegen Herausziehen zu gewährleisten, muss für den Einzelpfahl der Gruppe im Grenzzustand der Tragfähigkeit (ULS, GEO-2) nach *Handbuch Eurocode 7-1 (2015)* folgende Grenzzustandsbedingung erfüllt sein:

$$F_{t,d} \leq R_{t,d}$$

Der charakteristische Wert $R_{t,k}$ des Herausziehwiderstandes eines einzelnen Pfahles ergibt sich mit den Abmessungen aus Abb. B-22.1 und $q_{s,k} = 60$ kN/m² zu:

$$R_{t,k} = A_s \cdot q_{s,k} = \pi \cdot D \cdot L \cdot q_{s,k} = \pi \cdot 0,9 \cdot L \cdot 60 = 169,6 \cdot L \text{ [kN]}$$

Der Bemessungswert $R_{t,d}$ des Herausziehwiderstandes eines Pfahles beträgt dann:

$$R_{t,d} = \frac{R_{t,k}}{\gamma_{s,t}} = \frac{169,6 \cdot L}{1,50} = 113,1 \cdot L \text{ [kN]}$$

Der Bemessungswert der Zugbeanspruchung ergibt sich aus dem Ansatz

$$F_{t,d} = F_{t,G,k} \cdot \gamma_G + F_{t,Q,rep} \cdot \gamma_Q - F_{c,G,k} \cdot \gamma_{G,inf}$$

Hierbei werden als günstig wirkende ständige Einwirkungen das Eigengewicht der Pfahlkopfplatte mit $4,6^2 \cdot 1,5 \cdot 24 = 762$ kN und das Eigengewicht der Pfähle mit $4 \cdot \pi \cdot 0,45^2 \cdot L \cdot (24 - 10) = 35,6 \cdot L$ [kN] angesetzt.

Bei vier Pfählen ergibt sich eine Zugbeanspruchung je Pfahl von:

$$F_{t,d} = \frac{1}{4} \cdot (2900 \cdot 1,35 + 750 \cdot 1,5 - (762 + L \cdot 35,6) \cdot 1,00) = (1069,5 - 8,9 \cdot L) \text{ [kN]}$$

Aus der Grenzzustandsgleichung ergibt sich

$$F_{t,d} \leq R_{t,d}$$
$$1069,5 - 8,9 \cdot L = 113,1 \cdot L$$
$$\rightarrow L = \frac{1069,5}{113,1 + 8,9} = 8,77 \text{ m}$$

b) Nachweis der Gruppenwirkung der Pfähle (angehängter Bodenblock)

Zum Nachweis der Gruppenwirkung bei engem Abstand der Pfähle ist der Grenzzustand

UPL mit folgender Gleichung nachzuweisen:

$$G_{dst,k} \cdot \gamma_{G,dst} + Q_{dst,rep} \cdot \gamma_{Q,dst} \leq G_{stb,k} \cdot \gamma_{G,stb} + G_{E,k} \cdot \gamma_{G,stb}$$

Der charakteristische Wert $G_{E,k}$ des Eigengewichts des angehängten Bodens ergibt sich mit der Formel:

$$\begin{aligned} G_{E,k} &= \eta_Z \cdot \left[l_a \cdot l_b \left(L - \frac{1}{3} \cdot \sqrt{l_a^2 + l_b^2} \cdot \cot \varphi \right) \right] \cdot \eta_Z \cdot \gamma \\ &= 4 \cdot \left[3,6 \cdot 3,6 \left(L - \frac{1}{3} \cdot \sqrt{3,6^2 + 3,6^2} \cdot \cot 32,5 \right) \right] \cdot 0,8 \cdot 10,5 \\ &= 435,5 \cdot L - 1160,0 \quad [\text{kN}] \end{aligned}$$

In die Grenzzustandsgleichung eingesetzt mit den Teilsicherheitsbeiwerten $\gamma_{G,dst} = 1,05$ und $\gamma_{Q,dst} = 1,50$ ergibt sich die erforderliche Pfahllänge zu:

$$\begin{aligned} &2900 \cdot 1,05 + 750 \cdot 1,50 \leq 762 \cdot 0,95 + (435,5 \cdot L - 1160,0) \cdot 0,95 \\ &\rightarrow L = \frac{2900 \cdot 1,05 + 750 \cdot 1,50 - 762 \cdot 0,95 + 1160 \cdot 0,95}{435,5 \cdot 0,95} = 10,99 \text{ m} \end{aligned}$$

Der Nachweis der Gruppenwirkung ist hier maßgeblich und die Pfähle müssen rechnerisch mindestens 10,99 m (gerundet 11 m) lang gewählt werden.

B-22.3 Quer zur Pfahlachse belastete Pfahlgruppen: Ermittlung der Verteilung der horizontalen Bettungsmoduln

AUFGABENSTELLUNG

Für die dargestellte Vorgehensweise einer horizontal beanspruchten Pfahlgruppe sind die horizontalen Bettungsmodulaufteilungen abzuleiten (entnommen aus DIN 4014).

LÖSUNG

Abminderungsfaktoren
$a_L/D = 3,5 \quad \alpha_L = 0,69$
$a_Q/D = 2,5 \quad \alpha_{QA} = 0,95$
$\alpha_{QZ} = 0,88$

$\alpha_1 = 1 \cdot 0,95 = 0,95$
$\alpha_2 = 1 \cdot 0,88 = 0,88$
$\alpha_3 = 0,69 \cdot 0,95 = 0,66$
$\alpha_4 = 0,69 \cdot 0,88 = 0,61$

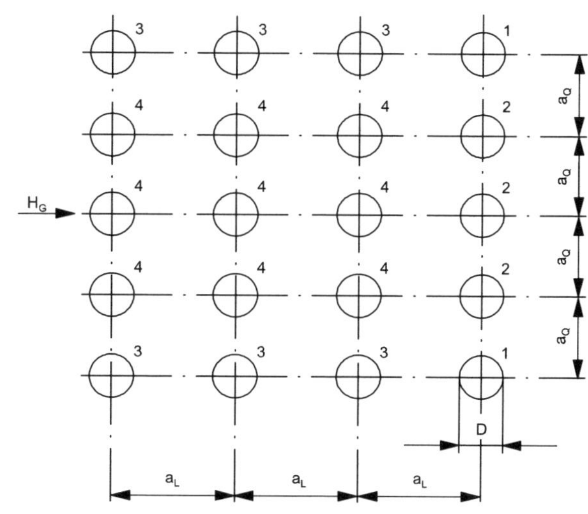

Abb. B-22.2: *Anordnung der Pfähle im Lageplan*

Bettungsmoduln der Pfähle in der Gruppe $l/L = 3$ durch Interpolation zwischen $l/L = 4$ und $l/L = 2$:

a) Für linear zunehmenden Bettungsmodul:

$$n_{h1} = \frac{1}{2} \cdot \left(0,95^{1,67} + 0,95\right) \cdot n_{hE} = 0,93 \cdot n_{hE}$$
$$n_{h2} = \frac{1}{2} \cdot \left(0,88^{1,67} + 0,88\right) \cdot n_{hE} = 0,84 \cdot n_{hE}$$
$$n_{h3} = \frac{1}{2} \cdot \left(0,66^{1,67} + 0,66\right) \cdot n_{hE} = 0,58 \cdot n_{hE}$$
$$n_{h4} = \frac{1}{2} \cdot \left(0,61^{1,67} + 0,61\right) \cdot n_{hE} = 0,52 \cdot n_{hE}$$

b) Für konstanten Bettungsmodul:

$$k_{s1} = \frac{1}{2} \cdot \left(0,95^{1,33} + 0,95\right) \cdot k_{sE} = 0,94 \cdot k_{sE}$$
$$k_{s2} = \frac{1}{2} \cdot \left(0,88^{1,33} + 0,88\right) \cdot k_{sE} = 0,86 \cdot k_{sE}$$
$$k_{s3} = \frac{1}{2} \cdot \left(0,66^{1,33} + 0,66\right) \cdot k_{sE} = 0,62 \cdot k_{sE}$$
$$k_{s4} = \frac{1}{2} \cdot \left(0,61^{1,33} + 0,61\right) \cdot k_{sE} = 0,56 \cdot k_{sE}$$

B-24 Wasserhaltung und Dränung

B-24.1 Anwendung der Filterregeln nach *Terzaghi*

AUFGABENSTELLUNG

Am Böschungsfuß eines Dammes soll zur Entwässerung ein Filter installiert werden. Führen Sie für den Mehrstufenfilter den Nachweis der Filterstabilität nach *Terzaghi* durch und bewerten Sie das Ergebnis. Die Körnungslinien des anstehenden zu entwässernden Bodens A sowie der beiden Filtermaterialien B und C für den Mehrstufenfilter sind nachfolgend dargestellt.

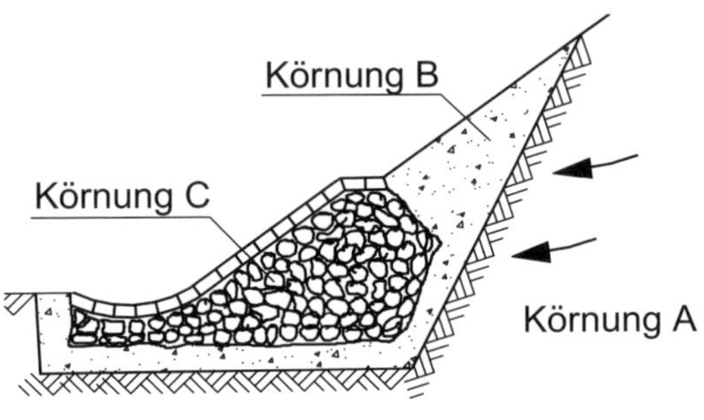

Abb. B-24.1: *Mehrstufenfilter*

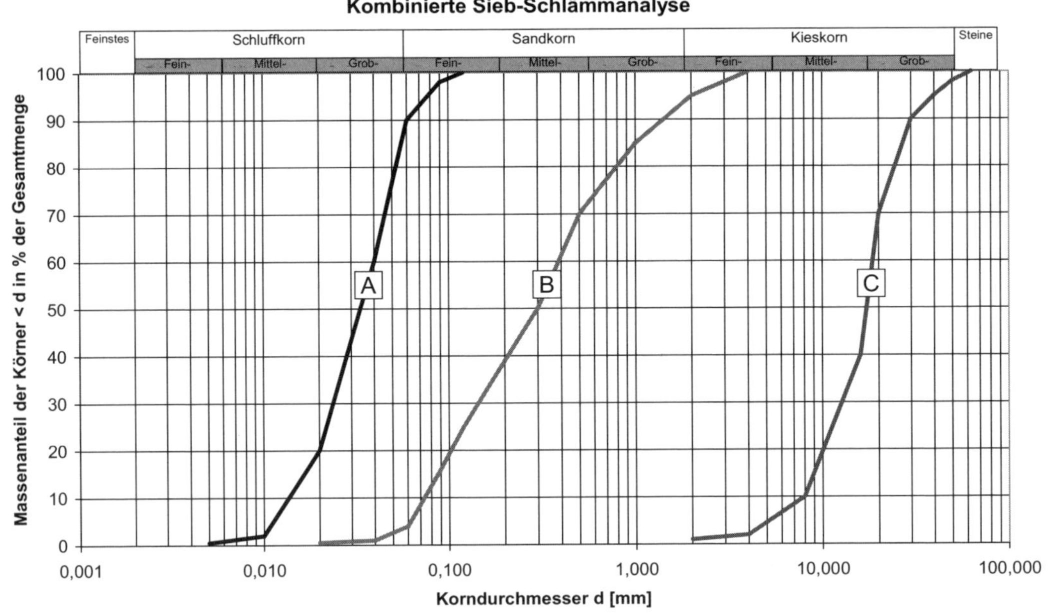

LÖSUNG

Filternachweis nach *Terzaghi* für Bodenübergang A nach B:

mechanische Filterstabilität
$$D_{15} < 4 \cdot d_{85}$$
$$0,09 \text{ mm} < 4 \cdot 0,057 = 0,228 \text{ mm}$$

hydraulische Filterstabilität
$$D_{15} > 4 \cdot d_{15}$$
$$0,09 \text{ mm} > 4 \cdot 0,015 = 0,006 \text{ mm}$$

$\rightarrow$ beide Nachweise eingehalten!

Filternachweis nach *Terzaghi* für Bodenübergang B nach C:

mechanische Filterstabilität $D_{15} < 4 \cdot d_{85}$
$9 \text{ mm} < 4 \cdot 10 = 4,0 \text{ mm}$

hydraulische Filterstabilität $D_{15} > 4 \cdot d_{15}$
$9 \text{ mm} > 4 \cdot 0,085 = 0,34 \text{ mm}$

→ Nachweis nicht erbracht, Boden C ist nicht geeignet!

B-24.2 Grundwasserabsenkung einer Baugrube mit freier Böschung

AUFGABENSTELLUNG

Um ein kreisförmiges Plattenfundament in einer Baugrube mit freier Böschung herstellen zu können, wird eine Grundwasserabsenkung notwendig, siehe Abb. B-24.2. Außer der Forderung eines trockenen Arbeitsraumes besteht noch die Bedingung, dass in einer Entfernung von 25 m vom Rand des Fundamentes die Absenkung nicht größer sein darf als 1,2 m.

Es ist der Nachweis zu führen, dass mit der entnehmbaren Wassermenge aus einem zentrisch angeordneten vollkommenen Brunnen (Filterlänge bei der größtmöglichen Absenkung $h = 3,0$ m; Brunnenradius $r = 0,25$ m) die geforderten Bedingungen eingehalten werden.

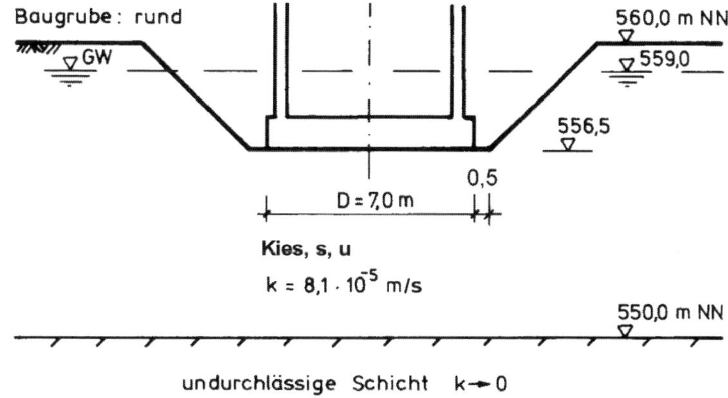

Abb. B-24.2: *Systemdarstellung und Baugrundbedingungen*

LÖSUNG

Fassungsvermögen eines Brunnens:

$$q = 2 \cdot \pi \cdot r \cdot h' \cdot \sqrt{k}/15 = 2 \cdot \pi \cdot 0,25 \cdot 3,0 \cdot \sqrt{8,1 \cdot 10^{-5}}/15 = 2,83 \cdot 10^{-3} \text{ m}^3/\text{s}$$

Reichweite:

$$R = 3000 \cdot s \cdot \sqrt{k} \qquad s = H - h = 9 - 3 = 6 \text{ m}$$

$$R = 3000 \cdot 6,0 \cdot \sqrt{8,1 \cdot 10^{-5}} = 162 \text{ m}$$

Randbedingungen: vollkommener Brunnen

$$Q = \frac{\pi \cdot k \cdot (y_1^2 - y_2^2)}{\ln x_1 - \ln x_2}; \rightarrow y_1^2 - y_2^2 = \frac{Q}{\pi \cdot k} \cdot (\ln x_1 - \ln x_2)$$

$$Q = q; \quad y_1 = H = 9,0 \text{ m}; \quad x_1 = R = 162 \text{ m}$$

Baugrubenrand:

$$x_2 = 3,5 + 0,5 = 4,0 \text{ m}$$

$$y_2 = \sqrt{y_1^2 - \frac{Q}{\pi \cdot k} \cdot (\ln x_1 - \ln x_2)} = \sqrt{9^2 - \frac{2,83 \cdot 10^{-3}}{\pi \cdot 8,1 \cdot 10^{-5}} \cdot (\ln 162 - \ln 4)} = 6,31 \text{ m}$$

→ GW-Stand: 550,0 + 6,31 = 556,31 m NN (tiefer als 556,5 m NN).

Im Abstand von 25 m vom Rand des Fundamentes:

$$x_2 = 25 + 7,0/2 = 28,5 \text{ m}$$

$$y_2 = \sqrt{y_1^2 - \frac{Q}{\pi \cdot k} \cdot (\ln x_1 - \ln x_2)} = \sqrt{9^2 - \frac{2,83 \cdot 10^{-3}}{\pi \cdot 8,1 \cdot 10^{-5}} \cdot (\ln 162 - \ln 28,5)}$$

$$= 7,85 \text{ m}$$

→ GW-Stand: 550,0 + 7,85 = 557,85 m NN (höher als 557,8 m NN).

B-24.3 Ermittlung der mittleren Durchlässigkeit des Bodens mit Pumpversuch

AUFGABENSTELLUNG

Zur Ermittlung der Durchlässigkeit einer 5 m dicken nichtbindigen Bodenschicht, die über einer nahezu undurchlässigen Schicht liegt, wird eine Probeabsenkung (Pumpversuch) mit einem Einzelbrunnen durchgeführt.

Der Pumpversuch an dem Brunnen ergab, dass sich bei einer Entnahmemenge von 0,8 l/s ein stationärer Wasserspiegel einstellt, der in einer Entfernung von 5 m vom Brunnen 0,90 m tiefer und in einer Entfernung von 20 m vom Brunnen 0,60 m tiefer als der ursprüngliche Wasserspiegel lag. Der ungestörte Grundwasserstand befindet sich in einer Höhe von 1,20 m unter der Geländeoberfläche (entspricht Oberfläche der nichtbindigen Schicht).

Folgende Punkte sollen bearbeitet werden:

a) Wie groß ist die Durchlässigkeit k der nichtbindigen Bodenschicht?

b) Wie groß war die Absenkung unmittelbar am Brunnenrand für $r = 12$ cm?

c) War der Brunnen mit $r = 12$ cm für diesen Versuch ausreichend bemessen?

LÖSUNG

a)

$$Q = \frac{\pi \cdot k \cdot (y_1^2 - y_2^2)}{\ln x_1 - \ln x_2}$$

$$k = \frac{Q \cdot (\ln x_1 - \ln x_2)}{\pi \cdot (y_1^2 - y_2^2)} = \frac{0,8 \cdot 10^{-3} \cdot (\ln 5 - \ln 20)}{\pi \cdot (2,9^2 - 3,2^2)} = 1,93 \cdot 10^{-4} \text{ m/s}$$

b)

$$Q = \frac{\pi \cdot k \cdot (y_1^2 - y_2^2)}{\ln x_1 - \ln x_2}; \; y_1^2 - y_2^2 = \frac{Q}{\pi \cdot k} \cdot (\ln x_1 - \ln x_2)$$

$$y_1 = h_0 = \sqrt{\frac{Q \cdot (\ln x_1 - \ln x_2)}{\pi \cdot k} + y_2^2} = \sqrt{\frac{0,8 \cdot 10^{-3} \cdot (\ln 0,12 - \ln 5)}{\pi \cdot 1,93 \cdot 10^{-4}} + 2,9^2}$$
$$= 1,87 \text{ m}$$

$$s = 3,8 - 1,87 = 1,93 \text{ m}$$

c) Ausreichend bemessen, wenn $q \geq Q$

$$q = 2 \cdot \pi \cdot r \cdot h' \cdot \left(\sqrt{k}/15\right) = 2 \cdot \pi \cdot 0,12 \cdot 1,87 \cdot \sqrt{1,93 \cdot 10^{-4}}/15$$
$$= 1,31 \text{ l/s} > 0,8 \text{ (Fassungsvermögen des Brunnens)}$$

bzw.

$$h_{0,min} = \frac{15 \cdot Q}{2 \cdot \pi \cdot r \cdot \sqrt{k}} = \frac{15 \cdot 0,8 \cdot 10^{-3}}{2 \cdot \pi \cdot 0,12 \cdot \sqrt{1,93 \cdot 10^{-4}}} = 1,15 < h_{0,vorh} = 1,87 \text{ m}$$

B-24.4 Entwurf einer Grundwasserabsenkung mit einer Mehrbrunnenanlage

AUFGABENSTELLUNG

Es soll eine Grundwasserabsenkungsanlage für eine Baugrube entworfen werden, die 4,50 m in das Grundwasser reicht. Die Baugrube mit den Abmessungen von 71 m x 33,5 m ist durch einen lotrechten Verbau begrenzt. Die Brunnen können außerhalb der Baugrube in einem Abstand von 2,0 m hinter der Wand hergestellt werden. Die Fläche innerhalb der Brunnen ist damit 75 m x 37,5 m. Die erforderliche Absenktiefe s beträgt $4,50 + 0,50$ m (Sicherheit) = 5,00 m. Die Brunnen werden mit einer Eintauchtiefe in das ruhende Grundwasser von 12,5 m gewählt.

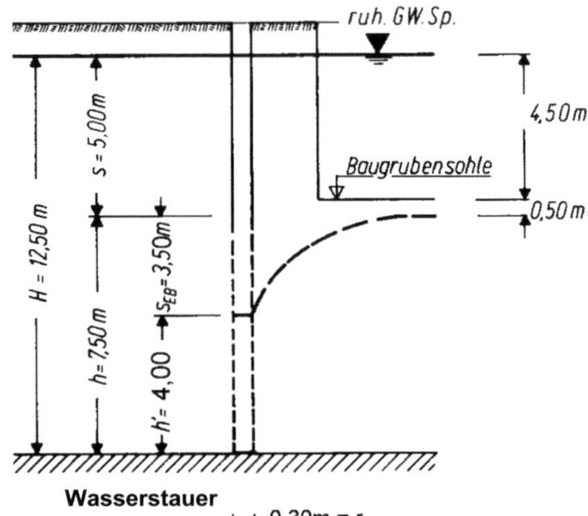

Abb. B-24.3: *Systemdarstellung aus* Herth/Arndts (1994)

Die Bohrtiefe der Brunnen vom Gelände aus beträgt somit 13,5 m. In dieser Tiefe ist eine undurchlässige Schicht vorhanden. Der darüber anstehende Sand hat eine mittlere Durchlässigkeit von $k = 5 \cdot 10^{-4}$ m/s.

Als Brunnenparameter können angenommen werden: $r = 0,3$ m; $h' = 4,0$ m

LÖSUNG

Brunnenparameter:

$$r = 0,3 \text{ m (gewählt)}$$
$$h' = 4,0 \text{ m (Annahme)}$$
$$H = 12,5 \text{ m}$$

Absenktiefe:

$$s = 4,5 \text{ m } + 0,5 \text{ m } = 5,0 \text{ m}$$

Ersatzradius:

$$m = a/b = 75/37,5 = 2,0 \rightarrow \eta = 0,8 \text{ (nach Abb. 24.15)}$$
$$A_{RE} = \eta \cdot b = 0,8 \cdot 37,5 = 30,0 \text{ m}$$

Reichweite:

$$R = 3000 \cdot s \cdot \sqrt{k} = 3000 \cdot 5 \cdot \sqrt{5 \cdot 10^{-4}} = 335,41 \text{ m}$$

Überschlägiger Wasserandrang:

$$Q_{beh} = \pi \cdot k \cdot \frac{(H^2 - h^2)}{\ln R - \ln A_{RE}} = \pi \cdot 5 \cdot 10^{-4} \cdot \frac{(12,5^2 - 7,5^2)}{\ln 335,4 - \ln 30} = 0,065 \text{ m}^3/\text{s} = 65 \text{ l/s}$$

Zuschlag für schnelleres Erreichen des Absenkzieles:

$$Q_{max} = 1,1 \cdot Q_{beh} = 1,1 \cdot 0,065 = 0,0715 \text{ m}^3/\text{s} = 71,5 \text{ l/s}$$

Festlegung der lokalen Absenktrichter:
Schätzung der Höhe der lokalen Absenktrichter $s_{EB} = 3,5$ m
Schätzung der benetzten Filterhöhe $h' = 4,0$ m

a) Bestimmung der Brunnenzahl

$$n = Q_{max}/q$$
$$q = 2 \cdot \pi \cdot r \cdot h' \cdot \sqrt{k}/15 = 2 \cdot \pi \cdot 0,3 \cdot 4,0 \cdot \sqrt{5 \cdot 10^{-4}}/15 = 0,0112 \text{ m}^3/\text{s}$$
$$n = 0,0715/0,0112 = 6,37 \rightarrow 7 \text{ Brunnen}$$

b) Anordnung der Brunnen (Überprüfung des ungünstigsten Punktes)

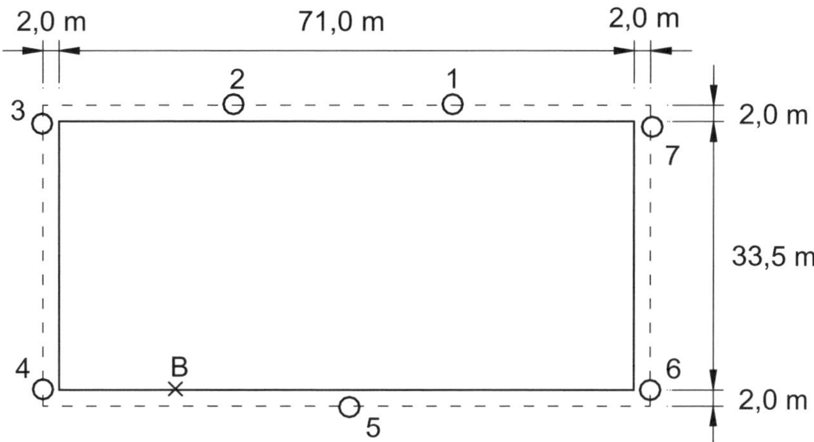

Abb. B-24.4: *Anordnung der einzelnen Brunnen im Lageplan*

Brunnen	l_x [m]	l_y [m]	x_i [m]	$\ln x_i$
1	30,25	35,5	46,6	3,84
2	5,25	35,5	35,89	3,58
3	19,75	33,5	38,89	3,66
4	19,75	0,00	19,75	2,98
5	17,75	2,00	17,86	2,87
6	55,25	0,00	55,25	4,01
7	55,25	33,5	64,61	4,17

$$Q_{gesamt} = \frac{\pi \cdot k \cdot (H^2 - h^2)}{\ln R - \frac{1}{n}\sum \ln x_i}$$

$$h = h' + s_{EB} = 7,5 \text{ m}$$

$$\sum \ln x = 25,11 \rightarrow 1/7 \cdot \sum \ln x_i = 3,59$$

$$Q_{gesamt} = \frac{\pi \cdot 5 \cdot 10^{-4} \cdot (12,5^2 - 7,5^2)}{\ln 335,41 - 3,59} = 0,071 \text{ m}^3/\text{s}$$

Aufzunehmende Wassermenge zur Trockenhaltung von Punkt B:

$$Q_{max} = 1,1 \cdot Q_{gesamt} = 0,078 \text{ m}^3/\text{s}$$

Erforderliches Fassungsvermögen des Einzelbrunnens:

$$q_{erf} = 0,078/7 = 0,011 \text{ m}^3/\text{s}$$

Tatsächliches Fassungsvermögen:

$$s_{EB} = h - \sqrt{h^2 - \frac{1,5 \cdot q \cdot (\ln(b/2) - \ln r)}{k \cdot \pi}}$$

Mittlerer Brunnenabstand: $b = 31,1$ m

$$s_{EB} = 7,5 - \sqrt{7,5^2 - \frac{1,5 \cdot 0,011 \cdot (\ln(31,1/2) - \ln 0,3)}{5 \cdot 10^{-4} \cdot \pi}} = 3,66 \text{ m}$$

$$h'_{neu} = 7,5 - 3,66 = 3,84 \text{ m benetzte Fläche}$$

$$q_{neu} = \frac{2 \cdot \pi \cdot r \cdot h'_{neu} \cdot \sqrt{k}}{15} = \frac{2 \cdot \pi \cdot 0,3 \cdot 3,84 \cdot \sqrt{5 \cdot 10^{-4}}}{15}$$

$$= 0,011 \text{ m/s} > q_{erf} = 0,011 \text{ m/s}$$

$\rightarrow$ Brunnen wurden richtig gewählt!

B-25 Spundwände

B-25.1 Bemessung einer Spundwand nach DIN EN 1993-5

AUFGABENSTELLUNG

Es soll die innere Tragfähigkeit der Spundbohlen eines Spundwandbauwerks mit einer Ankerlage und einer Einbindung in dichten Sanden (Knicklänge 11 m) mit dem Nachweisverfahren elastisch-elastisch und elastisch-plastisch nach DIN EN 1993-5 nachgewiesen werden.

Folgende Bemessungswerte der Schnittgrößen wurden ermittelt:

$N_{Ed} = 250$ kN/m
$M_{Ed} = 700$ kNm/m

Als Spundbohle ist das Profil AU 26 vorgesehen mit:

$A = 192$ cm²/m
$I = 58140$ cm/m
$W_{el} = 2580$ cm³/m
$W_{pl} = 2955$ cm³/m
Stahlgüte S355 GP
Bohlen schubfest miteinander verbunden.

LÖSUNG

Schritt 1) Prüfung Querschnittsklasse

Klasse 2 nach DIN EN 1993-5

Schritt 2) Wahl des Nachweisverfahrens

Bei Klasse 2 sowohl elastisch-elastisch als auch elastisch-plastisch möglich.

Schritt 3) Festlegung der Abminderungsfaktoren β_B und β_D

Bei elastisch-elastischem Nachweis und schubfester Verbindung gilt $\beta_B = \beta_D = 1,0$. Bei elastisch-plastischem Nachweis gilt nach Tab. 25.8 bei einer Ankerlage und dichten bis sehr dichten Böden $\beta_B = 0,9$ und $\beta_D = 0,8$.

Schritt 4) Überprüfung der Erfordernis zur Abminderung des Momentenwiderstandes

$$N_{Rd} = A \cdot f_y/\gamma_M = 192 \cdot 35,5/1,0 = 6816 \text{ kN/m}$$
$$N_{Ed}/N_{Rd} = 250/6816 = 0,037 \leq 0,25$$

→ keine Abminderung erforderlich,
→ gleichzeitig Nachweis der Normalkrafttragfähigkeit.

Schritt 5) Überprüfung, ob ein Knicknachweis erforderlich ist

$N_{cr} = E \cdot I \cdot \beta_D \cdot \pi^2/l^2 = 21000 \cdot 58140 \cdot 0,8 \cdot \pi^2/1100^2 = 7967$ kN/m
(mit $\beta_D = 0,8$ da kleiner als $\beta_D = 1,0$)
$N_{Ed}/N_{cr} = 250/7967 = 0,031 \leq 0,04$

→ kein Knicknachweis erforderlich.

Schritt 6) Nachweis der Tragfähigkeit infolge Momentenbeanspruchung

a) Nachweisverfahren elastisch-elastisch

$M_{el,Rd} = \beta_B \cdot W_{el} \cdot f_y/\gamma_M = 1,0 \cdot 2580/100 \cdot 35,5/1,0 = 915,9$ kNm/m
$M_{Ed} = 700$ kNm/m $\leq M_{el,Rd} = 915,9$ kNm/m

b) Nachweisverfahren elastisch-plastisch

$M_{el,Rd} = \beta_B \cdot W_{el} \cdot f_y/\gamma_M = 0,9 \cdot 2955/100 \cdot 35,5/1,0 = 944,1$ kNm/m
$M_{Ed} = 700$ kNm/m $\leq M_{pl,Rd} = 944,1$ kNm/m

B-26 Schlitzwände

B-26.1 Berechnung der Standsicherheit für einen unendlich langen, flüssigkeitsgestützten Schlitz

AUFGABENSTELLUNG

Es soll die Standsicherheit des in Abb. B-26.1 dargestellten Erdschlitzes nachgewiesen werden. Der Boden ist ein annähernd homogener mitteldicht gelagerter Sand mit einem wirksamen Korndurchmesser $d_{10} \leq 0,4$ mm. Der Grundwasserspiegel befindet sich unterhalb der Schlitzwandtiefe.

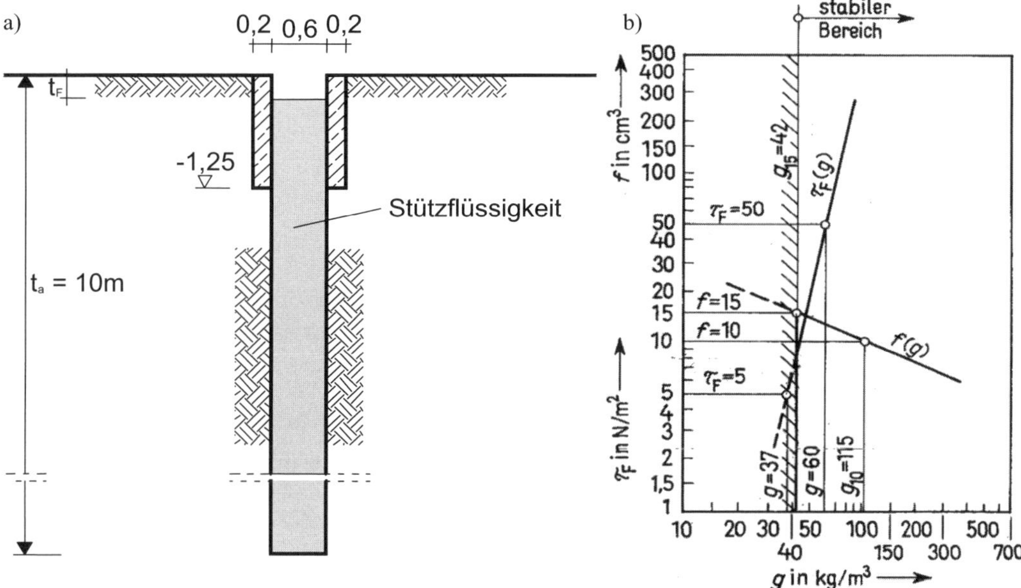

Abb. B-26.1: *a) System- und Baugrundbedingungen; b) Fließgrenze und Filtratwasserabgabe für den Schlitzwandton DIN 4127-42-115-37-60*

Zwischen den ausgesteiften Leitwänden steht der Leitschlitz als Ausgleichsreservoir für die Stützflüssigkeit zur Verfügung. Die Stützwirkung der Leitwände soll in den Berechnungen näherungsweise vernachlässigt werden. Es kann aber davon ausgegangen werden, dass die Leitwände und deren Aussteifung für den Erddruck aus Baufahrzeugen und Aushubgeräten bemessen sind, sodass diese Lasten bei der Erddruckermittlung nach DIN 4126 nicht berücksichtigt werden müssen.

Der Schlitz soll mit einer Länge $l_s = \infty$ hergestellt werden. Beim Standsicherheitsnachweis soll vorausgesetzt werden, dass der Spiegel der stützenden Flüssigkeit während der Bauausführung nicht tiefer absinkt als $t_F = 0,20$ m unter Oberkante Leitwand.

Sand, mitteldicht (SW)
$\gamma_k = 18$ kN/m³, $\gamma'_k = 10$ kN/m³, $\varphi'_k = 32,5°$, $c'_k = 0$ kN/m²
$d_{10} = 0,4$ mm, $\gamma_{F,k} = 10,3$ kN/m³, $l_s = \infty$ (angenommen)
Schlitzwandton: nach DIN 4127-42-115-37-60.

Die Bezeichnung eines Schlitzwandtones lautet grundsätzlich:
DIN 4127 - g_{15} - g_{10} - $g(\tau_F = 5\ \text{N/m}^2)$ - $g(\tau_F = 50\ \text{N/m}^2)$.

mit:
g_{15} und g_{10}: derjenige Tongehalt in kg/m³, der beim Filterpressversuch eine Filtratwasserabgabe von $f = 15\ \text{cm}^3$ bzw. $f = 10\ \text{cm}^3$ ergibt.
$g(\tau_F = 5\ \text{N/m}^2)$ und $g(\tau_F = 50\ \text{N/m}^2)$: derjenige Tongehalt in kg/m³, mit dem eine Suspension mit der Fließgrenze τ_F entsteht.

LÖSUNG

Sicherheit gegen Grundwasserzutritt

Entfällt, da Grundwasser unterhalb der Schlitzwandtiefe.

Sicherheit gegen Abgleiten von Einzelkörnern oder Korngruppen

$$\gamma'' \approx \gamma'$$

$$\tau_F \geq \frac{d_{10} \cdot \gamma'' \cdot \gamma_G \cdot \gamma_\varphi}{2 \cdot \eta_F \cdot \tan \varphi'_k} = \frac{0,4 \cdot 10^{-3} \cdot 10,0 \cdot 10^3 \cdot 1,0 \cdot 1,15}{2 \cdot 0,6 \cdot \tan 32,5°} = 6,1\ \text{N/m}^2$$

Mit DIN 4127 – 42 – 115 – 37 – 60 und $\tau_F = 6,1\ \text{N/m}^2$ ergibt sich ein Tongehalt von ca. $g = 40\ \text{kg/m}^3$. Damit die Suspension stabil und die Filtratwasserabgabe $f < 15\ \text{cm}^3$ bleibt:

$\rightarrow g_{15} = 42\ \text{kg/m}^3 \rightarrow \tau_F = 8,5\ \text{N/m}^2$ (Fließgrenze)

Nach Tab. 26.1 wird gefordert: $\tau_F \geq 10,0\ \text{N/m}^2$ (bei $d_{10} \leq 0,6$ mm)

Gewählt: $g = 43\ \text{kg/m}^3 \rightarrow t_F = 10,0\ \text{N/m}^2$ (Fließgrenze)

Sicherheit gegen Unterschreiten der statisch erf. Spiegelhöhe der Stützflüssigkeit

Der Flüssigkeitsspiegel t_f darf nicht tiefer als 0,2 m unter OK Leitwand absinken. Dies ist durch eine baubetriebliche Maßnahme und entsprechender Vorratshaltung sicherzustellen.

Sicherheit gegen die Ausbildung der Schlitz gefährdenden Gleitflächen im Boden

$$E_{ah,k} \cdot \gamma_{G,dst} \leq S_k \cdot \gamma_{G,stb}$$

$$E_{ah,k} = E_{agh,k} = 1/2 \cdot \gamma_k \cdot t_a^2 \cdot K_{agh} \rightarrow \text{ keine räumliche Wirkung, } l_s \approx \infty$$

$$K_{agh} : \delta_a = 0, \text{ da Schlitzwand}$$

$$E_{agh,k} = 1/2 \cdot 18 \cdot 10^2 \cdot 0,301 = 270,9\ \text{kN/m}$$

$$S_k = S_{H,k} - W_k$$

$$W_k = 0 \quad \text{(kein Grundwasser)}$$

a) Nachweis mit vollem Ansatz der Stützkraft:

$$S_k = S_H = \frac{1}{2} \cdot \gamma_{F,k} \cdot h_f^2 = \frac{1}{2} \cdot 10,3 \cdot (10 - 0,2)^2 = 494,6\ \text{kN/m}$$

Gleichgewichtsbedingung:

$\gamma_{G,dst} = 1,05; \gamma_{G,stb} = 0,95$ (nach *Handbuch Eurocode 7-1 (2015)*; HYD bzw. UPL, BS-P bzw. BS-A)

$270,9 \cdot 1,05 \leq 494,6 \cdot 0,95$

$284,4 < 469,9$ die Standsicherheit an der Tiefe $t_a = 10$ m ist gegeben!

b) Nachweis mit abgeminderter Stützkraft

b-1) Abminderung mit dem Anpassungsfaktor

$$S_k = \eta_2 \cdot (S_{H,k} - W_k)$$

Druckgefälle:

$$f_{s0} = \frac{2 \cdot \tau_F}{d_{10}} = \frac{2 \cdot 10 \cdot 10^{-3}}{0,4 \cdot 10^{-3}} = 50 \leq 50 \text{ kN/m}^3$$

$\eta_2 = 0,80$ (Tab. 26.2)

$S_k = 0,8 \cdot (494,6 \check{}0) = 395,7$ kN/m

Gleichgewichtsbedingung:

$270,9 \cdot 1,05 \leq 395,7 \cdot 0,95$

$284,4 < 375,9$ die Standsicherheit an der Tiefe $t_a = 10$ m ist gegeben!

b-2) Abminderung der Stützkraft durch den Faktor A_s/A

Eindringtiefe der Stützflüssigkeit in das Erdreich:

$$s = \frac{h_f \cdot \gamma_{F,k}}{f_{s0}} = \frac{10 \cdot 10,3}{50} = 2,06 \text{ m (voll gefüllter Schlitz: } h_f = t_a)$$

Erddruckkeil:

$$\vartheta_k = 45 + \frac{\varphi_k}{2} = 45 + \frac{32,5}{2} = 61,25° \qquad \text{(vereinfachter } \textit{Rankine}\text{-Fall)}$$

$$b = \frac{t_a}{\tan \vartheta_k} = \frac{10,0}{\tan 61,25°} = 5,50 \text{ m}$$

Berechnung der Eindringtiefe der Stützflüssigkeit in den Erdkeil

Schnittpunkt: $\frac{h_x}{t_a} = \frac{s_x}{s} \rightarrow s_x = \frac{h_x \cdot s}{t_a}$ oder $\frac{t_a - h_x}{t_a} = \frac{s_x}{b} \rightarrow s_x = \frac{(t_a - h_x) \cdot b}{t_a}$

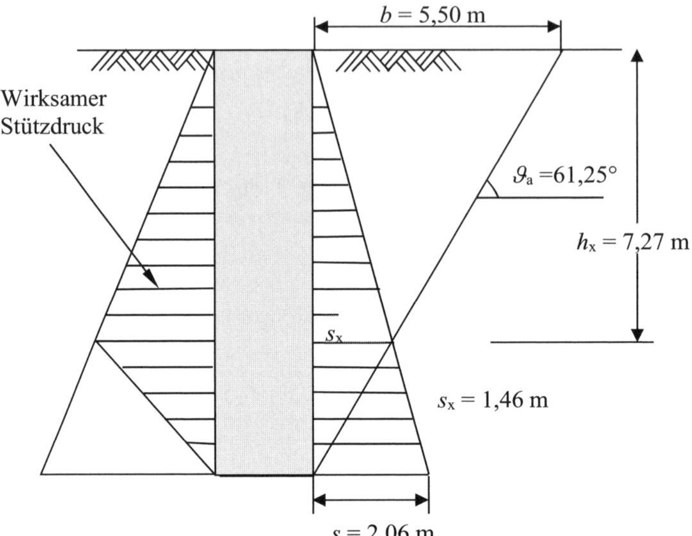

Abb. B-26.2: *Eindringtiefe der Stützflüssigkeit in den Erdkeil und wirksamer Stützdruck*

Aus beiden Gleichungen ergibt sich

$$\frac{h_x \cdot s}{t_a} = \frac{b \cdot (t_a - h_x)}{t_a}$$
$$h_x = \frac{b \cdot t_a}{s + b} = \frac{5,5 \cdot 10}{2,06 + 5,5} = 7,27 \text{ m}$$
$$s_x = \frac{h_x \cdot s}{t_a} = \frac{7,27 \cdot 2,06}{10} = 1,46 \text{ m}$$

Abminderungsfaktor: A_s/A

$$A = 1/2 \cdot 10 \cdot 2,06 = 10,3 \text{ m}^2$$
$$A_s = 1/2 \cdot 10 \cdot 1,46 = 7,30 \text{ m}^2$$
$$A_s/A = 7,3/10,3 = 0,71$$

Wirksame Stützkraft:

$$S_k = S_{H,k} \cdot A_s/A = 494,6 \cdot 0,71 = 351,2 \text{ kN/m}$$

$270 \cdot 1,05 \leq 351,2 \cdot 0,95$

$283,5 < 333,6$ die Standsicherheit an der Tiefe $t_a = 10$ m ist gegeben!

B-26.2 Berechnung der Standsicherheit für eine begrenzte Schlitzlänge

AUFGABENSTELLUNG

Die Aufgabenstellung und Randbedingungen sind wie B-26.1 zu wählen. Es ändert sich die Schlitzlänge auf $l_s = 5,0$ m. Grundwasser steht nun in 3,5 m Tiefe an.

LÖSUNG

Sicherheit gegen Grundwasserzutritt

$$p_{w,k} \cdot \gamma_{G,dst} \leq p_{F,k} \cdot \gamma_{G,stb}$$
$$p_{w,k} = (10 - 3,5) \cdot 10 = 65,0 \text{ kN/m}^2$$
$$p_{F,k} = (10 - 0,2) \cdot 10,3 = 100,9 \text{ kN/m}^2$$
$$\gamma_{G,dst} = 1,00; \gamma_{G,stb} = 0,95$$

(nach *Handbuch Eurocode 7-1 (2015)*; HYD bzw. UPL, BS-A)

$$65,0 \cdot 1,00 \leq 100,9 \cdot 0,95$$
$$65,0 < 95,9$$ Nachweis erfüllt.

Sicherheit gegen Abgleiten von Einzelkörnern oder Korngruppen

→ Siehe B-26.1

Sicherheit gegen Unterschreiten der statisch erf. Spiegelhöhe der Stützflüssigkeit

→ Siehe B-26.1

Äußere Standsicherheit des Schlitzes

$$E_{ah,k} \cdot \gamma_{G,dst} \leq S_k \cdot \gamma_{G,stb}$$

Stützkraft:

$$S_k = S_{H,k} - W_k$$
$$S_{H,k} = 1/2 \cdot l_s \cdot \gamma_{F,k} \cdot h_f^2 = 1/2 \cdot 5,0 \cdot 10,3 \cdot (10 - 0,2)^2 = 2473,0 \text{ kN}$$
$$W_k = 1/2 \cdot l_s \cdot \gamma_W \cdot h_W^2 = 1/2 \cdot 5,0 \cdot 10,0 \cdot (10 - 3,5)^2 = 1056,3 \text{ kN}$$
$$S_k = 2473,0 - 1056,3 = 1416,7 \text{ kN}$$

Räumliche Erddruckkraft:

Der Gleitflächenwinkel $\vartheta_{a,k}$ ist zur Auffindung der minimalen Sicherheit zu variieren.
→ Annahme: $\vartheta_{a,k} = 76,25°$ (aus Iteration)

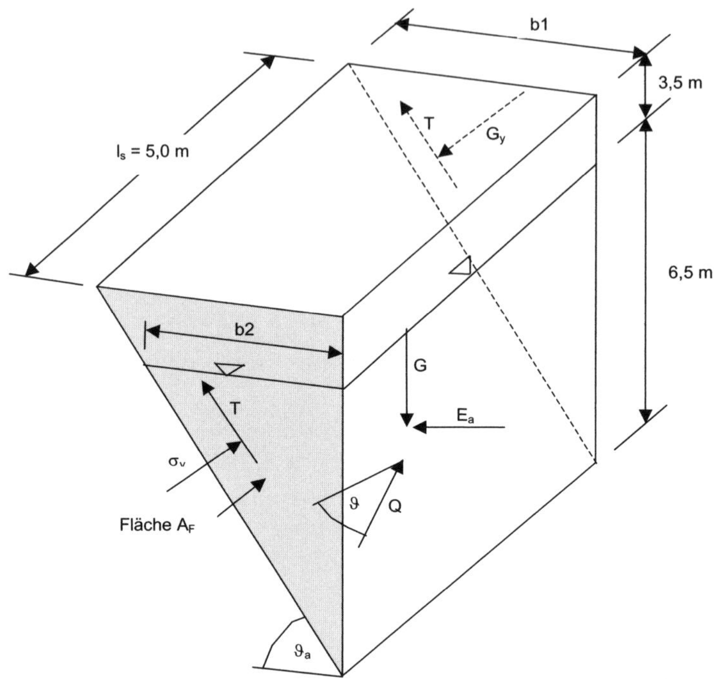

Abb. B-26.3: *Räumlicher Erddruckkeil; Lasten aus Baufahrzeugen und Aushubgeräten werden nicht berücksichtigt*

$$b_1 = \frac{10}{\tan 76,25} = 2,45 \text{ m}$$

$$b_2 = \frac{6,5}{\tan 76,25} = 1,59 \text{ m}$$

$$G_k = \frac{1}{2} \cdot (2,45 + 1,59) \cdot 3,5 \cdot 18 \cdot 5 + \frac{1}{2} \cdot 1,59 \cdot 6,5 \cdot 10 \cdot 5 = 894,7 \text{ kN}$$

$$T_k = \int \tau \cdot dA_F \text{ , aber } \tau = c + \sigma_y \cdot \tan\varphi = K_0 \cdot \sigma_z \cdot \tan\varphi_k$$

$$T_k = \int K_0 \cdot \sigma_z \cdot \tan\varphi_k \cdot dA_F$$

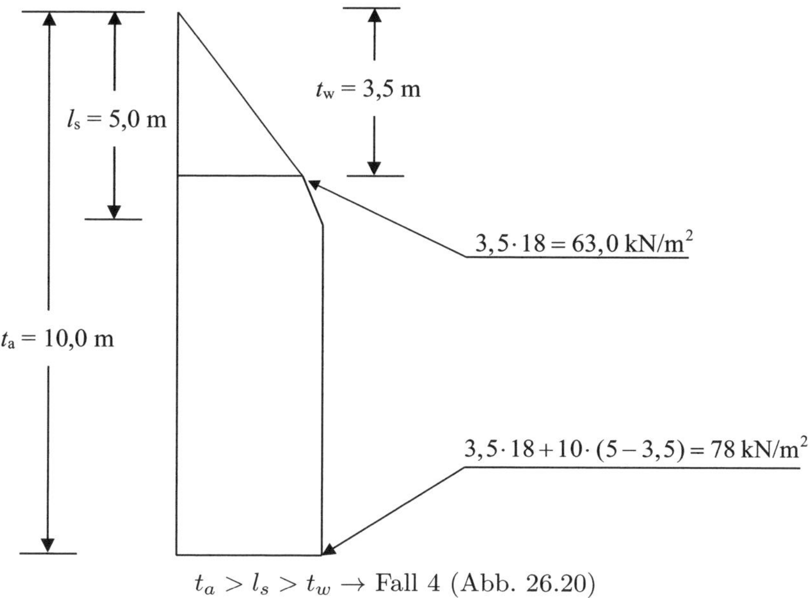

$t_a > l_s > t_w \rightarrow$ Fall 4 (Abb. 26.20)

Abb. B-26.4: *σ_z-Spannungsverteilung*

Für den Fall 4 gilt:

$$T = T_0 \cdot (1 - \frac{\gamma'}{\gamma} \cdot f_1^3 - \alpha \cdot f_2^3)$$

$$T_0 = \frac{1}{6} \cdot K_0 \cdot \gamma \cdot t_a^3 \cdot \cot\vartheta_{a,k} \cdot \tan\varphi_k = \frac{1}{6} \cdot 0,463 \cdot 18 \cdot 10^3 \cdot \cot 76,25 \cdot \tan 32,5$$

$$= 216,5 \text{ kN}$$

$$\alpha = 1 - \frac{\gamma'}{\gamma} = 1 - \frac{10}{18} = 0,444$$

$$f_1 = 1 - \frac{l_s}{t_a} = 1 - \frac{5,0}{10} = 0,5$$

$$f_2 = 1 - \frac{t_w}{t_a} = 1 - \frac{3,5}{10} = 0,65$$

$$\rightarrow T_k = 216,5 \cdot \left[1 - \frac{10}{18} \cdot 0,5^3 - 0,444 \cdot 0,65^3\right] = 175,1 \text{ kN} \rightarrow 2 \cdot T_k = 350,1 \text{ kN}$$

Gleichgewichtsbedingungen:

Ohne Stützkraftabminderung:

$450 \cdot 1,05 \leq 1416,7 \cdot 0,95$

$472,5 \leq 1345,9$ Die Standsicherheit an der Tiefe $t_a = 10$ m ist gegeben!

Stützkraftabminderung mit dem Anpassungsfaktor:

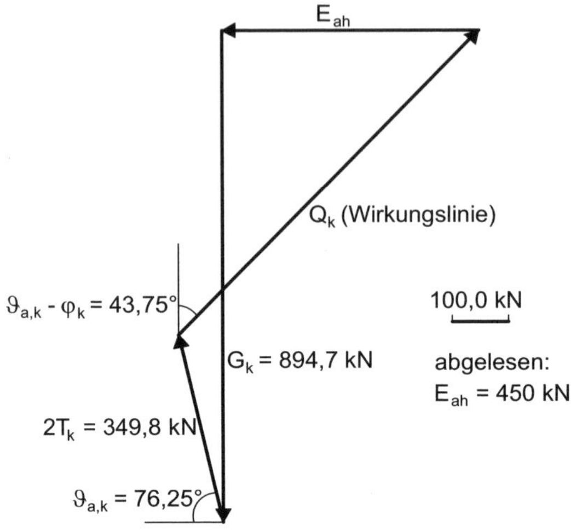

Abb. B-26.5: *Krafteck zur Bestimmung von E_{ah}*

Druckgefälle:

$$f_{s0} = \frac{2 \cdot \tau_f}{d_{10}} = \frac{2 \cdot 10 \cdot 10^{-3}}{0,4 \cdot 10^{-3}} = 50 \leq 50 \text{ kN/m}^3$$
$$\eta_2 = 0,80$$
$$S_k = 0,80 \cdot 1416,7 = 1133,4 \text{ kN}$$

$$450 \cdot 1,05 \leq 1133,4 \cdot 0,95$$
$$472,5 < 1076,7 \quad \text{Nachweis erfüllt!}$$

B-27 Verpressanker

B-27.1 Nachweise an einem Verpressanker mit Eignungsprüfung

AUFGABENSTELLUNG

Die Abbildungen B-27.1 bis B-27.3 zeigen das System einer permanenten Rückverankerung mit Verpressankern (Verbundanker) sowie die Ergebnisse einer Eignungsprüfung (Kleinstwert) an einem Permanentanker.

Aus der statischen Berechnung der Rückverankerung wurde für die Anker eine charakteristische Beanspruchung (Ankerzugkraft) von $E_{G,k} = 590$ kN ermittelt (nur ständige Einwirkungen).

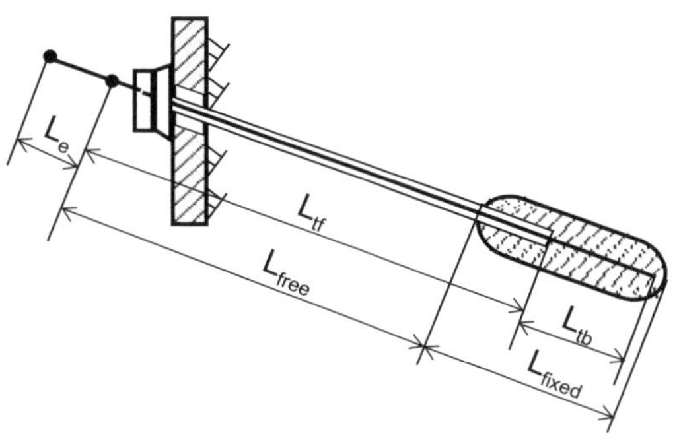

Abb. B-27.1: *Bezeichnungen Verpressanker*

Folgende Nachweise sind zu führen:

- Ermittlung der Prüflast P_p
- Herausziehwiderstand des Verpresskörpers $R_{a,k}$
- Widerstand des Stahlzuggliedes $R_{t,k}$
- Nachweis der Tragfähigkeit und Gebrauchstauglichkeit.

Konstruktionswerte Litzenanker – 9 Litzen

Bezeichnung	Wert
Ankertyp	Litzenanker
Anzahl der Litzen	9
A_s bzw. A_t	140 mm² je Litze
$f_{t,0.2,k}$	1570 N/mm²
$f_{t,k}$	1770 N/mm²
E_t	195000 N/mm²
L_e	0,10 m
L_{tf}	5,25 m

Bezeichnung	Wert
L_{tb}	5,00 m
L_{fixed}	5,95 m
L_{free}	4,65 m
$E_{G,k}$	590 kN (aus aktivem Erddruck infolge ständiger Einwirkungen)
P_a	60 kN

Tab. B-27.1: *Ankerkraftmessung und Ankerkopfverschiebungen aus der Eignungsprüfung*

Ankerkraft [kN]	60	295	440	590	740	885
elastische Verschiebung [mm]	0,0	3,5	6,1	9,3	12,5	14,5
plastische Verschiebung [mm]	0,0	2,0	3,3	4,5	6,4	8,5

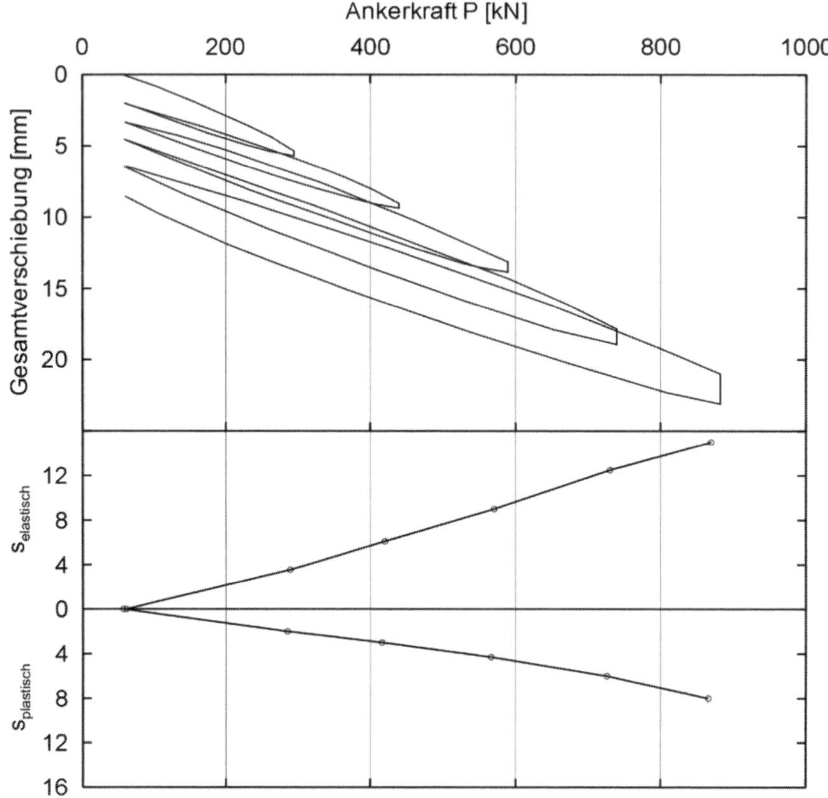

Abb. B-27.2: *Kraft-Verschiebungslinien*

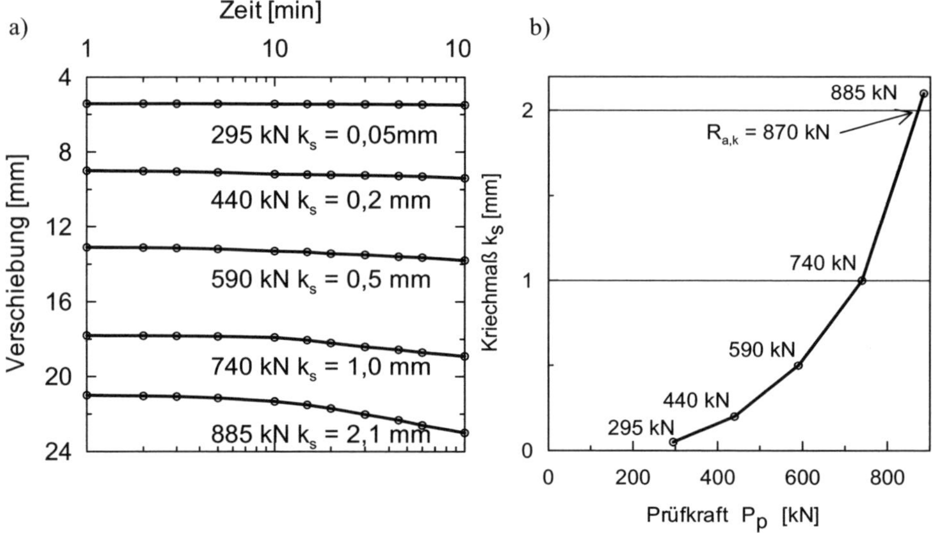

Abb. B-27.3: *a) Kriechmaß k_s aus der Eignungsprüfung;*
b) Kriechmaß k_s als Funktion der Prüfkraft

LÖSUNG

Ermittlung der Prüfkraft P_p

Die Prüfkraft P_p für die Eignungsprüfung ist mit Bezug auf $E_{G,k} = 590$ kN (aktiver Erddruck) wie folgt festzulegen.

$$P_p = \gamma_a \cdot P_d$$
$$P_d = \gamma_G \cdot E_{G,k} = 1,35 \cdot 590 = 797 \text{ kN}$$
$$P_p = \gamma_a \cdot P_d = 1,1 \cdot 797 = 877 \text{ kN}$$

Weiterhin muss in der Eignungsprüfung eingehalten werden:

$$P_p \leq 0,80 \cdot A_s \cdot f_{t,k} = 0,80 \cdot 9 \cdot 140 \text{ mm}^2 \cdot 1,77 \text{ kN/mm}^2 = 1784 \text{ kN}$$
$$P_p \leq 0,95 \cdot A_s \cdot f_{t,0.2,k} = 0,95 \cdot 9 \cdot 140 \text{ mm}^2 \cdot 1,57 \text{ kN/mm}^2 = 1879 \text{ kN}$$

Ermittlung des Herausziehwiderstandes $R_{a,d}$

Der Herausziehwiderstand im Einzelversuch ist diejenige Kraft, die im Zugversuch ein Kriechmaß von $k_s = 2$ mm verursacht.

Ist bei der Prüfkraft P_p in der Eignungsprüfung das Kriechmaß $k_s < 2$ mm, gilt die Prüfkraft P_p als Herausziehwiderstand im Einzelversuch. Für das dargestellte Beispiel ergibt sich ein Herausziehwiderstand von $R_{a,k} = 870$ kN.

Der Bemessungswert $R_{a,d}$ ergibt sich aus dem charakteristischen Herausziehwiderstand $R_{a,k}$ und dem Teilsicherheitsbeiwert für den Verpresskörperwiderstand γ_A zu

$$R_{a,d} = \frac{R_{a,k}}{\gamma_A} = \frac{870 \text{ kN}}{1,1} = 790,9 \text{ kN}$$

Widerstand des Stahlzuggliedes $R_{t,d}$

Für den charakteristischen Widerstand des Stahlzuggliedes $R_{t,k}$ gilt

$$R_{t,k} = A_s \cdot f_{t,0.2,k} = 9 \cdot 140 \text{ mm}^2 \cdot 1570 \text{ N/mm}^2 = 1978 \text{ kN}$$

Der Bemessungswert folgt aus dem charakteristischen Widerstand des Stahlzuggliedes $R_{t,k}$ mit γ_M zu

$$R_{t,d} = \frac{R_{t,k}}{\gamma_M} = \frac{1978 \text{ kN}}{1,15} = 1720 \text{ kN}$$

Nachweis der Tragfähigkeit

Für den Nachweis der Tragfähigkeit im Grenzzustand GEO-2 sind die Bemessungswerte der Einwirkungen E_d bzw. P_d bzw. Beanspruchungen den Bemessungswerten der Widerstände R_d gegenüberzustellen. R_d ist der kleinere Wert von $R_{i,k}$ und $R_{a,d}$.

$$
\begin{aligned}
&E_d \leq R_d \\
&E_d = E_k \cdot \gamma_G = 590 \cdot 1,35 = 797 \text{ kN} \\
&R_{a,d} \leq R_{t,d} = 791 \text{ kN } \leq 1720 \text{ kN} \\
&E_d = 797 \text{ kN } > R_{a,d} = 791 \text{ kN} \\
&\rightarrow \text{ Nachweis nicht erfüllt.}
\end{aligned}
$$

Der Nachweis der Tragfähigkeit ist nicht erbracht. Zur Einhaltung des Nachweises der Tragfähigkeit könnte z. B. der Ankerabstand verringert werden, wodurch sich die Einwirkung E_k aus der statischen Berechnung ebenfalls verringert.

Nachweis der Gebrauchstauglichkeit

Im Rahmen dieses Nachweises wird hier nur der Nachweis der rechnerischen freien Stahllänge L_{app} gezeigt. Für die Berechnung werden die Ergebnisse der Eignungsuntersuchung übernommen.

Δs beträgt anhand der Kraft-Verschiebungslinien für die Prüfkraft P_p (885 kN) abzüglich der Vorbelastung P_a (60 kN) 14,5 mm. Die vorhandene rechnerische freie Stahllänge L_{app} beträgt somit

$$L_{app} = \frac{(A_t \cdot E_t \cdot \Delta s)}{\Delta P} = \frac{9 \cdot 140 \cdot 195 \cdot 14,5}{885 - 60} = 4318 \text{ mm} \approx 4,32 \text{ m}$$

Der einzuhaltende obere Grenzwert beträgt

$$L_{app} \leq L_{tf} + L_e + 0,5 \cdot L_{tb} = 4,32 \text{ m } \leq 5,25 \text{ m } + 0,1 \text{ m } + 0,5 \cdot 5 = 7,85 \text{ m}$$

und der untere Grenzwert ist

$$L_{app} \geq 0,80 \cdot L_{tf} + L_e = 4,32 \text{ m } \geq 0,80 \cdot 5,25 \text{ m } + 0,1 \text{ m } = 4,30 \text{ m}$$

Die rechnerische freie Stahllänge mit $L_{app} = 4,32$ m liegt bei dem geprüften Anker innerhalb der zulässigen Grenzen. Der Nachweis ist somit erbracht.

B-28 Berechnung von Baugruben

B-28.1 Berechnung einer einmal gestützten, im Boden frei aufgelagerten Trägerbohlwand

AUFGABENSTELLUNG

Die dargestellte, einmal gestützte im Boden frei aufgelagerte Trägerbohlwand ist als Baugrubensicherung geplant. Die Trägerfüße sollen aus herstellungstechnischen Gründen einbetoniert werden (Verrohrung). Der Abstand der Bohrträger beträgt $a_t = 2,50$ m und der Bohrdurchmesser $b_t = 0,5$ m. Die maximal aufnehmbare Steifenkraft wird insgesamt mit $R_k = 300\,\text{kN}$ angesetzt. Als Bohlträger soll ein HEB-Profil 260 verwendet werden.

Für die Trägerbohlwand sind alle Nachweise für den Grenzzustand der Tragfähigkeit einschließlich Bemessung der Bohlträger zu führen (keine Ausfachungsbemessung).

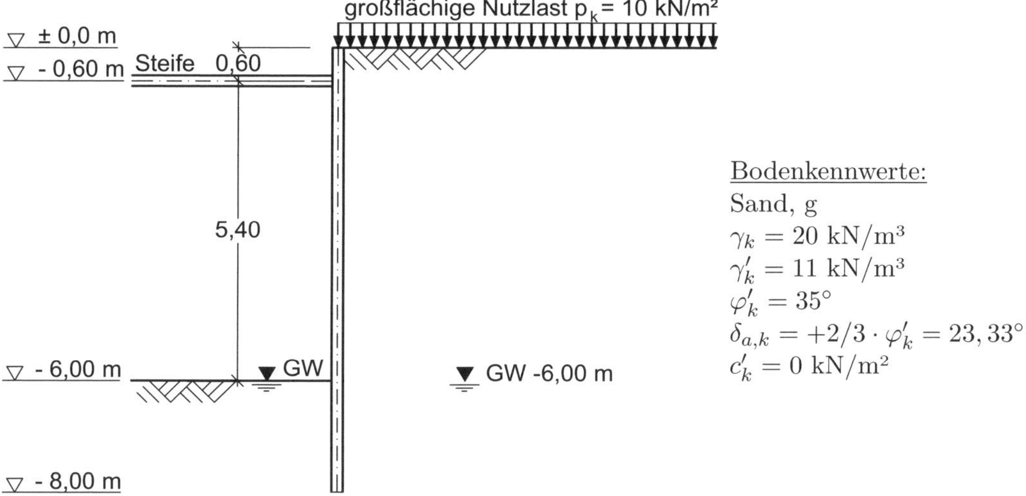

Abb. B-28.1: *System und Baugrundbedingungen*

LÖSUNG

Ermittlung des charakteristischen Erddrucks (Einwirkungen)

Ermittlung der Erddruckbeiwerte

$$K_{agh} = \frac{\cos^2 \varphi'_k}{\left(1 + \sqrt{\frac{\sin(\varphi'_k + 2/3 \cdot \varphi'_k) \cdot \sin \varphi'_k}{\cos(2/3 \cdot \varphi'_k)}}\right)^2} = \frac{\cos^2 35°}{\left(1 + \sqrt{\frac{\sin(35° + 23{,}33°) \cdot \sin 35°}{\cos(23{,}33°)}}\right)^2} = 0,224$$

(oder aus Diagrammen bzw. Tabellenwerken)

Bei der Erddruckermittlung darf die großflächige Nutzlast nach *Handbuch Eurocode 7-1 (2015)* und *EAB (2012)* zu den ständigen Einwirkungen gerechnet werden.

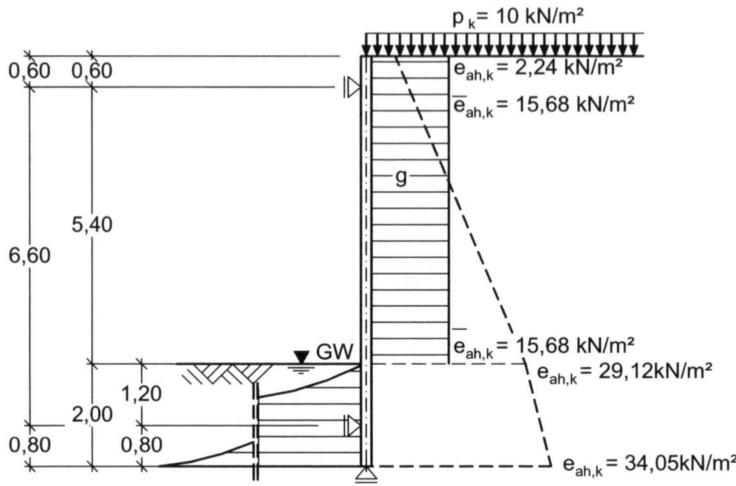

Abb. B-28.2: *System und charakteristischer Erddruck*

$$
\begin{aligned}
e_{ah,k}(z = 0,0 \text{ m}) &= p_k \cdot K_{agh} = 10 \cdot 0,224 = 2,24 \text{ kN/m}^2 \\
e_{ah,k}(z = -6,0 \text{ m}) &= \gamma_k \cdot h_1 \cdot K_{agh} + p_k \cdot K_{agh} \\
&= (20 \cdot 6,0 + 10) \cdot 0,224 = 29,12 \text{ kN/m}^2 \\
e_{ah,k}(z = -8,0 \text{ m}) &= (\gamma_k \cdot h_1 + \gamma_k' \cdot h_2 + p_k) \cdot K_{agh} \\
&= (20 \cdot 6,0 + 11 \cdot 2 + 10) \cdot 0,224 = 34,05 \text{ kN/m}^2
\end{aligned}
$$

Erddruckumlagerung

Umlagerung des aktiven Erddrucks bis Baugrubensohle mit einer wirklichkeitsnahen Lastfigur nach 28.6.1, hier als Rechteck. Das statische System für die Ermittlung der Beanspruchung enthält Abb. B-28.3.

$$
\overline{e}_{ah,k} = \frac{(2,24 + 29,12)}{2} = 15,68 \text{ kN/m}^2
$$

Annahme: Einbindetiefe t = 2,0 m; Erdauflager $B_{h,k}$ bei $0,6 \cdot t = 1,20$ m.

Ermittlung der charakteristischen Schnittgrößen

$$
A_{h,k} = \frac{15,68 \text{ kN/m}^2 \cdot 6,0 \text{ m} \cdot 4,2 \text{ m}}{6,6 \text{ m}} = 59,87 \text{ kN/m}
$$

$$
B_{h,k} = \frac{15,68 \text{ kN/m}^2 \cdot 6,0 \text{ m} \cdot 2,4 \text{ m}}{6,6 \text{ m}} = 34,21 \text{ kN/m}
$$

Lage des maximalen Momentes $M_{k,max}$ an der Stelle $Q = 0$.

$$
x_0 = \frac{B_{h,k}}{\overline{e}_{ah,k}} = \frac{34,21 \text{ kN/m}}{15,68 \text{ kN/m}^2} = 2,18 \text{ m}
$$

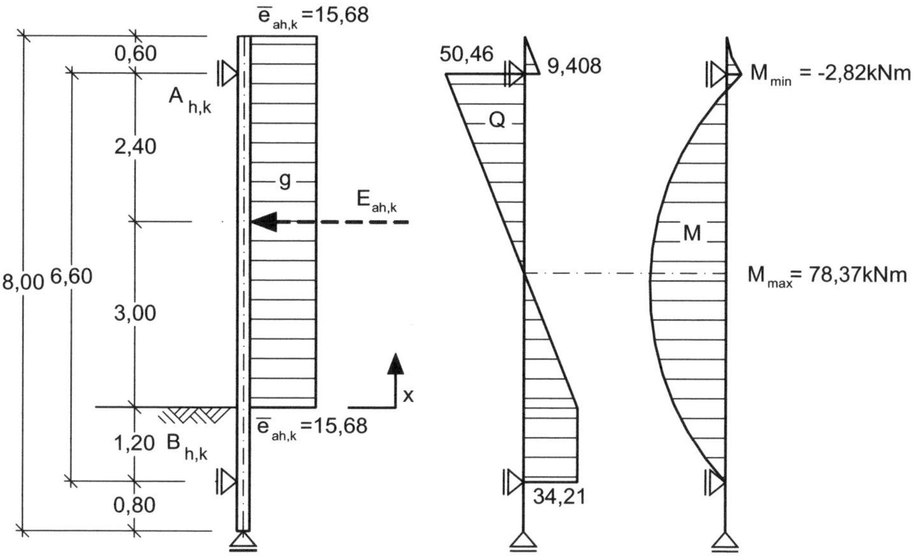

Abb. B-28.3: *Statisches System und charakteristische Beanspruchung*

$$
\begin{aligned}
M_{k,max} &= B_{h,k} \cdot (x_0 + 1,2) - \overline{e}_{ah,k} \cdot \frac{x_0^2}{2} = 34,21 \cdot (2,18 + 1,2) - 15,68 \cdot \frac{2,18^2}{2} \\
&= 78,37 \text{ kNm/m} \rightarrow \text{ Feldmoment}
\end{aligned}
$$

$$
M_{k,min} = -15,68 \cdot \frac{0,6^2}{2} = -2,82 \text{ kNm/m} \rightarrow \text{Moment bei Auflager A}
$$

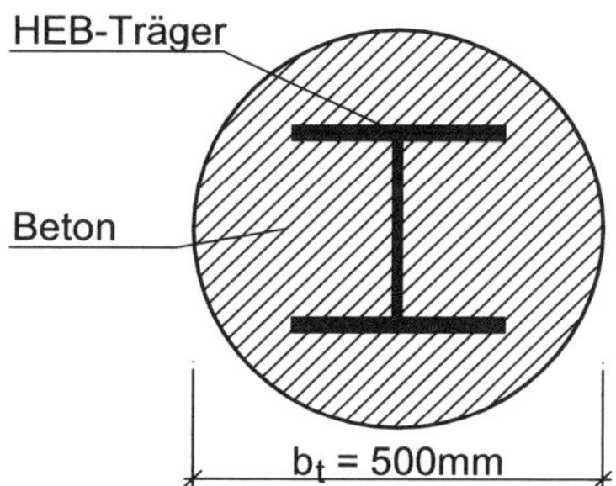

Abb. B-28.4: *Ausbildung des Bohlträger-Erdauflagers*

Nachweis des Fußauflagers

a) Charakteristischer Erdwiderstand vor den Bohlträgern (einbetonierter Fuß)

2 Fälle werden unterschieden:

Fall 1: Formel *mit* Überschneidung der Einflusszonen des Erdwiderstandes

$$\omega_{ph_I} = \frac{b_t}{a_t} \cdot K_{ph,k}(\delta_{p,k} \neq 0) + \frac{a_t - b_t}{a_t} \cdot K_{ph,k}(\delta_{p,k} = 0) + \frac{4 \cdot c}{\gamma \cdot t} \cdot \sqrt{K_{ph,k}(\delta_{p,k} \neq 0)}$$

$\rightarrow -\delta^*_{p,k} \rightarrow K_{ph,k}(\delta_{p,k} \neq 0) = 7,92$ (nach Gleitschema *Streck*, vgl. 28.6.2)

$\rightarrow -\delta_{p,k} \rightarrow K_{ph,k}(\delta_{p,k} = 0) = 3,69$ (gekrümmte Gleitfläche nach *Caquot/Kérisel*, s. Anhang A-10 oder DIN 4085)

$$\omega_{ph_I} = \frac{0,5 \text{ m}}{2,5 \text{ m}} \cdot 7,92 + \frac{2,50 \text{ m} - 0,5 \text{ m}}{2,50 \text{ m}} \cdot 3,69 = 4,54$$

Fall 2: Formel *ohne* Überschneidung der Einflusszonen:

Erdwiderstand ω_R nach Tab. 28.10

$$f_t = \frac{b_t}{t} = \frac{0,50 \text{ m}}{2,00 \text{ m}} = 0,25 \text{ und } \varphi_k = 35°$$
$$\rightarrow \omega_R = 4,68$$

Für kohäsionslose Böden gilt:

$$\omega_{ph_{II}} = \frac{\omega_R \cdot t}{a_t} = \frac{4,68 \cdot 2,0 \text{ m}}{2,50 \text{ m}} = 3,74$$
$$\omega_{ph_{II}} = 3,74 < \omega_{ph_I} = 4,54$$
$$\omega_{ph_{II}} = 3,74 \text{ maßgebend} \rightarrow \text{keine Überschneidung vorhanden.}$$

$\rightarrow$ Gedachter ebener charakteristischer Erdwiderstand

$$E_{ph,k} = \frac{1}{2} \cdot \gamma_k \cdot \omega_{ph_{II}} \cdot t^2 = \frac{1}{2} \cdot 11 \cdot 3,74 \cdot 2,0^2 = 82,28 \text{ kN/m}$$

b) Bemessungswert der Beanspruchung

$$B_{h,d} = B_{hG,k} \cdot \gamma_G = 34,21 \cdot 1,20 = 41,05 \text{ kN/m}$$

c) Bemessungswert des Widerstandes

$$E_{ph,d} = \frac{E_{ph,k}}{\gamma_{R,e}} = \frac{82,28}{1,3} = 63,29 \text{ kN/m}$$

d) Grenzzustandsgleichung

$$B_{h,d} < E_{ph,d}$$
$$41,05 \text{ kN/m} \leq 63,29 \text{ kN/m} \quad \rightarrow \text{Nachweis erfüllt}$$

Ausnutzungsgrad $\mu = \dfrac{41,05}{63,29} = 0,65$

Gleichgewicht der Horizontalkräfte bei Trägerbohlwänden

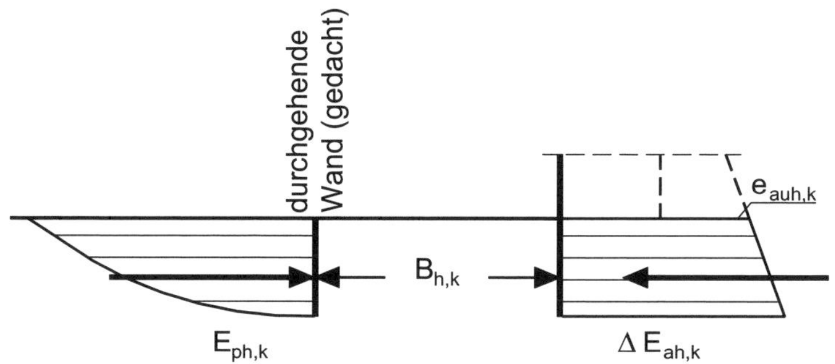

Abb. B-28.5: *System und Belastung beim Nachweis $\sum H = 0$ für frei aufgelagerte Bohlträger*

a) Vernachlässigter charakteristischer Erddruck unter Baugrubensohle

$$\Delta E_{ah,k} = (e_{auh,k} + 0,5 \cdot \gamma_k \cdot K_{ah,k} \cdot t) \cdot t = (29,12 + 0,5 \cdot 11 \cdot 0,224 \cdot 2,0) \cdot 2,0$$
$$= 63,17 \text{ kN/m}$$

b) Charakteristische Beanspruchung

$$\Delta E_{ah,k} + B_{h,k} = 63,17 + 34,21 = 97,38 \text{ kN/m}$$

c) Charakteristischer Erdwiderstand
mit $K_{ph,k}$ (nach DIN 4085 mit $\delta_p = -\varphi'_k$) $K_{ph,k} = 9,03$

$$E_{ph,k} = 0,5 \cdot \gamma_k \cdot t^2 \cdot K_{ph,k} = 0,5 \cdot 11 \cdot 2^2 \cdot 9,03 = 198,66 \text{ kN/m}$$

d) Bemessungswert der Beanspruchung

$$\Delta E_{ah} \cdot \gamma_G + B_{gh,k} \cdot \gamma_G = 63,17 \cdot 1,2 + 34,21 \cdot 1,2 = 116,86 \text{ kN/m}$$

e) Bemessungswert der Widerstände

$$E_{ph,d} = \frac{E_{ph,k}}{\gamma_{R,e}} = \frac{198,66 \text{ kN/m}}{1,3} = 152,82 \text{ kN/m}$$

f) Grenzzustandsgleichung

$$\Delta E_{ah,d} + B_{h,d} \leq E_{ph,d}$$
$116,86$ kN/m $\leq 152,82$ kN/m $\rightarrow$ Nachweis erfüllt.

Ausnutzungsgrad $\mu = \dfrac{116,86}{152,82} = 0,76$

Nachweis der Tragfähigkeit der Steifen

Die Bemessungssituation BS-T gilt hier nicht für Steifen. Teilsicherheitsbeiwerte sind bei Steifen für die Bemessungssituation BS-P anzusetzen.

a) Charakteristische Beanspruchung

$$A_{h,k} = 59,87 \text{ kN/m}$$

b) Charakteristischer Widerstand

Annahme: $R_{M,k} = 300$ kN für Steifen mit einem lichten Abstand $a_t = 2{,}5$ m (der Abstand der Steifen entspricht dem Abstand der Bohlträger).

$$R_{M,k} = \frac{R_k}{a_t} = \frac{300 \text{ kN}}{2,5 \text{ m}} = 120 \text{ kN/m}$$

c) Bemessungswert der Beanspruchung

$$E_d = \gamma_G \cdot A_{h,k} = 1,35 \cdot 59,87 = 80,82 \text{ kN/m}$$

d) Bemessungswert des Widerstandes (Stabilitätsversagen)

$$R_{M,d} = \frac{R_{M,k}}{\gamma_M} = \frac{120 \text{ kN/m}}{1,10} = 109,09 \text{ kN/m}$$

e) Grenzzustandsgleichung

$$E_d \leq R_{M,d}$$

$80,82$ kN/m $\leq 109,09$ kN/m $\rightarrow$ Nachweis erfüllt.

Ausnutzungsgrad $\mu = \dfrac{80,82}{109,09} = 0,74$

Nachweis der Tragfähigkeit der Bohlträger (Stahlprofile)

a) Charakteristische Beanspruchung

Für einen vereinfachten Nachweis wird die charakteristische Beanspruchung in Abhängigkeit des Trägerabstandes erhöht.

$$M_k = M_{k,max} \cdot a_t = 78,37 \text{ kNm/m} \cdot 2,5 \text{ m} = 195,93 \text{ kNm}$$

b) Charakteristischer Widerstand

Gewähltes Profil: HEB 260 mit $W_{y,k} = 1150 \text{ cm}^3 = 1150 \cdot 10^{-6} \text{ m}^3$ und lichter Ankerabstand $a_t = 2,5\,\text{m}$. Die Stahlgüte des S235 und der Sicherheitsbeiwert für Stahl beträgt $\gamma_M = 1,00$. Die charakteristische Spannung an der Streckgrenze beträgt:

$$f_{y,k} = 235 \text{ N/mm}^2 = 235 \cdot 10^3 \text{ kN/m}^2$$

c) Bemessungswert der Beanspruchung

$$\sigma_{y,d} = \frac{M_d}{W_y} = \frac{M_k \cdot \gamma_G}{W_y} = \frac{195,93 \text{ kNm} \cdot 1,20}{1150 \cdot 10^{-6} \text{ m}^3} = 204,45 \cdot 10^3 \text{ kN/m}^2$$

d) Bemessungswert des Widerstandes

$$f_{y,d} = \frac{f_{y,k}}{\gamma_M} = \frac{235 \cdot 10^3 \text{ kN/m}^2}{1,0} = 235 \cdot 10^3 \text{ kN/m}^2$$

e) Grenzzustandsgleichung der Tragfähigkeit

$$E_d = \sigma_{y,d} \leq R_{M,d} = f_{y,d}$$

$204,45 \cdot 10^3 \text{ kN/m}^2 \leq 235 \cdot 10^3 \text{ kN/m}^2 \rightarrow$ Nachweis erfüllt.

Ausnutzungsgrad $\mu = \dfrac{204,45 \cdot 10^3}{235 \cdot 10^3} = 0,87$

B-28.2 Berechnung einer einmal gestützten, im Boden frei aufgelagerten Spundwand

AUFGABENSTELLUNG

Eine 10 m tiefe Baugrube soll durch eine frei aufgelagerte Spundwand ($W_y = 6450 \text{ cm}^3$, Stahlgüte S240 GP) gesichert werden. Der horizontale Abstand der Aussteifung beträgt $a_t = 2,0$ m und der charakteristische Steifenwiderstand $R_k = 1250$ kN. Abmessungen, Bodenkennwerte und angesetzter Erddruckneigungswinkel siehe Abb. B-28.6.

LÖSUNG

Ermittlung des charakteristischen Erddrucks (Einwirkungen)

Erddruckbeiwerte

Bodenschicht	K_{agh}	K_{ach}
Sand	0,28	
Schluff	0,35	1,04
Kiessand	0,25	

Für Mindesterddruck $\varphi_{Ers,k} = 40°$ in der bindigen Schicht $K^*_{agh} = 0,18$.

Bei der Erddruckermittlung wird die großflächige Nutzlast nach *Handbuch Eurocode 7-1 (2015)* und *EAB (2012)*, EB 7, mit $p_k \leq 10 \text{ kN/m}^2$ mit zu den ständigen Einwirkungen gerechnet.

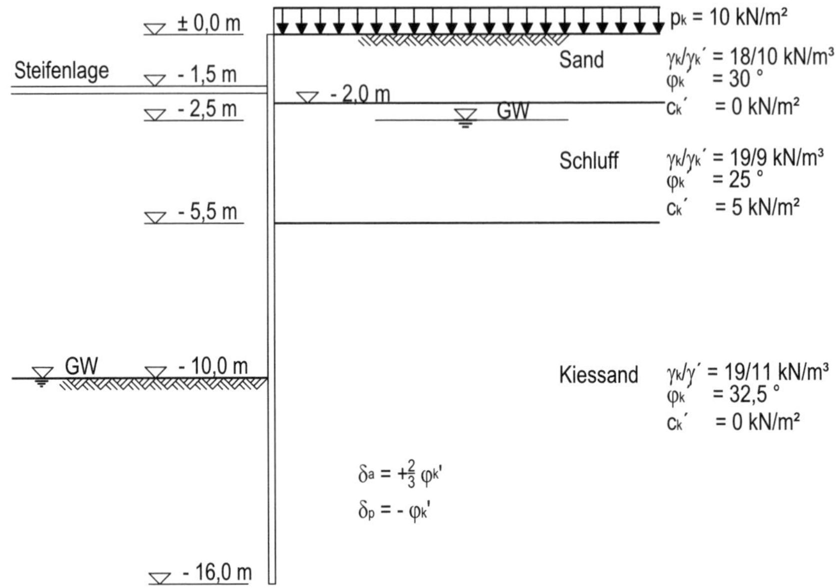

Abb. B-28.6: *Schnitt durch die Baugrube*

Kote [m]	$\sigma_z = \gamma \cdot h$ [kN/m²]	$e_{agh,k} = \sigma_z \cdot K_{agh,k}$ [kN/m²]	$e_{ach,k} = -c \cdot K_{ach,k}$ [kN/m²]	$e_{agh,k} + e_{ach,k}$ [kN/m²]	$e_{a,min,k} = \sigma_z \cdot K^*_{agh,k}$ [kN/m²]	$e_{aph,k} = p_k \cdot K_{agh,k}$ [kN/m²]	$\sum e_{ah,k}$ [kN/m²]	$E_{ah,k}$ [kN/m]
0	0	0	-	0	-	2,8	2,8	15,68
-2(o)	36	10,08	-	10,08	-	2,8	12,88	
-2(u)	36	12,60	-5,2	7,40	6,48	3,5	10,9	6,24
-2,5	45	15,75	-5,2	10,55	8,1	3,5	14,05	
-5,5(o)	72	25,20	-5,2	20,0	12,96	3,5	23,5	56,33
-5,5(u)	72	18	-	18,0	-	2,5	20,5	120,12
-10	121,5	30,38	-	30,38	-	2,5	32,88	
-16	187,5	46,88	-	46,88	-	2,5	49,38	246,78

Nachweis des Mindesterddrucks in der Schluffschicht

Überprüfung der maßgebenden Erddrucklast für Schicht 2 (Bodeneigengewicht oder Mindesterddruck)

Resultierende aus Bodeneigengewicht und Kohäsion für Schicht 2:

$$E_{ah,k}^{\text{Schicht 2}} = 7,4 \cdot 0,5 + 0,5 \cdot 0,5 \cdot (10,55 - 7,4) + 10,55 \cdot 3 + 0,5 \cdot 3 \cdot (20 - 10,55)$$
$$= 50,31 \text{ kN/m}$$

Resultierende aus Mindesterddruck für Schicht 2:

$$E_{a,min,k}^{\text{Schicht 2}} = 6,48 \cdot 0,5 + 0,5 \cdot 0,5 \cdot (8,1 - 6,48) + 8,1 \cdot 3 + 0,5 \cdot 3 \cdot (12,96 - 8,1)$$
$$= 35,24 \text{ kN/m}$$

$$E_{ah,k}^{\text{Schicht 2}} = 50,31 \text{ kN/m} > E_{a,min,k}^{\text{Schicht 2}} = 35,24 \text{ kN/m}$$

$\rightarrow$ Mindesterddruck ist nicht maßgebend.

Ermittlung des hydrostatischen Wasserdrucks

$$w_k^{-2,5m} = 0 \text{ kN/m}^2$$
$$w_k^{-10m} = 10 \text{ kN/m}^3 \cdot 7,5 \text{ m} = 75 \text{ kN/m}^2$$
$$w_k^{-16m} = 10 \text{ kN/m}^3 \cdot 7,5 \text{ m} = 75 \text{ kN/m}^2$$

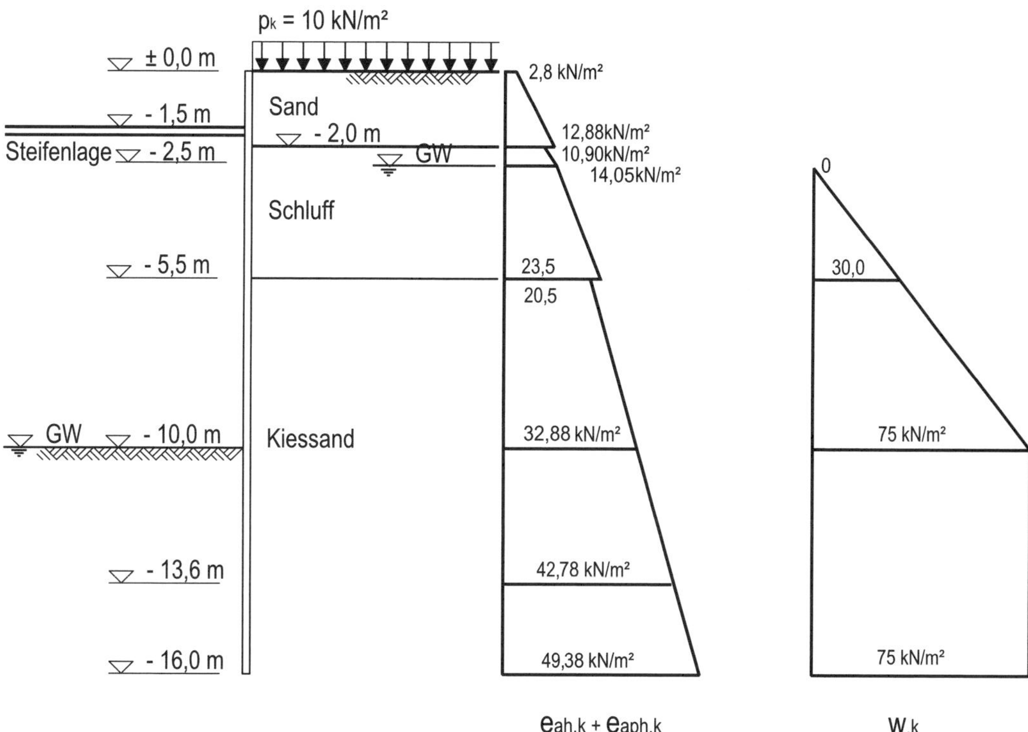

Abb. B-28.7: *Erddruck aus ständigen Einwirkungen und Wasserdruck*

<u>Erddruckumlagerung</u>

Stützung bei $h_k = -1,50$ m, einfach gestützt

$$0,1 \cdot H < h_k < 0,2 \cdot H$$
$$0,1 \cdot 10 < h_k = 1,5 \text{ m } < 0,2 \cdot 10$$

Erdruckumlagerung nach 28.7.1 als abgestuftes Rechteck mit $e_{ho} : e_{hu} = 1{,}20$

$$E_{ah,k} = \frac{(2,8 + 12,88)}{2} \cdot 2,0 + \frac{(10,9 + 14,23)}{2} \cdot 0,5 + \frac{(14,32 + 23,68)}{2} \cdot 3,0$$
$$+ \frac{(20,63 + 33)}{2} \cdot 4,5 = 198,35 \text{ kN/m}$$

$$e_{ho} = e_{hu} \cdot 1,2$$
$$E_{ah,k} = e_{ho} \cdot \frac{H}{2} + e_{hu} \cdot \frac{H}{2} = 1,2 \cdot e_{hu} \cdot \frac{H}{2} + e_{hu} \cdot \frac{H}{2} = H \cdot e_{hu} \cdot 1,1$$
$$e_{hu} = \frac{E_{ah,k}}{H \cdot 1,1} = \frac{198,35}{10 \cdot 1,1} = 18,03 \text{ kN/m}^2$$
$$e_{hu} = 1,2 \cdot e_{ho} = 1,2 \cdot 18,03 = 21,64 \text{ kN/m}^2$$

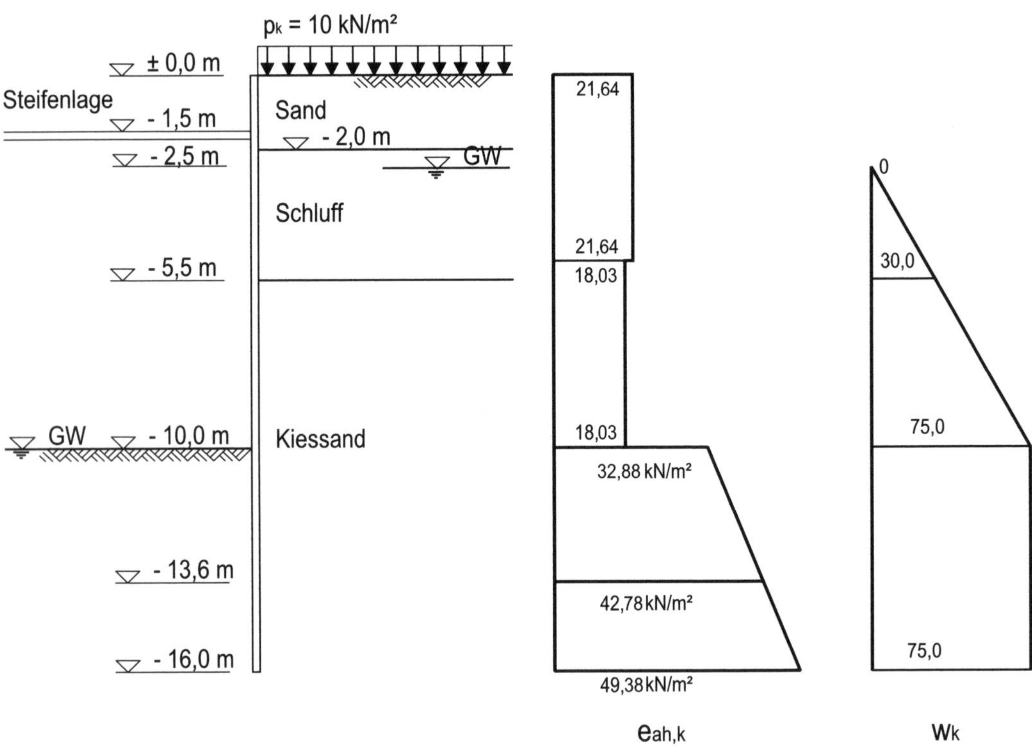

Abb. B-28.8: *Umgelagerter Erdruck*

Ermittlung der charakteristischen Schnittgrößen

$\sum M^A = 0:$

$$- B_{h,k} \cdot 12,2 \text{ m} + 108,2 \text{ kN} \cdot 1 \text{ m} + 90,15 \text{ kN} \cdot 6 \text{ m} + 197,28 \text{ kN} \cdot 11,5 \text{ m}$$
$$+ 49,5 \text{ kN} \cdot 12,5 \text{ m} + 281,25 \cdot 6 \text{ m} + 450 \cdot 11,5 \text{ m} = 0 \text{ (je lfdm.)}$$
$$\rightarrow B_{h,k} = 859,43 \text{ kN/m}$$

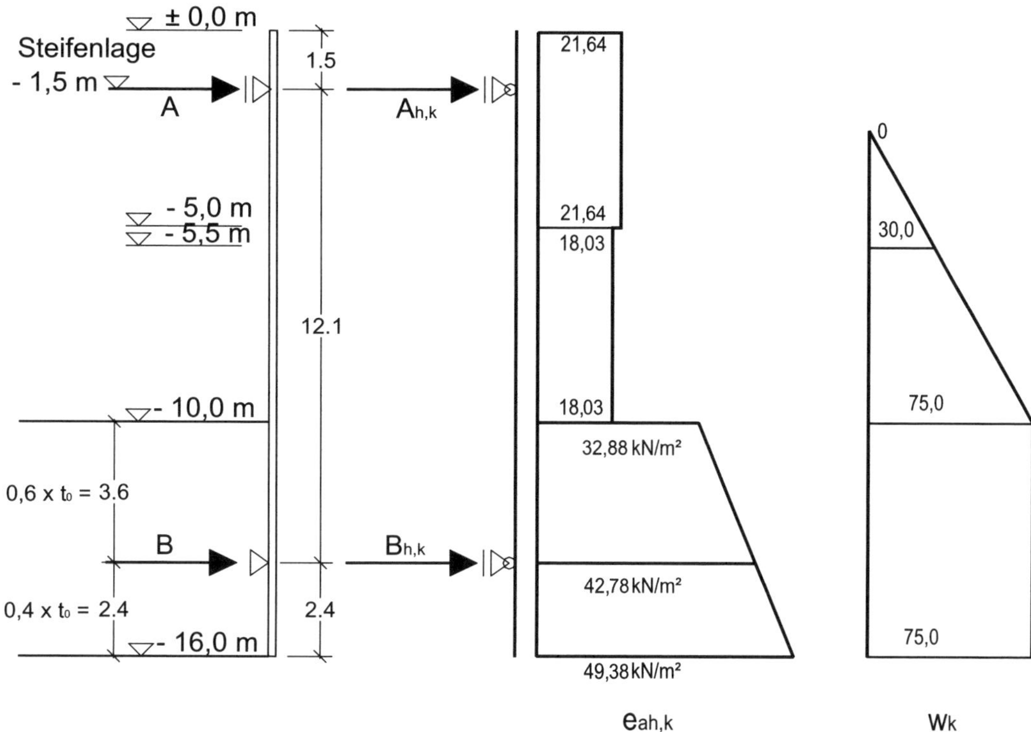

Abb. B-28.9: *Statisches System und charakteristische Einwirkungen*

$\sum H = 0:$

$$A_{h,k} + 859,43 \text{ kN} - 108,2 \text{ kN} - 90,15 \text{ kN} - 197,28 \text{ kN} - 49,5 \text{ kN} - 281,55 \text{ kN}$$
$$- 450 \text{ kN} = 0 \text{ je lfdm.}$$
$$\rightarrow Ah, k = 317,25 \text{ kN/m}$$

Ermittlung der charakteristischen Widerstände

Charakteristischer Steifenwiderstand

Angenommen: S_k = 1250 kN für eine Steife für a = 2,0 m Steifenabstand.

$A_{r,k} = S_k/a = 1250 \text{ kN}/2{,}0 \text{ m} = 625{,}0 \text{ kN/m}$

Charakteristischer Biegewiderstand der Spundwand Larssen 430

$$M_{R,k} = W_{el,min.} \cdot f_y = 6450 \text{ cm}^3/\text{m} \cdot 240 \text{ MN/m}^2$$
$$= 6,45 \cdot 10^{-3} \text{ m}^3/\text{m} \cdot 240 \cdot 10^3 \text{ kN/m}^2 = 1548 \text{ kNm/m}$$

Charakteristischer Erdwiderstand

$$E_{ph,k} = 0,5 \cdot \gamma_k \cdot K_{ph} \cdot t^2 = 0,5 \cdot 11 \text{ kN/m}^3 \cdot 7,30 \cdot (6 \text{ m})^2 = 1445,4 \text{ kN/m}$$

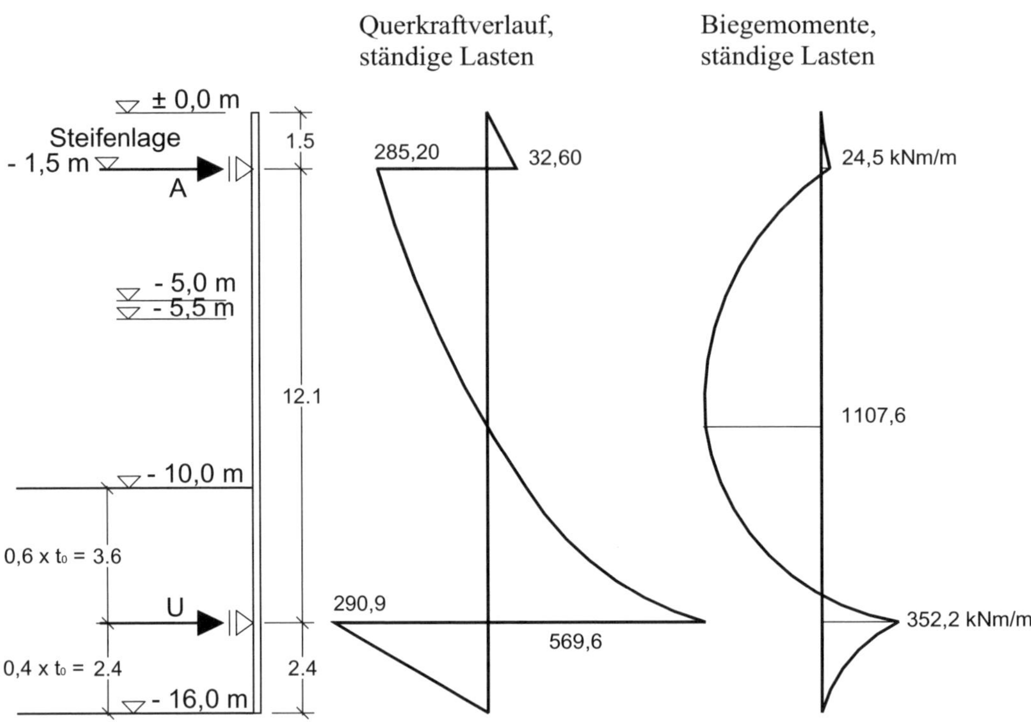

Abb. B-28.10: *Charakteristische Schnittgrößen*

Nachweis der Tragfähigkeit
Ausgangswerte:

Bauzustand GEO-2, Bemessungssituation BS-T (gilt nicht für Steifen)
Teilsicherheitsbeiwert für Steifen (BS-P): $\gamma_G = 1{,}35$
Teilsicherheitsbeiwert für Einwirkungen (BS-T): $\gamma_G = 1{,}2$
Teilsicherheitsbeiwert für Bodenwiderstand (BS-T): $\gamma_{Ep} = 1{,}3$
Teilsicherheitsbeiwert für Stahlbauteile (BS-T): $\gamma_M = 1{,}0$
Teilsicherheitsbeiwert für Stahlbauteile bei Stabilitätsversagen (BS-P): $\gamma_M = 1{,}1$

Tragfähigkeit der Steifen

Bemessungswerte der Einwirkungen

$$A_{s,d} = \gamma_G \cdot A_{gh,k} = 1,35 \cdot 317,25 \text{ kN/m} = 428,29 \text{ kN/m}$$

Bemessungswerte der Widerstände

$$A_{R,d} = \frac{A_{R,k}}{\gamma_A} = \frac{625,0 \text{ kN/m}}{1,1} = 568,18 \text{ kN/m}$$

Nachweis: $A_{s,d} = 428,29 \text{ kN/m} \leq A_{R,d} = 568,18 \text{ kN/m}$

Tragfähigkeit der Spundwand

Bemessungswerte der Einwirkungen

$$M_{s,d} = \gamma_G \cdot M_{max,k} = 1,20 \cdot 1107,60 \text{ kNm/m} = 1329,12 \text{ kNm/m}$$

Bemessungswerte der Widerstände

$$M_{R,d} = \frac{M_{R,k}}{\gamma_M} = \frac{1548,0 \text{ kNm/m}}{1,0} = 1548 \text{ kN/m}$$

Nachweis: $M_{s,d} = 1329,12 \text{ kNm/m} \leq M_{R,d} = 1548 \text{ kNm/m}$

Tragfähigkeit des Erdwiderlagers

Bemessungswerte der Einwirkungen

$$B_{h,d} = \gamma_G \cdot B_{gh,k} = 1,20 \cdot 859,43 \text{ kN/m} = 1031,32 \text{ kN/m}$$

Bemessungswerte der Widerstände

$$E_{ph,d} = \frac{E_{ph,k}}{\gamma_{Re}} = \frac{1445,4 \text{ kN/m}}{1,3} = 1111,85 \text{ kN/m}$$

Nachweis: $B_{h,d} = 1031,32 \text{ kN/m} \leq E_{ph,d} = 1111,85 \text{ kN/m}$

B-28.3 Ermittlung und Nachweis der Einbindetiefe einer einmal ausgesteiften, im Boden frei aufgelagerten Spundwand

AUFGABENSTELLUNG

Für die abgebildete, im Boden frei aufgelagerte und in Geländehöhe gestützte Baugrubenwand (Spundwand) ist die erforderliche Einbindetiefe zu ermitteln und der Nachweis der Einbindetiefe zu erbringen. Der Grundwasserstand wird in Höhe der Baugrubensohle angenommen.

LÖSUNG

Ermittlung der Einbindetiefe

Ermittlung des charakteristischen Erddrucks

Die Rauigkeit der Spundwand wird als verzahnt eingestuft, sodass für $\delta_{a,k} = +2/3 \cdot \varphi'_k$ unter der Annahme von ebenen Gleitflächen nach DIN 4085 bzw. Bd. 1, 12.6.3, der Erddruckbeiwert

$K_{agh} = K_{aph} = 0{,}224$

resultiert.

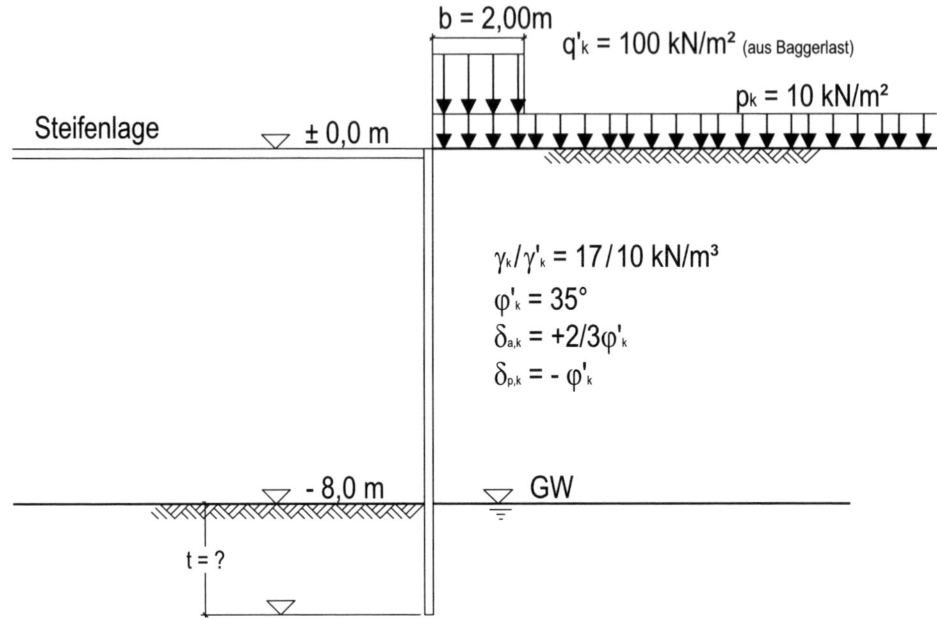

Abb. B-28.11: *System und Baugrundbedingungen*

Der Gleitflächenwinkel beträgt

$$\vartheta_a = 35 + \arctan\left(\frac{\cos(35-0)}{\sin(35-0) + \sqrt{\frac{\sin(35+\frac{2}{3}\cdot 35)\cdot\cos(0-0)}{\sin(35-0)\cdot\cos(0+\frac{2}{3}\cdot 35)}}}\right) = 58,9^\circ$$

Charakteristischer Erddruck aus ständigen Einwirkungen

Kote [m]	$\sigma_z = \sum(\gamma \cdot h)$ [kN/m²]	K_{agh} [-]	$e_{agh} = K_{agh} \cdot \sum(\gamma \cdot h)$ [kN/m²]	$e_{aph} = p \cdot K_{agh}$ [kN/m²]	$E_{ah,k}$ [kN/m]
0,0	0	0,224	0,0	2,24	140,01
-8,0	136,0	0,224	30,52	2,24	
-(8,0 +t)	$136,0 + 10,0 \cdot t$	0,224	$30,52 + 2,24 \cdot t$	2,24	

Charakteristischer Erddruck aus veränderlichen Einwirkungen

$$e_{aq'h,k} = q'_k \cdot K_{agh} = 100,0 \cdot 0,224 = 22,4 \text{ kN/m}^2$$
$$h_q = b \cdot \tan\vartheta_a = 2,0 \cdot \tan 58,9 = 3,32 \text{ m}$$

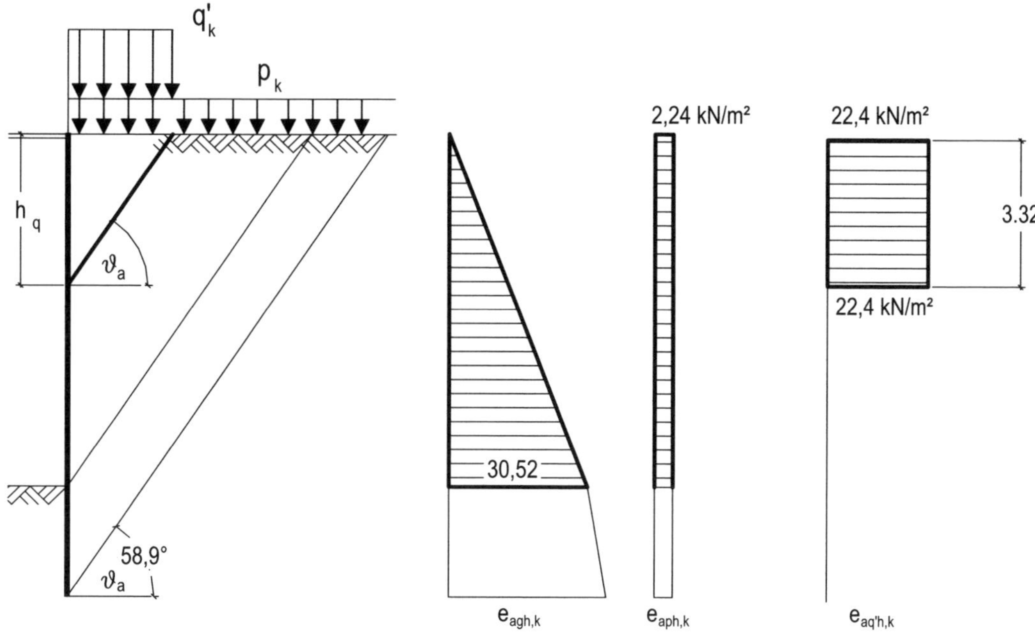

Abb. B-28.12: *Erddruckumlagerung*

Erddruckumlagerung

In Abhängigkeit der Aussteifung ergibt sich für die Spundwand nach 28.7.1 mit $h_k = 0$ für die ständigen Einwirkungen oberhalb der Baugrubensohle eine rechteckige Umlagerungsfigur.

$$e_{ah,k} = \frac{E_{ah,k}}{H} = \frac{140,01}{8,0} = 17,50 \text{ kN/m}^2$$

Ermittlung der erforderlichen Einbindetiefe

Anmerkung: Die Einbindetiefe wird bei einer einfach gestützten, im Boden frei aufgelagerten Baugrubenwand entgegen der üblichen Vorgehensweise hier mit den Bemessungswerten der Einwirkungen und Widerstände ermittelt. Der Nachweis der Tragfähigkeit wird für den Grenzzustand GEO-2 geführt. In dem vorliegenden Beispiel ist die gleichzeitige Einwirkung von Erddruck aus Bodeneigengewicht und von Erddruck aus der veränderlichen Baggerlast die maßgebende Bemessungssituation BS-T.

Bemessungswerte der Einwirkungen

Erddruck von Geländeoberfläche bis Baugrubensohle
Der Bemessungswert der ständigen Einwirkung aus Bodeneigengewicht und der unbegrenzten Flächenlast mit $p_k < 10$ kN/m² ergibt sich zu

$$e_{ah,d} = \gamma_G \cdot e_{ah,k} = 1,2 \cdot 17,5 = 21,0 \text{ kN/m}^2$$

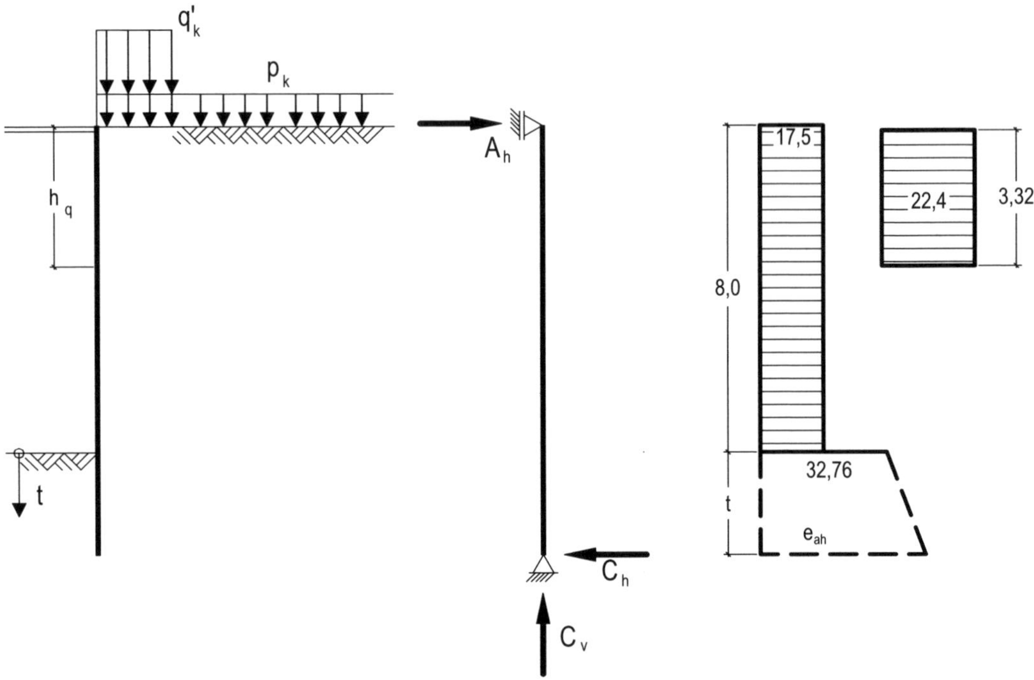

Abb. B-28.13: *Statisches System und maßgebende charakteristische Einwirkung*

Der Bemessungswert der veränderlichen Einwirkung aus der Streifenlast beträgt

$$e_{aq'h,d} = \gamma_Q \cdot e_{aq'h,k} = 1,3 \cdot 22,4 = 29,1 \text{ kN/m}^2$$

Erddruck unterhalb der Baugrubensohle

Der Bemessungswert der ständigen Einwirkung aus Bodeneigengewicht und der unbegrenzten Flächenlast mit $p_k < 10$ kN/m² ergibt sich in Abhängigkeit der Einbindetiefe t zu

$$e_{ah,d} = \gamma_G \cdot (e_{agh,k} + e_{aph,k}) = 1,2 \cdot (30,52 + 2,24 \cdot t + 2,24)$$

In Höhe der Baugrubensohle ($t = 0$) beträgt die Spannungsordinate

$$e_{ah,d} = 1,2 \cdot (30,52 + 2,24 \cdot 0 + 2,24) = 39,31 \text{ kN/m}^2$$

Bemessungswerte des Widerstandes

Der Erdwiderstand wird unter der Annahme von gekrümmten Gleitflächen nach DIN 4085 mit dem Erddruckneigungswinkel $\delta_{p,k} = -\varphi'_k$ bestimmt. Der Erdwiderstandsbeiwert beträgt K_{pgh} = 9,03.

Hiermit gilt für den charakteristischen Erdwiderstand in Abhängigkeit der Einbindetiefe t

$$e_{ph,k} = \gamma' \cdot K_{pgh} \cdot t = 10,0 \cdot 9,03 \cdot t = 90,3 \cdot t$$

Der Bemessungswert des Erdwiderstandes ergibt sich aus

$$e_{ph,d} = \frac{e_{ph,k}}{\gamma_{Ep}} = \frac{90,3 \cdot t}{1,30} = 69,44 \cdot t \text{ kN/m}^2$$

Statisches System und Bemessungswerte der Beanspruchungen und Widerstände

Die Ermittlung der Einbindetiefe erfolgt bei einer freien Auflagerung im Boden entweder mit einem Stabwerksprogramm, indem die Einbindelänge t iterativ optimiert wird, bis die Bedingung für die Auflagerkraft im Wandfuß erfüllt ist ($C_h = 0$), oder bei statisch bestimmten Systemen mit einer Handrechnung aus $\sum M = 0$ um den Stützpunkt (Anker bzw. Steife) und der Annahme, dass die Auflagerkraft im Wandfuß gleich null ist. Aus der Handrechnung resultiert für die erforderliche Einbindetiefe t ein Polynom 3. Ordnung, welches durch Nullstellenfindung, iteratives Probieren oder mithilfe von Nomogrammen gelöst werden kann.

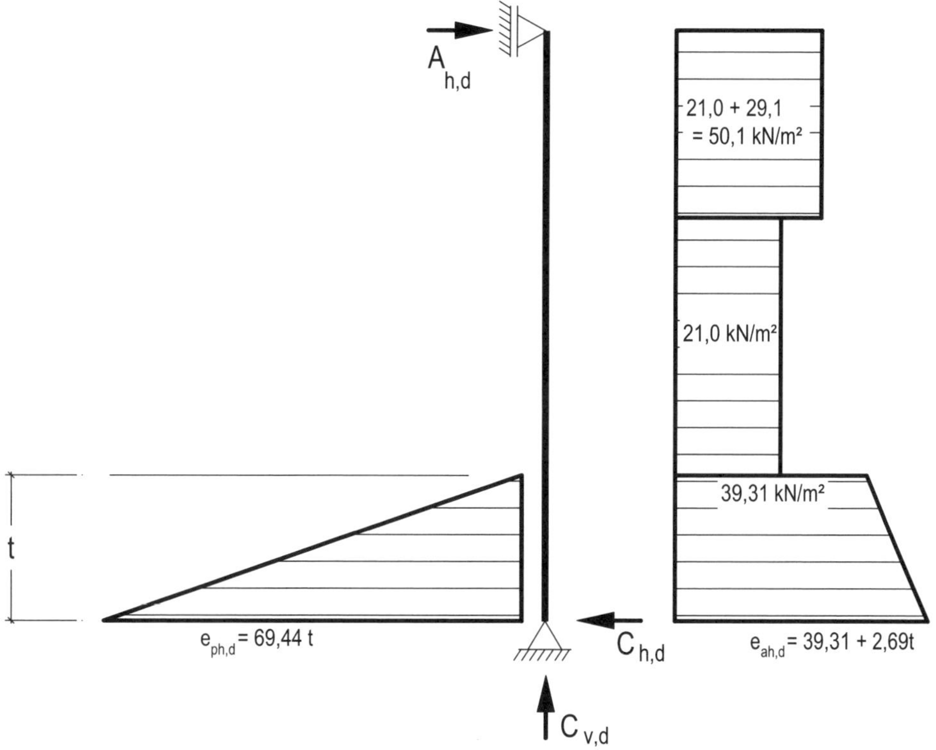

Abb. B-28.14: *Statisches System*

Aus $\sum M = 0$ um den Stützpunkt, d. h. die Steife A_h, und der Voraussetzung $C_h = 0$ ergibt sich

$$\sum M_A = 0$$

$$\frac{1}{2} \cdot 50,1 \cdot 3,32^2 + 21,0 \cdot (8,0 - 3,32) \cdot \left[\frac{1}{2} \cdot (8,0 - 3,32) + 3,32\right]$$

$$+ 39,31 \cdot t \cdot \left(\frac{1}{2} \cdot t + 8\right) + \frac{1}{2} \cdot 2,69 \cdot t^2 \cdot \left(\frac{2}{3} \cdot t + 8\right) - \frac{1}{2} \cdot 69,44 \cdot t^2 \cdot \left(\frac{2}{3} \cdot t + 8\right) = 0$$

Hieraus folgt das Polynom 3. Ordnung

$$-22,25 \cdot t^3 - 247,34 \cdot t^2 + 314,48 \cdot t + 832,38 = 0$$

und durch Nullstellenfindung ergibt sich die erforderliche Einbindetiefe zu

$$t = 2,28 \cong 2,30 \text{ m}$$

Nachweis der Einbindetiefe für den Grenzzustand der Tragfähigkeit

Für die aus der Vorbemessung ermittelte erforderliche Einbindetiefe $t = 2{,}30$ m wird der Nachweis der Einbindetiefe für die Bemessungssituation BS-T geführt. Hierzu wird mit den charakteristischen Einwirkungen die resultierende Bodenreaktionskraft ermittelt und dem Bemessungswert des Erdwiderstandes gegenübergestellt.

Charakteristische Einwirkungen

Die charakteristischen Einwirkungen sind bereits zur Ermittlung der Einbindetiefe berechnet worden. Ergänzt werden diese mit der charakteristischen Einwirkungsordinate im Wandfuß.

Tab. B-28.1: *Charakteristischer Erddruck aus ständigen Einwirkungen in Höhe des Wandfußes*

Kote [m]	$\sigma_z = \sum(\gamma \cdot h)$ [kN/m²]	K_{agh} [-]	$e_{agh} = K_{agh} \cdot \sum(\gamma \cdot h)$ [kN/m²]	$e_{aph} = p \cdot K_{agh}$ [kN/m²]
-10,30	159,0	0,224	35,68	2,24

Ermittlung der charakteristischen Bodenreaktionskraft

Hier wird für den Nachweis der Einbindetiefe eine linear mit der Tiefe zunehmende Bodenreaktion $\sigma_{ph,k}$ berücksichtigt, wobei sich die charakteristische Bodenreaktionskraft aus der Integration der Bodenreaktion über die Einbindetiefe t ergibt.

Sofern zunächst nur der Nachweis der Einbindetiefe geführt werden soll, darf zur Ermittlung der charakteristischen Bodenreaktionskraft $B_{h,k}$ bei freier Auflagerung der Wand im Boden ein festes Auflager im Schwerpunkt der zu erwartenden Bodenreaktion $\sigma_{ph,k}$ angenommen werden, siehe 28.5.2. Hierbei wird der Angriffspunkt der resultierenden Bodenreaktionskraft bei $z' = 0,6 \cdot t$ angenommen.

Die maßgebende charakteristische Bodenreaktion $\sigma_{ph,k}$ ergibt sich unter Verwendung eines Stabwerksprogramms, indem die Bodenreaktion als negative Belastung iterativ erhöht wird, bis die Auflagerbedingung im Wandfuß $C_h = 0$ erfüllt ist. Nachfolgend wird die charakteristische Bodenreaktionskraft mit einer Handrechnung aus $\sum M_A = 0$ um den Stützpunkt und der Annahme, dass die Auflagerkraft im Wandfuß gleich null ist, ermittelt. Aus den charakteristischen ständigen und veränderlichen Einwirkungen ergibt sich

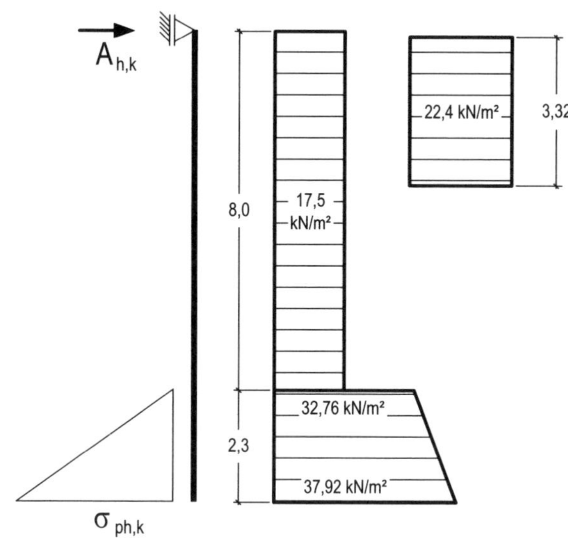

Abb. B-28.15: *Statisches System zur Ermittlung der Bodenreaktion $\sigma_{ph,k}$*

$$\sum M_A = 0$$
$$\frac{1}{2} \cdot 39,9 \cdot 3,32^2 + 17,5 \cdot (8,0 - 3,32) \cdot \left[\frac{1}{2} \cdot (8,0 - 3,32) + 3,32\right]$$
$$+ 32,76 \cdot 2,3 \cdot \left(\frac{1}{2} \cdot 2,3 + 8\right) + \frac{1}{2} \cdot 2,24 \cdot 2,3^2 \cdot \left(\frac{2}{3} \cdot 2,3 + 8\right)$$
$$- \frac{1}{2} \cdot \sigma_{ph,k} \cdot 2,3^2 \cdot \left(\frac{2}{3} \cdot 2,3 + 8\right) = 0$$
$$\sigma_{ph,k} = 130,37 \text{ kN/m}^2$$

und somit

$$B_{h,k} = \frac{1}{2} \cdot \sigma_{ph,k} \cdot 2,3 = 149,93 \text{ kN/m}$$

Die ständige charakteristische Bodenreaktionskraft ergibt sich aus der charakteristischen ständigen Einwirkung

$$\sum M_A = 0$$
$$\frac{1}{2} \cdot 17,5 \cdot 8^2 + 32,76 \cdot 2,3 \cdot \left(\frac{1}{2} \cdot 2,3 + 8\right) + \frac{1}{2} \cdot 2,24 \cdot 2,3^2 \cdot \left(\frac{2}{3} \cdot 2,3 + 8\right)$$
$$- \frac{1}{2} \cdot \sigma_{ph,k} \cdot 2,3 \cdot \left(\frac{2}{3} \cdot 2,3 + 8\right) = 0$$

zu

$$B_{Gh,k} = 136,98 \text{ kN/m}$$

Infolge des nichtlinearen Verhaltens des Systems ergibt sich der charakteristische veränderliche Anteil der Bodenreaktionskraft $B_{Qh,k}$ zu

$$B_{Qh,k} = B_{h,k} - B_{Gh,k} = 149,93 - 136,98 = 12,95 \text{ kN/m}$$

Nachweis der Vertikalkomponente des mobilisierten Erdwiderstandes

Für die Bodenreaktionskraft B_k ist der Ansatz des Erddruckneigungswinkels $\delta_{p,k}$ nachzuweisen, der auch für den entgegenwirkenden Erdwiderstand maßgebend ist. Hierbei ist sicherzustellen, dass die Summe V_k aller von oben nach unten gerichteten charakteristischen Werte gleich oder größer ist als die Vertikalkomponente $B_{V,k}$ der charakteristischen Bodenreaktionskraft.

Die Summe V_k ergibt sich aus

$$V_k = E_{av,k} + G_k$$

mit der Vertikalkomponente des charakteristischen Erddrucks

$$\begin{aligned} E_{av,k} &= E_{ah,k} \cdot \tan \delta_{a,k} = \left(140,01 + \frac{1}{2} \cdot (32,76 + 37,92) \cdot 2,3\right) \cdot \tan\left(\frac{2}{3} \cdot 35,0\right) \\ &= 95,46 \text{ kN/m} \end{aligned}$$

und der charakteristischen Gewichtskraft der Spundwand (Profil Larssen 23 mit $\gamma_k = 1,55$ kN/m)

$$G_k = \gamma_k \cdot (H \cdot t) = 1,55 \cdot (8,0 + 2,3) = 15,97 \text{ kN/m}$$

zu

$$V_k = 95,46 + 15,97 = 111,43 \text{ kN/m}$$

Die Vertikalkomponente der charakteristischen Bodenreaktionskraft beträgt

$$B_{v,k} = B_{h,k} \cdot \tan \delta_{p,k} = 149,93 \cdot \tan 35,0 = 104,98 \text{ kN/m}$$

Der Nachweis der Vertikalkomponente des mobilisierten Erdwiderstandes ist mit

$$V_k = 111,43 \text{ kN/m} \geq B_{v,k} = 104,98 \text{ kN/m}$$

erfüllt. Der Ausnutzungsgrad beträgt

$$\mu = \frac{104,98}{111,43} = 0,94$$

Ermittlung des charakteristischen Erdwiderstandes

Der passive Erddruck im Grenzzustand der Tragfähigkeit ergibt sich für t = 2,3 m zu

$$e_{pgh,k} = \gamma' \cdot K_{pgh} \cdot t = 10,0 \cdot 9,03 \cdot 2,3 = 207,69 \text{ kN/m}^2$$

Der charakteristische Erdwiderstand beträgt demnach

$$E_{ph,k} = \frac{1}{2} \cdot e_{pgh,k} \cdot t = \frac{1}{2} \cdot 207,69 \cdot 2,3 = 238,84 \text{ kN/m}$$

Nachweis der Einbindetiefe

$$B_{h,d} \leq E_{ph,d}$$
$$B_{h,d} = \gamma_G \cdot B_{Gh,k} + \gamma_Q \cdot B_{Qh,k} = 1,20 \cdot 136,98 + 1,30 \cdot 12,95 = 181,21 \text{ kN/m}$$
$$E_{ph,d} = \frac{E_{ph,k}}{\gamma_{R,e}} = \frac{238,84}{1,30} = 183,72 \text{ kN/m}$$

hieraus folgt

$$B_{h,d} = 181,21 \text{ kN/m} \leq E_{ph,d} = 183,72 \text{ kN/m}$$

Der Nachweis der Einbindetiefe ist erfüllt. Der Ausnutzungsgrad beträgt

$$\mu = \frac{B_{h,d}}{E_{ph,d}} = 0,99$$

B-28.4 Berechnung einer einmal ausgesteiften Spundwand

AUFGABENSTELLUNG

Für die abgebildete, einmal ausgesteifte und im Boden eingespannte Spundwand (Larssen 430) ist die erforderliche Einbindetiefe zu ermitteln. Grundwasser steht in einer Tiefe von 6,0 m unter Geländeoberkante an. Die Abmessungen, Bodenkennwerte und angesetzten Erddruckneigungswinkel sind der Abb. B-28.17 zu entnehmen.

LÖSUNG

Ermittlung des charakteristischen Erd- und Wasserdrucks

K_{agh} = 0,251 (ebene Gleitflächen nach DIN 4085)
$\delta_a = 57,5°$ (ermittelt nach DIN 4085)

Tab. B-28.2: *Charakteristischer Erddruck aus ständigen Einwirkungen*

Kote [m]	$\sigma_z = \sum(\gamma \cdot h)$ [kN/m²]	K_{agh} [-]	$e_{agh} = K_{agh} \cdot \sum(\gamma \cdot h)$ [kN/m²]	$e_{aph} = p \cdot K_{agh}$ [kN/m²]	$E_{ah,k}$ [kN/m]
0,0	0	0,251	0,0	2,51	234,87
-6,0	108,0	0,251	27,11	2,51	
-10,0	148,0	0,251	37,15	2,51	
$-(10,0+t)$	$148,0+10,0 \cdot t$	0,251	$37,15+2,51 \cdot t$	2,51	

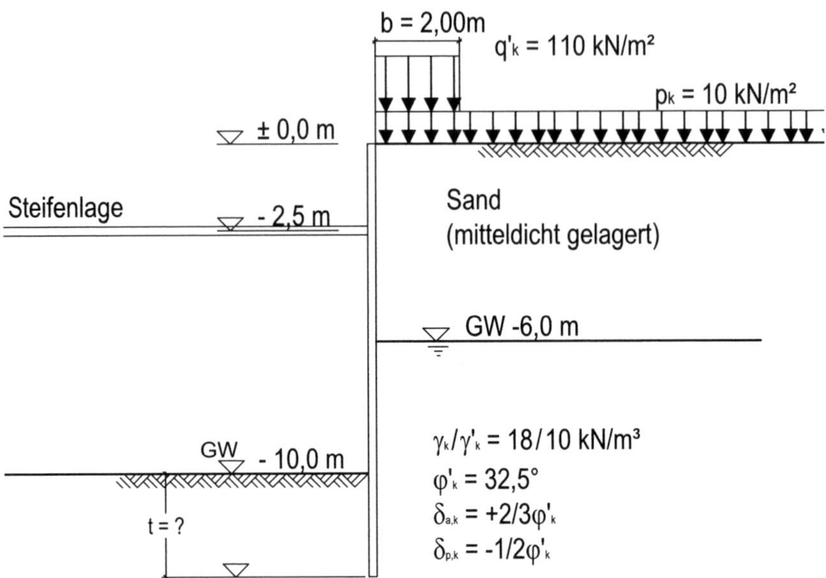

Abb. B-28.16: *System- und Baugrundbedingungen*

Tab. B-28.3: *Charakteristischer Wasserdruck*

Kote [m]	$w = \gamma_w \cdot h_w$ [kN/m²]
$-6,0$	0
$-10,0$	40,0
$-(10,0 + t)$	40,0

Charakteristischer Erddruck aus veränderlichen Einwirkungen:

$$e_{aq'h,k} = q'_k \cdot K_{agh} = 110,0 \cdot 0,251 = 27,61 \text{ kN/m}^2$$
$$h_q = b \cdot \tan\theta_a = 2,0 \cdot \tan 57,5^\circ = 3,14 \text{ m}$$

Erddruckumlagerung

In Abhängigkeit der Aussteifung ergibt sich für das System nach 28.7.1:

h_k = 2,5 m: $h_k = 0,25 \cdot H \rightarrow$ Umlagerung der ständigen Einwirkungen oberhalb der Baugrubensohle in ein abgestuftes Rechteck mit $e_{ho,k} : e_{hu,k} = 1,5$

$$E_{ah,k} = e_{ho,k} \cdot \frac{H}{2} + e_{hu,k} \cdot \frac{H}{2}$$

mit

$$e_{ho,k} = 1,5 \cdot e_{hu,k}$$

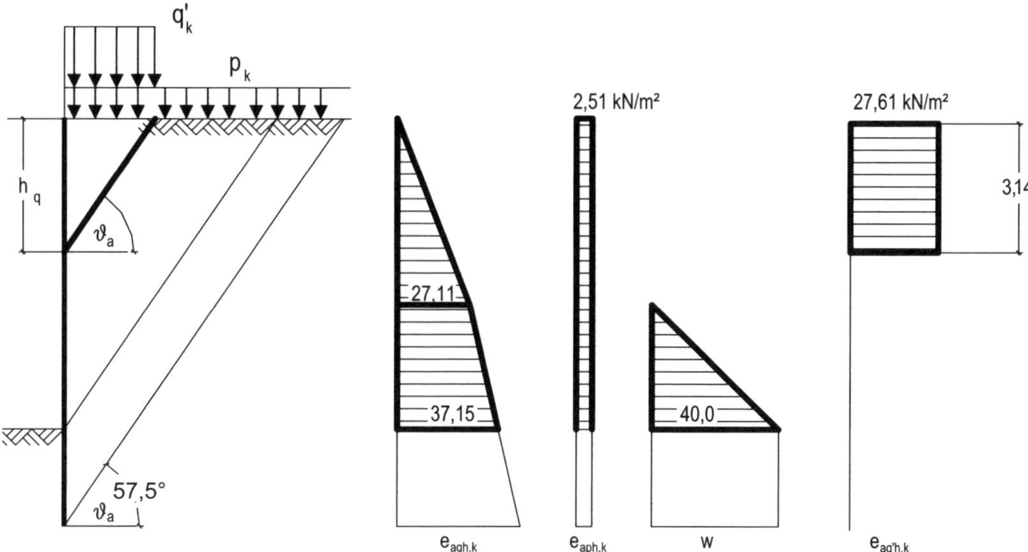

Abb. B-28.17: *Erdruckumlagerung*

ergibt sich

$$e_{hu,k} = E_{ah,k} \cdot \frac{2}{2,5 \cdot H} = 234,87 \cdot \frac{2}{2,5 \cdot 10} = 18,80 \text{ kN/m}^2$$

und somit

$$e_{ho,k} = 1,5 \cdot e_{hu,k} = 1,5 \cdot 18,80 = 28,2 \text{ kN/m}^2$$

Maßgebende charakteristische Einwirkungen

Die Einbindetiefe wird entgegen der üblichen Vorgehensweise bei Baugrubenkonstruktionen mit den Bemessungserddrücken und -widerständen ermittelt. Da in dem vorliegenden Beispiel die Einwirkung des Erddrucks aus der veränderlichen Baggerlast ein rückdrehendes Moment verursacht, werden für die Ermittlung und den Nachweis der Einbindetiefe ausschließlich die ständigen Einwirkungen als maßgebende Lastkombination in der Bemessungssituation BS-T untersucht.

Bemessungswerte der Einwirkungen

Erddruck von Geländeoberfläche bis Baugrubensohle

Ständige Einwirkung aus Bodeneigengewicht und der Flächenlast mit $p_k < 10$ kN/m²:

$$e_{aho,d} = \gamma_G \cdot e_{aho,k} = 1,2 \cdot 28,20 = 33,4 \text{ kN/m}^2$$
$$e_{ahu,d} = \gamma_G \cdot e_{ahu,k} = 1,2 \cdot 18,80 = 22,56 \text{ kN/m}^2$$

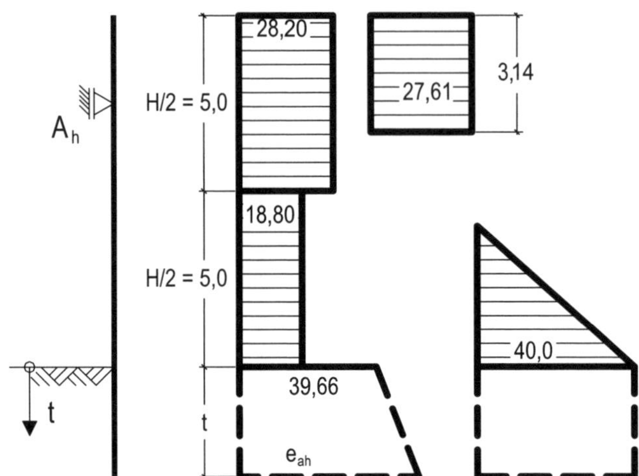

Abb. B-28.18: *Erddruckverteilung unterhalb der Baugrubensohle*

Erddruck unterhalb der Baugrubensohle

Ständige Einwirkung aus Bodeneigengewicht und der unbegrenzten Flächenlast mit $p_k < 10$ kN/m²:

$$e_{ah,d} = \gamma_G \cdot (e_{agh,k} + e_{aph,k}) = 1,2 \cdot (37,15 + 2,51 \cdot t + 2,51)$$

In Höhe der Baugrubensohle ($t = 0$) ergibt er sich zu

$$e_{ah,d} = 1,2 \cdot (37,15 + 2,51 \cdot 0 + 2,51) = 47,59 \text{ kN/m}^2$$

und mit zunehmender Tiefe t beträgt der Zuwachs der Erddruckspannung

$$e_{ah,d} = 47,59 + 3,01 \cdot t$$

Wasserdruck bis Baugrubensohle

Der Bemessungswert des Wasserdrucks nimmt linear bis zur Baugrubensohle zu.

$$w_d = \gamma_G \cdot w_k = 1,2 \cdot 40,0 = 48,0 \text{ kN/m}^2$$

Wasserdruck unterhalb der Baugrubensohle

Unterhalb der Baugrubensohle bleibt der Wasserdruck konstant.

$$w_d = \gamma_G \cdot w_k = 1,2 \cdot 40,0 = 48,0 \text{ kN/m}^2$$

Bemessungswerte des Widerstandes

Der Erdwiderstand wird unter der Annahme von gekrümmten Gleitflächen nach DIN 4085 mit $\delta_p = -1/2 \cdot \varphi' k$ bestimmt.

K_{pgh} = 5,31 nach DIN 4085

$$e_{ph,k} = \gamma' \cdot K_{pgh} \cdot t = 10,0 \cdot 5,31 \cdot t = 53,1 \cdot t$$

$$e_{ph,d} = \frac{e_{ph,k}}{\gamma_{Ep}} = \frac{53,1 \cdot t}{1,30} = 40,85 \cdot t \text{ kN/m}^2$$

Ermittlung der Einbindetiefe bei voller bodenmechanischer Einspannung

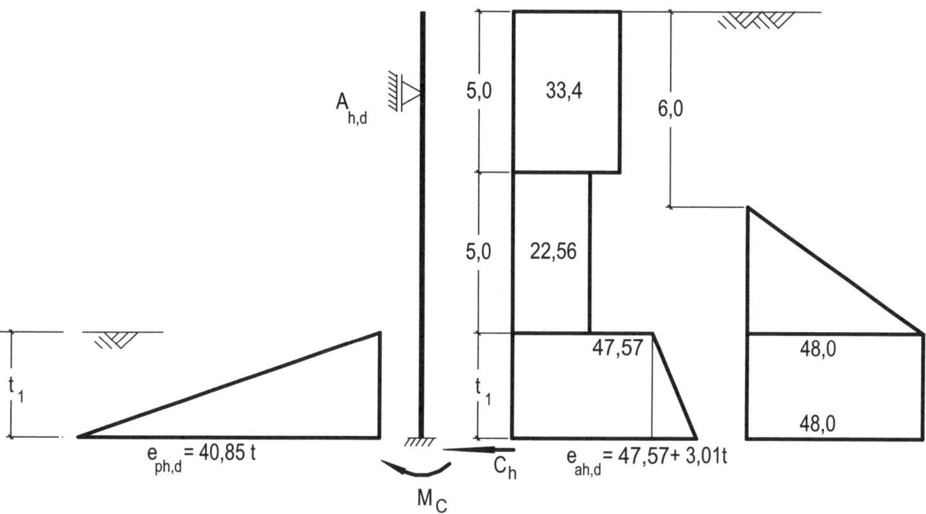

Abb. B-28.19: *Statisches System zur Ermittlung der Einbindetiefe*

Die Ermittlung der Einbindetiefe erfolgt unter der Voraussetzung einer vollen bodenmechanischen Einspannung mit der Bedingung $w' = 0$, d. h., eine senkrechte Tangente der Biegelinie ist im theoretischen Fußpunkt (TF) einzuhalten. Maßgebend ist letztendlich die Einbindetiefe t_1, bei der das Einspannmoment M_C gleich null ist. In einem Stabwerksprogramm wird t_1 so lange variiert, bis das Einspannmoment im theoretischen Fußpunkt null ist. Dies ist bei t_1 = 8,17 m der Fall.

t_1 [m]	$e_{ah,d}$ [kN/m²]	$e_{ph,d}$ [kN/m²]	$M_{C,d}$ [kN/m]	$A_{h,d}$ [kN/m]	$C_{h,d}$ [kN/m]
7,8	71,05	318,63	-137,1	287,9	315,5
8,175 $\cong$ 8,2	72,18	333,95	0,74 $\cong$ 0	288,2	393,4
8,4	72,85	343,14	92,8	288,1	442,3

Für eine volle bodenmechanische Einspannung wird unter Berücksichtigung des Rammtiefenzuschlags eine Einbindetiefe von $t = t_1 + \Delta t = 8,2 + 0,2 \cdot 8,2 = 9,84$ m erforderlich.

Ermittlung der charakteristischen Auflagerkräfte

Die charakteristischen Auflagerkräfte werden für eine Einbindetiefe t_1 = 8,20 ermittelt. Hierzu werden die charakteristischen Einwirkungen als Belastung auf das System aufgebracht und die mit der Tiefe linear zunehmende Bodenreaktion $\sigma_{ph,k}$ derart gesucht, dass im theoretischen Fußpunkt das Einspannmoment null wird. Dies erfolgt wiederum iterativ mit einem Stabwerksprogramm.

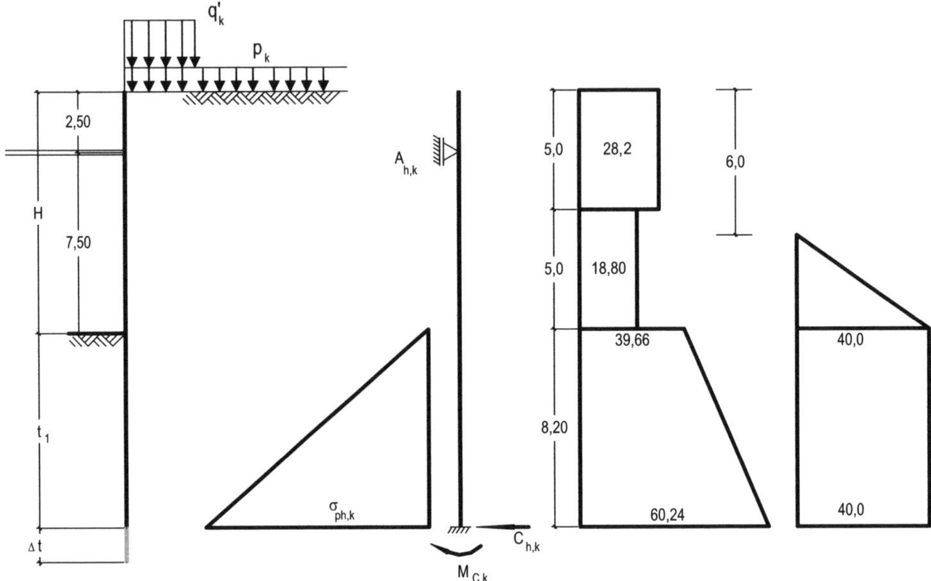

Abb. B-28.20: *Statisches System zur Ermittlung der Bodenreaktion* $\sigma_{ph,k}$

Das Ergebnis einer Berechnung mit einem Stabwerksprogramm sind folgende charakteristische Auflagerkräfte, wobei sich die Bodenreaktionskraft aus der Integration der Bodenreaktionsspannung $\sigma_{ph,k}$ ergibt.

t_1 [m]	$\sigma_{ph,k}$ [kN/m²]	$B_{h,k}$ [kN/m]	M_C [kN/m]	$A_{h,k}$ [kN/m]	$C_{h,k}$ [kN/m]
8,2	278,0	1139,8	0,13	240,5	327,7

Nachweise

Nachweis der Vertikalkomponente der Bodenreaktionskraft B_k

Es ist nachzuweisen, dass das Auftreten des gewählten negativen Neigungswinkels beim mobilisierten Erdwiderstand mit

$$V_k \geq B_{v,k}$$

sichergestellt ist. Maßgebend ist die Lastkombination ständige Einwirkung, sodass die vertikale Bodenreaktionskraft nach dem vereinfachten Nachweis

$$B_{v,k} = B_{h,k} \cdot \tan \delta_p = 1139,8 \cdot \tan(0,5 \cdot 32,5) = 332,2 \text{ kN/m}$$

beträgt. Die Summe aller von oben nach unten gerichteten charakteristischen Einwirkungen ergibt sich aus

$$V_k = G_k + E_{av,k} + C_{v,k}$$

Das Eigengewicht der Spundwand ergibt sich zu

$$G_k = g_k \cdot (H + t_1 + \Delta t) = 2,35 \cdot (10,0 + 8,2 + 1,64) = 46,62 \text{ kN/m}$$

Die vertikale Erddruckkomponente beträgt

$$E_{av,k} = E_{ah,k} \cdot \tan \delta_a = 644,5 \cdot \tan(2/3 \cdot 32,5) = 256,04 \text{ kN/m}$$

Zur Ermittlung der vertikalen Komponente der Ersatzkraft ist der Neigungswinkel auf $\delta_C \leq +1/3 \cdot \varphi'_k$ abzumindern, sodass

$$C_{v,k} = C_{h,k} \cdot \tan \delta_C = 327,7 \cdot \tan(1/3 \cdot 32,5) = 62,7 \text{ kN/m}$$

beträgt. Somit ergibt sich für den vereinfachten Nachweis

$$V_k = 46,62 + 256,04 + 62,7 = 365,4 \text{ kN/m} \; > B_{v,k} = 324,9 \text{ kN/m}$$

Der Ausnutzungsgrad beträgt

$$\mu = \frac{332,2}{365,4} = 0,91$$

Nach *EAB (2012)* wird darüber hinaus für eingespannte Spundwände ein genauerer Nachweis des mobilisierten Erdwiderstandes empfohlen.

$$V_k = G_k + E_{av,k} + \frac{1}{2} \cdot C_{v,k} \geq \left(B_{h,k} - \frac{1}{2} \cdot C_{h,k}\right) \cdot \tan \delta_{p,k}$$

Hieraus ergibt sich für das Beispiel mit

$$V_k = 46,62 + 256,04 + \frac{1}{2} \cdot 62,2 = 333,76 \text{ kN/m}$$
$$\geq \left(1139,8 - \frac{1}{2} \cdot 327,7\right) \cdot \tan\left(\frac{1}{2} \cdot 32,5\right) = 284,5 \text{ kN/m}$$

ein Ausnutzungsgrad von

$$\mu = \frac{284,5}{333,76} = 0,85$$

Nachweis der Einbindetiefe

Die Sicherheit gegen Aufbruch des Bodens vor der Wand ist mit der Bedingung

$$B_{h,d} \leq E_{ph,d}$$

nachzuweisen. Der Bemessungswert der Bodenreaktionskraft ergibt sich für die Bemessungssituation BS-T zu

$$B_{h,d} = \gamma_G \cdot B_{Gh,k} + \gamma_Q \cdot B_{Qh,k} = 1,2 \cdot 1139,8 + 1,3 \cdot 0,0 = 1367,8 \text{ kN/m}$$

Der Bemessungswert des Erdwiderstands beträgt

$$E_{ph,d} = \frac{E_{ph,k}}{\gamma_{R,e}} = \frac{0,5 \cdot \gamma' \cdot K_{pgh} \cdot t_1^2}{\gamma_{R,e}} = \frac{0,5 \cdot 10,0 \cdot 5,31 \cdot 8,20^2}{1,30} = \frac{1785,22}{1,30}$$
$$= 1372,2 \text{ kN/m}$$

Damit ergibt sich mit

$$B_{h,d} = 1367,8 \text{ kN/m} \leq E_{ph,d} = 1373,2 \text{ kN/m}$$

ein Ausnutzungsgrad von

$$\mu = \frac{1367,8}{1373,2} = 1,0$$

Nachweis der Auflagerkraft $C_{h,d}$

Zur Aufnahme der statisch erforderlichen Ersatzkraft $C_{h,d}$ ist, ohne einen genaueren Nachweis zu führen, in der Regel eine Verlängerung der erforderlichen Einbindetiefe t_1 um $\Delta t_1 = 0,20 \cdot t_1$ ausreichend. Hierdurch beträgt die Gesamteinbindetiefe mit dem pauschalen Tiefenzuschlag

$$t = t_1 + \Delta t = 8,20 + 0,20 \cdot 8,20 = 8,20 + 1,64 \cong 9,84 \text{ m}$$

Nach *EAB (2012)* darf in Anlehnung an *Lackner (1950)* ein genauerer Nachweis geführt werden.

$$\Delta t_1 \geq \frac{C_{h,d}}{2 \cdot e_{phC,d}}$$

Hierbei ist

$$C_{h,d} = \gamma_G \cdot C_{Gh,k} + \gamma_Q \cdot C_{Qh,k} = 1,2 \cdot 327,7 + 1,3 \cdot 0,0 = 393,2 \text{ kN/m}$$
$$e_{phC,d} = \frac{e_{phC,k}}{\gamma_{Ep}}$$
$$e_{phC,k} = (g_k + p_k) \cdot K_{pghC} + 2 \cdot c'_k \cdot \sqrt{K_{pghC}}$$

Die Erdwiderstandsspannung in Höhe des theoretischen Fußpunktes $e_{phC,d}$ ergibt sich für $\delta_C \leq +1/3 \cdot \varphi'_k$ und $K_{pghC} = 1{,}916$ zu

$$e_{phC,d} = \frac{(18,0 \cdot 6,0 + 10,0 \cdot 12,2 + 10,0) \cdot 1,92}{1,30} = 353,8 \text{ kN/m}^2$$
$$\Delta t_1 \geq \frac{393,2}{2 \cdot 353,8} = 0,56 \text{ m}$$

Der minimale Tiefenzuschlag beträgt $\Delta t_1 = 0,10 \cdot t_1 = 0,10 \cdot 8,20 = 0{,}82$ m, sodass die Gesamteinbindetiefe der Wand nach dem genaueren Verfahren

$$t = t_1 + \Delta t = 8,20 + 0,10 \cdot 8,20 = 8,20 + 0,82 \cong 9,02 \text{ m}$$

beträgt.

B-28.5 Nachweis der Standsicherheit in der tiefen Gleitfuge einer einfach rückverankerten, im Boden frei aufgelagerten Trägerbohlwand

AUFGABENSTELLUNG

Die dargestellte rückverankerte und im Boden frei aufgelagerte Trägerbohlwand ist als Baugrubensicherung geplant. Der Abstand der Bohlträger beträgt $a_t = 2,0$ m, der Bohrdurchmesser 0,5 m und die Einbindetiefe 2,0 m. Als Bohlträger wird ein HEB-Profil 260 verwendet.

Die Verpressanker haben eine Neigung von 15°, sind 10 m lang und werden mit 80 % der charakteristischen Einwirkung vorgespannt. Die Länge der Krafteinleitungsstrecke des Verpresskörpers beträgt $l_r = 4,0$ m. Es ist der Nachweis der Sicherheit in der tiefen Gleitfuge zu führen.

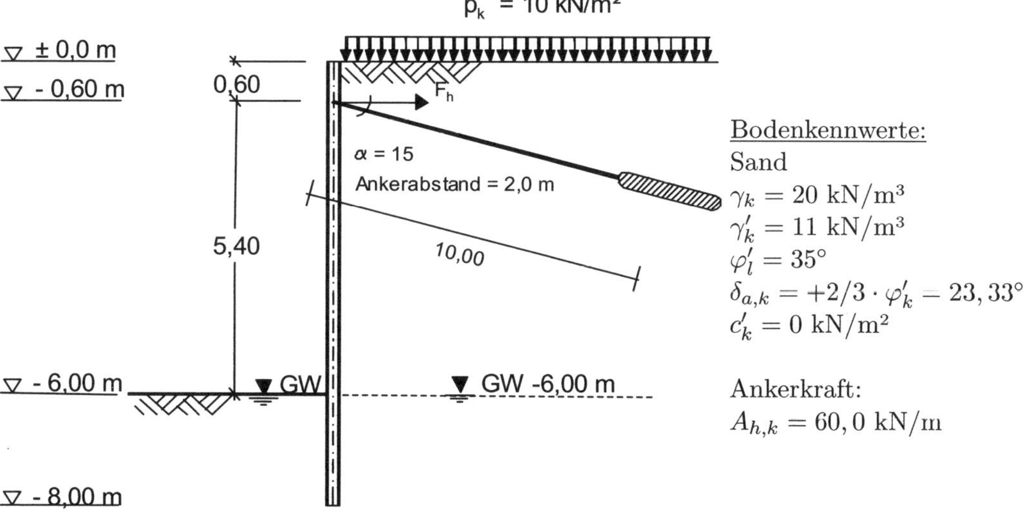

Abb. B-28.21: *System- und Baugrundbedingungen*

LÖSUNG

Geometrie des Gleitkörpers

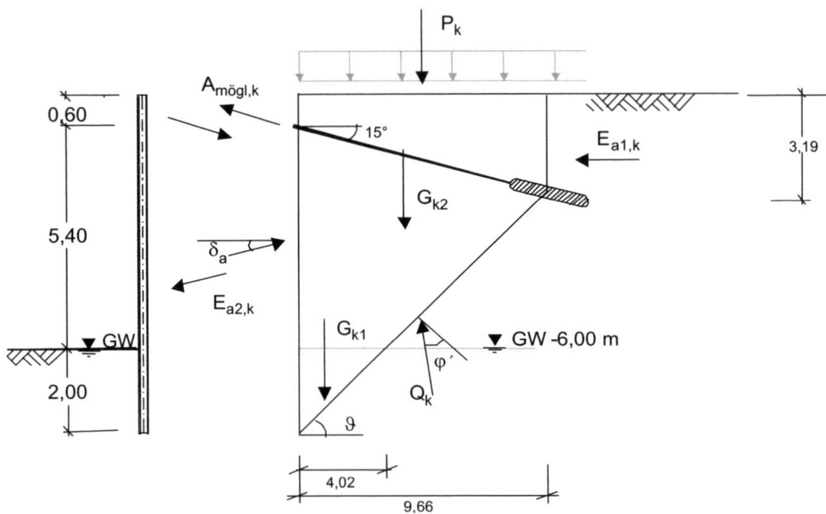

Abb. B-28.22: *Geometrie des Gleitkörpers*

Die Breite des abrutschenden Erdkörpers beträgt

$$b = L \cdot \cos\alpha = 10,0 \cdot \cos 15,0 = 9,66 \text{ m}$$

und die Mitte der planmäßigen Krafteinleitungsstrecke der Verpressanker befindet sich in einem Abstand von

$$h = 0,60 + L \cdot \sin\alpha = 0,60 + 10,0 \cdot \sin 15,0 = 3,19 \text{ m}$$

unterhalb der Geländeoberfläche, sodass der Gleitflächenwinkel

$$\vartheta = \arctan\left(\frac{8,0 - 3,19}{9,66}\right) = 26,47^\circ$$

beträgt. Hieraus ergibt sich eine Neigung der Gleitflächenresultierenden von

$$\vartheta - \varphi' = 26,47^\circ - 35,0^\circ = -8,53^\circ$$

Charakteristische Einwirkungen

Charakteristische Last G_k aus Bodeneigengewicht des Gleitkörpers

$$G_{1,k} = 4,02 \cdot 2,0 \cdot 0,5 \cdot 11 = 44,22 \text{ kN/m}$$
$$G_{2,k} = ((9,66 - 4,02) \cdot (3,19 + 6,0) \cdot 0,5 + 4,02 \cdot 6,0) \cdot 20 = 1000,72 \text{ kN/m}$$

Charakteristische Einwirkung P_k aus der ständig wirkenden Nutzlast

$$P_k = 9,66 \cdot 10 = 96,6 \text{ kN/m}$$

Charakteristische Erddruckkraft $E_{a1,k}$ auf die rückwärtige Begrenzung des abrutschenden Erdkörpers
Mit dem Erddruckneigungswinkel $\delta_{a,k} = \beta = 0$ ergibt sich ein Erddruckbeiwert $K_{ag} = 0,271$ und somit

$$\begin{aligned} E_{a1,k} &= 0,5 \cdot \gamma \cdot h^2 \cdot K_{ag} + p_k \cdot h \cdot K_{ag} \\ &= 0,5 \cdot 20,0 \cdot 3,19^2 \cdot 0,271 + 10,0 \cdot 3,19 \cdot 0,271 = 36,22 \text{ kN/m} \end{aligned}$$

Charakteristische Erddruckkraft $E_{a2,k}$
Mit dem Erddruckneigungswinkel $\delta_{a,k}$ ergibt sich ein Erddruckbeiwert $K_{agh} = 0,224$ und die horizontale Erddruckkraft

$$\begin{aligned} E_{ah2,k} &= \frac{(p_k + (\gamma \cdot h + p_k)) \cdot K_{agh}}{2} \cdot H = \frac{(10,0 + (20,0 \cdot 6,0 + 10,0)) \cdot 0,224}{2} \cdot 6,0 \\ &= 94,08 \text{ kN/m} \end{aligned}$$

Die Erddruckkraft $E_{a2,k}$ beträgt

$$E_{a2,k} = \frac{E_{a2,k}}{\cos \delta_a} = \frac{94,08}{\cos 23,33} = 102,43 \text{ kN/m}$$

Ermittlung des charakteristischen Ankerwiderstandes $A_{mögl,k}$

Aus dem dargestellten Krafteck wird der charakteristische Ankerwiderstand von $A_{mögl,k} \approx 220,0$ kN/m graphisch ermittelt.

Alternativ kann die Ankerkraft $A_{mögl,k}$ analytisch mit den Gleichgewichtsbedingungen $\sum H = 0$ und $\sum V = 0$ ermittelt werden.

$$\begin{aligned} &\sum H = 0: \\ &-E_{a1,k} + E_{ah2,k} + Q_{h,k} - A_{mögl,h,k} = 0 \\ &-36,22 + 94,08 + Q_k \cdot \sin 8,53 \\ &-A_{mögl,k} \cdot \cos 15,0 = 0 \\ &Q_k = \frac{1}{\sin 8,53} \cdot (A_{mögl,k} \cdot \cos 15,0 - 57,86) \qquad \text{(I)} \end{aligned}$$

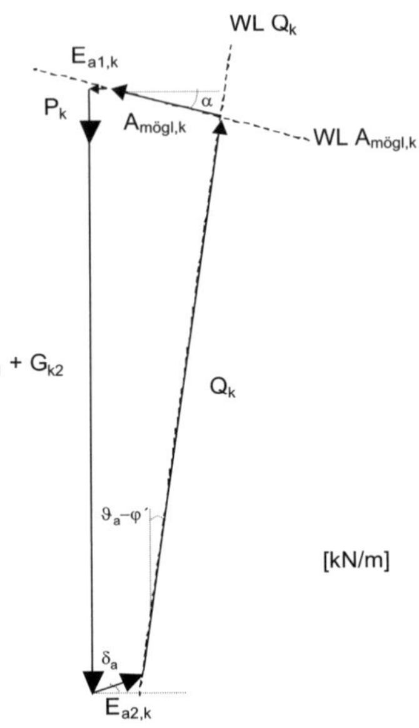

Abb. B-28.23: *Krafteck zur Ermittlung* $A_{mögl.,k}$

$$\sum V = 0:$$
$$G_{1,k} + G_{2,k} + P_k - E_{av2,k} - A_{mögl,v,k} - Q_{v,k} = 0$$
$$1000,72 + 44,22 + 96,6 - 102,43 \cdot \sin 23,33$$
$$- Q_k \cdot \cos 8,53 - A_{mögl,k} \cdot \sin 15,0 = 0 \qquad \text{(II)}$$

Lösen der beiden vorab genannten Gleichungen (I) und (II) liefert:

$$1100,97 - \frac{\cos 8,53}{\sin 8,53} \cdot (A_{mögl,k} \cdot \cos 15,0 - 57,86)$$
$$- A_{mögl,k} \cdot \sin 15,0 = 0$$
$$1486,90 - A_{mögl,k} \cdot (6,67 \cdot \cos 15,0 + \sin 15,0) = 0$$
$$A_{mögl,k} = \frac{1486,90}{6,70} = 221,87 \text{ kN/m}$$

Nachweis der Standsicherheit in der tiefen Gleitfuge

Die Bedingung für den Grenzzustand GEO-2 für BS-T lautet

$$A_{vorh,d} \leq A_{mögl,d}$$

Der Bemessungswert der Ankerbeanspruchung $A_{vorh,d}$ ergibt sich aus

$$A_{vorh,d} = A_{vorh,G,k} \cdot \gamma_G = \frac{60,0}{\cos 15,0} \cdot 1,2 = 74,54 \text{ kN/m}$$

Der Bemessungswert des Widerstandes beträgt

$$A_{mögl,d} = \frac{A_{mögl,k}}{\gamma_{R,e}} = \frac{221,87}{1,3} = 170,85 \text{ kN/m}$$

Hieraus ergibt sich mit $74,54 \text{ kN/m} \leq 170,85 \text{ kN/m}$ eine ausreichende Standsicherheit in der tiefen Gleitfuge. Der Ausnutzungsgrad beträgt

$$\mu = \frac{A_{vorh,d}}{A_{mögl,d}} = \frac{74,54}{170,85} = 0,44$$

B-28.6 Nachweis der Standsicherheit in der tiefen Gleitfuge bei geschichtetem Baugrund

AUFGABENSTELLUNG

Die dargestellte rückverankerte Baugrube soll hergestellt werden. Als Baugrubenverbau ist eine frei aufgelagerte, einfach rückverankerte Trägerbohlwand vorgesehen. Der Abstand der Bohlträger beträgt $a_t = 1,70$ m. Die Verpressanker werden mit einer Neigung von 5° und einer Länge von 10 m hergestellt. Die Länge der Krafteinleitungsstrecke des Verpresskörpers beträgt $l_r = 4{,}0$ m. Es ist der Nachweis der Sicherheit in der tiefen Gleitfuge für eine auf aktiven Erddruck bemessene Wand zu führen.

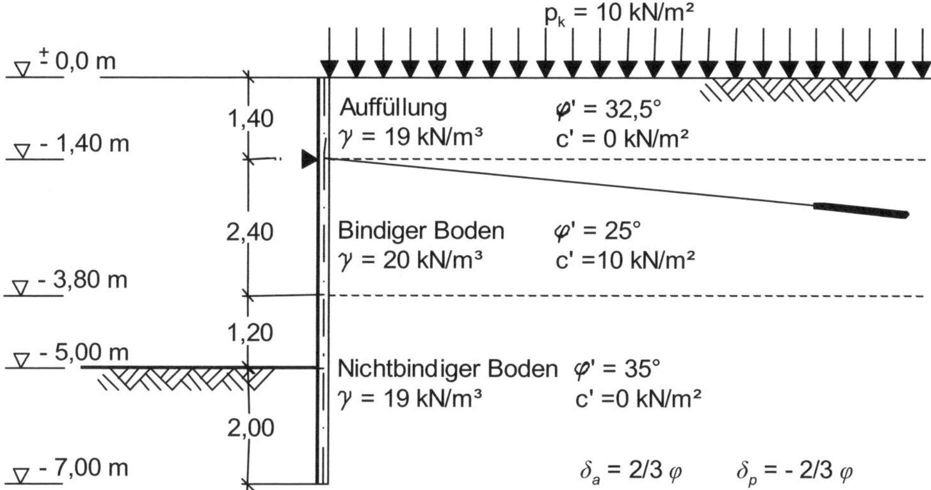

Abb. B-28.24: *System- und Baugrundbedingungen*

LÖSUNG

Geometrie des Gleitkörpers

Aufgrund des geschichteten Baugrunds ist der Gleitkörper in Teilsysteme zu zerlegen.

Die Breite des abrutschenden Erdkörpers beträgt

$$b = L \cdot \cos\alpha = 10{,}0 \cdot \cos 5{,}0 = 9{,}96 \text{ m}$$

und die Mitte der planmäßigen Krafteinleitungsstrecke der Verpressanker befindet sich in einem Abstand von

$$h = 1{,}40 + L \cdot \sin\alpha = 1{,}40 + 10{,}0 \cdot \sin 5{,}0 = 2{,}27 \text{ m}$$

unterhalb der Geländeoberfläche, sodass der Gleitflächenwinkel

$$\vartheta = \arctan\left(\frac{7{,}0 - 2{,}27}{9{,}96}\right) = 25{,}40°$$

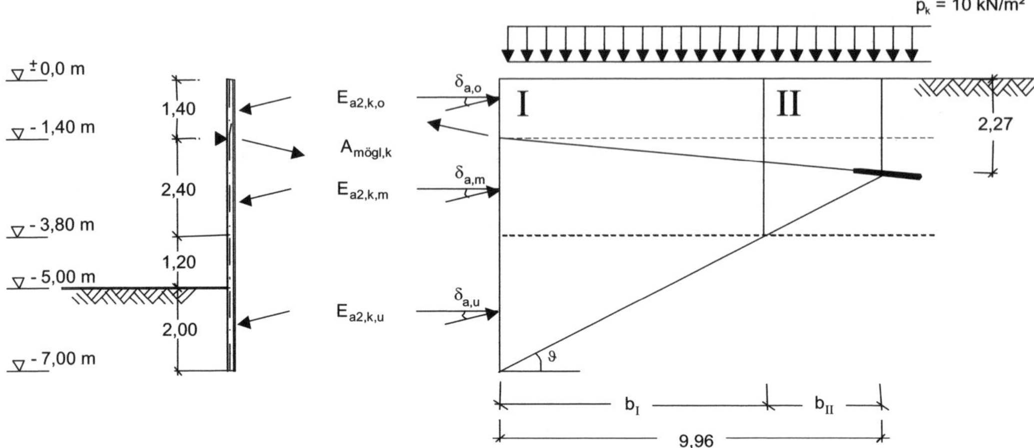

Abb. B-28.25: *Geometrie des Gleitkörpers*

beträgt. Die Abmessungen der Teilsysteme ergeben sich aus

Breite b_I:

$$b_I = \frac{1,2 + 2,0}{\tan 25,40} = 6,74 \text{ m}$$

Breite b_{II}:

$$b_{II} = 9,96 - 6,74 = 3,22 \text{ m}$$

Für die Teilsysteme ergeben sich die Winkel der Gleitflächenresultierenden Q_k

$$\vartheta - \varphi_u = 25,4° - 35° = -9,6°$$
$$\vartheta - \varphi_m = 25,4° - 25° = 0,4°$$

0,4° -9,6°

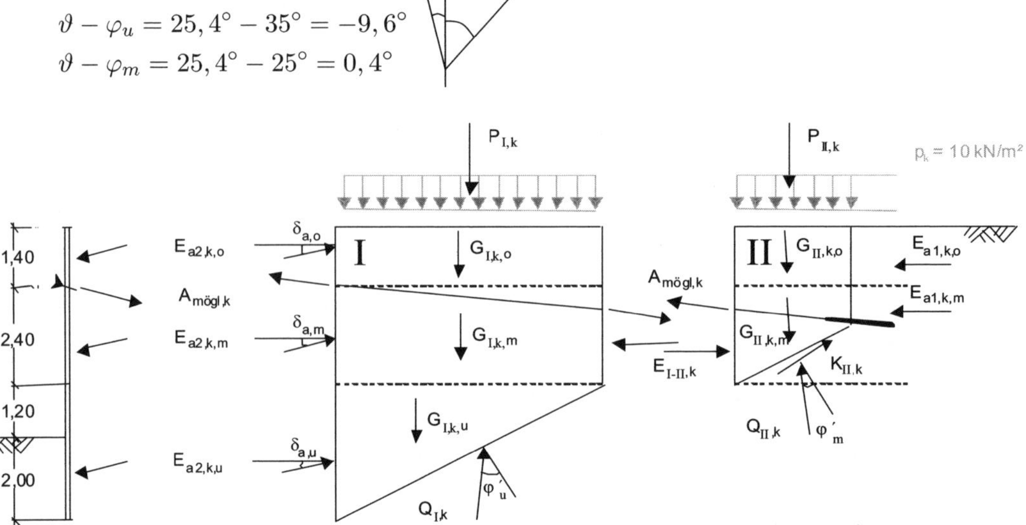

Abb. B-28.26: *Teilsystem I und II mit angreifenden Kräften*

Ermittlung des charakteristischen Ankerwiderstandes $A_{mögl,k}$

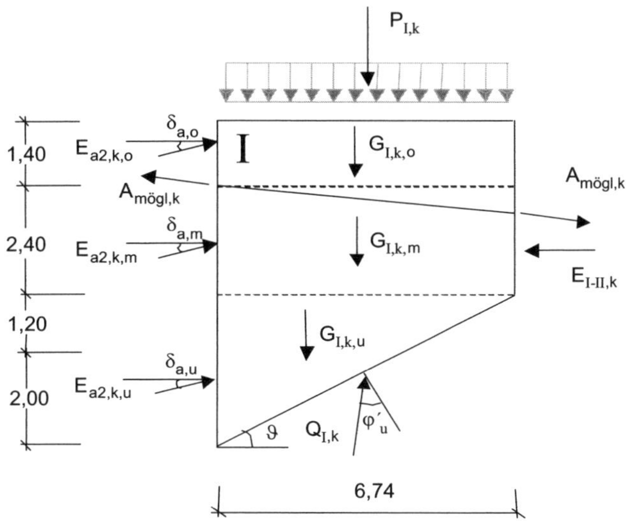

Abb. B-28.27: *Teilsystem I*

Die für den Nachweis der Standsicherheit in der tiefen Gleitfuge maßgebenden charakteristischen Einwirkungen betragen:

Charakteristische Last G_k aus Bodeneigengewicht des Gleitkörpers

$$G_{I,k,o} = 1,4 \cdot 6,74 \cdot 19,0 = 179,28 \text{ kN/m}$$
$$G_{I,k,m} = 2,4 \cdot 6,74 \cdot 20,0 = 323,52 \text{ kN/m}$$
$$G_{I,k,u} = 0,5 \cdot 3,2 \cdot 6,74 \cdot 19,0 = 204,90 \text{ kN/m}$$

Charakteristische Einwirkung P_k aus der ständig wirkenden Nutzlast

$$P_{I,k} = 6,74 \cdot 10,0 = 67,4 \text{ kN/m}$$

Aus $\sum H = 0$ folgt:

$$E_{ah2,k,o} + E_{ah2,k,m} + E_{ah2,k,u} + Q_{I,k} \cdot \sin 9,6 - E_{I-II,k} = 0$$
$$8,19 + 26,03 + 25,81 + Q_{I,k} \sin 9,6 - E_{I-II,k} = 0$$
$$E_{I-II,k} = 60,03 + Q_{I,k} \cdot \sin 9,6 \qquad \text{(I)}$$

Charakteristischer Erddruck

Kote	$\sigma_z = \gamma \cdot h$	K_{agh}	$e_{agh} = \sigma_z \cdot K_{agh}$	K_{ach}	$e_{ach} = -c'_k \cdot K_{ach}$	$\sum e_{ah} = e_{agh} + e_{ach}$	$e_{a,min} = \sigma_z \cdot K^*_{agh,k}$	e_{ah}	$e_{aph} = p_k \cdot K_{agh}$	$E_{ah,k}$	$E_{a,k}$
[m]	[kN/m²]	[-]	[kN/m²]	[-]	[kN/m²]	[kN/m²]	[kN/m²]	[kN/m²]	[kN/m²]	[kN/m]	[kN/m]
0,0	0	0,251	0,0	-	-	0,0	-	0,0	2,51	8,19	8,81
-1,4 (o)	26,6	0,251	6,68	-	-	6,68	-	6,68	2,51		
-1,4 (u)	26,6	0,346	9,20	1,043	-10,43	-1,23	4,76	4,76	1,79	26,03	27,17
-3,8 (o)	74,6	0,346	25,81	1,043	-10,43	15,38	13,35	13,35	1,79		
-3,8 (u)	74,6	0,224	16,71	-	-	16,71	-	16,71	2,24	25,81	28,11
-5,0	97,4	0,224	21,82	-	-	21,82	-	21,82	2,24		

Anmerkung: Eine Überprüfung des Mindesterddrucks ergibt, dass dieser maßgebend ist.

$$E_{agh} + E_{ach} = 17,1 \text{ kN/m}$$
$$E^*_{ah} = 21,7 \text{ kN/m}$$

Daher ist nach *EAB (2012)* der Erddruck aus großflächigen Nutzlasten bis zu einem Anteil von $p_k < 10,0$ kN/m² mit dem maßgebenden Ersatzreibungswinkel $\varphi'_{Ers,k} = 40°$ bestimmt. Der Erddruckbeiwert beträgt

$$K^*_{agh} = 0,179$$

Aus $\sum V = 0$ folgt:

$$G_{I,k,o} + G_{I,k,m} + G_{I,k,u} + P_{I,k} + E_{a2v,k,o} + E_{a2v,k,m} + E_{a2v,k,u} - Q_{I,v,k} = 0$$
$$179,28 + 323,52 + 204,9 + 67,4 - 8,81 \cdot \sin 21,67 - 27,17 \cdot \sin 16,67$$
$$- 28,11 \cdot \sin 23,33 - Q_{I,k} \cdot \cos 9,6 = 0$$
$$Q_{I,k} = \frac{1}{\cos 9,6} \cdot (775,1 - 3,25 - 7,79 - 11,13) = 763,62 \text{ kN/m} \qquad \text{(II)}$$

Einsetzen von (II) in (I):

$$E_{I-II,k} = 60,03 + 763,62 \cdot \sin 9,6 = 187,38 \text{ kN/m}$$

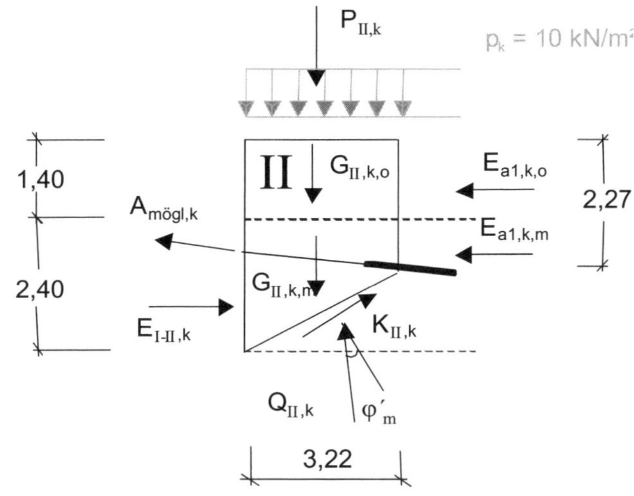

Abb. B-28.28: *Teilsystem II*

Kohäsionskraft $K_{II,k}$

$$K_{II,k} = l_c \cdot c' = \frac{b_{II}}{\cos \vartheta} \cdot c' = \frac{3,22}{\cos 25,4} \cdot 10 = 35,65 \text{ kN/m}$$

Charakteristische Last G_k aus Bodeneigengewicht des Gleitkörpers

$$G_{II,k,o} = 1,4 \cdot 3,22 \cdot 19 = 85,65 \text{ kN/m}$$
$$G_{II,k,m} = ((2,27 - 1,4) \cdot 3,22 + (3,8 - 2,27) \cdot 3,22 \cdot 0,5) \cdot 20 = 105,29 \text{ kN/m}$$

Charakteristische Einwirkung P_k aus der ständig wirkenden Nutzlast

$$P_{II,k} = 3,22 \cdot 10 = 32,2 \text{ kN/m}$$

Charakteristische Erddruckkraft $E_{a1,k}$ auf die rückwärtige Begrenzung des abrutschenden Erdkörpers

Mit dem Erddruckneigungswinkel $\delta_{a,k} = \beta = 0$ ergibt sich

Kote	$\sigma_z = \gamma \cdot h$	K_{agh}	$e_{agh} = \sigma_z \cdot K_{agh}$	K_{ach}	$e_{ach} = -c'_k \cdot K_{ach}$	$\sum e_{ah} = e_{agh} + e_{ach}$	$e_{a,min} = \sigma_z \cdot K^*_{agh}$	e_{ah}	$e_{aph} = p_k \cdot K_{agh}$	$E_{ah,k}$	$E_{a,k} = \frac{E_{ah,k}}{\cos \delta_a}$
[m]	[kN/m²]	[-]	[kN/m²]	[-]	[kN/m²]	[kN/m²]	[kN/m²]	[kN/m²]	[kN/m²]	[kN/m]	[kN/m]
0,0	0	0,301	0,0	-	-	0,0	-	0,0	3,01	9,81	9,81
-1,4 (o)	26,6	0,301	8,00	-	-	8,00	-	8,00	3,01		
-1,4 (u)	26,6	0,406	10,80	1,274	-12,74	-1,94	5,77	5,77	2,17	8,55	8,55
-2,27	44,0	0,406	17,86	1,274	-12,74	5,12	9,55	9,55	2,17		

Anmerkung: Eine Überprüfung des Mindesterddrucks ergibt, dass dieser maßgebend ist.

$$E_{agh} + E_{ach} = 1,6 \text{ kN/m}$$
$$E^*_{ah} = 6,7 \text{ kN/m}$$

Daher ist nach *EAB (2012)* der Erddruck aus großflächigen Nutzlasten bis zu einem Anteil von $p_k < 10,0$ kN/m² mit dem maßgebenden Ersatzreibungswinkel $\varphi'_{Ers,k} = 40°$ bestimmt. Der Erddruckbeiwert beträgt

$$K^*_{agh} = 0,179$$

Aus $\sum H = 0$ folgt:

$$
\begin{aligned}
&E_{I-II,k} + K_{II,h,k} - E_{a1,k,o} - E_{a1,k,m} - Q_{II,h,k} - A_{mögl,h,k} = 0 \\
&187,38 + 35,65 \cdot \cos 25,4 - 9,81 - 8,55 - Q_{II,k} \cdot \sin 0,4 - A_{mögl,k} \cdot \cos 5,0 = 0 \\
&Q_{II,k} = \frac{1}{\sin 0,4} \cdot (201,22 - A_{mögl,k} \cdot \cos 5,0) \qquad \text{(I)}
\end{aligned}
$$

Aus $\sum V = 0$ folgt:

$$
\begin{aligned}
&G_{II,k,o} + G_{II,k,m} + P_{II,k} - K_{II,v,k} - Q_{II,v,k} - A_{mögl,v,k} = 0 \\
&85,65 + 105,29 + 32,2 - 35,65 \cdot \sin 25,4 - Q_{II,k} \cdot \cos 0,4 - A_{mögl,k} \cdot \sin 5,0 = 0 \\
&207,85 - Q_{II,k} \cdot \cos 0,4 - A_{mögl,k} \cdot \sin 5,0 = 0 \qquad \text{(II)}
\end{aligned}
$$

Einsetzen von (I) in (II):

$$
\begin{aligned}
&207,85 - \frac{\cos 0,4}{\sin 0,4} \cdot (201,22 - A_{mögl,k} \cdot \cos 5,0) - A_{mögl,k} \cdot \sin 5,0 = 0 \\
&A_{mögl,k} = 200,7 \text{ kN/m}
\end{aligned}
$$

Charakteristische Ankerbeanspruchung $A_{vorh,k}$

Die Schnittgrößenermittlung ergibt unter Berücksichtigung einer Erddruckumlagerung nach *EAB (2012)* des aktiven Erddrucks eine charakteristische Ankerkraft $A_{h,k} = 42,5$ kN/m.

Nachweis der Standsicherheit in der tiefen Gleitfuge

Die Bedingung für den Grenzzustand GEO-2 lautet

$$A_{vorh,d} \leq A_{mögl,d}$$

Der Bemessungswert der Ankerbeanspruchung $A_{vorh,d}$ ergibt sich aus

$$A_{vorh,d} = A_{vorh,G,k} \cdot \gamma_G = \frac{42,5}{\cos 5,0} \cdot 1,20 = 51,2 \text{ kN/m}$$

Der Bemessungswert des Widerstandes beträgt

$$A_{mögl,d} = \frac{A_{mögl,k}}{\gamma_{Ep}} = \frac{200,7}{1,3} = 154,4 \text{ kN/m}$$

Hieraus ergibt sich mit

$$51,2 \text{ kN/m} \leq 154,4 \text{ kN/m}$$

eine ausreichende Standsicherheit in der tiefen Gleitfuge. Der Ausnutzungsgrad beträgt

$$\mu = \frac{A_{vorh,d}}{A_{mögl,d}} = \frac{51,2}{154,4} = 0,33$$

B-28.7 Nachweis der Sicherheit gegen hydraulischen Grundbruch

AUFGABENSTELLUNG

Für die dargestellte Baugrubensituation ist der Nachweis der Sicherheit gegen hydraulischen Grundbruch unter Berücksichtigung des Strömungsnetzes zu erbringen.

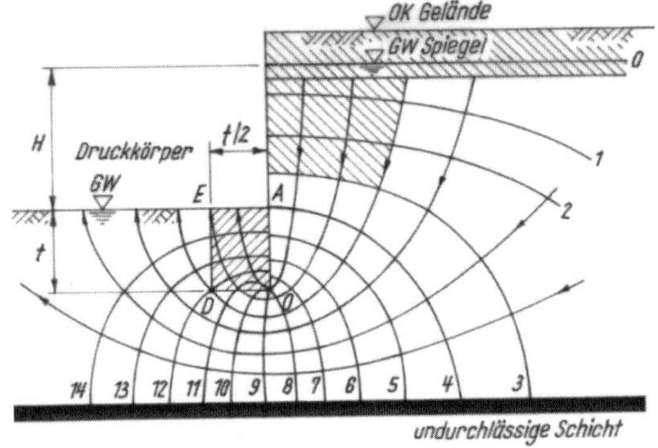

$\gamma = 19$ kN/m³
$\gamma_r = 21$ kN/m³
$\gamma' = 11$ kN/m³
$\gamma_w = 10$ kN/m³

Die Höhendifferenz zwischen Oberwasser (OW) und Unterwasser (UW) beträgt $H = \Delta h = 5$ m und die Einbindetiefe der Spundwand $t = 3$ m.

LÖSUNG

Hydrostatischer Wasserdruck auf die Spundwand

Der hydrostatische Wasserdruck in der Höhe des Wandfußes ergibt sich zu OW-Seite (Außenseite der Baugrube):

$$w = z_a \cdot \gamma_w = (H + t) \cdot \gamma_w = (5,0 + 3,0) \cdot 10,0 = 80,0 \text{ kN/m}^2$$

UW-Seite (Innenseite der Baugrube):

$$w = z_p \cdot \gamma_w = t \cdot \gamma_w = 3,0 \cdot 10,0 = 30,0 \text{ kN/m}^2$$

Berücksichtigung der Strömungskraft auf den Wasserdruck

Infolge der Umströmung der Baugrubenwand entsteht eine Strömungskraft, die zu einem Druckausgleich zwischen Oberwasser und Unterwasser führt. Auf der Außenseite der Baugrubenwand nimmt der Wasserdruck bei einer von oben nach unten gerichteten Strömung mit

$$\Delta w = -i_a \cdot \gamma_w = -n \cdot \frac{\Delta h}{n_1} \cdot \gamma_w$$

ab und auf der Innenseite bei einer von unten nach oben gerichteten Durchströmung mit

$$\Delta w = i_p \cdot \gamma_w = n \cdot \frac{\Delta h}{n_1} \cdot \gamma_w$$

zu. Maßgebend ist hierbei jeweils die Anzahl der Äquipotentiallinien n bezogen auf die Randäquipotentiallinie.

Anmerkung: Der Abbau des Druckpotentials entlang der Spundwand ist nicht linear, sondern konzentriert sich am Fuß der Spundwand.

Exemplarisch wird der Wasserdruck infolge Umströmung an ausgewählten Punkten ermittelt:

- Randäquipotentiallinie 0:

$$w_0 = z_a \cdot \gamma_w - n \cdot \frac{\Delta h}{n_1} \cdot \gamma_w = 0,0 \cdot 10,0 - 0 \cdot \frac{5,0}{15} \cdot 10,0 = 0,0 \text{ kN/m}^2$$

- Im Punkt A auf Potentiallinie 4 (rechts der Baugrubenwand):

$$w_4 = z_a \cdot \gamma_w - n \cdot \frac{\Delta h}{n_1} \cdot \gamma_w = 5,0 \cdot 10,0 - 4 \cdot \frac{5,0}{15} \cdot 10,0 = 36,67 \text{ kN/m}^2$$

- Im Punkt 0 auf Potentiallinie 8 (rechts der Baugrubenwand):

$$w_8 = z_a \cdot \gamma_w - n \cdot \frac{\Delta h}{n_1} \cdot \gamma_w = 8,0 \cdot 10,0 - 8 \cdot \frac{5,0}{15} \cdot 10,0 = 53,33 \text{ kN/m}^2 \text{ oder}$$
$$w_8 = z_p \cdot \gamma_w + n \cdot \frac{\Delta h}{n_1} \cdot \gamma_w = 3,0 \cdot 10,0 + 7 \cdot \frac{5,0}{15} \cdot 10,0 = 53,33 \text{ kN/m}^2$$

- Im Punkt 0 auf Potentiallinie 10 (links der Baugrubenwand):

$$w_{10} = z_a \cdot \gamma_w - n \cdot \frac{\Delta h}{n_1} \cdot \gamma_w = 8,0 \cdot 10,0 - 10 \cdot \frac{5,0}{15} \cdot 10,0 = 46,67 \text{ kN/m}^2 \text{ oder}$$
$$w_{10} = z_p \cdot \gamma_w + n \cdot \frac{\Delta h}{n_1} \cdot \gamma_w = 3,0 \cdot 10,0 + 5 \cdot \frac{5,0}{15} \cdot 10,0 = 46,67 \text{ kN/m}^2$$

- Auf Potentiallinie 12:

$$w_{12} = z_p \cdot \gamma_w + n \cdot \frac{\Delta h}{n_1} \cdot \gamma_w = 3,0 \cdot 10,0 + 3 \cdot \frac{5,0}{15} \cdot 10,0 = 40,00 \text{ kN/m}^2$$

- Randäquipotentiallinie 15:

$$w_{15} = z_p \cdot \gamma_w + n \cdot \frac{\Delta h}{n_1} \cdot \gamma_w = 0,0 \cdot 10,0 + 0 \cdot \frac{5,0}{15} \cdot 10,0 = 0,00 \text{ kN/m}^2$$

Nachweis der Sicherheit gegen hydraulischen Grundbruch

Es ist für den Grenzzustand HYD nachzuweisen, dass bezogen auf den durchströmten Bodenkörper der Bemessungswert der Strömungskraft S'_d nicht größer wird als der Bemessungswert der Eigenlast G'_d. Als durchströmter Bodenkörper wird ein rechteckiger

Bodenkörper mit einer Breite, die der halben Einbindetiefe t der Stützwand entspricht, angesetzt.

Charakteristische Eigenlast G'_k des Bruchkörpers unter Auftrieb

$$G'_k = \gamma' \cdot V$$

mit $V = t \cdot \frac{t}{2} = \frac{t^2}{2}$ ergibt sich

$$G'_k = \gamma' \cdot \frac{t^2}{2} = 11,0 \cdot \frac{3,0^2}{2} = 49,5 \text{ kN/m}$$

Charakteristische Strömungskraft S'_k

Die Strömungskraft wird vereinfachend mit der mittleren Druckhöhe auf die Unterseite des durchströmten Bodenkörpers (*Terzaghi*-Körper) ermittelt. Hier ist in etwa die Potentiallinie 11 in der Mitte der Unterkante des durchströmten Bodenkörpers maßgebend, sodass bei einer Durchströmung von unten nach oben die mittlere Druckhöhe

$$\Delta h_t = n \cdot \frac{\Delta h}{n_1} = 4 \cdot \frac{5,0}{15} = 1,33 \text{ m}$$

beträgt. Die charakteristische Strömungskraft ergibt sich zu

$$S'_k = i \cdot \gamma_w \cdot V = \frac{\Delta h_t}{l} \cdot \gamma_w \cdot \frac{t^2}{2} = \frac{1,33}{3,0} \cdot 10,0 \cdot \frac{3,0^2}{2} = 20,0 \text{ kN/m}$$

Nachweis der Sicherheit gegen hydraulischen Grundbruch

Für den Nachweis im Grenzzustand HYD werden nur Einwirkungen und keine Widerstände berücksichtigt.

$$S'_k \cdot \gamma_H \leq G'_k \cdot \gamma_{G,stb}$$

Mit den Teilsicherheitsbeiwerten für die Bemessungssituation BS-T $\gamma_H = 1,45$ und $\gamma_{G,stb} = 0,95$ lautet die Grenzzustandsbedingung

$$20,0 \cdot 1,45 = 29,0 \text{ kN/m} \leq 49,5 \cdot 0,95 = 47,03 \text{ kN/m}$$

Die Sicherheit gegen hydraulischen Grundbruch ist damit mit folgendem Ausnutzungsgrad gegeben.

$$\mu = \frac{29,0}{47,03} = 0,62$$

B-28.8 Nachweis der Sicherheit gegen Aufschwimmen

AUFGABENSTELLUNG

Für eine 10,0 m tiefe, ausgesteifte Baugrubenkonstruktion ist die Sicherheit gegen Aufschwimmen nachzuweisen. Das Grundwasser kann bis zur Geländeoberfläche ansteigen.

Für die Herstellung der Baugrube wird zunächst die Spundwand eingebracht. Anschließend erfolgt der Aushub unter Wasser, parallel dazu der Einbau der Aussteifung. Danach werden die Pfähle geschlagen, die Bewehrung zur Herstellung eines Schubverbundes zwischen Spundwand und Betonsohle eingebaut und die Unterwasserbetonsohle geschüttet.

Die für die Bemessung maßgebende Belastungssituation ist die wasserfreie Baugrube. Im Hinblick auf die geforderten Sicherheiten wird die Bemessungssituation BS-T maßgebend.

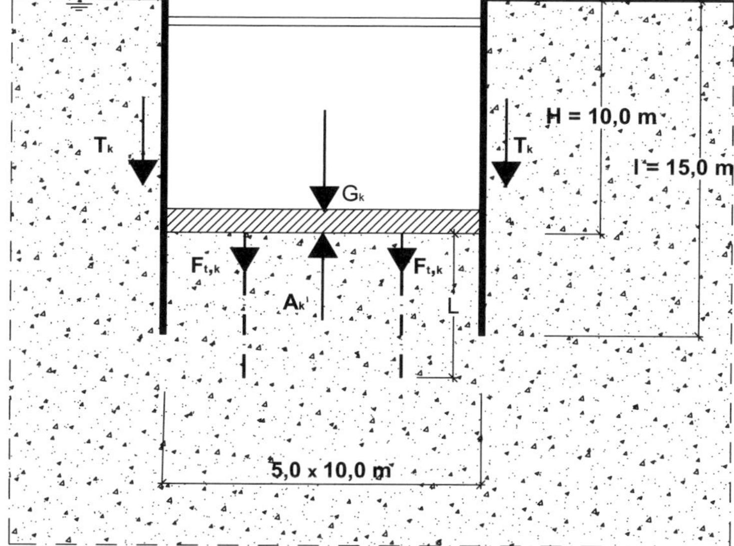

Bodenkennwerte
$\varphi'_k = 32,5°$
$\gamma_{r,k} = 20,0$ kN/m³
$\gamma' = 10,0$ kN/m³

Unterwasserbetonsohle
$\gamma_{Beton} = 24,0$ kN/m³
$B = 5,0$ m
$L = 10,0$ m
$H = 1,0$ m

Spundwand
$\gamma_{Stahl} = 78,0$ kN/m³
$L = 15,0$ m
$d_m = 0,03$ m

Abb. B-28.29: *System- und Baugrundbedingungen*

LÖSUNG

Charakteristische stabilisierende Einwirkungen

Eigengewicht der Unterwasserbetonsohle

$$G_{B,k} = 5,0 \cdot 10,0 \cdot 1,0 \cdot 24,0 = 1200 \text{ kN}$$

Eigengewicht der Spundwand

$$G_{W,k} = 0,03 \cdot 15,0 \cdot (2 \cdot 5,0 + 2 \cdot 10,0) \cdot 78,0 = 1053 \text{ kN}$$

Hieraus ergibt sich eine stabilisierende charakteristische Einwirkung von

$$G_{B,k} + G_{W,k} = 1200 + 1053 = 2253 \text{ kN}$$

Charakteristische destabilisierende Einwirkungen

Die an der Unterseite der Betonsohle angreifende hydrostatische Auftriebskraft ergibt sich zu

$$V_{dst,k} = \gamma_{Wasser} \cdot H \cdot A = 10,0 \cdot 10,0 \cdot 5,0 \cdot 10,0 = 5000 \text{ kN}$$

Nachweis der Sicherheit gegen Aufschwimmen bei alleiniger Wirkung des Bauwerkeigengewichts

Mit den Teilsicherheitsbeiwerten für die Bemessungssituation BS-T ergeben sich die Bemessungswerte der Einwirkungen zu

$$G_d = (G_{B,k} + G_{W,k}) \cdot \gamma_{G,stb} = 2253 \cdot 0,95 = 2140,35 \text{ kN}$$
$$V_{dst,d} = V_{dst,k} \cdot \gamma_{G,dst} = 5000 \cdot 1,05 = 5250 \text{ kN}$$

Die Grenzzustandsbedingung nach UPL

$$V_{dst,d} \leq G_d$$

ergibt

$$5250 \text{ kN} > 2140,35 \text{ kN}$$

Die erforderliche Sicherheit gegen Aufschwimmen wird mit der alleinigen Berücksichtigung der Eigengewichte nicht erreicht, der Ausnutzungsgrad beträgt

$$\mu = \frac{5250}{2140,35} = 2,45$$

Nachweis der Sicherheit gegen Aufschwimmen mit Ansatz von Scherkräften

Sofern die Kraftübertragung zwischen Baugrubenwand und Sohle mit konstruktiven Elementen und die Verteilung der eingeleiteten Kraft auf die Baugrubenbreite nachgewiesen wird, kann zusätzlich beim Nachweis der Auftriebssicherheit im vorliegenden Fall die Vertikalkomponente aus Erddruck berücksichtigt werden. Die zusätzlich als Einwirkung angesetzte Scherkraft aus aktivem Erddruck kann als Reibungskraft an der Bauwerkswand mit

$$T_k = \eta \cdot E_{ah,k} \cdot \tan \delta_a$$

berücksichtigt werden. Der Erddruck auf die Baugrubenwand darf hierbei nur als unterer charakteristischer Wert angesetzt werden. Nach *Handbuch Eurocode 7-1 (2015)* beträgt dieser bei nichtbindigen Böden die Hälfte des Wertes, welcher zur Bemessung der Baugrubenwand zugrunde gelegt wird. Der untere charakteristische Wert der Erddruckkraft je Meter Spundwand ergibt sich mit $K_{agh} = 0{,}25$ zu:

$$E_{ah,k} = 0,5 \cdot (U \cdot 0,5 \cdot \gamma' \cdot K_{agh} \cdot h^2) =$$
$$0,5 \cdot ((2 \cdot 5,0 + 2 \cdot 10,0) \cdot 0,5 \cdot 10,0 \cdot 0,25 \cdot 15,0^2) = 4218,75 \text{ kN}$$

Bei einem Anpassungsfaktor von $\eta = 0{,}8$ kann eine Reibungskraft von

$$T_k = \eta \cdot E_{ah,k} \cdot \tan(2/3 \cdot \varphi') = 0,8 \cdot 4218,75 \cdot \tan(2/3 \cdot 32,5) = 1340,80 \text{ kN}$$

angesetzt werden.
Die Nachweisgleichung lautet dann

$$V_{dst,k} \cdot \gamma_{G,dst} \leq (G_{B,k} + G_{W,k}) \cdot \gamma_{G,stb} + T_k \cdot \gamma_{G,stb}$$

In die Nachweisgleichung UPL eingesetzt, ergibt sich

$$5250 \leq 2140,35 + 1340,80 \cdot 0,95$$
$$5250 \text{ kN} > 3414,11 \text{ kN}$$

Die erforderliche Sicherheit gegen Aufschwimmen wird mit der zusätzlichen Berücksichtigung von Scherkräften nicht erreicht. Der Ausnutzungsgrad beträgt

$$\mu = \frac{5250}{3414,11} = 1,54$$

Nachweis der Sicherheit gegen Aufschwimmen mit Berücksichtigung von Zugpfählen

Der Bemessungswert der Zugbeanspruchung ergibt sich für den Grenzzustand GEO-2 aus dem Ansatz

$$F_{t,d} = V_{dst,k} \cdot \gamma_G - (G_{B,k} + G_{W,k} + T_k) \cdot \gamma_{G,inf}$$
$$F_{t,d} = 5000 \cdot 1,20 - (2253,0 + 1340,8) \cdot 1,00 = 2406 \text{ kN}$$

Die erforderliche Länge der Zugpfähle ermittelt sich aus folgender Grenzzustandsbedingung.

$$F_{t,d} \leq n \cdot R_{t,d}$$

Hierbei beträgt der charakteristische Wert $R_{t,k}$ des Herausziehwiderstandes eines einzelnen Pfahls

$$R_{t,k} = A_s \cdot q_{s,k} = \pi \cdot D \cdot L \cdot q_{s,k}$$

Bei Annahme von:

- $q_{s,k}$: Pfahlmantelreibung, hier $q_{s,k} = 100{,}0$ kN/m^2 (aus Erfahrungswerten)
- D: Zugpfahldurchmesser, hier $D = 0{,}25$ m
- n: Zugpfahlanzahl, hier $n = 8$

ergibt sich die erforderliche Pfahllänge zu

$$L \geq \frac{F_{t,d} \cdot \gamma_{s,t}}{n \cdot q_{s,k} \cdot \pi \cdot D} = \frac{2406 \cdot 1,50}{8 \cdot 100 \cdot \pi \cdot 0,25} = 5,74 \text{ m} \cong 5,80 \text{ m}$$

Unter der Annahme, dass die Tragfähigkeit des einzelnen Zuggliedes maßgebend ist, wird mit

$$F_{t,d} \leq n \cdot R_{t,d} = n \cdot \frac{R_{t,k}}{\gamma_{s,t}}$$
$$2406 \text{ kN} \leq 8 \cdot \frac{\pi \cdot 0,25 \cdot 5,8 \cdot 100}{1,50} = 2429,5 \text{ kN}$$

eine ausreichende Sicherheit gegen Herausziehen der Einzelpfähle erzielt.
Der Ausnutzungsgrad beträgt

$$\mu = \frac{2406}{2429,5} = 0,99$$

Für den Grenzzustand UPL muss darüber hinaus die Sicherheit gegen Aufschwimmen der zugverankerten Konstruktion als angehängter Bodenblock nachgewiesen werden. Die Grenzzustandsgleichung lautet nach Gl. (22.5) (Anmerkung: $G_{dst,k} = V_{dst,k}$ und $G_{stb,k} = G_{b,k} + G_{w,k}$)

$$G_{dst,k} \cdot \gamma_{G,dst} \leq G_{stb,k} \cdot \gamma_{G,stb} + (G_{E,k} + T_k) \cdot \gamma_{G,stb}$$

Der charakteristische Wert $G_{E,k}$ des Eigengewichts des angehängten Bodenblocks darf mit

$$G_{E,k} = n \cdot \left[l_a \cdot l_b \cdot \left(L - 1/3 \cdot \sqrt{l_a^2 + l_b^2} \cdot \cot \varphi \right) \right] \cdot \eta \cdot \gamma'$$

ermittelt werden.

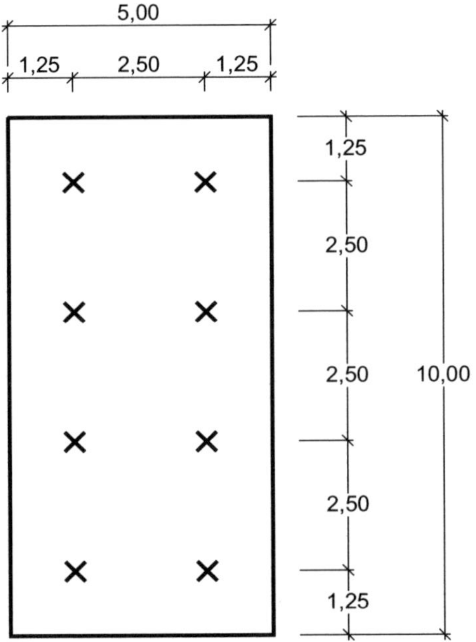

Abb. B-28.30: *Lageplan zur Pfahlanordnung*

Dabei ist
l_a = 2,5 m das größte Rastermaß der Pfähle
l_b = 2,5 m das kleinste Rastermaß
Anpassungsfaktor η zur Abminderung der Bodenwichte, hier η = 0,80

$$G_{E,k} = 8 \cdot \left[2,5 \cdot 2,5 \left(5,80 - 1/3 \cdot \sqrt{2,5^2 + 2,5^2} \cdot \cot 32,5°\right)\right] \cdot 0,8 \cdot 10,0$$
$$= 1580 \text{ kN}$$

Für den Grenzzustand UPL ergibt sich

$$G_{dst,k} \cdot \gamma_{G,dst} \leq (G_{stb,k} + T_k + G_{E,k}) \cdot \gamma_{G,stb}$$
$$5000 \cdot 1,05 \leq (2253 + 1340,8 + 1580) \cdot 0,95$$
$$5250 \text{ kN} \leq 4915,1 \text{ kN}$$

eine nicht ausreichende Sicherheit. Mit einer erforderlichen Pfahllänge L = 6,75 m ergibt sich nach einer Neuberechnung das charakteristische Eigengewicht des angehängten Bodenblocks zu $G_{E,k} = 1960,0$ kN und mit

$$G_{dst,k} \cdot \gamma_{G,dst} \leq (G_{stb,k} + T_k + G_{E,k}) \cdot \gamma_{G,stb}$$
$$5000,0 \cdot 1,05 \leq (2253,0 + 1340,8 + 1960,0) \cdot 0,95$$
$$5250,0 \text{ kN} \leq 5276,2 \text{ kN}$$

eine ausreichende Sicherheit gegen Aufschwimmen. Der Ausnutzungsgrad beträgt

$$\mu = \frac{5250,0}{5276,2} = 0,995$$

B-29 Unterfangungen

B-29.1 Standsicherheitsnachweis für einen Unterfangungskörper

AUFGABENSTELLUNG

Unter dem Fundament eines nicht unterkellerten Altbaus ist eine klassische Unterfangungswand aus Ziegelmauerwerk (MW) ohne Rückverankerung mit folgenden Abmessungen geplant:

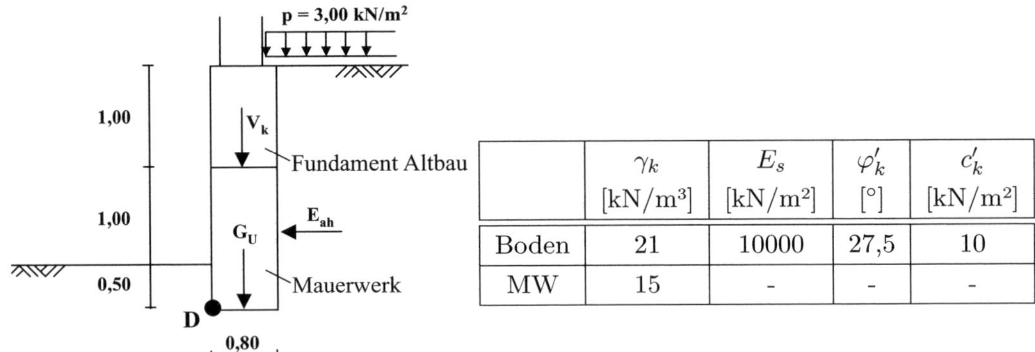

	γ_k [kN/m³]	E_s [kN/m²]	φ'_k [°]	c'_k [kN/m²]
Boden	21	10000	27,5	10
MW	15	-	-	-

Abb. B-29.1: *System- und Baugrundbedingungen*

Die Hochbaulast wird als charakteristische Größe in der Fundamentsohle angesetzt:

- $V_k = 120$ kN/m (lotrecht und mittig; 90 % Eigenlast, 10 % Verkehrslast)

Folgende Vorgaben sind anzusetzen:

- Berechnung für Vollaushub in der Bemessungssituation BS-P (nicht für Teilaushubzustände)
- Belastender Erddruck seitlich auf voller Höhe wirksam, auch im Bereich des Streifenfundamentes
- Ansatz eines erhöhten aktiven Erddrucks $E_e = 0,50 \cdot (E_a + E_0)$; da keine Rückverankerung vorgesehen ist, darf auch mit aktivem Erddruck gerechnet werden.
- Wandreibung δ kaum aktiviert (bei Ruhedruck gar nicht) $\rightarrow$ Annahme $\delta = 0$
- Kohäsion nur zur Hälfte angesetzt, da diese bei Ruhedruck nicht wirksam ist
- Passiver Erddruck wird nicht aktiviert.

Es sind die Nachweise im Grenzzustand der Tragfähigkeit (ULS)

- Nachweis der Kippsicherheit,
- Nachweis der Sicherheit gegen Gleiten und
- Nachweis der Sicherheit gegen Grundbruch

sowie die Nachweise im Grenzzustand der Gebrauchstauglichkeit (SLS)

- Fundamentverdrehung und Begrenzung einer klaffenden Fuge und
- Verschiebung in der Sohlfläche

zu führen.

LÖSUNG

Berechnung der charakteristischen Werte des Erddrucks und der Beanspruchungen in der Sohlfläche

Erddruckbeiwerte nach DIN 4085:

$$K_{agh} = K_{aph} = 0,368$$
$$K_{0gh} = 1 - \sin\varphi' = 1 - \sin 27,5° = 0,540$$
$$K_{ach} = 1,210$$

→ Ansatz: erhöhter aktiver Erddruck und halbe Kohäsion

$$K_{egh} = K_{eph} = \frac{1}{2} \cdot (0,368 + 0,540) = 0,45$$
und $K_{ech} = 0,60$

Ordinaten:

$$e_{egh,k} = \gamma \cdot h \cdot K_{egh} = 21 \cdot 2,50 \cdot 0,45 = 23,63 \text{ kN/m}^2$$
$$e_{eph,k} = p \cdot K_{eph} = 3 \cdot 0,45 = 1,35 \text{ kN/m}^2$$
$$e_{ech,k} = c'_k \cdot K_{ech} = 10 \cdot 0,60 = -6,00 \text{ kN/m}^2$$
$$e_{eh,o,k} = 1,35 - 6,00 = -4,65 \text{ kN/m}^2$$
$$e_{eh,u,k} = 23,63 + 1,35 - 6,00 = 18,98 \text{ kN/m}^2$$

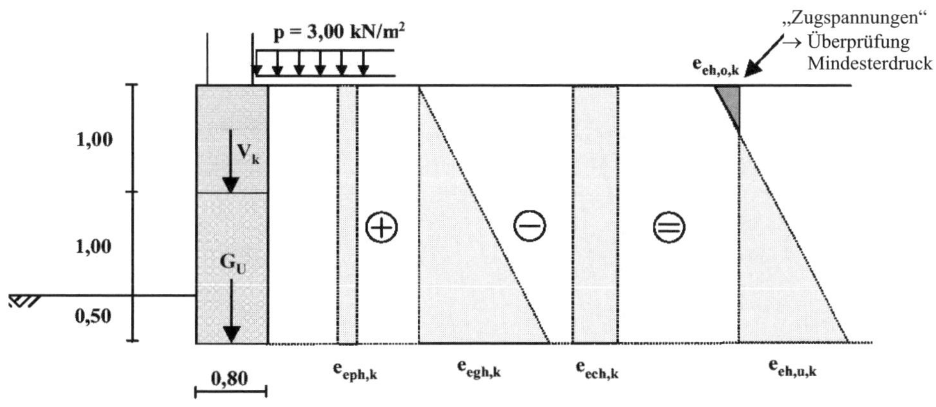

Abb. B-29.2: *Horizontale Erddruckverteilung*

Anmerkungen:

- $p = 3$ kN/m² < 10 kN/m² $\rightarrow p$ soll eine ständige Einwirkung sein,
- im oberen Bereich (Zugspannungen) wird der Mindesterddruck nach DIN 4085 angesetzt.

Der anzusetzende Mindesterddruck entspricht dem Erddruck, der sich bei Annahme einer Scherfestigkeit entsprechend $\varphi = 40°$ und $c = 0$ kN/m² infolge der Eigenlast des Bodens bei Beibehaltung der geometrischen Größen ergibt.

$$\rightarrow K_{agh} = 0,227 \quad (\varphi = 40°; \delta = 0)$$

Die Überprüfung des Mindesterddrucks nach DIN 4085 ergibt, dass der Mindesterddruck E^*_{ah} für den gem. Aufgabenstellung gewählten Erddruckansatz nicht maßgebend ist.

Erddruckresultierende $E_{egh+eph} + E_{ech} = 19,1$ kN/m
Erddruckresultierende $E^*_{ah} = 14,9$ kN/m

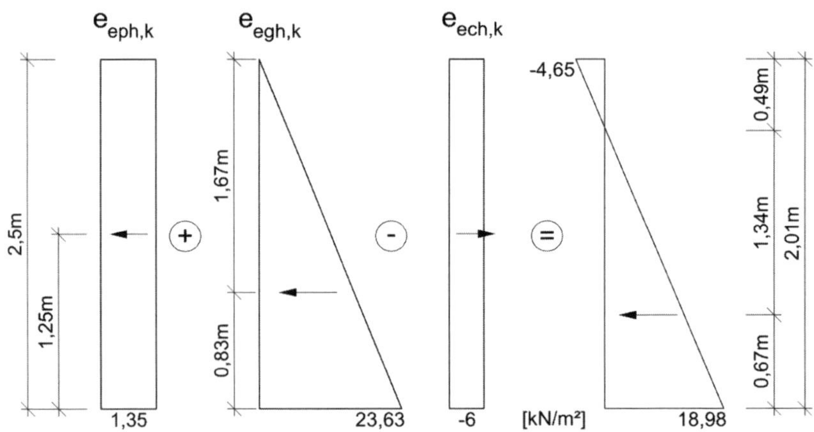

Abb. B-29.3: *Ermittlung Erddruckkräfte zur Berechnung der Beanspruchung in der Sohlfläche*

Nachweise im Grenzzustand der Tragfähigkeit ULS

a) Nachweis der Kippsicherheit (EQU)

Beanspruchung infolge ständiger Lasten (G)		
$V_{s,k}$	[kN/m]	$0,8 \cdot 1,5 \cdot 15 + 0,9 \cdot 120 = 126$
$H_{s,k}$	[kN/m]	$1/2 \cdot 18,98 \cdot 2,01 = 19,1$
$M_{s,k}$	[kNm/m]	$19,1 \cdot 0,67 = 12,8$
Beanspruchung infolge veränderlicher Lasten (Q)		
$V_{s,k}$	[kN/m]	$0,1 \cdot 120 = 12$
$H_{s,k}$	[kN/m]	-
$M_{s,k}$	[kNm/m]	-

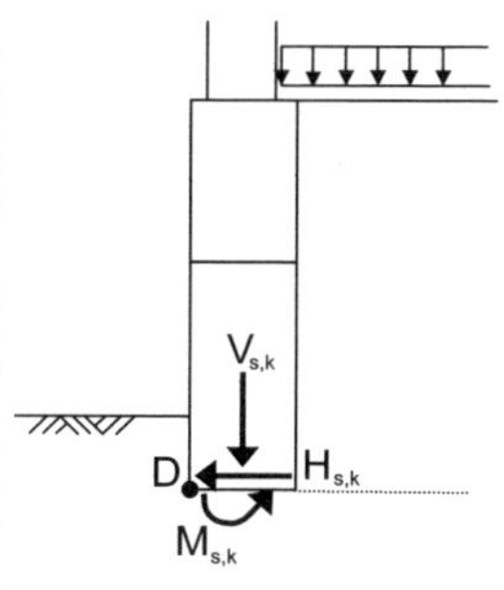

Abb. B-29.4: *Charakteristische Beanspruchung in der Sohlfläche*

Beanspruchung infolge ständiger Lasten (G):

$$E_{dst,d} = M_{dst,d} \leq E_{stb,d} = M_{stb,d}$$

Bemessungswerte der Momentenbeanspruchung näherungsweise bezogen auf eine fiktive Drehachse am Fundamentrand D

$$M_{dst,k} = 12,8 \text{ kNm/m}$$
$$M_{dst,d} = 12,8 \cdot 1,10 = 14,1 \text{ kNm/m}$$
$$M_{stb,k} = 108,00 \cdot 0,4 + 21,60 \cdot 0,4 = 51,84 \text{ kNm/m}$$
$$M_{stb,d} = 51,84 \cdot 0,90 = 46,66 \text{ kNm/m}$$
$$M_{dst,d} = 14,1 \text{ kNm/m} \leq M_{stb,d} = 46,66 \text{ kNm/m}$$

Kippsicherheitsnachweis erfüllt. Die veränderlichen Einwirkungen (Q) müssen hier nicht berücksichtigt werden, da sie auf das System stabilisierend wirken.

b) Nachweis der Gleitsicherheit (GEO-2)

Grenzzustandsgleichung:

$$H_d \leq R_{t,d} + E_{p,d}$$
$$H_d = H_{G,k} \cdot \gamma_G + H_{Q,k} \cdot \gamma_Q$$

Teilsicherheitsbeiwerte: $\gamma_G = 1{,}35$ und $\gamma_Q = 1{,}50$

$$H_d = 19,1 \cdot 1,35 = 25,8 \text{ kN/m}$$
$$R_{t,d} = \frac{R_{t,k}}{\gamma_{R,h}} \text{ mit } R_{t,k} = V_k \cdot \tan \delta_{S,k} \text{ und } \gamma_{R,h} = 1,10$$

$\delta_{S,k}$ charakteristischer Wert Sohlreibungswinkel (Annahme: $\delta_{S,k} \approx \varphi'_k$)

$$R_{t,k} = (108 + 18) \cdot \tan 27,5 = 65,6 \text{ kN/m}$$
$$\rightarrow R_{t,d} = 59,6 \text{ kN/m}$$

$E_{p,d} \cong 0$, siehe Annahmen

Nachweis

$$25,8 \leq 59,6$$

Nachweis der Gleitsicherheit erbracht.

c) Nachweis der Sicherheit gegen Grundbruch (GEO-2)

Grenzzustandsgleichung:

$$V_d \leq R_{n,d}$$

Zu untersuchen sind folgende Kombinationen aus ständigen und veränderlichen Einwirkungen:

(i) die Kombination der kleinsten Normalkraft $V_{k,max}$ (ständige Lasten) mit der zugehörigen größten Tangentialkraft $H_{k,max}$ (Lastfall 1)

(ii) die Kombination der größten Normalkraft $V_{k,max}$ (ständige und veränderliche Lasten) mit der zugehörigen größten Tangentialkraft $H_{k,max}$ (Lastfall 2)

- Bemessungswert der Beanspruchung

  $$V_d = V_{G,k} \cdot \gamma_G + V_{Q,k} \cdot \gamma_Q$$

  Teilsicherheitsbeiwerte: $\gamma_G = 1{,}35$ und $\gamma_Q = 1{,}50$

  Lastfall 1: $V_d = (108 + 18) \cdot 1,35 = 170,1 \text{ kN/m}$
  Lastfall 2: $V_d = (108 + 18) \cdot 1,35 + 12 \cdot 1,5 = 188,1 \text{ kN/m}$

- Bemessungswert des Grundbruchwiderstandes

  $$R_{n,d} = \frac{R_{n,k}}{\gamma_{R,v}} \text{ mit } \gamma_{R,v} = 1,40 \text{ (BS-P)}$$
  $$R_{n,k} = A' \cdot \sigma_{g,k} = a' \cdot b' \cdot (\gamma_2 \cdot b' \cdot N_b + \gamma_1 \cdot d \cdot N_d + c' \cdot N_c)$$

  Rechnerische Breiten a' und b':
  Der Nachweis ist mit der reduzierten Aufstandsbreite b' zu führen.

Berechnung der Exzentrizitäten:

$$\text{Lastfall 1:} \quad e = \frac{\sum M_{s,k}}{\sum V_{s,k}} = \frac{12,8}{108+18} = \frac{12,8}{126} = 0,102 \text{ m}$$

$$\text{Lastfall 2:} \quad e = \frac{\sum M_{s,k}}{\sum V_{s,k}} = \frac{12,8}{108+18+12} = \frac{12,8}{138} = 0,093 \text{ m}$$

$$\text{Lastfall 1:} \quad b' = b - 2 \cdot e = 0,8 - 2 \cdot 0,102 = 0,60 \text{ m}$$

$$\text{Lastfall 2:} \quad b' = b - 2 \cdot e = 0,8 - 2 \cdot 0,093 = 0,61 \text{ m}$$

Die Einflussfaktoren Gründungsbreite, Gründungstiefe und Kohäsion sind:

$$N_b = N_{b0} \cdot \nu_b \cdot i_b \cdot \lambda_b \cdot \zeta_b$$
$$N_d = N_{d0} \cdot \nu_d \cdot i_d \cdot \lambda_d \cdot \zeta_d$$
$$N_c = N_{c0} \cdot \nu_c \cdot i_c \cdot \lambda_c \cdot \zeta_c$$

Tragfähigkeitsbeiwerte N_0

$$N_{b0} = (N_{d0} - 1) \cdot \tan\varphi$$
$$N_{d0} = \tan^2(45^\circ + \varphi/2) \cdot e^{\pi \cdot \tan\varphi}$$
$$N_{c0} = (N_{d0} - 1)/\tan\varphi$$
$$\rightarrow N_{b0} = 7,0; \quad N_{d0} = 14,0; \quad N_{c0} = 25,0$$

Lastneigungsbeiwerte i
Richtungswinkel δ der resultierenden Belastung:

$$\tan\delta = \frac{H_k}{V_k}$$

$$\text{Lastfall 1:} \quad \tan\delta = \frac{19,1}{108+18} \rightarrow \delta = 8,62^\circ$$

$$\text{Lastfall 2:} \quad \tan\delta = \frac{19,1}{108+18+12} \rightarrow \delta = 7,88^\circ$$

Für $\delta > 0$ gilt:

$$i_b = (1 - \tan\delta^{m+1}) \quad i_d = (1 - \tan\delta)^m \quad i_c = \frac{i_d \cdot N_{d0} - 1}{N_{d0} - 1}$$
$$m = m_a \cdot \cos^2\omega + m_b \cdot \sin^2\omega$$

Bei Streifenfundamenten ist $\omega = 90^\circ$ und $a = \infty$ zu setzen.

$$\text{Lastfall 1:} \quad m = m_b = \frac{2 + \frac{b'}{a'}}{1 + \frac{b'}{a'}} = \frac{2 + \frac{0,6}{\infty}}{1 + \frac{0,6}{\infty}} = 2,0$$

(bei Streifenfundamenten immer $m = 2,0$)

$$\rightarrow i_b = (1 - \tan 8,62)^{2,0+1} = 0,61$$
$$i_d = (1 - \tan 8,62)^{2,0} = 0,72$$
$$i_c = \frac{0,72 \cdot 14,0 - 1}{14,0 - 1} = 0,698$$

Lastfall 2: $m = m_b = \dfrac{2 + \dfrac{b'}{a'}}{1 + \dfrac{b'}{a'}} = \dfrac{2 + \dfrac{0,61}{\infty}}{1 + \dfrac{0,61}{\infty}} = 2,0$

(bei Streifenfundamenten immer $m = 2,0$)

$$\rightarrow i_b = (1 - \tan 7,88)^{2,0+1} = 0,64$$
$$i_d = (1 - \tan 7,88)^{2,0} = 0,742$$
$$i_c = \frac{0,742 \cdot 14,0 - 1}{14,0 - 1} = 0,722$$

- Grenzzustandsgleichung:
  Lastfall 1:

$$R_{n,d} = \frac{1}{1,40} \cdot [1,0 \cdot 0,60 \cdot (21 \cdot 0,60 \cdot 7,0 \cdot 0,61 + 21 \cdot 0,5 \cdot 14,0 \cdot 0,720 + 10 \cdot 25 \cdot 0,698)] = 143,2 \text{ kN/m}$$

  Lastfall 2:

$$R_{n,d} = \frac{1}{1,40} \cdot [1,0 \cdot 0,61 \cdot (21 \cdot 0,61 \cdot 7,0 \cdot 0,64 + 21 \cdot 0,5 \cdot 14,0 \cdot 0,742 + 10 \cdot 25 \cdot 0,722)] = 151,18 \text{ kN/m}$$

Nachweise für

Lastfall 1: $170,1 > 143,2$

Lastfall 2: $188,1 > 151,18$

Der Grundbruchnachweis ist nicht erbracht!

Mögliche Gegenmaßnahmen wären die Vergrößerung der Breite der Ziegelmauerwerksunterfangung oder die Einbindetiefe.

Nachweise für den Grenzzustand der Gebrauchstauglichkeit (SLS)

a) Fundamentverdrehung und Begrenzung einer klaffenden Fuge

Für den Nachweis der Gebrauchstauglichkeit darf die Ausmittigkeit der Sohldruckresultierenden unter ständigen Einwirkungen höchstens $e \leq b_x/6$ und unter Gesamtbelastung

$e \leq b_x/3$ betragen:

$$\text{Lastfall 1:}\quad e = \frac{\sum M_{s,k}}{\sum V_{s,k}} = \frac{12,8}{108+18} = \frac{12,8}{126} = 0,102\ \text{m} \leq 0,133\ \text{m}$$

$$\text{Lastfall 2:}\quad e = \frac{\sum M_{s,k}}{\sum V_{s,k}} = \frac{12,8}{108+18+12} = \frac{12,8}{138} = 0,093\ \text{m} \leq 0,267\ \text{m}$$

b) Verschiebung in der Sohlfläche

Der Nachweis gegen Verschieben in der Sohlfläche gilt als erfüllt, wenn beim Nachweis der Gleitsicherheit auf der Stirnseite des Fundamentes keine Bodenreaktion angesetzt wird.

Weitere zu führende Nachweise

- Für den Nachweis der äußeren Standsicherheit der Unterfangungswand ist ggf. weiterhin der Geländebruchnachweis zu führen.
- Für den Nachweis der inneren Standsicherheit ist für das Ziegelmauerwerk noch ein Normal- und Schubspannungsnachweis nach den Materialnormen zu führen.

Literaturverzeichnis

Agatz, A. und Lackner, E. (1977). »Erfahrungen mit Grundbauwerken«. Berlin, Heidelberg: Springer.

Arends, J. (1979). »Baugrubenumschließungen im Grundwasser, Tiefbau, Ingenieurbau, Straßenbau«. In: *Sonderheft Bauen im Grundwasser.*

Arens, E. (1975). »Ebene Grundbruchversuche mit lotrecht und schräg belasteten Streifengründungen«. In: *Forschungsberichte aus Bodenmechanik und Grundbau 1975.* Heft 3 (FBG3).

Arz P., Schmidt, H. G., Seitz, J. und Semprich, S. (1994). »Grundbau – Sonderdruck aus dem Betonkalender 1994«. Berlin: Verlag Ernst & Sohn.

Bauer, J. (2016). »Seitendruck auf Pfahlgründungen in bindigen Böden infolge quer zur Pfahlachse wirkender Bodenverschiebungen«. In: *Schriftenreihe Geotechnik, Universität Kassel, Heft 26.*

Bauer, J. und Kempfert, H.-G. (2018). »Untersuchungen zum Seitendruck auf Pfahlgründungen in bindigen Böden«. In: *Bauingenieur 93,* S. 473–481.

Becker, P. (2017). »Zum Nachweis der Abtragung von Vertikalkräften bei Verbauwänden«. In: *Bautechnik 94.* Heft 3, S. 190–199.

Becker, P. und Lüking, J. (2019). »Zur Nachrechnung der axialen Pfahlwiderstände einer internationalen Pfahldatenbank mit den Erfahrungswerten der EA-Pfähle«. In: *Pfahl-Symposium 2019, Mitteilung des Instituts für Grundbau und Bodenmechanik, Technische Universität Braunschweig.* Heft 107, S. 377–392.

Berner, F. und Moormann, Ch. (2018). »2.8: Einbringverfahren für Pfähle und Spundbohlen: Rammen, Vibrieren, Pressen«. In: *Grundbautaschenbuch.* 8. Auflage. Teil 2. Berlin: Verlag Ernst & Sohn.

Bjerrum, L. (1973). »Allowable settlements of structures«. Norw. Geot. Inst. Oslo 98.

Boussinesq, J. (1884). »Application des potentials à l'étude de l'equilibre de mouvement des solides élastiques«. Paris: Ed. Gauthier-Villars.

Brackemann, F. und Kühn-Velten, H. (1976). »Gründungen mit Stahlspundwänden in felsartigen Böden«. In: *DGGT, Vortrag Baugrundtagung in Nürnberg.*

Brandl, H. (2018). »3.9: Stützbauwerke und konstruktive Hangsicherungen«. In: *Grundbautaschenbuch.* 8. Auflage. Teil 3. Berlin: Ernst & Sohn.

Brinkmann, B. (2005). »Seehäfen. Planung und Entwurf«. Berlin, Heidelberg: Springer.

Burland, J. B., Twine, D. und DeMello, V. (1977). »Behaviour of foundation and structures«. In: *Proc. 9th, ICSMFE, Tokyo,* S. 411–420.

Caquot, A., Kerisel, J. und Absi, E. (1973). »Tables de butée et de poussée«. 1. éd. Paris: Gauthier-Villars.

Drees, G. (2001). »2.7: Rammen, Ziehen, Pressen«. In: *Grundbautaschenbuch.* 6. Auflage. Teil 2. Berlin: Verlag Ernst & Sohn.

Dupuit, A. J. (1963). »Etudes théorétiques et practiques sur le mouvement des eaux à travers les terrains permiables«. Paris.

Ehl, G. (1985). »Gezieltes Nachpressen zur Erhöhung der Tragfähigkeit von Verpressankern in bindigen Böden«. In: *Bautechnik 63*, S. 278–282.

Fischer, D. (2009). »Interaktion zwischen Baugrund und Bauwerk – Zulässige Setzungsdifferenzen sowie Beanspruchungen von Bauwerk und Gründung«. In: *Schriftenreihe Geotechnik, Universität Kassel, Heft 21.*

Floss, R. (2011). »Handbuch ZTVE-StB – Kommentar und Leitlinien mit Kompendium Erd- und Felsbau«. 4. Auflage. Bonn: Kirschbaum Verlag.

Forchheimer, P. (1898). »Grundwasserspiegel bei Brunnenanlagen«. In: *Zeitschrift österreichischer Ing.-Verein.*

Franke, E. (1973). »Ermittlung der Festigkeitseigenschaften von nichtbindigem Baugrund durch Sondierungen«. In: *Baumaschine und Bautechnik.* Heft 11, S. 417–426.

Franke, E., Lutz, B. und El-Mossalamy, Y. (1994). »Pfahlgründungen und die Interaktion Bauwerk/Baugrund«. In: *Geotechnik 17.* Heft 2, S. 417–426.

Georgiadis, M. (1983). »Development of P-Y curves for layered soils«. In: *Proc. Conference on Geotechnical Practice in Offshore Engineering, Austin, Texas, 27-29 April 1983.* New York: ASCE, p. 536–545.

Grabe, J. (2014). »Technischer Jahresbericht 2014 des Arbeitsausschusses Ufereinfassungen«. In: *Bautechnik 91.* Heft 12, S. 904–921.

Grabe, J. (2019). »Technischer Jahresbericht 2019 des Arbeitsausschusses Ufereinfassungen der Hafentechnischen Gesellschaft e. V. (HTG) und der Deutschen Gesellschaft für Geotechnik (DGGT)«. In: *Bautechnik 96.* Heft 12, S. 954–958.

Graßhoff, H. und Kany, M. (1982). »Berechnung von Flächengründungen«. In: *Grundbautaschenbuch.* 3. Auflage. Heft 2, S. 157–172.

Gudehus, G. (1980). »Materialverhalten von Sand«. In: *Bauingenieur 55*, S. 351.

Haack, A. (1979). »Baugruben-Sicherung. Merkblatt 161 der Beratungsstelle für Stahlverwendung Düsseldorf«.

Hahn, J. (1985). »Durchlaufträger, Rahmen, Platten und Balken auf elastischer Bettung«. 14. Aufl. Düsseldorf: Werner.

Hald, T., Morch, C., Jensen, L., LeBlanc, C. und Ahle, K. (2009). »Revisiting monopile design using p-y curves. Results from full scale measurements on Horns Rev«. In: *Proc. European Offshore Wind, Stockholm, Sweden, 14–16 September 2009.* Brussels, Belgium: European Wind Energy Association.

Hanisch, J., Katzenbach, R. und König, G. (2002). »Richtlinie für den Entwurf, die Bemessung und den Bau von Kombinierten Pfahl-Plattengründungen (KPP)«. Verlag Ernst & Sohn, Berlin.

Haugwitz, H.-G. und Pulsfort, M. (2018). »3.7 Pfahlwände, Schlitzwände, Dichtwände«. In: *Grundbautaschenbuch.* 8. Auflage. Teil 3. Berlin: Ernst & Sohn.

Herth, W. und Arndts, E. (1994). »Theorie und Praxis der Grundwasserabsenkung«. 3. Aufl. Berlin: Verlag Ernst & Sohn.

Hettler, A. (2016). »Jahresbericht 2016 des Arbeitskreises Baugruben der Deutschen Gesellschaft für Geotechnik (DGGT)«. In: *Bautechnik 93*. Heft 12, S. 948–955.

Hettler, A., Becker, P., Borchert, K.-M. und Kinzler, S. (2019). »Bericht des Arbeitskreises Baugruben: Ausblick 6. Auflage EAB. Unterfangungen, Baugruben in weichen Böden, Kopfverformungen nicht gestützter Wände«. In: *Bautechnik 96*. Heft 10, S. 785–792.

Hettler, A., Becker, P. und Kinzler, S. (2018a). »Bericht des Arbeitskreises Baugruben: Entwurf EB 85 und Anhang A 10«. In: *Bautechnik 95*. Heft 9, S. 684–692.

Hettler, A. und Kurrer, K.-E. (2019). »Erddruck«. Berlin: Verlag Ernst & Sohn.

Hettler, A. und Meininger, W. (1990). »Einige Sonderprobleme bei Verpressankern«. In: *Bauingenieur 65*, S. 407–412.

Hettler, A., Triantafyllidis, T. und Weißenbach, A. (2018b). »Baugruben«. In: *Grundbautaschenbuch*. 8. Auflage. Teil 3. Berlin: Ernst & Sohn.

Hoesch Hüttenwerke AG (1993). »Einrammen wellenförmiger Stahlspundwände«.

Hudelmaier, K. F. und Küfner, H. (2008). »Spezialtiefbau. Kompendium Verfahrenstechnik und Geräteauswahl«. 1. Aufl. Berlin: Ernst & Sohn.

Jelinek, R. und Ostermayer, H. (1966). »Verankerungen von Baugrubenumschließungen«. In: *Vortragsband Baugrundtagung München DGEG*, S. 271–310.

Kalle, H.-U. (2011). »Stahlbaumäßige Bemessung. Bemessung von Stahlspundwänden gemäß EN 1993-5. Eurocode 7. Einführung in Deutschland. TU Dortmund, Lehrstuhl Baugrund-Grundbau«. In: *RuhrGeoTag 2011*.

Kallehave, D., LeBlanc, C. und Liingaard, M. A. (2012). »Modification of the API p-y formulation of initial stiffness of sand«. In: *Proc. 7th Int. Conf. on Offshore Site Investigation and Geotechnics*. London, UK, S. 465–472.

Kany, M. (1974). »Berechnung von Flächengründungen«. 2. Auflage. Band 1 und 2. Berlin: Verlag Ernst & Sohn.

Katzenbach, R. (1993). »Zur technisch-wirtschaftlichen Bedeutung der kombinierten Pfahl-Plattengründung, dargestellt am Beispiel schwerer Hochhäuser«. In: *Bautechnik*. Heft 3.

Katzenbach, R., Leppla, S., Bauer, S. und Buja, H.-O. (2015). »Handbuch des Spezialtiefbaus. Geräte und Verfahren«. 3., überarb. Aufl. Köln: Bundesanzeiger-Verl.

Katzenbach, R., Moormann, Ch. und Reul, O. (1999). »Ein Beitrag zur Klärung des Tragverhaltens von Kombinierten Pfahl-Plattengründungen (KPP)«. Pfahl-Symposium 1999 – Technische Universität Braunschweig. In: *Mitteilung des Instituts für Grundbau und Bodenmechanik*. Heft 60, S. 261–299.

Kempfert, H.-G. (2009). »3.2: Pfahlgründungen«. In: *Grundbautaschenbuch*. 7. Auflage. Teil 3. Verlag Ernst & Sohn.

Kempfert, H.-G. und Becker, P. (2007). »Grundlagen und Ergebnisse der Ableitung von axialen Pfahlwiderständen aus Erfahrungswerten für die EA-Pfähle«. In: *Bautechnik 84*, S. 441–449.

Kempfert, H.-G. und Fischer, D. (2009). »Gebrauchstauglichkeitsnachweise von Flachgründungen, Bauwerksbeanspruchungen infolge Setzungen«. In: *Stahlbetonbau aktuell*, G.1–G.40.

Kempfert, H.-G. und Gebreselassie, B. (2006). »Excavations and Foundations in Soft Soils«. Berlin: Springer Verlag.

Kempfert, H.-G. und Moormann, Chr. (2018). »3.2: „Pfahlgründungen"«. In: *Grundbautaschenbuch*. 8. Auflage. Teil 3. Berlin: Ernst & Sohn, S. 79–323.

Kempfert, H.-G. und Raithel, M. (2012). »Geotechnik nach Eurocode«. 3., vollst. überarb. Aufl. BBB Bauwerk-Basis-Bibliothek. Berlin: Beuth.

Kempfert, H.-G. und Raithel, M. (2015). »Geotechnik nach Eurocode Band 2: Grundbau«. 4. Aufl. Beuth Verlag.

Klöckner, W. und Schmidt, H. G. (1977). »Gründungen«. In: *Betonkalender Abschn. E, Teil II*. Berlin/München: Verlag Ernst & Sohn.

Knaupe, W. (1983). »Baugrubensicherung und Wasserhaltung«. 2. Aufl. Berlin: VEB Verlag für Bauwesen.

Kögler, F. und Scheidig, A. (1944). »Baugrund und Bauwerk«. Berlin: Verlag Ernst & Sohn.

Kolymbas, D. (1989). »Pfahlgründungen«. Berlin, Heidelberg: Springer.

König, D. und Schröder, Th (2015). »Zusammensetzung des Filterkuchens an Schlitzwandlamellen mit kurzer und langer Standzeit«. In: *Bauingenieur 90*. Heft 2, S. 63–70.

Koreck, H.-W. (1986). »Zyklische Axialbelastung«. In: *Beiträge zum Symposium Pfahlgründungen, Institut für Grundbau, Boden- und Felsmechanik der TH Darmstadt*, S. 139–144.

Kramer, J. (1979). »Bemessung von Grundwasserabsenkungsanlagen mit Vakuumbrunnen«. In: *Tiefbau-Ingenieurbau-Straßenbau 21*. Heft 1.

Kranz, E. (1953). »Über die Verankerung von Spundwänden«. In: *Mitteilung a. d. Gebieten des Wasserbaus u. d. Baugrundforschung*. 2. Aufl. Heft 11. Berlin: Ernst & Sohn.

Kutzner, C. (1991). »Injektionen im Baugrund«. Stuttgart: F. Enke Verlag.

Lackner, E. (1950). »Berechnung mehrfach gestützter Spundwände«. In: *Mitteilung a. d. Gebieten des Wasserbaus u. d. Baugrundforschung*. 3. Aufl. Heft 15. Berlin: Ernst & Sohn.

Lang, H.-J. und Huder, J. (1990). »Bodenmechanik und Grundbau«. Heft 11. Berlin, Heidelberg, New York, Tokyo: Springer Verlag.

Littlejohn, G. S., Bruce, D. A. und Deppner, W. (1990). »Anchor field tests in carboniferous strata«. In: *9th ICSMFE, Spec. Session 4. No 3*. Tokyo, S. 82–86.

Lüking, J. (2010). »Tragverhalten von offenen Verdrängungspfählen unter Berücksichtigung der Pfropfenbildung in nichtbindigen Böden«. In: *Schriftenreihe Geotechnik, Universität Kassel, Heft 23.*

Lüking, J. und Becker, P. (2015). »Harmonisierung der Berechnungsverfahren der axialen Tragfähigkeit für offene Profile nach EA-Pfähle und EAU«. In: *Bautechnik 92.* Heft 2, S. 161–176.

Lüking, J. und Becker, P. (2017). »Vergleich von halbempirischen direkten CPT Verfahren zur Ermittlung der Pfahltragfähigkeit mit den Erfahrungswerten der EA-Pfähle basierend auf Probebelastungsergebnissen«. In: *Pfahl-Symposium 2017, Mitteilung des Instituts für Grundbau und Bodenmechanik, Technische Universität Braunschweig.* Heft 102, S. 461–478.

Lüking, J. und Kempfert, H.-G. (2012). »Untersuchung der Pfropfenbildung an offenen Stahlrammpfählen«. In: *Bautechnik 4.* Heft 4, S. 264–274.

Lutz, B., El-Mossallamy, Y. und Richter, Th. (2006). »Ein einfaches, für die Handrechnung geeignetes Berechnungsverfahren zur Abschätzung des globalen Last-Setzungsverhaltens von Kombinierten Pfahl-Plattengründungen«. In: *Bauingenieur 81.* Bd. 81, S. 61–66.

Mao, P. (1993). »Erdwiderstand von Sand in Abhängigkeit von Wandbewegungsart und Sättigungsgrad«. In: *Schriftenreihe des Fachgebietes Baugrund- und Grundbau der Universität Dortmund.* Heft 16. Dortmund.

Matlock, H. (1970). »Correlations For Design of Laterally Loaded Piles in Soft Clay«. In: *Offshore Technology Conference, OTC 1204.* Dallas, Texas, S. 77–95.

Mazurkiewicz, B. (1975). »Research works on pile behaviour«. In: *Proc. 1th Baltic CSMFE Gdansk.*

Mazurkiewicz, B. (1986). »Einfluss von Rammgeräten auf die Tragfähigkeit von Stahlbetonprofilen«. In: *Beitrag in Tagungsband zum Symposium Pfahlgründungen TH Darmstadt,* S. 31–36.

Moormann, Ch. (2016). »Jahresbericht 2016 des Arbeitskreises Pfähle der Deutschen Gesellschaft für Geotechnik (DGGT)«. In: *Bautechnik 93.* Heft 12, S. 956–972.

Moormann, Ch. (2020). »Jahresbericht 2019 des Arbeitskreises Pfähle der Deutschen Gesellschaft für Geotechnik (DGGT)«. In: *Bautechnik 97.* Heft 2, S. 133–149.

Moormann, Ch. und Kempfert, H.-G. (2014). »Jahresbericht 2014 des Arbeitskreises Pfähle der Deutschen Gesellschaft für Geotechnik (DGGT)«. In: *Bautechnik 91.* Heft 12, S. 922–932.

Moormann, Ch., Kirsch, F. und Herwig, V. (2016). »Vergleich des axialen und lateralen Tragverhaltens von vibrierten und gerammten Stahlrohrpfählen«. In: *34. Baugrundtagung,* S. 75–83.

Muhs, H. und Weiß, K. (1970). »Sohlspannung und Sohlreibung im Sand unter flachgegründeten Einzelfundamenten«. In: *Mitt. der DEGEBO.* Heft 24.

Müller-Kirchenbauer, H., Walz, B. und Kilchert, M. (1997). »Vergleichende Untersuchungen der Berechnungsverfahren zum Nachweis der Sicherheit gegen Gleitflächenbildung bei suspensionsgestützten Erdwänden«. In: *Veröffentlichung Grundbauinstitut TU Berlin.* Heft 5.

Nendza, H. und Klein, K. (1973). »Bodenverformung beim Aushub tiefer Baugruben«. In: *Vortragsveröffentlichungen, Haus der Technik e. V.* Heft 314. Essen.

Nökkentved, C. (1928). »Berechnung von Pfahlrosten. Mit 38 Textabbildungen«. Berlin: Ernst & Sohn.

O'Neill, M. W. und Murchison, J. M. (1983). »An Evaluation pf p-y Relationships in Sands«. In: *Report PRAC, University of Houston.* Houston: American Petroleum Institute.

Odenwald, B., Hekel, U. und Thormann, H. (2018). »2.9 Grundwasserströmung – Grundwasserhaltung«. In: *Grundbautaschenbuch.* 8. Auflage. Teil 2. Berlin: Verlag Ernst & Sohn.

Ohde, J. (1942). »Die Berechnung der Sohldruckverteilung unter Gründungskörpern«. In: *Bauingenieur 23.*

Ostermayer, H. (2001). »Verpressanker«. In: *Grundbautaschenbuch.* 6. Auflage. Teil 2. Berlin: Verlag Ernst & Sohn.

Polshin, P. E. und Tokar, R. A. (1957). »Maximum allowable nonuniform settlement of structures«. In: *Proc. 4. Int. Conf. Soil Mech. London.* Bd. 1, S. 402–405.

Ranke, A. und Ostermayer, H. (1968). »Beitrag zur Stabilitätsuntersuchung mehrfach verankerter Baugrubenumschließungen«. In: *Bautechnik 10*, S. 341–350.

Reese, L. C. und Cox, W. R. (1975). »Field Testing and Analysis of Laterally Loaded Piles in Stiff Clay«. In: *Proc. 5th Annual Offshore Technology Conf., OTC 2312.* Houston, Texas.

Reese, L. C., Cox, W. R. und Koop, F. D. (1974). »Analysis of laterally loaded piles in sand«. In: *Proceedings of the 6th Annual Offshore Technology Conference OTC.* Houston, Texas, S. 437–483.

Rieß, R. (2001). »Grundwasserströmung – Grundwasserhaltung«. In: *Grundbautaschenbuch.* 6. Auflage. Teil 2. Berlin: Verlag Ernst & Sohn.

Rollberg, D. (1985). »Zur Bestimmung der Pfahltragfähigkeit aus Sondierungen«. In: *Bauingenieur 60*, S. 25–28.

Rudolf, M. (2005). »Beanspruchung und Verformung von Gründungskonstruktionen auf Pfahlrosten und Pfahlgruppen unter Berücksichtigung des Teilsicherheitskonzeptes«. In: *Schriftenreihe Geotechnik, Universität Kassel, Heft 17.*

Rudolf, M. und Kempfert, H.-G. (2006). »Setzungen und Beanpruchungen bei Gründungen auf Pfahlgruppen«. In: *Bautechnik 83.* Heft 3, S. 618–625.

Schiel, F. (1960). »Statik der Pfahlwerke«. Berlin: Springer.

Schmidt, H. G. (1984). »Horizontale Gruppenwirkung von Pfahlreihen in nichtbindigen Böden«. In: *Geotechnik 1984.* Heft 1, S. 1–6.

Schmidt, H. G. (1996). »Grundlagen der Geotechnik. Bodenmechanik – Grundbau – Erdbau«. Stuttgart: B.G. Teubner Verlag.

Seitz, J. M. und Schmidt, H.-G. (2000). »Bohrpfähle«. Berlin: Ernst & Sohn.

Sherif, G. (1974). »Elastisch eingespannte Bauwerke : Tafeln zur Berechnung nach dem Bettungsmodulverfahren mit variablen Bettungsmoduli«. Berlin: Ernst.

Sichardt, W. (1927). »Das Fassungsvermögen von Bohrbrunnen und seine Bedeutung für die Grundwasserabsenkung insbesondere für größere Absenktiefen«. Diss TH Berlin.

Simmer, K. (1992). »Grundbau. Teil 2«. 17. Aufl. Stuttgart: Teubner Verlag.

Simmer, K. (1994). »Grundbau 1, Bodenmechanik und erdstatische Berechnungen«. Stuttgart: Teubner Verlag.

Skempton, A. W. und McDonald, D. H. (1957). »The allowable settlement of buildings. Proc. Inst. Civ. Eng. London 5, 1956, III. S. 727–768«. In: *Deutscher Auszug: Schultze, E.: Bauingenieur*, S. 176–177.

Smoltczyk, U., Netzel, D. und Kany, M. (2001). »Flachgründungen«. In: *Grundbautaschenbuch.* 5. Auflage. Teil 3.

Sommer, H., Katzenbach, R. und DeBenedittis, C. (1990). »Last-Verformungsverhalten des Messeturmes Frankfurt/Main«. In: *Vorträge der Baugrundtagung 1990 in Karlsruhe, Deutsche Gesellschaft für Erd- und Grundbau e. V.*

Sondermann, W. und Kirsch, F. (2018). »2.2 Baugrundverbesserungen und Injektionen«. In: *Grundbautaschenbuch.* 8. Auflage. Teil 2. Berlin: Verlag Ernst & Sohn.

Soumaya, B. (2005). »Setzungsverhalten von Flachgründungen in normalkonsolidierten bindigen Böden«. In: *Schriftenreihe Geotechnik, Universität Kassel.* Heft 16.

Steinhoff, J. (2009). »U-Bohlen profitieren von dem neuen Bemessungskonzept (Eurocode 3 Teil 5)«. In: *BauPortal 8/2009.*

Stocker, M. und Walz, B. (1992). »Schlitzwände«. In: *Grundbautaschenbuch.* Teil 3. Berlin: Verlag Ernst & Sohn.

Stroh, D. (1974). »Berechnung verankerter Baugruben nach der Finite Elemente Methode«. In: *Mitteilungen der Versuchsanstalt für Bodenmechanik und Grundbau TH Darmstadt.* Heft 13.

Sullivan, W. R., Reese, L. C. und Fenske, C. W. (1980). »Unified method for analysis of laterally loaded piles in clay«. In: *Numerical Methods in Offshore Piling, ICE.* London, S. 135–146.

Terzaghi, K. und Peck, R. B. (1961). »Die Bodenmechanik in der Baupraxis«. Berlin, Göttingen und Heidelberg: Springer Verlag.

TESPA Rammfibel (2001). »Rammfibel für Stahlspundbohlen«.

Thiem, A. (1870). »Über die Ergiebigkeit artesischer Bohrlöcher, Schachtbrunnen und Filtergalerien«. In: *Gas- und Wasserversorgung.*

Triantafyllidis, T. (2004). »Planung und Bauausführung im Spezialtiefbau, Teil 1: Schlitzwand- und Dichtwandtechnik«. Berlin: Ernst & Sohn.

Ulrichs, K. R. (1980). »Untersuchungen über das Trag- und Verformungsverhalten verankerter Schlitzwände in rolligen Böden«. In: *Forschungsberichte aus dem Fachbereich Bauwesen.* Heft 2. Universität Essen.

Ulrichs, K. R. (1981). »Untersuchungen über das Trag- und Verformungsverhalten verankerter Schlitzwände in rolligen Böden«. In: *Bautechnik.*

Vogt, N. (2018). »Flachgründungen«. In: *Grundbautaschenbuch.* 8. Auflage. Teil 3.

Weiß, F. und Winter, K. (1985). »Erläuterungen zu den Schlitzwandnormen (Band 1)«. 1. Aufl. Berlin – Köln: Beuth-Kommentare.

Weiss, K. und Hanack, S. (1983). »Der Einfluss der Lagerungsdichte des Bodens und der Herstellungsart von Grossbohrpfählen auf deren Tragfähigkeit«. In: *Mitteilungen der Deutschen Forschungsgesellschaft für Bodenmechanik an der Technischen Universität Berlin.* Heft 35.

Weißenbach, A. (1975a). »Baugruben, Teil II«. Berlin: Verlag Ernst & Sohn.

Weißenbach, A. (1975b). »Baugruben; Teil I: Konstruktion und Bauausführung«. Berlin: Verlag Ernst & Sohn.

Weißenbach, A. (1985). »Programmierbare Erdwiderstandsbeiwerte«. In: *Taschenbuch Tunnelbau, Abschnitt C Baugruben.* Essen: Verlag Glückauf.

Weißenbach, A. (2003). »Allgemeine Regelungen in der neuen DIN 1054«. In: *Seminarband Sicherheitsnachweise im Erd- und Grundbau nach der neuen DIN 1054.* Essen: Haud der Technik e.V.

Weißenbach, A. und Hettler, A. (2001). »Baugruben«. In: *Grundbautaschenbuch.* 6. Auflage. Teil 3. Berlin: Verlag Ernst & Sohn.

Weißenbach, A. und Hettler, A. (2009). »3.5: Baugrubensicherung«. In: *Grundbautaschenbuch.* 7. Auflage. Teil 3. Verlag Ernst & Sohn.

Wichter, L. und Meiniger, W. (2018). »2.5 Verpressanker, Bodennägel und Zugpfähle«. In: *Grundbautaschenbuch.* 8. Auflage. Teil 2. Berlin: Verlag Ernst & Sohn.

Winkler, E. (1867). »Die Lehre von der Elasticitaet und Festigkeit mit besonderer Rücksicht auf ihre Anwendung in der Technik«. Prag: Dominicius.

Witt, K. J. (2018). »2.3 Verstärkung von Gründungsstrukturen«. In: *Grundbautaschenbuch.* 8. Auflage. Teil 2. Berlin: Verlag Ernst & Sohn.

Wölfer, K.-H. (1978). »Elastisch gebettete Balken und Platten, Zylinderschalen : Zahlentafeln für Momenten-, Querkraft- und Bodenpressungsflächen nach dem Bettungsmodulverfahren«. 4. Aufl. Wiesbaden: Bauverlag.

Normen und Technische Regelwerke

API (2014). »Geotechnical and Foundation Design Consideration. ISO 19901-4:2003 (Modified), Petroleum and natural gas industries – Specific requirements for offshore structures, Part 4– Geotechnical and foundation design considerations«. Addendum 1.

DGGT AK 1.4 (2019). »Empfehlungen des Arbeitskreises „Baugrunddynamik"«. 2. Auflage. Berlin: Wilhelm Ernst & Sohn.

DIN 1052:2008-12, *Entwurf, Berechnung und Bemessung von Holzbauwerken – Allgemeine Bemessungsregeln und Bemessungsregeln für den Hochbau – zurückgezogen*

DIN 1054:2010-12, *Baugrund – Sicherheitsnachweise im Erd- und Grundbau – Ergänzende Regelungen zu DIN EN 1997-1*

DIN 1054:2015-11, *Baugrund – Sicherheitsnachweise im Erd- und Grundbau – Ergänzende Regelungen zu DIN EN 1997-1; Änderung 2*

DIN 1055-2:2010-11, *Einwirkungen auf Tragwerke – Teil 2: Bodenkenngrößen*

DIN 18124:2019-02, *Baugrund, Untersuchung von Bodenproben – Bestimmung der Korndichte – Weithalspyknometer*

DIN 18126:1996-11, *Baugrund, Untersuchung von Bodenproben – Bestimmung der Dichte nichtbindiger Böden bei lockerster und dichtester Lagerung*

DIN 18127:2012-09, *Baugrund, Untersuchung von Bodenproben – Proctorversuch*

DIN 18196:2011-05, *Erd- und Grundbau – Bodenklassifikation für bautechnische Zwecke*

DIN 19702:2013-02, *Massivbauwerke im Wasserbau – Tragfähigkeit, Gebrauchstauglichkeit und Dauerhaftigkeit*

DIN 4014:1990-03, *Bohrpfähle – Herstellung, Bemessung und Tragverhalten – zurückgezogen*

DIN 4017:2006-03, *Baugrund – Berechnung des Grundbruchwiderstands von Flachgründungen*

DIN 4026:1975-08, *Rammpfähle – Herstellung, Bemessung und zulässige Belastung – zurückgezogen*

DIN 4074:2012-06, *Sortierung von Holz nach der Tragfähigkeit – Teil 1: Nadelschnittholz*

DIN 4084:2009-01, *Baugrund – Geländebruchberechnungen*

DIN 4085:2017-08, *Baugrund – Berechnung des Erddrucks*

DIN 4093:2015-11, *Bemessung von verfestigten Bodenkörpern – Hergestellt mit Düsenstrahl-, Deep-Mixing- oder Injektions-Verfahren*

DIN 4095:1990-06, *Baugrund; Dränung zum Schutz baulicher Anlagen; Planung, Bemessung und Ausführung*

DIN 4123:2013-04, *Ausschachtungen, Gründungen und Unterfangungen im Bereich bestehender Gebäude*

DIN 4124:2012-01, *Baugruben und Gräben – Böschungen, Verbau, Arbeitsraumbreiten*

DIN 4125:1990-11, *Verpressanker – Kurzzeitanker und Daueranker – Bemessung, Ausführung und Prüfung – zurückgezogen*

DIN 4126:2013-09, *Nachweis der Standsicherheit von Schlitzwänden*

DIN 4126:2013-09, *Nachweis der Standsicherheit von Schlitzwänden – Beiblatt 1: Erläuterungen*

DIN 4127:2014-02, *Erd- und Grundbau – Prüfverfahren für Stützflüssigkeiten im Schlitzwandbau und für deren Ausgangsstoffe*

DIN EN 10025-2:2019-10, *Warmgewalzte Erzeugnisse aus Baustählen – Teil 2: Technische Lieferbedingungen für unlegierte Baustähle*

DIN EN 10027-1:2017-01, *Bezeichnungssysteme für Stähle – Teil 1: Kurznamen*

DIN EN 10248-1:1995-08, *Warmgewalzte Spundbohlen aus unlegierten Stählen – Teil 1: Technische Lieferbedingungen*

DIN EN 10248-1:2006-05, *Warmgewalzte Spundbohlen aus unlegierten Stählen – Teil 1: Technische Lieferbedingungen; Deutsche Fassung prEN 10248-1:2006*

DIN EN 10249-1:1995-08, *Kaltgeformte Spundbohlen aus unlegierten Stählen – Teil 1: Technische Lieferbedingungen; Deutsche Fassung EN 10249-1:1995*

DIN EN 10249-1:2006-05, *Kaltgeformte Spundbohlen aus unlegierten Stählen – Teil 1: Technische Lieferbedingungen; Deutsche Fassung prEN 10249-1:2006*

DIN EN 12063:1999-05, *Ausführung von besonderen geotechnischen Arbeiten (Spezialtiefbau) – Spundwandkonstruktionen; Deutsche Fassung EN 12063:1999*

DIN EN 12699:2015-07, *Ausführung von Arbeiten im Spezialtiefbau – Verdrängungspfähle; Deutsche Fassung EN 12699:2015*

DIN EN 12715:2000-10, *Ausführung von besonderen geotechnischen Arbeiten (Spezialtiefbau) – Injektionen; Deutsche Fassung EN 12715:2000*

DIN EN 12715:2019-06, *Ausführung von Arbeiten im Spezialtiefbau – Injektionen – Injektionen – Entwurf*

DIN EN 12716:2019-03, *Ausführung von Arbeiten im Spezialtiefbau – Düsenstrahlverfahren; Deutsche Fassung EN 12716:2018*

DIN EN 12794:2007-08, *Betonfertigteile – Gründungspfähle*

DIN EN 12794:2009-04, *Betonfertigteile – Gründungspfähle; Berichtigung zu DIN EN 12794:2007-08; Deutsche Fassung EN 12794:2005+A1:2007/AC:2008*

DIN EN 14199:2015-07, *Ausführung von Arbeiten im Spezialtiefbau – Mikropfähle; Deutsche Fassung EN 14199:2015*

DIN EN 14199:2016-09, *Ausführung von Arbeiten im Spezialtiefbau – Mikropfähle; Deutsche Fassung EN 14199:2015, Berichtigung zu DIN EN 14199:2015-07*

DIN EN 1536:2015-10, *Ausführung von Arbeiten im Spezialtiefbau – Bohrpfähle; Deutsche Fassung EN 1536:2010+A1:2015*

DIN EN 1537:2014-07, *Ausführung von Arbeiten im Spezialtiefbau – Verpressanker; Deutsche Fassung EN 1537:2013*

DIN EN 1538:2015-10, *Ausführung von Arbeiten im Spezialtiefbau – Schlitzwände; Deutsche Fassung EN 1538:2010+A1:2015*

DIN EN 1610:2015-12, *Einbau und Prüfung von Abwasserleitungen und -kanälen*

DIN EN 1610:2016-09, *Einbau und Prüfung von Abwasserleitungen und -kanälen; Deutsche Fassung EN 1610:2015, Berichtigung zu DIN EN 1610:2015-12*

DIN EN 1990:2010-12, *Eurocode: Grundlagen der Tragwerksplanung; Deutsche Fassung EN 1990:2002 + A1:2005 + A1:2005/AC:2010*

DIN EN 1992-1-1:2011-01, *Eurocode 2: Bemessung und Konstruktion von Stahlbeton- und Spannbetontragwerken – Teil 1-1: Allgemeine Bemessungsregeln und Regeln für den Hochbau; Deutsche Fassung EN 1992-1-1:2004 + AC:2010*

DIN EN 1992-1-1/NA:2011-01, *Nationaler Anhang – National festgelegte Parameter – Eurocode 2: Bemessung und Konstruktion von Stahlbeton- und Spannbetontragwerken – Teil 1-1: Allgemeine Bemessungsregeln und Regeln für den Hochbau*

DIN EN 1993-1-1:2010-12, *Eurocode 3: Bemessung und Konstruktion von Stahlbauten – Teil 1-1: Allgemeine Bemessungsregeln und Regeln für den Hochbau*

DIN EN 1993-5:2010-12, *Eurocode 3: Bemessung und Konstruktion von Stahlbauten – Teil 5: Pfähle und Spundwände*

DIN EN 1993-5/NA:2010-12, *Nationaler Anhang – National festgelegte Parameter – Eurocode 3: Bemessung und Konstruktion von Stahlbauten – Teil 5: Pfähle und Spundwände*

DIN EN 1995-1-1:2010-12, *Eurocode 5: Bemessung und Konstruktion von Holzbauten – Teil 1-1: Allgemeines – Allgemeine Regeln und Regeln für den Hochbau*

DIN EN 1996-1-1:2013-02, *Eurocode 6: Bemessung und Konstruktion von Mauerwerksbauten – Teil 1-1: Allgemeine Regeln für bewehrtes und unbewehrtes Mauerwerk*

DIN EN 1997-1:2009-09, *Eurocode 7: Entwurf, Berechnung und Bemessung in der Geotechnik – Teil 1: Allgemeine Regeln*

DIN EN 338:2010-12, *Bauholz für tragende Zwecke – Festigkeitsklassen*

DIN EN ISO 14688-1:2018-05, *Geotechnische Erkundung und Untersuchung – Benennung, Beschreibung und Klassifizierung von Boden – Teil 1: Benennung und Beschreibung*

DIN EN ISO 17892-1:2015-03, *Geotechnische Erkundung und Untersuchung – Laborversuche an Bodenproben – Teil 1: Bestimmung des Wassergehalts*

DIN EN ISO 22476-2:2012-03, *Geotechnische Erkundung und Untersuchung – Felduntersuchungen – Teil 2: Rammsondierungen (ISO 22476-2:2005 + Amd 1:2011); Deutsche Fassung EN ISO 22476-2:2005 + A1:2011*

DIN EN ISO 22477-1:2019-12, *Geotechnische Erkundung und Untersuchung – Prüfung von geotechnischen Bauwerken und Bauwerksteilen – Teil 1: Statische axiale Pfahlprobebelastungen auf Druck*

DIN SPEC 18140:2012-02, *Ergänzende Festlegungen zu DIN EN 1536:2010-12, Ausführung von Arbeiten im Spezialtiefbau – Bohrpfähle*

DIN SPEC 18537:2017-11, *Ergänzende Festlegungen zu DIN EN 1537:2014-07, Ausführung von Arbeiten im Spezialtiefbau – Verpressanker*

DIN SPEC 18538:2012-02, *Ergänzende Festlegungen zu DIN EN 12699:2001-05, Ausführung spezieller geotechnischer Arbeiten (Spezialtiefbau) – Verdrängungspfähle*

DIN SPEC 18539:2012-02, *Ergänzende Festlegungen zu DIN EN 14199:2012-01, Ausführung von besonderen geotechnischen Arbeiten (Spezialtiefbau) – Pfähle mit kleinen Durchmessern (Mikropfähle)*

DIN-Fachbericht 130 (2003). »Wechselwirkung Baugrund/Bauwerk bei Flachgründungen«. Beuth Verlag.

EAB (2012). »Empfehlungen des Arbeitskreises „Baugruben“«. 5. Auflage. Berlin: Verlag Ernst & Sohn.

EANG (2014). »Empfehlungen des Arbeitskreises Numerik in der Geotechnik – EANG«. 1. Auflage. Berlin: Verlag Ernst & Sohn.

EAU (2012). »Empfehlungen des Arbeitsausschusses „Ufereinfassungen“ Häfen und Wasserstraßen«. 11. Auflage. Berlin: Verlag Ernst & Sohn.

EBGEO (2010). »Empfehlungen für den Entwurf und Berechnung von Erdkörpern aus Geokunststoffen«. 2. Auflage. Berlin: Verlag Ernst & Sohn.

Handbuch Eurocode 2-1 (2012). »Handbuch Eurocode 2 – Betonbau, Band 1: Allgemeine Regeln«. 1. Auflage. Berlin: Beuth Verlag.

Handbuch Eurocode 2-2 (2013). »Handbuch Eurocode 2 – Betonbau, Band 2: Brücken«. 1. Auflage. Berlin: Beuth Verlag.

Handbuch Eurocode 3-1 (2017). »Handbuch Eurocode 3 – Stahlbau – Band 1, Allgemeine Regeln Teil 1«. 2. Auflage. Berlin: Beuth Verlag.

Handbuch Eurocode 3-2 (2012). »Handbuch Eurocode 3 – Stahlbau – Band 2, Allgemeine Regeln Teil 2«. 1. Auflage. Berlin: Beuth Verlag.

Handbuch Eurocode 3-6 (2011). »Handbuch Eurocode 3 – Stahlbau – Band 6, Pfähle und Spundwände«. 1. Auflage. Berlin: Beuth Verlag.

Handbuch Eurocode 5 (2016). »Handbuch Eurocode 5 – Holzbau«. 2. Auflage. Berlin: Beuth Verlag.

Handbuch Eurocode 7-1 (2015). »Handbuch Eurocode 7 – Geotechnische Bemessung, Band 1, Allgemeine Regeln«. 2. aktualisierte Auflage. Berlin: Beuth Verlag.

Handbuch Eurocode 7-2 (2011). »Handbuch Eurocode 7 – Geotechnische Bemessung, Band 2. Erkundung und Untersuchung«. Berlin: Beuth Verlag.

EA-Pfähle (2012). »Empfehlungen des Arbeitskreises „Pfähle“«. 2. Auflage. Berlin: Verlag Ernst & Sohn.

Stichwortverzeichnis